普通高等教育土木工程学科“十四五”规划教材(专业核心课程适用)
天津大学研究生创新人才培养项目(YCX2024074)资助

ABAQUS在工程结构分析中的应用

APPLICATION OF ABAQUS IN ENGINEERING STRUCTURAL ANALYSIS

U0959934

主　编　严加宝
副主编　宗　亮　王中兴

天津大学出版社
TIANJIN UNIVERSITY PRESS

内 容 提 要

本书总结了 ABAQUS 有限元分析软件在工程结构典型构件数值分析中的应用。本书立足结构工程研究生培养，从材料本构、典型钢构件受力分析、钢管混凝土组合构件分析、混凝土构件受力分析、钢-混凝土组合结构抗剪连接件受剪性能分析、钢结构构件稳定性分析、钢结构螺栓连接及 T 形梁柱节点滞回性能分析、金属构件高温稳定性能分析、金属结构连接高温受力性能分析等方面对典型工程构件受力分析进行详细阐述，全力保证结构工程硕博士研究生及土木工程本科高年级学生掌握 ABAQUS 工程结构数值分析。

本书可为土木工程本科高年级学生及结构工程硕博士研究生学习数值分析奠定基础，为相关领域的数值分析与模拟、数字孪生、工程设计等提供重要帮助，为从事结构工程相关工作的广大科技工作者及工程设计人员提供参考及借鉴，重点推荐作为结构工程研究生及土木工程本科生的学习用书。

图书在版编目（CIP）数据

ABAQUS在工程结构分析中的应用 / 严加宝主编 ; 宗亮, 王中兴副主编. -- 天津 : 天津大学出版社, 2025. 3. -- (普通高等教育土木工程学科“十四五”规划教材 : 专业核心课程适用). -- ISBN 978-7-5618-7944-3

Ⅰ. TU311

中国国家版本馆CIP数据核字第20252L6F54号

ABAQUS ZAI GONGCHENG JIEGOU FENXI ZHONG DE YINGYONG

出版发行 天津大学出版社
地　　址 天津市卫津路92号天津大学内（邮编：300072）
电　　话 发行部：022-27403647
网　　址 www.tjupress.com.cn
印　　刷 天津泰宇印务有限公司
经　　销 全国各地新华书店
开　　本 787 mm×1092 mm　1/16
印　　张 21
字　　数 511千
版　　次 2025年3月第1版
印　　次 2025年3月第1次
定　　价 98.00元

凡购本书，如有缺页、倒页、脱页等质量问题，烦请与我社发行部门联系调换

版权所有　　侵权必究

普通高等教育土木工程学科“十四五”规划教材

编审委员会

主　任:顾晓鲁

委　员:戴自强　董石麟　郭传镇　姜忻良

李爱群　李国强　刘惠兰　刘锡良

石永久　沈世钊　王铁成　谢礼立

普通高等教育土木工程学科“十四五”规划教材

编写委员会

主　任：韩庆华

委　员：（按姓氏音序排列）

巴振宁　毕继红　陈志华　程雪松　丁　阳　丁红岩
高喜峰　谷　岩　韩　旭　姜　南　蒋明镜　雷华阳
李　宁　李砚波　李志国　李志鹏　李忠献　梁建文
刘　畅　刘红波　刘铭劼　芦　燕　陆培毅　师燕超
田　力　王　晖　王方博　王力晨　王秀芬　谢　剑
熊春宝　徐　杰　徐　颖　阎春霞　尹　越　远　方
张彩虹　张晋元　赵海龙　郑　刚　朱　涵　朱海涛
朱劲松

总序

随着我国高等教育的发展,全国土木工程教育状况有了很大的发展和变化,教学规模不断扩大,对适合培养适应社会的多样化人才的教学方式的需求越来越迫切。因此,必须按照新的形势在教育思想、教学观念、教学内容、教学计划、教学方法及教学手段等方面进行一系列的改革,按照改革的要求编写新的教材就显得十分必要。

高等学校土木工程学科专业指导委员会编制了《高等学校土木工程本科指导性专业规范》(以下简称《规范》)。《规范》对规范性、多样性、拓宽专业口径与核心知识等提出了明确的要求。本丛书编写委员会根据当前土木工程教育的形势和《规范》的要求,结合天津大学土木工程学科已有的办学经验和特色,对土木工程本科生教材建设进行了研讨,并组织编写了“普通高等教育土木工程学科‘十四五’规划教材”。为保证教材的编写质量,组织成立了教材编审委员会,聘请一批学术造诣高的专家担任教材主审,同时成立了教材编写委员会,组建了系列教材编写团队,由长期为本科生授课的具有丰富教学经验和工程实践经验的教师完成教材的编写工作。在此基础上,统一编写思路,力求做到内容连续、完整、新颖,避免内容的重复交叉和真空缺失。

“普通高等教育土木工程学科‘十四五’规划教材”将陆续出版。相信本系列教材的出版将对我国土木工程学科本科生教育的发展与教学质量的提高,以及土木工程人才的培养产生积极的作用,为我国的教育事业和经济建设做出贡献。

丛书编写委员会

土木工程学科本科生教育课程体系

通识教育

↓

专业教育

学科基础课程

- 土木工程概论
- 画法几何及工程制图A
- 土木工程制图
- 理论力学
- 材料力学
- 结构力学（上）
- 水力学
- 土力学
- 土木工程材料
- 工程地质
- 工程测量
- 结构试验Ⅰ——实验技术基础
- 房屋建筑学
- 道路勘测设计
- 地下空间建筑与规划

专业核心课程

- 工程抗震原理
- 混凝土结构原理
- 钢结构设计原理
- 基础工程
- 土木工程施工
- 结构力学（下）
- 结构试验Ⅱ——专业基础实验
- 土木工程建设法规
- 荷载与结构设计方法
- 工程承包与项目管理
- 弹性力学
- ABAQUS在工程结构分析中的应用★

专业方向课程

建筑工程方向

- 混凝土结构设计
- 高层建筑结构
- 建筑钢结构设计
- 砌体结构
- 建筑结构设计软件
- 结构试验ⅢA——专业实验

桥梁工程方向

- 桥梁工程（上）
- 桥梁工程（下）
- 桥梁抗震与抗风设计
- 桥梁施工
- 桥梁结构设计软件
- 结构试验ⅢB——专业实验

地下工程方向

- 地下工程结构设计
- 地下工程施工
- 隧道工程
- 地下结构抗震与防灾
- 岩体力学
- 地下结构设计软件
- 结构试验ⅢC——专业实验

专业拓展课程

- 大跨空间结构
- 组合结构设计原理
- 高层建筑钢结构
- 工程造价与经济
- 有限元基础
- 通用结构分析软件
- MIDAS Gen软件基础与实例教程
- 铝结构原理与设计

集中实践课程

- 公共必修
  - 钢结构课程设计
  - 土木工程施工课程设计
  - 基础工程课程设计
- 建筑工程方向
  - 房屋建筑学课程设计
  - 钢筋混凝土楼盖课程设计
  - 砌体结构课程设计
  - 单层工业厂房课程设计
- 桥梁工程方向
  - 道路勘测课程设计
  - 钢筋混凝土桥课程设计
  - 预应力混凝土桥课程设计
  - 钢桥课程设计
- 地下工程方向
  - 地下空间建筑课程设计
  - 地下工程结构课程设计
  - 基坑支护结构课程设计
- 认识实习
  - 工程测量实习
  - 工程地质实习
  - 生产实习
  - 毕业实习

创新与研修

- 研究与创新（学科前沿讲座）
  - 土木工程施工新技术
  - 现代预应力结构
  - 结构改造与加固
  - 建筑信息模型（BIM）
- 学生创新实践计划（PSIP）
  - 创新创业实践
  - 学科竞赛
  - 科研实践

前言

有限元软件 ABAQUS 是一款功能强大的工程数值分析软件，其出色的分析性能和对复杂系统模拟的可靠性使其在全球工业和研究领域得到广泛应用，涉及结构力学、热传导、热电耦合、声学、岩土力学以及压电介质等多个工程领域。有限元软件 ABAQUS 的掌握与熟练应用在土木工程领域硕博士教育中具有重要地位，ABAQUS 是研究不同结构或构件性能不可或缺的工具。现有相关教材存在案例分析不全面、侧重结构工程的分析案例较稀缺等问题。因此，本书旨在通过提供详尽的结构工程典型构件案例分析，为结构工程研究生教育提供助力。

本书旨在探讨有限元软件 ABAQUS 在结构工程中的应用，通过翔实的示例和逐步指导，帮助初学者和研究人员更好地利用该工具解决实际工程结构问题。本书的主要内容涵盖工字钢梁和钢筋混凝土梁静力分析或拟静力性能分析、钢管混凝土组合构件受压和受弯性能分析、钢-混凝土组合结构剪力连接件受剪性能分析等，此外，本书还对钢结构的稳定性能、连接性能，金属结构的高温稳定性能及高温受力性能进行了深入分析。

本书共 11 章，其中第 1~7 章由天津大学严加宝教授编写，第 8、9 章由天津大学宗亮教授编写，第 10、11 章由天津大学王中兴研究员编写。在本书的编写过程中，研究生赵玉彩、王艺璇、曾伟嘉、邢浩波、杨晓霞、赵津坪、孙天健、刘衡、王一帆、詹乐乐、马春印、韩晔声等付出了辛苦劳动，在此表示感谢！

受限于作者的能力水平及学识，书中纰漏、错误之处在所难免，恳请读者不吝赐教斧正。

编　者

2025 年 1 月

目　　录

第 1 章　土木工程结构与 ABAQUS

1.1　ABAQUS 发展简介

通用有限元分析软件 ABAQUS 是一款功能强大的有限元分析（FEA）与设计软件。戴维·希比特（David Hibbitt）、本特·卡尔森（Bengt Karlsson）、保罗·索伦森（Paul Sorensen）在 1978 年合作成立 HKS 公司，推出 ABAQUS 软件，专注于有限元分析和计算机辅助工程领域。HKS 公司随后推出 ABAQUS/Aqua、ABAQUS/Explicit、ABAQUS/CAE 等模块，并于 2002 年更名为 ABAQUS 公司。2005 年，法国达索集团（Dassault Systèmes）收购 ABAQUS 公司，将其纳入 SIMULIA 品牌下。目前，ABAQUS 广泛应用于土木工程领域和机械工程领域，帮助工程师模拟各行各业的复杂现实问题，在工程设计、结构分析、材料研究等方面发挥了重要作用[1]。

有限元软件 ABAQUS 对工程模拟具有强大的计算功能，其非线性力学分析能力已达到世界领先水平。ABAQUS 拥有一个丰富、可模拟任意几何形状的单元库及各种类型的材料模型库，可以模拟典型工程材料，例如金属、橡胶、高分子材料、复合材料、钢筋混凝土、可压缩超弹性泡沫材料以及土壤和岩石等地质材料的性能[2]。有限元软件 ABAQUS 不但可以进行单一零件的力学和多物理场分析，如静态和准静态分析、模态分析、瞬态分析、弹塑性分析、接触分析、碰撞和冲击分析，还可以进行流固耦合分析、压电和热电耦合分析、声场和声固耦合分析、热固耦合分析、质量扩散分析等，另外也可以进行复杂非线性问题的分析和研究。有限元软件 ABAQUS 的求解器是智能化的求解器，可以解决其他软件无法解决的不收敛的非线性问题，并且计算收敛速度较快，更易操作和使用。有限元软件 ABAQUS 进行了细致的人机交互界面设计，具有强大的模型管理和荷载管理手段，为多任务、多工况实际工程问题的建模和仿真提供了方便。ABAQUS 除了能解决大量结构（应力/位移）问题，还可以模拟其他工程领域的许多问题，例如热传导、质量扩散、热电耦合分析、声学分析、岩土力学分析（流体渗透/应力耦合分析）及压电介质分析[3]。有限元软件 ABAQUS 因其强大的非线性分析功能以及解决复杂和深入的科学问题的能力，已广泛应用于航空航天、国防军工、交通运输、生命科学与医疗器械等领域。

1.2　ABAQUS 的组成及功能简介

1.2.1　ABAQUS 的组成

有限元软件 ABAQUS 主要由前处理模块、计算模块和后处理模块三部分组成[4]。前处理模块为ABAQUS/CAE，它是ABAQUS的集成工作环境，其功能包括模型建立、交互式提交作业、监控运算过程及结果评估等。ABAQUS/CAE又分为若干模块，每个模块都用于完成模拟过程中一个方面的工作，例如定义几何形状、材料性质（简称“材性”）、荷载和边界条件等。有限元软件ABAQUS的三个主要计算模块为ABAQUS/Standard、ABAQUS/Explicit和ABAQUS/CFD，即ABAQUS的隐式计算模块、显式计算模块和流固耦合计算模块[5]。此外还有ABAQUS/Viewer等后处理模块。

1.ABAQUS/Standard

ABAQUS/Standard为隐式分析求解器，是有限元软件ABAQUS套件中的一个核心模块，它适合处理多种复杂的工程问题，包括线性和非线性的结构分析、热传导、流体-固体相互作用等。例如，进行静荷载分析，评估建筑物、桥梁和机械组件在恒定荷载下的变形和应力分布；支持低频动态分析，包括模态分析和谐响应分析，用于地震影响分析和振动特性研究；提供热分析功能，模拟稳态与瞬态热传导过程，适用于热管理和热应力分析。ABAQUS/Standard拥有强大的非线性分析能力、丰富的材料模型和灵活的建模选项，并且具有动态荷载平衡的并行稀疏矩阵求解器、基于域分解的并行迭代求解器及并行的Lanczos特征值求解器，能实现多达16个处理器并行运算，大大缩短分析时间，同时能精确、可靠地求解简单线弹性静力学分析乃至复杂多步骤非线性动力学分析问题。

此外，ABAQUS/Standard还附带了三个具有特殊用途的分析模块，即ABAQUS/Aqua、ABAQUS/Design和ABAQUS/Foundation。另外，有限元软件ABAQUS与其他工程软件具有非常好的兼容性，为其他软件预留了交互的接口，如为MOLDFLOW和ADAMS提供了接口。

2.ABAQUS/Explicit

ABAQUS/Explicit为显式分析求解器，是进行瞬态动力学分析的有效工具，尤其适宜求解冲击和其他高度不连续问题。与ABAQUS/Standard不同，ABAQUS/Explicit采用显式时间积分法，非常适合进行瞬态分析。例如，支持大变形、接触和材料非线性问题求解，可以处理复杂材料行为，如塑性、超弹性和黏弹性；模拟高频动态事件，包括碰撞、爆炸、冲击荷载和运动分析，能够捕捉到快速变化的状态和响应；可以进行流体与固体结构之间的耦合分析。

ABAQUS/Explicit进行计算时，当前时刻的位移、速度和加速度等状态量是通过上一时刻的状态直接计算得到的，不需要构建和求解全局刚度矩阵或线性方程组，仅依赖于上一时刻的数据来更新当前时刻的状态，计算过程简单、直接。ABAQUS/Explicit对大变形问题和非线性分析有良好的适应性，显式方法可高效、灵活地求解，提升了分析速度，适用于各种复杂的工程问题。

ABAQUS/Standard和ABAQUS/Explicit的主要区别如表1-1所示。

表1-1 ABAQUS/Standard和ABAQUS/Explicit的主要区别

比较方面	ABAQUS/Standard	ABAQUS/Explicit
单元库	提供了丰富的单元库	提供了适用于显式分析的丰富的单元库，是ABAQUS/Standard单元库的子集

续表

比较方面	ABAQUS/Standard	ABAQUS/Explicit
分析过程	一般过程和线性摄动过程	一般过程
材料模型	提供了广泛的材料模型	提供了允许材料失效的模型
接触公式	具有强大的解决接触问题的能力	能够进行非常复杂的接触模拟
求解技术	应用基于刚度的求解技术，具有无条件稳定性	应用显式积分求解技术，具有条件稳定性
磁盘空间和内存	需要大量的迭代步，可能占用大量的磁盘空间和内存	磁盘空间和内存的占用量相对于 ABAQUS/Standard 小得多

3.ABAQUS/CFD

有限元软件 ABAQUS 6.13 版本中加入的 CFD 模块是软件的第三个求解器，其显著增强了软件的求解功能。ABAQUS/CFD 为用户提供了强大的流体模拟能力，适用于各种工程应用，尤其是固体与流体相互作用（流固耦合，FSI）的问题。例如，可以通过计算流体力学模型模拟层流、湍流等流体问题及热传导、自然对流等流体的传热问题。同时，其可与 ABAQUS/Standard 和 ABAQUS/Explicit 联合使用，这使得 ABAQUS 软件在求解流固耦合问题方面尤为强大。

4.ABAQUS/CAE

ABAQUS/CAE 是一个可进行前后处理和任务管理的模块，为 ABAQUS 求解器提供了全面的支持。ABAQUS/CAE 将各种功能集成在各功能模块中，使用户能够高效地创建复杂的有限元模型，进行分析设置，并可视化和解释分析结果。

ABAQUS/CAE 是唯一采用基于特征的参数化建模方法的有限元前处理程序，并能够导入和编辑在各种商业 CAD（计算机辅助设计）软件中建立的几何体，具有强大的建模功能，能够有效地创建用户所需的模型。在 ABAQUS/CAE 中，用户能够方便地根据分析目的设置与 ABAQUS/Standard 或 ABAQUS/Explicit 对应的单元类型和材料模型，并进行网格划分。部件之间的接触、耦合、绑定等相互作用也能很方便地定义。在有限元模型建立、荷载和边界条件施加后，ABAQUS/CAE 能够快速、有效地创建、提交和监控分析作业。

图 1-1 为 ABAQUS/CAE 界面图，ABAQUS/CAE 由 11 个部分构成，分别为 Part（部件）、Property（属性）、Assembly（装配）、Step（分析步）、Interaction（相互作用）、Load（荷载）、Mesh（网格）、Optimization（优化）、Job（作业）、Visualization（可视化）和 Sketch（草图），界面左侧为与各部分对应的树状图，界面底部为输出窗口和 Python 脚本语言输入窗口。本书中绝大多数工作均基于 ABAQUS/CAE 完成。

5.ABAQUS/Viewer

ABAQUS/CAE 的后处理部分叫作 ABAQUS/Viewer，其可以读入分析结果数据，以多种方式（包括动画、彩色云纹图、变形图和 *XY* 曲线图等）显示分析结果。

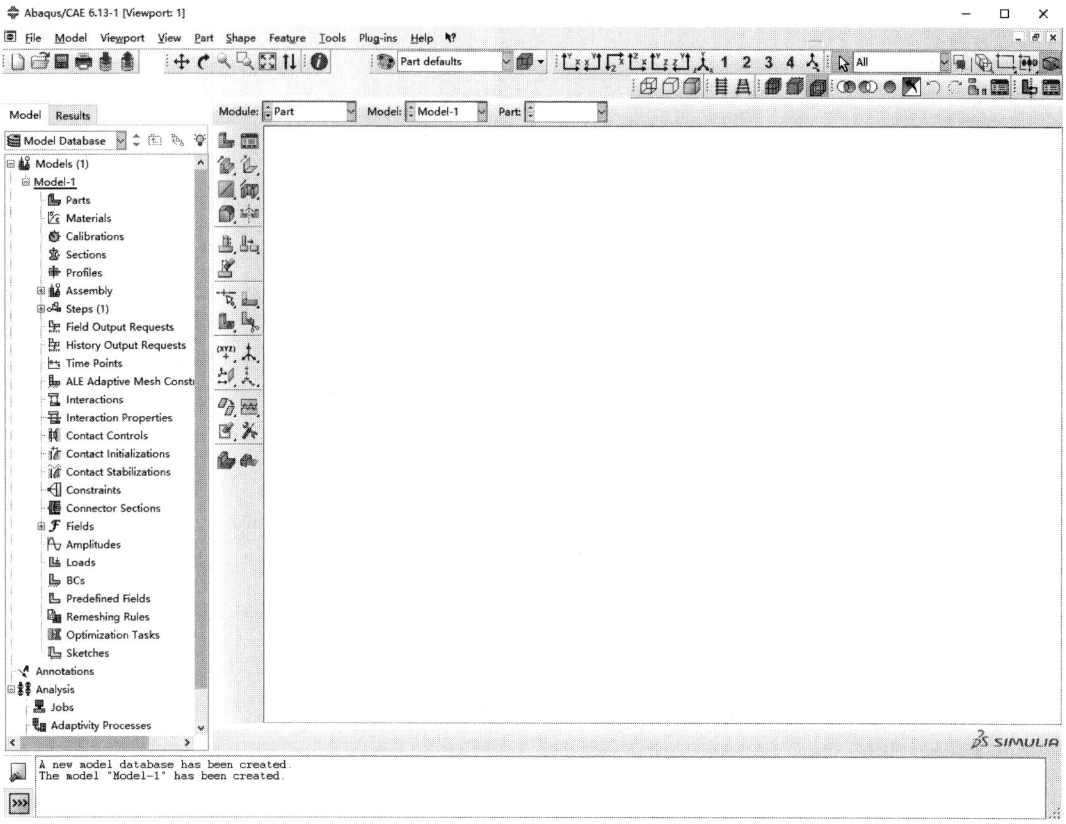

图 1-1 ABAQUS/CAE 界面

1.2.2 ABAQUS 功能简介

1.Part（部件）模块

在 ABAQUS/CAE 中的 Module（模块）处选择 Part，通过菜单栏 Part → Create 可以创建 3D（三维立体模型）、2D Planar（二维平面模型）和 Axisym-Metric（轴对称模型）三种类型的几何模型，几何模型可以是变形体或刚体，几何属性可以为实体、壳、线或点。值得注意的是，轴对称问题需单独分析，而平面应力和平面应变问题则包含在 2D Planar 中。

生成 Part 后，为了对 Part 的不同部分赋予不同材料参数、定义接触、划分规则网格等，往往需要对 Part 进行切割。切割一般需要通过两步操作才能完成。先定义切割平面，定义方法为 Tools → Datum，对于切割平面，很多时候采用 Offset from Principal Plane（XY Plane、XZ Plane 和 YZ Plane）、Offset from Plane 和 3 Points。切割平面定义完成后就可以进行切割了，切割的操作方法为 Tools → Partition。

有限元软件 ABAQUS 中的量都没有单位，使用时应注意单位的统一。表 1-2 列举了有限元软件 ABAQUS 的常用单位制。

表 1-2　ABAQUS 常用单位制

常用特征	长度	力	质量	时间	应力	能量	密度	加速度
国际单位制（m）	m	N	kg	s	Pa（N/m^2）	J	kg/m^3	m/s^2
国际单位制（mm）	mm	N	t	s	MPa（N/mm^2）	mJ	t/mm^3	mm/s^2
美制单位制（ft）	ft	lbf	slug	s	lbf/ft^2	ft·lbf	$slug/ft^3$	
英制单位制（inch）	in	lbf	$lbf·s^2/in$	s	psi（lbf/in^2）	in·lbf	$lbf·s^2/in^4$	

2.Property（属性）模块

该模块主要用于定义材料的本构模型，ABAQUS 中封装了大量可用于土木工程材料本构模型，可通过 Property → Create Material → Mechanical 进行定义。其中 Elasticity（弹性）和 Plasticity（塑性）所包含的内容如图 1-2 和图 1-3 所示。本书所涉及的土木工程材料本构模型将在后面的章节中详细阐述。

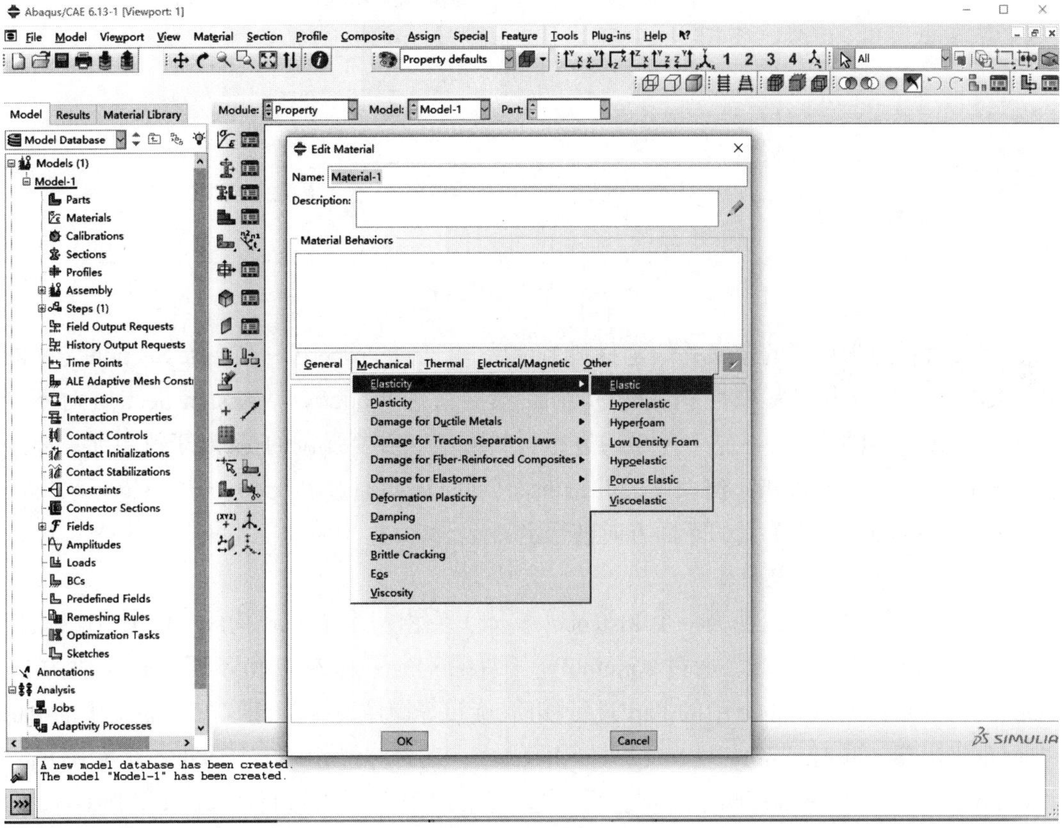

图 1-2　弹性部分内容

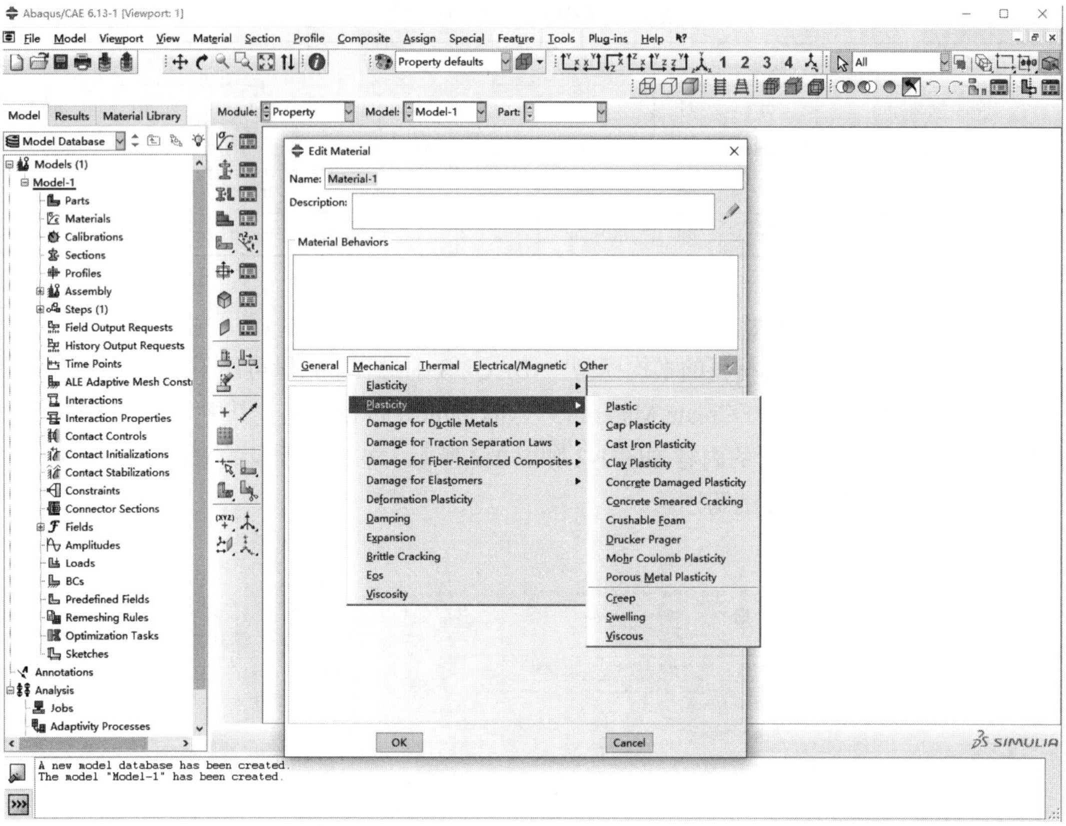

图 1-3　塑性部分内容

完成材料力学行为的定义并给定材料名称后，可通过 Property → Create Section 定义断面（Section），建立与材料属性相关联的断面，然后通过 Property → Assign Section 对不同 Part 或 Part 的不同部分（可定义为 Set）进行材料赋值。需要强调的是，对于梁单元需要通过 Property → Create Profile 建立梁的几何断面，同时还要通过 Property → Assign → Beam Section Orientation 对梁单元的断面方向进行定义。

3.Assembly（装配）模块

任何一个结构都可以视为一个 Instance（实体），它由很多个 Part 构成，Part 间连续、接触或通过螺栓等形式连接。通过 Assembly → Create Instance 建立由不同 Part 构成的 Instance，同时可以对 Instance 中的 Part 进行移动、旋转等操作，甚至可以对 Instance 中的 Part 进行布尔运算，如 Assembly → Merge/Cut Instance。在合并操作中，对于相交边界，有删除（Remove）和保留（Retain）两个选项。后一选项用途较广，因为进行 Merge/Cut Instance 操作后，先前的多个 Part 生成了一个新的 Part，选择保留选项后，可以进入 Property 模块对同一 Part 的不同部分赋予不同的材料参数。

4.Step（分析步）模块

通过 Step → Create Step 创建分析步。分析类型（Procedure Type）有两类。一类为 Linear Perturbation，包括 Buckle、Frequency、Static, Linear Perturbation、Substructure Generation 和 Steady-State Dynamics, Direct 五部分，应用较多的是频率的计算和振型的提取。另一类为

General，其几乎包含了所有的分析类型，具体如下。

Coupled Temp-Displacement：用于温度位移场的耦合分析，如热辐射使结构温度升高，因变温而使受约束结构产生温度应力；

Coupled Thermal-Electric：主要用于压电材料的分析；

Coupled Thermal-Electrical-Structural：热-电-结构耦合分析；

Direct Cyclic：适合对大型结构进行低周疲劳计算；

Dynamic, Implicit：隐式动力分析；

Dynamic, Explicit：显式动力分析；

Dynamic, Temp-Disp, Explicit：显式温度位移分析；

Geostatic：地应力场计算，在岩土工程中地应力场的准确确定决定了后继计算结果的有效性；

Heat Transfer：热传导计算分析；

Mass Diffusion：质量扩散分析；

Soils：土的固结分析；

Static, General：一般静力分析；

Static, Riks：弧长法静力分析；

Visco：黏弹性及蠕变分析。

荷载步中增量步分为两种，即自动增量法和固定时间增量法，同时在荷载步中要给出最大迭代次数等参量。

5.Interaction（相互作用）模块

结构中各个构件间的连接形式千差万别，连接形式对结构在外荷载作用下的响应至关重要。该模块主要包含四部分，具体为 Interaction、Constraint、Connector 和 Special。

通过 Interaction → Interaction → Property，可定义接触面间的接触属性，包括摩擦系数等参量；通过 Interaction → Interaction → Create，可创建由接触面和目标面构成的接触对，应用最多的是 Surface-to-Surface Contact 接触问题，如结构物与土之间的接触问题。

通过 Interaction → Constraint → Create，可建立 Tie、Coupling、Shell-to-Solid Coupling、Embedded Region、Equation 等约束条件。其中，Tie 适用于约束面间网格划分不一致但变形连续的情况；Embedded Region 可模拟加筋对基体的增强功能，如对于钢筋混凝土实体结构（不是采用壳或梁进行模拟），分别创建钢筋和混凝土模型，然后将钢筋埋置到混凝土中。

通过 Interaction → Connector → Create，主要可模拟构件间的 U 形连接、焊接、铰接等连接，其在机械工程中具有重要的应用价值。连接器通常用于连接模型装配件中位于两个不同的部件实体上的两个点，或连接模型装配件中的一个点和地面，来建立它们之间的运动约束关系，可以选择输出变量并在可视化模块中进行分析。

通过 Interaction → Special → Inertia，可定义结构中的集中质量和惯性矩，这主要应用于悬索桥梁及高层建筑的地震分析中。通过 Interaction → Special → Crack，可定义结构中的裂纹及裂尖，为后续网格划分生成奇异单元奠定基础。通过 Interaction → Special → Spring/Dash-Pot，可定义弹簧和阻尼器。

6.Load（荷载）模块

在 Load 模块中，可以定义各种荷载（Load）、边界条件（Boundary Condition）、预定义场（Predefined Field）和荷载工况（Load Case）。

7.Mesh（网格）模块

在网格划分前需要对 Part 定义种子（Seed），通过 Mesh → Seed → Edge by Number（Edge by Size, Edge Biased）完成种子的定义，对几何模型的边可以均匀划分，也可按等比数列进行划分。具体划分的数目和方法要通过数值模拟试验确定，最终将理论解与试验结果进行对比，以确定经济、合理的网格划分规模。

8.Optimization（优化）模块

使用有限元软件 ABAQUS 进行结构优化是一个帮助完善设计的迭代过程，良好的结构优化的结果是部件质量小、刚性强、耐用。ABAQUS 提供了以下结构优化方法：拓扑优化、形状优化、尺寸优化和加强筋优化。它们由一系列目标函数和约束条件控制。

9.Job（作业）模块

通过 Job → Create 创建 Job 的名字，分析完成后存储的相关文件的主文件名均为该 Job 的名字。Submission 中包含 Job Type、Run Mode 和 Submit Time；General 中主要涉及 User Subroutine File 的选择；Memory 中主要是内存的划分；在 Parallelization 中可设置并行计算的一些内容；在 Precision 中可定义问题分析的精度。

10.Visualization（可视化）模块

后处理部分主要包括变形图显示（Visualization → Plot → Deformed Shape），输出变量的云状图（Visualization → Plot → Contours）。

输出结果包括场变量的输出（Visualization → Result → Field Output）和与时间有关的变量的输出（Visualization → Result → History Output），也可以将后处理结果导出到外部文件中（Visualization → Report → XY, Field Out-Put），以便进一步编辑和处理。

11.Sketch（草图）模块

通过该模块可以生成轮廓线或由外部文件导入生成轮廓线，对土木工程来说，用得比较多的是 AutoCAD 绘图软件，将由 AutoCAD 生成的二维线转存为扩展名为 DXF 的文件，然后在 ABAQUS/CAE 中选择 File → Import → Sketch 就可将轮廓线导入 Sketch 模块。在创建 Part 时进入 Sketch 界面，通过 Sketch → Add → Sketch 就可以使先前由 AutoCAD 导入的 Sketch 显示于当前界面中，进而创建所需的 Part。

1.3 ABAQUS 的基本使用方法

1.3.1 ABAQUS 常用文件

ABAQUS 运行后产生的文件能达到 20 余种，下面将 ABAQUS 在建模过程中产生的典型的文件一一列出，并进行简单分析[6]。

1.Inp 文件

Inp 文件是有限元软件 ABAQUS 的输入文件，其包含所建模型的全部信息，包括材料属性、边界条件和网格划分等。Inp 文件可以由用户用任意文字编辑器进行编辑，能方便地修改模型参数，控制分析过程，还可以完成一些 ABAQUS/CAE 所不支持的功能。每当提交求解器进行分析计算时，有限元软件 ABAQUS 都会自动在工作目录下生成一个 Inp 文件。

Inp 文件由一系列数据块构成，每个数据块描述模型的某部分特定信息。一个数据块总是从带有 * 的关键词(Keyword)开始，其后往往带有相应的参数，以及一个或多个数据行，具体可以在 Abaqus Keywords Reference Guide(ABAQUS 关键词参考手册)中查到每个关键词的用法以及每个关键词的位置。

2.Cae 文件

Cae 文件是有限元软件 ABAQUS 生成的模型数据库文件。Cae 文件必须通过 ABAQUS 软件打开。Cae 文件包含模型的几何体、网格、荷载等完整模型的前处理信息。

3.Odb 文件

Odb 文件称为输出数据库文件，可在 ABAQUS 的 Visualization 模块中直接打开，也可以输入 Cae 文件作为 Part 或者 Model。它包含 Step 模块中定义的场变量和历史变量输出结果。

4.Dat 和 Msg 文件

Dat 和 Msg 文件分别为数据和信息文件，均属于文本文件，可以用记事本、写字板或 Editplus 等文本编辑工具打开。

Dat 文件包含了模型数据的检查信息，如边界条件设置有无重叠、网格质量是否满足要求、问题的计算规模、调用的内存大小等。Dat 文件还用于记录数据和参数检查、内存和磁盘估计等信息，预处理 Inp 文件时产生的错误和警告信息也包含在内。

Msg 文件包含了计算过程中的重要信息，如各分析步的非线性计算收敛标准，各增量步的步长、迭代次数、迭代过程等。通过 Msg 文件，用户可以了解运算中不收敛的因素，并进行相应的调整。

5.Sta 文件

Sta 文件为状态文件。该文件包含各增量步的概要信息，如当前分析步、当前增量步、当前增量步长、迭代次数等。在计算过程中打开该文件可以查看计算进度。

6.Log 文件

Log 文件为日志文件，属于文本文件，包含各模块的起始时间和终止时间信息。

1.3.2　ABAQUS 帮助文档

有限元软件 ABAQUS 提供了一套详尽的在线帮助文档，为工程技术人员和学术研究人员提供了全面的技术支持和指导。

在 ABAQUS/CAE 的 Help 菜单下，打开如图 1-4 所示的帮助文档，将鼠标放置在每个手册旁边，即可查看关于该手册的详细信息，也可以输入关键词进行相关内容的查询。ABAQUS 常用帮助手册如下。

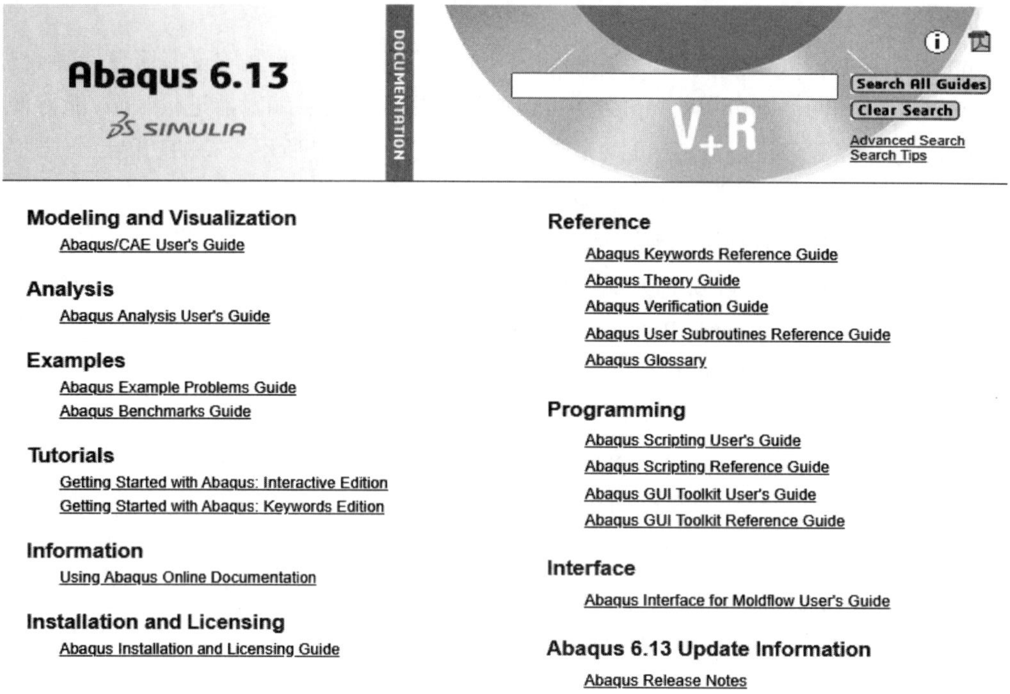

图 1-4　ABAQUS 帮助模块示意

(1)Abaqus Analysis User's Guide(ABAQUS 分析用户手册):对 ABAQUS 的功能进行完整的描述,包括空间模型定义、执行程序、分析过程以及程序拓展等内容。

(2)Abaqus/CAE User's Guide(ABAQUS/CAE 用户手册):包括如何运用 ABAQUS/CAE 生成模型、提交分析及结果评估和可视化等后处理操作的详细说明。

(3)Abaqus Keywords Reference Guide(ABAQUS 关键词参考手册):提供对 ABAQUS 的 Inp 文件中可输入关键词的完整描述,对关键词的用途、参数、数据行等进行说明。

(4)Abaqus Example Problems Guide(ABAQUS 实例手册):包括多个详细的 ABAQUS 分析实例,通过这些实例演示线性和非线性方法及其结果。

第 2 章　金属与混凝土材料本构模型

运用有限元软件 ABAQUS 对结构体系进行弹塑性分析时，准确描述材料在复杂应力状态下的弹塑性本构关系对结构在复杂工况下的分析和设计具有重要意义。钢材为各向同性的金属材料，国内外学者对钢材的本构模型研究得已较为成熟，相关本构模型能够考虑钢材的弹性、弹塑性、强化、断裂以及包辛格效应等，并且得到了充分的试验验证。而混凝土材料本质上是一种混合材料，在拉、压方向上具有不同的力学性能，并且存在强化、软化、开裂及损伤等复杂受力行为，如何更好地模拟混凝土变形规律一直以来都是研究的重点。

2.1　钢材本构模型

2.1.1　本构关系

1. 屈服准则

屈服准则是在一定的变形条件（如变形温度、变形速度等）下，材料开始进入塑性状态的条件。在钢材的三轴应力状态下，常用的屈服准则包括特雷斯卡（Tresca）屈服准则、米泽斯（Mises）屈服准则、希尔（Hill）屈服准则。

1）Tresca 屈服准则

Tresca 屈服条件又称最大剪应力屈服条件，是 Tresca[7] 在 1864 年根据试验总结出来的。Tresca 认为当物体中某点的最大剪应力（τ_{max}）达到某一数值（C）时，此点屈服。最大剪应力

$$\tau_{max} = C \tag{2-1}$$

式中：C 为材料常数，与材料性质有关。

设 σ_1、σ_2、σ_3 为屈服时的三个主应力，当主应力大小顺序为 $\sigma_1 \geqslant \sigma_2 \geqslant \sigma_3$ 时，式（2-1）可表示为

$$\sigma_1 - \sigma_3 = 2C \tag{2-2}$$

若未规定 σ_1、σ_2、σ_3 的大小顺序（主应力大小顺序未知），屈服条件可写为

$$\left[(\sigma_1-\sigma_3)^2-4C^2\right]\left[(\sigma_2-\sigma_3)^2-4C^2\right]\left[(\sigma_3-\sigma_1)^2-4C^2\right]=0 \tag{2-3}$$

当变形体或质点中的最大切应力达到某一定值时，材料发生屈服。材料处于塑性状态时，其最大切应力是一个定值，该定值只取决于材料在变形条件下的性质，而与应力状态无关。所以 Tresca 屈服准则又称为最大切应力不变条件。

在应力空间中，Tresca 屈服条件对应的屈服曲面是正六角柱面，称为 Tresca 正六角柱面。屈服曲面内的点处于弹性状态，屈服曲面上及屈服曲面外的点处于塑性状态。

Tresca 屈服准则是经过试验验证的。它的优点是当主应力大小顺序已知时，表达式简单。它的缺点是：当主应力大小顺序未知时，表达式过于复杂；只考虑了最大和最小主应力，没有考虑中间大小的主应力对屈服的影响；Tresca 正六角柱面具有六个棱边，在棱边处柱面的切平面不唯一，屈服函数的导数不连续，这给之后塑性理论的研究带来了困难。

2）Mises 屈服准则

1913 年，Mises 提出一个屈服条件[8]，弥补了 Tresca 屈服条件的不足，此屈服条件称为 Mises 屈服条件。Mises 屈服条件为，当物体内一点的应力偏张量的第二不变量（J_2）达到某一数值（K）时，此点开始屈服，即

$$J_2 = K \tag{2-4}$$

式中：K 为材料常数。

Mises 屈服条件还可以写成三个主应力的形式，即

$$(\sigma_1-\sigma_2)^2+(\sigma_1-\sigma_3)^2+(\sigma_2-\sigma_3)^2=6K \tag{2-5}$$

对于单向拉伸应力状态，材料开始屈服时的应力状态为

$$\sigma_1=\sigma_s \tag{2-6}$$

$$\sigma_2=\sigma_3=0 \tag{2-7}$$

式中：σ_s 为单向拉伸时的屈服应力。

将式（2-6）、式（2-7）代入式（2-5）得

$$K=\frac{\sigma_s^2}{3} \tag{2-8}$$

将式（2-8）代入式（2-4）可得 Mises 屈服条件：

$$J_2=\frac{\sigma_s^2}{3} \tag{2-9}$$

用三个主应力表示屈服条件，表达式为

$$(\sigma_1-\sigma_2)^2+(\sigma_1-\sigma_3)^2+(\sigma_2-\sigma_3)^2=2\sigma_s^2 \tag{2-10}$$

在应力空间中，Mises 屈服条件对应的屈服曲面是圆柱面，称为 Mises 圆柱面，为 Tresca 正六角柱面的外接圆柱面。

Mises 屈服条件克服了 Tresca 屈服条件的缺点，具体表现为：不论主应力大小顺序是否已知，Mises 屈服条件的表达式都比较简单；Mises 屈服条件考虑了三个主应力对屈服的影响；Mises 圆柱面是光滑的曲面。钢材在大部分情况下适合用这个准则。

3）Hill 屈服准则

Mises 屈服准则和 Tresca 屈服准则适用于描述各向同性的金属材料，而对于各向异性的金属材料，应采用 Hill[9-12] 屈服准则描述。它是 Mises 屈服准则的延伸。它可以用直角笛卡儿应力分量表示为

$$\sigma_0=\sqrt{H(\sigma_x-\sigma_y)^2+F(\sigma_y-\sigma_z)^2+G(\sigma_x-\sigma_z)^2+2N\tau_{xy}^2+2L\tau_{yz}^2+2M\tau_{xz}^2} \tag{2-11}$$

$$F=\frac{\sigma_0^2}{2}\left(\frac{1}{\bar{\sigma}_{yy}^2}+\frac{1}{\bar{\sigma}_{zz}^2}-\frac{1}{\bar{\sigma}_{xx}^2}\right)=\frac{1}{2}\left(\frac{1}{R_{yy}^2}+\frac{1}{R_{zz}^2}-\frac{1}{R_{xx}^2}\right) \tag{2-12}$$

$$G=\frac{\sigma_0^2}{2}\left(\frac{1}{\bar{\sigma}_{zz}^2}+\frac{1}{\bar{\sigma}_{xx}^2}-\frac{1}{\bar{\sigma}_{yy}^2}\right)=\frac{1}{2}\left(\frac{1}{R_{zz}^2}+\frac{1}{R_{xx}^2}-\frac{1}{R_{yy}^2}\right) \tag{2-13}$$

$$H=\frac{\sigma_0^2}{2}\left(\frac{1}{\bar{\sigma}_{xx}^2}+\frac{1}{\bar{\sigma}_{yy}^2}-\frac{1}{\bar{\sigma}_{zz}^2}\right)=\frac{1}{2}\left(\frac{1}{R_{xx}^2}+\frac{1}{R_{yy}^2}-\frac{1}{R_{zz}^2}\right) \tag{2-14}$$

$$L=\frac{3}{2}\left(\frac{\tau_0}{\bar{\sigma}_{yz}}\right)^2=\frac{3}{2R_{yz}^2} \tag{2-15}$$

$$M=\frac{3}{2}\left(\frac{\tau_0}{\bar{\sigma}_{xz}}\right)^2=\frac{3}{2R_{xz}^2} \tag{2-16}$$

$$N=\frac{3}{2}\left(\frac{\tau_0}{\bar{\sigma}_{xy}}\right)^2=\frac{3}{2R_{xy}^2} \tag{2-17}$$

式中：F、G、H、L、M、N 为材料在不同方向上试验得到的常数；$\bar{\sigma}_{ij}$ 为 σ_{ij} 作为唯一非零应力分量时的屈服应力；σ_0 为用户自定义的参考屈服应力；R_{xx}、R_{yy}、R_{zz}、R_{xy}、R_{xz}、R_{yz} 为各向异性屈服应力比。

$$R_{xx}=\frac{\bar{\sigma}_{xx}}{\sigma_0} \tag{2-18}$$

$$R_{yy}=\frac{\bar{\sigma}_{yy}}{\sigma_0} \tag{2-19}$$

$$R_{zz}=\frac{\bar{\sigma}_{zz}}{\sigma_0} \tag{2-20}$$

$$R_{xy}=\frac{\bar{\sigma}_{xy}}{\tau_0} \tag{2-21}$$

$$R_{xz}=\frac{\bar{\sigma}_{xz}}{\tau_0} \tag{2-22}$$

$$R_{yz}=\frac{\bar{\sigma}_{yz}}{\tau_0} \tag{2-23}$$

在有限元软件 ABAQUS 中，Mises 屈服准则是最常用的，因为它能有效模拟金属材料的屈服行为。

2. 流动准则

当构件发生塑性应变时，流动准则定义了应变方向。流动准则可以描述在达到屈服后，在每一个荷载增量的作用下，塑性应变的各个分量是如何发展的。塑性流动准则用于描述材料的塑性流动方向与应力状态之间的关系。

1）关联流动准则

1928 年，Mises 借鉴弹性势的概念提出塑性势理论，认为塑性势函数的外法线方向即为塑性流动方向。1951 年，德鲁克（Drucker）[13-17] 提出了一个塑性的基本公设，根据稳定材料单拉进入塑性变形状态后在应力循环的过程中，附加外力做的功恒为非负，以及热力学的相关理论，证明了加载面的外凸性和塑性变形增量的正交性。因此，塑性流动的方向必然是加载面的法线方向。对于稳定的强化材料，塑性势函数与后继屈服函数的表达形式一样，即相关联，在塑性状态的加载过程中，由应力增量 $d\sigma$ 产生相应的应变增量 $d\varepsilon$。关联流动准则可以表示为

$$d\varepsilon^{p}=d\lambda\frac{\partial f}{\partial\sigma} \tag{2-24}$$

式中：$d\varepsilon^{p}$ 为塑性应变增量；f 为屈服准则；$d\lambda$ 为非负的比例系数。

关联流动准则没有严格的理论证明，在金属材料中应用较为广泛而被普遍接受。在关联流动准则框架下，采用单一函数式准确预测各向异性材料的屈服和塑性流动行为较为困难，这是由于确定屈服准则时既采用应力数据又采用应变数据，两种数据相互干扰，致使无法得到理想的预测结果。

2）非关联流动准则

斯托顿（Stoughton）[18] 提出了非关联流动准则的概念，即屈服准则和塑性势函数的表达式不同。屈服准则采用应力数据确定，塑性势函数通过采用应变数据确定屈服准则表达式而得到，两者采用的屈服准则表达式结构可以相同，也可以不同。在非关联流动准则框架下可以更加准确地预测屈服和塑性流动行为。

流动准则和屈服面不一致，适用于某些摩擦材料或不规则屈服面。

在非关联流动模型中，屈服函数 f_y 决定着材料的屈服，塑性势函数 f_p 决定着材料的流动方向。屈服函数和塑性势函数中的参数分别通过材料的屈服应力和各向异性系数求得。非关联流动模型中的塑性应变增量张量表示为

$$d\varepsilon^{p}=d\lambda\frac{\partial f_{p}}{\partial\sigma} \tag{2-25}$$

式中：$d\varepsilon^{p}$ 为塑性应变增量张量；λ 为塑性乘子。

如果塑性势方程 f_p 与屈服方程 f_y 完全一致，即方程形式和所用参数均一致，则研究方法为关联流动准则假设；若 f_p 与 f_y 仅方程形式一致，所用参数分别由厚向异性系数 r 和应力力学性能参数求解，则研究方法为非关联流动准则假设。ABAQUS 通常使用关联流动准则来描述金属材料的塑性变形。

3. 损伤模型

如果材料模型中没有定义损伤，ABAQUS 将持续依据应力-应变关系评估结构的行为。可以定义损伤起始准则（图 2-1）和损伤演化准则准确地表示材料软化阶段的行为。在 ABAQUS 中，损伤模型包括：韧性（Ductile）损伤、剪切（Shear）损伤、Johnson-Cook 损伤；FLD（Forming Limit Diagram）、FLSD（Forming Limit Stress Diagram）、MSFLD（Müschenborn-Sonne Forming Limit Diagram）和 M-K（Marciniak-Kuczynski）损伤。

1）损伤起始准则

使延性金属发生断裂的机制主要有两个：金属内孔洞的成核、生长和聚合导致的韧性断裂；剪切带局部化导致的剪切断裂。

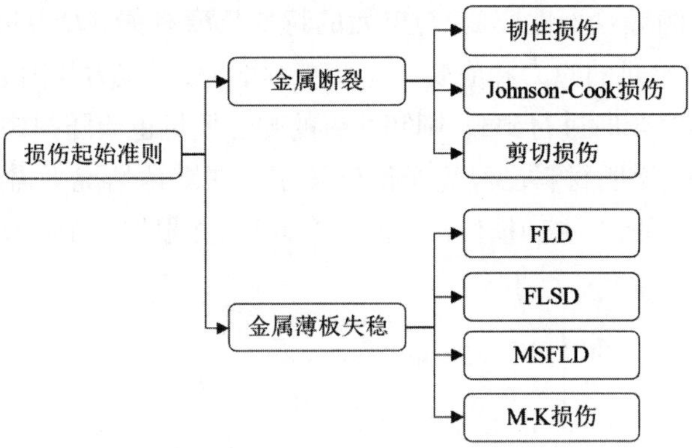

图 2-1　损伤起始准则的分类

Ⅰ. 韧性断裂准则

延性准则是一个唯象模型，其可预测材料内部孔洞成核、生长和聚合引起的损伤起始。这个模型假设损伤开始时的等效塑性应变为应力三轴度和应变率的函数。胡普特拉（Hooputra）[19] 通过试验和理论推导得到了在定应变速率下，断裂应变和应力三轴度的关系：

$$\bar{\varepsilon}_{\mathrm{D}}^{\mathrm{pl}}=\frac{\varepsilon_{\mathrm{T}}^{+}\sinh\left[k_0\left(\eta^{-}-\eta\right)\right]+\varepsilon_{\mathrm{T}}^{-}\sinh\left[k_0\left(\eta-\eta^{+}\right)\right]}{\sinh\left[k_0\left(\eta^{-}-\eta^{+}\right)\right]} \tag{2-26}$$

式中：η 为应力三轴度，即平均应力和屈服应力的比值；$\varepsilon_{\mathrm{T}}^{+}$ 为等双轴拉伸时，断裂时的等效塑性应变；η^{+} 为等双轴拉伸时的应力三轴度；$\varepsilon_{\mathrm{T}}^{-}$ 为等双轴压缩时，断裂时的等效塑性应变；η^{-} 为等双轴压缩时的应力三轴度；k_0 为与方向相关的参数。

Ⅱ. 剪切断裂准则

$$\bar{\varepsilon}_{\mathrm{S}}^{\mathrm{pl}}=\frac{\varepsilon_{\mathrm{S}}^{+}\sinh\left[f\left(\theta_{\mathrm{s}}-\theta_{\mathrm{s}}^{-}\right)\right]+\varepsilon_{\mathrm{S}}^{-}\sinh\left[f\left(\theta_{\mathrm{s}}^{+}-\theta_{\mathrm{s}}\right)\right]}{\sinh\left[f\left(\theta_{\mathrm{s}}^{+}-\theta_{\mathrm{s}}^{-}\right)\right]} \tag{2-27}$$

式中：$\varepsilon_{\mathrm{S}}^{+}$ 为等双轴拉伸时，剪切断裂时的等效塑性应变；$\varepsilon_{\mathrm{S}}^{-}$ 为等双轴压缩时，剪切断裂时的等效塑性应变；θ_{s} 为剪切应力参数；θ_{s}^{+}、θ_{s}^{-} 分别为等双轴拉伸、压缩时的剪切应力参数；f 为与方向相关的参数。

2）损伤演化

在具有各向同性硬化的弹塑性材料中，损伤表现为屈服应力软化和弹性退化两种形式。满足任意一种损伤准则以后，材料就开始发生损伤。在 ABAQUS 中，使用标量损伤变量 D_{i} 描述刚度退化的程度。可以同时定义多个损伤失效机理，因此可以同时存在多个损伤变量，每一个损伤变量对应一个损伤准则。

任意时刻材料的应力张量根据损伤方程计算：

$$\sigma=(1-D)\bar{\sigma} \tag{2-28}$$

式中：$\bar{\sigma}$ 为有效应力张量或未损伤的应力张量。

图 2-2 展示了损伤演化过程中的应力-应变情况。实线为损伤后的应力-应变响应，虚线为无损伤时的响应。损伤的响应取决于单元的尺寸，应使结果的网格依赖性最小化。

图 2-2 中，σ_{y0} 和 $\bar{\varepsilon}_{\mathrm{c}}^{\mathrm{pl}}$ 为损伤起始时的屈服应力和等效塑性应变；$\bar{\varepsilon}_{\mathrm{f}}^{\mathrm{pl}}$ 为当整体损伤变量

达到 D=1 时，破坏时的等效塑性应变，与单元的特征长度有关。D=0 时对应的应力和等效塑性应变即为损伤开始时的应力和应变。应变继续增大，但应力却因为损伤的发生而开始减小。如果损伤发生一半时进行卸载，则卸载时的弹性模量也会随损伤而变小。D=1 时，该点处的应力减小到零，说明材料已经完全被破坏了。在默认情况下需要把这个单元删除。整体损伤变量 D 捕获了所有主动损伤机制的综合效果，并根据每个损伤变量 D_i 进行计算。

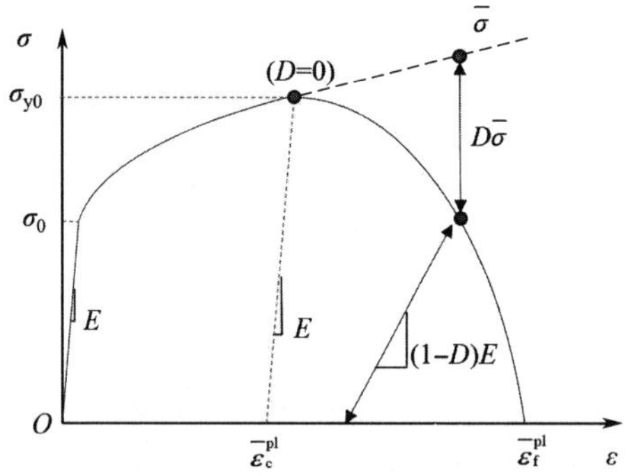

图 2-2 损伤演化过程中的应力-应变曲线

失效时等效塑性应变 $\bar{\varepsilon}_f^{pl}$ 的值取决于单元的特征长度，不能作为描述损伤演化规律的材料参数。因此损伤演化规律用等效塑性位移 $\bar{u}^{pl}$ 或断裂能量耗散 G_f 来表示。

3）网格依赖性和特征长度

当材料发生损伤时，应力-应变关系不再准确地代表材料的行为。继续使用引入了基于应变局部化的强网格依赖性的应力-应变关系，使得随着网格的细化，能量耗散减少。希利保格（Hillerborg）[20] 的断裂能量假设建议在损伤开始后通过产生应力-位移响应来减少网格依赖。Hillerborg 利用脆性断裂的概念，将张开单位面积裂纹所需的能量 G_f 定义为材料参数。使用这种方法，损伤开始后的软化响应的特征是应力-位移响应而不是应力-应变响应。在有限元模型中可实现这种应力-位移概念的定义和与积分点相关的特征长度 L 的定义。断裂能为

$$G_f = \int_{\bar{\varepsilon}_0^{pl}}^{\bar{\varepsilon}_f^{pl}} L\sigma_y \mathrm{d}\bar{\varepsilon}^{pl} = \int_0^{\bar{u}_f^{pl}} \sigma_y \mathrm{d}\bar{u}^{pl} \tag{2-29}$$

2.1.2 钢材本构在 ABAQUS 中的应用

1.Q235 钢材本构模型

对于 Q235 和 Q345 等建筑工程中常用的低碳软钢，其应力-应变曲线一般可分为弹性段（OA）、弹塑性段（AB）、塑性段（BC）、强化段（CD）和二次塑流段（DE）五个阶段[21]，通常用点划线表示钢材实际的应力-应变曲线，实线表示简化的应力-应变曲线，f_p、f_y 和 f_u 分别为钢材的比例极限、屈服极限和抗拉强度极限。

采用理想弹塑性模型来描述 Q235 钢材的本构关系，材料的应力-应变关系近似简化为双折线模型，如图 2-3 所示。折线上各点的取值根据实测材性数据确定，OA 段和 AB 段关系式如下：

$$\sigma=\begin{cases}E\varepsilon, & \varepsilon\leqslant\varepsilon_y\\ f_y+\dfrac{f_u-f_y}{\varepsilon_u-\varepsilon_y}(\varepsilon-\varepsilon_y), & \varepsilon_y<\varepsilon\leqslant\varepsilon_u\end{cases} \tag{2-30}$$

式中：σ为应力；ε为应变；E为 Q235 钢材的弹性模量；f_y、f_u为 Q235 钢材的屈服强度和极限强度；ε_y、ε_u为 Q235 钢材的屈服应变和极限应变。

钢材的应力-应变关系也可以近似简化为四折线模型[22]，如图 2-4 所示。关系式如下：

$$\sigma=\begin{cases}E\varepsilon, & \varepsilon\leqslant\varepsilon_y\\ f_y, & \varepsilon_y<\varepsilon\leqslant\varepsilon_{st}\\ f_y+\zeta E(\varepsilon-\varepsilon_{st}), & \varepsilon_{st}<\varepsilon\leqslant\varepsilon_u\\ f_u, & \varepsilon>\varepsilon_u\end{cases} \tag{2-31}$$

式中：ε_{st}为钢材强化时的应变；ζ为待定系数。无实测数据时可取$\varepsilon_{st}=12\varepsilon_y$，$\zeta=1/216$[23]。

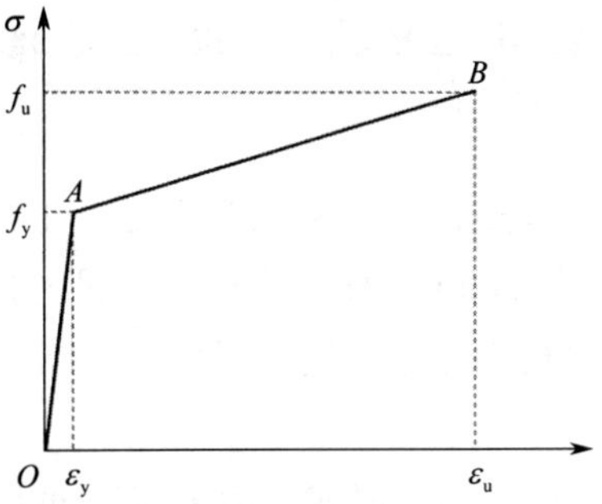

图 2-3　双折线 Q235 钢材的应力-应变曲线

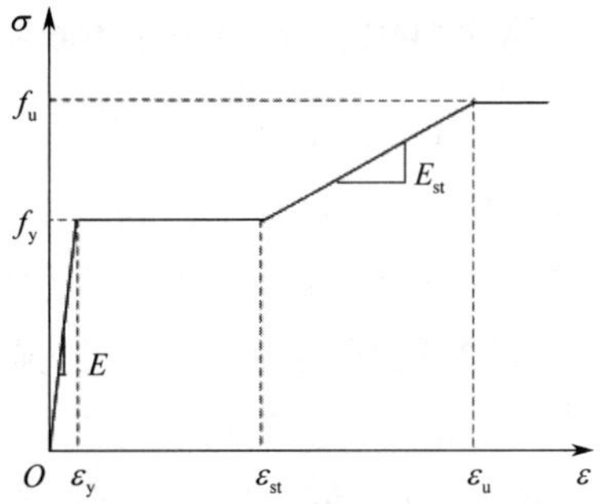

图 2-4　四折线 Q235 钢材的应力-应变曲线

钢材的应力-应变关系也可以采用简化后的二次塑流模型形式[24]，如图 2-5 所示。在这种形式下，钢材的应力-应变曲线分为弹性段、屈服段、强化段和二次屈服段。该模型能够很好地反映钢材单调加载时的屈服及硬化现象，其强化段采用二次抛物线形式，具体的数学表达式如下：

$$\sigma=\begin{cases}E\varepsilon, & \varepsilon\leqslant\varepsilon_y\\ f_y, & \varepsilon_y<\varepsilon\leqslant k_1\varepsilon_y\\ k_3f_y+\dfrac{E\left(1-k_3\right)}{\varepsilon_y\left(k_2-k_1\right)^2}\left(\varepsilon-k_2\varepsilon_y\right)^2, & k_1\varepsilon_y<\varepsilon\leqslant k_2\varepsilon_y\\ f_u, & \varepsilon>k_2\varepsilon_y\end{cases} \tag{2-32}$$

式中：参数k_1、k_2和k_3用于控制单调加载曲线的形状。对于 Q235B、Q345B 钢材，可取$k_1=4.5$，$k_2=45$，$k_3=1.4$；对于 Q460D 钢材，可取$k_1=4.5$，$k_2=45$，$k_3=1.2$[25]。

钢材本构通常采用二次塑流模型，也可将应力-应变曲线简化为五个阶段[26]，如图 2-6 所示，应力-应变关系式如下：

$$\sigma=\begin{cases}E\varepsilon, & \varepsilon\leqslant\varepsilon_y\\ -A\varepsilon^2+B\varepsilon+C, & \varepsilon_y<\varepsilon\leqslant\varepsilon_{y1}\\ f_y, & \varepsilon_{y1}<\varepsilon\leqslant\varepsilon_{y2}\\ f_y+1+0.6\times\dfrac{\varepsilon-\varepsilon_{y2}}{\varepsilon_u-\varepsilon_{y2}}, & \varepsilon_{y2}<\varepsilon\leqslant\varepsilon_u\\ 1.6f_y, & \varepsilon>\varepsilon_u\end{cases} \tag{2-33}$$

式中：f_y 为钢材的抗拉强度设计值；$\varepsilon_y=0.8f_y/E$；$\varepsilon_{y1}=1.5\varepsilon_y$；$\varepsilon_{y2}=10\varepsilon_y$；$\varepsilon_u=100\varepsilon_y$；$A=0.2f_y(\varepsilon_{y1}-\varepsilon_y)$；$B=2A\varepsilon_{y1}$；$C=0.8f_y+A\varepsilon_y^2-B\varepsilon_y$。在分析中设钢材为各向同性材料，采用 Mises 屈服准则，各向同性强化。

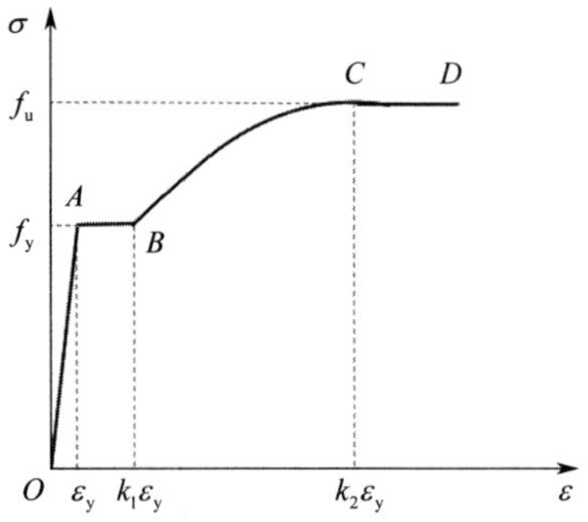

图 2-5　四折线钢材的应力-应变曲线

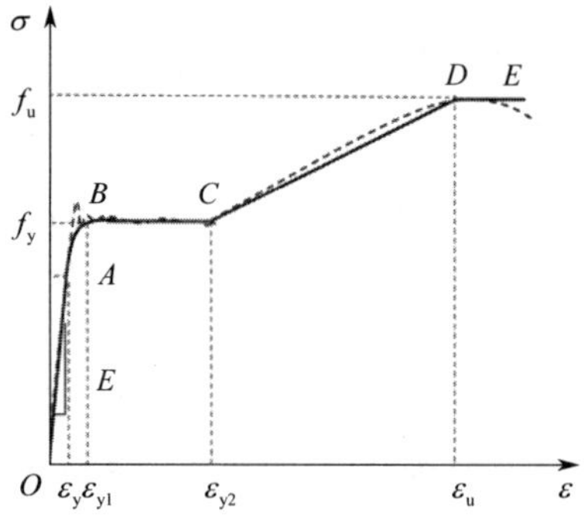

图 2-6　五阶段钢材的应力-应变曲线

2.Q690 高强钢本构模型

钢材生产技术和加工工艺的进步大幅度提高了钢材的强度和加工性能。随着生产技术、加工工艺的发展，目前可以生产名义屈服强度达到 2 000 MPa 的钢材。学界内将屈服强度为 460~690 MPa 的结构钢材定义为高强度结构钢材；而屈服强度超过 690 MPa 的结构钢材则被归类为超高强度结构钢材。

采用简化修正后的兰贝格-奥斯古德（Ramberg-Osgood）三段式应力-应变全曲线模型描述 Q690 高强钢材料的应力-应变关系，如图 2-7 所示。

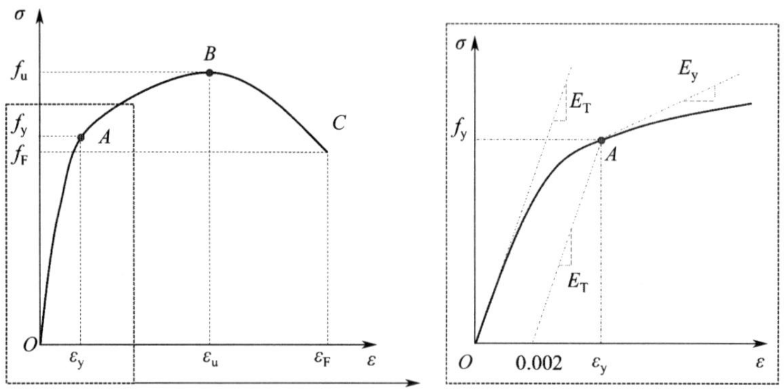

图 2-7　Q690 钢材的应力-应变曲线

Q690 钢材的应力-应变关系式如下：

$$
\varepsilon=\begin{cases}
\dfrac{f_y}{E}+0.002\left(\dfrac{\sigma}{f_y}\right)^n, & \sigma\leqslant f_y \quad (OA\text{段}) \\
\dfrac{\sigma-f_y}{E_y}+\left(\varepsilon_u-\dfrac{f_u-f_y}{E_y}-\varepsilon_y\right)\left(\dfrac{\sigma-f_y}{f_u-f_y}\right)^m+\varepsilon_y, & f_y<\sigma\leqslant f_u \quad (AB\text{段}) \\
\varepsilon_u+(\varepsilon_F-\varepsilon_u)\left(\dfrac{\sigma-f_u}{f_F-f_u}\right)^p, & f_u>\sigma\geqslant f_F \quad (BC\text{段})
\end{cases} \tag{2-34}
$$

式中：f_y 为 Q690 钢材的屈服强度；E 为杨氏模量；ε_y 为屈服应变；n 为材料硬化指数；E_y 为切线模量；f_u 为极限强度；ε_u 为极限应变；m 为材料硬化指数；f_F 为断裂强度；ε_F 为断裂应变；p 为材料退化指数。

3. 不锈钢本构模型

普通钢材拉伸的应力-应变曲线分为弹性、弹塑性、塑性和强化四个阶段，在弹塑性阶段具有明显的屈服点和屈服平台。设计规范将普通钢材视为理想弹塑性材料，即应力-应变曲线只有两个直线段，这种简化既满足设计需要，也与实际情况接近。然而不锈钢的应力-应变曲线弹性阶段短，没有明显的屈服点和屈服平台，一般将残余应变为 0.2% 时对应的应力作为名义屈服强度 $f_{0.2}$，如图 2-8 所示。

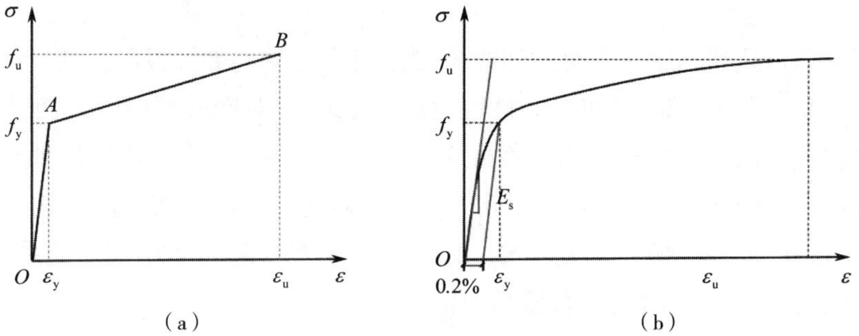

图 2-8　普通钢材与不锈钢的应力-应变曲线

（a）普通钢材的应力-应变曲线　（b）不锈钢的应力-应变曲线

1943 年，Ramberg 和 Osgood[27] 在研究非线性金属材料时，提出了经典的非线性金属材料的本构模型，经希尔（Hill）[28] 等改进，形成了目前研究非线性金属材料的经典 R-O 模型：

$$\varepsilon=\frac{\sigma}{E}+0.002\left(\frac{\sigma}{f_{0.2}}\right)^n \tag{2-35}$$

式中：n 为硬化指数，一般由材料力学性能试验获得的比例极限 $\sigma_{0.01}$ 与名义屈服应力 $\sigma_{0.02}$ 求出。

$$n=\frac{\ln 20}{\ln(\sigma_{0.2}/\sigma_{0.01})} \tag{2-36}$$

试验 [29-30] 表明，式（2-35）在应力达到 $\sigma_{0.2}$ 之前具有极高的精度，但是当应力超过 $\sigma_{0.2}$ 后，式（2-35）将会过高地估计材料的应变硬化效应。

2003 年，拉斯马森（Rasmussen）[31] 通过总结大量不锈钢材料拉伸试验数据，提出两阶段的应力-应变模型，并利用 R-O 模型的三个原始参数 $\sigma_{0.2}$、n 和 E_0 表达了第二段曲线的参数 ε_u、σ_u 和 n。

$$\varepsilon=\begin{cases}\dfrac{\sigma}{E_0}+0.002\left(\dfrac{\sigma}{\sigma_{0.2}}\right)^n, & \sigma\leqslant\sigma_{0.2}\\[2ex] \dfrac{\sigma-\sigma_{0.2}}{E_{0.2}}+\varepsilon_u\left(\dfrac{\sigma-\sigma_{0.2}}{\sigma_u-\sigma_{0.2}}\right)^m+\varepsilon_{0.2}, & \sigma>\sigma_{0.2}\end{cases} \tag{2-37}$$

$$\sigma_u=\sigma_{0.2}\frac{[1-0.037(n-5)]}{(0.2+185\sigma_{0.2}/E_0)} \tag{2-38}$$

$$\varepsilon_{\mathrm{u}}=1-\frac{\sigma_{0.2}}{\sigma_{\mathrm{u}}} \tag{2-39}$$

$$n=\frac{\ln 20}{\ln(\sigma_{0.2}/\sigma_{0.01})} \tag{2-40}$$

$$E_{0.2}=\frac{E_0}{1+0.002n/e} \tag{2-41}$$

$$e=\frac{\sigma_{0.2}}{E_0} \tag{2-42}$$

$$\varepsilon_{0.2}=\frac{\sigma_{0.2}}{E_0}+0.002 \tag{2-43}$$

$$m=1+3.5\times\frac{\sigma_{0.2}}{\sigma_{\mathrm{u}}} \tag{2-44}$$

式中：$E_{0.2}$ 为不锈钢达到屈服应变时的切线模量；e 为无量纲的弹性极限应变。

2004 年，加德纳（Gardner）和内瑟科特（Nethercot）[32] 对冷成型的管截面进行了标准拉伸试验。他们提出的不锈钢材料力学性能关系与 Rasmussen 相似，但考虑到板件压缩材性试验无法得到准确的 ε_{u} 和 σ_{u}，因此采用 $\sigma_{1.0}$ 代替 σ_{u} 表达第二段曲线。这样就可以用材料力学性能试验（拉伸和压缩）测得的 $\sigma_{1.0}$、$\sigma_{2.0}$、E_0、n 来描述不锈钢的应力-应变关系。试验表明，式（2-45）在应变接近 10% 时仍具有较高的精度。

$$\varepsilon=\begin{cases}\dfrac{\sigma}{E_0}+0.002\left(\dfrac{\sigma}{\sigma_{0.2}}\right)^n, & 0\leqslant\sigma<\sigma_{0.2}\\[2ex] \dfrac{\sigma-\sigma_{0.2}}{E_0}+\left(0.008-\dfrac{\sigma-\sigma_{0.2}}{E_{0.2}}\right)\left(\dfrac{\sigma-\sigma_{0.2}}{\sigma_{1.0}-\sigma_{0.2}}\right)^{n'_{0.2,1.0}}+\varepsilon_{0.2}, & \sigma_{0.2}\leqslant\sigma<\sigma_{\mathrm{u}}\end{cases} \tag{2-45}$$

$$n'_{0.2,1.0}=6.399\left(\frac{E_{0.2}}{E_0}\right)\left(\frac{\sigma_{1.0}}{\sigma_{0.2}}\right)+1.145 \tag{2-46}$$

式中：ε 和 σ 分别为工程应变和工程应力；$\sigma_{1.0}$ 为不锈钢应变为 1.0% 处的应力；$\sigma_{0.2}$ 为材料的名义屈服应力；E_0 为材料的初始弹性模量；$E_{0.2}$ 为应力为 $\sigma_{0.2}$ 时的切线弹性模量；n 为硬化指数；$\varepsilon_{0.2}$ 是应力为 $\sigma_{0.2}$ 时的总应变；$n'_{0.2,1.0}$ 为由 $\sigma_{0.2}$ 和 $\sigma_{1.0}$ 表示的第二段曲线的硬化指数。

2008 年，Quach 和 Teng[33] 综合经典 R-O 方程、Gardner 和 Nethercot 的方程及 Olsson 的方程，提出了不锈钢材料的三阶段应力-应变曲线，并基于前人大量的试验数据，利用 R-O 公式的三个原始参数 $\sigma_{0.2}$、n 和 E_0 表达了其余两段的参数 $\sigma_{0.2}$、$\sigma_{1.0}$ 和 $n'_{0.2,1.0}$。

$$\varepsilon=\begin{cases}\dfrac{\sigma}{E_0}+0.002\left(\dfrac{\sigma}{\sigma_{0.2}}\right)^n, & 0\leqslant\sigma_{\mathrm{sT}}<f_{\mathrm{yT}}\\[2ex] \dfrac{\sigma-\sigma_{0.2}}{E_0}+\left[0.008+(\sigma_{1.0}-\sigma_{0.2})\left(\dfrac{1}{E_0}-\dfrac{1}{E_{\mathrm{y}}}\right)\right]\left(\dfrac{\sigma-\sigma_{0.2}}{\sigma_{1.0}-\sigma_{0.2}}\right)^{n'_{0.2,1.0}}+\varepsilon_{0.2}, & f_{\mathrm{yT}}<\sigma_{\mathrm{sT}}\leqslant\sigma_{2.0,\mathrm{T}}\\[2ex] \dfrac{\sigma-a}{b\mp\sigma}, & \sigma_{2.0,\mathrm{T}}<\sigma_{\mathrm{sT}}\leqslant\sigma_{\mathrm{uT}}\end{cases} \tag{2-47}$$

$$n = \frac{\ln 20}{\ln\left(\sigma_{0.2}/\sigma_{0.01}\right)} \tag{2-48}$$

$$E_{\mathrm{y}} = \frac{E_0}{1+0.002n/e} \tag{2-49}$$

$$e = \frac{\sigma_{0.2}}{E_0} \tag{2-50}$$

$$\varepsilon_{0.2} = \frac{\sigma_{0.2}}{E_0} + 0.002 \tag{2-51}$$

$$\sigma_{1.0} = \sigma_{0.2}\left(0.542\times\frac{1}{n}+1.072\right) \tag{2-52}$$

$$n'_{0.2,1.0} = 12.255\left(\frac{E_{\mathrm{y}}}{E_0}\right)\left(\frac{\sigma_{1.0}}{\sigma_{0.2}}\right)+1.037 \tag{2-53}$$

$$A = \frac{B}{0.008+e\left(\sigma_{1.0}/\sigma_{2.0}-1\right)\left(1-E_0/E_{\mathrm{y}}\right)} \tag{2-54}$$

$$B = 0.018+e\left(E_0/E_{\mathrm{y}}-1\right) \tag{2-55}$$

$$\sigma_{2.0} = \sigma_{0.2}\times\frac{1+\left(\sigma_{1.0}/\sigma_{0.2}-1\right)A^{1/n'_{0.2,1.0}}}{1+e\left(E_0/E_{\mathrm{y}}-1\right)\left(\sigma_{1.0}/\sigma_{0.2}-1\right)\times\dfrac{A^{1/n'_{0.2,1.0}}}{1/n'_{0.2,1.0}B}} \tag{2-56}$$

$$a = \sigma_{2.0}\left(1\pm\varepsilon_{2.0}\right)-b\varepsilon_{2.0} \tag{2-57}$$

$$b = \frac{\sigma_{\mathrm{u}}\left(1\pm\varepsilon_{\mathrm{u}}\right)-\sigma_{2.0}\left(1\pm\varepsilon_{2.0}\right)}{\varepsilon_{\mathrm{u}}-\varepsilon_{2.0}} \tag{2-58}$$

式中：E_0 为不锈钢的弹性模量；$\sigma_{0.2}$ 为不锈钢的屈服强度；n 为不锈钢的应力-应变曲线一阶段的强化系数；E_{y} 为不锈钢的应力-应变曲线中屈服强度对应的切线模量；e 为不锈钢的无量纲屈服应力；$\varepsilon_{0.2}$ 为不锈钢的屈服应变；$\sigma_{1.0}$ 为不锈钢的残余应变为 1.0% 处的应力；$\varepsilon_{1.0}$ 为 $\sigma_{1.0}$ 处的应变；$n'_{0.2,1.0}$ 为不锈钢的应力-应变曲线二阶段的强化系数；σ_{u} 为不锈钢的极限强度；ε_{u} 为 σ_{u} 处的应变；a、b、A、B 为中间计算参数；$\sigma_{2.0}$ 为不锈钢的残余应变为 2.0% 处的应力；$\varepsilon_{2.0}$ 为 $\sigma_{2.0}$ 处的应变。

2.2　铝合金本构模型

近年来铝合金材料凭借自身的诸多优点越来越受到结构工程师的青睐，基于铝合金材料的建筑也越来越多，关于铝合金材料的性能，国外研究得较早也较深入。在单调荷载作用下常用铝合金材料的本构关系模型主要有分段式和连续式两种模型。

分段式模型包括两段式和三段式模型，它们是连续式模型的简化，可以分为考虑应变硬化和不考虑应变硬化两种形式。

连续式模型采用连续曲线近似模拟材料的应力-应变关系，曲线的不同区域分别描述材料的弹性、非弹性和塑性（或应变硬化）阶段，可考虑或不考虑材料的硬化。国外学者提出的适用于铝合金的经典本构模型有以下三种：①基于 ABAQUS 目前应用较为广泛的 Ramberg-Osgood 模型[27]，该模型用弹性模量 E、应变硬化相关系数 B 和应变硬化指数 n 来描述铝合金的应力-应变关系；②1966 年 Baehre 提出的三段式模型[34]，该模型将应力-应变曲线划分为线弹性段、非线弹性段和塑性硬化段，各阶段分别用直线、三次抛物线、双曲线来描述；③1972 年 Mazzolani 提出的另一种三段式模型[35]，与 Baehre 模型不同的是，该模型用直线、幂函数曲线、指数函数曲线来描述各阶段的应力-应变关系。上述三种本构模型较为常用。

2.2.1 分段式模型

分段式模型采用多条直线近似模拟材料的应力-应变关系，每条直线分别描述材料的弹性、非弹性和塑性（或应变硬化）阶段，可考虑或不考虑材料的硬化。

1. 两段式模型

不考虑应变硬化的两段式模型各阶段的表达式为

$$\sigma=\begin{cases}E\varepsilon, & 0<\varepsilon\leqslant\varepsilon_{0.2}\\ f_{0.2}, & \varepsilon_{0.2}<\varepsilon\leqslant\varepsilon_{\max}\end{cases} \tag{2-59}$$

式中：E 为弹性模量；$\varepsilon_{0.2}$ 为与 $f_{0.2}$ 对应的应变，$\varepsilon_{0.2}=f_{0.2}/E$，其中 $f_{0.2}$ 为与 0.2% 残余应变对应的等效屈服应力。

考虑应变硬化的两段式模型各阶段的表达式为

$$\sigma=\begin{cases}E\varepsilon, & 0<\varepsilon\leqslant\varepsilon_{0.2}\\ f_{0.2}+E'(\varepsilon-\varepsilon_{0.2}), & \varepsilon_{0.2}<\varepsilon\leqslant\varepsilon_{\max}\end{cases} \tag{2-60}$$

$$E'=\left(f_{\mathrm{u}}-f_{0.2}\right)/\left(0.5\varepsilon_{\mathrm{u}}-\varepsilon_{0.2}\right) \tag{2-61}$$

式中：E' 为硬化模量；ε_{u} 为与 f_{u} 对应的应变，其中 f_{u} 为材料的极限强度。

2. 三段式模型

不考虑应变硬化的三段式模型各阶段的表达式为

$$\sigma=\begin{cases}E\varepsilon, & 0<\varepsilon\leqslant\varepsilon_{\mathrm{p}}\\ f_{\mathrm{p}}+E_1(\varepsilon-\varepsilon_{\mathrm{p}}), & \varepsilon_{\mathrm{p}}<\varepsilon\leqslant\varepsilon_{0.2}\\ f_{\mathrm{p}}+E'(\varepsilon-\varepsilon_{0.2}), & \varepsilon_{0.2}<\varepsilon\leqslant\varepsilon_{\max}\end{cases} \tag{2-62}$$

式中：f_{p} 为比例极限应力，$f_{\mathrm{p}}=\mu f_{0.2}$；$\varepsilon_{\mathrm{p}}$ 为与 f_{p} 对应的应变，$\varepsilon_{\mathrm{p}}=f_{\mathrm{p}}/E$；$E$ 为初始弹性模量；E_1 为第一阶段的硬化模量，$E_1=E/m$；$\varepsilon-\varepsilon_{0.2}=\varepsilon_{\mathrm{p}}+(f_{0.2}-f_{\mathrm{u}})/E_1=[\mu+(1-\mu)m]f_{0.2}/E$，$m$ 为硬化系数；E' 为强化阶段的有效弹性模量。

考虑应变硬化的三段式模型各阶段的表达式为

$$\sigma=\begin{cases}E\varepsilon, & 0<\varepsilon\leqslant\varepsilon_{\mathrm{p}}\\ f_{\mathrm{p}}+E_1(\varepsilon-\varepsilon_{\mathrm{p}}), & \varepsilon_{\mathrm{p}}<\varepsilon\leqslant\varepsilon_{0.2}\\ f_{0.2}+E_2(\varepsilon-\varepsilon_{0.2}), & \varepsilon_{0.2}<\varepsilon\leqslant\varepsilon_{\max}\end{cases} \tag{2-63}$$

$$E_2=(f_{\mathrm{u}}-f_{0.2})/(0.5\varepsilon_{\mathrm{u}}-\varepsilon_{0.2}) \tag{2-64}$$

式中：E_2 为第二阶段的硬化模量。

2.2.2 Ramberg-Osgood 模型

Ramberg-Osgood 模型是 1943 年由 Ramberg 和 Osgood 提出的固体力学中描述弹塑性材料的应力-应变关系的一个经典理论模型[27]，由于其预期性质与铝合金的实际性质很接近，现已被广泛采用。对于没有屈服平台的结构钢材，其应力-应变特性通常采用此模型来模拟。Ramberg-Osgood 关系通过三个基本参数来定义，即初始弹性模量 E、残余应变为 0.2% 处的应力 σ、应变硬化指数 n。在实际应用中，应变硬化指数 n 通常通过让 Ramberg-Osgood 关系满足试验应力-应变曲线上的两个应力点（$\sigma_{0.01}$ 与 $\sigma_{0.2}$）来定义。其表达式为

$$\varepsilon=\frac{\sigma}{E}+\left(\frac{\sigma}{B}\right)^n \tag{2-65}$$

式中：E 为初始弹性模量；B 为应变硬化相关系数；n 为应变硬化指数，反映应变硬化程度。消去 B，Ramberg-Osgood 模型的另一个表达式为

$$\varepsilon=\frac{\sigma}{E}+\varepsilon_{\mathrm{y}}\left(\frac{\sigma}{\sigma_{\mathrm{y}}}\right)^n \tag{2-66}$$

式中：σ_{y} 为条件屈服强度；ε_{y} 为与条件屈服强度对应的塑性应变。工程中条件屈服强度取塑性应变为 0.2% 时的非比例延伸强度，故式（2-66）可写为

$$\varepsilon=\frac{\sigma}{E}+0.002\left(\frac{\sigma}{f_{0.2}}\right)^n \tag{2-67}$$

分析式（2-67）可知，此曲线恒过点（$f_{0.2}/E+0.002, f_{0.2}$）。当 $n=1$ 时，应力-应变为线性关系，应力-应变曲线为一条直线；当 $n\to\infty$ 时，应力-应变曲线退化为理想弹塑性模型。

2.2.3 Baehre 模型

Baehre 模型[34] 将应力-应变曲线大致划分为三个阶段，每个阶段的表达式如下。

线弹性段（直线段）：

$$\frac{\sigma}{f_{0.2}}=\frac{\varepsilon}{\varepsilon_{0.2}},\quad 0\leqslant\frac{\varepsilon}{\varepsilon_{0.2}}\leqslant\frac{\varepsilon_{\mathrm{p}}}{\varepsilon_{0.2}} \tag{2-68}$$

非线弹性段（三次抛物线段）：

$$\frac{\sigma}{f_{0.2}}=-0.2+1.85\times\frac{\varepsilon}{\varepsilon_{0.2}}-\left(\frac{\varepsilon}{\varepsilon_{0.2}}\right)^2+0.2\left(\frac{\varepsilon}{\varepsilon_{0.2}}\right)^3,\quad \frac{\varepsilon_{\mathrm{p}}}{\varepsilon_{0.2}}\leqslant\frac{\varepsilon}{\varepsilon_{0.2}}\leqslant\frac{\varepsilon_{f_{0.2}}}{\varepsilon_{0.2}} \tag{2-69}$$

塑性强化段（双曲线段）：

$$\frac{\sigma}{f_{0.2}}=\frac{f_{\mathrm{u}}}{f_{0.2}}-1.5\left(\frac{f_{\mathrm{u}}}{f_{0.2}}-1\right)\frac{\varepsilon_{0.2}}{\varepsilon},\quad \frac{\varepsilon_{f_{0.2}}}{\varepsilon_{0.2}}\leqslant\frac{\varepsilon}{\varepsilon_{0.2}}\leqslant\frac{\varepsilon_{\mathrm{u}}}{\varepsilon_{0.2}} \tag{2-70}$$

式中：$\sigma/f_{0.2}$ 为应力相对于弹性极限 $f_{0.2}$ 的无量纲值；$\varepsilon/\varepsilon_{0.2}$ 为应变相对于弹性极限 $\varepsilon_{0.2}=f_{0.2}/E$ 的无量纲值；$\varepsilon_{0.2}$ 为应力 $f_{0.2}$ 处的应变值；ε_{u} 为应力 f_{u} 处的应变值；ε_{p} 为比例极限 f_{p} 处的应变值；f_{p} 通常规定为相当于 0.005% 残余应变时的应力。

2.2.4 Mazzolani 模型

Mazzolani 在其所著的《铝合金结构设计》[35] 中提出以 E、$f_{0.2}$ 与 f_u 为基本参数的另一种三段式本构模型，类似于 Baehre 模型，该本构模型也将应力-应变曲线划分为线弹性段、非线弹性段、塑性强化段三个阶段，但每段对应的函数曲线与 Baehre 模型不同。

线弹性段（直线段）：

$$\bar{\sigma}=\bar{\varepsilon},\quad 0\leqslant\bar{\varepsilon}\leqslant 1 \tag{2-71}$$

非线弹性段（幂函数曲线段）：

$$\bar{\sigma}=\bar{\varepsilon}-\beta\left(\bar{\varepsilon}-1\right)^{\alpha},\quad 1\leqslant\bar{\varepsilon}\leqslant\overline{\varepsilon_1} \tag{2-72}$$

塑性强化段（指数函数曲线段）：

$$\bar{\sigma}=\overline{\sigma_u}-\psi^{-\gamma\left(\varepsilon-\bar{\varepsilon}\right)},\quad \bar{\varepsilon}>\overline{\varepsilon_1} \tag{2-73}$$

其中：

$$\alpha=\frac{1-\bar{\varepsilon}}{\bar{\sigma}-\bar{\varepsilon}}\left[1-\frac{f_{0.2}}{98.1}\left(\frac{f_{0.1}}{f_{0.2}}\right)\right] \tag{2-74}$$

$$\bar{\sigma}=\sigma/f_p \tag{2-75}$$

$$\bar{\varepsilon}=\varepsilon/\varepsilon_p \tag{2-76}$$

$$\overline{\varepsilon_1}=\varepsilon_e/\varepsilon_p \tag{2-77}$$

$$\varepsilon_e=0.002+f_{0.2}/E \tag{2-78}$$

$$\beta=\frac{\bar{\varepsilon}-\bar{\sigma}}{\left(\bar{\varepsilon}-1\right)^{\alpha}} \tag{2-79}$$

$$\bar{\sigma}_u=\bar{\sigma}_1\left(\frac{f_{0.2}}{f_{0.1}}\right)^3 \tag{2-80}$$

$$\psi=\overline{\sigma_u}-\overline{\sigma_1} \tag{2-81}$$

$$\gamma=\frac{f_{0.2}}{98.1\psi}\left(1-\frac{f_{0.1}}{f_{0.2}}\right) \tag{2-82}$$

式中：f_p 为比例极限应力，$f_p=f_{0.2}\left[1-\left(1-\frac{f_{0.1}}{f_{0.2}}\right)^m\right]$，$m=2.30-1.75\times\frac{f_{0.2}}{f_{0.1}}$；$\varepsilon_p$ 为比例极限 f_p 处的应变，$\varepsilon_p=f_p/E$；$f_{0.2}$ 为与 0.2% 残余应变相对应的等效屈服应力；$\bar{\sigma}$ 为应力相对于比例极限 f_p 的无量纲值；$\bar{\varepsilon}$ 为应变相对于比例极限 ε_p 的无量纲值；$f_{0.1}$ 为塑性应变取 0.1% 时的应力；$f_{0.2}$ 为塑性应变取 0.2% 时的应力；ψ 为相应的应力差；γ 为相关常量。

2.3 混凝土本构模型

为了尽可能准确地模拟混凝土材料的力学性能，国内外学者提出了基于各种理论的混凝土本构模型，如弹性理论、塑性理论、断裂理论及损伤理论等。有限元软件 ABAQUS 中提供了三种混凝土本构模型[36]：塑性损伤（Plasticity Damage）模型、弥散开裂（Smeared Cracking）模型、脆性开裂（Brittle Cracking）模型。弥散开裂模型将实际结构构件中离散的混凝土裂缝均匀化，通过对混凝土受拉应力-应变曲线软化段的修正，模拟混凝土开裂后的行为；脆性开裂模型仅考虑混凝土的受拉非线性行为，适用于素混凝土或少筋混凝土结构构件中混凝土材料本构关系的模拟，主要用于水工大坝等结构的模拟；塑性损伤模型适用于模拟结构构件在往复荷载作用下混凝土材料的本构关系，并且能够考虑材料在往复荷载作用下的损伤、裂缝开展、裂缝闭合及刚度恢复等行为。

2.3.1 混凝土塑性损伤模型

1. 屈服准则

混凝土塑性损伤模型的屈服面函数为

$$F=\frac{1}{1-\alpha}\left[\sqrt{3J_2}+\alpha I_1+\beta\sigma_{\max}-\gamma\left(-\sigma_{\max}\right)\right]-\sigma_{c0} \tag{2-83}$$

式中：I_1、J_2 分别为应力张量第一不变量、偏应力张量第二不变量；$\sigma_{\max}$ 为最大有效主应力；其余参数的计算公式如下。

$$\alpha=\frac{\sigma_{b0}/\sigma_{c0}-1}{2\sigma_{b0}/\sigma_{c0}-1} \tag{2-84}$$

$$\beta=\frac{\sigma_{c0}}{\sigma_{t0}}(1-\alpha)-(1+\alpha) \tag{2-85}$$

$$\gamma=\frac{3(1-K_c)}{2K_c-1} \tag{2-86}$$

式中：σ_{b0} 为混凝土双轴抗压强度；σ_{c0} 为混凝土单轴抗压强度；σ_{t0} 为混凝土单轴抗拉强度；K_c 为控制混凝土屈服面在偏平面上的投影形状的参数。若 K_c=1.0，则混凝土屈服面在偏平面上的投影为圆形，类似于经典弹塑性理论中的 Drucker-Prager 准则；若 K_c=0.5，则混凝土屈服面在偏平面上的投影为三角形，类似于经典弹塑性理论中的 Rankine 准则[37]。对于正常配筋的混凝土，建议 K_c=0.67。

2. 流动准则

塑性损伤模型的流动准则采用非关联流动准则[32]，其塑性势函数为

$$G=\sqrt{\left(\lambda\sigma_{t0}\tan\varphi\right)^2+1.5\rho^2}+\sqrt{3}\xi\tan\varphi \tag{2-87}$$

式中：$\rho=(2J_2)^{0.5}$；φ 为混凝土屈服面在强化过程中的膨胀角，根据相关研究成果，φ 的取值范围为 37°~42°；λ 为混凝土塑性势函数的偏心率，可取 0.1；ξ 为形状参数。

3. 塑性损伤模型在 ABAQUS 中的应用

有限元软件 ABAQUS 中的塑性损伤模型是连续的、基于塑性的混凝土损伤模型，采用各向同性弹性损伤及各向同性拉伸和压缩塑性理论来表征混凝土的非弹性行为，可以模拟低静水压力时混凝土在单调、循环荷载或动载作用下的力学行为，并通过结合非关联多重硬化塑性和各向同性弹性损伤理论来表征材料断裂过程中的不可逆损伤行为。混凝土塑性损伤模型（Concrete Damaged Plasticity Model，以下简称 CDP 模型）假定：混凝土材料是连续

的;混凝土材料损伤是各向同性的;混凝土材料的主要破坏原因是拉伸开裂和压缩破碎。

塑性损伤模型包含以下四个方面的材料行为:塑性参数、非弹性本构曲线及拉伸和压缩损伤因子。塑性参数主要用来确定混凝土的屈服面和流动准则,包括双轴与单轴抗压强度比值 f_{bu}/f_{cu}、影响屈服面形态的系数 K、偏心率(Eccentricity)、膨胀角(Dilation Angle)以及用于隐式收敛设置的黏性参数(Viscosity Parameter)。各参数的含义和详细介绍可参见文献[38],前三项可取默认值,分别为 1.16、0.67 和 0.1,膨胀角一般取 20°~40°,黏性参数取 0.000 5。

塑性损伤模型的应力-应变关系选用《混凝土结构设计标准(2024 年版)》(GB/T 50010—2010)[39] 给出的混凝土本构关系,如图 2-9 所示。

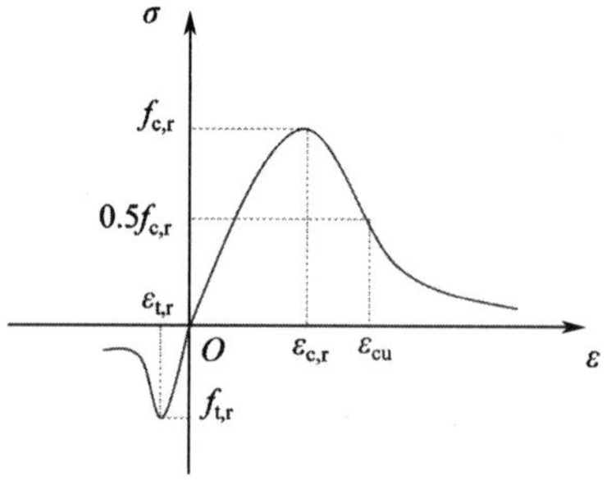

图 2-9 混凝土的应力-应变曲线

混凝土单轴受拉应力-应变曲线可按下列公式计算:

$$\sigma = (1-d_t)E_c\varepsilon \tag{2-88}$$

$$d_t = \begin{cases} 1-\rho_t(1.2-0.2x^5), & x \leqslant 1 \\ 1-\dfrac{\rho_t}{\alpha_t(x-1)^{1.7}+x}, & x > 1 \end{cases} \tag{2-89}$$

$$\rho_t = \frac{f_{t,r}}{E_c\varepsilon_{t,r}} \tag{2-90}$$

$$x = \frac{\varepsilon}{\varepsilon_{t,r}} \tag{2-91}$$

式中:α_t 为混凝土单轴受拉应力-应变曲线下降段的参数;$f_{t,r}$ 为混凝土单轴抗拉强度代表值;$\varepsilon_{t,r}$ 为单轴抗拉强度代表值 $f_{t,r}$ 对应的混凝土峰值拉应变;d_t 为混凝土单轴受拉损伤演化参数。

国内混凝土规范及各位学者普遍认为混凝土抗拉弹性模量与抗压弹性模量相等($E_c = E_t$),混凝土材料的弹性模量可通过试验实测获得,也可以查表获得,还可以由式(2-92)计算得到。

$$E_c = \frac{10^5}{2.2+34.7/f_{cu,k}} \tag{2-92}$$

式中:$f_{cu,k}$ 为混凝土材料的强度等级值,即混凝土材料的抗压强度标准值。

混凝土单轴受压应力-应变曲线可按下列公式计算:

$$\sigma = (1-d_c)E_c\varepsilon \tag{2-93}$$

$$d_t=\begin{cases}1-\dfrac{\rho_c n}{n-1+x^n}, & x\leqslant 1\\ 1-\dfrac{\rho_c}{\alpha_c(x-1)^2+x}, & x>1\end{cases} \tag{2-94}$$

$$\rho_c=\frac{f_{c,r}}{E_c\varepsilon_{c,r}} \tag{2-95}$$

$$n=\frac{E_c\varepsilon_{c,r}}{E_c\varepsilon_{c,r}-f_{c,r}} \tag{2-96}$$

$$x=\frac{\varepsilon}{\varepsilon_{c,r}} \tag{2-97}$$

式中：α_c 为混凝土单轴受压应力-应变曲线下降段的参数；$f_{c,r}$ 为混凝土单轴抗压强度代表值；$\varepsilon_{c,r}$ 为单轴抗压强度代表值 $f_{c,r}$ 对应的混凝土峰值压应变；d_c 为混凝土单轴受压损伤演化参数。

混凝土的压缩硬化（d_c-$\tilde{\varepsilon}_c^{in}$）和拉伸硬化（$d_t$-$\tilde{\varepsilon}_t^{ck}$）数据是用来描述混凝土的塑性压缩和拉伸行为的模型参数，结合式（2-78）和式（2-81）可分别计算混凝土拉伸硬化数据和混凝土压缩强化数据。ABAQUS 的 CDP 模型中输入的应变为非弹性应变 $\tilde{\varepsilon}_c^{in}$ 和受拉开裂应变 $\tilde{\varepsilon}_t^{ck}$，且需要保证与之对应的压缩等效塑性应变 $\tilde{\varepsilon}_c^{pl}$ 和拉伸等效塑性应变 $\tilde{\varepsilon}_t^{pl}$ 大于零，随着损伤因子的增大而增大。

$$\tilde{\varepsilon}_t^{ck}=\varepsilon_t-\varepsilon_{0t}^{el} \tag{2-98}$$

$$\varepsilon_{0t}^{el}=\frac{\sigma_t}{E_0} \tag{2-99}$$

$$\tilde{\varepsilon}_t^{pl}=\tilde{\varepsilon}_t^{ck}-\frac{d_t}{1-d_t}\frac{\sigma_t}{E_0} \tag{2-100}$$

式中：$\tilde{\varepsilon}_t^{ck}$ 为受拉开裂应变；σ_t 和 ε_t 为《混凝土结构设计标准（2024 年版）》（GB/T 50010—2010）中的拉应力和拉应变；E_0 为混凝土弹性模量；d_t 为受拉塑性损伤因子；ε_{0t}^{el} 为初始弹性模量对应的弹性拉应变；$\tilde{\varepsilon}_t^{pl}$ 为受拉状态下的塑性应变，如图 2-10 所示。

$$\tilde{\varepsilon}_c^{in}=\varepsilon_c-\varepsilon_{0c}^{el} \tag{2-101}$$

$$\varepsilon_{0c}^{el}=\frac{\sigma_c}{E_0} \tag{2-102}$$

$$\tilde{\varepsilon}_c^{pl}=\tilde{\varepsilon}_c^{in}-\frac{d_c}{1-d_c}\frac{\sigma_c}{E_0} \tag{2-103}$$

式中：$\tilde{\varepsilon}_c^{in}$ 为受压非弹性应变；σ_c 和 ε_c 为《混凝土结构设计标准（2024 年版）》（GB/T 50010—2010）中的压应力和压应变；ε_{0c}^{el} 为初始弹性模量对应的弹性压应变；$\tilde{\varepsilon}_c^{pl}$ 为受压状态下的塑性应变，如图 2-11 所示。

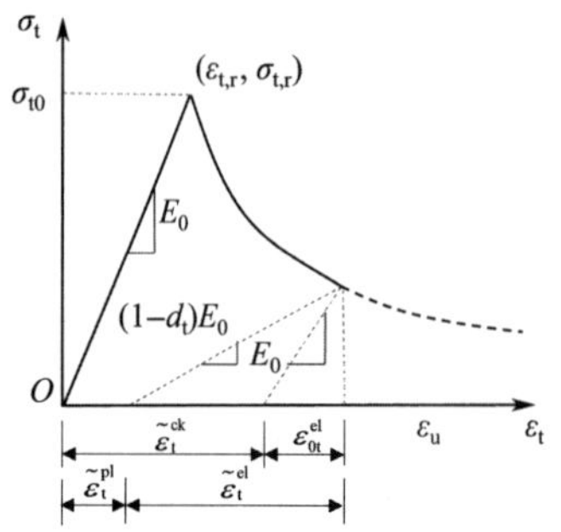

图 2-10　混凝土塑性损伤模型的受拉应力-应变关系

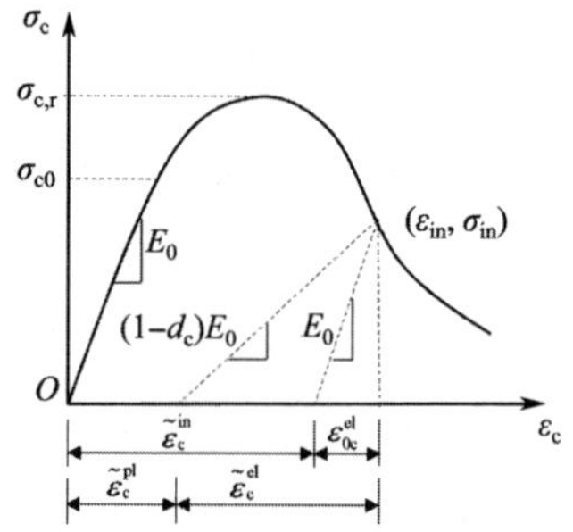

图 2-11　混凝土塑性损伤模型的受压应力-应变关系

混凝土的压缩损伤($d_c-\tilde{\varepsilon}_c^{in}$)和拉伸损伤($d_t-\tilde{\varepsilon}_t^{ck}$)是用来定义混凝土在塑性变形过程中的压缩和拉伸损伤行为的模型参数，由于 ABAQUS 用户手册中并未指出损伤的计算方式，故在规范提供的混凝土应力-应变关系的基础上引入损伤因子的概念。损伤因子计算采用 Sidiroff 能量等价原理：

$$d_c = 1-\sqrt{\frac{\sigma_c}{E_0\varepsilon_c}} \tag{2-104}$$

$$d_t = 1-\sqrt{\frac{\sigma_t}{E_0\varepsilon_t}} \tag{2-105}$$

式中：σ_c 与 σ_t 为真实应力，ε_c 与 ε_t 为真实应变，由《混凝土结构设计标准(2024 年版)》(GB/T 50010—2010)提供的混凝土本构关系计算得到；E_0 为初始弹性模量。

2.3.2　混凝土弥散开裂模型

1. 裂面行为

ABAQUS 中的混凝土弥散开裂模型将混凝土视为各向异性材料，将实际的混凝土裂缝“弥散”到整个混凝土单元中，通过本构关系模拟裂缝的影响。弥散开裂模型只能在隐式算法(ABAQUS/Standard)环境中使用。

当应力到达普通混凝土的初始屈服面时，裂缝出现。利用普通混凝土的静水压力和 Mises 应力，简化混凝土在受拉和受压状态下的初始屈服函数：

$$F_c = q-\sqrt{3}a_0 p-\sqrt{3}\tau_c \tag{2-106}$$

$$F_t = q-\left(3-\frac{b_0\sigma_t}{\sigma_t^u}\right)p-\left(2-\frac{b_0\sigma_t}{3\sigma_t^u}\right)\sigma_t \tag{2-107}$$

式中：p 为普通混凝土的静水压力，计算公式为

$$p = -(\sigma_1+\sigma_2+\sigma_3)/3 \tag{2-108}$$

图 2-12 给出了普通混凝土在 p-q 平面上的开裂面。当静水压力小于 p_0 且混凝土的 Mises 应力小于 q_0 时，采用受拉屈服函数作为普通混凝土开裂的判定准则，否则将采用受压屈服函数作为普通混凝土开裂的判断准则。

混凝土开裂面法线方向为初始屈服面上的最大塑性应变方向。基于弥散开裂模型，混凝土裂缝宽度等于塑性应变乘该单元的特征长度：

$$w=\varepsilon^{\mathrm{p}}L_{\mathrm{c}} \tag{2-109}$$

式中：w 为有限元模型中混凝土单元的裂缝宽度；ε^{p} 为塑性应变；L_{c} 为混凝土单元的特征长度，特征长度的大小取决于混凝土单元的几何形状。

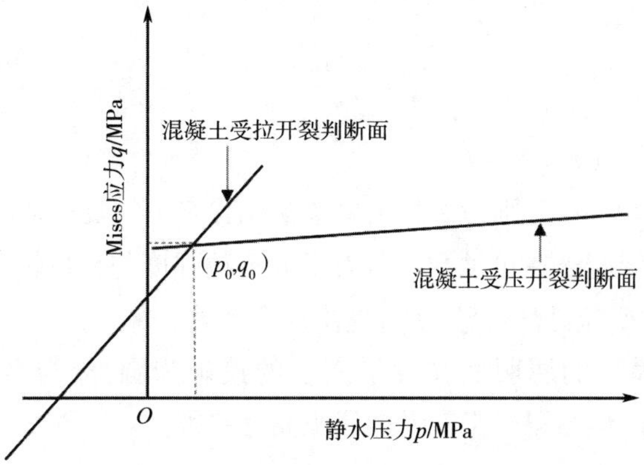

图 2-12　普通混凝土在 p-q 平面上的开裂面

混凝土裂面模型为固定裂缝模型，因此裂缝一旦出现，其方向不随主应力空间的变化而变化，一个积分点最多只能出现 3 条彼此垂直的裂缝。考虑混凝土裂面的剪切行为时，通过定义混凝土剪切模量折减系数来考虑混凝土出现裂缝后裂面抗剪能力的削弱[40]。弥散开裂模型假定混凝土材料出现裂缝后，裂面的剪切模量折减系数与垂直于裂缝的拉应变有关，剪切模量折减系数 q 的计算公式为

$$q=\begin{cases}q_{\mathrm{c}}, & \varepsilon_{\mathrm{d}}<0\\ 1-\varepsilon_{\mathrm{d}}/\varepsilon_{\max}, & 0\leqslant\varepsilon_{\mathrm{d}}\leqslant\varepsilon_{\max}\\ 0, & \varepsilon_{\mathrm{d}}>\varepsilon_{\max}\end{cases} \tag{2-110}$$

式中：ε_{d} 为垂直于混凝土裂缝方向的开裂应变；$\varepsilon_{\max}$ 为裂面的剪切模量降低至零时垂直于混凝土裂缝方向的开裂应变；q_{c} 为在往复荷载作用下混凝土裂缝闭合后的剪切模量折减系数。

2. 屈服准则

混凝土弥散开裂模型的屈服面方程基于经典弹塑性理论，其表达式如下：

$$F_{\mathrm{c}}=\sqrt{3J_2}+3aI-\sqrt{3}\tau_{\mathrm{c}} \tag{2-111}$$

式中：J_2 为应力偏张量的第二不变量；I 为第一不变量，即主应力之和；τ_{c} 为硬化参数，可根据混凝土单轴应力-应变关系计算得到；a 为静水压力影响参数，为混凝土双轴压缩极限应力与单轴压缩极限应力之比。在普通混凝土受压屈服函数中，静水压力影响参数 a 由普通混凝土在单轴受压和双轴受压状态下的力学特性计算得到，其表达式如下：

$$a=\sqrt{3}\times\frac{1-\gamma_{\mathrm{bc}}^{\sigma}}{1-2\gamma_{\mathrm{bc}}^{\sigma}} \tag{2-112}$$

$$\gamma_{\mathrm{bc}}^{\sigma}=\sigma_{\mathrm{bc}}^{\mathrm{u}}/\sigma_{\mathrm{c}}^{\mathrm{u}} \tag{2-113}$$

式中：$\gamma_{\mathrm{bc}}^{\sigma}$ 为普通混凝土在双轴与单轴受压状态下的抗压强度的比值；$\sigma_{\mathrm{bc}}^{\mathrm{u}}$ 和 $\sigma_{\mathrm{c}}^{\mathrm{u}}$ 分别为普通混凝土在双轴与单轴受压状态下的抗压强度。依据大量混凝土受压试验以及其他学者给出

的取值经验，γ_{bc}^{σ} 通常取 1.18，即 a=0.23。

在受拉状态下混凝土基于应力空间的初始屈服函数 F_t 的表达式如下：

$$F_t = \sqrt{3J_2} + \left(1 - \frac{b\sigma_t}{3\sigma_t^u}\right)I - \left(2 - \frac{b\sigma_t}{3\sigma_t^u}\right)\sigma_t \tag{2-114}$$

$$\sigma_t^u = \gamma_t^{\sigma}\sigma_c^u \tag{2-115}$$

$$b = 3 \times \frac{1 + (2-f)\gamma_t^{\sigma} - \sqrt{1 + \left(f\gamma_t^{\sigma}\right)^2 + f\gamma_t^{\sigma}}}{1 + \gamma_t^{\sigma}(1-f)} \tag{2-116}$$

式中：σ_t 为受拉应力；σ_t^u 与 σ_c^u 分别为混凝土单轴受拉状态下的抗拉强度与单轴受压状态下的抗压强度；γ_t^{σ} 为普通混凝土在单轴受拉状态下的抗拉强度与在单轴受压状态下的抗压强度的比值；b 为混凝土的受拉破坏参数；f 为受拉开裂系数。

混凝土弥散开裂模型的屈服面在偏平面上的投影为圆形，与经典弹塑性理论中的 Drucker-Prager 准则一致，但与混凝土实际的屈服面有差别。

3. 流动准则

混凝土弥散开裂模型的流动准则为普通的关联流动准则，塑性势函数与屈服面方程相同。

考虑在中性变载时混凝土屈服函数满足一致性条件，可得

$$\mathrm{d}F = \left[\frac{\partial F}{\partial \sigma}\right]\mathrm{d}\sigma + \frac{\partial F}{\partial \kappa} = 0 \tag{2-117}$$

$$\kappa = [\sigma]^{\mathrm{T}}\varepsilon^{\mathrm{p}} \tag{2-118}$$

式中：κ 为混凝土屈服函数中的硬化软化参数，由普通混凝土塑性功表示。

普通混凝土在受压情况下的流动准则的表达式如下：

$$\mathrm{d}\varepsilon_c^{\mathrm{p}} = \left[1 + c\left(\frac{I}{3\sigma_c}\right)^2\right]\mathrm{d}\lambda_c\frac{\partial F_c}{\partial \sigma} \tag{2-119}$$

$$c = 9 \times \frac{\gamma_{bc}^{\varepsilon}\left(\sqrt{3} - a\right) + a - \dfrac{\sqrt{3}}{2}}{\gamma_{bc}^{\varepsilon}\left(a - \sqrt{3}\right) + \gamma_{bc}^{\varepsilon}\left(2\sqrt{3} - 4a\right)} \tag{2-120}$$

式中：$\mathrm{d}\lambda_c$ 是在受压状态下混凝土塑性阶段的非负比例系数；c 为单调加载的双轴和单轴压缩试验中发生的总塑性应变分量；$\gamma_{bc}^{\varepsilon}$ 为混凝土在单轴与双轴受压状态下的抗压应变比值。依据试验，$\gamma_{bc}^{\varepsilon}$ =1.25，c=5.33。

综上，在受压状态下普通混凝土的塑性应变增量 $\mathrm{d}\varepsilon_c^{\mathrm{p}}$ 的计算公式如下：

$$\mathrm{d}\varepsilon_c^{\mathrm{p}} = \mathrm{d}\lambda_c\left[1 + c\left(\frac{I}{3\sigma_c}\right)^2\right]\left(\frac{3}{2} \times \frac{S}{q} + \frac{a}{\sqrt{3}}I\right) \tag{2-121}$$

式中：S 为混凝土的偏应力张量；q 为 Mises 等效应力。

联立以上方程，计算得到受压状态下混凝土塑性阶段的非负比例系数 $\mathrm{d}\lambda_c$：

$$\mathrm{d}\lambda_{\mathrm{c}}=\frac{\left[1+c\left(\frac{I}{3\sigma_{\mathrm{c}}}\right)^{2}\right]\left[\frac{\partial F_{\mathrm{c}}}{\partial\sigma}\right]^{\mathrm{T}}\boldsymbol{D}_{\mathrm{c}}^{\mathrm{e}}\mathrm{d}\varepsilon}{-\frac{\partial F_{\mathrm{c}}}{\partial\kappa}[\sigma]^{\mathrm{T}}\frac{\partial F_{\mathrm{c}}}{\partial\sigma}+\left[\frac{\partial F_{\mathrm{c}}}{\partial\sigma}\right]^{\mathrm{T}}\boldsymbol{D}_{\mathrm{c}}^{\mathrm{e}}\frac{\partial F_{\mathrm{c}}}{\partial\sigma}} \tag{2-122}$$

基于伊留辛假设,并采用关联流动准则[41],混凝土屈服函数等于塑性势能函数,在受拉状态下普通混凝土的塑性应变增量如下:

$$\mathrm{d}\varepsilon_{\mathrm{t}}^{\mathrm{p}}=\mathrm{d}\lambda_{\mathrm{t}}\left[\frac{3}{2}\times\frac{S}{q}+\left(1-\frac{b}{3}\times\frac{\sigma_{\mathrm{t}}}{\sigma_{\mathrm{tu}}}\right)\right] \tag{2-123}$$

联立以上方程,混凝土在受拉状态下的塑性应力的非负比例系数 $\mathrm{d}\lambda_{\mathrm{t}}$ 为

$$\mathrm{d}\lambda_{\mathrm{t}}=\frac{\left[\frac{\partial F_{\mathrm{t}}}{\partial\sigma}\right]^{\mathrm{T}}\boldsymbol{D}_{\mathrm{t}}^{\mathrm{e}}\mathrm{d}\varepsilon}{-\frac{\partial F_{\mathrm{t}}}{\partial\kappa}[\sigma]^{\mathrm{T}}\frac{\partial F_{\mathrm{t}}}{\partial\sigma}+\left[\frac{\partial F_{\mathrm{t}}}{\partial\sigma}\right]^{\mathrm{T}}\boldsymbol{D}_{\mathrm{t}}^{\mathrm{e}}\frac{\partial F_{\mathrm{t}}}{\partial\sigma}} \tag{2-124}$$

综合考虑,普通混凝土在受压、受拉状态下的弹塑性本构模型可表示为

$$\mathrm{d}\sigma_{\mathrm{c}}=\left[\boldsymbol{D}_{\mathrm{c}}^{\mathrm{ep}}\right]\mathrm{d}\varepsilon_{\mathrm{c}} \tag{2-125}$$

式中: $\mathrm{D}_{\mathrm{c}}^{\mathrm{ep}}$ 为普通混凝土的弹塑性刚度矩阵。

综上,在受压、受拉状态下普通混凝土的弥散开裂模型分别如下:

$$\left[\boldsymbol{D}_{\mathrm{c}}^{\mathrm{ep}}\right]=\left\{\boldsymbol{D}_{\mathrm{c}}^{\mathrm{e}}-\frac{\left[1+c\left(\frac{I}{3\sigma_{\mathrm{c}}}\right)^{2}\right]\boldsymbol{D}_{\mathrm{c}}^{\mathrm{e}}\frac{\partial F_{\mathrm{c}}}{\partial\sigma}\left[\frac{\partial F_{\mathrm{c}}}{\partial\sigma}\right]^{\mathrm{T}}\mathrm{D}_{\mathrm{c}}^{\mathrm{e}}\mathrm{d}\varepsilon}{-\frac{\partial F_{\mathrm{c}}}{\partial\kappa}[\sigma]^{\mathrm{T}}\frac{\partial F_{\mathrm{c}}}{\partial\sigma}+\left[\frac{\partial F_{\mathrm{c}}}{\partial\sigma}\right]^{\mathrm{T}}\boldsymbol{D}_{\mathrm{t}}^{\mathrm{e}}\frac{\partial F_{\mathrm{c}}}{\partial\sigma}}\right\} \tag{2-126}$$

$$\left[\boldsymbol{D}_{\mathrm{t}}^{\mathrm{ep}}\right]=\left\{\boldsymbol{D}_{\mathrm{t}}^{\mathrm{e}}-\frac{\boldsymbol{D}_{\mathrm{t}}^{\mathrm{e}}\frac{\partial F_{\mathrm{t}}}{\partial\sigma}\left[\frac{\partial F_{\mathrm{t}}}{\partial\sigma}\right]^{\mathrm{T}}\boldsymbol{D}_{\mathrm{t}}^{\mathrm{e}}\mathrm{d}\varepsilon}{-\frac{\partial F_{\mathrm{t}}}{\partial\kappa}[\sigma]^{\mathrm{T}}\frac{\partial F_{\mathrm{t}}}{\partial\sigma}+\left[\frac{\partial F_{\mathrm{t}}}{\partial\sigma}\right]^{\mathrm{T}}\boldsymbol{D}_{\mathrm{t}}^{\mathrm{e}}\frac{\partial F_{\mathrm{t}}}{\partial\sigma}}\right\} \tag{2-127}$$

4. 弥散开裂模型在 ABAQUS 中的应用

1）弹性参数

弹性参数的定义路径为:Mechanical → Elastic。

2）塑性参数

塑性参数的定义路径为:Mechanical → Plasticity → Concrete Smeared Cracking。

3）应力软化参数

开裂后的应力软化曲线见图 2-13,破坏点之后的应力下降曲线就是拉伸硬化曲线,在有限元软件 ABAQUS 中定义材料属性时只需要给出应力降为零时的应变, ABAQUS 建议的范围为 10^{-4}~10^{-3}。

拉伸硬化曲线的定义路径为: Mechanical → Plasticity → Concrete Smeared Cracking → Sub-Options → Tension Stiffening。

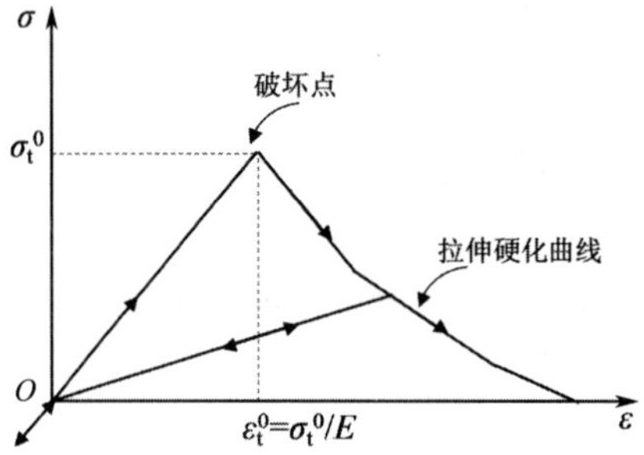

图 2-13 拉伸强化模型示意

在 ABAQUS/Standard 环境下，应力下降为零时的应变越大，计算越容易收敛，应变较小会促进裂纹形成，快速卸载导致模型应力不稳定，继而导致计算无法收敛。

4）裂纹控制

有限元软件 ABAQUS 中弥散裂纹的形状和方向通过 Failure Ratios 来控制。

Ratio 1：双轴极限压应力与单轴极限压应力之比，默认设置为 1.16。

Ratio 2：单轴拉伸破坏应力与单轴极限压应力之比的绝对值，默认设置为 0.09。

Ratio 3：双轴压缩的极限主塑性应变和单轴压缩的极限主塑性应变的比值，默认设置为 1.28。

Ratio 4：在平面应变的情况下，当其他方向的非零主应力为极限压应力时，极限主拉应力和单轴拉伸的极限应力的比值，默认设置为 1/3。

Failure Ratios 的定义路径为：Mechanical → Plasticity → Concrete Smeared Cracking → Sub-Options → Failure Ratios。

5）裂纹剪切参数

Cracked Shear Retention 被用来减小裂纹面的剪切模量，如果不定义，则有限元软件 ABAQUS 默认剪切模量不被裂纹影响。

2.3.3 混凝土脆性开裂模型

1. 裂面行为

ABAQUS/Explicit 中的脆性开裂模型可表征混凝土不连续的脆性行为，支持单元失效和单元移除。该模型可用于模拟各种类型的混凝土结构，包括梁、桁架、壳和实体等。为了突出描述混凝土的受拉性能，该模型假定受压行为总是线弹性的，用朗肯准则（Rankine Criterion）进行开裂探测，用后继应力-应变关系或断裂能开裂准则定义裂纹区后继破坏特性。若材料在受压时为线弹性的假定充分，那么对于脆性材料，该模型的计算结果比较准确。

采用朗肯准则检测裂纹的产生，表达式如下：

$$C=C\left(t,\sigma^{\mathrm{I,II}}\right)=0 \tag{2-128}$$

式中：t 为时间；$\sigma^{\mathrm{I,II}}$ 为应力，Ⅰ、Ⅱ分别代表正应力和剪应力；$C=[C_{nn}\ C_{tt}\ C_{ss}\ C_{nt}\ C_{ns}\ C_{ts}]^{\mathrm{T}}$，T 代表矩阵转置，$C_{nn}$、$C_{tt}$ 和 C_{ss} 为材料三个方向的正应力，C_{nt}、C_{ns} 和 C_{ts} 为材料三个方向的剪应力；C 为矩阵中的应力最大值，即材料的最大主拉应力，当最大主拉应力超过材料的拉伸强度时裂纹产生。一旦满足朗肯准则,裂纹就会形成,裂纹面与最大拉伸主应力方向垂直,对之后形成的裂纹,裂纹面仍与最大主拉应力方向垂直,主拉应力方向与在同一点先期形成的裂纹面的法线方向垂直。裂纹出现后,后续整个计算过程中仍然存在裂缝。因此,此开裂准则完全基于Ⅰ型断裂概念。模型忽略与裂纹相关的任何永久应变,当应力变得压缩时,假定裂缝可以完全闭合。偏应力平面和 p-q 平面上的朗肯准则如图 2-14 和图 2-15 所示。

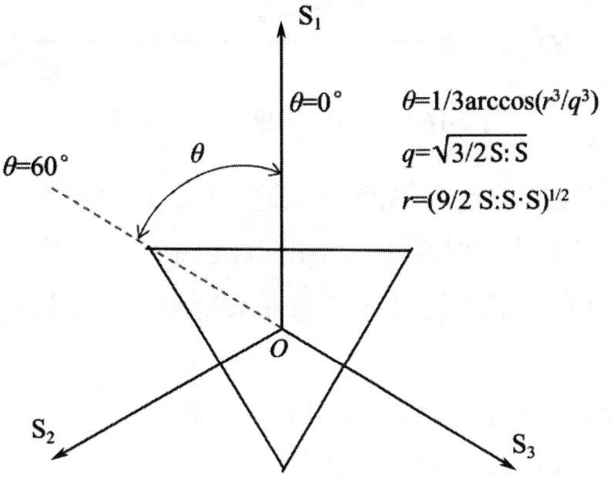

图 2-14　偏应力平面上的朗肯准则

（注:p 为静水压力;q 为偏应力;r 为偏差半径）

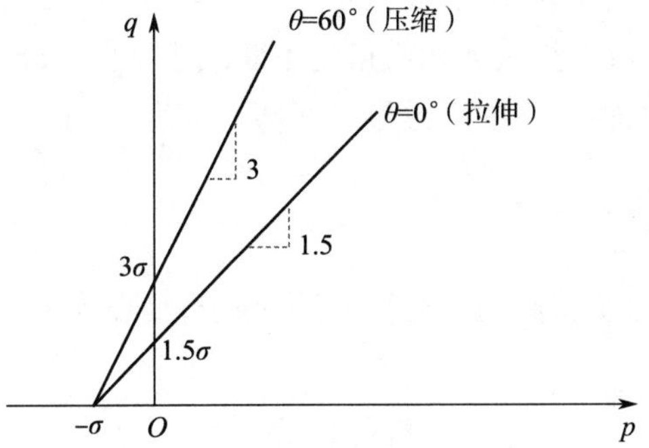

图 2-15　p-q 平面上的朗肯准则

2. 拉伸软化模型（Ⅰ型断裂）

拉伸软化模型有两种:一是后继破坏应力-应变关系,二是能量开裂准则。后继破坏应力-应变关系定义混凝土材料开裂后裂纹区的后继破坏特性,如图 2-16 所示。对于少筋或无筋情况,采用这种方法会使计算结果产生网格敏感性,当网格重新生成时,有限元计算结果并不唯一,这是由于网格加密导致裂纹带变得更窄。

以上脆性开裂模型通过

```
*BRITTLE CRACKING, TYPE=STRAIN
```

进行定义。

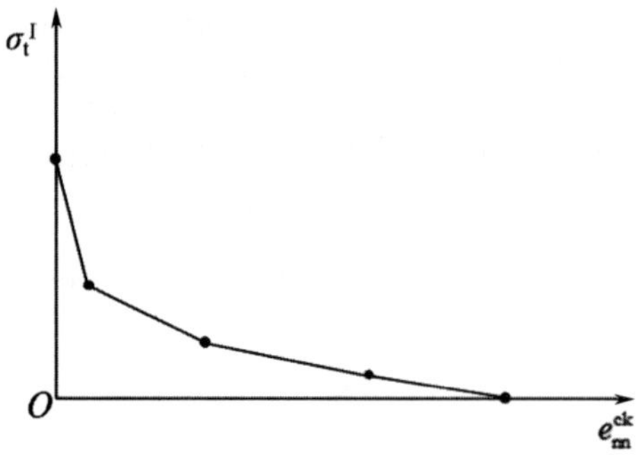

图 2-16 后继破坏应力-应变关系

如果混凝土模型的重要部位没有钢筋，采用基于应变软化的方法定义拉伸硬化时，其计算结果具有网格敏感性。能量开裂准则由 Hilleborg(1976)提出，采用脆性断裂概念，把裂纹张开单位面积所需要的能量定义到材料参数断裂能 G_{FI} 中，用 G_{FI} 来反映裂纹的开展。相应的命令为

*BRITTLE CRACKING, TYPE=DISPLACEMENT

*BRITTLE CRACKING, TYPE=GFI

3. 剪切软化模型(Ⅱ 型断裂)

脆性开裂模型很重要的一个特点是，裂纹起裂仅基于Ⅰ型断裂，后继裂纹开裂则包括Ⅱ型和Ⅰ型两种模式。Ⅰ型是拉伸软化，Ⅱ型是剪切软化，Ⅱ型裂纹的剪切性状与裂纹张开位移有关，即随着裂纹的张开，裂纹区剪切模量将不断减小。剪切软化模型定义后继裂纹剪切刚度为裂纹区应变的函数，模型中的后继裂纹区剪切刚度 G_c 定义为未开裂时材料剪切刚度的比例函数，即

$$G_c = \rho\left(e_{nn}^{ck}\right)G \tag{2-129}$$

式中：G 为未开裂材料的剪切模量；$\rho\left(e_{nn}^{ck}\right)$ 为剪滞因子，是裂纹张开应变 e_{nn}^{ck} 的函数，即

$$\rho\left(e_{nn}^{ck}\right) = \left(1 - \frac{e_{nn}^{ck}}{e_{max}^{ck}}\right)^p \tag{2-130}$$

相应的命令为

*BRITTLE SHEAR, TYPE=RETENTION FACTOR

*BRITTLE SHEAR, TYPE=POWER LAW

4. 脆性开裂模型在 ABAQUS 中的应用

最常见的脆性材料损伤累积本构模型是 JH 本构模型。在 JH1 本构模型的基础上，Johnson 等 [42] 于 1994 年提出了一种改进的 JH2 本构模型，它考虑了材料的损伤、断裂和膨胀效应，适用于大应变、高应变率和高压加载条件下的脆性材料，广泛用于描述玻璃、岩石、陶瓷等高度脆性材料。JH2 本构模型可概括为三个部分：强度模型、损伤模型、多项式方程。强度的等效应力在 HEL(Hugoniot Elastic Limit, Hugoniot 弹性极限点)处的标准表示形式为

$$\sigma^* = \sigma/\sigma_{HEL} = \sigma_i - D(\sigma_i - \sigma_f) \tag{2-131}$$

式中：σ 为真实等效应力；σ_{HEL} 为 HEL 处的等效应力；σ_i 为标准化完整等效应力；σ_f 为标准化断裂等效应力；D 为损伤因子，D=0 时，材料处于完整状态，D=1 时，材料处于断裂状态，

$0<D<1$ 时，材料处于损伤状态。

式（2-131）为所有状态下的表示形式，对于 $D=0$（完整状态）和 $D=1$（断裂状态）有对应的表示形式。

标准化完整等效应力（$D=0$ 时）：

$$\sigma_{\mathrm{i}} = A(T^{*} + P^{*})^{N}(1 + C\ln\varepsilon^{*}) \tag{2-132}$$

标准化断裂等效应力（$D=1$ 时）：

$$\sigma_{\mathrm{f}} = B(P^{*})^{M}(1 + C\ln\varepsilon^{*}) \tag{2-133}$$

式中：σ_{f} 为标准化断裂等效应力；σ_{i} 为标准化完整等效应力；$\sigma_{\mathrm{i}} \leqslant \mathrm{SFMAX}$，SFMAX 为断裂强度最大值；$A$、$B$、$C$、$M$、$N$ 为材料参数；标准化抗压强度 $P^{*}=P/P_{\mathrm{HEL}}$；标准化抗拉强度 $T^{*}=T/P_{\mathrm{HEL}}$；P 为材料的抗压强度极限；P_{HEL} 为在 HEL 处的抗压强度；T 为材料的抗拉强度极限；应变率 $\varepsilon^{*}=\varepsilon/\varepsilon_{0}$，$\varepsilon$ 为真实等效应变率。

损伤模型表现材料从原始状态到破坏的过渡阶段。JH2 损伤模型与 Johnson-Cook 本构模型相似，裂纹导致的累积损伤表示为

$$D = \sum \Delta\varepsilon^{\mathrm{P}} / \varepsilon_{\mathrm{f}}^{\mathrm{P}} \tag{2-134}$$

式中：$\Delta\varepsilon^{\mathrm{P}}$ 为每一个时间步循环中的塑性应变；$\varepsilon_{\mathrm{f}}^{\mathrm{P}} = f(P)$，是在当前压力 P 作用下产生裂纹的塑性应变，具体表示形式为

$$\varepsilon_{\mathrm{f}}^{\mathrm{P}} = D_{1}(T^{*} + P^{*})^{D_{2}} \tag{2-135}$$

式中：D_{1}、D_{2} 为材料损伤常数，因为一般用于脆性材料，所以在材料承受拉应力时，$P^{*}=-T^{*}$，材料不发生塑性应变，但随着 P^{*} 逐渐增大，材料的塑性应变也逐渐增大。

第3章　工字钢梁及工字钢梁柱节点静力性能分析

为探究工字钢梁的静力性能及工字钢梁柱节点的抗震性能，本章基于工字钢梁的四点弯曲试验和工字钢梁柱节点在低周往复荷载下的拟静力试验，采用有限元软件ABAQUS分别对工字钢梁和工字钢梁柱节点进行模拟。

3.1　工字钢梁基本信息

采用有限元软件ABAQUS模拟工字钢梁的四点弯曲试验，对工字钢梁进行应力应变分析，并得到相应的荷载-挠度曲线。具体装置和试件尺寸如图3-1所示。钢梁材料属性：弹性模量为 2.06×10^5 MPa，泊松比为0.3，屈服强度 f_y=235 MPa，钢与钢之间的摩擦系数 μ=0.15，加载方式为两点加载、位移控制。

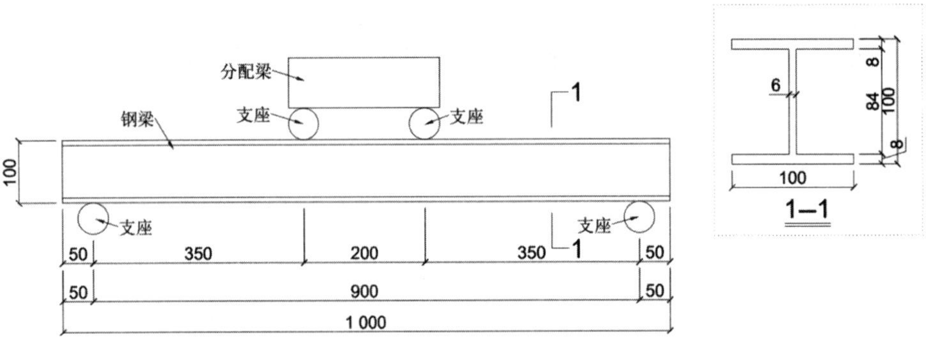

图3-1　试验装置及试件尺寸(单位:mm)

3.2　工字钢梁本构

本例中的工字钢梁和加载支座均采用第二章中的理想弹塑性本构，即达到屈服强度 f_y 前钢材为完全弹性，达到屈服强度后则为完全塑性，把钢材视为理想的弹塑性材料，其应力-应变曲线为双折线，如图3-2所示。本章工字钢梁柱节点的钢材本构也为理想弹塑性本构。

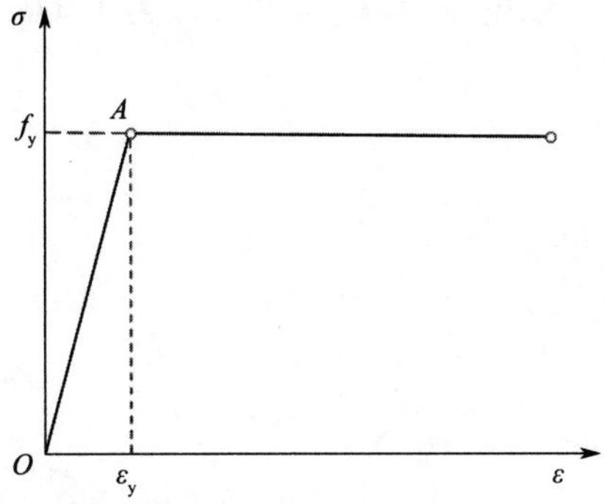

图 3-2　理想弹塑性本构

3.3　工字钢梁建模过程

3.3.1　创建部件(Part)

1. 创建钢梁

点击左侧工具区中的 ，弹出 Create Part 对话框，名称改为 beam，选择 3D、Deformable、Solid、Extrusion 等选项，点击 Continue，进入草图界面。点击左侧工具区中的 ，依次输入坐标(50，50)、(50，42)、(3，42)、(3，−42)、(50，−42)、(50，−50)、(−50，−50)、(−50，−42)、(−3，−42)、(−3，42)、(−50，42)、(−50，50)，首尾相连，完成钢梁截面绘制，如图 3-3 所示。

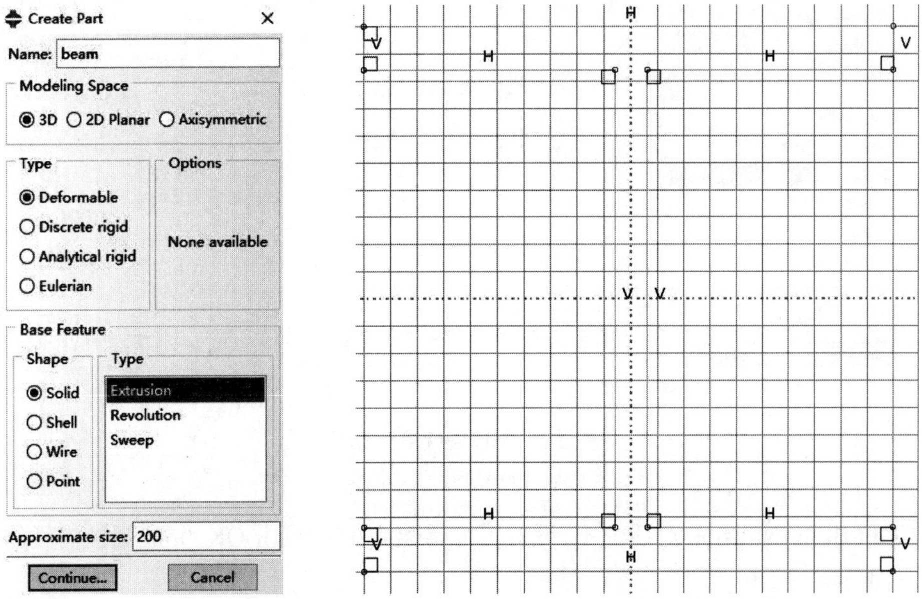

(a)　　(b)

图 3-3　创建钢梁草图截面

(a)Create Part 对话框　(b)钢梁截面

在 Edit Base Extrusion 对话框中，设置深度参数为 1 000，点击 OK，完成钢梁构件的创建，如图 3-4 所示。

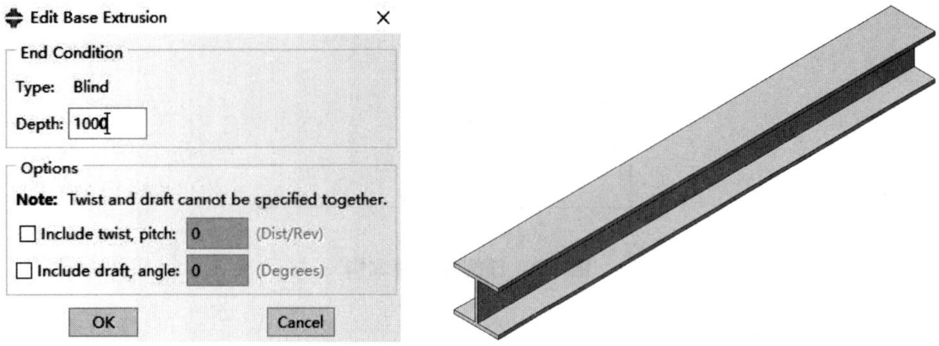

（a） （b）

图 3-4 输入深度参数及完成钢梁创建

（a）Edit Base Extrusion 对话框 （b）钢梁构件

2. 创建支座

本例中支座为圆柱形刚体构件。创建构件，命名为 cylinder，其余选项使用默认设置。在草图截面点击创建圆，半径设为 25 mm，完成圆柱截面的绘制，如图 3-5 所示。

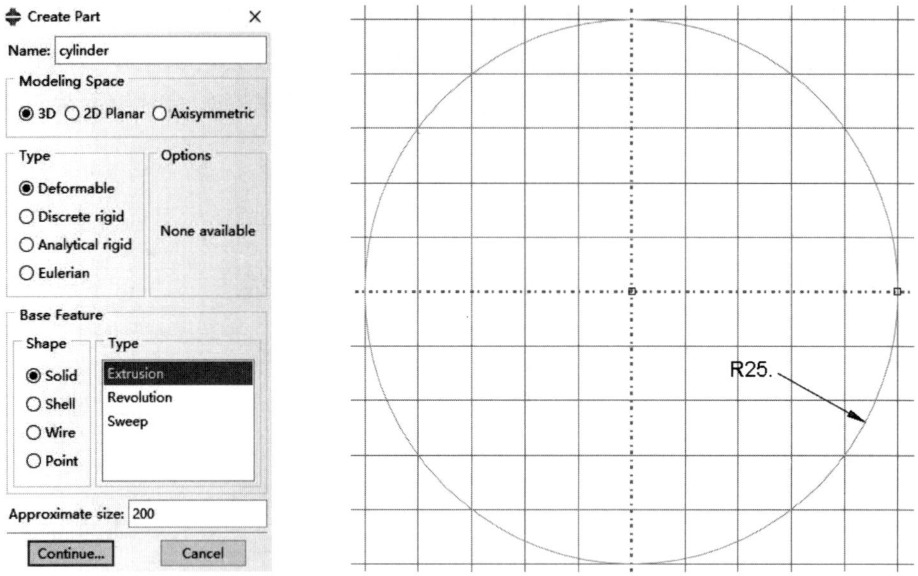

（a） （b）

图 3-5 创建圆柱草图截面

（a）Create Part 对话框 （b）圆柱截面

在 Edit Base Extrusion 对话框中，设置深度参数为 150，点击 OK，完成圆柱构件的创建，如图 3-6 所示。

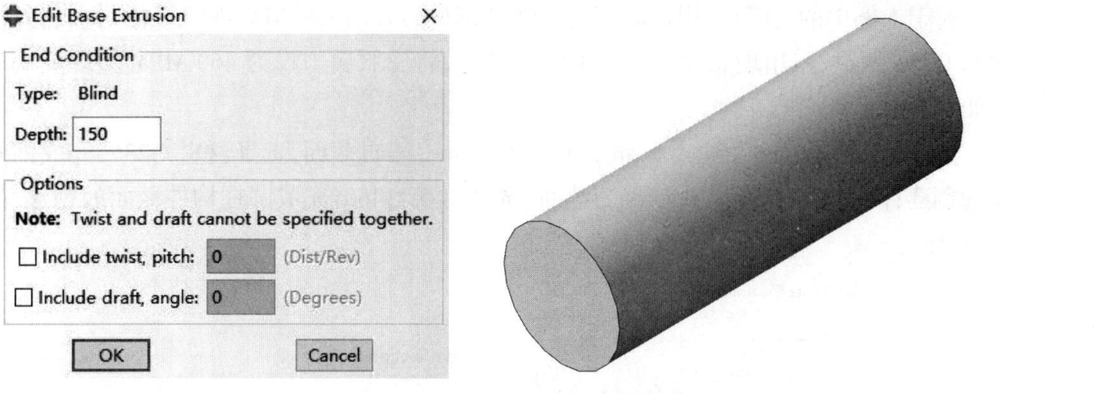

(a)　(b)

图 3-6　输入深度参数及完成圆柱构件创建

(a)Edit Base Extrusion 对话框　(b)圆柱构件

3.3.2　设置材料和截面属性(Property)

表 1-2 列举了 ABAQUS 常用单位制,本例中采用国际单位制(mm)。ABAQUS 中输入的量都没有单位,使用时应注意单位的统一,否则会导致计算结果与实际不符。

如图 3-7 所示,点击左侧工具区中的 ,设置 Q235 钢材的弹性属性(Mechanical → Elastic),将杨氏模量设为 206 000 MPa,泊松比设为 0.3;设置 Q235 钢材的塑性属性(Mechanical → Plastic),采用理想弹塑性模型,将屈服应力设为 235 MPa,塑性应变设为 0。

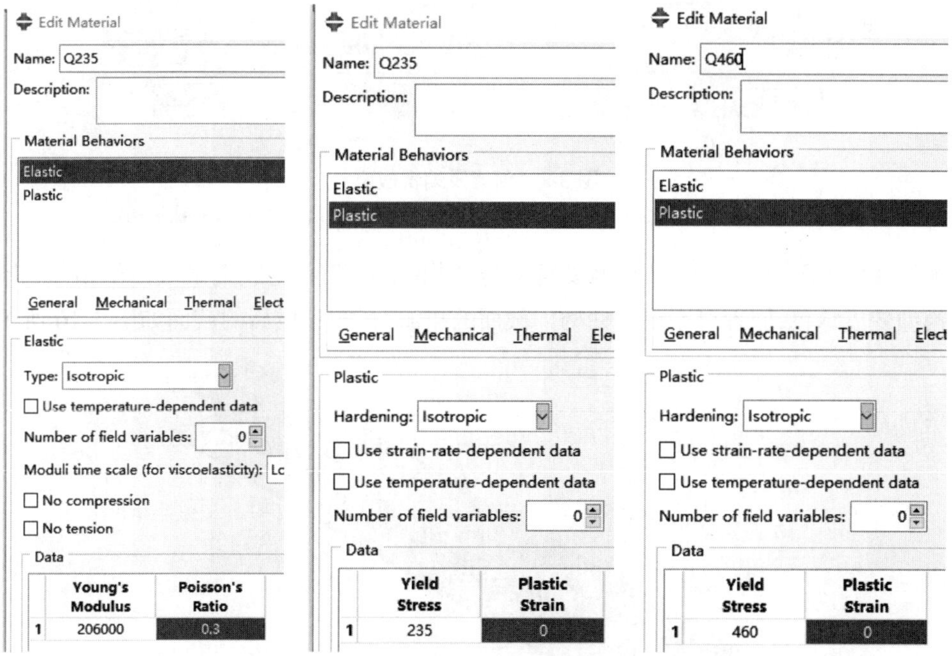

(a)　(b)　(c)

图 3-7　创建材料

(a)Q235 弹性属性设置　(b)Q235 塑性属性设置　(c)Q460 塑性属性设置

对于本例中的支座，采用定义其为高强度钢材的方法来模拟。创建 Q460 钢材，弹性属性同 Q235 钢材；采用理想弹塑性模型定义塑性，将屈服应力设为 460 MPa，塑性应变设为 0，如图 3-7 所示。

点击 ，在 Name 处输入 beam，点击 Continue，编辑截面，选择材料 Q235，完成钢梁截面的创建；同理，创建名为 bracket 的截面，选择材料 Q460，完成圆柱构件截面的创建，如图 3-8 所示。

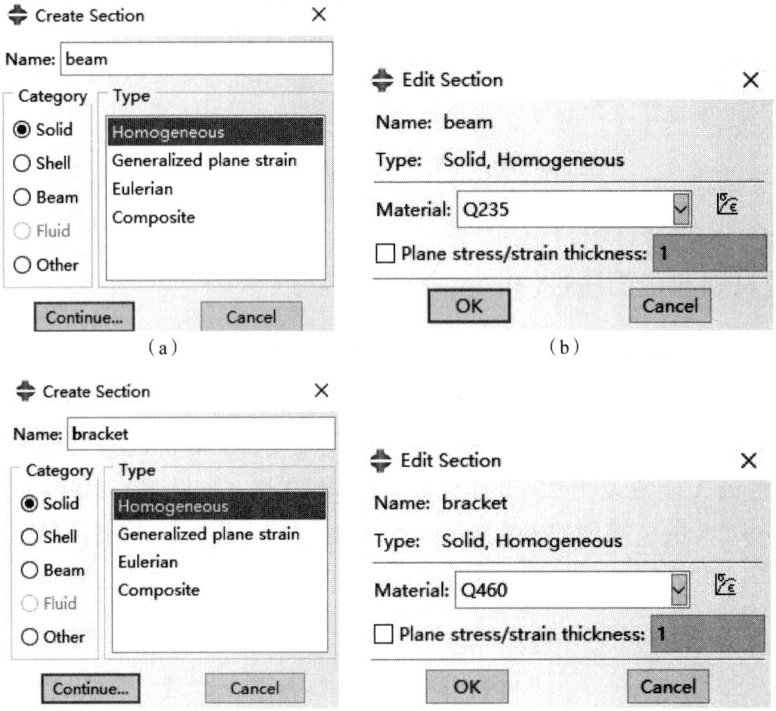

(a) (b) (c) (d)

图 3-8 创建及编辑截面

(a)创建 beam 截面 (b)编辑 beam 截面 (c)创建 bracket 截面 (d)编辑 bracket 截面

如图 3-9 所示，点击 ，点选钢梁模型，指派 beam 截面，完成钢梁截面的指派，指派完成后模型变成绿色，同理可完成圆柱构件截面的指派，指派完成后的截面如图 3-10 所示。

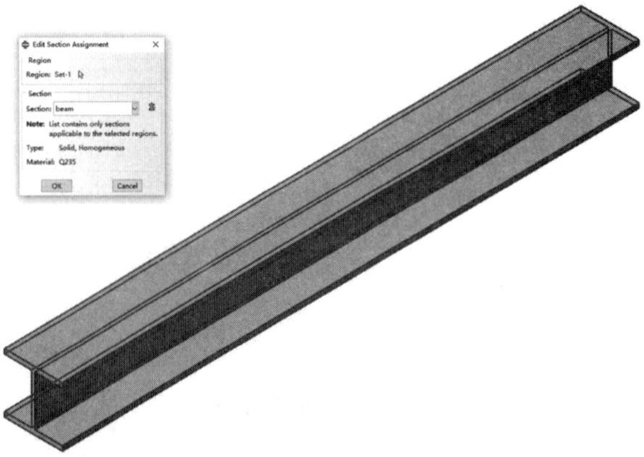

图 3-9 指派钢梁截面

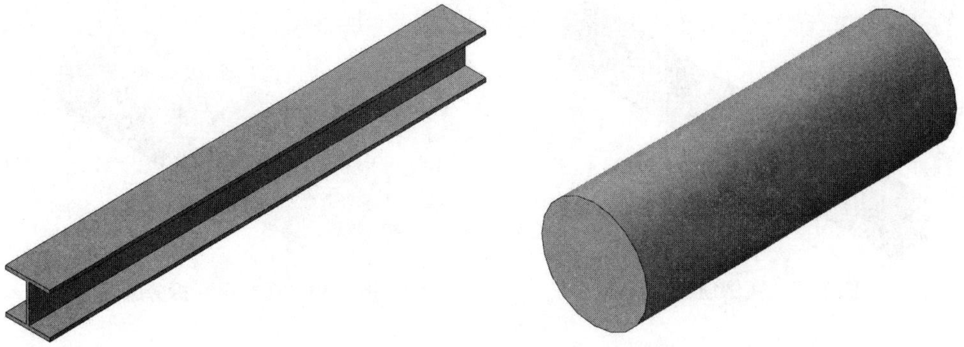

（a）　　（b）

图 3-10　截面指派完成

（a）钢梁截面指派完成　（b）支座截面指派完成

3.3.3　定义装配件(Assembly)

点击 ，弹出 Create Instance 对话框，依次创建 beam 和 cylinder 部件，如图 3-11 所示，实例类型选择 Dependent，创建结果如图 3-12 所示。

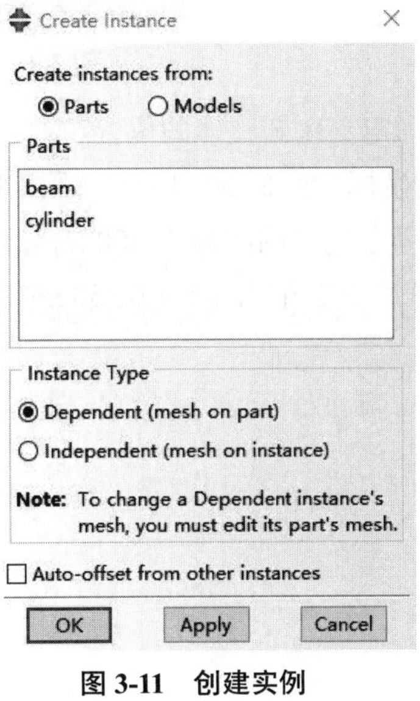

图 3-11　创建实例

为了捕获圆柱体上下边线的中点，便于将圆柱体移动至相应的位置，对圆柱体进行切割平面拆分操作（注：此操作在后续网格划分中也能发挥作用）。回到 Part 模块，点击左侧工具区中的 （部件拆分），可以用三点确定一个平面的方法创建一个切割平面，然后利用一点及法线方法确定与该平面垂直的第二切割平面，完成圆柱体的拆分，如图 3-13 所示。

点击功能栏中的 Tools → Reference Point，定义部件参考点 RP，位置如图 3-14 所示。此操作可以实现后续圆柱体与相应参考点的耦合，以便直接在相应参考点上施加荷载和设置边界条件（注：如需定义刚体，RP 点也可作为控制点）。

图 3-12　实例创建完成

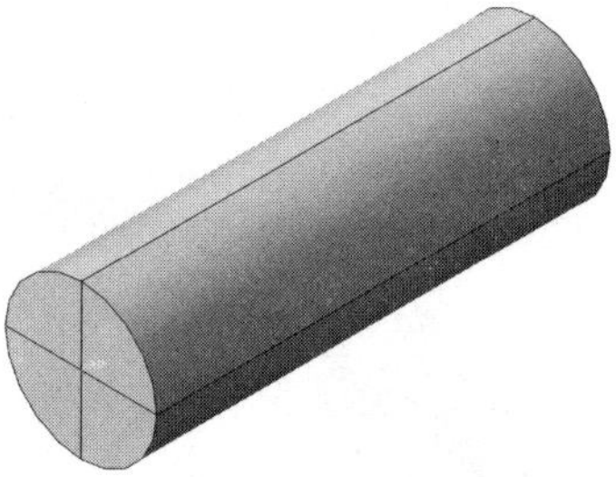

图 3-13　切割平面拆分圆柱体

返回 Assembly 模块,点击(Rotate Instance),按照相应的提示,将圆柱体部件在 XZ 平面内旋转 90°,如图 3-15 所示。

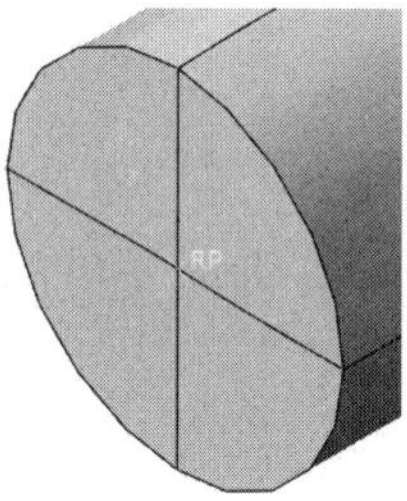

图 3-14　定义部件参考点

图 3-15　旋转圆柱体部件

接下来创建基准点,用于确定支座圆柱体的位置。首先,点击,查询钢梁上的点,如查询钢梁上翼缘左边界中间点的坐标,为(0, 50, 1 000),用于确定基准点的位置。由图 3-1 可知,左加载支座接触点与上翼缘左边界的距离为 400 mm,故可知左加载支座接触点坐标为(0, 50, 600)。点击(创建基准点),输入坐标(0, 50, 600),如图 3-16 所示。

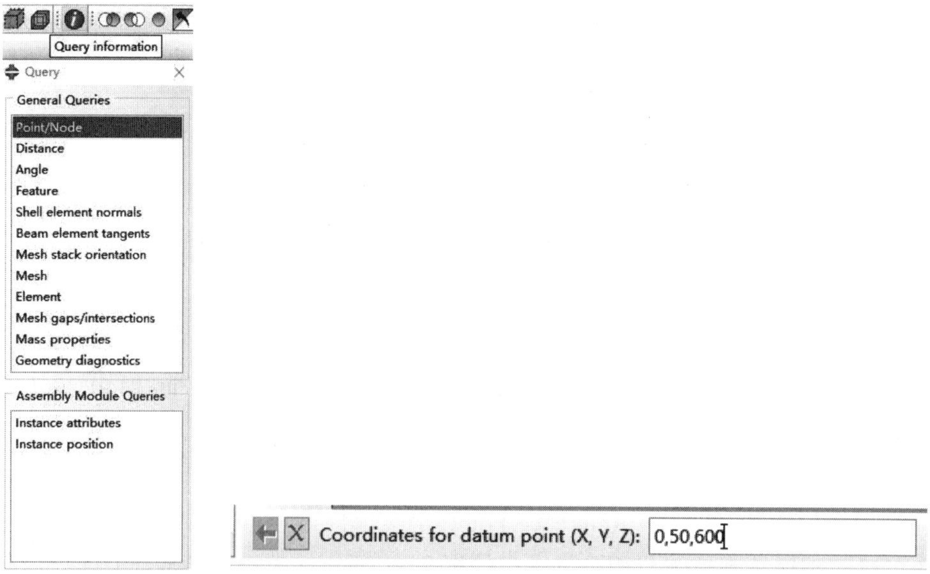

(a)　　(b)

图 3-16　查询节点信息及创建基准点

(a)查询节点信息　(b)创建基准点

点击（Translate Instance），按照相应的提示，将圆柱体下边界中点平移至基准点位置，完成圆柱体部件的平移操作，如图 3-17 所示。同理，创建其他 3 个圆柱体部件，参照上述步骤，完成钢梁与 4 个圆柱体的装配，最终模型如图 3-18 所示。

图 3-17　平移圆柱体至相应位置

图 3-18　模型装配完成

3.3.4　设置分析步（Step）

点击（Create Step），创建名称为 Step-1 的 Static General 分析步，如图 3-19 所示。在 Edit Step 对话框的 Basic 标签页下将 Nigeom 设为 On，自动稳定（Automatic stabilization）选择 Specify dissipated energy fraction，参数默认。将 Incrementation 标签页下的最大增量步数（Maximum number of increments）修改为 1 000，初始增量步及最小、最大增量步均改小，可按图 3-20 所示依次修改为 0.01、1E-10（表示 1×10^{-10}）、0.1，此操作有利于提高模型的稳定性和收敛性。

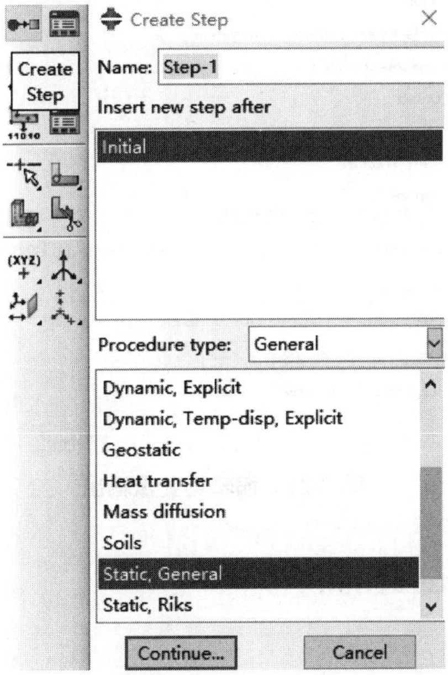

图 3-19　创建分析步

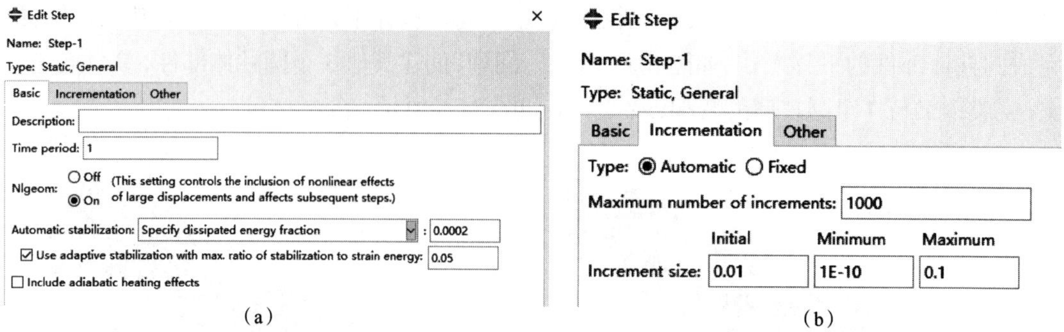

图 3-20　编辑分析步信息

(a)Edit Step 对话框下 Basic 标签页的设置　(b)Edit Step 对话框下 Incrementation 标签页的设置

编辑场变量输出。可以按图 3-21 所示,设置输出应力、应变、位移、作用力等基本信息,其他信息按需要勾选。对于历程输出,本例可不进行修改。

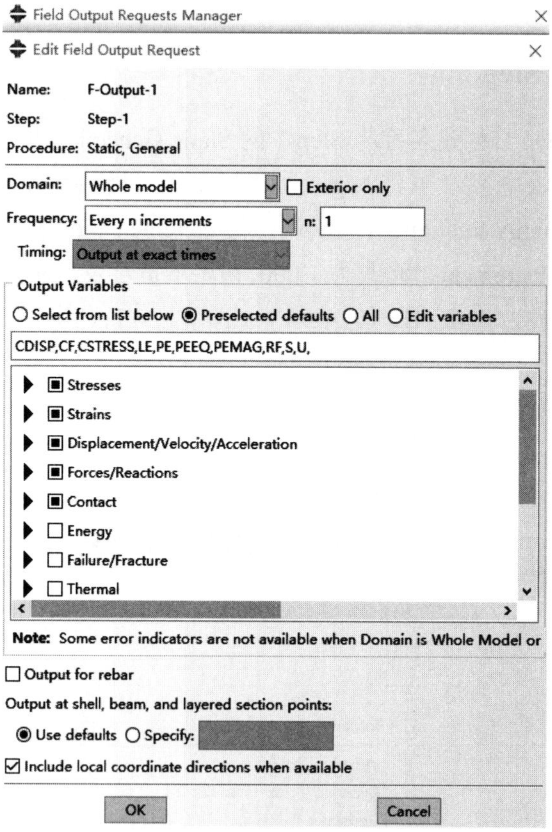

图 3-21　编辑场变量输出

3.3.5　定义相互作用(Interaction)

1. 钢梁与支座的接触

点击(Create Interaction Property),选择 Contact,参照图 3-22 定义 Tangential Behavior、Normal Behavior 属性。

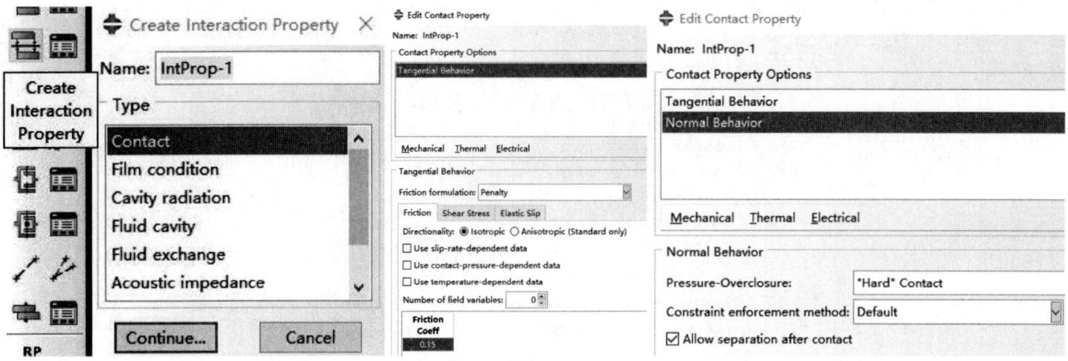

(a)　(b)　(c)

图 3-22　创建相互作用属性

(a)Create Interaction Property 对话框　(b)Edit Contact Property 对话框 1　(c)Edit Contact Property 对话框 2

点击 (Create Interaction),选择 Surface-to-Surface contact (Standard),定义加载支座表面为主面,钢梁上翼缘为从面(一般来说,一对接触面中刚度大的做主面,刚度小的做从面),如图 3-23 所示。

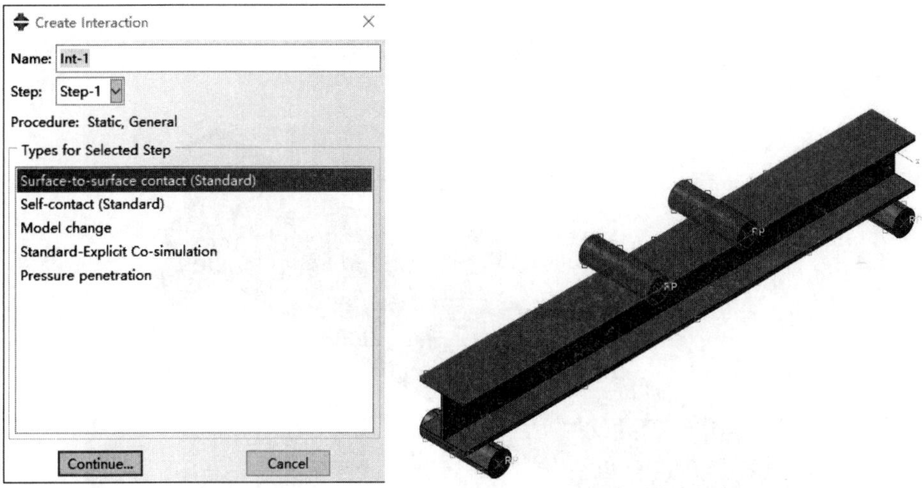

(a)　(b)

图 3-23　相互作用主、从面(主:支座表面;从:钢梁上翼缘上表面)的选择

(a)Create Interaction 对话框　(b)在模型上点选主从面

弹出 Edit Interaction 对话框,滑移公式选择 Finite sliding,离散化方法选择 Surface to surface,从节点/表面调整选择 No adjustment,接触作用属性选择 IntProp-1,点击 OK,完成加载支座与钢梁的相互作用创建,如图 3-24 所示(上述设置均为软件默认设置)。

用相同方法创建钢梁下支座与钢梁的相互作用,最终结果如图 3-25 所示。

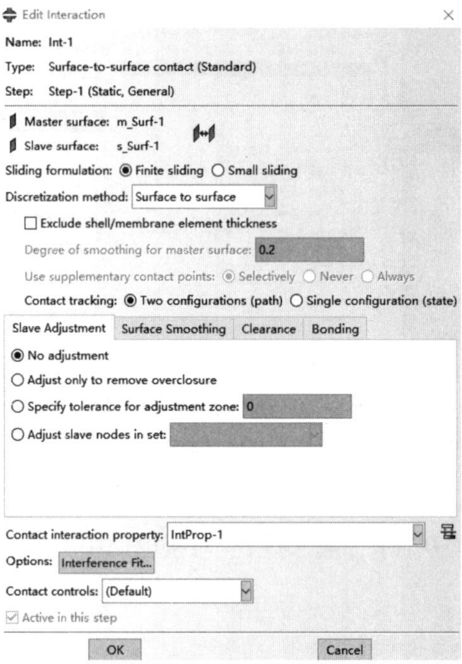

图 3-24 编辑相互作用

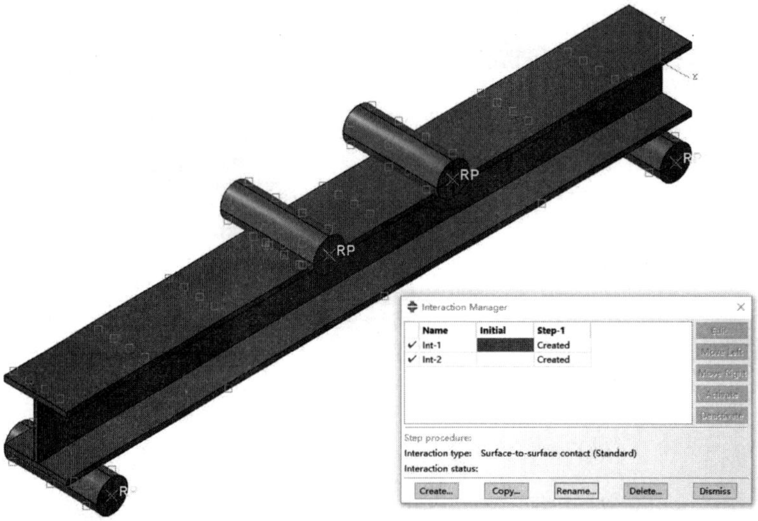

图 3-25 相互作用创建完成

2. 加载支座(支座)的耦合约束

点击 ◀(Create Constraint),选择 Coupling,点击 Continue,进入 Edit Constraint 对话框,以 RP 作为约束控制点,表面选择圆柱体表面,其他选项默认,点击 OK,完成模型中一个加载支座的 Coupling 的创建,如图 3-26 所示。同理可创建另外 3 个耦合约束,结果如图 3-27 所示。

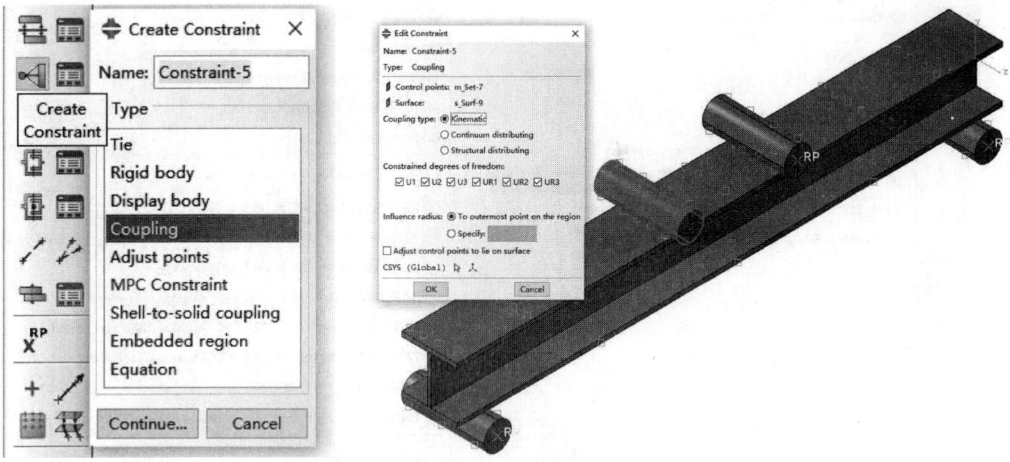

（a）　　　　　　　　　　　　（b）

图 3-26　创建耦合约束

（a）Create Constraint 对话框　（b）在模型上点选控制点和面

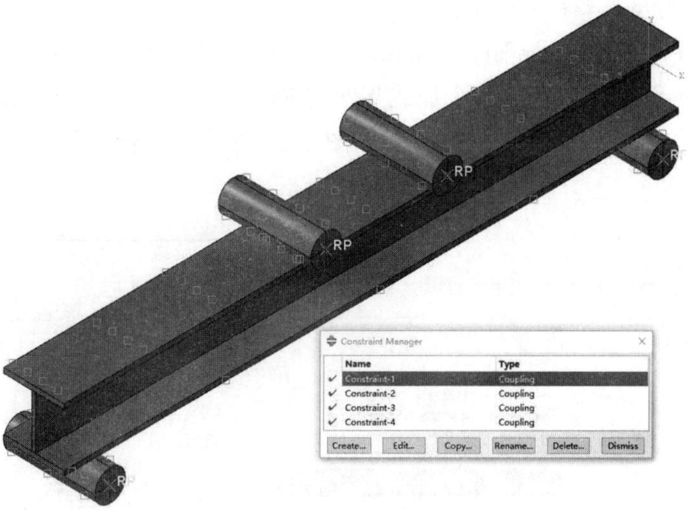

图 3-27　耦合约束创建完成

3.3.6　定义荷载和边界条件（Load）

1. 创建支座边界条件

点击（Create Boundary Condition），分析步选择 Step-1 分析步，分析步类型选择 Symmetry/Antisymmetry/Encastre，点击 Continue，区域点选两个支座的 RP 参考点，进入 Edit Boundary Condition 对话框，选择 ENCASTRE，点击 OK，即完成支座边界条件的创建，如图 3-28 所示。

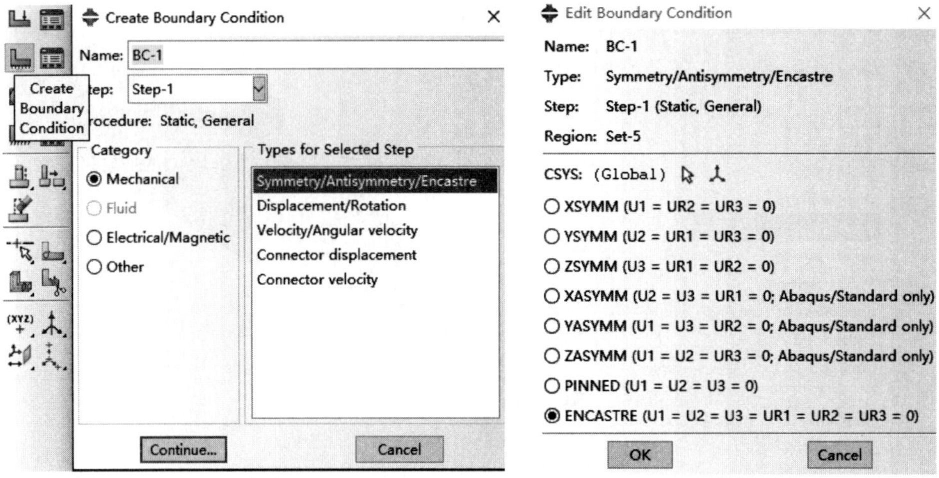

(a) (b)

图 3-28 创建支座边界条件

(a)Create Boundary Condition 对话框 (b)Edit Boundary Condition 对话框

2. 创建加载支座约束和位移控制

再次点击 (Create Boundary Condition),分析步选择 Initial 分析步,分析步类型选择 Displacement/Rotation,区域点选两个加载支座的 RP 参考点,在 Edit Boundary Condition 对话框中勾选除 U2 外的其余 5 个自由度,如图 3-29 所示,限制加载支座只能在竖直方向移动。

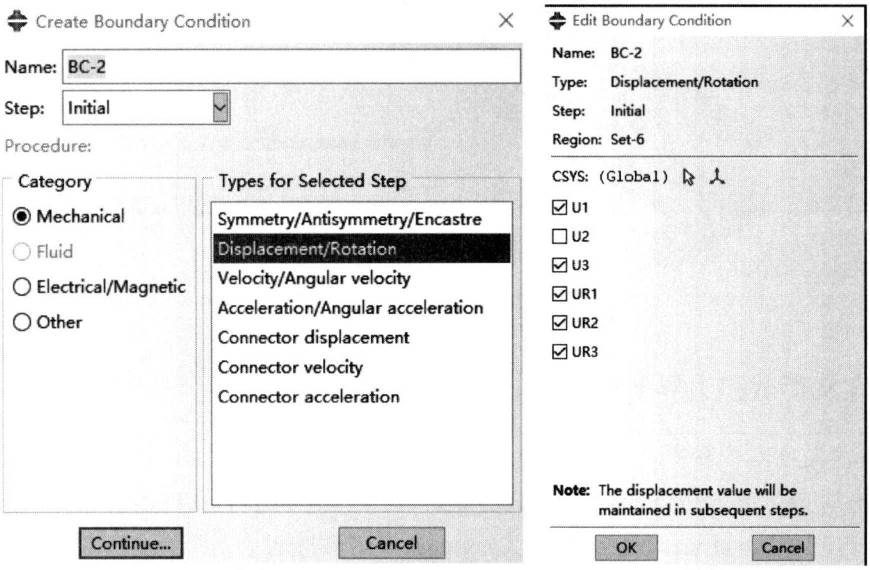

(a) (b)

图 3-29 创建加载支座边界条件

(a)Create Boundary Condition 对话框 (b)Edit Boundary Condition 对话框

点击 右侧的 (Boundary Condition Manager),双击 BC-2 在 Step-1 处的 Propagated(传递),进入 Edit Boundary Condition 对话框,将 U2 改为 -25,即令加载支座在竖直方向向

下移动 25 mm,其余参数保持为 0,如图 3-30 所示。幅值的设置如图 3-31 所示,使位移随分析步时间呈线性变化。边界条件的创建结果如图 3-32 所示。

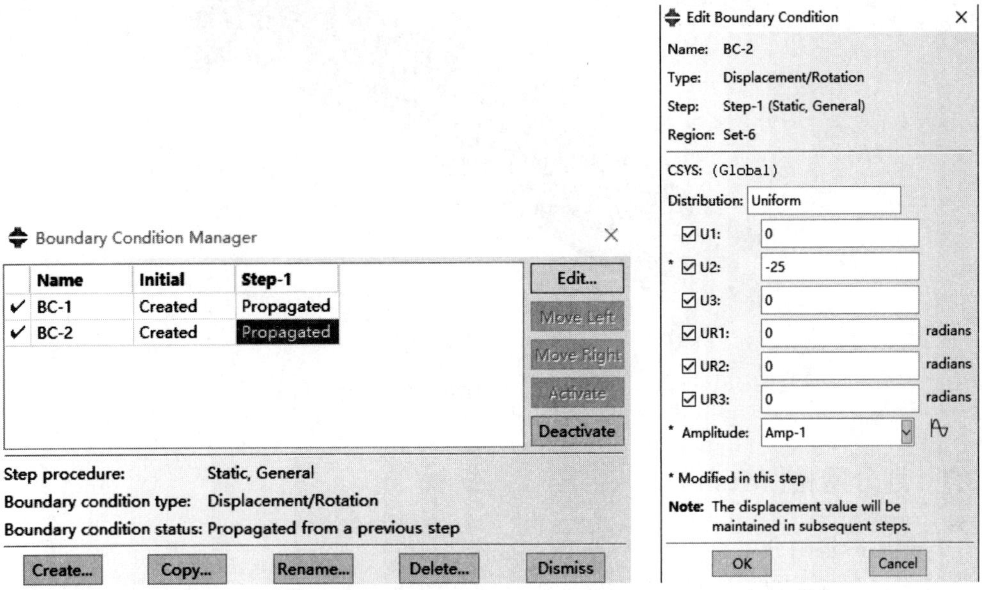

(a)　　(b)

图 3-30　设置竖向位移

(a)Boundary Condition Manager 对话框　(b)Edit Boundary Condition 对话框

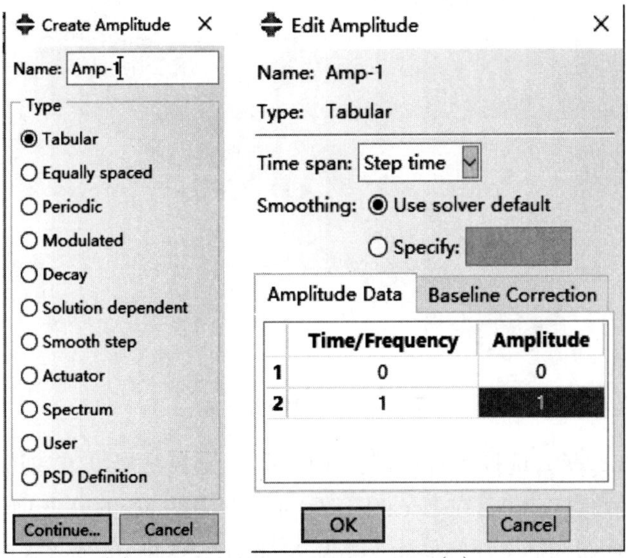

(a)　　(b)

图 3-31　设置幅值

(a)Create Amplitude 对话框　(b)Edit Amplitude 对话框

图 3-32 边界条件创建完成

3.3.7 划分网格(Mesh)

1. 钢梁网格划分

上方 Object 选择 Part-beam,未经切割平面处理的钢梁呈黄色。点击左侧工具区中的,根据提示定义钢梁上翼缘及下翼缘与腹板之间的切割平面,使钢梁整体呈绿色,完成钢梁部件的拆分,如图 3-33 所示。

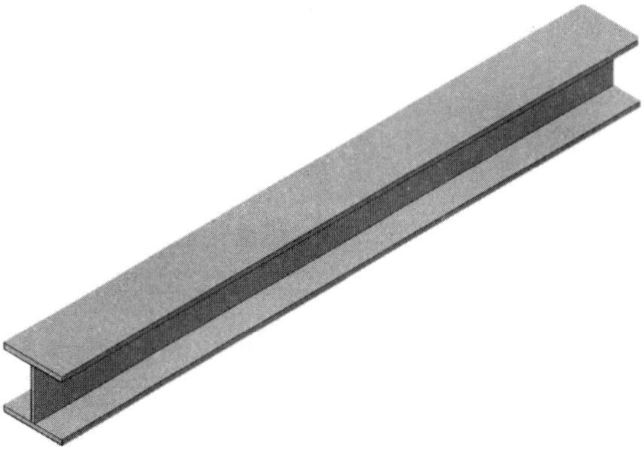

图 3-33 钢梁拆分完成

点击(Seed Edges),选择布置局部种子的区域,即翼缘厚度方向边界和腹板宽度方向边界,如图 3-34 所示,点击 OK,在 Local Seeds 对话框中的 Method 选项下选择 By number,将尺寸控制单元数(Number of elements)设为 2,如图 3-35 所示,点击 OK,完成局部种子布置。点击(Mesh Part Instance),完成钢梁的网格划分,如图 3-36 所示。

2. 支座网格划分

上方部件选择 cylinder,可以看到此时圆柱已为绿色结构化网格,这是由于在装配模块的操作中,已经进行了拆分操作(拆分成四等份),如无更高精度要求,直接进行网格划分即可。设置全局种子的近似全局尺寸(Approximate global size)为 10,点击(Mesh Part Instance),完成支座的网格划分,如图 3-37 所示。全模型网格划分结果如图 3-38 所示。

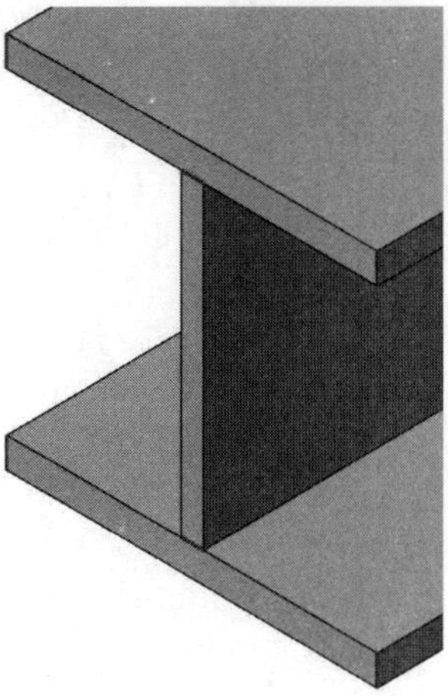

图 3-34　为边布种所选边

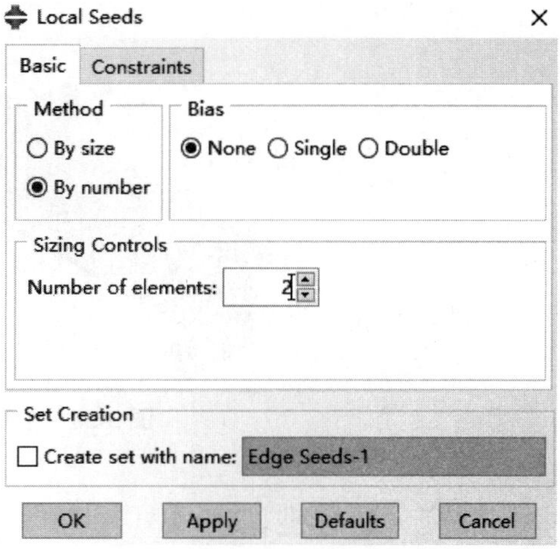

图 3-35　Local Seeds 对话框

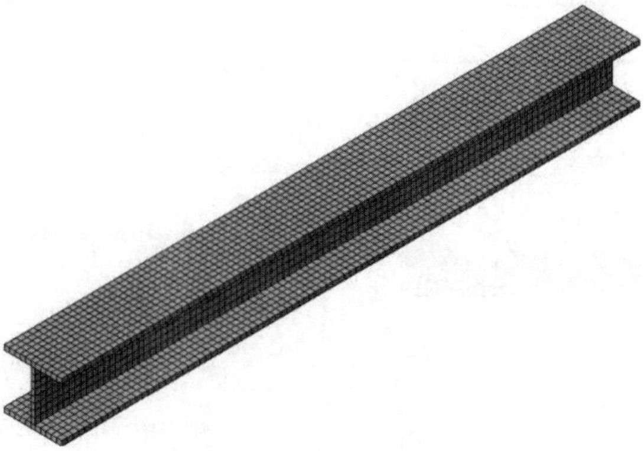

图 3-36　钢梁网格划分结果

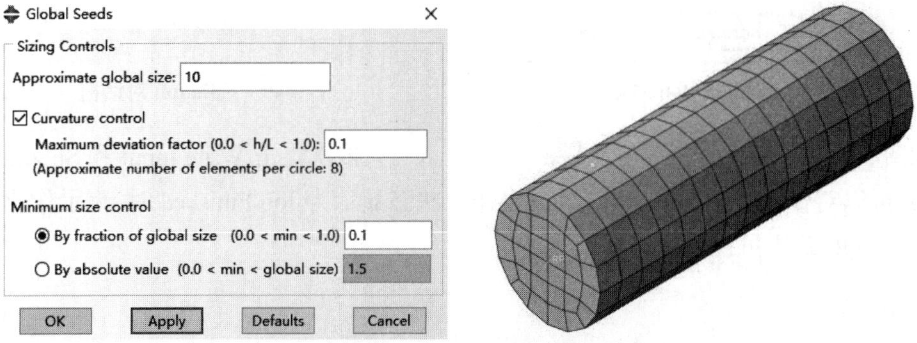

(a)　(b)

图 3-37　支座网格划分

(a)Global Seeds 对话框　(b)网格划分结果

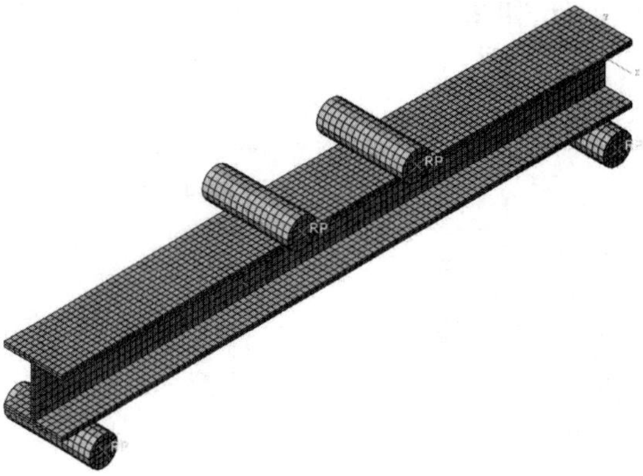

图 3-38 全模型网格划分结果

3.3.8 提交分析作业(Job)

如图 3-39 所示,点击 (Create Job),选择 Source → Model → Model-1,进入 Edit Job 对话框,相关参数保持默认设置,如图 3-40 所示,点击 OK,完成作业任务创建。

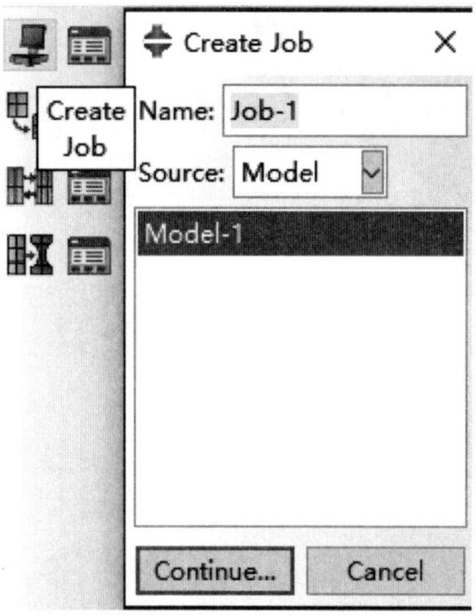

图 3-39 Create Job 对话框

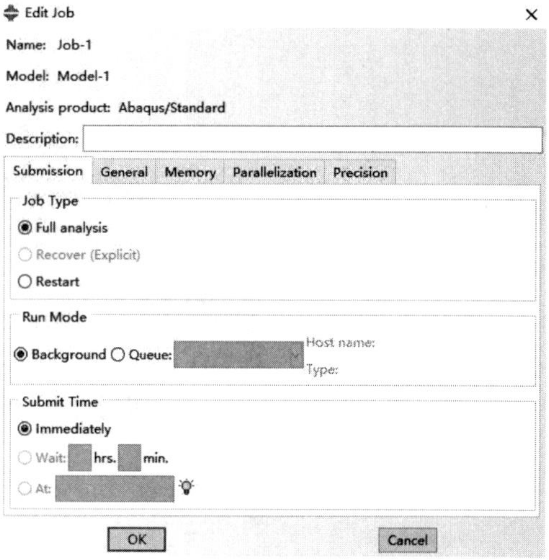

图 3-40 Edit Job 对话框

如图 3-41 所示,点击 右侧的 (Job Manager),依次点击 Write Input 和 Submit;点击 Monitor 可以对作业任务进行实时监控;当作业状态显示为 Job Finished 时,表示作业完成,可点击 Results 进入可视化模块。

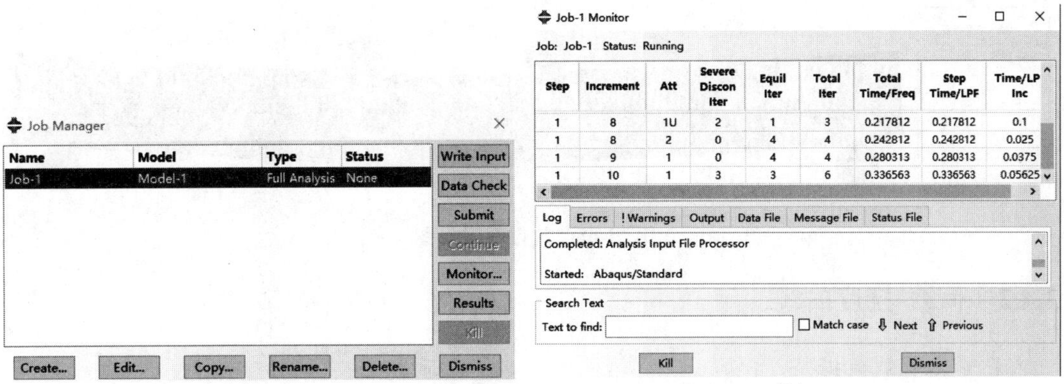

（a）　（b）

图 3-41　提交作业及作业进度监控

（a）创建作业　（b）提交作业

3.4　工字钢梁结果分析

3.4.1　云图

进入可视化模块，点击（Plot Contours on Deformed Shape），可以看到模型的应力分布云图，如图 3-42 所示。上方工具栏中的各类坐标轴图标（图 3-43），可以用于选择不同的视图视角。Ctrl+Alt+ 鼠标左键，可以旋转视图；Ctrl+Alt+ 鼠标中键，可平移视图；滑动鼠标滚轮，可以放大或缩小视图。通过上方工具栏还可查看其他类型的云图（图 3-44），如塑性应变云图（图 3-45）、位移云图等。

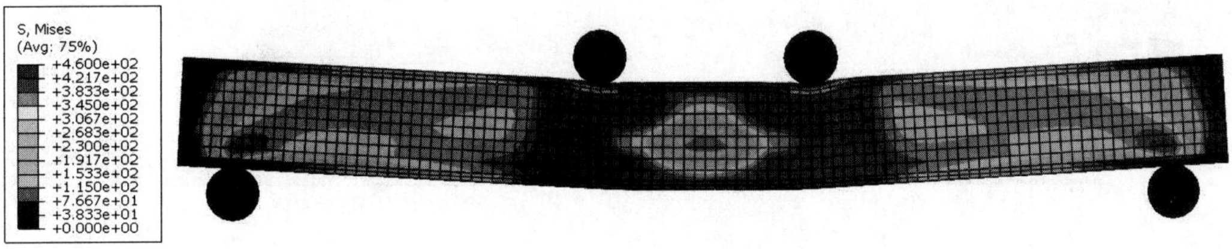

图 3-42　应力分布云图

图 3-43　视角转换工具栏

图 3-44　云图类型切换工具栏

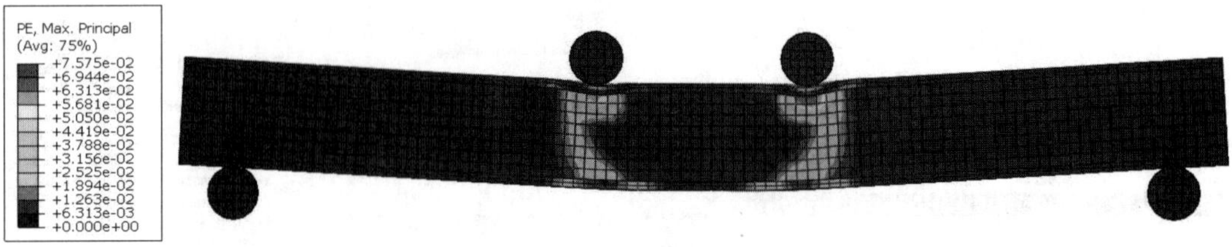

图 3-45　塑性应变云图

3.4.2　荷载-挠度曲线

1. 输出荷载数据

通过▦(Create XY Data)→ ODB field output,进入场变量输出对话框。如图 3-46 所示,在 Variables 标签页中,输出变量位置(Position)选择 Unique Nodal,在下方选项中勾选 RF: Reaction force 中的 RF2。在 Elements/Nodes 标签页,选择 Node sets →加载支座对应的参考点(控制点),点击 Plot,可以看到加载支座处的竖向反作用力随分析步时间变化的曲线,如图 3-46 所示。

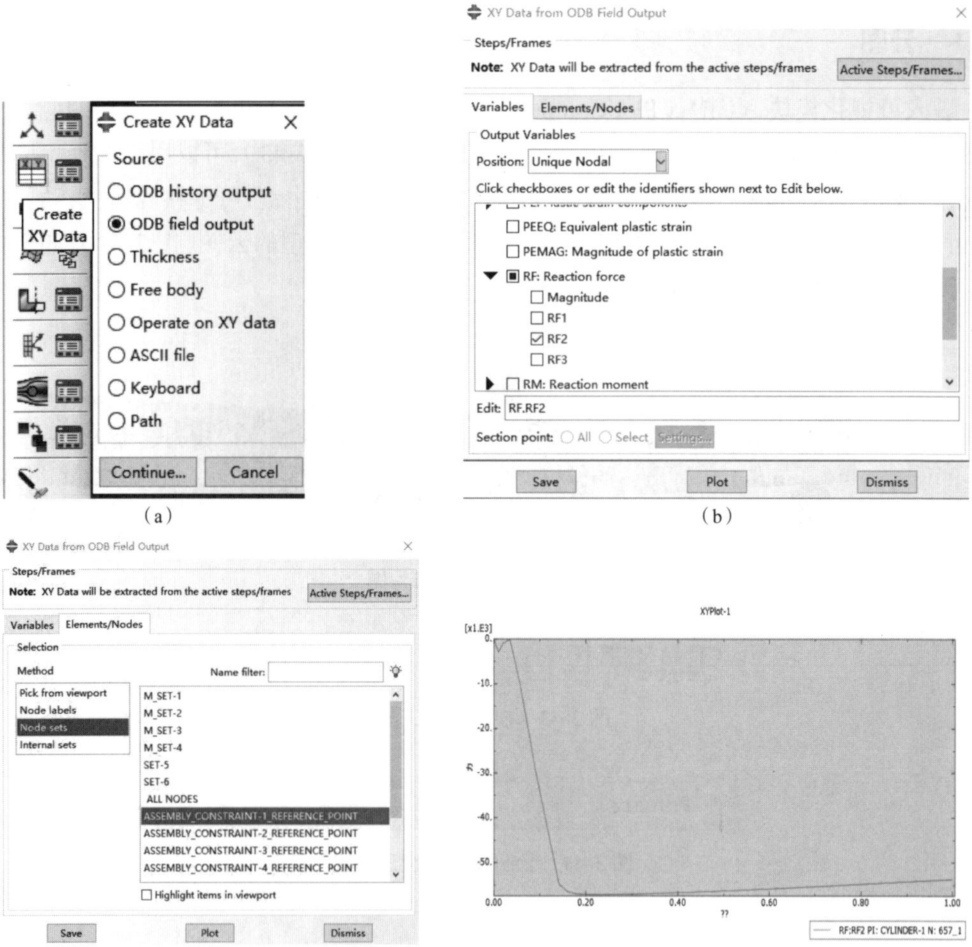

(a)　(b)　(c)　(d)

图 3-46　输出加载支座参考点的竖向反作用力

(a)Create XY Data 对话框　(b)选择输出 RF2　(c)选择输出参考点 1　(d)RF2 随时间的变化图像

图 3-46（d）中曲线数值为负数，且数值绝对值是试验机施加荷载的一半（2 个加载支座中的 1 个），因此可进行 XY 数据操作。如图 3-47 所示，在 Creat XY Data 对话框中选择 Operate on XY data，进入 Operate on XY Data 对话框，在表达式输入框中输入

−2*"_RF: RF2 PI: CYLINDER−3 N: 657"

点击 Plot Expression，可得到修正后的荷载曲线，如图 3-47（c）所示。

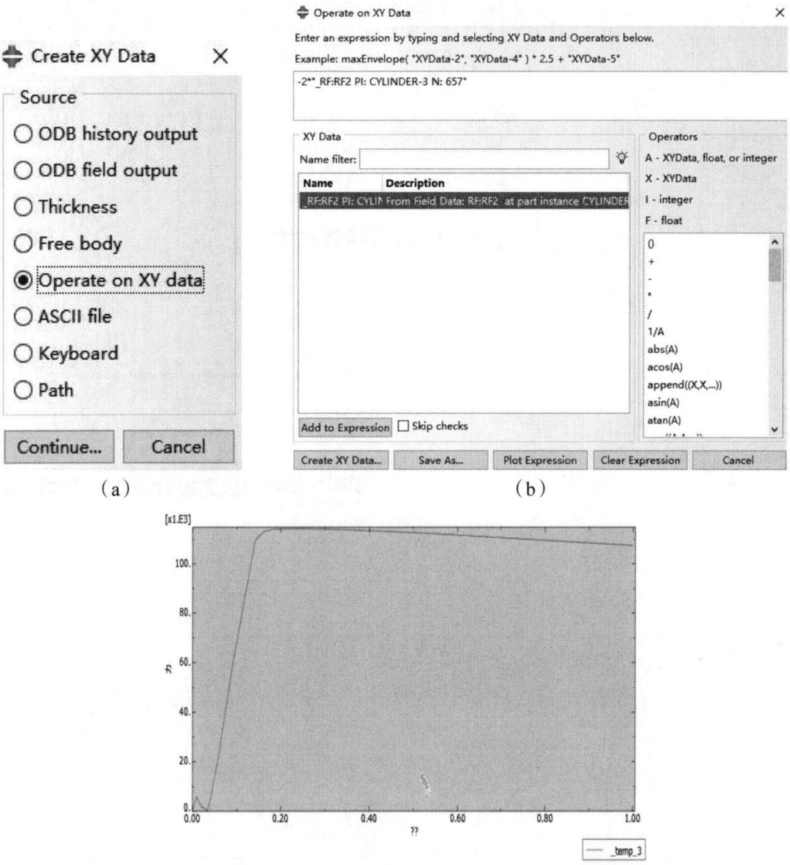

（a）　（b）

（c）

图 3-47　操作 XY 数据以修正荷载曲线

（a）Create XY Data 对话框　（b）Operate on XY Data 对话框　（c）修正后的图像

如图 3-48 所示，在左侧模型树中，找到 XY 数据→ Temp-1，单击鼠标右键，选择 Edit，可以查看荷载数据，此时可以将数据复制到其他数据处理软件中进行进一步的处理。

2. 输出跨中挠度数据

打开场变量输出对话框，在 Variables 标签页中勾选 U:Spatial displacement 下的 U2，在 Elements/Nodes 标签页中选择 Method 下的 Pick from viewport，点击 Edit Selection，从模型中点选下翼缘中部节点，点击左下角的 Done，则对话框中显示 1 Nodes selected，如图 3-49 所示。点击 Plot，得到挠度-时间曲线，如图 3-50 所示。

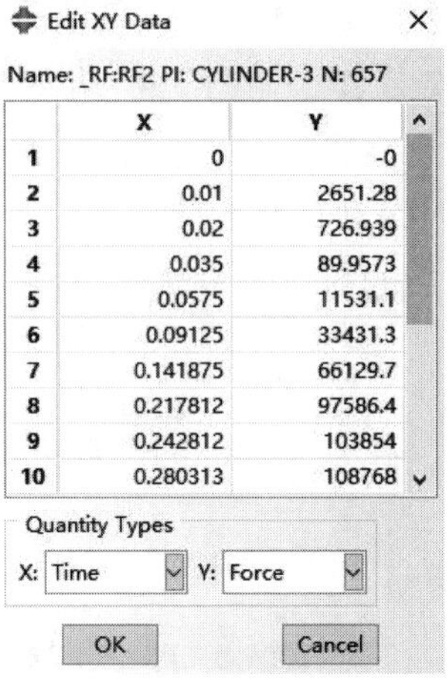

图 3-48 查看荷载数据

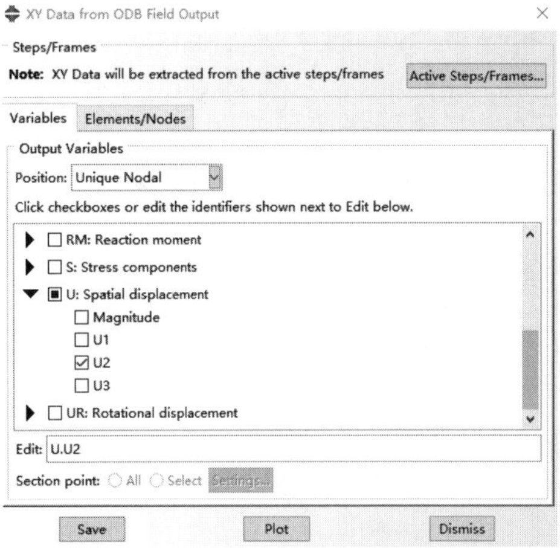

(a)

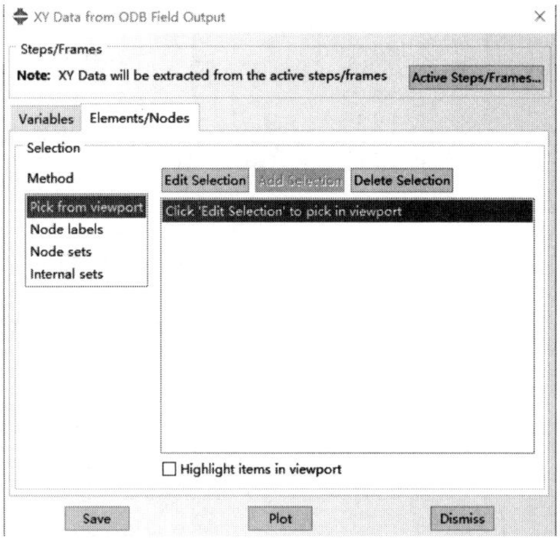

(b)

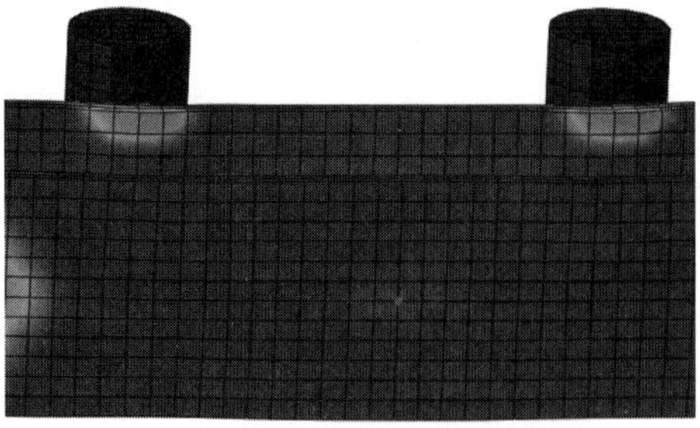

(c)

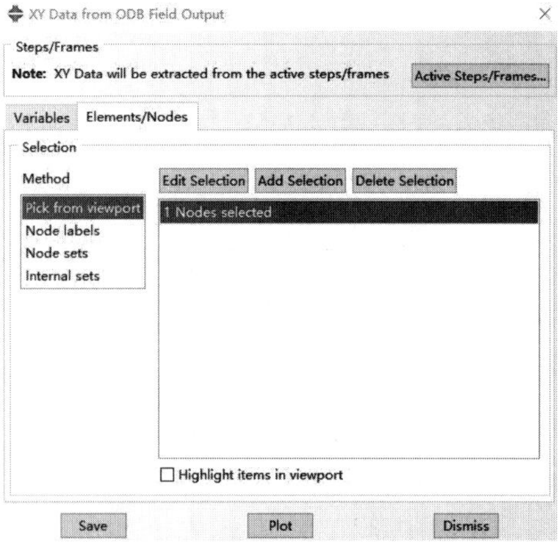

(d)

图 3-49 输出跨中挠度

(a)选择输出 U2 (b)选择 Pick from viewport (c)从模型中选取节点 (d)1 Nodes selected

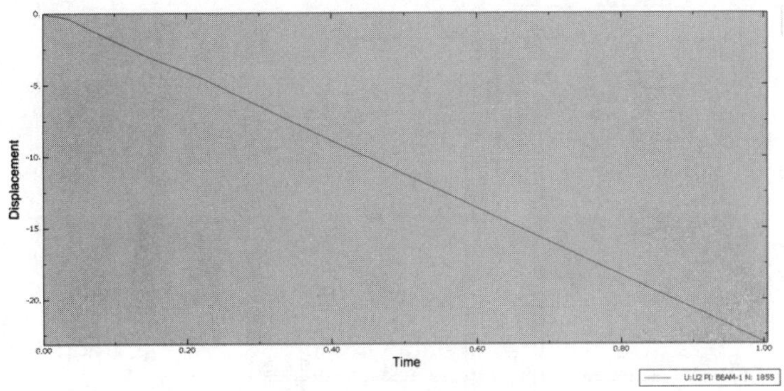

图 3-50　挠度-时间曲线

同理，可将挠度数据导出到其他数据处理软件中，经过建立散点图等步骤，最终可得到如图 3-51（a）所示的荷载-挠度曲线。可见在曲线原点附近出现荷载波动，可能原因是存在接触不稳定问题，解决或改善办法有：细化圆柱体与钢梁在接触点附近的网格；调整摩擦接触方式；在初始分析步和试验分析步之间增加一个小分析步，给模型施加一个很小的荷载或位移；对原点附近的不稳定段进行曲线修正。修正后的荷载-挠度曲线如图 3-51 所示。

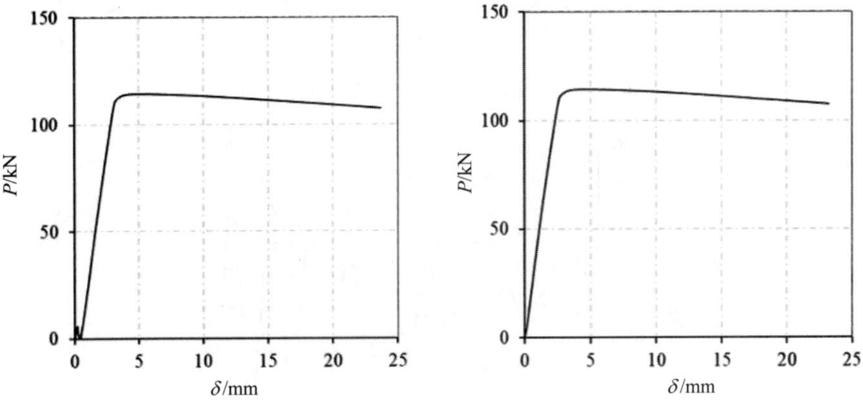

（a）　（b）

图 3-51　荷载-挠度曲线

（a）原曲线　（b）修正后的曲线

3.5　工字钢梁柱节点基本信息

采用有限元软件 ABAQUS 模拟受到低周往复荷载的工字钢梁柱节点的拟静力试验，进行应力-应变分析，并得到加载点处的滞回曲线。具体装置和试件尺寸如图 3-52 所示。钢材料属性：弹性模量为 2.06×10^5 MPa，泊松比为 0.3，屈服强度 f_y=235 MPa。加载方式：梁端液压千斤顶加载，位移控制。梁端的位移大小随时间变化，变化规律如图 3-53 所示。柱顶通过千斤顶施加轴力 200 kN。柱顶、柱底均为铰接边界条件。

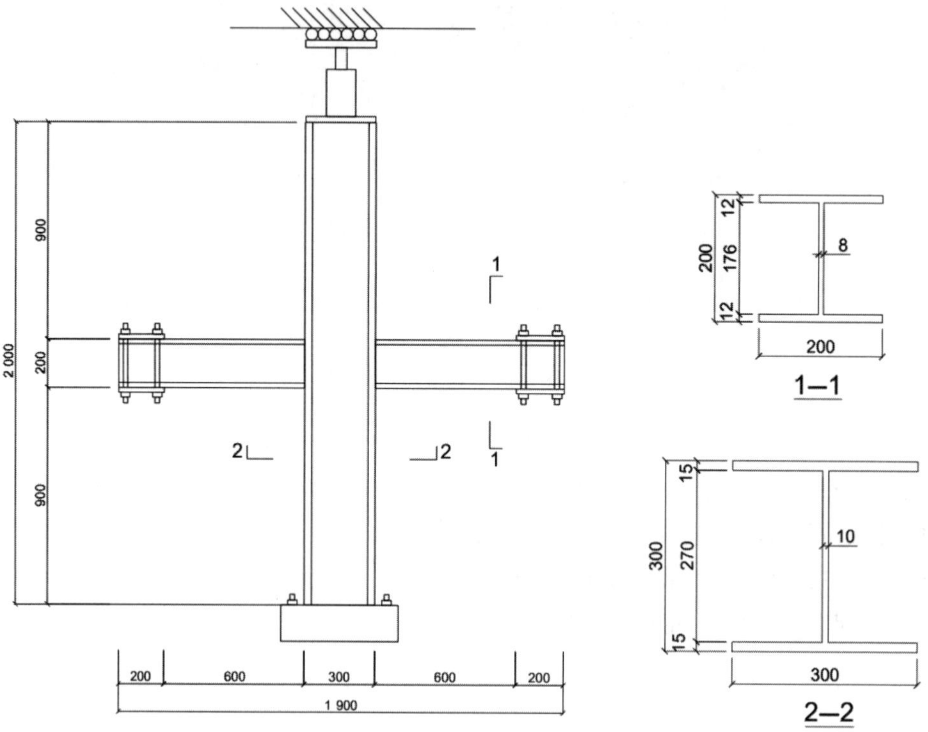

图 3-52　试验装置及试件尺寸(单位:mm)

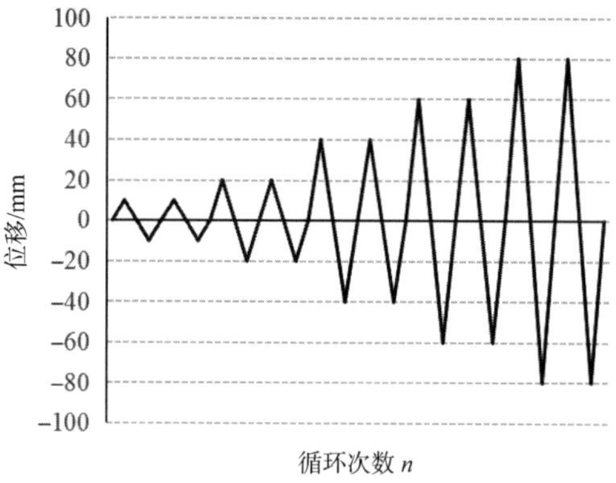

图 3-53　梁端加载制度

3.6　工字钢梁柱节点建模过程

3.6.1　创建部件(Part)

1. 创建柱部件

在 Part 模块下,点击左侧工具区中的 ,弹出 Create Part 对话框,如图 3-54(a)所示。在 Name 处输入 column,将 Modeling Space(模型所在空间)设为 3D(三维),Shape 设为 Solid,选择 Extrusion,点击 Continue,进入截面绘制界面。

点击左侧工具区中的 ,依次输入(150,150)、(150,135)、(5,135)、(5,-135)、(150,-135)、(150, -150)、(-150, -150)、(-150, -135)、(-5, -135)、(-5, 135)、(-150, 135)、(-150,150)、(150,150)。点击鼠标中键确认,完成柱部件截面创建,如图 3-54(b)所示。

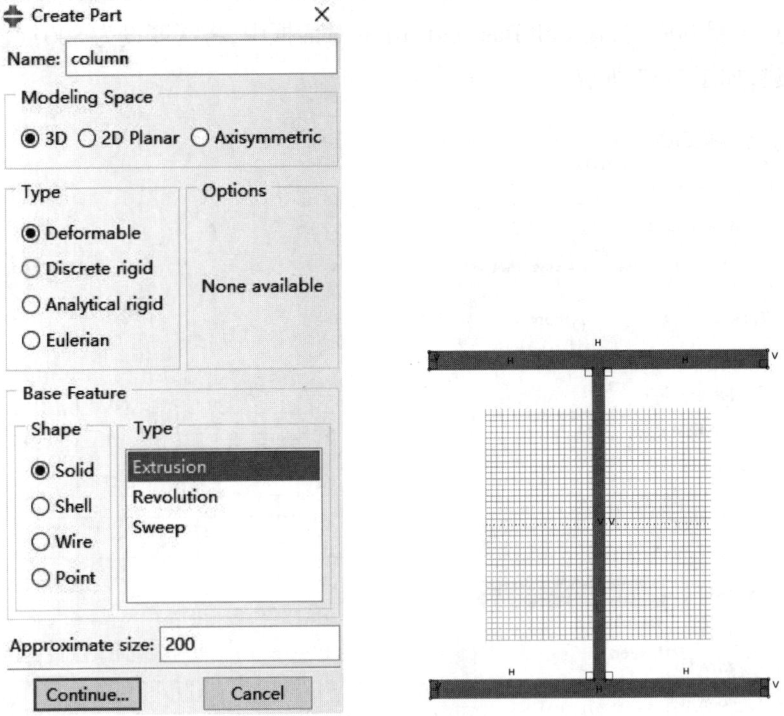

(a)　(b)

图 3-54　绘制钢柱截面

(a)Create Part 对话框　(b)绘制钢柱截面

在 Edit Base Extrusion 对话框中,设置 Depth(深度)为 1 000,点击 OK,完成钢柱构件的创建,如图 3-55 所示。

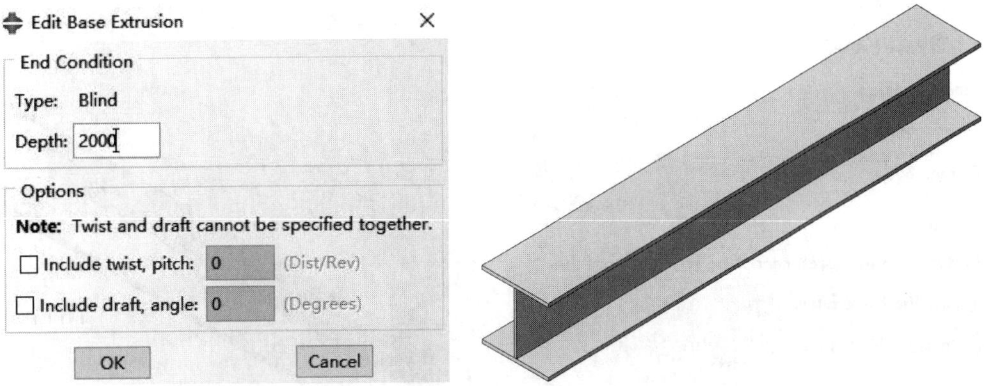

(a)　(b)

图 3-55　输入深度参数及完成钢柱创建

(a)Edit Base Extrusion 对话框　(b)钢柱构件

2. 创建梁部件

按照相同的方式创建梁部件，将其命名为 beam，在草图界面点击左侧工具区中的，依次输入坐标（100，100）、（100，88）、（4，88）、（4，-88）、（100，-88）、（100，-100）、（-100，-100）、（-100，-88）、（-4，-88）、（-4，88）、（-100，88）、（-100，100）、（100，100），如图 3-56 所示。点击鼠标中键，在 Edit Base Extrusion 对话框中，将深度设为 800，点击 OK，完成梁部件的创建，如图 3-57 所示。

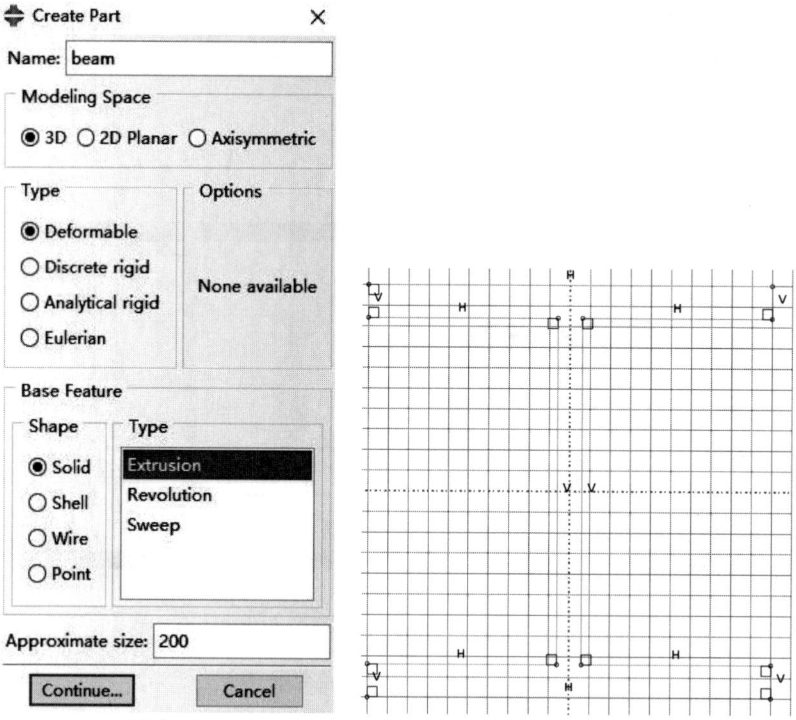

（a） （b）

图 3-56 绘制钢梁截面

（a）Create Part 对话框 （b）绘制钢梁截面

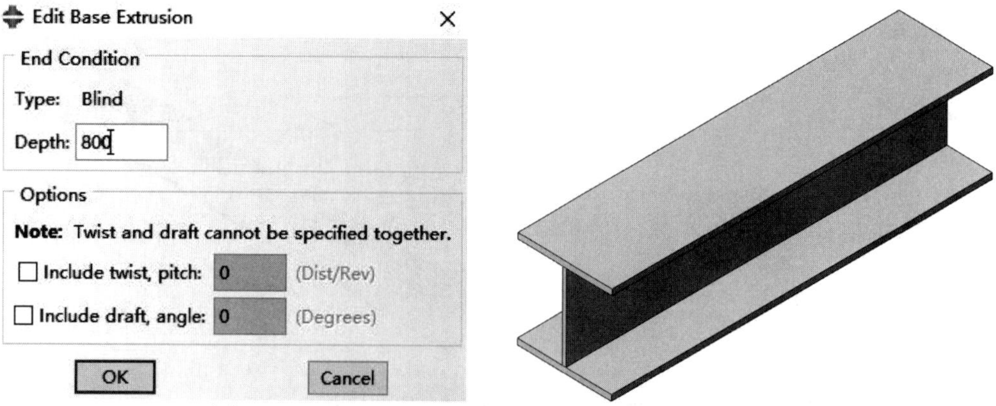

（a） （b）

图 3-57 输入深度参数及完成钢梁创建

（a）Edit Base Extrusion 对话框 （b）钢梁构件

3.6.2 设置材料和截面属性(Property)

在 Property 模块下，点击左侧工具区中的 ，弹出 Edit Material 对话框，名称设为 steel，在对话框中点击 General → Mechanical → Elasticity，将 Young's Modulus 设为 206 000，Poisson's Ratio 设为 0.3，其他参数不变，如图 3-58(a)所示；点击 Mechanical → Plasticity → Plastic，将 Yield Stress 设为 235，Plastic Strain 设为 0，其他参数不变，如图 3-58(b)所示，点击 OK，完成 Q235 材料本构关系的定义。

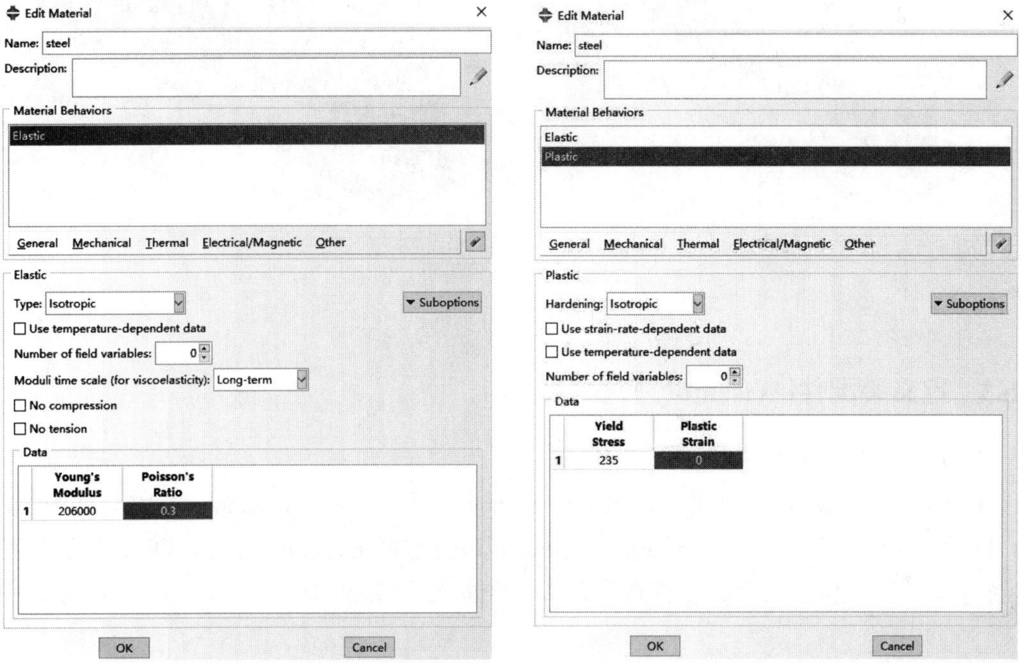

(a)　　(b)

图 3-58　定义 Q235 材料

(a)设置 Q235 材料弹性属性　(b)设置 Q235 材料塑性属性

点击 ，弹出 Create Section 对话框，在 Category 处选择 Solid，将 Type 设为 Homogeneous(均质)，点击 Continue，弹出 Edit Section 对话框，如图 3-59 所示，点击 OK，完成对材料截面属性的定义。

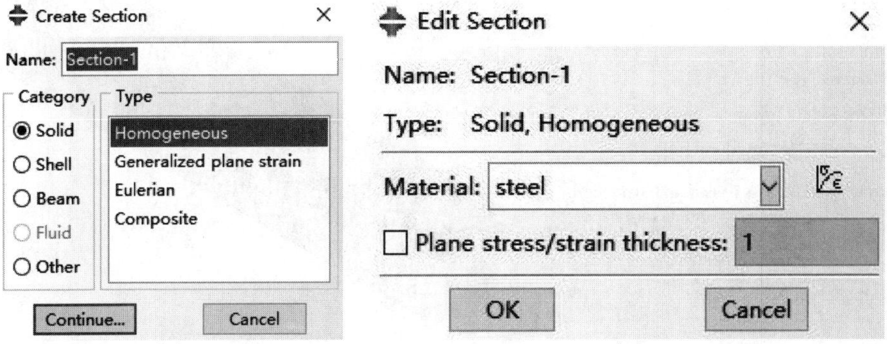

(a)　　(b)

图 3-59　创建截面

(a)创建 beam 截面　(b)编辑 beam 截面

将环境栏中的 Object 项设为 Part-Beam，点击 Assign Section，点选钢梁模型，指派 beam 截面，完成钢梁截面的指派，指派完成后模型变成绿色，如图 3-60 所示，同理可完成 column 截面的指派。

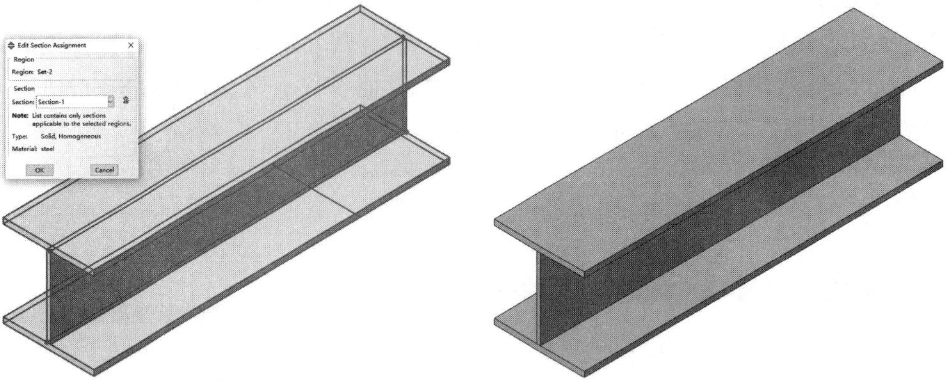

（a）　　　　（b）

图 3-60　指派截面

（a）指派钢梁截面　（b）指派完成

3.6.3　定义装配件（Assembly）

1. 创建梁部件与柱部件

在 Assembly 模块下，点击（Create Instance），弹出 Create Instance 对话框，如图 3-61（a）所示，在 Parts 选项中选择 column，Instance Type 选择 Dependent，点击 OK，完成柱部件的创建。重复上述操作，完成左右两个梁部件的创建，如图 3-61（b）所示。

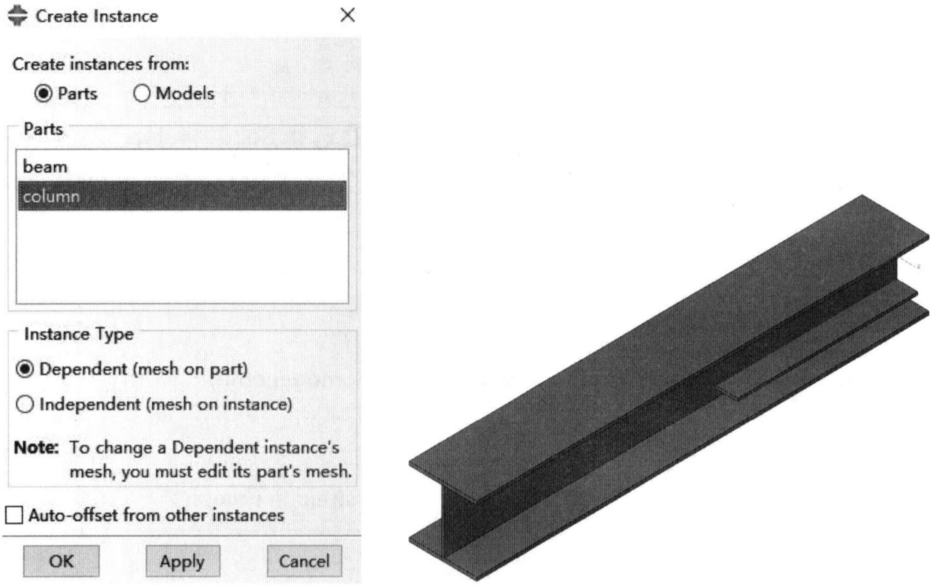

（a）　　　　（b）

图 3-61　创建梁部件与柱部件

（a）Create Instance 对话框　（b）创建部件

2. 部件组装

部件组装前,对工字钢梁部件进行平面分割。将环境栏中的Object项设为Part-Beam,点击左侧工具区中的,选择型钢梁的上翼缘表面,再点击上翼缘的边,进入草图界面,点击左侧工具区中的,在上翼缘上划分出一个200 mm × 200 mm的矩形区域,作为千斤顶在上翼缘的加载面,过程及结果如图3-62所示。采用同样的方法定义型钢梁下翼缘的加载面。

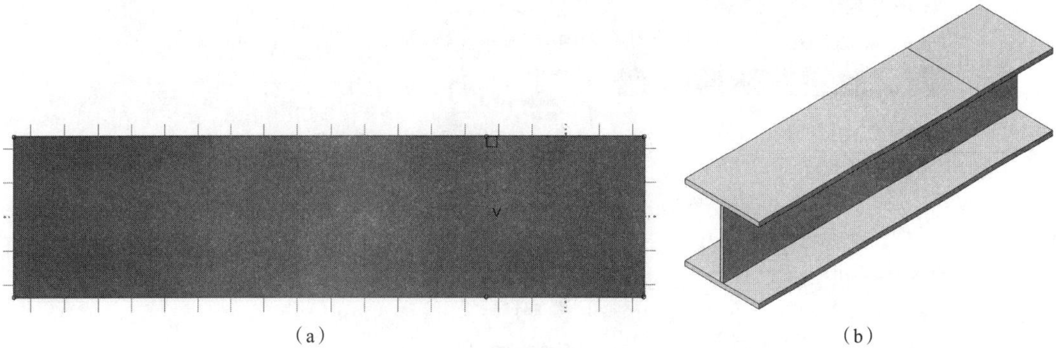

图3-62　钢梁部件加载面的划分

(a)草图界面　(b)划分结果

利用3.3.3小节演示过的创建基准点操作,在柱的左右侧面的中心点分别创建基准点(0, 150, 1 000)和(0, -150, 1 000),再利用平移和旋转操作分别将两个梁部件移动到相应的位置,如图3-63所示,完成部件组装。

图3-63　梁柱部件组装结果

3.6.4　设置分析步(Step)

在Step模块下,点击(Create Step),弹出Create Step对话框,在Name处输入Step-1,Procedure type选择General,下拉菜单中选择Static, General,如图3-64(a)所示。点击

Continue，弹出 Edit Step 对话框，Basic 标签页下的各种设置保持默认参数不变；将 Incrementation 标签页中的 Maximum number of increments 设为 1 000，Increment size 的 Initial、Minimum 和 Maximum 分别改为 0.01、1E-10（表示 1×10^{-10}）、0.1（减小增量步以提高模型收敛性），如图 3-64（b）所示，点击 OK，完成分析步的定义。

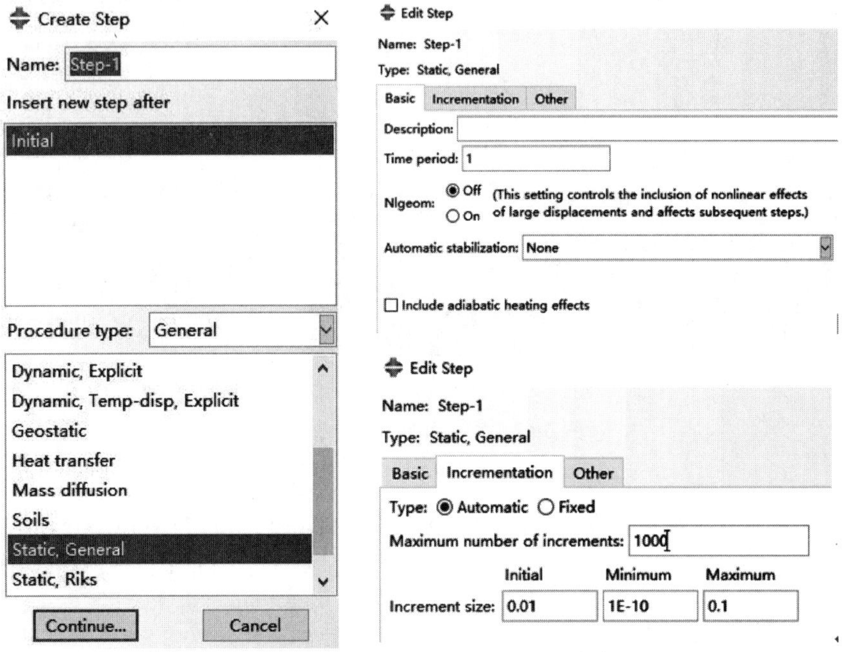

（a） （b）

图 3-64 编辑分析步信息

（a）Create Step 对话框 （b）Incrementation 标签页

3.6.5 划分网格（Mesh）

点击左侧工具区中的，根据提示定义钢梁上翼缘和腹板之间的切割平面。继续定义钢梁下翼缘和腹板之间的切割平面，使钢梁整体呈绿色（结构化网格），完成钢梁部件的拆分。钢梁拆分结果如图 3-65 所示。钢柱部件分割操作同理。

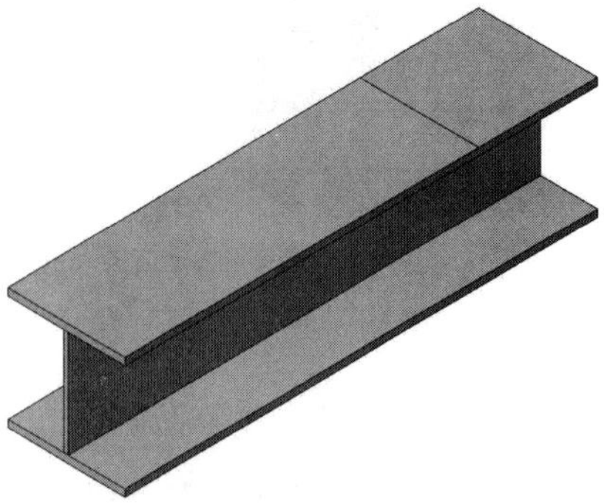

图 3-65 钢梁拆分结果

点击(Global Seeds),弹出 Global Seeds 对话框,如图 3-66(a)所示,将 Approximate global size 设为 20,其余参数不变,点击 Apply,即完成模型布种。点击,提示区提示是否给部件划分网格,点击 Yes,网格自动划分。钢梁网格划分结果如图 3-66(b)所示。利用同样的方法对钢柱部件进行网格划分。完整模型网格划分结果如图 3-67 所示。

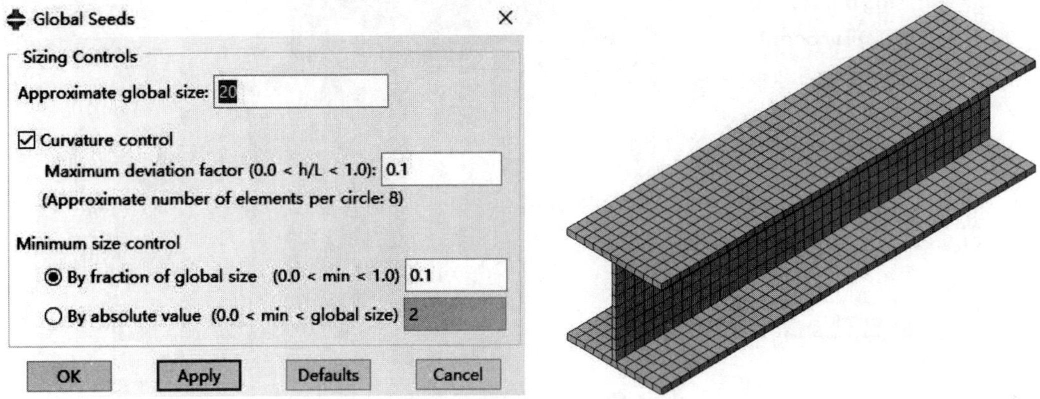

(a)　(b)

图 3-66　钢梁布种及网格划分结果

(a)Global Seeds 对话框　(b)钢梁网格划分结果

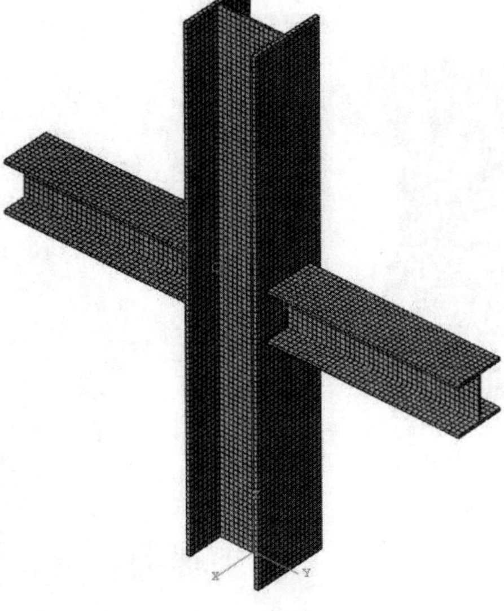

图 3-67　模型网格划分结果

3.6.6　定义相互作用(Interaction)

在 Interaction 模块下,点击(Create Constraint),弹出 Create Constraint 对话框,如图 3-68(a)所示, Type 项选择 Tie。点击 Continue,选择钢柱侧面作为主面,点击鼠标中键确认,如图 3-68(b)所示。

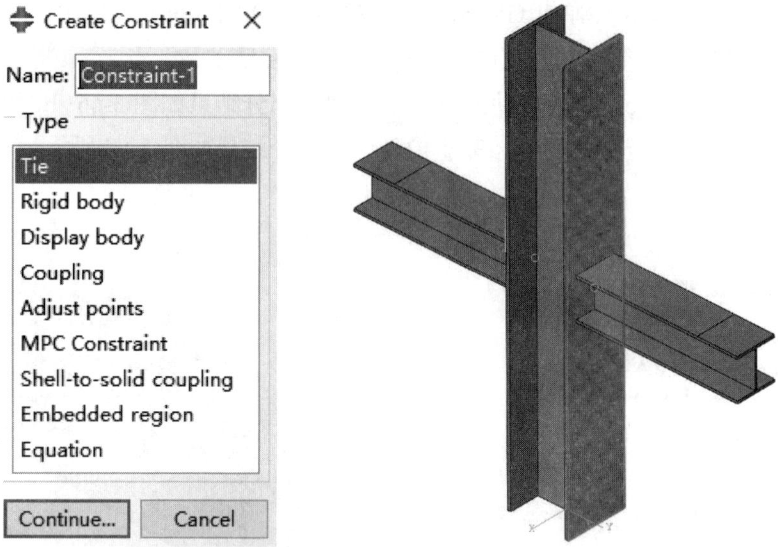

（a） （b）

图 3-68 创建约束(主面选择)

(a)Create Constraint 对话框 (b)在模型上选择主面

按提示选择约束面的从面,选择与 column 接触的 beam 的面为从面(注:此处可能需要隐藏柱部件,以便于选取梁端截面,可使用上方功能区中的 Remove Selected 功能),如图 3-69 所示。

图 3-69 创建约束(从面选择)

点击鼠标中键,弹出 Edit Constraint 对话框,如图 3-70(a)所示,保持默认参数不变,点击 OK,完成梁柱间的约束定义。利用同样的方法,完成另一侧梁柱的约束。最终模型施加约束情况如图 3-70(b)所示。

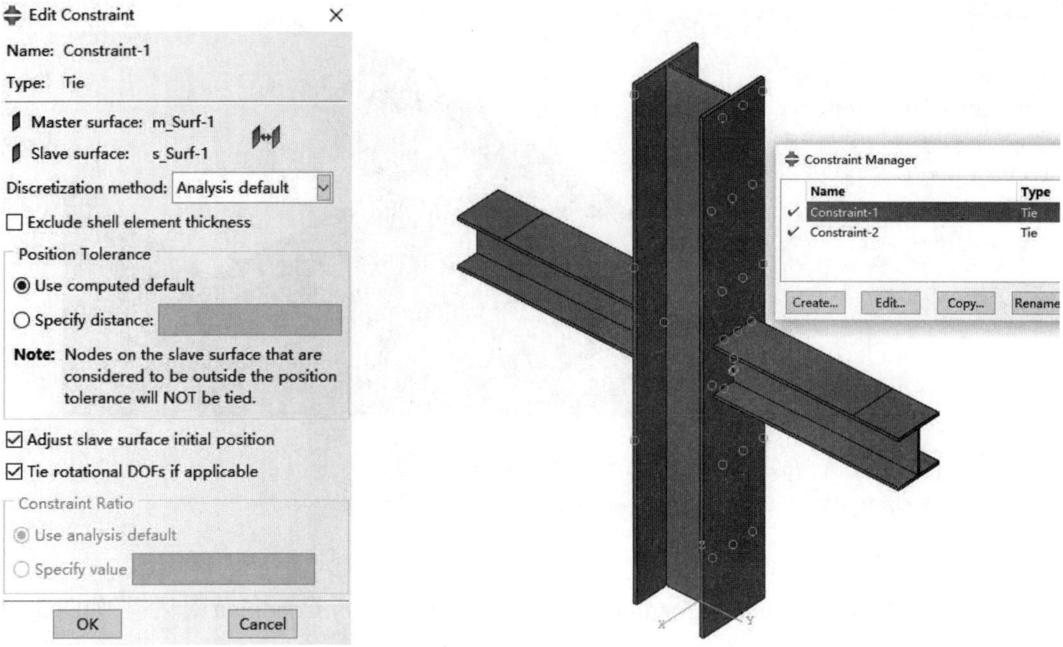

（a）　　（b）

图 3-70　模型施加约束情况

（a）Edit Constraint 对话框　（b）约束施加结果

3.6.7　定义荷载和边界条件（Load）

1. 施加柱顶荷载

在 Load 模块下，点击（Create Load），弹出 Create Load 对话框，如图 3-71（a）所示，在 Step 项中选择 Step-1，Types for Selected Step 选择 Pressure，其余参数不变。点击 Continue，荷载区域选择柱顶截面，如图 3-71（b）所示，点击鼠标中键确认，弹出 Edit Load 对话框，如图 3-72（a）所示，在 Magnitude 处输入 17.1（注：该值由荷载值除以柱的截面积计算而来，注意压强单位应为 MPa），点击 OK，完成柱顶荷载定义，如图 3-72（b）所示。

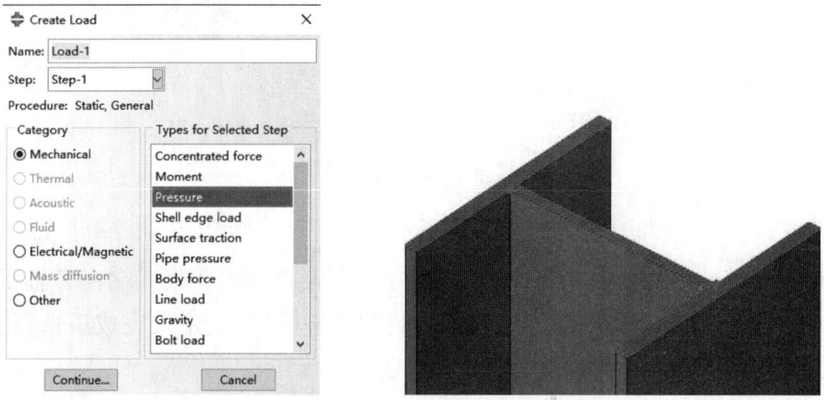

（a）　　（b）

图 3-71　创建柱顶荷载

（a）Create Load 对话框　（b）选择柱顶作为荷载作用面

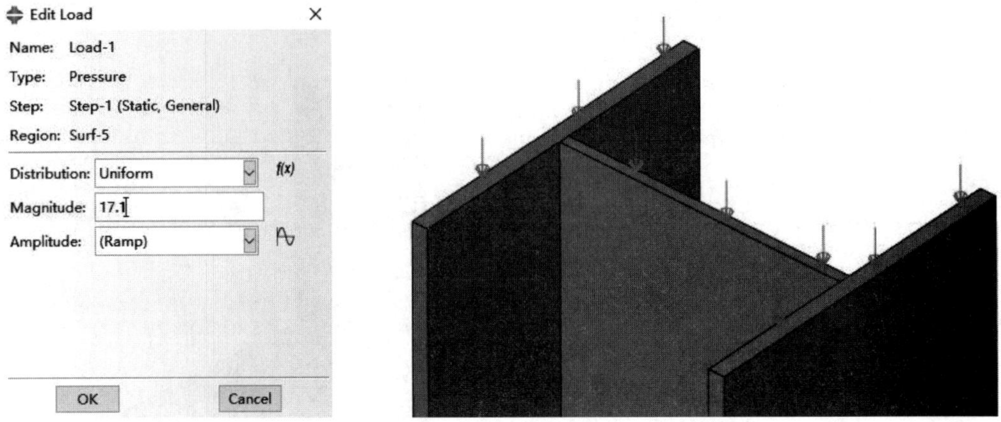

(a) (b)

图 3-72 编辑柱顶荷载参数

(a)Edit Load 对话框 (b)柱顶荷载施加结果

2. 施加梁端位移

点击 (Create Boundary Condition)弹出 Create Boundary Condition 对话框，如图 3-73(a)所示，分析步选择 Step-1 分析步，分析步类型选择 Displacement/Rotation，点击 Continue，区域点选梁端上下翼缘划分出的加载区域(两个矩形区域)，如图 3-73(b)所示。

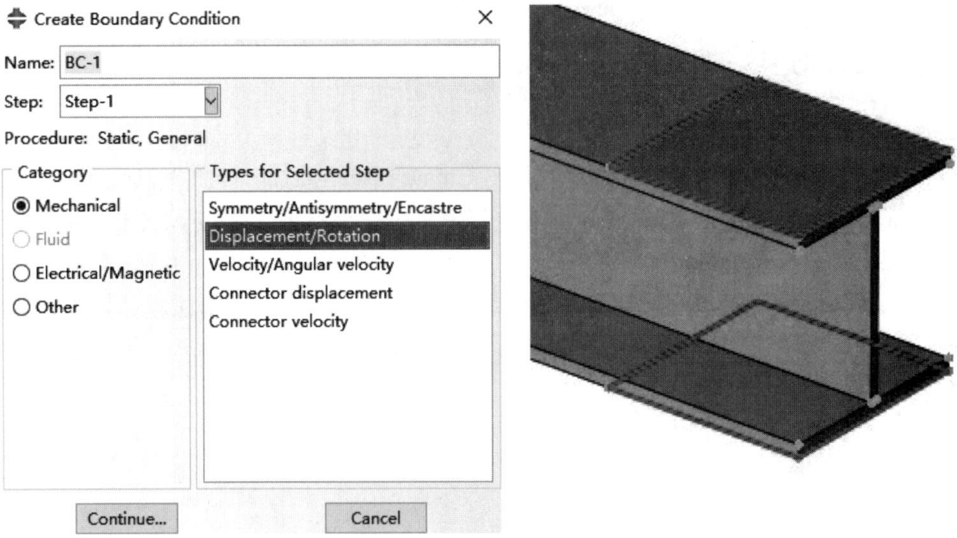

(a) (b)

图 3-73 创建边界条件

(a)Create Boundary Condition 对话框 (b)点选加载区域

进入 Edit Boundary Condition 对话框，勾选 U3，其后输入 80，代表梁端在 Z 轴正方向的最大位移为 80 mm，这里 Amplitude 需要根据加载制度进行定义，定义完成后选择 Amp-1，点击 OK，即完成支座边界条件的设置，如图 3-74 所示。

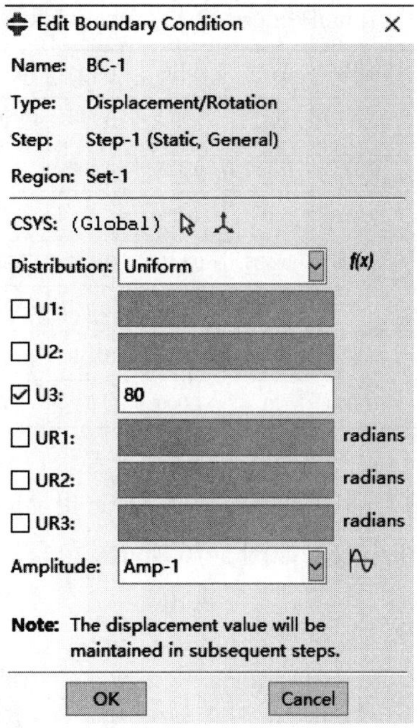

图 3-74　Edit Boundary Condition 对话框

下面介绍 Amp-1 的定义方法。如图 3-75 所示，在 Create Amplitude 对话框中，Type 选择 Tabular，点击 Continue，弹出 Edit Amplitude 对话框，将利用 Excel 计算出的 Time/Frequency 和 Amplitudes 数据（见表 3-1）复制粘贴到此对话框中，点击 OK，完成 Amp-1 的定义。

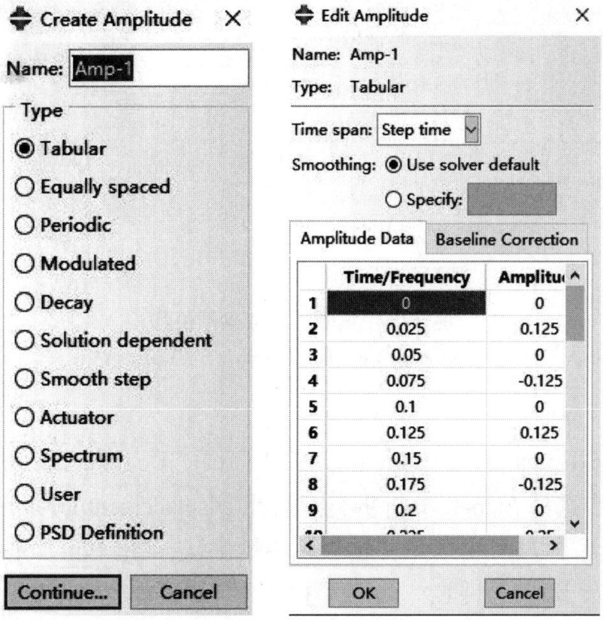

（a）　　　（b）

图 3-75　编辑梁端位移幅值参数

（a）Create Amplitude 对话框　（b）Edit Amplitude 对话框

表 3-1 Time/Frequency 和 Amplitudes 参数表

Time/Frequency	0	0.025	0.050	0.075	0.100	0.125	0.150	0.175	0.200	0.225	0.250
Amplitudes	0	0.125	0	−0.125	0	0.125	0	−0.125	0	0.250	0
Time/Frequency	0.275	0.300	0.325	0.350	0.375	0.400	0.425	0.450	0.475	0.500	0.525
Amplitudes	−0.250	0	0.250	0	−0.250	0	0.500	0	−0.500	0	0.500
Time/Frequency	0.550	0.575	0.600	0.625	0.650	0.675	0.700	0.725	0.750	0.775	0.800
Amplitudes	0	−0.500	0	0.750	0	−0.750	0	0.750	0	−0.750	0
Time/Frequency	0.825	0.850	0.875	0.900	0.925	0.950	0.975	1.000			
Amplitudes	1.000	0	−1.000	0	1.000	0	−1.000	0			

利用同样的方法在另一侧梁端施加大小相同、方向相反的荷载，即 U3=−80，Amplitude 选择 Amp-1，参数设置及最终作用效果如图 3-76 所示。

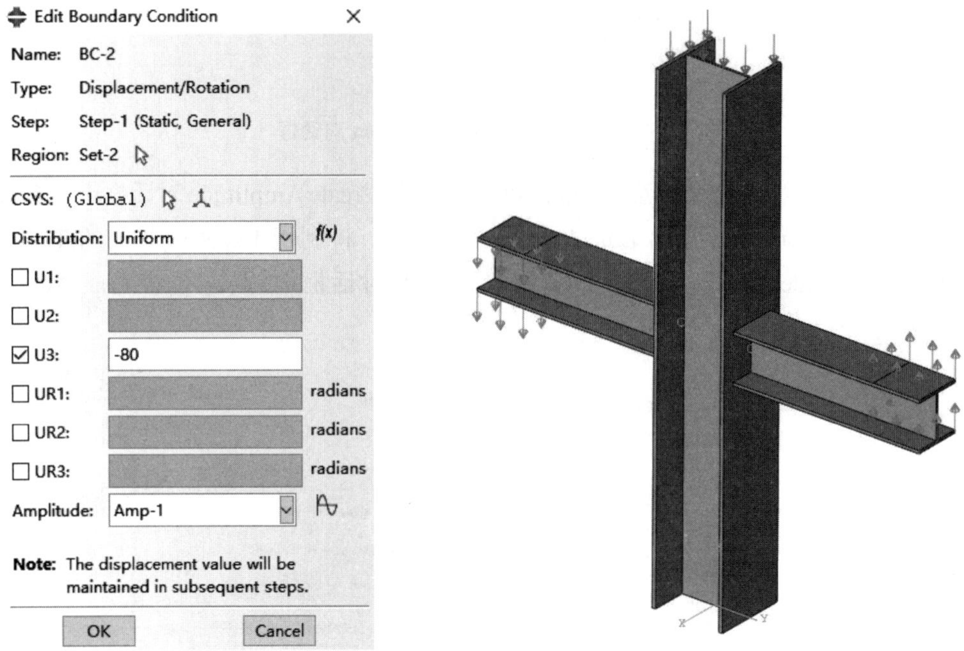

（a） （b）

图 3-76 编辑另一侧梁端位移

（a）Edit Boundary Condition 对话框 （b）位移施加结果

3. 设置柱端边界条件

点击（Create Boundary Condition），弹出 Create Boundary Condition 对话框，如图 3-77（a）所示，分析步选择 Step-1，分析步类型选择 Displacement/Rotation，点击 Continue，区域选中柱顶截面，如图 3-77（b）所示，点击鼠标中键确认，弹出 Edit Boundary Condition 对话框，如图 3-78（a）所示，勾选 U1、U2、UR2、UR3，将它们的参数均设为 0，即添加的边界条件为铰接约束。点击 OK，完成对柱顶的约束。

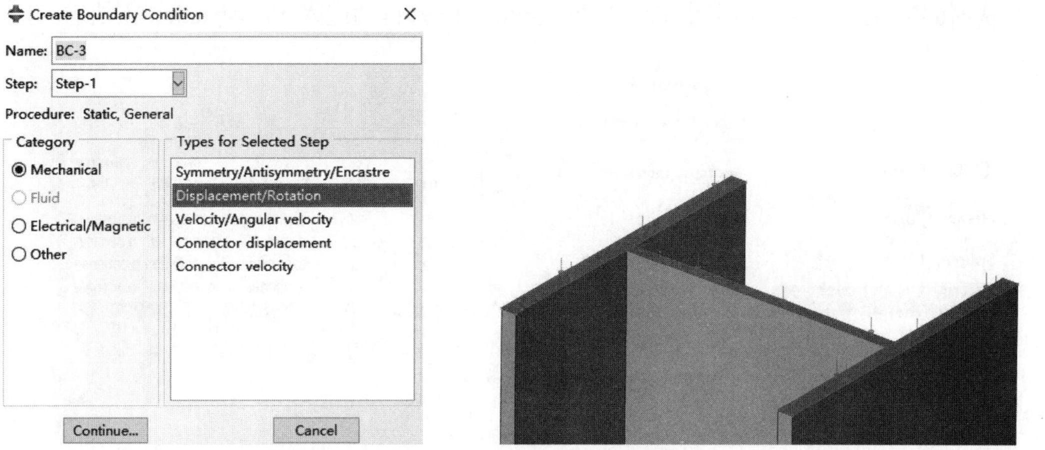

(a)　(b)

图 3-77　创建柱顶边界条件

(a)Create Boundary Condition 对话框　(b)选取边界条件作用面

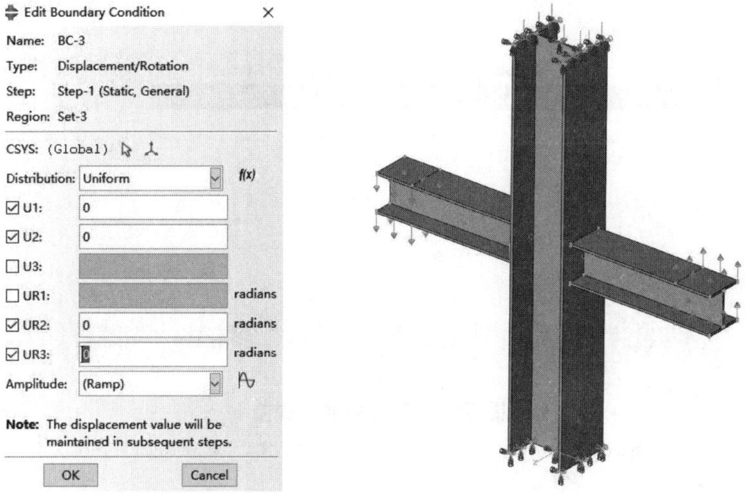

(a)　(b)

图 3-78　定义铰接约束及模型最终结果

(a)Edit Boundary Condition 对话框　(b)铰接约束施加结果

利用同样方法可以对柱底施加相同的铰接约束,施加荷载和设置边界条件后的完整模型如图 3-78(b)所示。

3.6.8　提交分析作业(Job)

在 Job 模块下,点击 (Create Job),弹出 Create Job 对话框,如图 3-79(a)所示,保持所有选项默认不变,点击 Continue,弹出 Edit Job 对话框,保持默认参数不变,点击 OK。

点击 右侧的 (Job Manager),弹出 Job Manager 对话框,点击 Submit(提交分析),可以看到对话框中的 Status(状态)依次变为 Submitted(已提交)、Running(正在运算)和 Completed(已完成),作业运算情况如图 3-79(b)所示,图 3-79(c)所展示的为作业状态为已完成时的情况。点击对话框中的 Results(分析结果),自动进入 Visualization 模块。

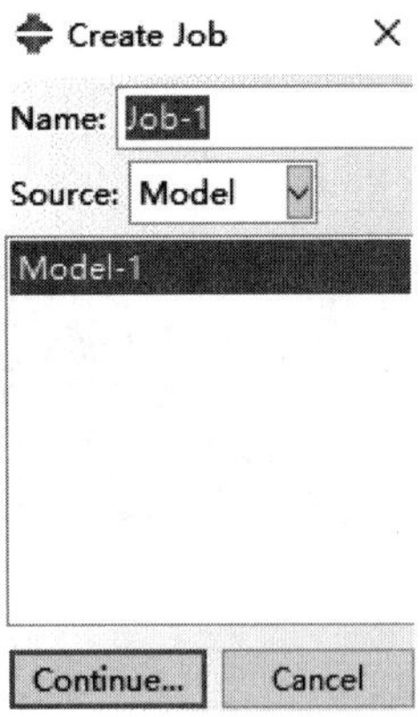

(a)

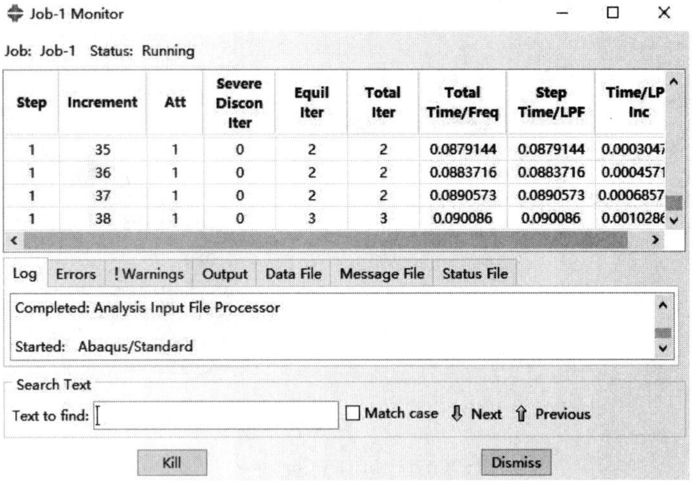

(b)

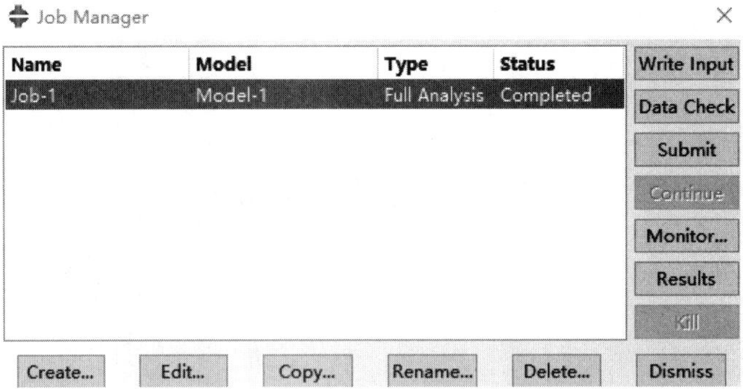

(c)

图 3-79 作业创建与提交

(a)Create Job 对话框 (b)Job-1 Monitor 对话框 (c)Job Manager 对话框

3.7 工字钢梁柱节点结果分析

3.7.1 云图

进入可视化模块,点击(Plot Contours on Deformed Shape),可以看到模型的应力分布云图,如图 3-80 所示。上方工具栏中的各类坐标轴图标(图 3-81),可以用于选择不同的视图视角。通过上方工具栏还可查看其他类型的云图(图 3-82),如塑性应变云图(图 3-83)、位移云图等。

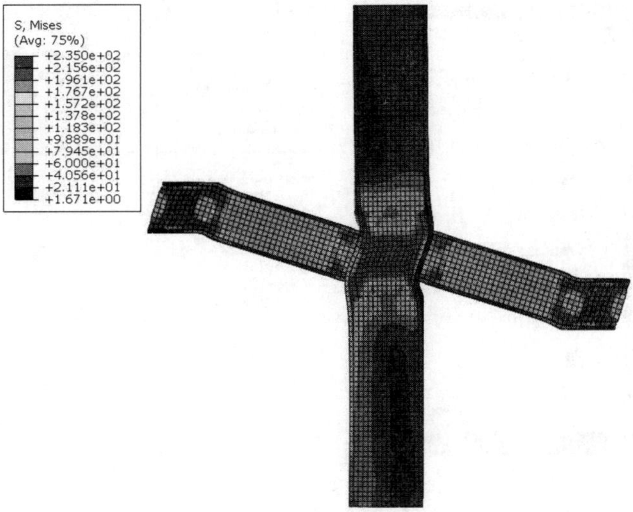

图 3-80　应力分布云图

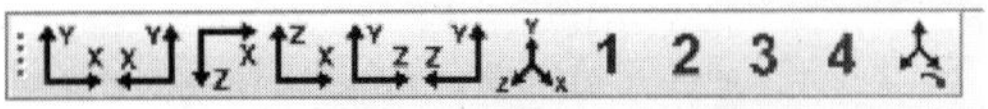

图 3-81　视角转换工具栏

图 3-82　云图类型切换工具栏

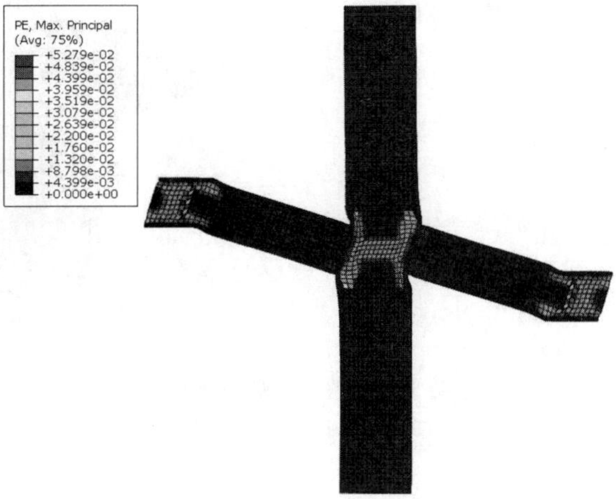

图 3-83　塑性应变云图

3.7.2　梁端加载点滞回曲线

通过(Create XY Data)→ODB field output,进入场变量输出对话框,点击 Continue,弹出 XY Data from ODB Field Output 对话框,在 Position 项中选择 Unique Nodal,选中 RF3、U3,如图 3-84 所示,再点击此对话框中的 Elements/Nodes,在此标签页中, Method 选择 Pick from viewport,点击 Edit Selection,系统将提示用户在绘图区中选择测试点,点击鼠标左键选择型钢梁加载区域的点,如图 3-85 所示。再次点击鼠标中键确认,点击 Plot,即可得到梁端加载点处节点力、位移随时间变化的曲线,如图 3-86 所示。最后导出数据,利用 Excel 绘制关于荷载-位移的梁端加载点滞回曲线,如图 3-87 所示。

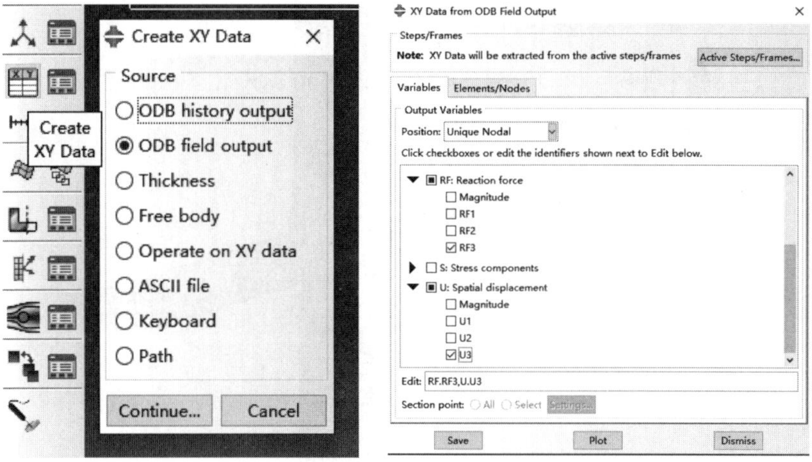

(a) (b)

图 3-84 XY Data from ODB Field Output 对话框

(a)Create XY Data 对话框 (b)选择输出 RF3、U3

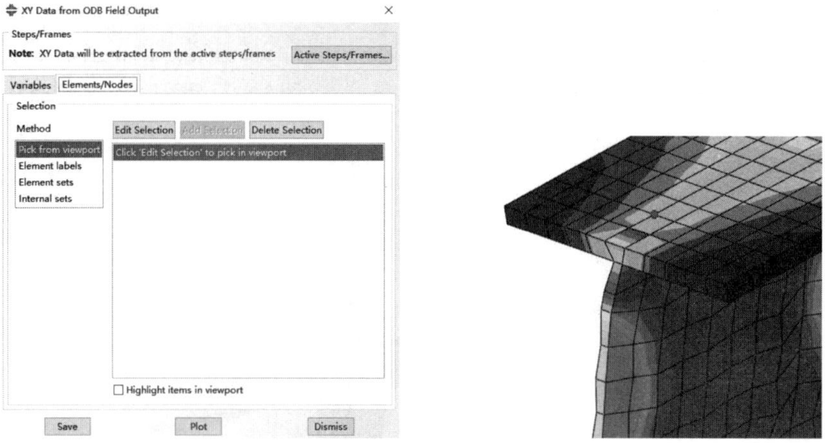

(a) (b)

图 3-85 选择梁端加载点

(a)选择 Pick from viewport (b)从模型中选取节点

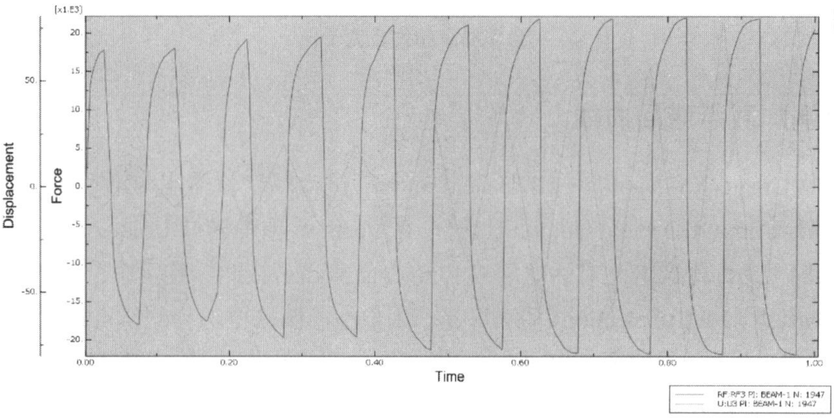

图 3-86 梁端加载点处节点力、位移随时间变化的曲线

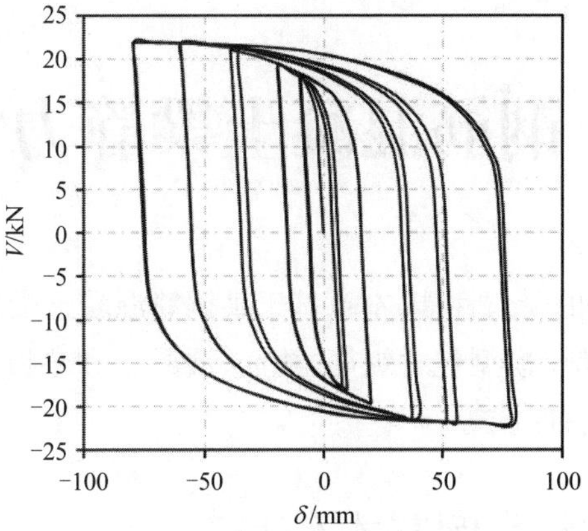

图 3-87　梁端加载点滞回曲线

3.8　小结

本章采用有限元软件 ABAQUS 建立了工字钢梁和工字钢梁柱节点两个模型，通过定义接触与边界条件、施加位移，分别模拟了工字钢梁的四点弯曲试验和工字钢梁柱节点的低周往复抗震试验，以探究工字钢梁的抗弯性能和工字钢梁柱节点的抗震性能。考虑到模型材料的单一性和结构的简易性，采用全模型进行建模。工字钢梁、钢柱均采用 Q235 钢，支座采用 Q460 钢，结合实际试验条件模拟了部件之间的相互作用、荷载及边界条件情况。最终得到工字钢梁的荷载-挠度曲线和工字钢梁柱节点的梁端加载点滞回曲线。

1. 工字钢梁

①在 Part 模块创建工字钢梁和支座部件；②在 Material 模块定义材料及其性质，其中钢管材料为 Q235，支座材料为 Q460；③在 Assembly 模块对各个部件进行装配，包括工字钢梁和 4 个支座；④在 Step 模块定义分析步，约束与边界条件属于 Initial 分析步，加载属于 Step-1 分析步；⑤在 Interaction 模块定义钢梁与支座的面-面接触及支座与参考点的耦合约束；⑥在 Load 模块定义支座边界条件，采用位移加载；⑦在 Mesh 模块划分网格；⑧在 Job 模块提交分析作业，并于分析完成后在 Visualization 模块查看处理结果。

2. 工字钢梁柱节点

①在 Part 模块创建工字钢梁和钢柱部件；②在 Material 模块定义材料及其性质，钢梁和钢柱材料均为 Q235；③在 Assembly 模块对各个部件进行装配，包括左右 2 个工字钢梁和 1 个 H 型钢柱；④在 Step 模块定义 Step-1 分析步；⑤在 Mesh 模块划分网格；⑥在 Interaction 模块定义钢梁与钢柱的绑定（Tie）约束；⑦在 Load 模块定义柱顶荷载、梁端位移及柱端边界条件；⑧在 Job 模块提交分析作业，并于分析完成后在 Visualization 模块查看处理结果。

第 4 章　钢筋混凝土梁静力性能分析

为探究钢筋混凝土梁的受弯性能，本章基于某钢筋混凝土梁的四点受弯试验，采用有限元软件 ABAQUS 建立模型（模型包含纵筋、箍筋、混凝土和垫板），最终获得四点受弯作用下梁的破坏模式、荷载-位移曲线等。

4.1　钢筋混凝土梁算例基本信息

钢筋混凝土梁为矩形截面，横截面尺寸为 150 mm × 300 mm，梁长 2 400 mm。钢筋采用 HRB400 钢材，混凝土采用 C40 混凝土，加载端及支座处设有厚度为 8 mm 的垫板，防止混凝土被局部压碎，构件尺寸和配筋尺寸如图 4-1 所示。构件受竖向荷载 P 作用。

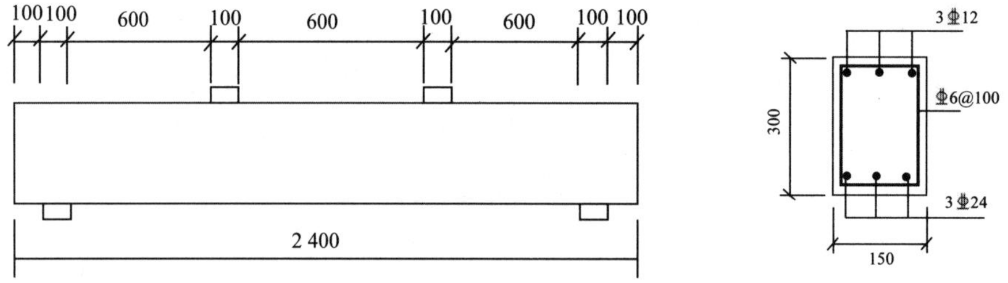

图 4-1　混凝土梁及配筋尺寸（单位：mm）

4.2　混凝土及钢筋材料本构

4.2.1　钢筋本构

采用第 2 章中简化修正后的双折线应力-应变全曲线模型来描述 HRB400 钢筋的应力-应变曲线，如图 4-2 所示。图 4-2 中，f_y 和 ε_y 分别为钢筋屈服强度和屈服应变，E_s 为钢筋弹性模量。钢筋屈服前，曲线加载或卸载刚度取 E_s；钢筋屈服后，曲线强化段刚度取 $0.01E_s$，卸载刚度取 E_s。

HRB400 钢筋的应力-应变关系如下：

$$\sigma_s = \begin{cases} E_s\varepsilon_s, & \varepsilon_s < \varepsilon_y \\ f_y + \left(\varepsilon_s - \varepsilon_y\right)\tan\theta, & \varepsilon_y \leqslant \varepsilon_s \leqslant \varepsilon_u \end{cases} \tag{4-1}$$

对于本模型采用的 HRB400 钢材，其主要参数包括屈服强度 f_y=400 MPa，杨氏模量 E_s=206.0 GPa，屈服应变 ε_y=0.001 942，极限强度 f_u=540 MPa，极限应变 ε_u=0.07。HRB400 钢材塑性应力-应变数据见表 4-1。

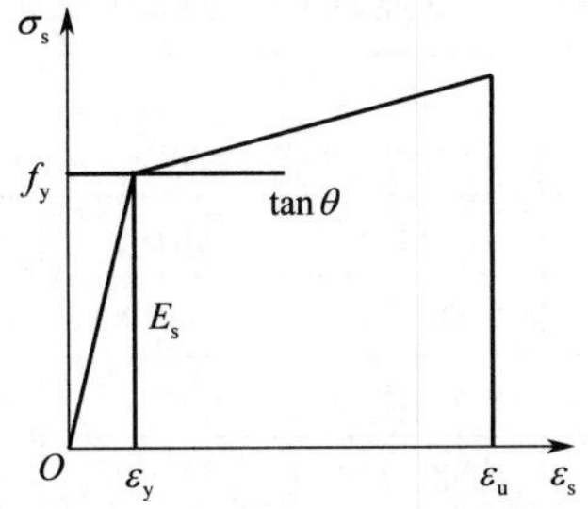

图 4-2　钢筋应力-应变曲线

表 4-1　HRB400 钢筋塑性应力-应变数据

应力/MPa	应变/με①	应力/MPa	应变/με
400.0	0	435.9	0.017 3
406.0	0.002 8	455.9	0.026 9
408.0	0.003 8	475.9	0.036 5
410.0	0.004 8	495.9	0.046 1
412.0	0.005 7	515.8	0.055 7
414.0	0.006 7	535.8	0.065 3
416.0	0.007 6	555.8	0.074 9

注：①应变本是一个量纲为一的量，由于该值通常很小，常用 10^{-6} 作为单位来表示，故引入微应变（με）作为其单位，1 με=10^{-6} mm/mm。

4.2.2　混凝土损伤本构

为模拟混凝土的损伤行为，选用有限元软件 ABAQUS 材料库中的 CDP 模型，与第 2 章中的混凝土损伤本构对应。C40 相关参数：膨胀角为 30°，偏心率为 0.1，f_{b0}/f_{c0} 为 1.16，K 为 0.666 7，黏性参数为 0.000 5，弹性模量 E_c 为 32.5 GPa，泊松比 μ 为 0.2。由《混凝土结构设计标准（2024 年版）》（GB/T 50010—2010）可知，C40 混凝土受拉应力-应变关系如下：

$$\sigma=(1-d_t)E_c\varepsilon \tag{4-2}$$

$$d_t=\begin{cases}1-\rho_t(1.2-0.2x^5), & x\leqslant 1\\ 1-\dfrac{\rho_t}{\alpha_t(x-1)^{1.7}+x}, & x>1\end{cases} \tag{4-3}$$

$$x=\frac{\varepsilon}{\varepsilon_{t,r}} \tag{4-4}$$

$$\rho_t=\frac{f_{t,r}}{E_c\varepsilon_{t,r}} \tag{4-5}$$

式中：$f_{t,r}$ 为混凝土单轴抗拉强度代表值；$\varepsilon_{t,r}$ 为混凝土峰值拉应变；d_t 为混凝土单轴受拉损伤演化参数；E_c 为混凝土弹性模量；α_t 为混凝土单轴受拉应力-应变曲线下降段的参数值。

C40 混凝土受拉应力-应变数据见表 4-2。C40 混凝土受拉损伤因子见表 4-3。

表 4-2　C40 混凝土受拉应力-应变数据

应力/MPa	应变/με	应力/MPa	应变/με	应力/MPa	应变/με	应力/MPa	应变/με
2.500 2	0.000 000 0	1.266 0	0.000 114 5	0.803 6	0.000 205 4	0.326 5	0.000 603 5
2.262 0	0.000 022 6	1.132 2	0.000 134 0	0.601 8	0.000 288 3	0.296 7	0.000 681 1
1.933 1	0.000 048 1	1.024 9	0.000 152 6	0.488 8	0.000 368 5	0.272 8	0.000 758 5
1.654 3	0.000 072 0	0.937 4	0.000 170 6	0.415 9	0.000 447 4	0.253 1	0.000 835 8
1.435 9	0.000 094 0	0.864 7	0.000 188 2	0.364 7	0.000 525 6		

表 4-3　C40 混凝土受拉损伤因子

损伤因子	应变/με	损伤因子	应变/με	损伤因子	应变/με	损伤因子	应变/με
0.000 0	0.000 000 0	0.595 9	0.000 114 5	0.806 4	0.000 205 4	0.967 8	0.000 603 5
0.140 3	0.000 022 6	0.658 5	0.000 134 0	0.886 4	0.000 288 3	0.973 9	0.000 681 1
0.288 4	0.000 048 1	0.708 2	0.000 152 6	0.924 7	0.000 368 5	0.978 4	0.000 758 5
0.414 8	0.000 072 0	0.747 9	0.000 170 6	0.946 0	0.000 447 4	0.981 7	0.000 835 8
0.516 2	0.000 094 0	0.780 1	0.000 188 2	0.959 1	0.000 525 6		

C40 混凝土受压应力-应变关系如下：

$$\sigma=(1-d_{\mathrm{c}})E_{\mathrm{c}}\varepsilon \tag{4-6}$$

$$d_{\mathrm{c}}=\begin{cases}1-\dfrac{\rho_{\mathrm{c}}n}{n-1+x^{n}}, & x\leqslant 1\\ 1-\dfrac{\rho_{\mathrm{c}}}{\alpha_{\mathrm{c}}(x-1)^{2}+x}, & x>1\end{cases} \tag{4-7}$$

$$\rho_{\mathrm{c}}=\frac{f_{\mathrm{c,r}}}{E_{\mathrm{c}}\varepsilon_{\mathrm{c,r}}} \tag{4-8}$$

$$n=\frac{E_{\mathrm{c}}\varepsilon_{\mathrm{c,r}}}{E_{\mathrm{c}}\varepsilon_{\mathrm{c,r}}-f_{\mathrm{c,r}}} \tag{4-9}$$

$$x=\frac{\varepsilon}{\varepsilon_{\mathrm{c,r}}} \tag{4-10}$$

式中：$f_{\mathrm{c,r}}$ 为混凝土单轴抗压强度代表值；$\varepsilon_{\mathrm{c,r}}$ 为混凝土峰值压应变；d_{c} 为混凝土单轴受压损伤演化参数；E_{c} 为混凝土弹性模量；α_{c} 为混凝土单轴受压应力-应变曲线下降段的参数值。

C40 混凝土单轴受压应力-应变数据见表 4-4。C40 混凝土单轴受压损伤因子见表 4-5。

表 4-4　C40 混凝土单轴受压应力-应变数据

应力/MPa	应变/με	应力/MPa	应变/με	应力/MPa	应变/με	应力/MPa	应变/με
15.89	0.000 000	32.83	0.001 493	15.56	0.003 804	8.06	0.006 523
21.42	0.000 012	30.32	0.001 748	14.65	0.004 010	7.52	0.006 895
22.74	0.000 016	27.94	0.001 999	13.83	0.004 213	7.04	0.007 265

续表

应力/MPa	应变/με	应力/MPa	应变/με	应力/MPa	应变/με	应力/MPa	应变/με
24.90	0.000 025	25.75	0.002 245	13.08	0.004 414	6.62	0.007 632
28.91	0.000 050	23.77	0.002 484	12.41	0.004 613	6.25	0.007 999
37.59	0.000 231	21.99	0.002 717	11.79	0.004 810	5.91	0.008 364
40.07	0.000 557	20.40	0.002 944	11.23	0.005 005	5.61	0.008 727
39.39	0.000 757	18.98	0.003 165	10.24	0.005 391		
37.66	0.000 988	17.71	0.003 382	9.40	0.005 772		
35.35	0.001 237	16.58	0.003 595	8.68	0.006 149		

表 4-5　C40 混凝土单轴受压损伤因子

损伤因子	应变/με	损伤因子	应变/με	损伤因子	应变/με	损伤因子	应变/με
0.000 0	0.000 000	0.307 8	0.001 493	0.705 1	0.003 804	0.887 8	0.006 523
0.005 7	0.000 012	0.360 5	0.001 748	0.728 1	0.004 010	0.899 7	0.006 895
0.007 0	0.000 016	0.411 7	0.001 999	0.748 8	0.004 213	0.909 8	0.007 265
0.009 6	0.000 025	0.460 2	0.002 245	0.767 5	0.004 414	0.918 5	0.007 632
0.016 8	0.000 050	0.505 5	0.002 484	0.784 3	0.004 613	0.926 0	0.007 999
0.056 6	0.000 231	0.547 2	0.002 717	0.799 6	0.004 810	0.932 6	0.008 364
0.119 7	0.000 557	0.585 3	0.002 944	0.813 4	0.005 005	0.938 3	0.008 727
0.158 1	0.000 757	0.619 9	0.003 165	0.837 4	0.005 391		
0.204 2	0.000 988	0.651 3	0.003 382	0.857 2	0.005 772		
0.255 0	0.001 237	0.679 6	0.003 595	0.873 8	0.006 149		

结合式(4-2)至式(4-10),可得 C40 本构关系,如图 4-3 所示。

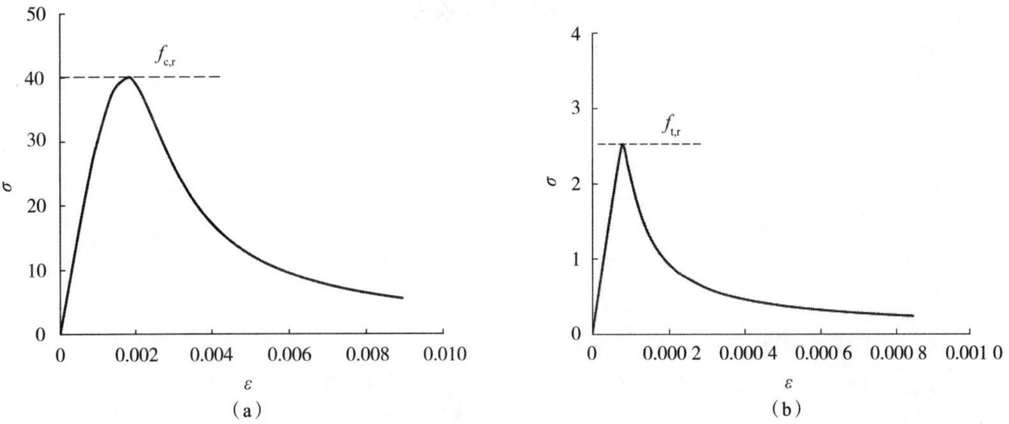

图 4-3　混凝土单轴应力-应变曲线

(a)单轴受压应力-应变曲线　(b)单轴受拉应力-应变曲线

4.3 钢筋混凝土梁 ABAQUS 建模

4.3.1 创建部件(Part)

启动 ABAQUS/CAE 后,在环境栏的 Module 列表中选择 Part,如图 4-4 所示,即表示当前激活 Part 模块。Part 模块用于创建分析模型的所有部件。

1. 混凝土

点击左侧工具区中的 ,弹出 Create Part 对话框,如图 4-5 所示。在 Name 处输入 concrete,点击 Continue 进入草图绘制界面,如图 4-6 所示。混凝土的尺寸为 150 mm× 300 mm。

图 4-4 Part 模块

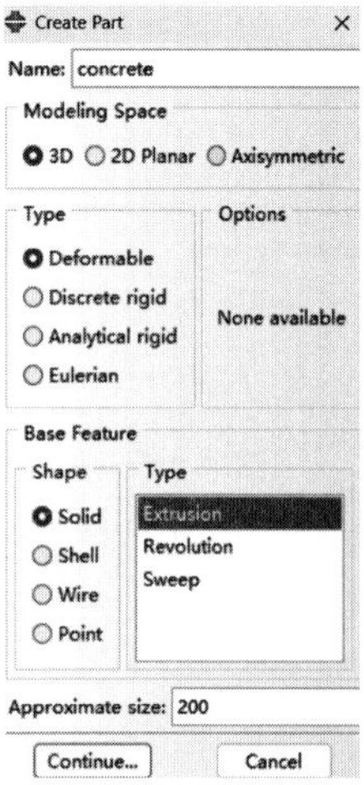

图 4-5 在 Creat Part 对话框中创建混凝土部件

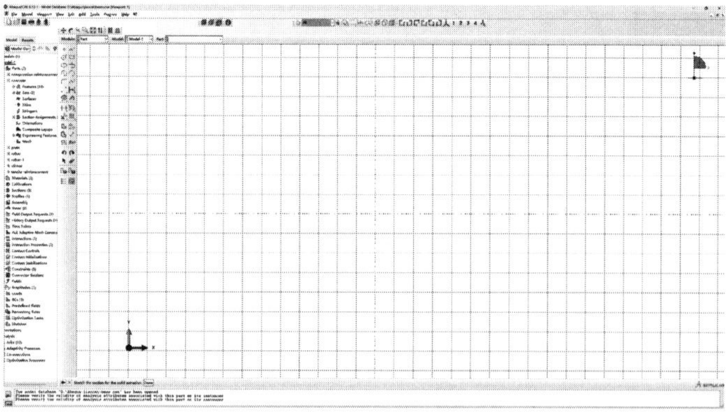

图 4-6 草图绘制界面

点击左侧工具区中的，此时界面左下角出现 Pick a starting point for the line--or enter X,Y:，依次在其后的方框内输入坐标(75,150)、(-75,150)、(-75,-150)、(75,-150)、(75,150)，每输入一个坐标后按回车键确认，完成混凝土截面的初步绘制，如图 4-7(a)所示，点击如图 4-6 左下角所示的 Done，出现如图 4-7(b)所示的 Edit Base Extrusion 对话框，在 Depth 处输入 2 400，表示混凝土长度为 2 400 mm，点击 OK，完成混凝土部件的创建，如图 4-7(c)所示。

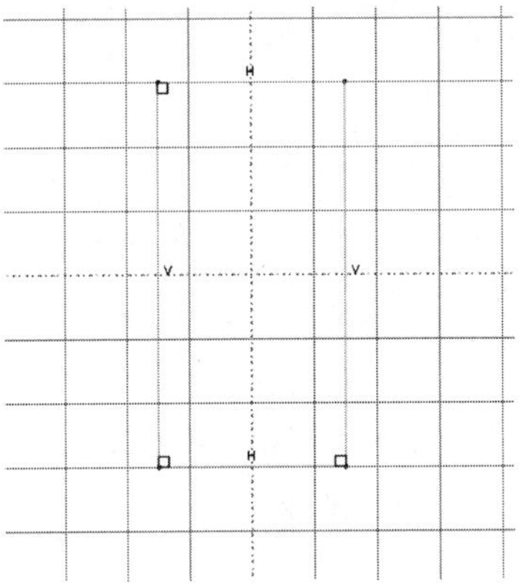

(a)

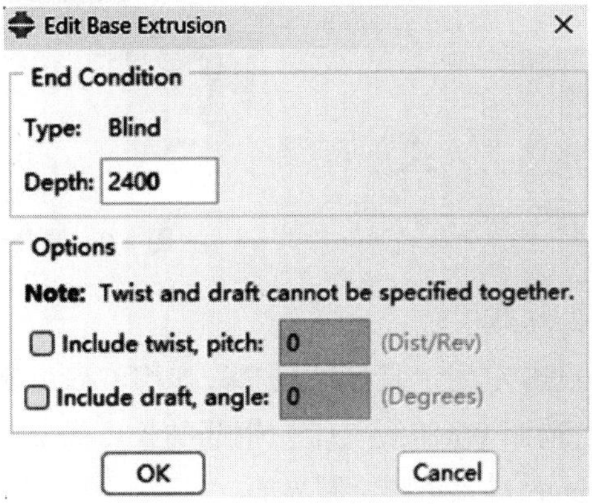

(b)

(c)

图 4-7　混凝土建模

(a)截面绘制　(b)输入 Depth 的参数　(c)三维模型

为方便后续对钢管部件进行结构化网格划分，需要对部件进行拆分。点击左侧工具区中的(建立参考面)，在需要切割的位置建立参考平面。点击左侧工具区中的，选择按照参考平面切割，开始拆分部件。首先选择需要拆分的部件，然后选择参考平面，最后按住鼠标中键完成一步切割，重复上述步骤，完成对混凝土部件的切割，最终混凝土部件的拆分效果如图 4-8 所示。

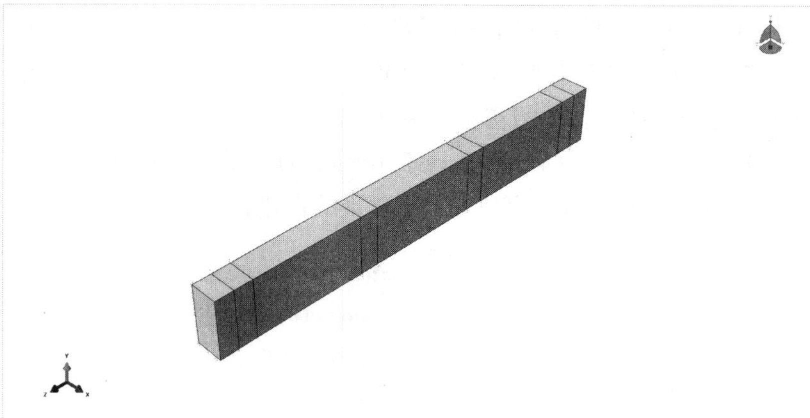

图 4-8　混凝土部件拆分完成

2. 纵筋

点击左侧工具区中的 ，弹出 Create Part 对话框。在 Name 处输入 tensile reinforcement，选择 Wire(线)，受拉钢筋的长度为 2 340 mm，在 Approximate size 中输入 3 000，点击 Continue，进入草图绘制界面。

点击 ，依次在方框内输入坐标(1 170, 0)和(−1 170, 0)，每输入一个坐标后按回车键确认，完成受拉纵筋部件的创建，如图 4-9 所示。

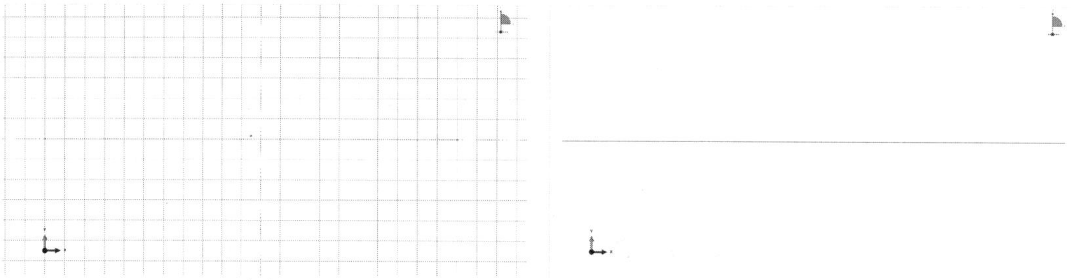

(a)　　　　(b)

图 4-9　受拉纵筋部件

(a)纵筋绘制　(b)三维模型

受压纵筋部件的建模方式与受拉纵筋部件的完全相同。

3. 箍筋

点击左侧工具区中的 ，弹出 Create Part 对话框。在 Name 处输入 stirrup，选择 Wire，箍筋的尺寸为 90 mm × 240 mm，在 Approximate size 中输入 300，点击 Continue，进入草图绘制界面。

点击 ，依次在方框内输入坐标(45, 120)、(−45, 120)、(−45, −120)、(45, −120)、(45, 120)，每输入一个坐标后按回车键确认，完成箍筋部件的创建，如图 4-10 所示。

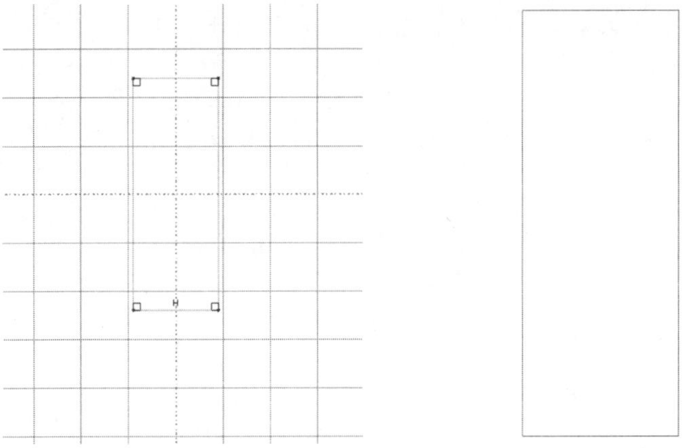

（a）　（b）

图 4-10　箍筋部件

（a）箍筋绘制　（b）三维模型

4. 垫板

点击左侧工具区中的 ,弹出 Create Part 对话框,在 Name 处输入 plate,垫板的尺寸为 100 mm × 150 mm,在 Approximate size 中输入 600,点击 Continue 进入草图绘制界面。

点击左侧工具区中的 ,此时界面左下角出现 Pick a starting corner for the rectangle--or enter X,Y: ,依次在其后的方框内输入坐标（0，0）、（100，150）,每输入一个坐标后按回车键确认,完成垫板截面的绘制。点击草图绘制界面左下角的 Done,在 Depth 处输入 8,表示垫板厚度为 8 mm,点击 OK,完成垫板部件的创建,如图 4-11 所示。

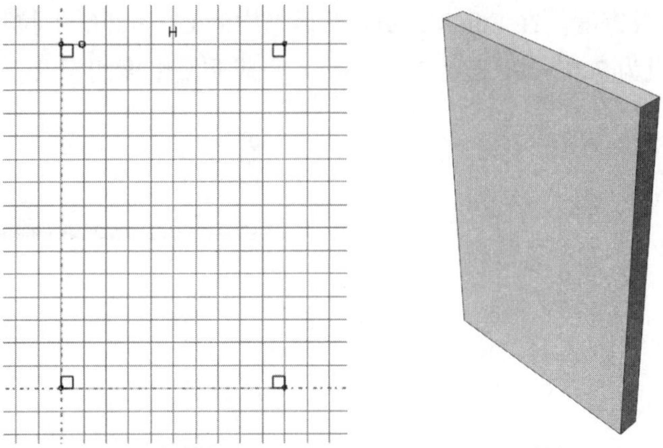

（a）　（b）

图 4-11　垫板部件

（a）截面草图　（b）三维模型

4.3.2　创建材料和截面属性（Property）

在环境栏的 Module 列表中选择 Property,进入 Property 模块,如图 4-12 所示。在 Property 模块中可以设置材料和截面属性。

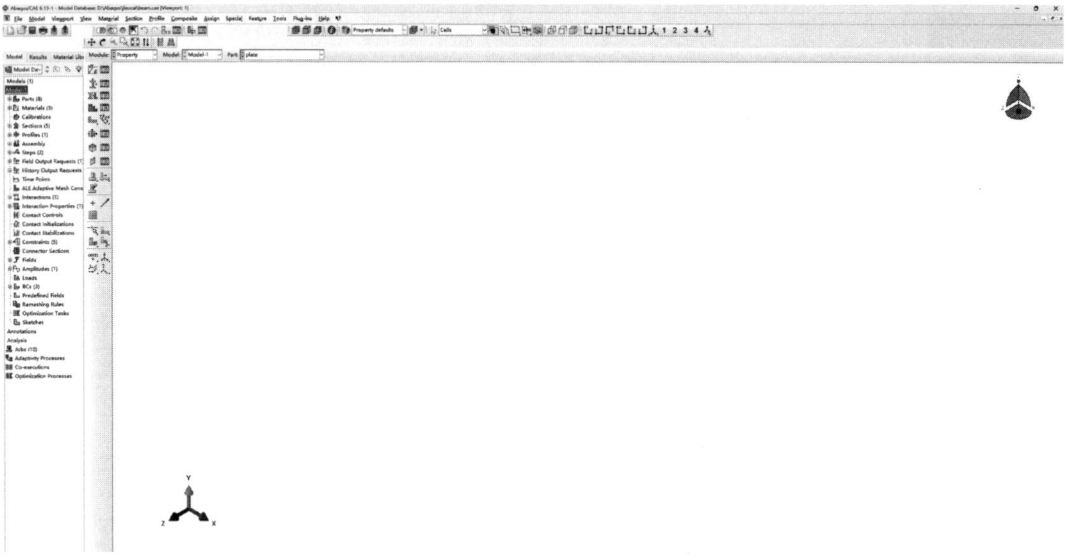

图 4-12 Property 模块

1. 设置材料属性

4.2 节中说明了材料的本构关系,本小节仅介绍材料和截面属性的设置,不再解释具体数据。

1)钢筋

点击左侧工具区中的,弹出 Edit Material 对话框,如图 4-13 所示,在 Name 处输入 HRB400。

(1)定义钢材质量密度。在 Edit Material 对话框中的 General 的下拉列表里选择 Density,将 Mass Density 设为 7.8E-09(表示 7.8×10^{-9}),完成质量密度的设置,如图 4-14 所示。

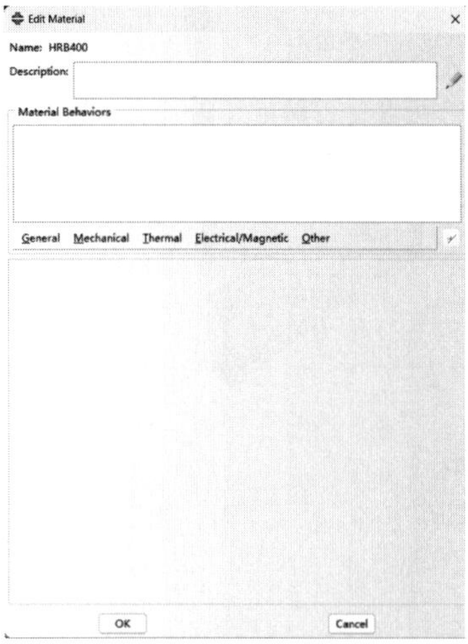

图 4-13 定义 HRB400 质量密度

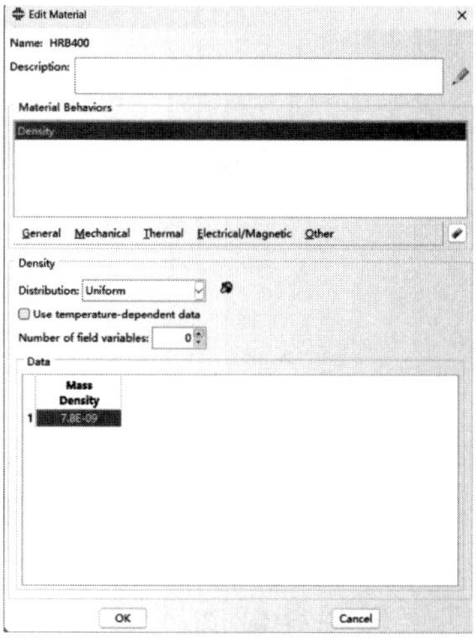

图 4-14 定义质量密度数值

(2)定义弹性属性。在 Edit Material 对话框中的 Mechanical 的下拉列表里依次选择 Elasticity → Elastic,如图 4-15 所示。此时有两项力学指标需要填写,分别为 Young's Modulus 及 Poisson's Ratio,分别填入 206 000 和 0.3,如图 4-16 所示,完成 HRB400 钢材弹性属性的设置。

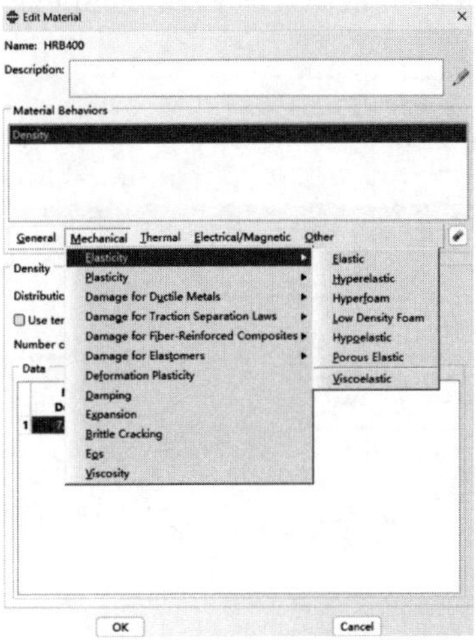

图 4-15　定义 HRB400 弹性

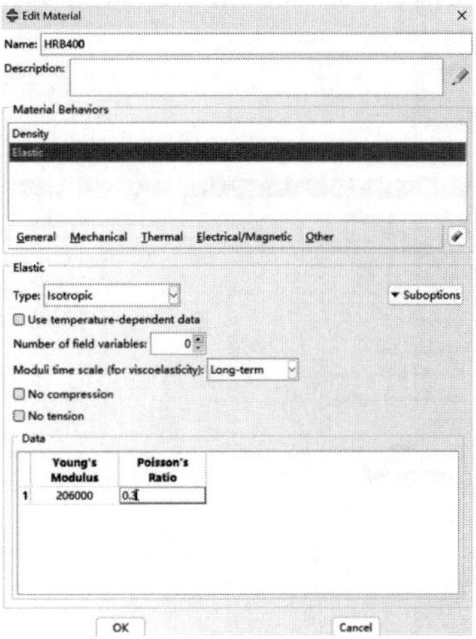

图 4-16　定义弹性数值

(3)定义塑性属性。在 Edit Material 对话框中的 Mechanical 的下拉列表里依次选择 Plasticity → Plastic,如图 4-17 所示。此时有两项力学指标需要填写,分别为 Yield Stress 及 Plastic Strain,如图 4-18 所示,所有数据输入完成后点击 OK,完成 HRB400 钢材塑性属性的设置。

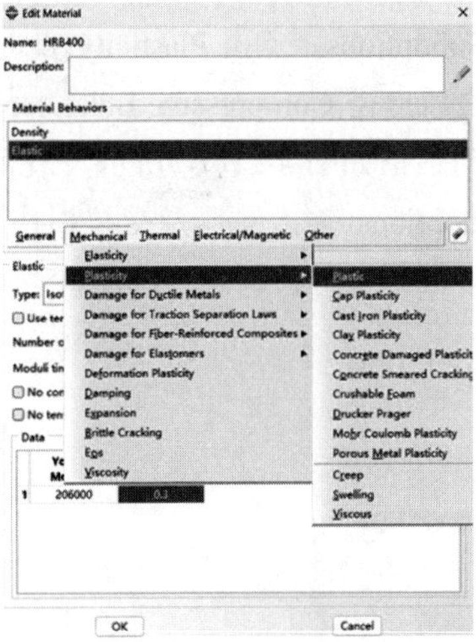

图 4-17　定义 HRB400 塑性

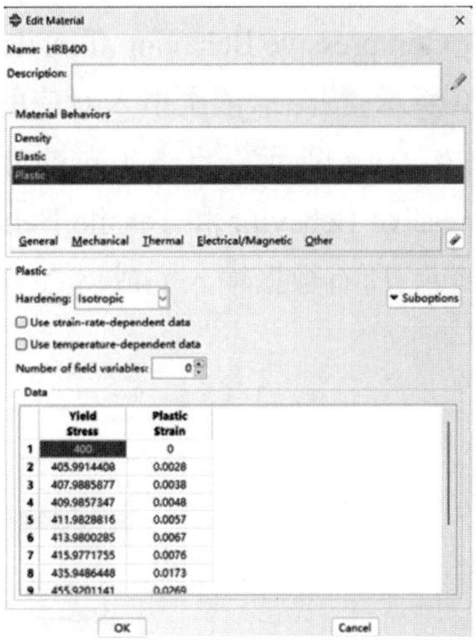

图 4-18　定义塑性数值

2)C40 混凝土

点击左侧工具区中的,弹出 Edit Material 对话框,在 Name 处输入 C40。

(1)定义 C40 质量密度。在 Edit Material 对话框中的 General 的下拉列表里选择 Density,如图 4-19 所示,在 Mass Density 中填入 2.2E−09(表示 2.2×10^{-9}),完成 C40 质量密度的设置。

(2)定义弹性属性。在 Edit Material 对话框中的 Mechanical 的下拉列表里依次选择 Elasticity → Elastic。此时有两项力学指标需要填写,分别为 Young's Modulus 及 Poisson's Ratio,分别填入 32 500 和 0.2,如图 4-19(b)所示,完成 C40 混凝土弹性属性的设置。

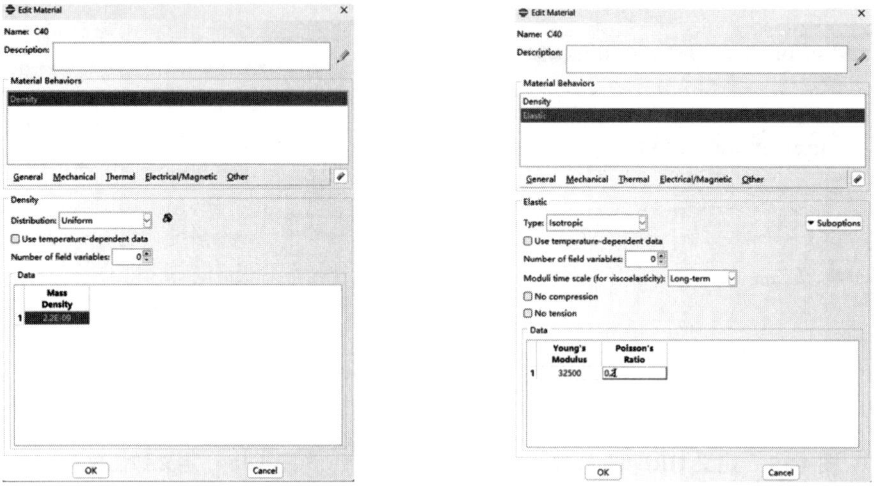

(a) (b)

图 4-19 定义 C40 质量密度和弹性

(a)定义 C40 质量密度 (b)定义 C40 弹性属性

(3)定义混凝土损伤塑性属性。在 Edit Material 对话框中的 Mechanical 的下拉列表里依次选择 Plasticity → Concrete Damaged Plasticity。此时有四项力学性能需要填写,分别为 Plasticity、Compressive Behavior、Tensile Behavior 及 Suboptions。点击 Plasticity,此时对话框如图 4-20 所示,按图示依次填入对应的力学性能。之后点击 Compressive Behavior,此时对话框如图 4-21(a)所示。点击 Tensile Behavior,此时对话框如图 4-21(b)所示。最后分别选中 Compressive Behavior 和 Tensile Behavior 点击 Suboptions,输入受压及受拉损伤系数,如图 4-22 所示,所有数据输入完成后点击 OK,完成 C40 混凝土材料属性的设置。

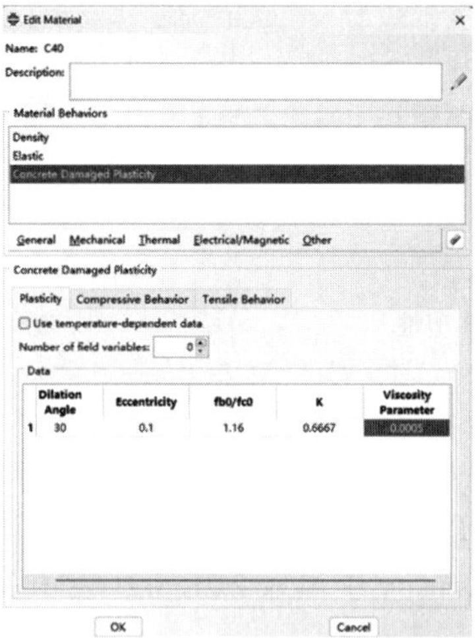

图 4-20 定义 C40 损伤塑性数值

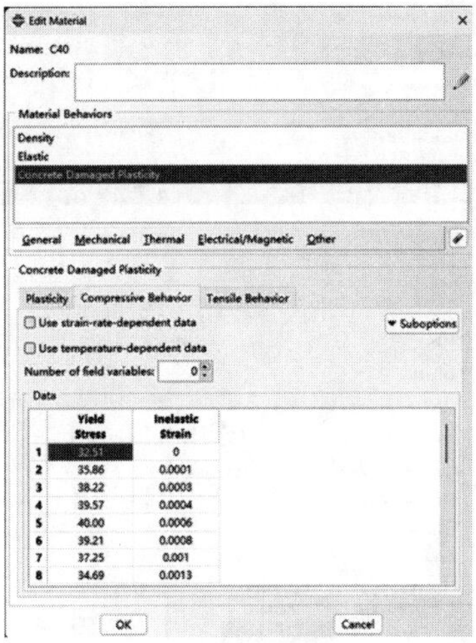

（a）

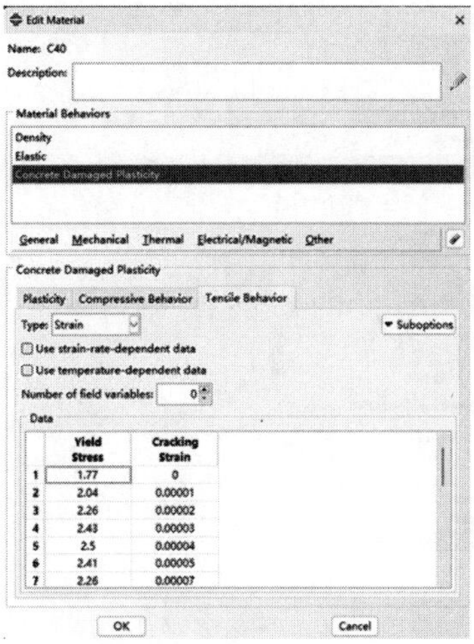

（b）

图 4-21 定义 C40 抗压、抗拉性能数值

（a）定义抗压性能数值 （b）定义抗拉性能数值

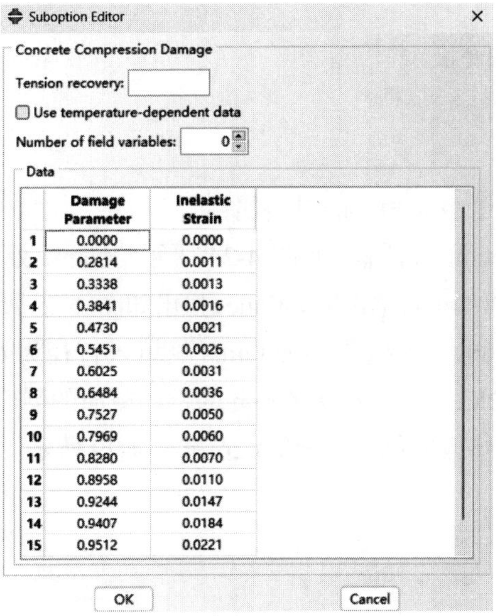

（a）

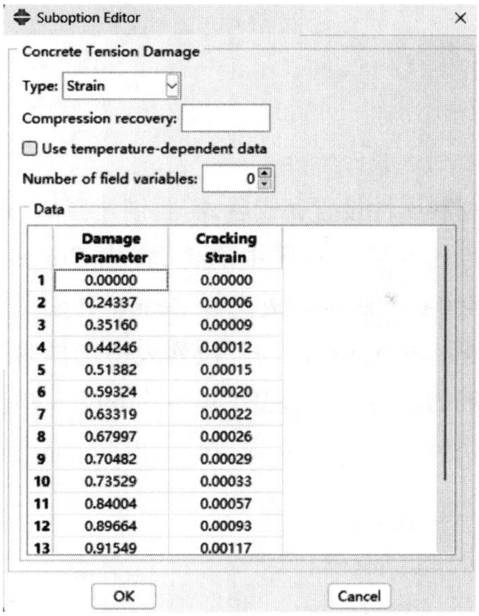

（b）

图 4-22 定义损伤因子

（a）定义抗压损伤因子 （b）定义抗拉损伤因子

3）垫板

点击左侧工具区中的 $\mathcal{E}$，弹出 Edit Material 对话框，在 Name 处输入 plate。

本例中垫板被视为刚性板。将 Density 中的 Mass Density 设为 7.8E-09（表示 7.8×10^{-9}），将 Elastic 中 Young's Modulus 设为 2 000 000 000，Poisson's Ratio 设为 0.3，如图 4-23 所示。

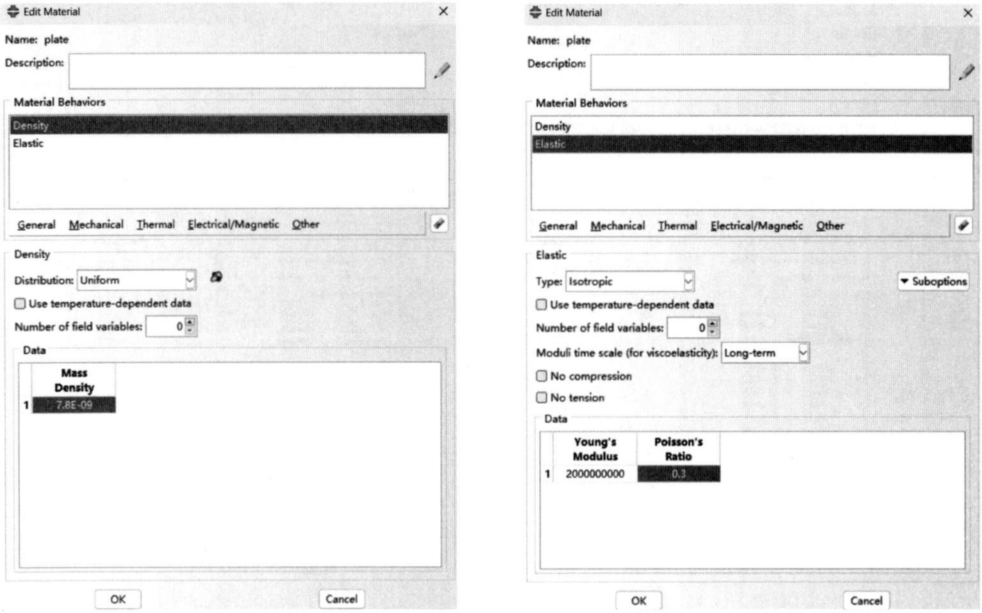

(a) (b)

图 4-23 定义垫板材料

(a)定义密度 (b)定义杨氏模量

2. 创建截面特性

材料属性设置完成后，需要创建截面，并赋予截面相应的材料属性。

点击左侧工具区中的 ，弹出 Create Section 对话框，如图 4-24 所示。Name 处输入 HRB400-6，Category 处选择 Beam，Type 处选择 Truss，单击 Continue，弹出如图 4-25 所示的对话框。在 Material 的下拉列表中选择 HRB400，Cross-sectional area 处填入直径为 6 mm 的钢筋的截面积值 28.27（单位为 mm^2），单击 OK，完成直径为 6 mm 的钢筋截面的创建。

仿照上述操作，可完成其他钢筋、混凝土和垫板的创建，如图 4-26 至图 4-29 所示。

图 4-24 在 Create Section 对话框中定义钢筋

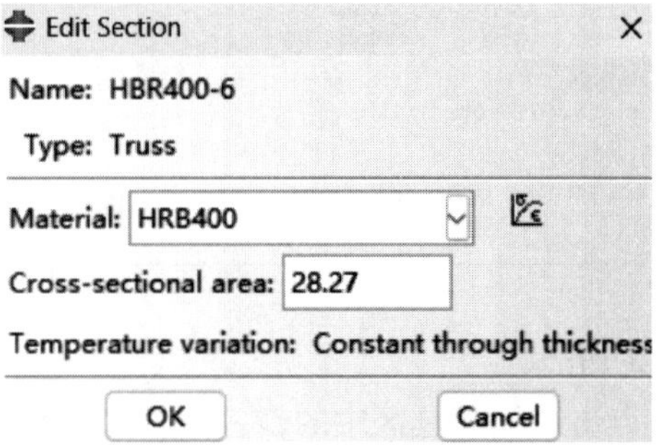

图 4-25 选择材料钢筋

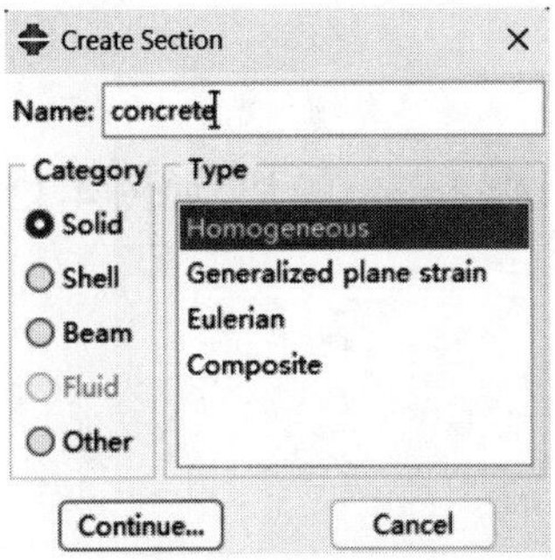

图 4-26　在 Create Section 对话框中定义混凝土

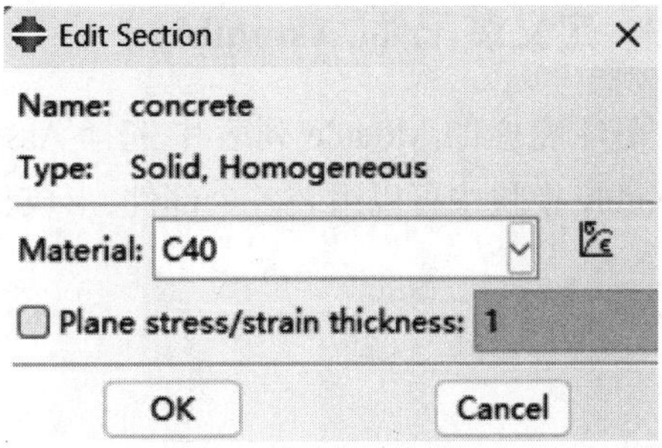

图 4-27　选择材料混凝土

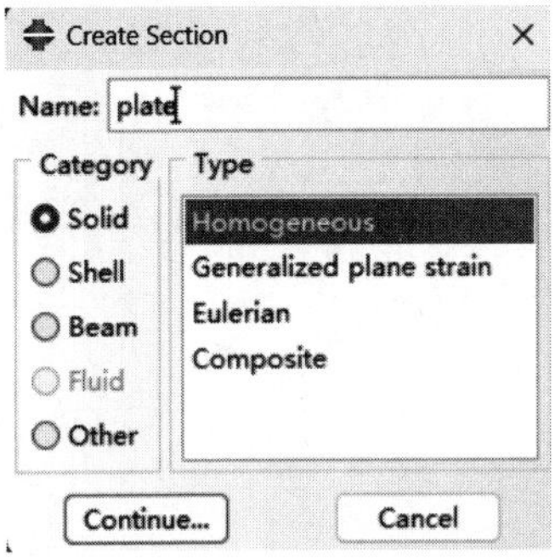

图 4-28　在 Create Section 对话框中定义垫板

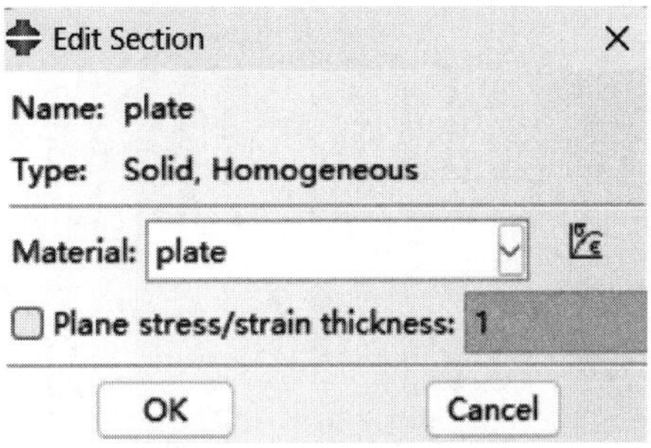

图 4-29　选择材料垫板

3. 赋予截面特性

截面创建完成后，需要将截面赋予对应的部件。

点击左侧工具区中的，在视图区用鼠标拖曳选择整个混凝土的模型，如图 4-30 所示，点击截面左下角的 Done，弹出如图 4-31 所示的对话框。在 Section 的下拉列表中选择 concrete，点击 OK，完成混凝土截面特性的分配操作。钢筋和垫板材料属性的赋予步骤与混凝土相同，重复上述操作即可，如图 4-31 所示。

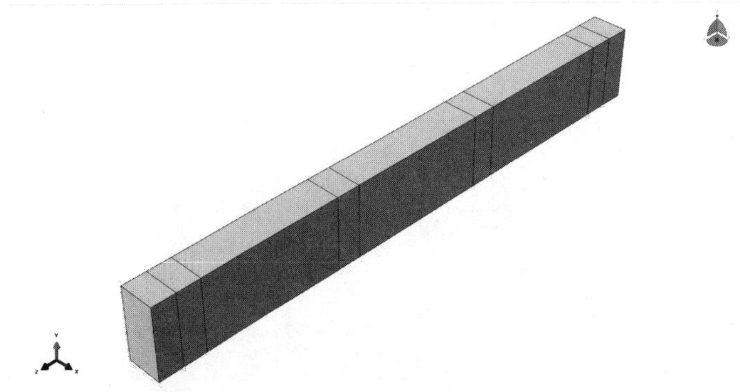

图 4-30　选择混凝土部件

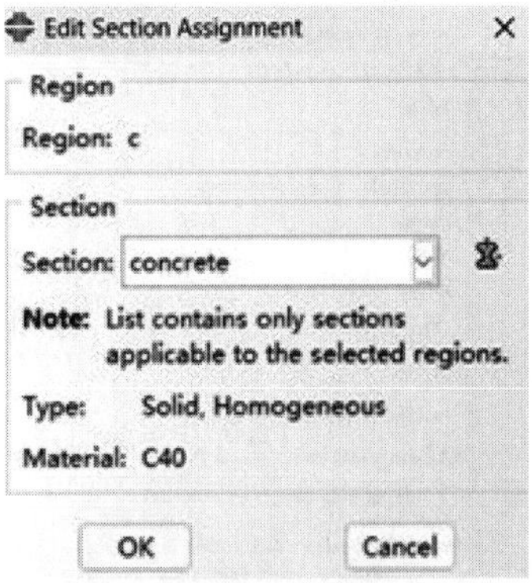

图 4-31　赋予材料属性

4.3.3 定义装配件(Assembly)

在环境栏的 Module 列表中选择 Assembly，进入 Assembly 模块，如图 4-32 所示。在 Assembly 模块中可以组装各个部件，形成整体模型。

图 4-32 Assembly 模块

1. 装配钢筋笼

点击左侧工具中区的，弹出 Create Instance 对话框，如图 4-33 所示。选择 Parts 中的纵筋(tensile reinforcement)和箍筋(stirrup)，Instance Type 选择 Dependent(mesh on part)，单击 OK，视图区显示零部件，如图 4-34 所示。

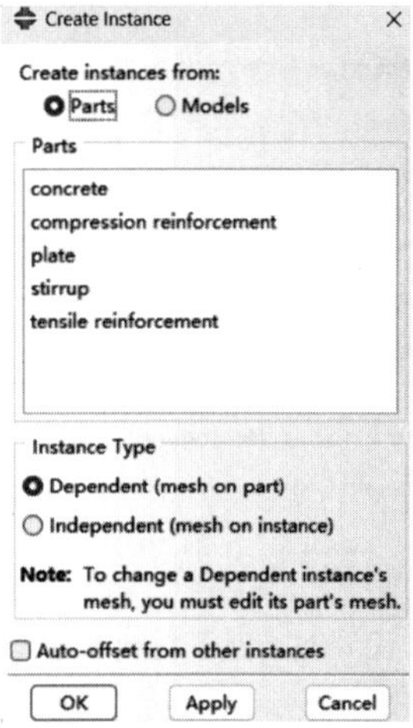

图 4-33 Create Instance 对话框

图 4-34 显示零部件

导入的零部件若有重合或错位的情况，则点击左侧工具区中的(旋转工具)和(移动工具），将受压和受拉侧钢筋放在钢筋笼的正确位置。使用（阵列工具）对现有纵筋及箍筋进行阵列，完成钢筋笼的组装，并切换到属性截面，点击左侧工具区中的，选中钢筋笼为其指派方向，如图 4-35 所示。

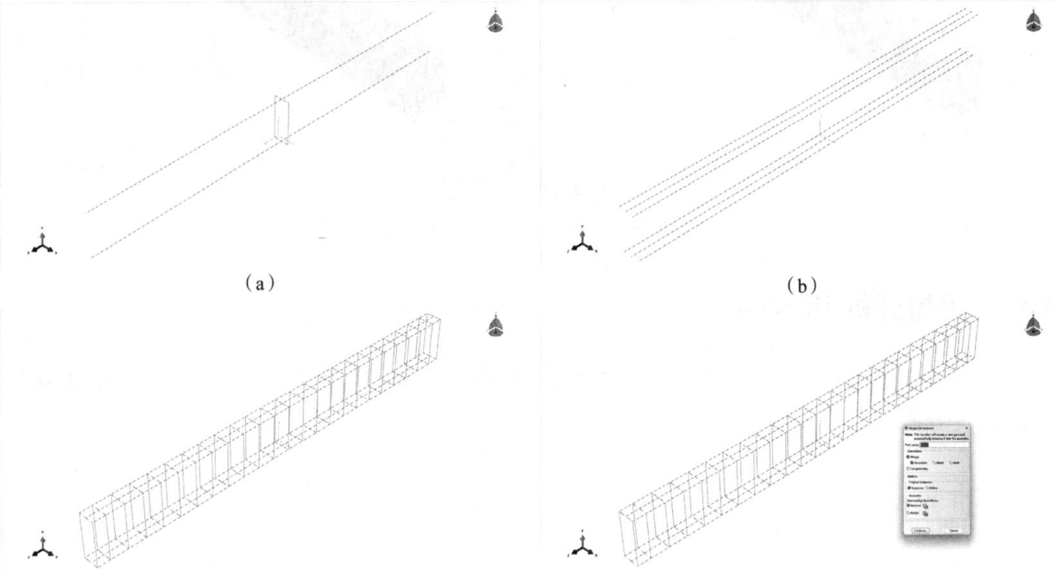

（a）　（b）　（c）　（d）

图 4-35　装配钢筋笼

（a）调整零部件位置　（b）阵列纵筋　（c）阵列箍筋　（d）合并为钢筋笼

2. 装配梁

点击左侧工具区中的，弹出 Create Instance 对话框，如图 4-36 所示。选择混凝土（concrete）和垫块（plate），Instance Type 选择 Dependent(mesh on part)，单击 OK，视图区显示零部件，如图 4-37 所示。

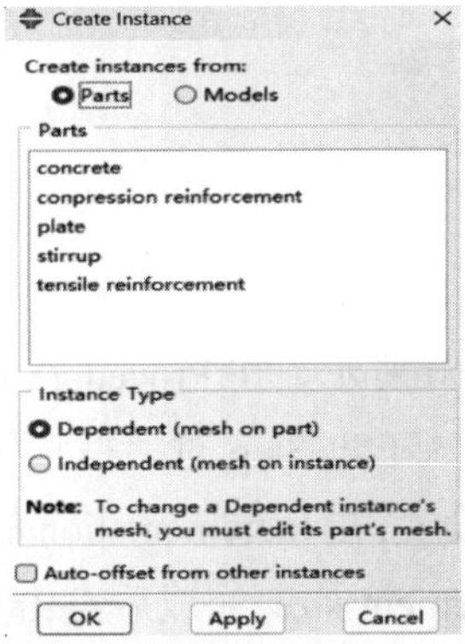

图 4-36　Create Instance 对话框

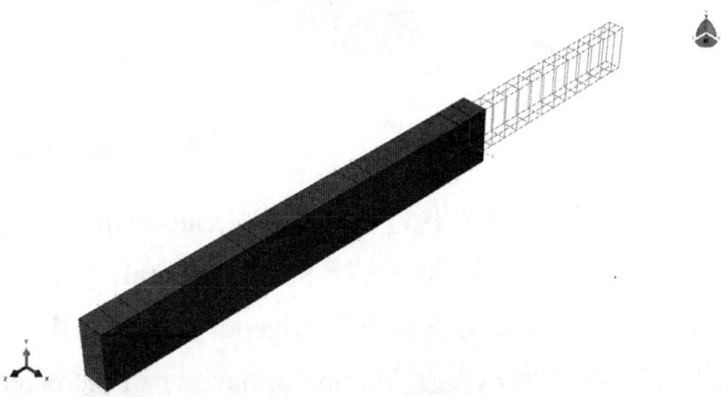

图 4-37　显示零部件

若导入的零部件有重合或错位的情况，则点击左侧工具区中的（旋转工具）和（移动工具），将部件移动到正确位置，并使用（阵列工具）对垫板进行阵列，完成组装，如图 4-38 所示。

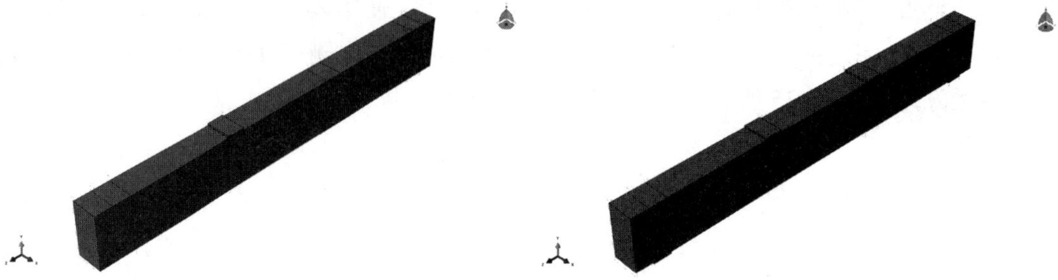

（a）　　　　（b）

图 4-38　装配梁

（a）调整零部件位置　（b）阵列垫板

4.3.4　设置分析步（Step）

在环境栏的 Module 列表中选择 Step，进入 Step 模块，如图 4-39 所示。在 Step 模块中可以设置分析步和变量输出要求。

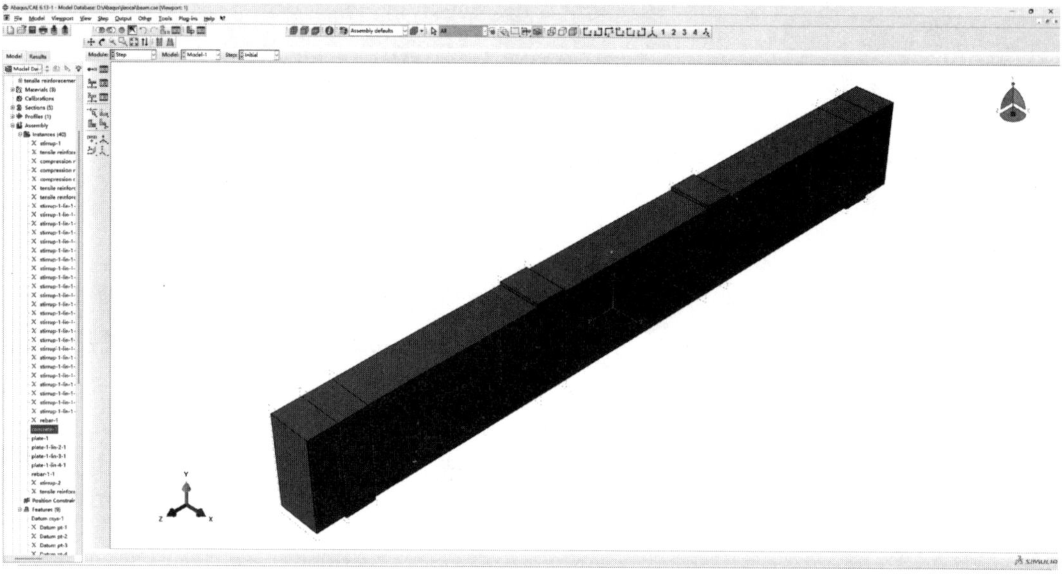

图 4-39　Step 模块

点击左侧工具区中的 ，弹出 Create Step 对话框，如图 4-40 所示。在 Procedure type 处选择 General，细分项中选择 Static, General，点击 Continue，进入 Edit Step 对话框。如图 4-41 所示，在 Basic 标签页下将 Nlgeom 设为 On，其余保持默认设置，在 Incrementation 标签页下按图 4-42 所示设置 Maximum number of increments 和 Increment size，完成后点击 OK 确认。

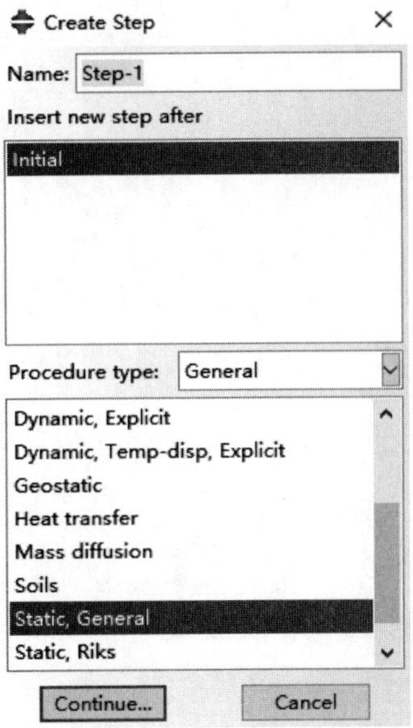

图 4-40　Create Step 对话框

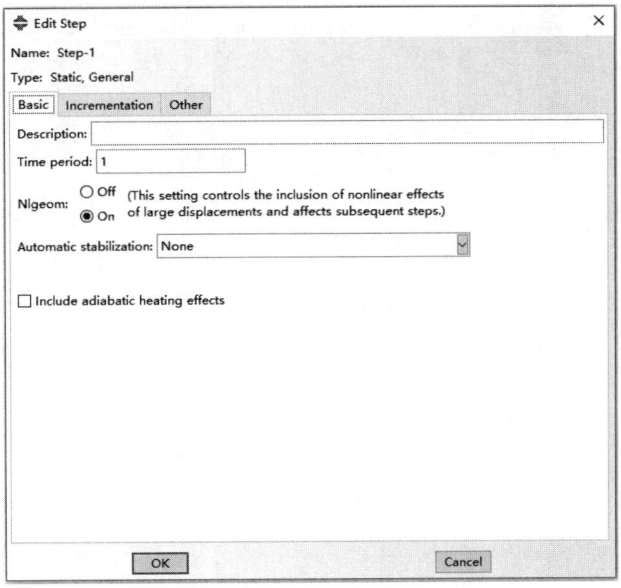

图 4-41　在 Edit Step 对话框中打开几何非线性

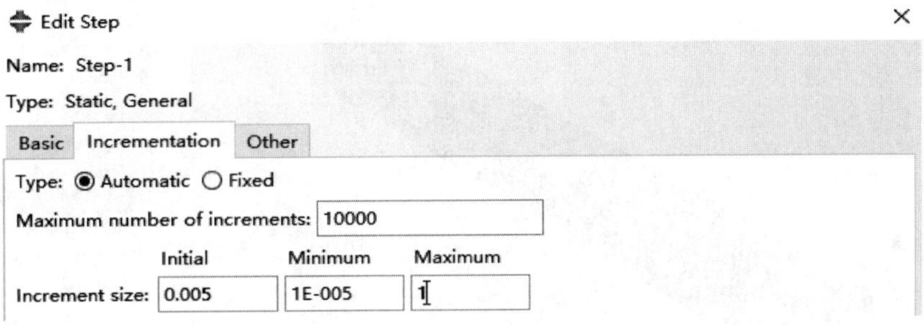

图 4-42　在 Edit Step 对话框中定义增量步

4.3.5　定义相互作用（Interaction）

在环境栏的 Module 列表中选择 Interaction，进入 Interaction 模块，如图 4-43 所示。在 Interaction 模块中可以设置模型中各个部分的相互作用和约束。为方便设置约束，首先设置四个参考点（RP-1、RP-2、RP-3、RP-4），并使参考点与垫板的外表面耦合。

点击左侧工具区中的，选中四个垫板的中点，按回车键确认，参考点设置完成。接下来使参考点与垫板的外表面耦合。点击左侧工具区中的，弹出 Create Constraint 对话框。在对话框中的 Name 处输入 RP1 表示约束名称，Type 处选择 Coupling，单击 Continue。在视图区中用鼠标选中控制点 RP-1，并按回车键确认。点击截面左下角的 Surface，之后在视图区选中外表面，按回车键确认，弹出 Edit Constraint 对话框。在 Edit Constraint 对话框中将 Coupling Type 设置为 Kinematic，其余保持默认，点击 OK，完成参考点 1（RP-1）与垫板外表面的耦合，如图 4-44 所示。重复上述操作，完成参考点 2、3、4（RP-2、RP-3、RP-4）与其余垫板的外表面的耦合。

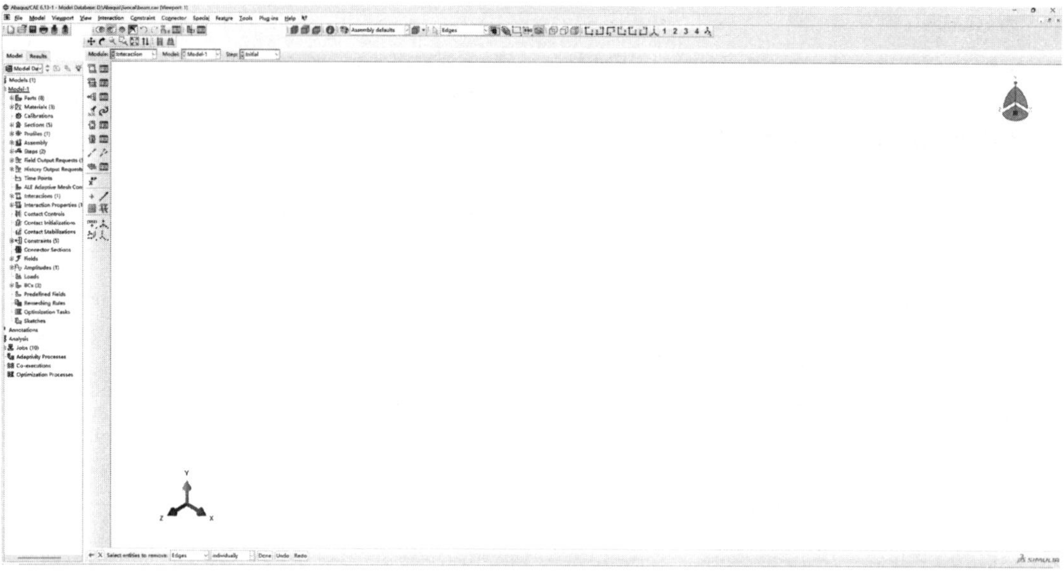

图 4-43 Interaction 模块

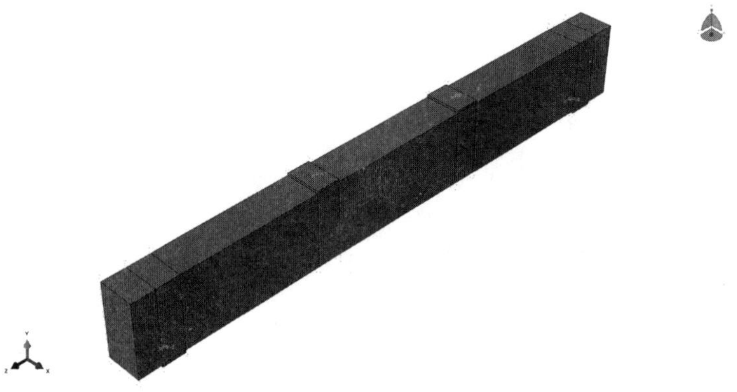

（a）

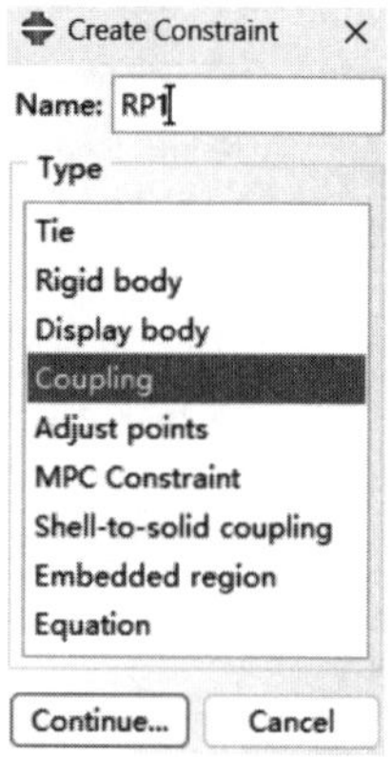

（b）

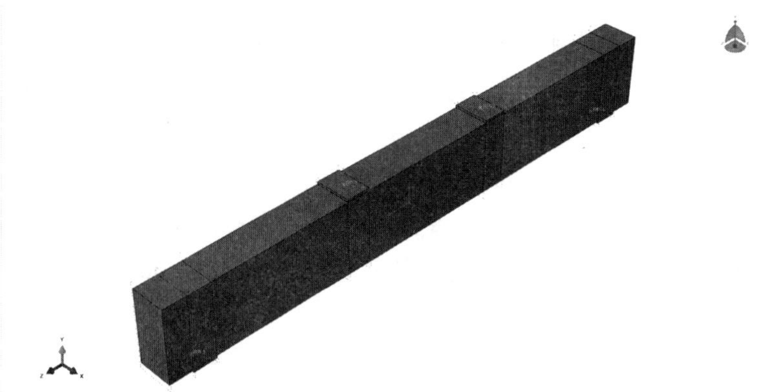

（c）

图 4-44 耦合参考点

（a）创建参考点 （b）Creat Constraint 对话框 （c）耦合完成

混凝土和钢筋通过内置来实现接触，点击左侧工具区的，弹出 Create Constraint 对话框。在对话框中的 Name 处输入 concrete-rebar，表示约束名称，Type 项选择 Embedded region，单击 Continue。点击隐藏混凝土和垫板，只留下钢筋笼，选中钢筋笼，点击 Done，然后再选中混凝土，点击 Done，弹出 Edit Constraint 对话框，点击 OK，完成操作，如图 4-45 所示。

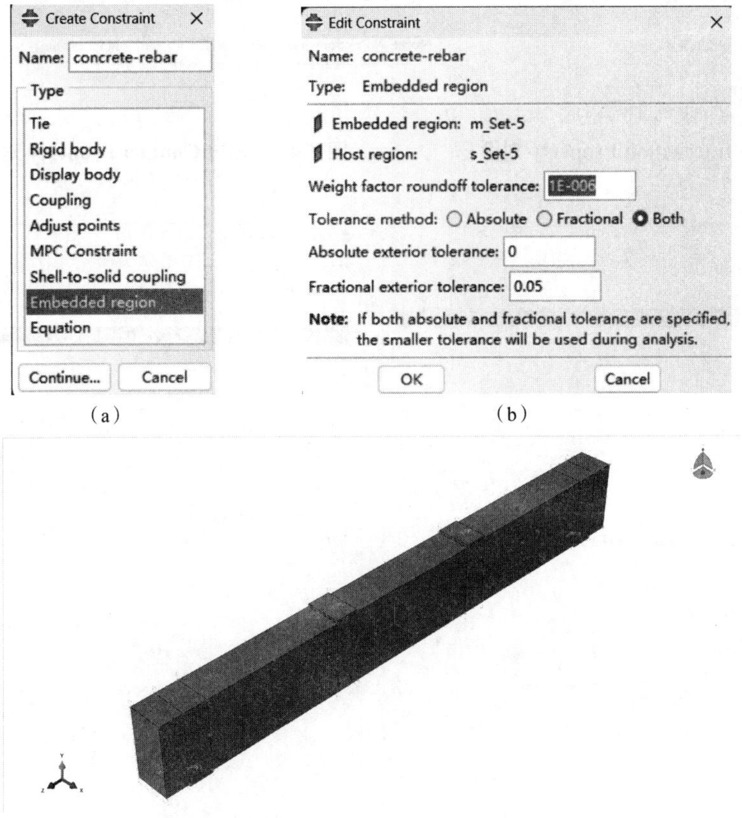

（a）　（b）

（c）

图 4-45　混凝土与钢筋的接触设置

（a）Create Constraint 对话框　（b）Edit Constraint 对话框　（c）内置完成

通过定义接触行为模拟混凝土与垫板间的相互作用关系。首先需要设置接触的属性。点击左侧工具区的，弹出 Create Interaction Property 对话框，如图 4-46 所示。在对话框中的 Name 处输入 IntProp-steel-concrete，表示接触名称，Type 项选择 Contact，点击 Continue，弹出 Edit Contact Property 对话框，如图 4-47 所示。在对话框中点击 Mechanical，在下拉列表中选择 Tangential Behavior，在 Friction formulation 的下拉选项中选择 Penalty，在下方 Friction Coeff 处输入摩擦系数 0.6，如图 4-48 所示。再次在对话框中点击 Mechanical，在下拉列表中选择 Normal Behavior 并保持默认设置，如图 4-49 所示。点击 OK，完成接触属性的设置。

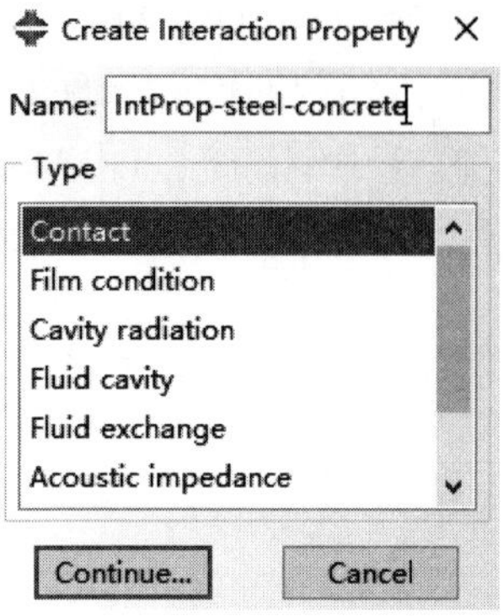

图 4-46 Create Interaction Property 对话框

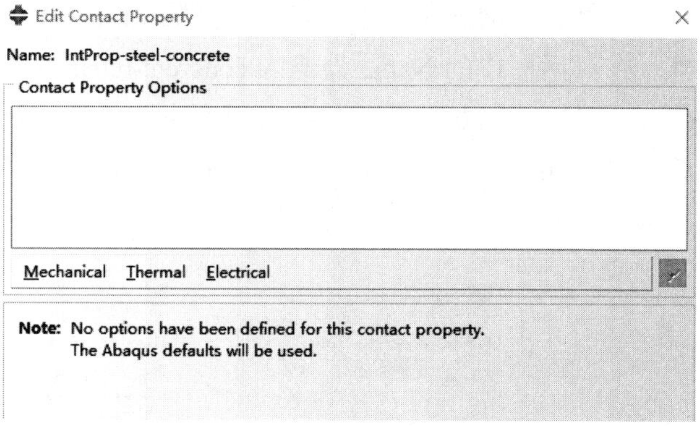

图 4-47 Edit Contact Property 对话框

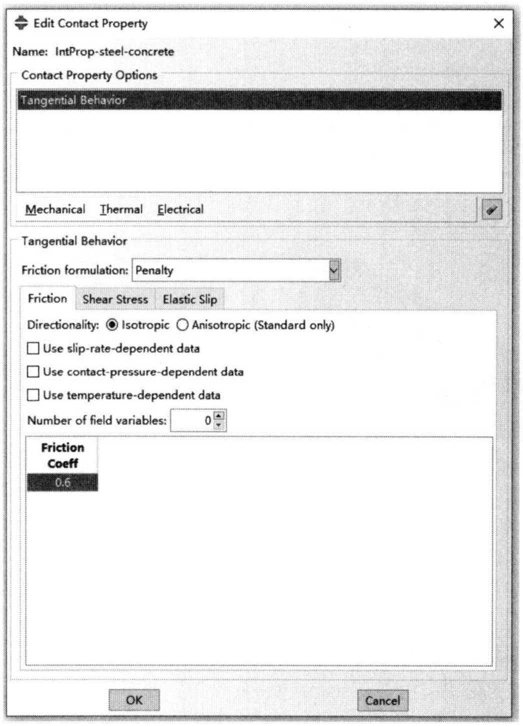

图 4-48 定义切向行为

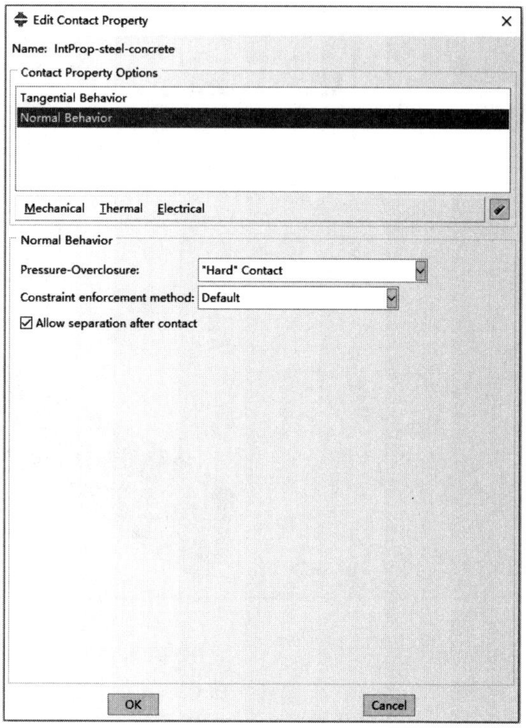

图 4-49 定义法向行为

点击左侧工具区中的 ，弹出 Create Interaction 对话框，如图 4-50（a）所示。在对话框中的 Name 处输入 steel-concrete，表示接触名称，在 Types for Selected Step 中选择 General Contact(Standard)，点击 Continue。弹出 Edit Interaction 对话框，如图 4-50（b）所示，选择 ALL* with self，在 Global property assignment 处选择 steel-concrete，最后点击 OK 确认，完成混凝土与垫板之间接触关系的设置，如图 4-50（c）所示。

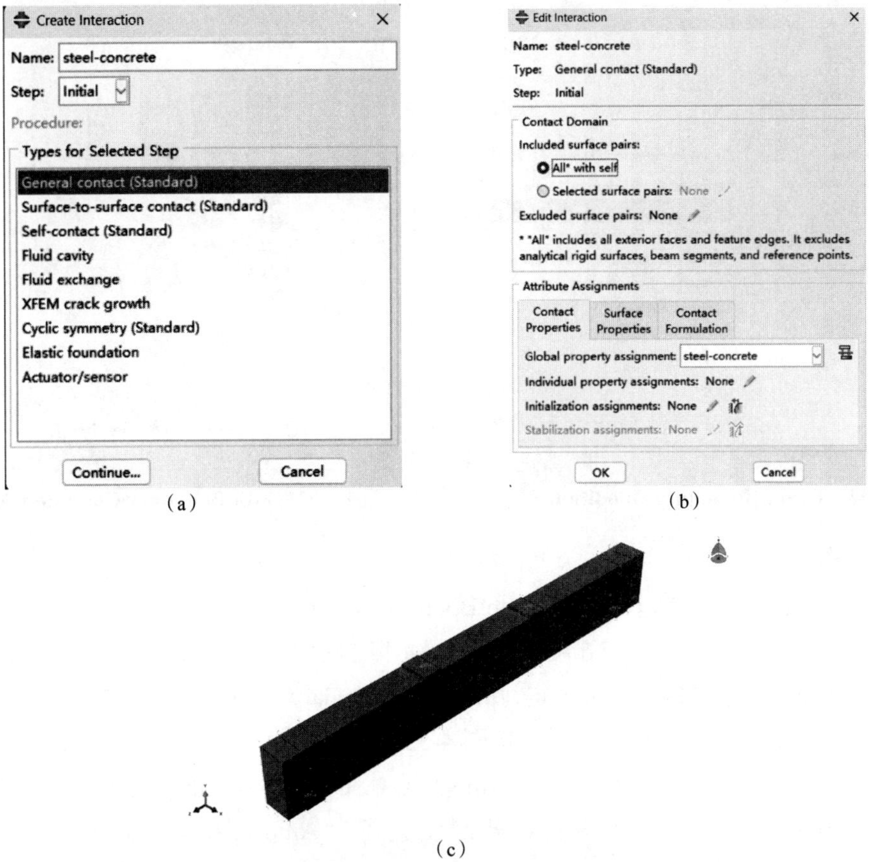

图 4-50　混凝土与垫板的接触设置

(a)Create Interaction 对话框　(b)Edit Interaction 对话框　(c)通用接触完成

4.4　荷载、边界条件及网格

4.4.1　定义荷载和边界条件(Load)

在环境栏的 Module 列表中选择 Load 模块进行荷载及边界条件的定义。

1. 定义边界条件

点击左侧工具区中的 ，弹出 Create Boundary Condition 对话框，如图 4-51 所示，将 Step 设为 Initial，其余参数默认不变，点击 Continue，提示区提示用户选择添加边界条件的区域，选中 RP-3，点击鼠标中键确认，弹出 Edit Boundary Condition 对话框，如图 4-52 所示，选中 U1、U2、U3、UR3，即添加固定铰支座约束作为边界条件，点击 OK，退出 Edit Boundary Condition 对话框，完成模型边界条件的定义。同理为 RP-4 添加边界条件，其与 RP-3 的区别为释放 U3 方向的约束，即添加滑动铰支座。

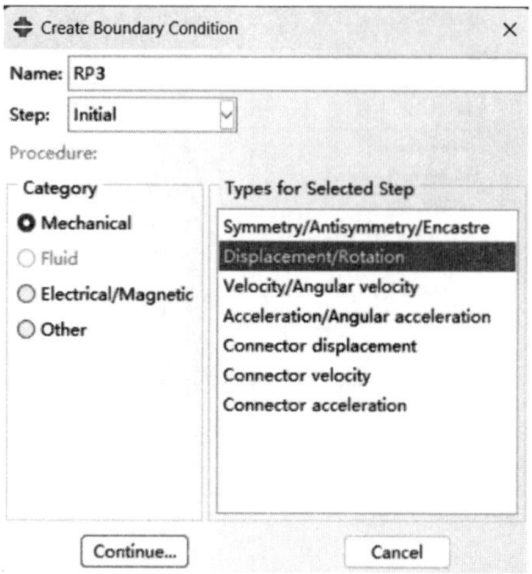

图 4-51 Create Boundary Condition 对话框

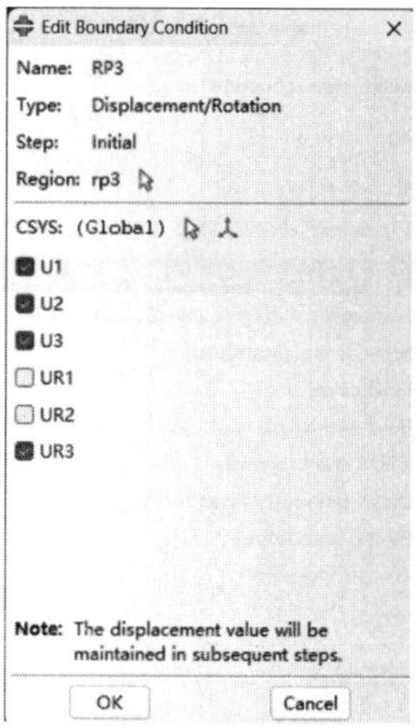

图 4-52 Edit Boundary Condition 对话框

2. 施加荷载

点击左侧工具区中的，弹出 Create Boundary Condition 对话框，将 Step 设为 Step-1，其余参数保持默认设置不变，点击 Continue，提示区提示用户选择要添加荷载的区域，同时选中 RP-1 和 RP-2，点击鼠标中键确定，弹出 Edit Boundary Condition 对话框，点击该对话框中的，弹出 Create Amplitude 对话框，按图 4-53 所示创建 Amp-1，点击 Continue，进入 Edit Amplitude 对话框，如图 4-54 所示定义 Amp-1，点击 OK。再在 Edit Boundary Condition 对话框中 Amplitude 的下拉选项中将加载制度选择为 Amp-1，在 U2 方向施加位移荷载（-15），如图 4-55 所示。

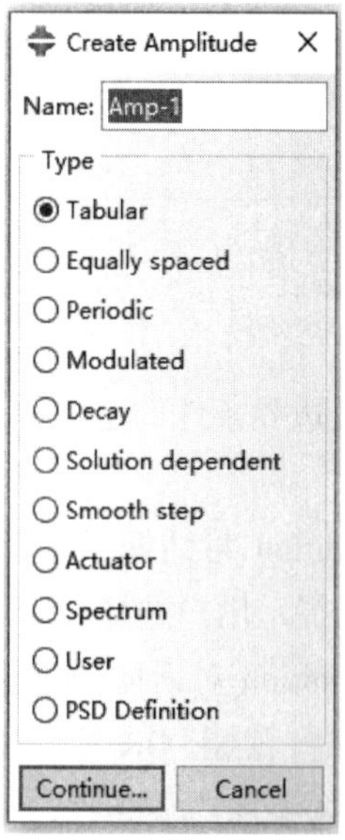

图 4-53 Create Amplitude 对话框

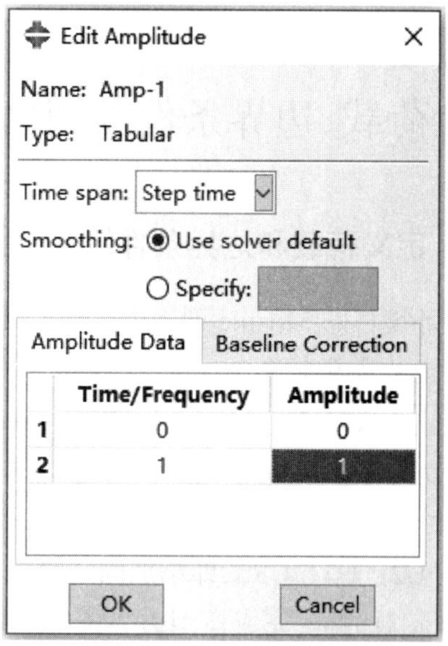

图 4-54 Edit Amplitude 对话框

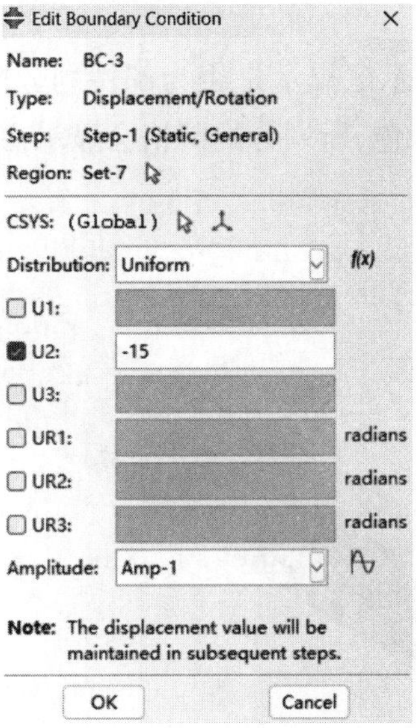

图 4-55　定义位移加载大小与方向

4.4.2　划分网格(Mesh)

在环境栏的 Module 列表中选择 Mesh 模块进行网格的定义。

1. 混凝土部件(concrete)

1)整体布种

点击左侧工具区中的，用鼠标左键框选模型，弹出 Global Seeds 对话框，如图 4-56 所示，在 Approximate global size 处输入 50，其余参数保持默认设置不变，点击 OK，退出 Global Seeds 对话框。

2)局部区域布种

以混凝土横截面短边布种为例。点击左侧工具区中的，用鼠标左键选择模型局部对应区域，弹出 Local Seeds 对话框，如图 4-57 所示，将 Number of elements 设为 4，点击 OK，关闭对话框，完成局部区域布种。

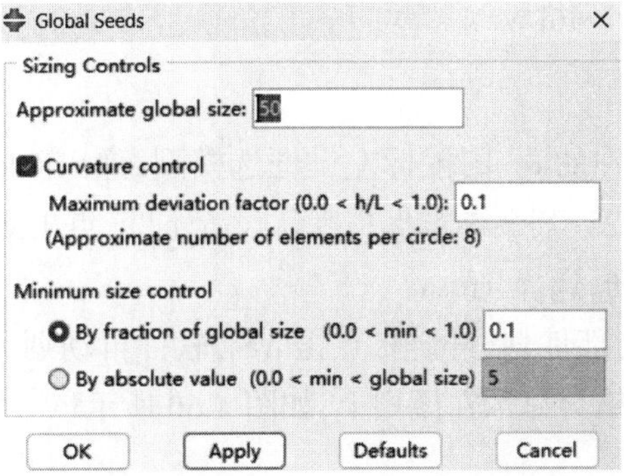

图 4-56　Global Seeds 对话框

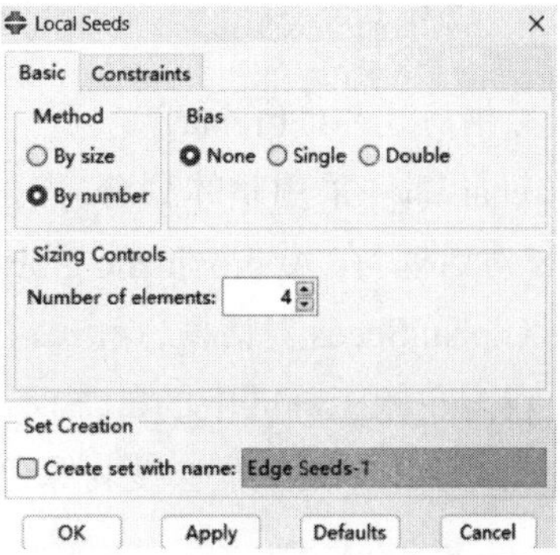

图 4-57　Local Seeds 对话框

3)划分网格

点击左侧工具区中的,提示区提示是否为部件划分网格,点击 Yes,软件自动划分网格。此时绘图区的模型会变为绿色,所划分的网格会显示在模型上,如图 4-58 所示。

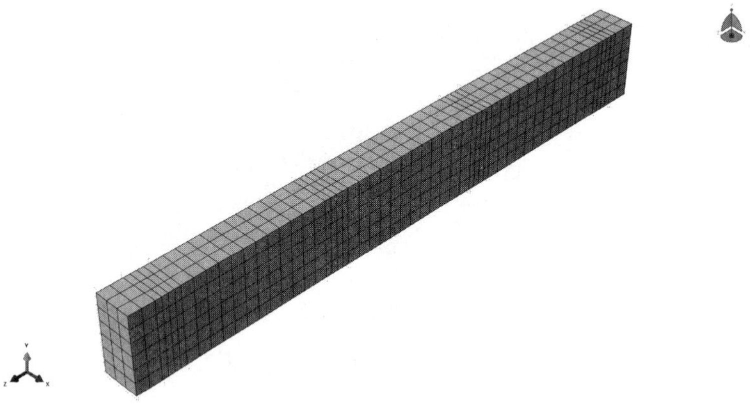

图 4-58 混凝土部件网格划分

2. 垫板部件(plate)

垫板部件的网格划分与混凝土部件(concrete)相同,网格划分结果如图 4-59 所示。

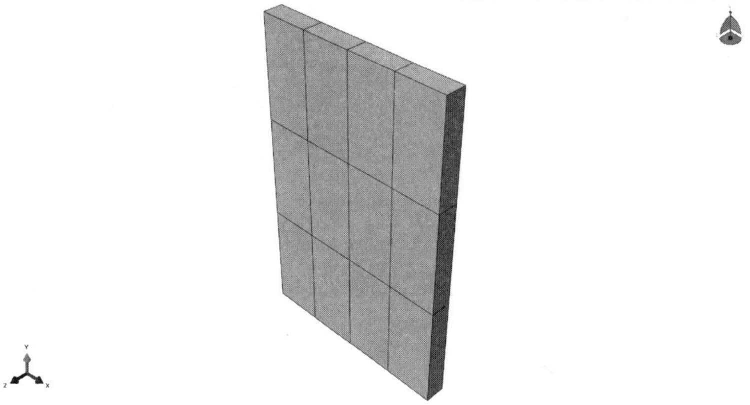

图 4-59 垫板部件网格划分

3. 钢筋笼部件(rebar)

rebar 部件采用整体划分,点击左侧工具区中的,用鼠标左键框选模型,弹出 Global Seeds 对话框,在 Approximate global size 处输入 25,其余参数保持默认设置不变,点击 OK,退出 Global Seeds 对话框,点击并选中全部钢筋,选择 Truss。

点击左侧工具区中的,提示区提示是否为部件划分网格,点击 Yes,软件自动划分网格。此时绘图区的模型会变为绿色,所划分的网格会显示在模型上,如图 4-60 所示。

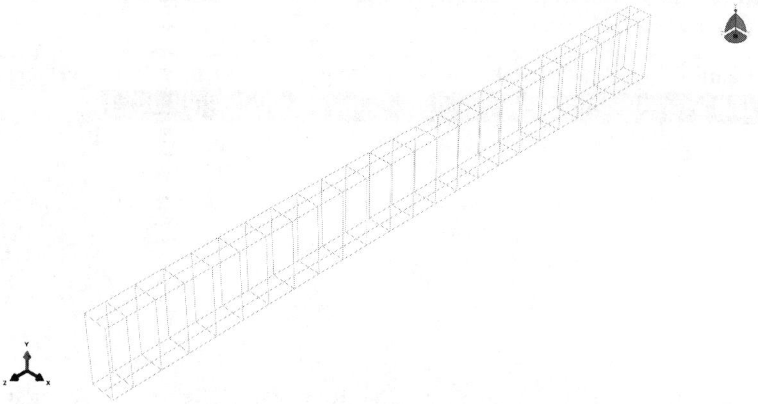

图 4-60　钢筋网部件网格划分

4.5　ABAQUS 求解及后处理

4.5.1　提交分析作业(Job)

在环境栏的 Module 列表中选择 Job 模块进行作业提交。

点击左侧工具区中的 ,弹出 Create Job 对话框,在 Name 处输入 Job-1,模型选择 Model-1,如图 4-61 所示,点击 Continue,弹出 Edit Job 对话框,依照电脑核数及相应计算能力设置 Use multiple processors,点击 OK,完成分析作业的定义,如图 4-62 所示。

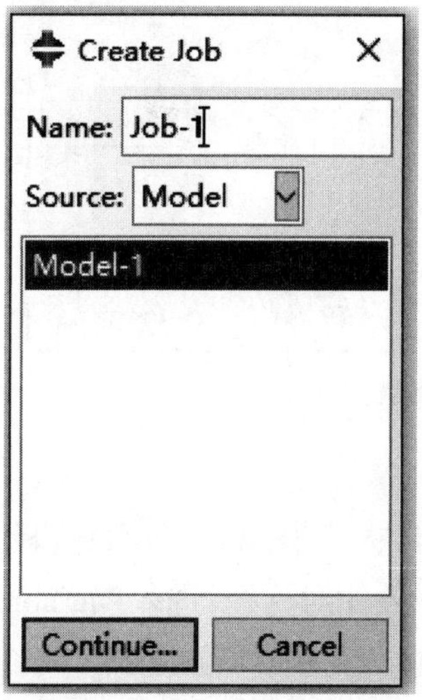

图 4-61　Create Job 对话框

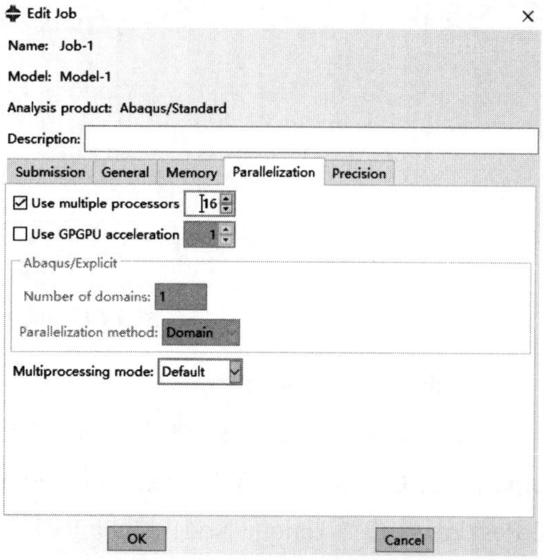

图 4-62　Edit Job 对话框

点击左侧工具区中的 ,弹出 Job Manager 对话框,如图 4-63 所示,选择所需任务,点击 Submit 提交任务。

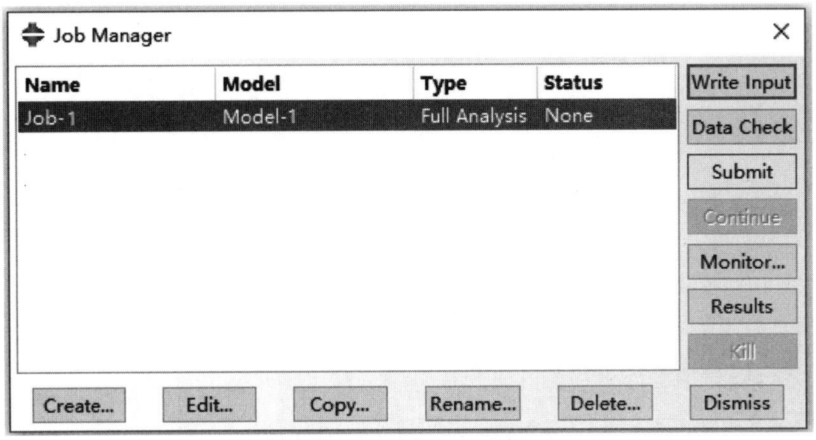

图 4-63　Job Manager 对话框

4.5.2　后处理(Visualization)

1. 显示变形图

Job Manager 对话框中 Job-1 的状态显示为 Completed 后，点击 Results，进入分析结果模块，如图 4-64 所示。点击左侧工具区中的，绘图区会显示变形云图，如图 4-65 所示。

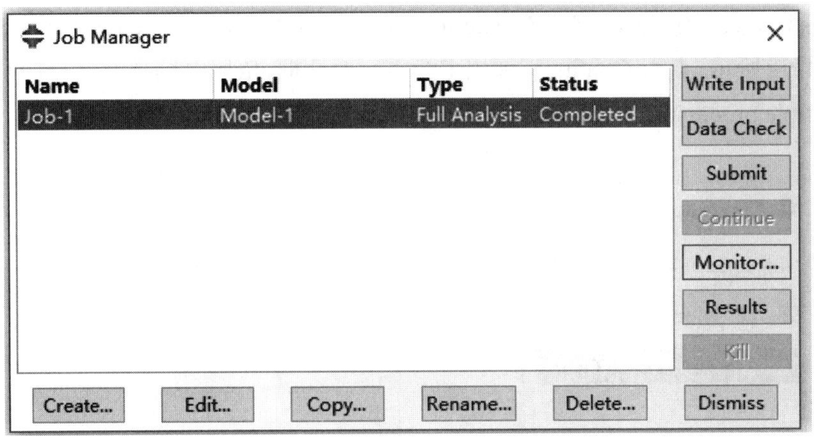

图 4-64　Job Manager 对话框

2. 输出荷载-位移曲线

点击左侧工具区中的，弹出 Create XY Data 对话框，如图 4-66 所示，选择 ODB field output，点击 Continue，进入 XY Data from ODB Field Output 对话框，进入 Variables 标签页，在 Position 处选择 Unique Nodal，选择 RF2、U2 作为输出变量，即输出 Y 方向的荷载与位移，如图 4-67 所示。进入 Elements/Nodes 界面，点击 Node sets，选择 RP1 为输出位置，如图 4-68 所示。点击 Plot 绘制曲线，所得曲线如图 4-69 所示。

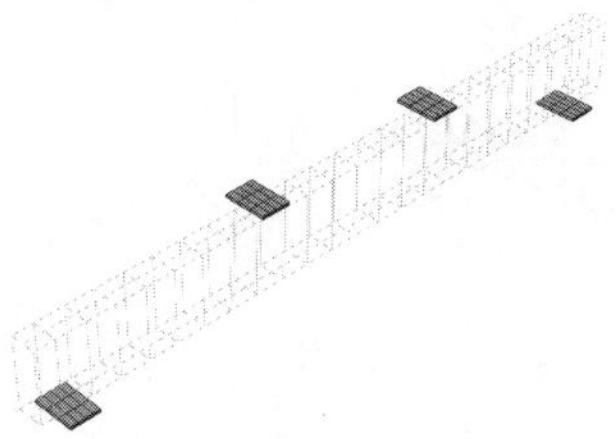

（a）

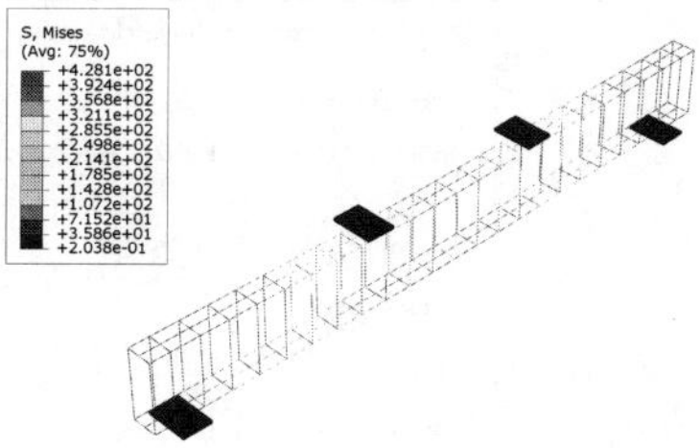

（b）

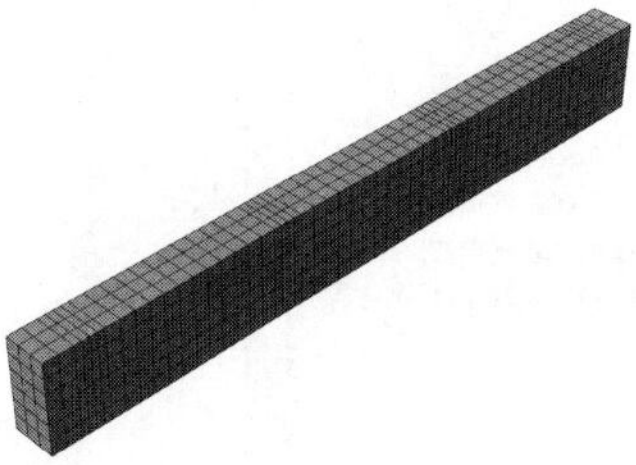

（c）

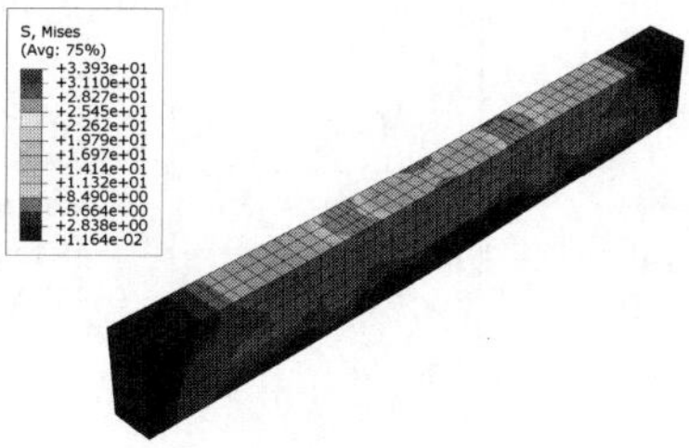

（d）

图 4-65 变形云图

（a）钢筋未变形图 （b）钢筋变形云图 （c）混凝土未变形图 （d）混凝土变形云图

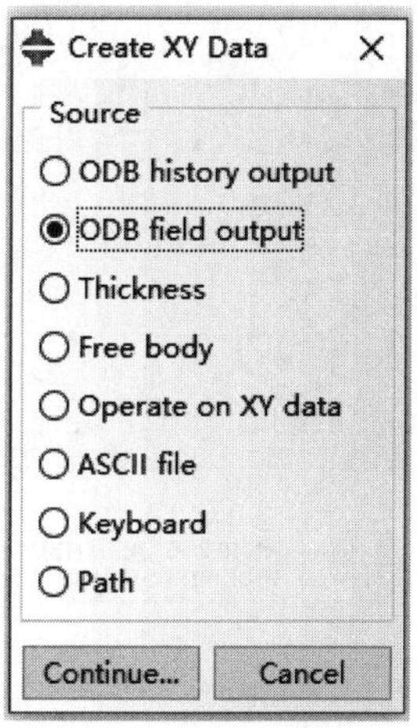

图 4-66 定义场输出

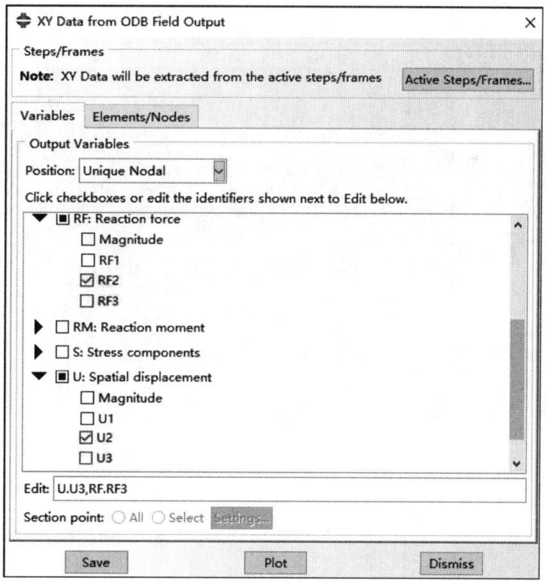

图 4-67 定义输出变量

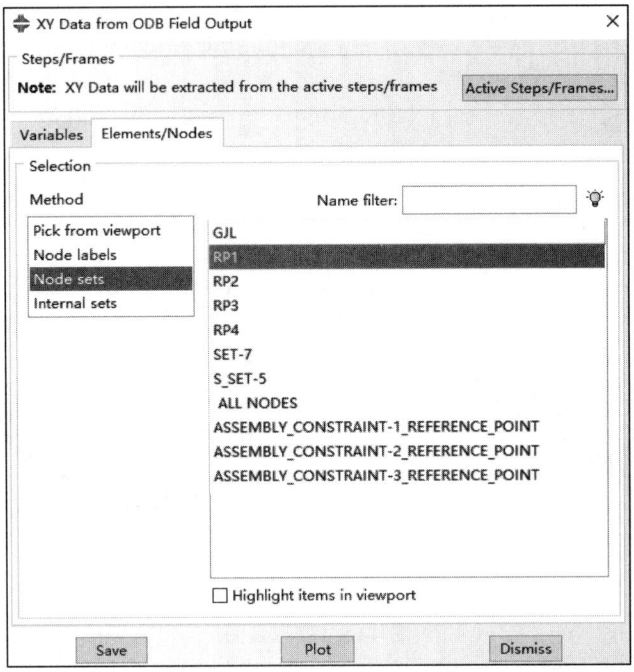

图 4-68　在 XY Data from ODB Field Output 对话框中定义 RP1 作为输出位置

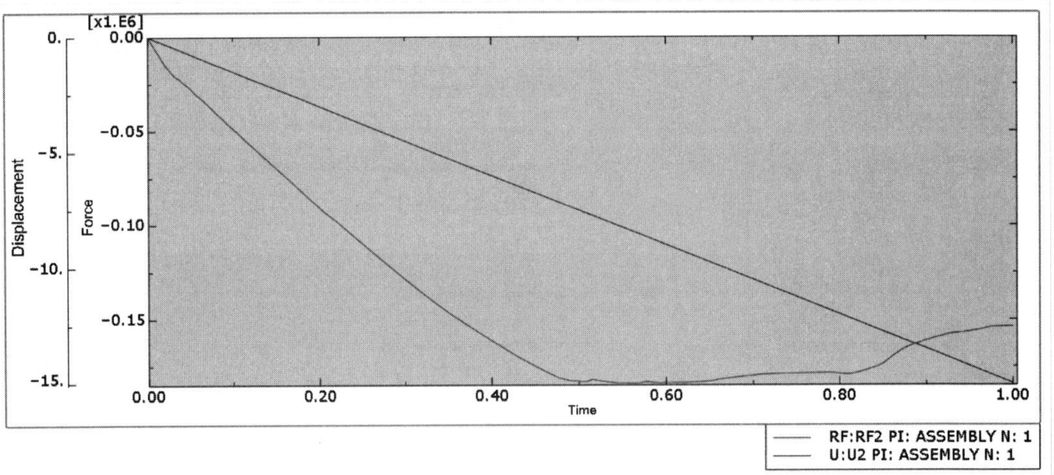

图 4-69　输出曲线

3. 整理数据

点击左侧工具区中的，弹出 Create XY Data 对话框，如图 4-70 所示，选择 Operate on XY data，点击 Continue，进入 Operate on XY Data 对话框，在操作框内输入表达式并选择数据，如图 4-71 所示。点击 Create XY Data，绘制整理后的数据曲线，如图 4-72 所示。

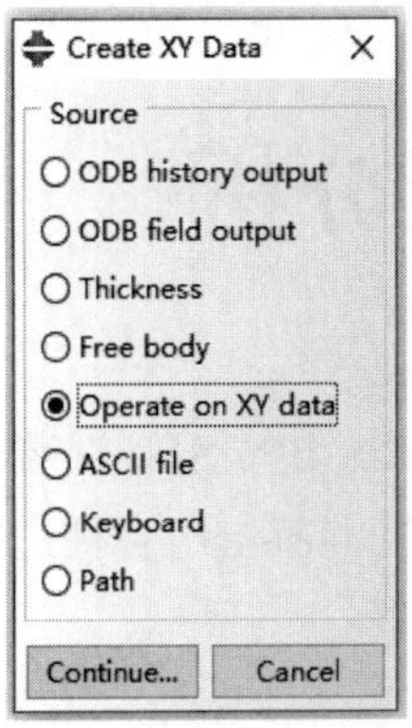

图 4-70　**Create XY Data** 对话框

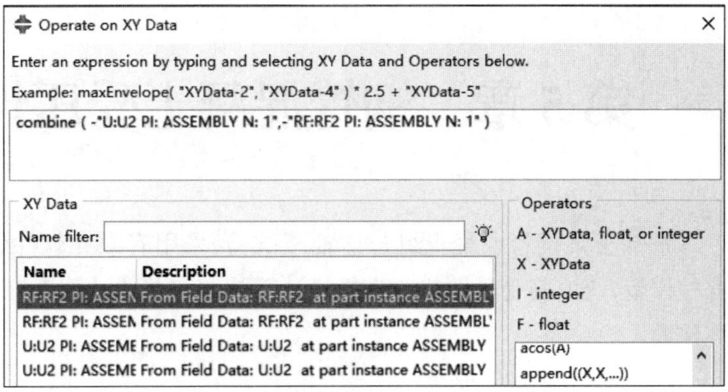

图 4-71　**Operate on XY Data** 对话框

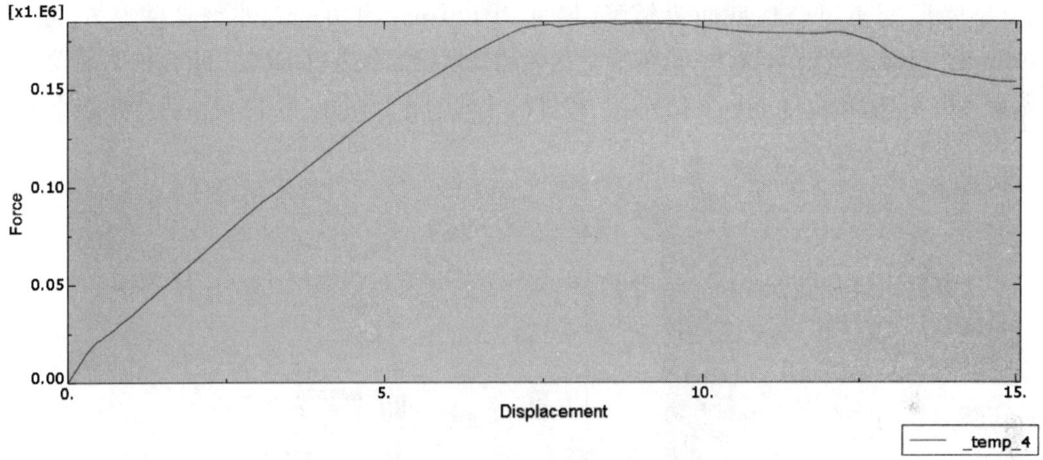

图 4-72　竖向荷载-位移曲线

4.6　小结

本章基于钢筋混凝土梁四点受弯试验，采用有限元软件 ABAQUS 建立了钢筋混凝土梁，通过施加竖向荷载探究其受弯性能。钢筋采用 HRB400 钢材，混凝土采用 C40 混凝土，并利用已有本构计算其应力-应变关系。对于竖向荷载的定义，采用参考点与加载板外表面耦合的方式，并在参考点处施加位移加载，最终得到其竖向荷载-位移曲线。

建模基本流程为：①首先利用 Part 模块创建混凝土、钢筋与垫板部件；②在 Material 模块中定义其材料属性，其中钢筋材料为 HRB400，混凝土材料为 C40，垫板采用刚性材料模拟；③在 Assembly 模块中对各个部件进行装配，包括混凝土、钢筋与垫板；④在 Step 模块中定义分析步，约束与边界条件属于 Initial 分析步，加载属于 Step-1 分析步；⑤在 Interaction 模块中定义钢筋与混凝土间的相互作用，钢筋与混凝土间通过设置接触行为定义其相互作用；⑥在 Load 模块中定义荷载与边界条件，竖向荷载采用位移加载；⑦在 Mesh 模块中划分网格，复杂的加载和支座区域的网格应当设置得更加细密；⑧在 Job 模块中提交分析作业，并于分析完成后在 Visualization 模块中查看处理结果。

第 5 章　钢管混凝土受压性能分析

本章基于某钢管混凝土组合柱轴压试验，采用有限元软件 ABAQUS 建立钢管混凝土组合柱模型，研究其受压性能。为提高计算效率和节约计算资源，对钢管混凝土组合柱进行对称建模。

5.1　钢管混凝土基本信息

钢管混凝土组合柱截面为矩形，尺寸为 120 mm × 120 mm，外钢管壁厚 6 mm、高 600 mm。钢管采用 Q690 钢材，内部混凝土为超高性能混凝土（UHPC），组合柱两端设有端板，尺寸为 240 mm × 240 mm × 25 mm。构件尺寸如图 5-1 所示。构件受轴向荷载 P 作用。

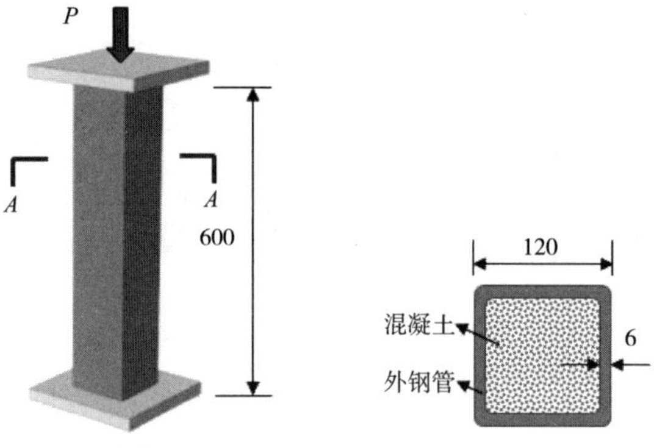

（a）　　（b）

图 5-1　钢管混凝土组合柱尺寸（单位：mm）

（a）三维示意图　（b）A—A 截面

5.2　钢管及混凝土材料本构

5.2.1　钢材本构

钢材本构采用第 2 章中提到的三段式应力-应变全曲线模型。Q690 高强钢材料的应力-应变曲线（图 5-2）采用简化修正后的 Ramberg-Osgood 模型[43] 来描述。在达到名义屈服强度之前，采用 Hill 修正后的 Ramberg-Osgood 模型描述 Q690 高强钢材料的应力-应变关系，表达式为式（5-1a）；在屈服点之后直到材料达到极限抗拉强度，采用 Rasmussen 修正后的 Ramberg-Osgood 模型，表达式为式（5-1b）[31]；在峰值点之后，Q690 高强钢材料发生颈缩现象，采用式（5-1c）[30] 描述高强钢材料达到极限抗拉强度之后的退化阶段的名义应力-应变关系。

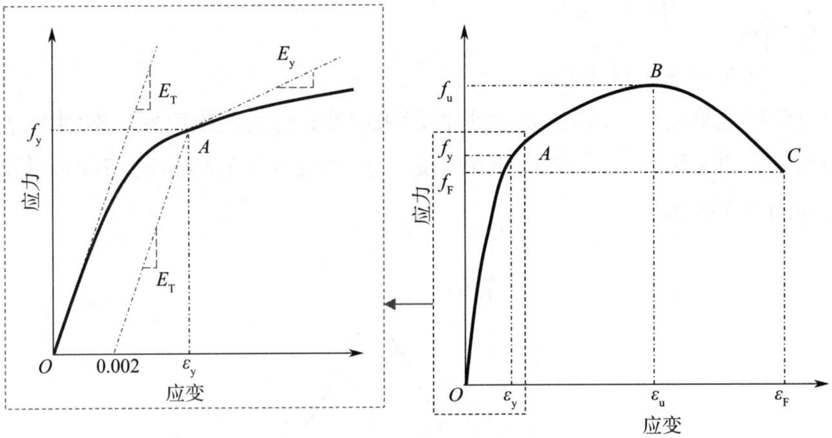

图 5-2　Q690 钢材的应力-应变曲线

$$\varepsilon=\begin{cases}\dfrac{f_y}{E_T}+0.002\left(\dfrac{\sigma}{f_y}\right)^n, & \sigma\leqslant f_y \quad (OA段) \quad (5\text{-}1a)\\[2ex] \dfrac{\sigma-f_y}{E_y}+\left(\varepsilon_u-\dfrac{f_u-f_y}{E_y}-\varepsilon_y\right)\left(\dfrac{\sigma-f_y}{f_u-f_y}\right)^m+\varepsilon_y, & f_y<\sigma\leqslant f_u \quad (AB段) \quad (5\text{-}1b)\\[2ex] \varepsilon_u+(\varepsilon_F-\varepsilon_u)\left(\dfrac{\sigma-f_u}{f_F-f_u}\right)^p, & f_u>\sigma\geqslant f_F \quad (BC段) \quad (5\text{-}1c)\end{cases}$$

本模型采用的 Q690 钢材的参数由试验结果[44]确定。钢材主要参数如下：屈服强度 f_y=694 MPa，杨氏模量 E_T=206.0 GPa，屈服应变 ε_y=0.000 54，材料硬化指数 n=−3.6，切线模量 E_y=178.3 GPa，极限强度 f_u=1 501 MPa，极限应变 ε_u=0.993 1，材料硬化指数 m=10.82，断裂强度 f_F=576.7 MPa，断裂应变 ε_F=0.184 5，材料退化指数 p =−0.87。

5.2.2　混凝土本构

为模拟 UHPC 的行为，选用有限元软件 ABAQUS 材料库中的 CDP 模型。UHPC 的相关参数为：膨胀角为 36°，偏心率为 0.1，f_{b0}/f_{c0} 为 1.16，K 为 0.666 7，黏性参数为 0，弹性模量 E_c=45 GPa，泊松比 μ=0.2[45]。

采用杨剑等[46]提出的 UHPC 受压应力-应变关系：

$$\sigma_c=\begin{cases}f_c\dfrac{n\xi-\xi^2}{1+(n-2)\xi}, & \varepsilon<\varepsilon_0\\[2ex] f_c\dfrac{\xi}{\xi+2(\xi-1)^2}, & \varepsilon\geqslant\varepsilon_0\end{cases} \quad (5\text{-}2)$$

式中：ε_0=3.5 × 10^{-3}；$\xi=\varepsilon/\varepsilon_0$；$f_c$ 为圆柱体抗压强度；$n=E_c/E_s$，其中 E_s 为峰值点的割线模量。UHPC 圆柱体抗压强度与立方体抗压强度的换算系数取 0.95，故取 f_c=0.95f_{cu}=129.7 MPa[6]。

UHPC 的受拉应力-应变关系采用张哲等[47]提出的双线性形式，其表达式为

$$\sigma_t = \begin{cases} \frac{f_{ct}}{\varepsilon_{ca}}\varepsilon, & 0 \leqslant \varepsilon \leqslant \varepsilon_{ca} \\ f_{ct}, & \varepsilon_{ca} \leqslant \varepsilon \leqslant \varepsilon_{cp} \end{cases} \tag{5-3}$$

式中：f_{ct}为应变硬化阶段平均应力；ε_{ca}为弹性极限应变；ε_{cp}为极限应变。本例中，f_{ct}=8.0 MPa，$\varepsilon_{ca}=-2\times10^{-4}$，$\varepsilon_{cp}=-2\times10^{-3}$（负号表示 UHPC 受拉）。结合式（5-2）和式（5-3），可得 UHPC 的本构关系，如图 5-3 所示。

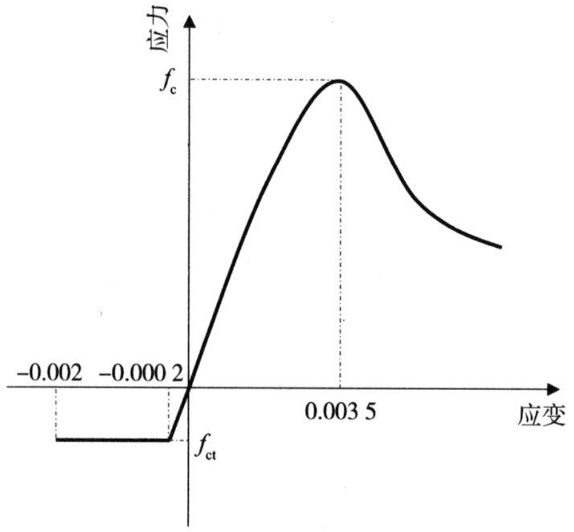

图 5-3 UHPC 的应力-应变曲线

5.3 钢管混凝土 ABAQUS 建模

5.3.1 创建部件（Part）

启动 ABAQUS/CAE 后，在环境栏的 Module 列表中选择 Part，如图 5-4 所示，表示当前激活 Part 模块。Part 模块用于创建分析模型的所有部件。（注：本例中的单位采用国际单位制，即采用 mm、N、t、s 单位）。

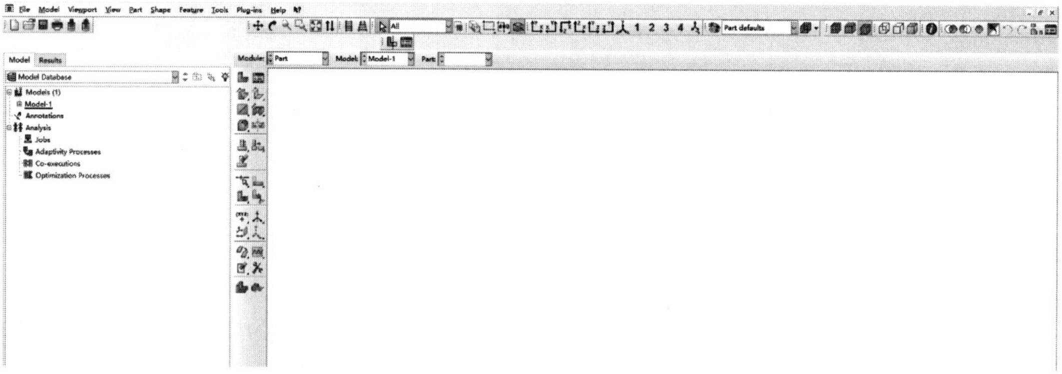

图 5-4 Part 模块

1. 钢管

点击左侧工具区中的，弹出 Create Part 对话框，如图 5-5 所示。在 Name 处输入

steel-tube，钢管的尺寸为 120 mm × 120 mm，在 Approximate size 中输入 400，点击 Continue 进入草图绘制界面，如图 5-6 所示。

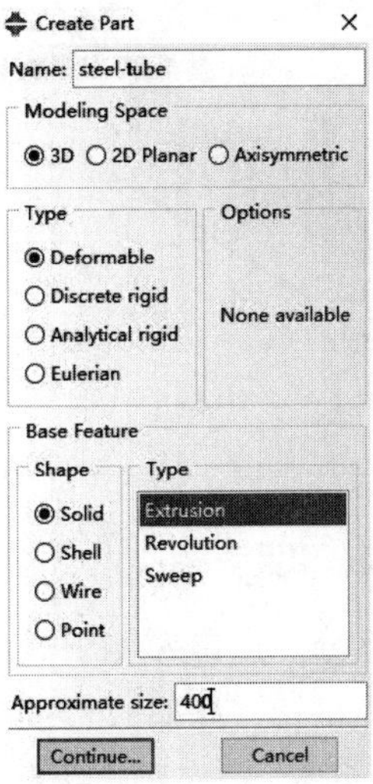

图 5-5　创建钢管部件

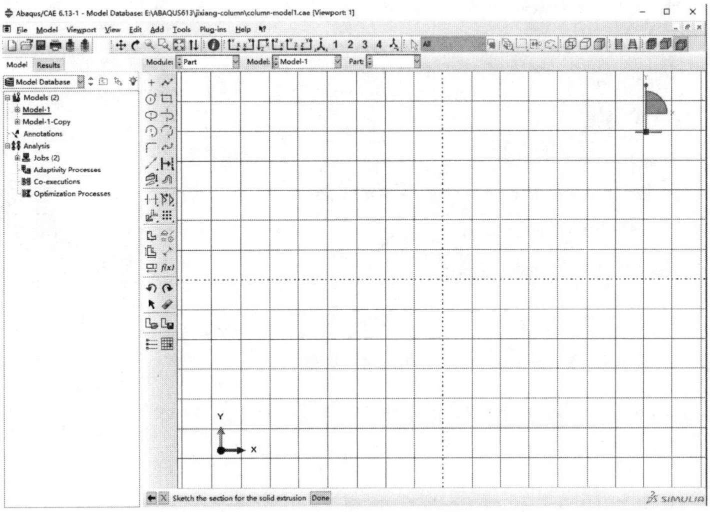

图 5-6　草图绘制界面

点击左侧工具区中的，此时界面左下角出现 Pick a starting point for the line--or enter X,Y:，依次在其后的方框内输入坐标(0,0)、(60,0)、(60,6)、(6,6)、(6,114)、(60,114)、(60,120)、(0,120)和(0,0)，每输入一个坐标后按回车键确认，完成钢管截面的初步绘制，如图 5-7(a)所示。

点击左侧工具区中的(创建圆角)，此时界面左下角出现 Fillet radius: 6.0。钢管的内角半径为 6 mm，在方框中输入 6.0 后按回车键确认，用鼠标选中内角的两条边完成一个钢管内部圆弧角的绘制，如图 5-7(b)所示，重复操作完成另一个内部圆弧角的绘制。钢管外角半径为 12 mm，将 Fillet radius: 6.0 中的方框中的数值改为 12.0，重复内部圆弧角的绘制操作，完成钢管外部圆弧角的绘制，如图 5-7(c)所示。

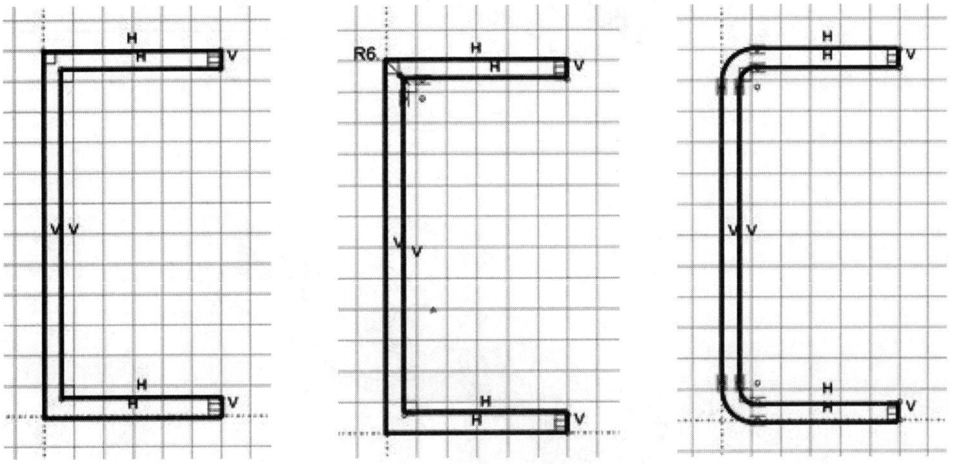

(a)　(b)　(c)

图 5-7　钢管截面的绘制

(a)初步绘制　(b)内部圆角绘制　(c)绘制完成

点击图 5-6 下方的 Done，出现如图 5-8 所示的对话框，在 Depth 处输入 600，表示钢管高度为 600 mm。点击 OK，完成钢管部件的创建，如图 5-9 所示。

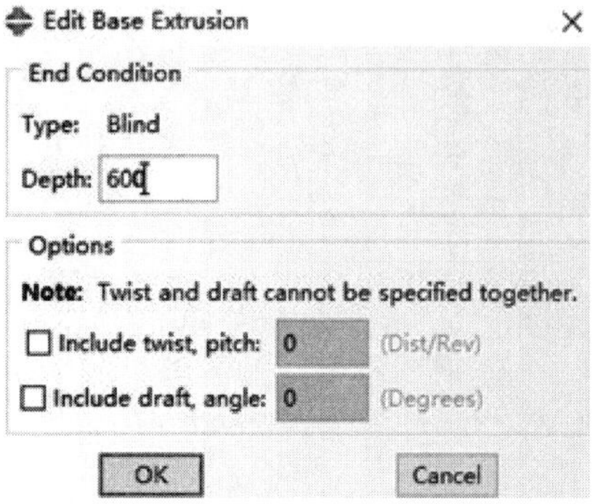

图 5-8　Edit Base Extrusion 对话框

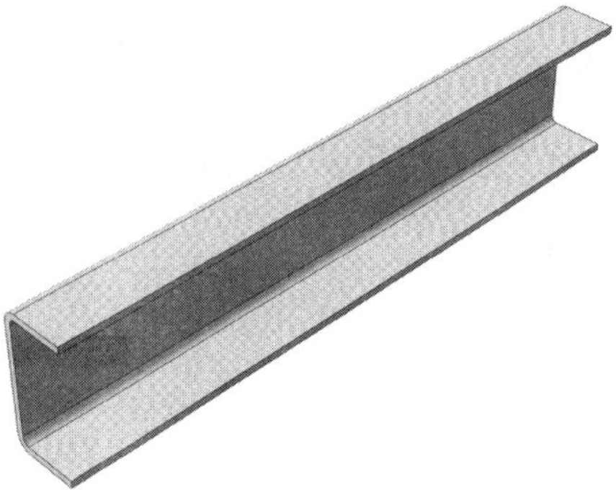

图 5-9　钢管三维模型

为方便后续对钢管部件进行结构化网格划分，需要对部件进行拆分。点击左侧工具区中的，选择 Point & Normal（一点与法线）。首先将钢管拆分为两部分，选择钢管一条垂直边的中点，如图 5-10 所示，然后选择此垂直边作为拆分面的法线，如图 5-11 所示，点击 Create Partition 完成部件的中部拆分。重复上述步骤，完成对钢管部件的角部拆分，最终钢管部件的拆分效果如图 5-12 所示。

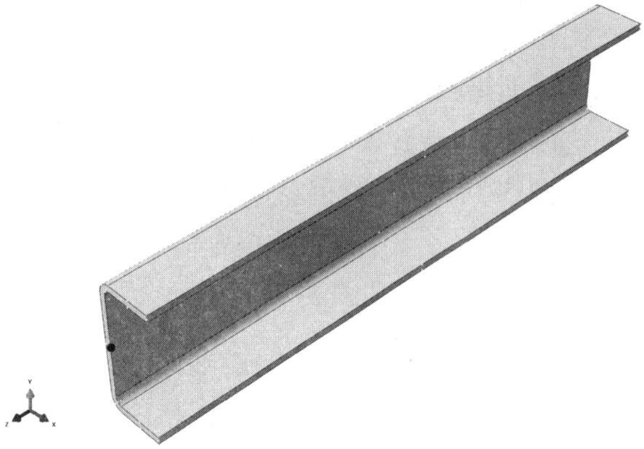

图 5-10　拆分时选择中点

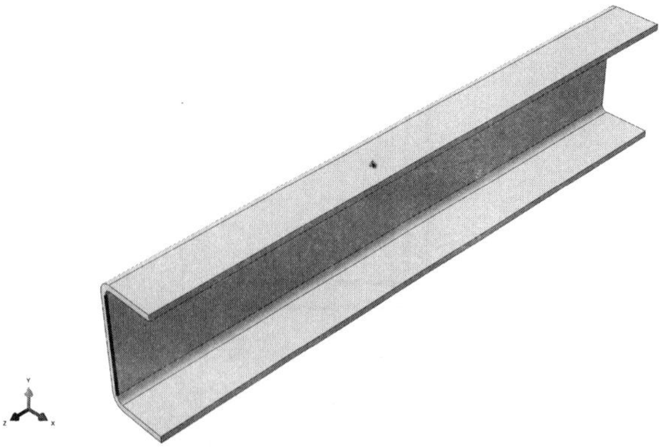

图 5-11　拆分时选择法线

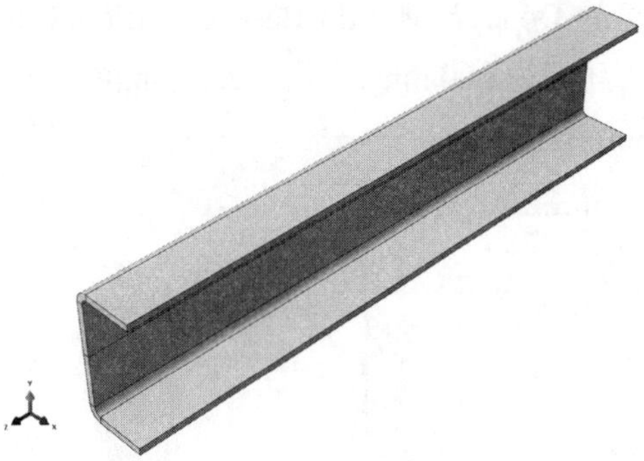

图 5-12　钢管部件拆分完成

2. 混凝土芯

点击左侧工具区中的，弹出 Create Part 对话框，如图 5-13 所示。在 Name 处输入 concrete，混凝土芯的尺寸为 108 mm × 54 mm，在 Approximate size 中输入 400，点击 Continue 进入草图绘制界面。

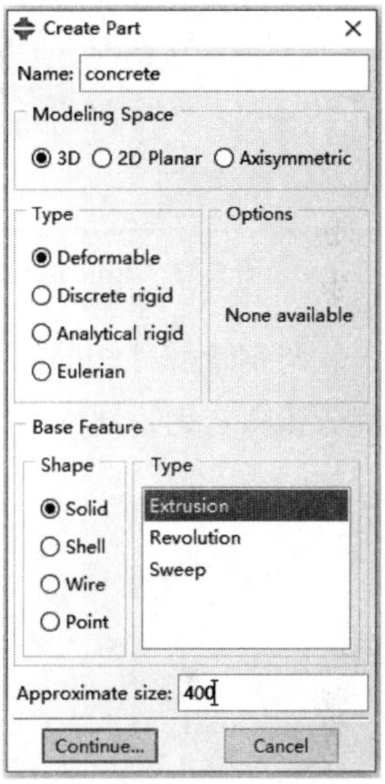

图 5-13　创建 concrete 部件

点击左侧工具区中的，此时界面左下角出现 Pick a starting corner for the rectangle--or enter X,Y:，依次在其后的方框内输入坐标（0，0）、（54，108），每输入一个坐标后按回车键确认，完成混凝土芯截面的初步绘制，如图 5-14（a）所示。

点击左侧工具区中的（创建圆角），此时截面左下角出现 Fillet radius: 6.0。混凝土芯的圆弧角半径为 6 mm，在方框中输入 6.0，按回车键确认，然后用鼠标选中圆弧角的两条边完成一个混凝土芯圆弧角的绘制，重复上述操作完成另一个内部圆弧角的绘制，混凝土芯截面草图如图 5-14（b）所示。

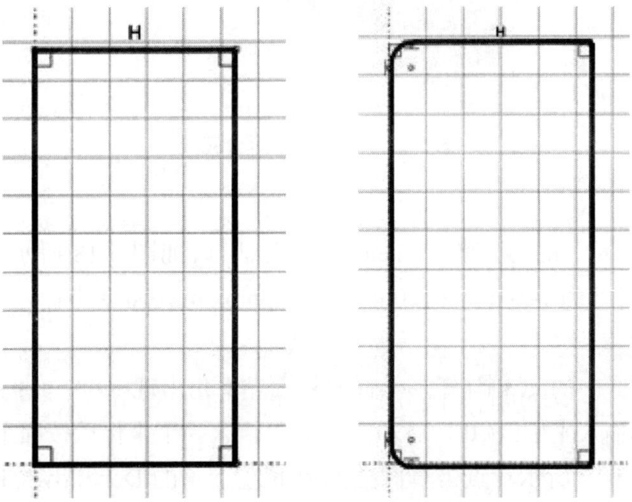

（a）　　（b）

图 5-14　混凝土芯截面草图的绘制

（a）截面初步绘制　（b）截面草图绘制完成

点击草图页面左下角的 Done，出现 Edit Base Extrusion 对话框（图 5-15），在 Depth 处输入 600，表示混凝土芯的高度为 600 mm，点击 OK，完成混凝土芯部件的创建，创建好的混凝土芯的三维模型如图 5-16 所示。

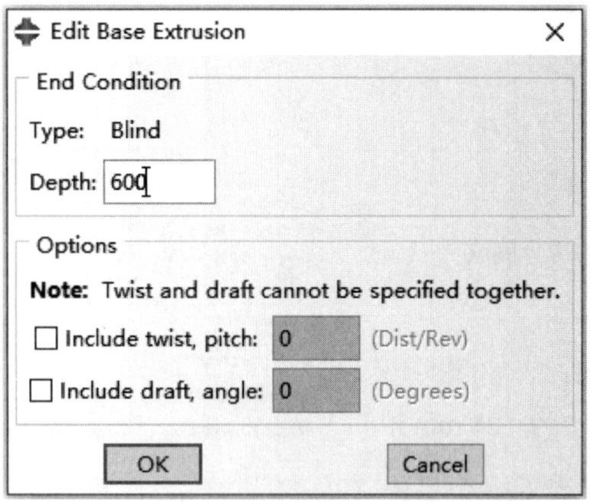

图 5-15 Edit Base Extrusion 对话框

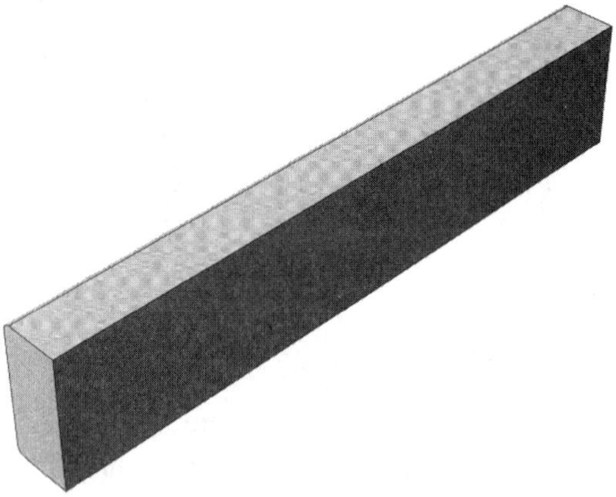

图 5-16 混凝土芯三维模型

与钢管部件相同，为方便后续对混凝土部件进行结构化网格划分，需对部件进行拆分，拆分步骤与钢管部件相同，混凝土芯部件的拆分效果如图 5-17 所示。

图 5-17 混凝土芯拆分完成

3. 端板

点击左侧工具区中的，弹出 Create Part 对话框，如图 5-18 所示。在 Name 处输入 load-plate，端板的尺寸为 240 mm × 120 mm，在 Approximate size 中输入 400，点击 Continue 进入草图绘制界面。

点击左侧工具区中的（创建矩形），此时界面左下角出现 Pick a starting corner for the rectangle--or enter X,Y:，依次在其后的方框内输入坐标（0，0）、（120，240），每输入一个坐标后按回车键确认，完成端板截面的绘制，如图 5-19 所示。点击草图绘制界面左下角的 Done，出现 Edit Base Extrusion 对话框，如图 5-20 所示，在 Depth 处输入 25，表示端板厚度为 25 mm。点击 OK，完成端板部件的创建，如图 5-21 所示。

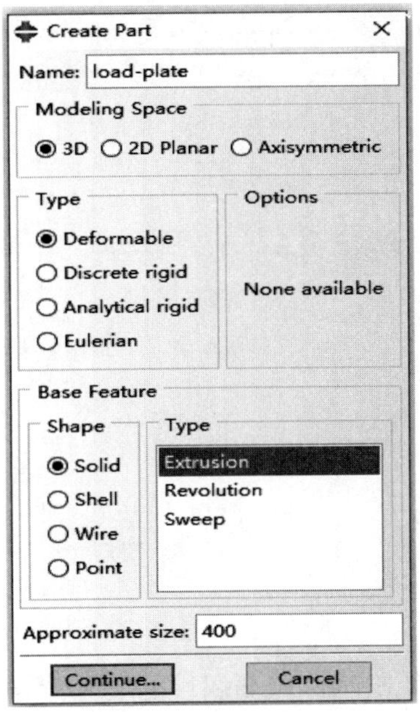

图 5-18　创建端板部件

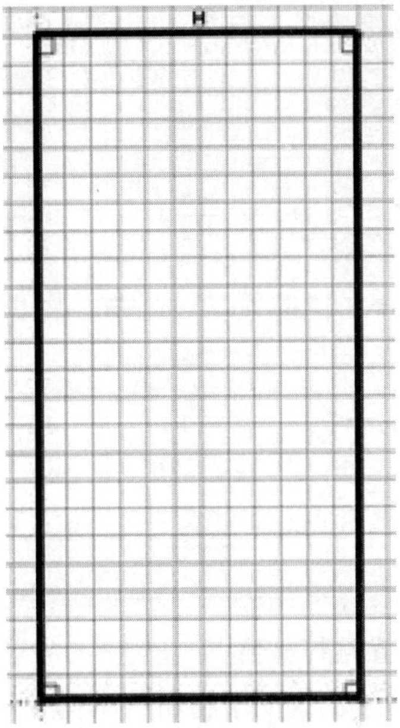

图 5-19　端板截面草图

将端板沿着两个对称面进行拆分，拆分步骤与前述钢管部件拆分步骤相同，端板部件拆分效果如图 5-22 所示。

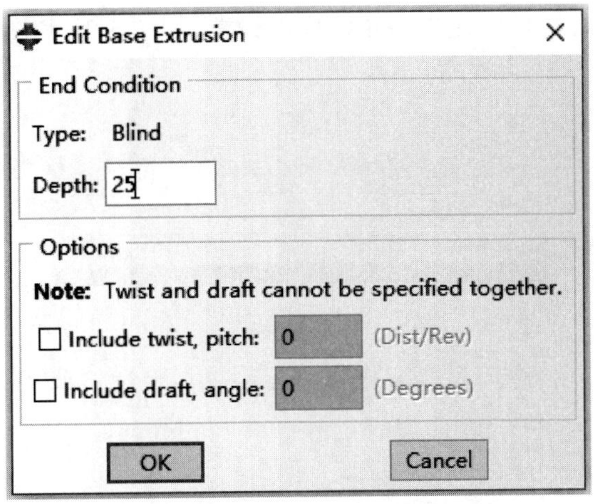

图 5-20　Edit Base Extrusion 对话框

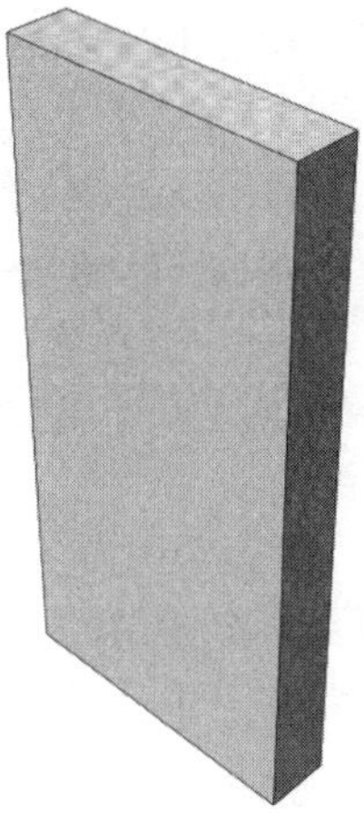

图 5-21　端板三维模型

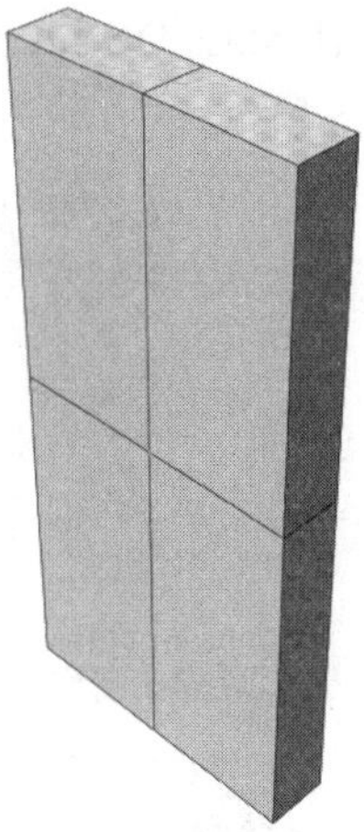

图 5-22　端板拆分完成

5.3.2　设置材料和截面属性(Property)

在环境栏的 Module 列表中选择 Property，进入 Property 模块，如图 5-23 所示。在 Property 模块中可以设置材料和截面属性。

图 5-23 Property 模块

1. 设置材料属性

5.2 节中已说明了材料的本构关系，本小节仅介绍材料和截面属性的设置，不再解释具体数据。

1）Q690 钢材

点击左侧工具区中的，弹出 Edit Material 对话框。在 Name 处输入 Material-Q690。

（1）定义钢材质量密度。在 Edit Material 对话框中的 General 的下拉列表中选择 Density，在 Mass Density 中填入 7.8E-09（表示 7.8×10^{-9}），完成质量密度的设置，如图 5-24 和图 5-25 所示。

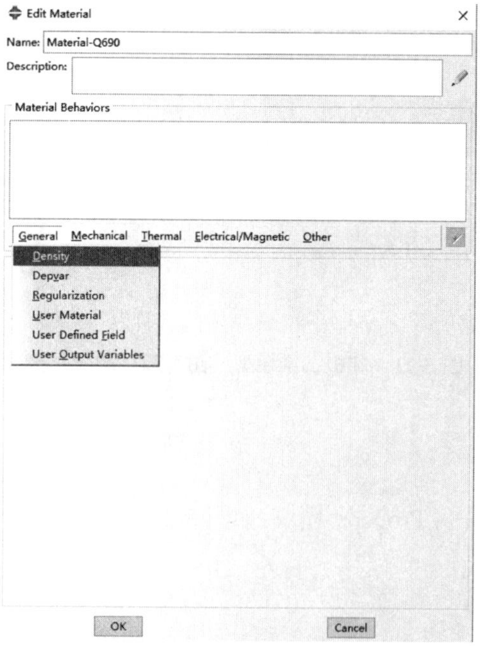

图 5-24 定义 Q690 钢材的质量密度

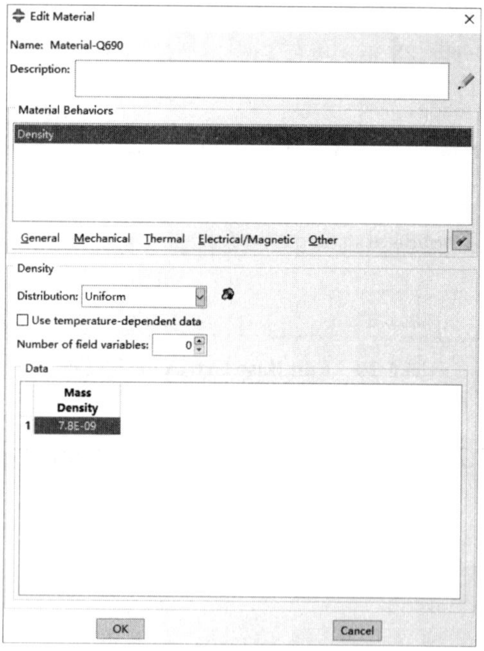

图 5-25 定义质量密度数值

（2）定义弹性属性。在 Edit Material 对话框中的 Mechanical 的下拉列表中依次选择

Elasticity → Elastic，此时对话框如图 5-26 所示。在此对话框中有两项力学指标需要填写，分别为 Young’s Modulus 和 Poisson’s Ratio，分别填入 206 000 和 0.3，如图 5-27 所示，完成 Q690 钢材弹性属性的设置。

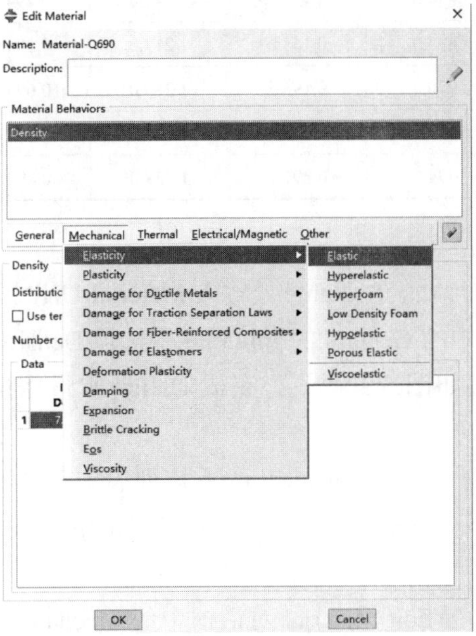

图 5-26　定义 Q690 钢材的弹性

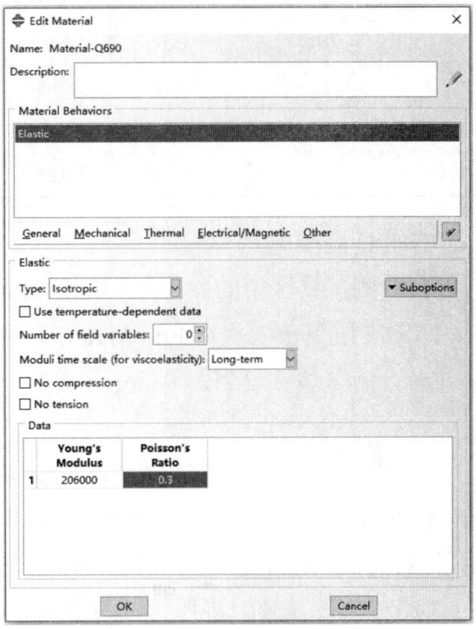

图 5-27　定义弹性数值

(3)定义塑性属性。在 Edit Material 对话框中的 Mechanical 的下拉列表中依次选择 Plasticity → Plastic，如图 5-28 所示。在此对话框中有两项力学指标需要填写，分别为 Yield Stress 和 Plastic Strain，如图 5-29 所示，填入表 5-1 中的数据。所有数据输入完成后点击 OK，完成 Q690 钢材材料属性的设置。

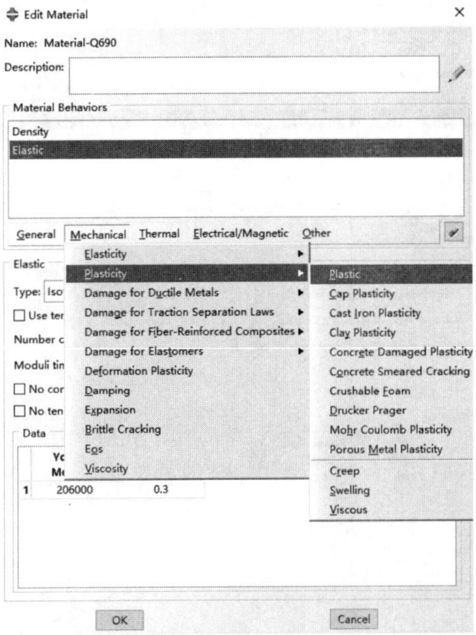

图 5-28　定义 Q690 钢材的塑性

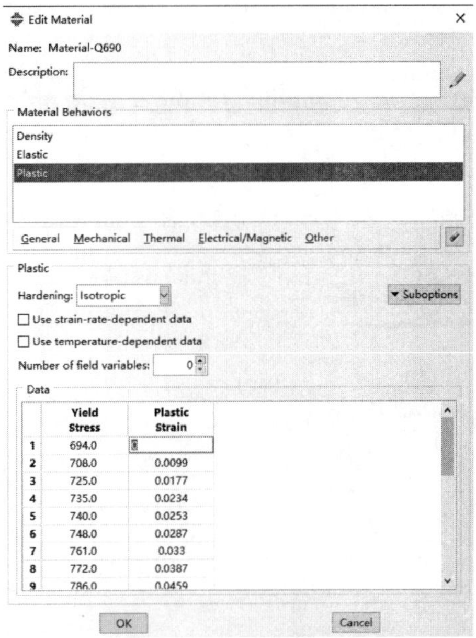

图 5-29　定义塑性数值

表 5-1 钢材塑性应力-应变数据

应力/MPa	应变/με	应力/MPa	应变/με	应力/MPa	应变/με	应力/MPa	应变/με
694.0	0	761.0	0.033 0	859.0	0.114 7	1 068.0	0.394 7
708.0	0.009 9	772.0	0.038 7	874.0	0.135 7	1 141.0	0.494 4
725.0	0.017 7	786.0	0.045 9	897.0	0.165 6	1 213.0	0.594 0
735.0	0.023 4	799.0	0.054 1	920.0	0.195 5	1 285.0	0.693 7
740.0	0.025 3	813.0	0.064 6	957.0	0.245 3	1 357.0	0.793 3
748.0	0.028 7	827.0	0.077 6	994.0	0.295 1	1 429.0	0.892 9

2)UHPC 混凝土

点击左侧工具区中的,弹出 Edit Material 对话框,在 Name 处输入 Material-UHPC。

(1)定义质量密度。在 Edit Material 对话框中的 General 的下拉列表中选择 Density,在 Mass Density 中填入 2.2E-09(表示 2.2×10^{-9}),如图 5-30 所示,完成 UHPC 质量密度的设置。

(2)定义弹性属性。在 Edit Material 对话框中的 Mechanical 的下拉列表中依次选择 Elasticity → Elastic,在 Young's Modulus 和 Poisson's Ratio 处分别填入 45 000 和 0.2,如图 5-31 所示,完成 UHPC 混凝土弹性属性的设置。

(3)定义损伤塑性、抗压性能和抗拉性能。在 Edit Material 对话框中的 Mechanical 的下拉列表中依次选择 Plasticity → Concrete Damaged Plasticity,如图 5-32 所示。依次点击 Plasticity、Compressive Behavior 和 Tensile Behavior,按图 5-33、图 5-34(完整数据见表 5-2)、图 5-35 所示分别填入对应的力学性能参数。所有数据输入完成后点击 OK,完成 UHPC 混凝土材料属性的设置。

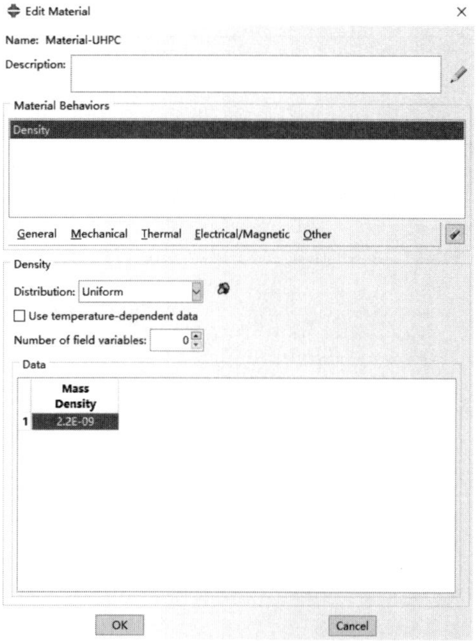

图 5-30 定义 UHPC 混凝土的质量密度

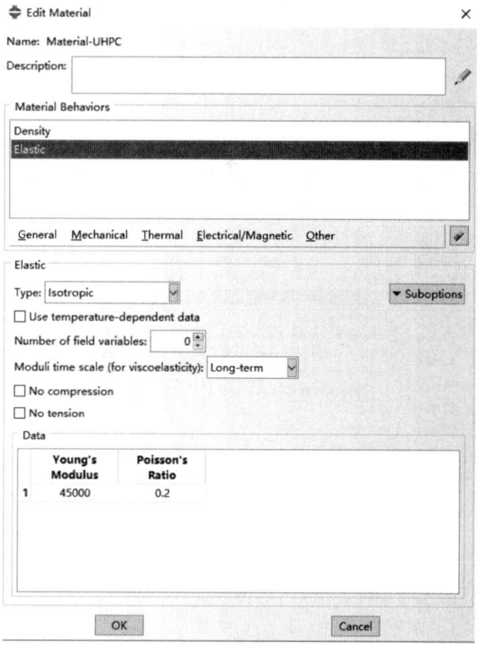

图 5-31 定义弹性数值

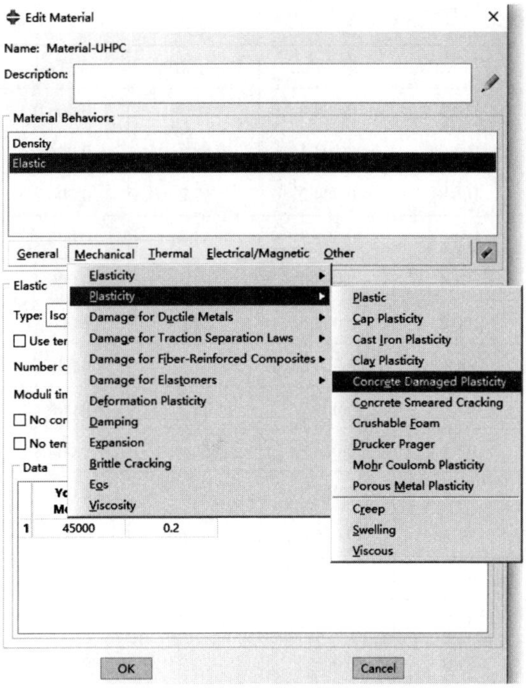

图 5-32　定义 UHPC 混凝土的损伤塑性

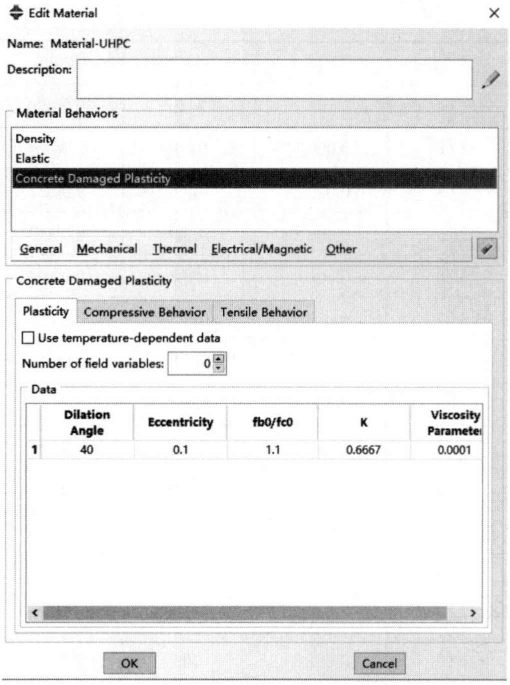

图 5-33　定义损伤塑性数值

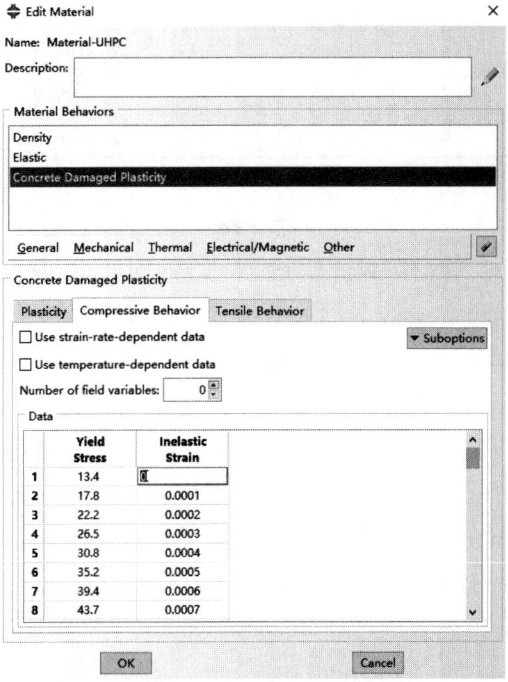

图 5-34　定义抗压性能数值

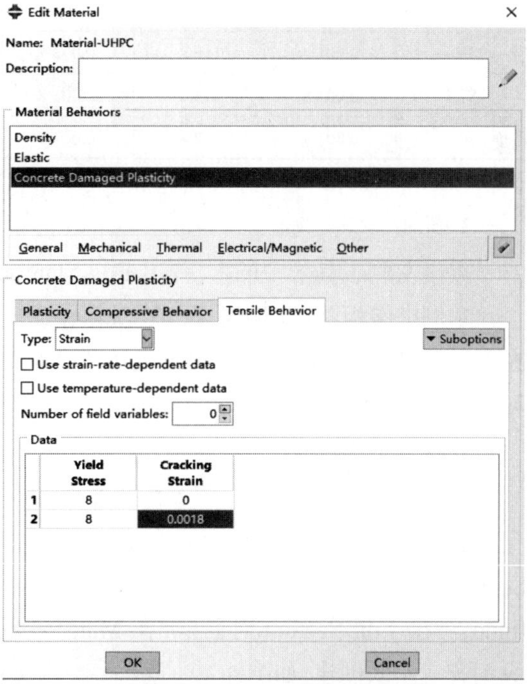

图 5-35　定义抗拉性能数值

表 5-2 UHPC 混凝土抗压性能数据

应力/MPa	应变/με	应力/MPa	应变/με	应力/MPa	应变/με	应力/MPa	应变/με
13.4	0	94.2	0.002 0	110.9	0.004 0	70.3	0.006 0
17.8	0.000 1	97.6	0.002 1	108.9	0.004 1	68.7	0.006 1
22.2	0.000 2	100.8	0.002 2	106.8	0.004 2	67.2	0.006 2
26.5	0.000 3	103.9	0.002 3	104.6	0.004 3	65.7	0.006 3
30.8	0.000 4	106.8	0.002 4	102.4	0.004 4	64.3	0.006 4
35.2	0.000 5	109.5	0.002 5	100.2	0.004 5	62.8	0.006 5
39.4	0.000 6	112.0	0.002 6	98.0	0.004 6	61.5	0.006 6
43.7	0.000 7	114.3	0.002 7	95.7	0.004 7	60.2	0.006 7
47.9	0.000 8	116.3	0.002 8	93.5	0.004 8	58.9	0.006 8
52.1	0.000 9	117.9	0.002 9	91.4	0.004 9	57.7	0.006 9
56.2	0.001 0	119.2	0.003 0	89.2	0.005 0	56.5	0.007 0
60.3	0.001 1	120.1	0.003 1	87.1	0.005 1	55.4	0.007 1
64.3	0.001 2	120.4	0.003 2	85.0	0.005 2	54.2	0.007 2
68.3	0.001 3	120.2	0.003 3	83.0	0.005 3	53.2	0.007 3
72.2	0.001 4	119.6	0.003 4	81.0	0.005 4	52.1	0.007 4
76.1	0.001 5	118.8	0.003 5	79.1	0.005 5	51.1	0.007 5
79.9	0.001 6	117.6	0.003 6	77.3	0.005 6	50.1	0.007 6
83.6	0.001 7	116.2	0.003 7	75.5	0.005 7	49.2	0.007 7
87.3	0.001 8	114.6	0.003 8	73.7	0.005 8	48.3	0.007 8
90.8	0.001 9	112.8	0.003 9	72.0	0.005 9	47.4	0.007 9

3）端板

点击左侧工具区中的，弹出 Edit Material 对话框，在 Name 处输入 Material-load-plate。

本例中端板被视作刚性板，在 Density 中的 Mass Density 处填入 7.8E-09（表示 7.8×10^{-9}），在 Elastic 中的 Young's Modulus 处填入 2 000 000 000，Poisson's Ratio 处填入 0.3，如图 5-36 和图 5-37 所示。

2. 设置截面特性

材料属性设置完成后，需要创建截面，并赋予截面相应的材料属性。

点击左侧工具区中的，弹出 Create Section 对话框。在对话框中的 Name 处输入 Section-Q690，Category 处选择 Solid，Type 处选择 Homogeneous，如图 5-38 所示。点击 Continue，弹出 Edit Section 对话框，在 Material 的下拉列表中选择 Material-Q690，点击 OK，完成钢管截面的创建，如图 5-39 所示。

仿照上述操作，完成混凝土芯及端板截面的创建，如图 5-40 至图 5-43 所示。

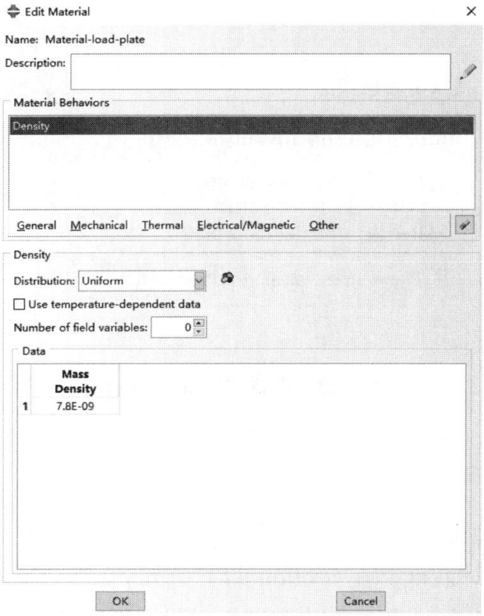

图 5-36　定义端板材料质量密度

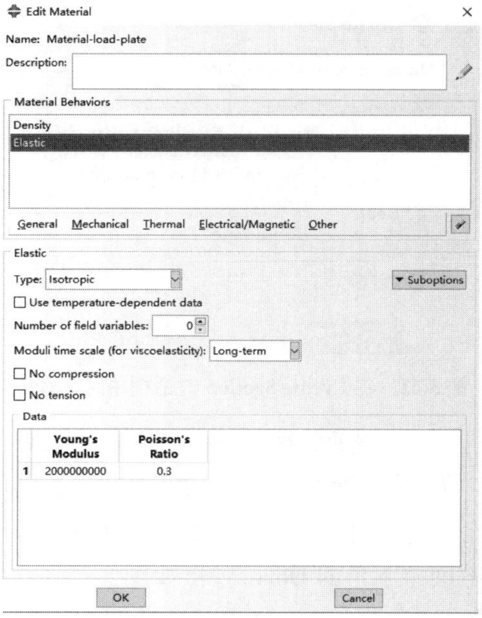

图 5-37　定义端板材料刚度为无穷大

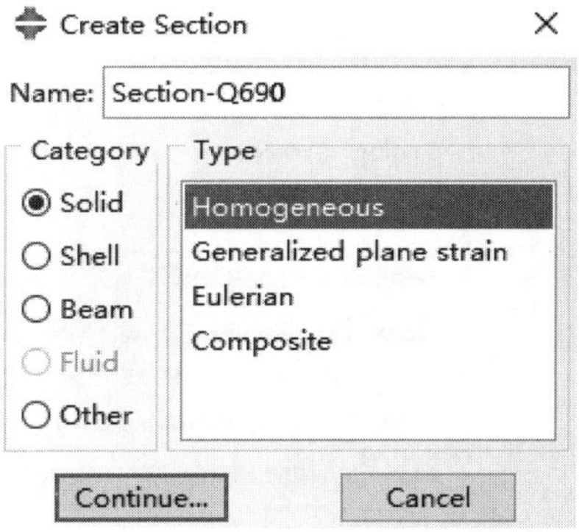

图 5-38　在 Create Section 对话框中定义 Q690

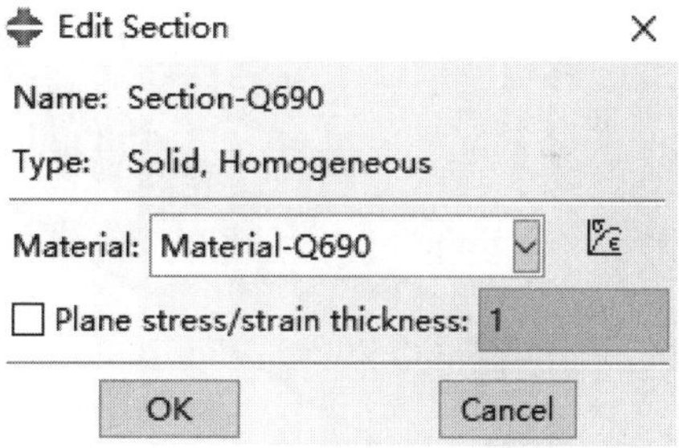

图 5-39　选择材料 Q690

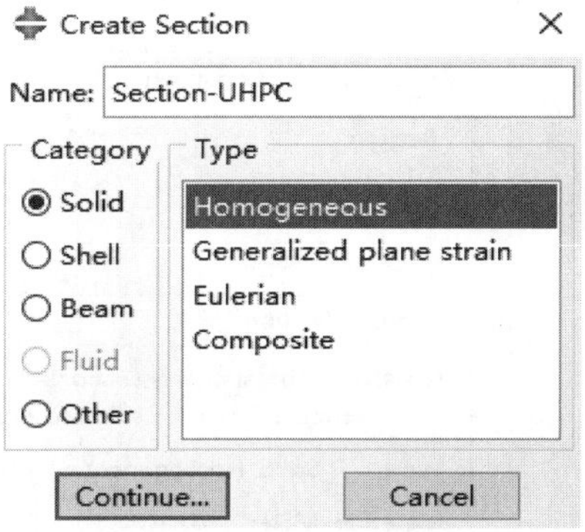

图 5-40　在 Create Section 对话框中定义 UHPC

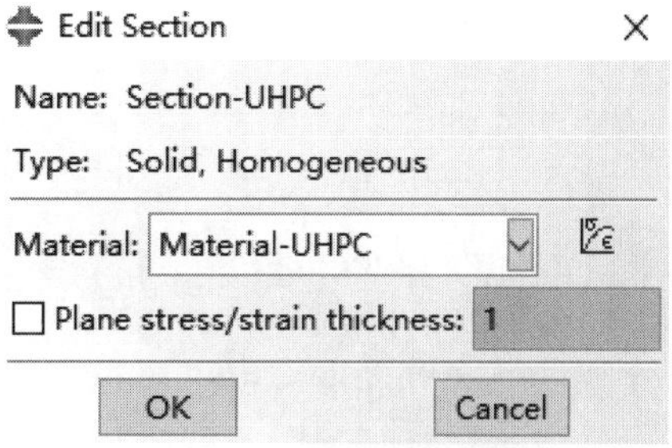

图 5-41　选择材料 UHPC

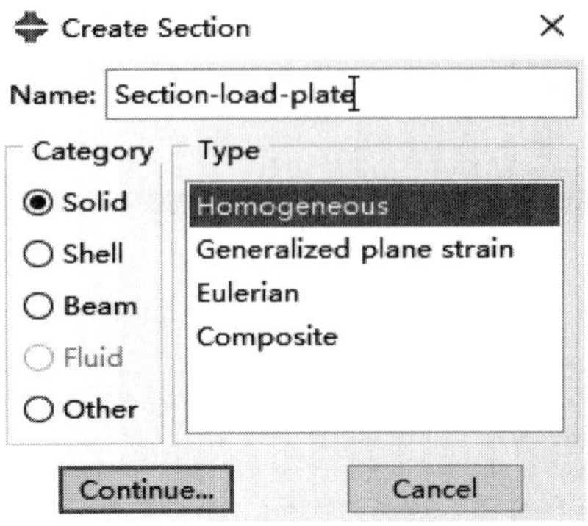

图 5-42　在 Create Section 对话框中定义端板

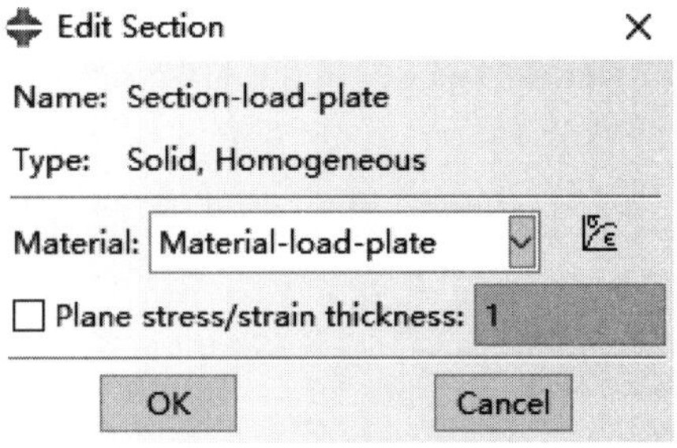

图 5-43　选择材料 load-plate

3. 赋予截面特性

创建完截面后，需要将截面赋予对应的部件。

点击左侧工具区中的，在视图区用鼠标拖曳选择整个钢管的模型，如图 5-44 所示，点击截面左下角的 Done，弹出如图 5-45 所示的对话框。在 Section 的下拉列表中选择 Section-Q690，点击 OK，完成钢管截面特性的分配操作。混凝土芯和端板材料属性赋予的步骤与钢管相同，操作如图 5-46 至图 5-49 所示。

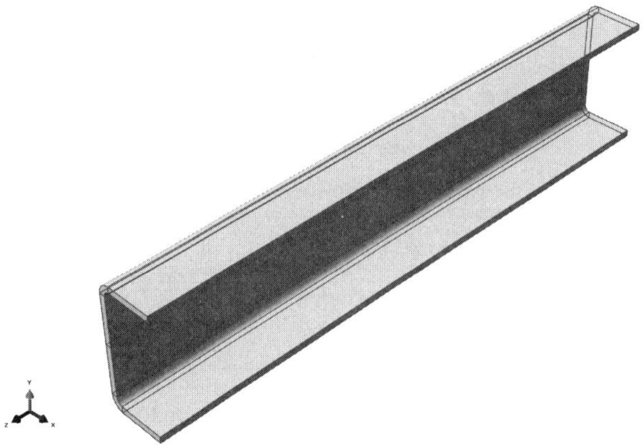

图 5-44　选择钢管部件

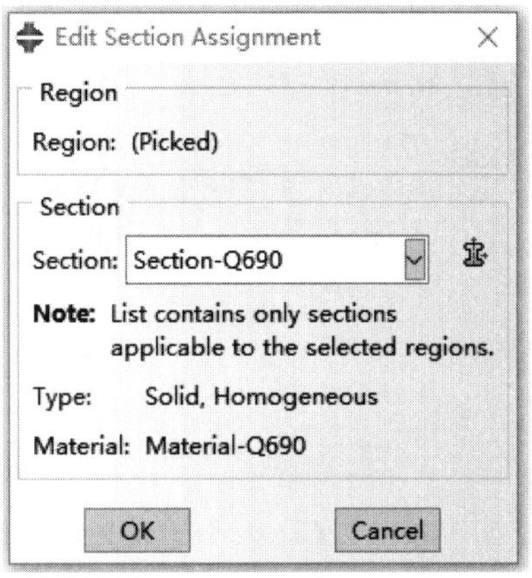

图 5-45　赋予材料属性 Q690

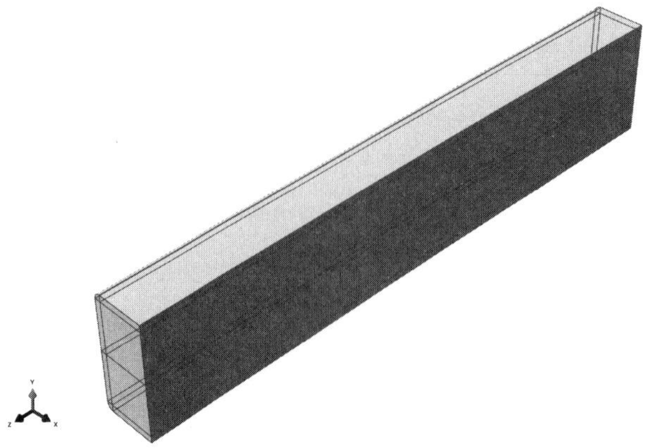

图 5-46　选择混凝土芯部件

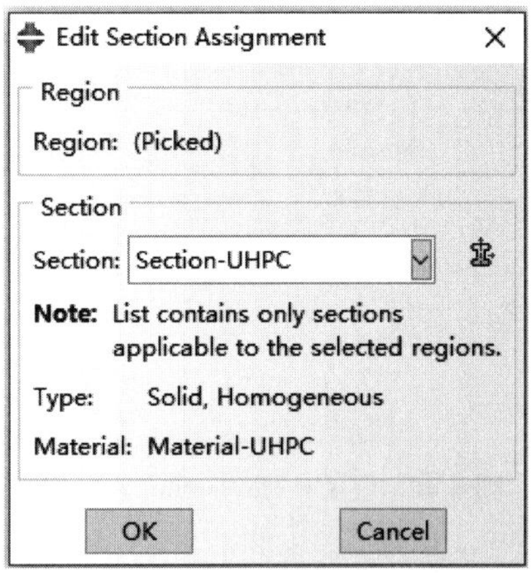

图 5-47　赋予材料属性 UHPC

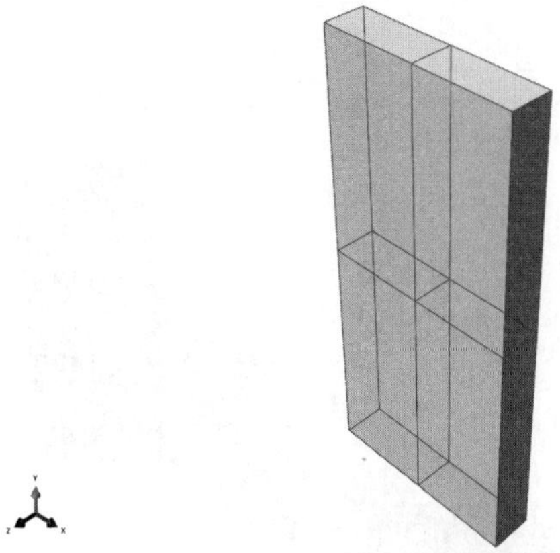

图 5-48　选择端板部件

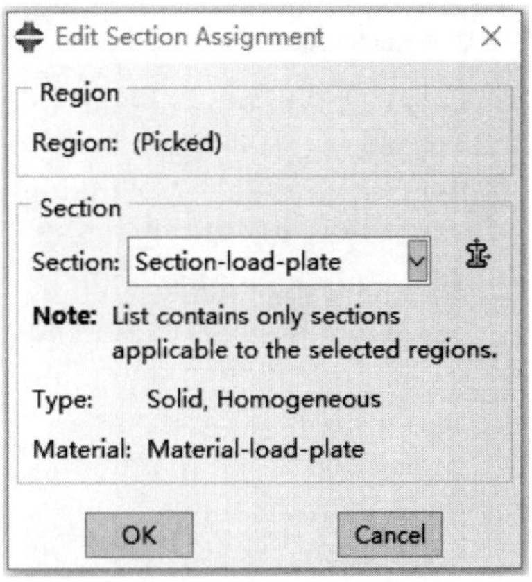

图 5-49　赋予材料属性 load-plate

5.3.3　定义装配件(Assembly)

在环境栏的 Module 列表中选择 Assembly，进入 Assembly 模块，如图 5-50 所示。在 Assembly 模块中可以组装各个部件，形成整体模型。

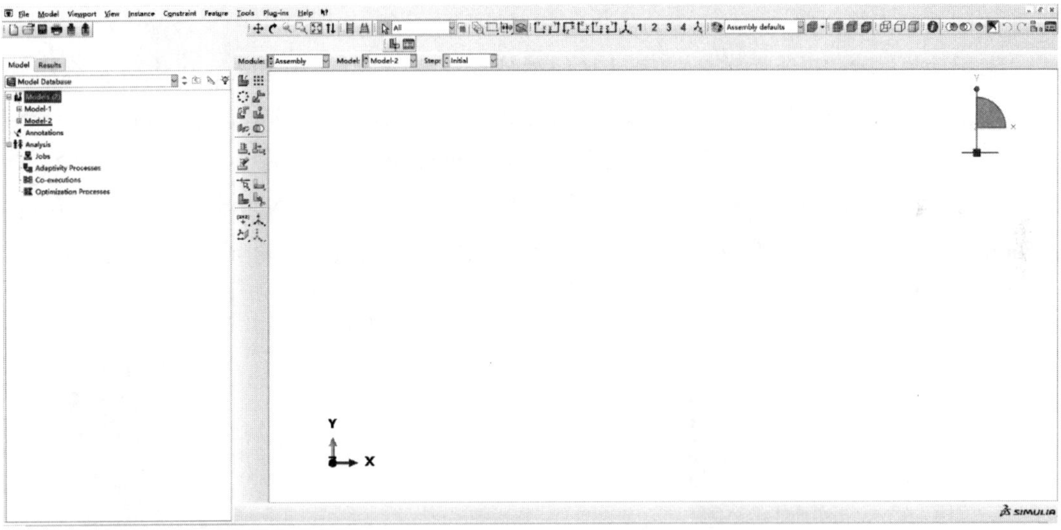

图 5-50　Assembly 模块

点击左侧工具区中的 ，弹出 Create Instance 对话框，如图 5-51 所示。选择 concrete、load-plate、steel-tube(按住 Ctrl 键进行多选)，Instance Type 项选择 Dependent(mesh on part)，点击 OK，视图区显示的零部件如图 5-52 所示。

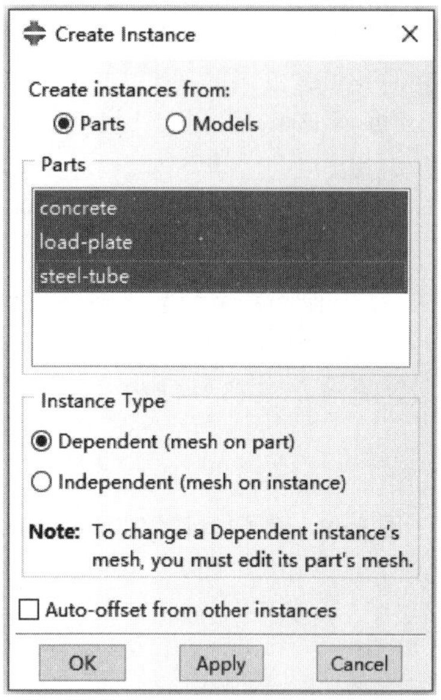

图 5-51 Create Instance 对话框

图 5-52 显示零部件

若导入的零部件有重合或错位的情况，点击左侧工具区中的(Translate Instance)，将零部件移动至正确位置，完成模型的初步组装，如图 5-53 所示。

本例的模型中，两块端板除位置外其他条件均相同，可以使用 Linear Pattern 命令组装另一块端板。点击左侧工具区中的(Linear Pattern)，然后在视图区选中端板，如图 5-54 所示，点击鼠标中键或左下角的 Done 确认，弹出 Linear Pattern 对话框，如图 5-55 所示，将 Direction 1 下的 Number 和 Offset 改为 2 及 625，Direction 2 下的 Number 改为 1，点击 Direction 1 下的箭头图标并在视图区选择阵列方向，点击 OK 进行确认，完成端板的阵列及整体模型的组装，如图 5-56 所示。

图 5-53 调整零部件的位置

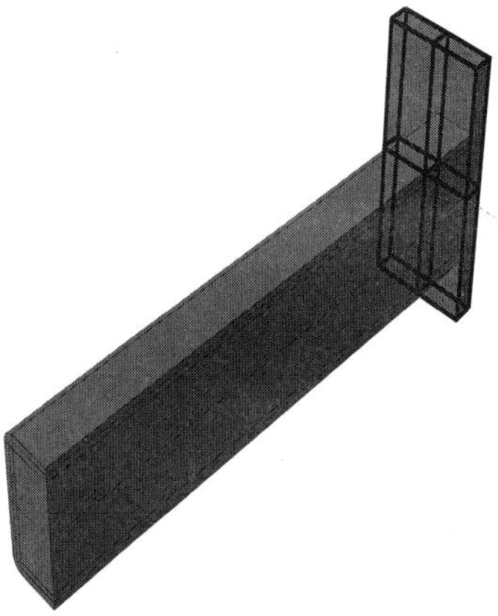

图 5-54 阵列端板

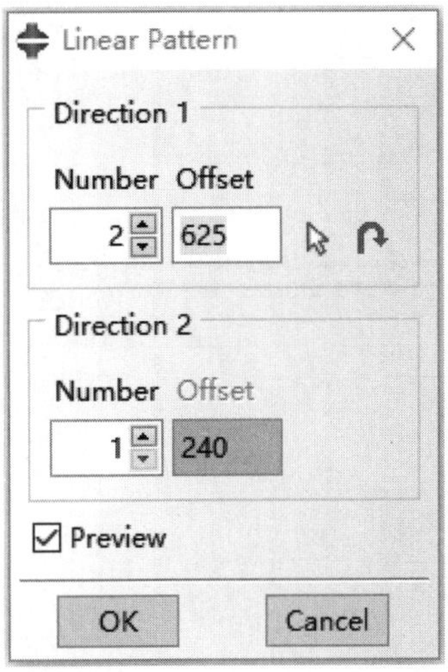

图 5-55 Linear Pattern 对话框

图 5-56 组合柱装配完成

5.3.4 设置分析步(Step)

在环境栏的 Module 列表中选择 Step，进入 Step 模块，如图 5-57 所示。在 Step 模块中可以设置分析步和变量输出要求。

图 5-57 Step 模块

点击左侧工具区中的 ，弹出 Create Step 对话框。在对话框中的 Procedure type 处选择 General，在细分项中选择 Static, General，如图 5-58 所示，点击 Continue，进入 Edit Step 对话框。在 Edit Step 对话框中的 Basic 标签页下将 Nlgeom 设置为 On，其余保持默认设置，如图 5-59 所示，在 Incrementation 标签页下按照图 5-60 所示设置 Maximum number of increments 和 Increment size，完成后点击 OK 确认。

5.3.5 定义相互作用(Interaction)

在环境栏的 Module 列表中选择 Interaction，进入 Interaction 模块，如图 5-61 所示。在 Interaction 模块中可以设置模型中各个部分的相互作用和约束。为方便设置约束，首先设置两个参考点(RP-1 与 RP-2)，并使参考点与端板的中心线耦合。

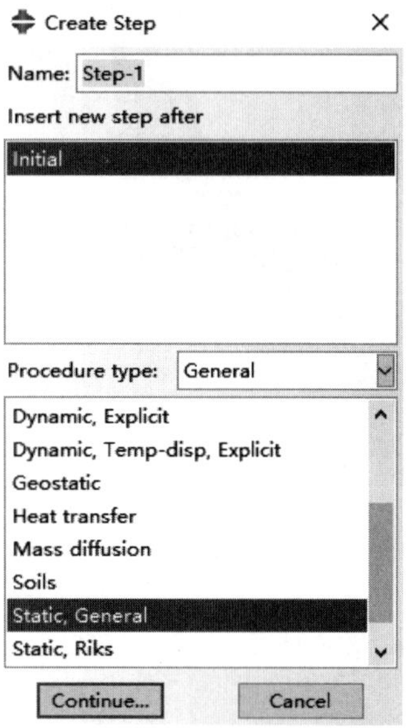

图 5-58 Create Step 对话框

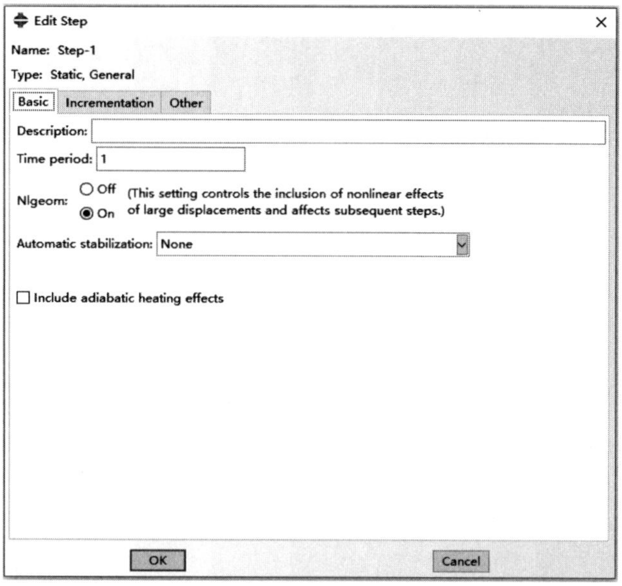

图 5-59 在 Edit Step 对话框中打开几何非线性

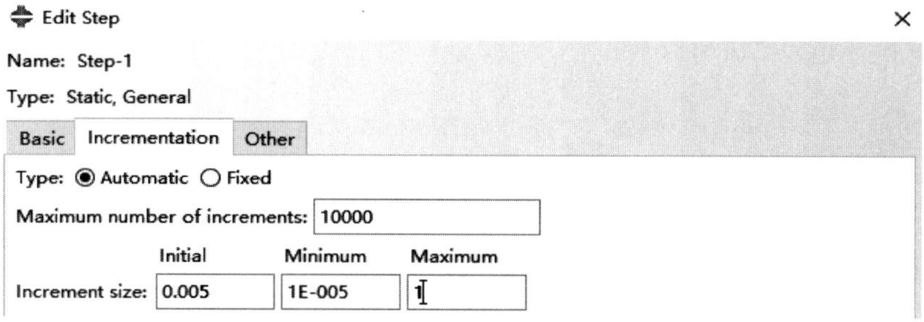

图 5-60 在 Edit Step 对话框中定义 Incrementation

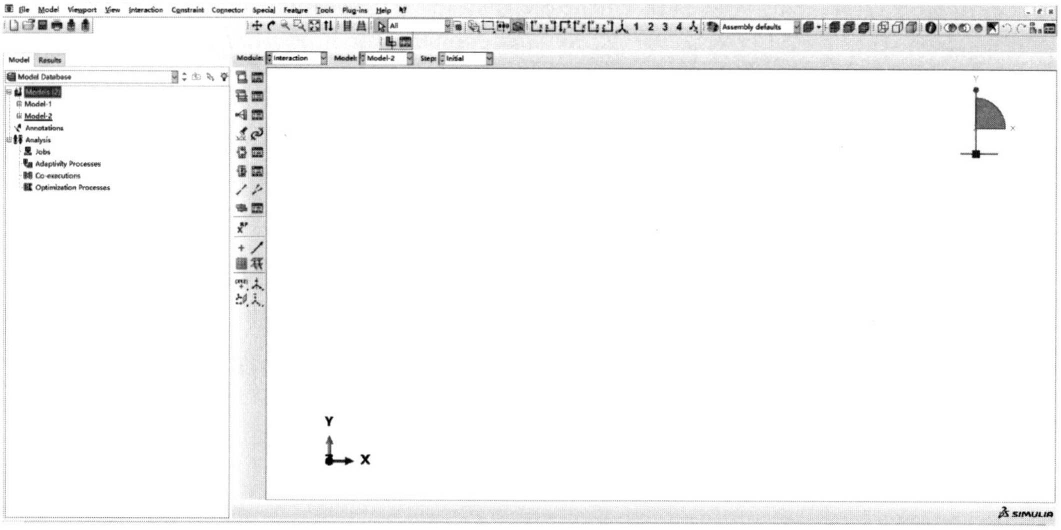

图 5-61 Interaction 模块

点击左侧工具区中的 ，在界面左下角处输入参考点 1（RP-1）的坐标（-60，0，-30），并按回车键确认，继续输入参考点 2（RP-2）的坐标（-60，0，630），同样按回车键确认，参考点设置完成，如图 5-62 所示。

接下来使参考点与端板的中心线耦合。点击左侧工具区中的 ，弹出 Create Constraint 对话框。在对话框中的 Name 处输入 Constraint-RP1 作为约束名称，在 Type 中选择 Coupling，如图 5-63 所示，点击 Continue。在视图区中用鼠标选中控制点 RP-1，并按回车键确认，如图 5-64 所示。在截面的左下角点击 Node Region，之后在视图区选中端板中心线，如图 5-65 所示，按回车键确认，弹出的 Edit Constraint 对话框如图 5-66 所示。在 Edit Constraint 对话框中将 Coupling type 设置为 Kinematic，其余保持默认设置，点击 OK 确认，完成参考点 1（RP-1）与端板中心线的耦合，如图 5-67 所示。重复上述操作完成参考点 2（RP-2）与另一端板的中心线的耦合。

图 5-62　创建参考点

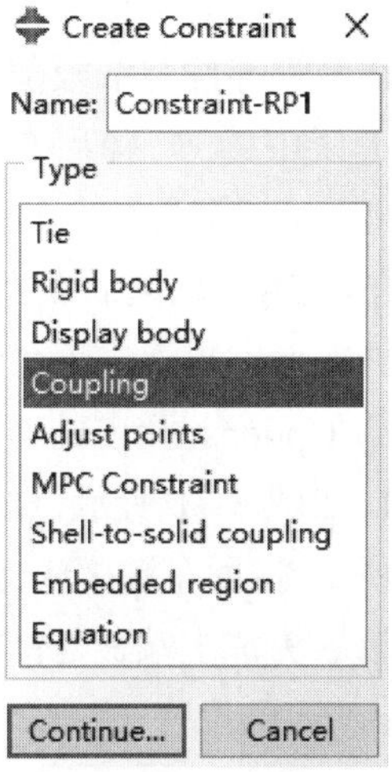

图 5-63　Creat Constraint 对话框

图 5-64　选择 RP-1

图 5-65　选择中心线

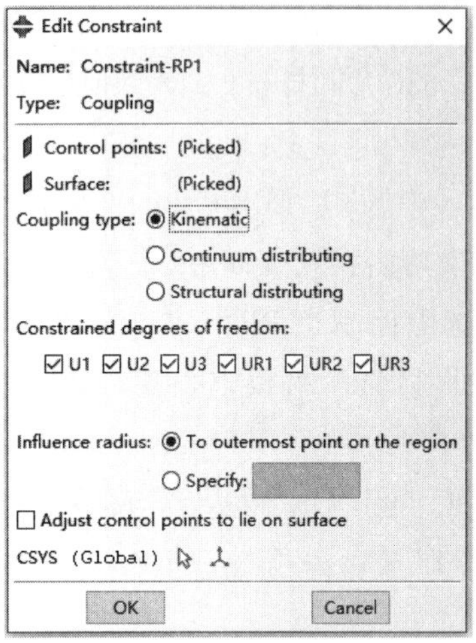

图 5-66　Edit Constraint 对话框

图 5-67　完成 RP-1 与端板中心线的耦合

在钢管部件与端板部件之间设置 Tie 约束，以模拟钢管与端板间的焊接连接。点击左侧工具区中的 ，弹出 Create Constraint 对话框。在对话框中的 Name 处输入 Constraint-load-plate-top 作为约束名称，在 Type 中选择 Tie，如图 5-68 所示，点击 Continue。点击界面左下角的 Surface ，之后在视图区中用鼠标选择上端板下表面，并按回车键确认，如图 5-69 所示。再次点击界面左下角的 Surface ，点击菜单栏中的 View 并在下拉列表中选择 Assembly Display Options，弹出的对话框如图 5-70 所示。在对话框中点击 Instance，并仅勾选 steel-tube-1，如图 5-71 所示，点击 OK，此时视图区仅钢管部件可见，选中钢管的上表面，如图 5-72 所示，按回车键确认，弹出的 Edit Constraint 对话框如图 5-73 所示，保持默认设置，点击 OK 确认，完成上端板与钢管之间 Tie 约束的设置。按照同样的方法可完成下端板与钢管之间 Tie 约束的设置。

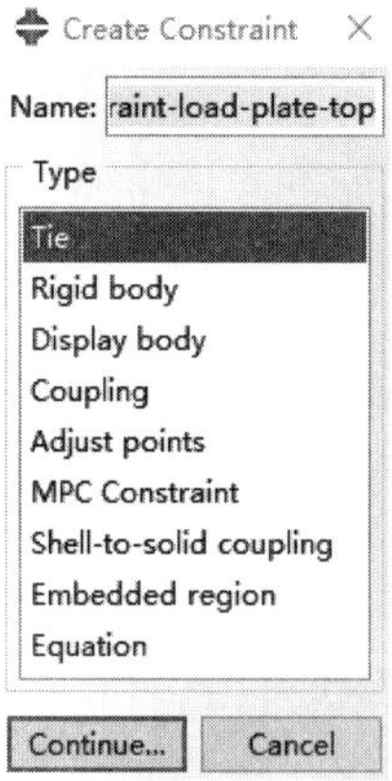

图 5-68　Create Constraint 对话框

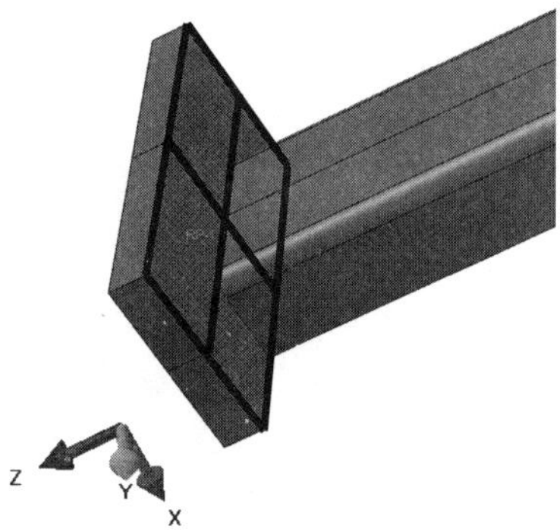

图 5-69　选择上端板下表面

图 5-70　Assembly Display Options 对话框

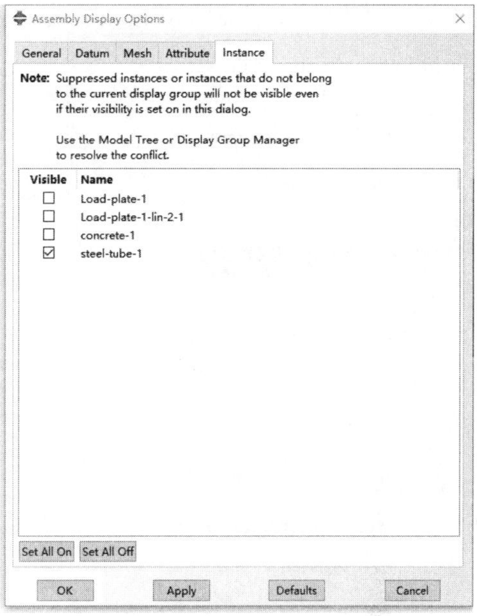

图 5-71　设置仅显示钢管

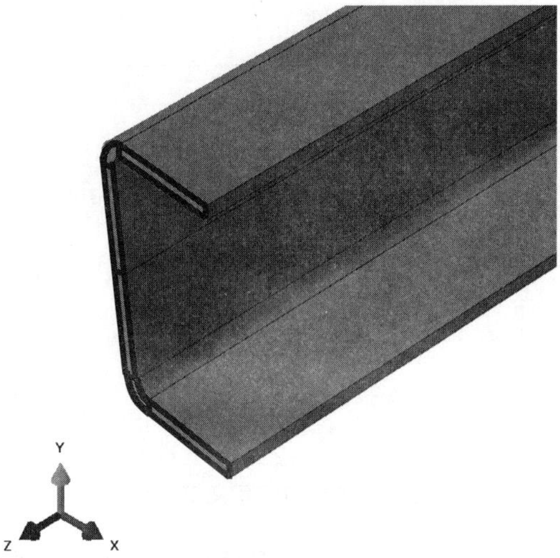

图 5-72　选择钢管上表面

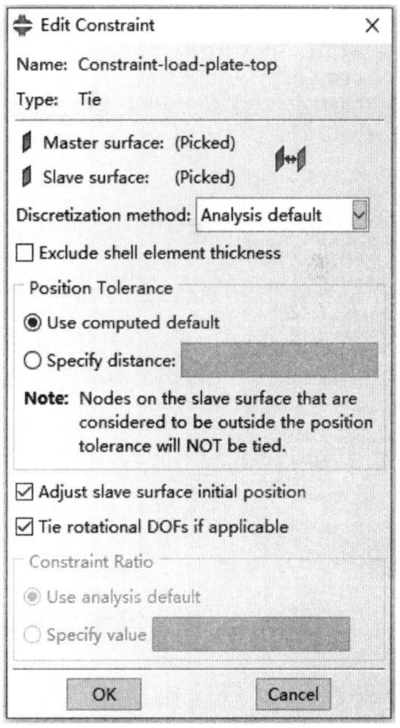

图 5-73　Edit Constraint 对话框

通过定义混凝土芯与钢管和端板间的接触行为来模拟它们之间的相互作用关系。首先需要设置接触属性。点击左侧工具区中的 ，弹出 Create Interaction Property 对话框。在对话框中的 Name 处输入 IntProp-steel-concrete，在 Type 中选择 Contact，如图 5-74 所示，点击 Continue，弹出 Edit Contact Property 对话框，如图 5-75 所示。在对话框中点击 Mechanical，在下拉列表中选择 Tangential Behavior，将 Friction formulation 一栏的参数改选为 Penalty，并在下方的 Friction Coeff 中输入摩擦系数 0.6，如图 5-76 所示。再次在对话框中点击 Mechanical，在下拉列表中选择 Normal Behavior 并保持默认设置，如图 5-77 所示。点击 OK 确认，完成接触属性的设置。

图 5-74 Create Interaction Property 对话框

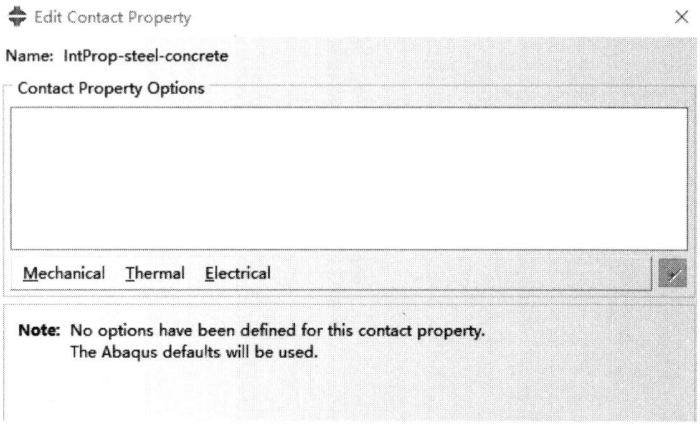

图 5-75 Edit Contact Property 对话框

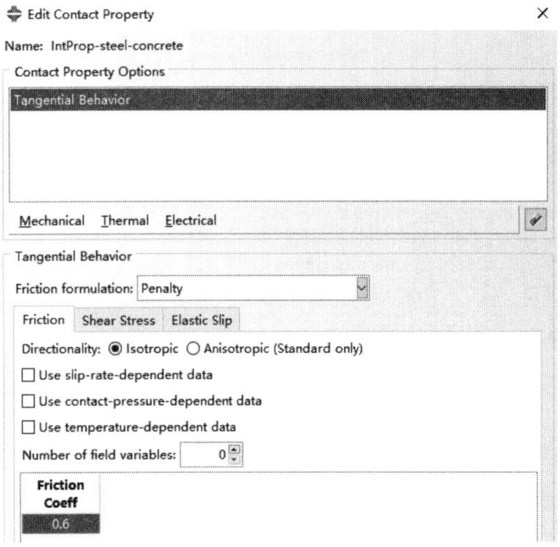

图 5-76 定义切向行为

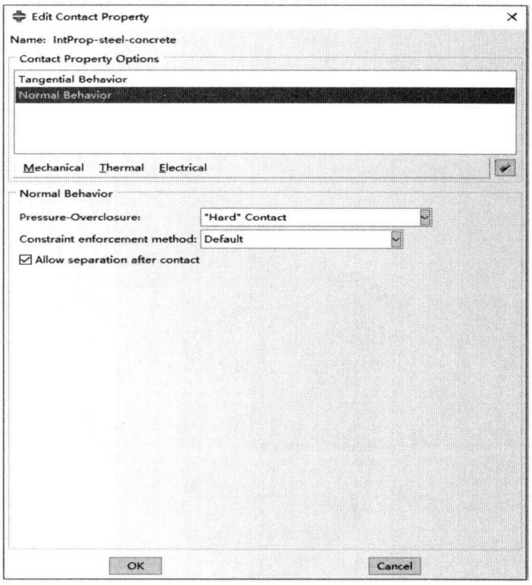

图 5-77 定义法向行为

点击左侧工具区中的 ，弹出 Create Interaction 对话框。在对话框中的 Name 处输入 Int-steel-tube-concrete，在 Types for Selected Step 中选择 Surface-to-surface contact(Standard)，如图 5-78 所示，点击 Continue。点击菜单栏中的 View 并在下拉列表中选择 Assembly Display Options。在对话框中点击 Instance，并仅勾选 steel-tube-1，点击 OK，此时视图区仅钢管部件可见，选中钢管的内表面，如图 5-79 所示，并按回车键确认。点击界面左下角的 ，按照同样的方法使视图区仅混凝土芯可见，选中混凝土芯的外表面，如图 5-80 所示，按回车键确认，弹出 Edit Interaction 对话框，将 Contact interaction property 选为 IntProp-steel-concrete，如图 5-81 所示，最后点击 OK 确认，完成钢管与混凝土芯之间接触关系的设置。

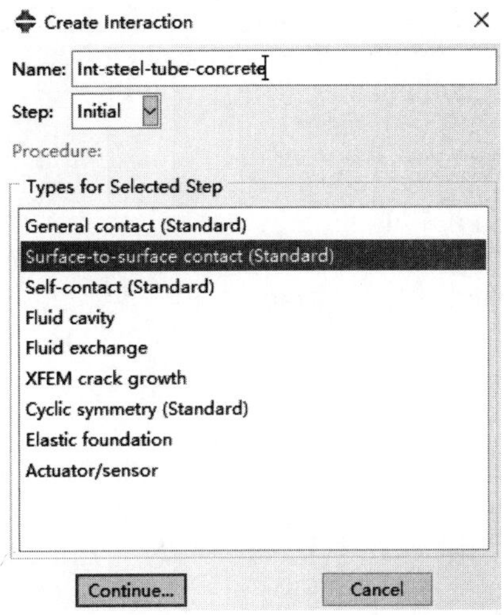

图 5-78　Create Interaction 对话框

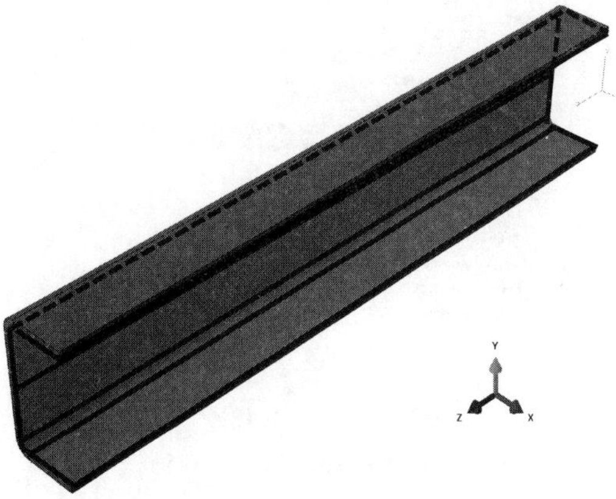

图 5-79　选择钢管内表面

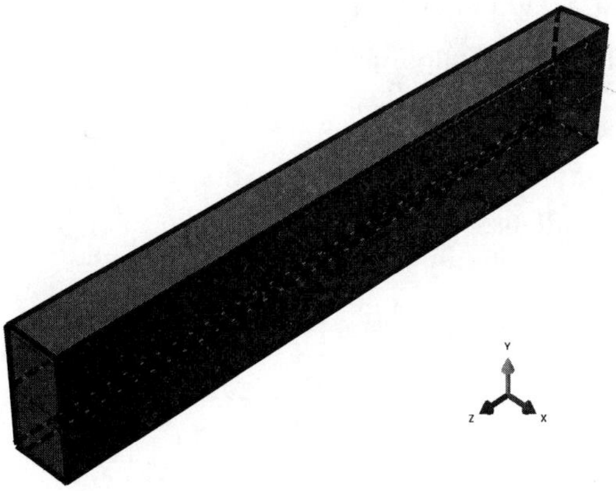

图 5-80　选择混凝土外表面

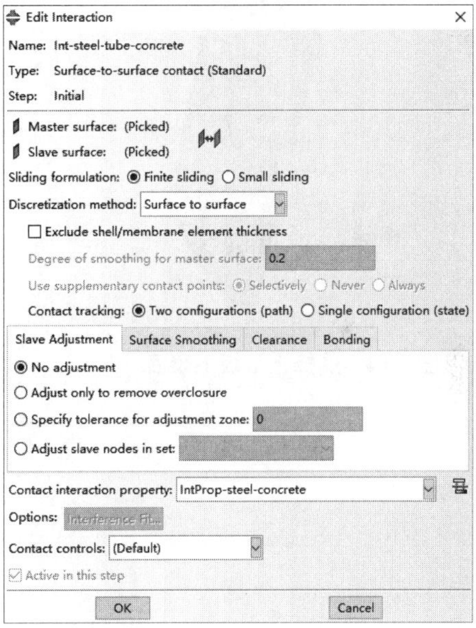

图 5-81　Edit Interaction 对话框

点击左侧工具区中的 ，弹出 Create Interaction 对话框。在 Name 处输入 Int-load-plate-top，在 Types for Selected Step 中选择 Surface-to-surface contact(Standard)，如图 5-82 所示，点击 Continue。点击菜单栏中的 View 并在下拉列表中选择 Assembly Display Options，在对话框中点击 Instance，并勾选 Load-plate-1、Load-plate-1-lin-2-1，如图 5-83 所示，点击 OK，此时视图区仅上端板可见，选中其下表面，如图 5-84 所示，按回车键确认。点击界面左下角的 Surface ，按照同样的方法使视图区仅混凝土芯可见，选中混凝土芯的上表面，如图 5-85 所示，按回车键确认，弹出 Edit Interaction 对话框，将 Contact interaction property 选为 IntProp-steel-concrete，如图 5-86 所示，最后点击 OK，完成上端板与混凝土芯间接触关系的设置。按照相同方法可完成下端板与混凝土芯之间接触关系的设置。

图 5-82 Create Interaction 对话框

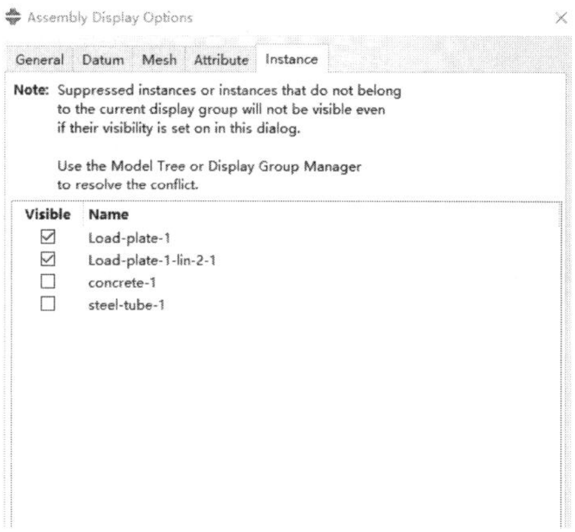

图 5-83 设置仅显示端板

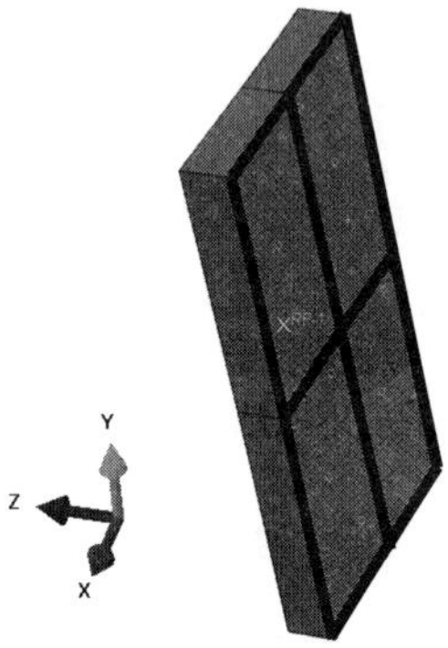

图 5-84 选择上端板下表面

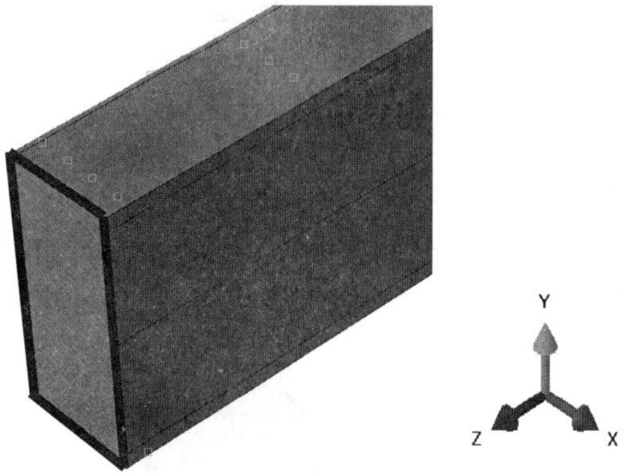

图 5-85 选择混凝土芯上表面

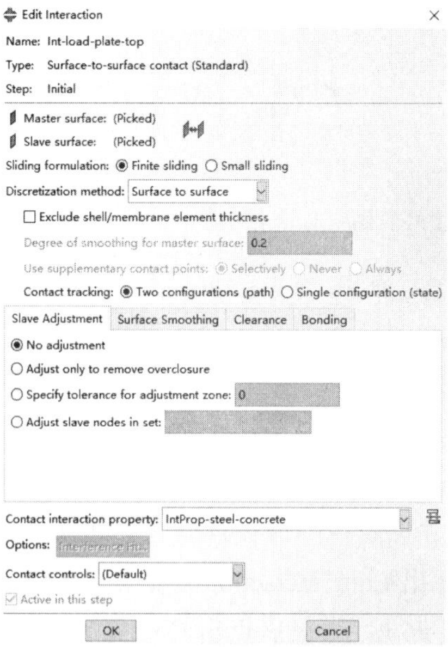

图 5-86 Edit Interaction 对话框

5.4　荷载、边界条件及网格

5.4.1　定义荷载和边界条件(Load)

在环境栏的 Module 列表中选择 Load 模块进行荷载及边界条件的定义。

1. 定义边界条件

点击左侧工具区中的 ，弹出 Create Boundary Condition 对话框，将 Step 设为 Initial，其余参数默认不变，如图 5-87 所示，点击 Continue，提示区提示用户选择添加边界条件的区域，选中 RP-2，点击鼠标中键确认，弹出 Edit Boundary Condition 对话框，选中显示的所有选项，即添加固定约束作为边界条件，如图 5-88 所示，点击 OK，退出 Edit Boundary Condition 对话框，完成模型边界条件的定义。

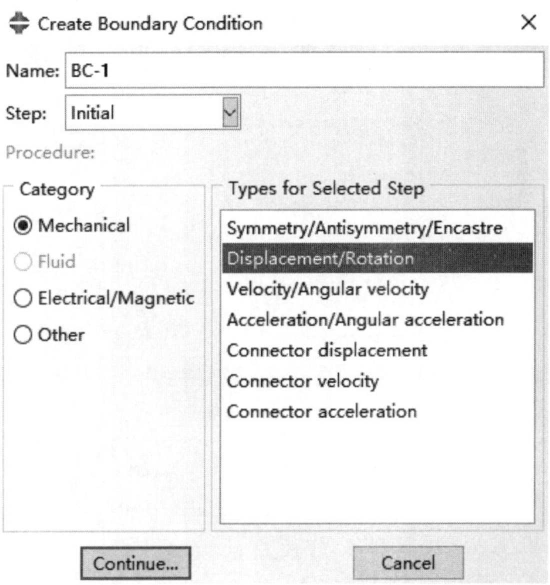

图 5-87　Create Boundary Condition 对话框

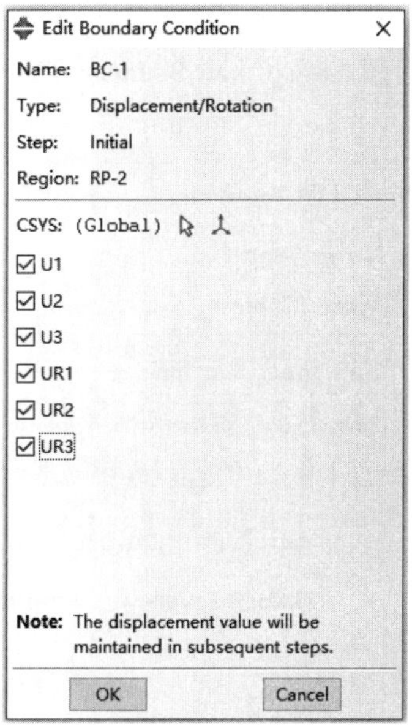

图 5-88　Edit Boundary Condition 对话框

2. 施加荷载

点击左侧工具区中的 ，弹出 Create Boundary Condition 对话框，将 Step 设为 Step-1，其余参数默认不变，如图 5-89 所示，点击 Continue，提示区提示用户选择要添加荷载的区域，选中 RP-1，点击鼠标中键确定，弹出 Edit Boundary Condition 对话框。点击该对话框中的 ，弹出 Create Amplitude 对话框，按图 5-90 所示创建 Amp-1，点击 Continue 进入 Edit Amplitude 对话框，按图 5-91 所示定义 Amp-1，点击 OK。再在 Edit Boundary Condition 对话框中的 Amplitude 的下拉选项中将加载制度选择为 Amp-1，在 U3 方向施加位移荷载(-30)，如图 5-92 所示。

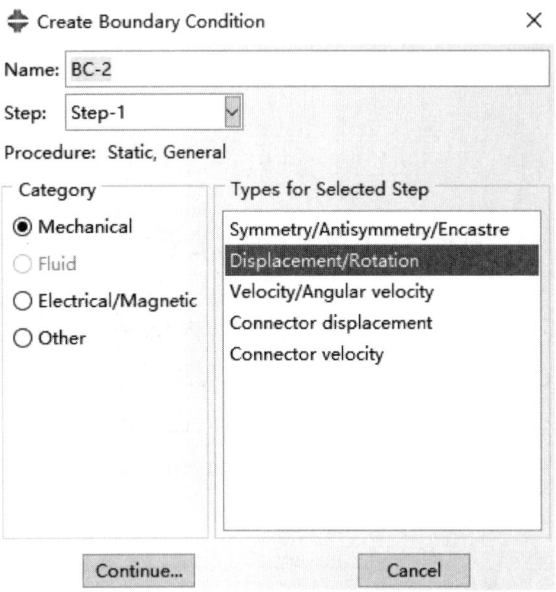

图 5-89 Create Boundary Condition 对话框

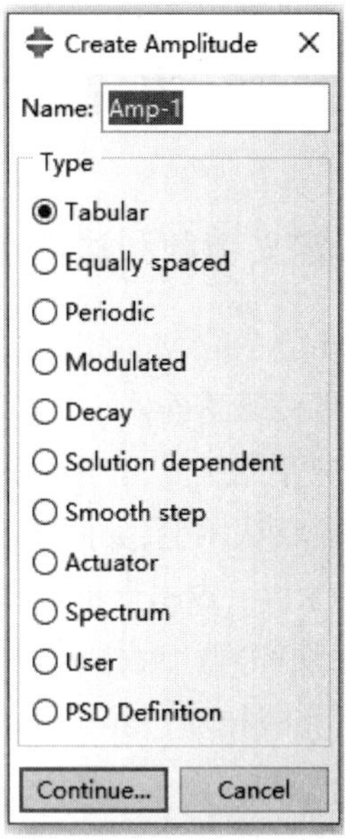

图 5-90 Create Amplitude 对话框

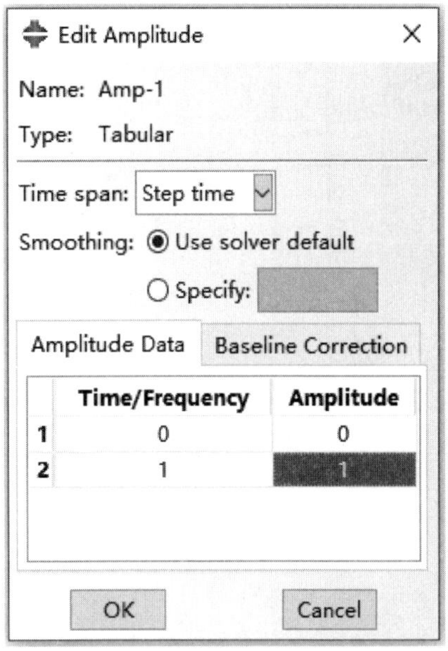

图 5-91 Edit Amplitude 对话框

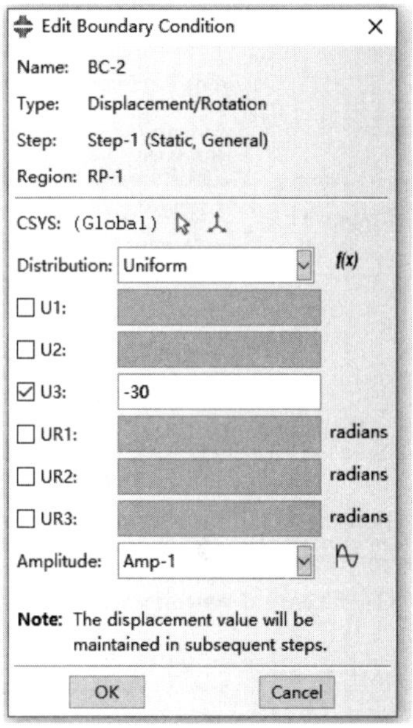

图 5-92 定义位移加载大小与方向

3. 设置对称面约束

点击左侧工具区中的 ，弹出 Create Boundary Condition 对话框，将 Step 设为 Initial，选择 Symmetry/Antisymmetry/Encastre，如图 5-93 所示，点击 Continue，提示区提示用户选择添加边界条件的区域，选中如图 5-94 所示的区域，点击鼠标中键确认，弹出 Edit Boundary Condition 对话框，选中 XSYMM（U1=UR2=UR3=0），如图 5-95 所示，点击 OK，退出 Edit Boundary Condition 对话框，完成对称面约束的设置，如图 5-96 所示。

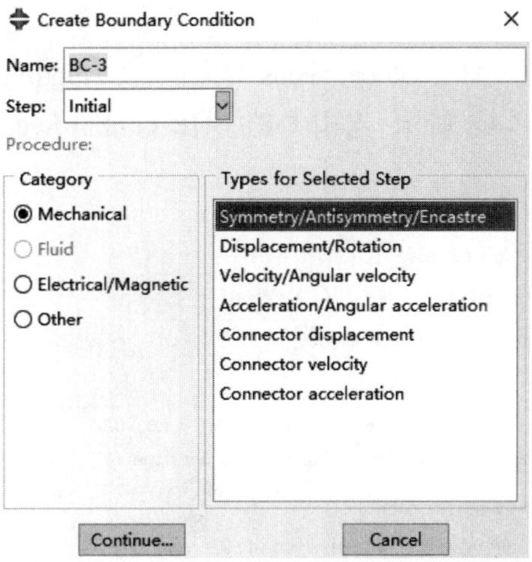

图 5-93　**Create Boundary Condition 对话框**

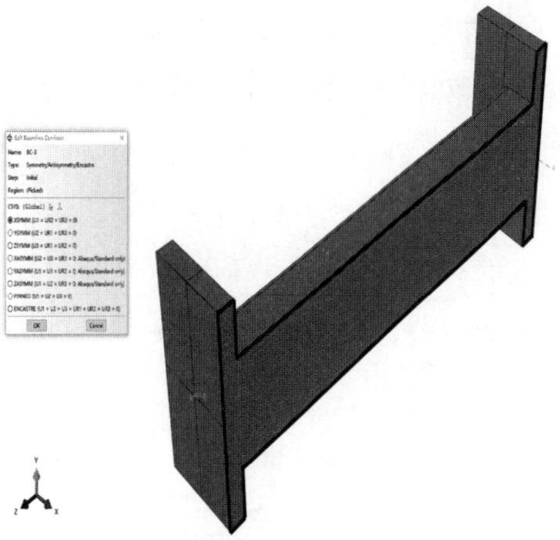

图 5-94　选择对称面

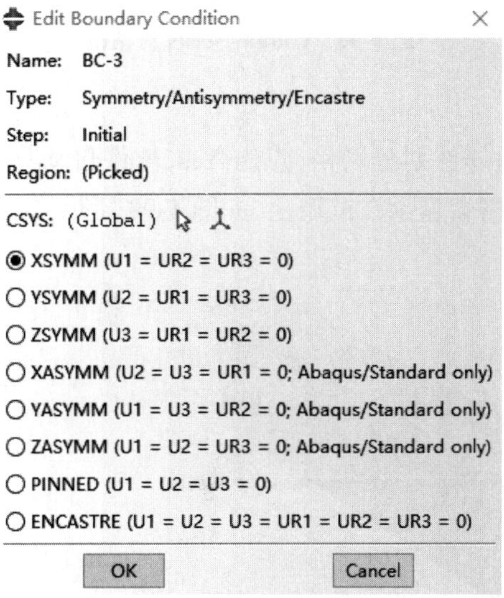

图 5-95　选择 XSYMM

图 5-96　完成对称面边界定义

5.4.2　划分网格（Mesh）

在环境栏的 Module 列表中选择 Mesh 模块进行网格的定义。

1. 混凝土芯构件（concrete）

1）局部区域布种

局部区域布种以混凝土芯横截面短边布种为例。点击左侧工具区中的 ，用鼠标左键选择模型局部对应区域，弹出 Local Seeds 对话框，将 Number of elements 设为 5，如图 5-97 所示，点击 OK，关闭对话框。重复上述操作，将边缘区域层数和横截面角部区域的 Number of elements 分别设为 3 和 5，完成局部区域布种。

2）整体布种

点击左侧工具区中的，用鼠标左键框选模型，弹出 Global Seeds 对话框，在 Approximate global size 处输入 15，其余参数默认不变，如图 5-98 所示，点击 OK，退出 Global Seeds 对话框。

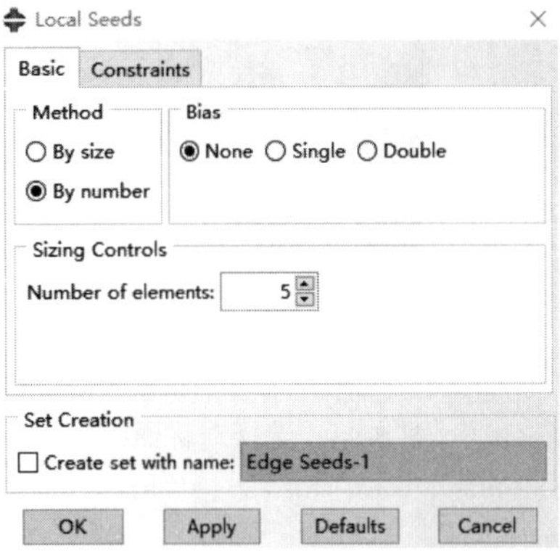

图 5-97 Load Seeds 对话框

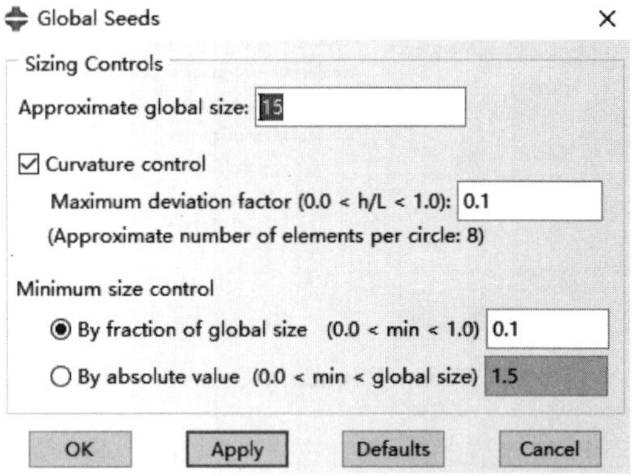

图 5-98 Global Seeds 对话框

3）划分网格

点击左侧工具区中的，提示区提示是否为部件划分网格，点击 Yes，软件自动划分网格。此时绘图区的模型会变为绿色，所划分的网格会显示在模型上，如图 5-99 所示。

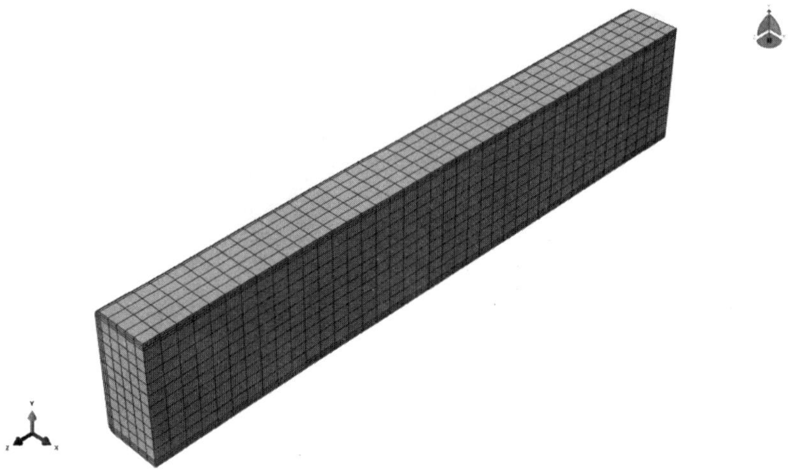

图 5-99 混凝土芯部件网格划分

2. 钢管构件（steel-tube）

钢管部分的网格划分与混凝土芯部分相同，网格划分结果如图 5-100 所示。

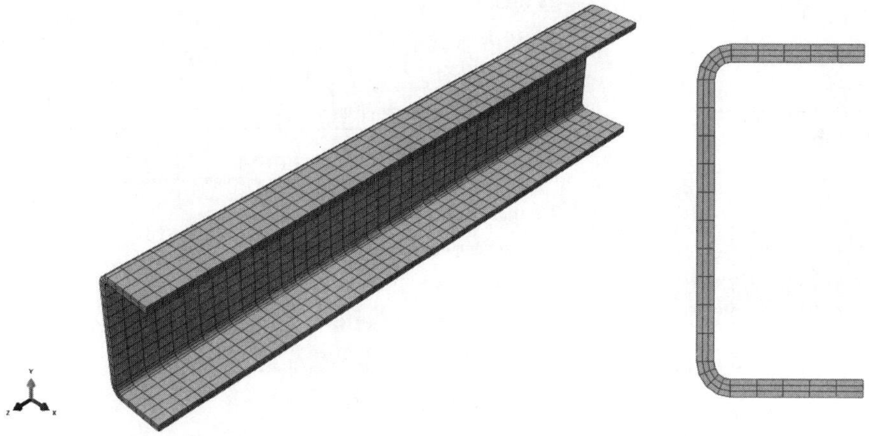

（a）　（b）

图 5-100　钢管部件网格划分

（a）钢管部件网格　（b）端部网格划分详图

3. 端板构件（load-plate）

端板部分采用整体划分，点击左侧工具区中的 ，用鼠标左键框选模型，弹出 Global Seeds 对话框，在 Approximate global size 处输入 15，其余参数默认不变，点击 OK，退出 Global Seeds 对话框。

点击左侧工具区中的 ，提示区提示是否为部件划分网格，点击 Yes，软件自动划分网格。此时绘图区的模型会变为绿色，所划分的网格会显示在模型上，如图 5-101 所示。

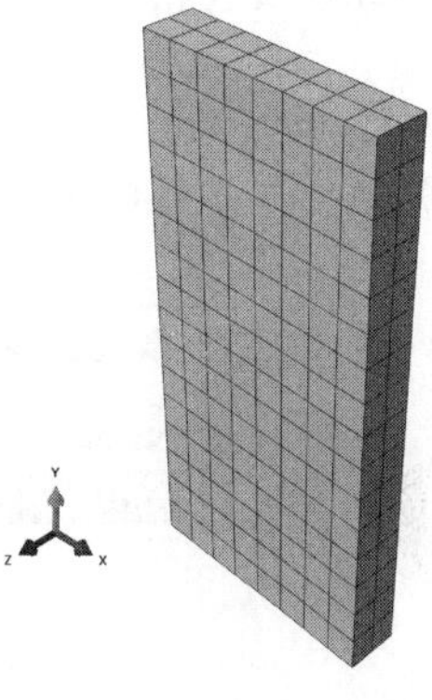

图 5-101　端板部件网格划分

5.5　ABAQUS 求解及后处理

5.5.1　提交分析作业（Job）

在环境栏的 Module 列表中选择 Job 模块进行作业提交。

点击左侧工具区中的 ，弹出 Create Job 对话框，在 Name 处输入 Job-1，模型选择 Model-1，如图 5-102 所示，点击 Continue，弹出 Edit Job 对话框，如图 5-103 所示，依照电脑核数及相应计算能力设置 Use multiple processors，点击 OK，完成分析作业的定义。

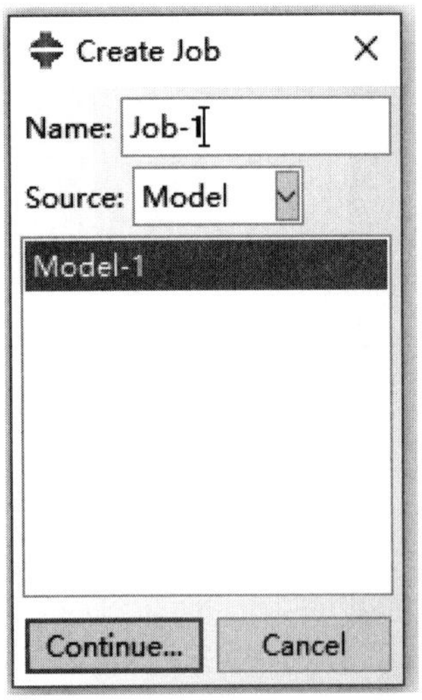

图 5-102　Create Job 对话框

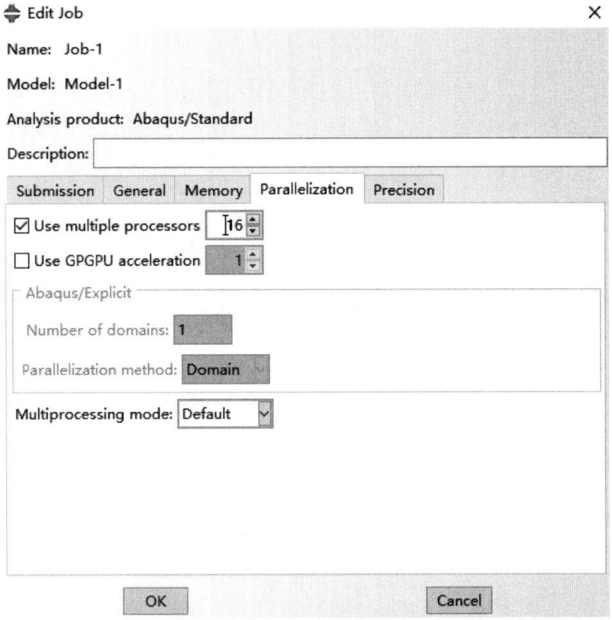

图 5-103　Edit Job 对话框

点击左侧工具区中的，弹出 Job Manager 对话框，选择所需任务，点击 Submit 提交任务，如图 5-104 所示。

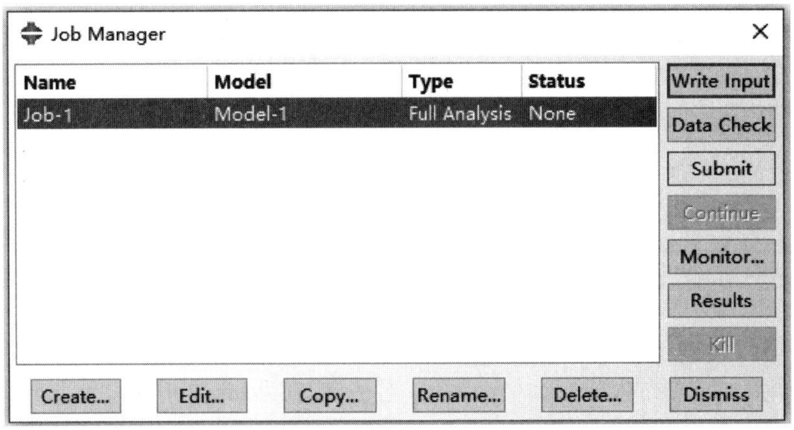

图 5-104　Job Manager 对话框

5.5.2　后处理(Visualization)

1. 显示变形图

Job Manager 对话框的 Job-1 的状态显示为 Completed 后，点击 Results，如图 5-105 所示进入分析结果模块，绘图区如图 5-106 所示。点击左侧工具区中的，绘图区会显示变形云图，如图 5-107 所示。

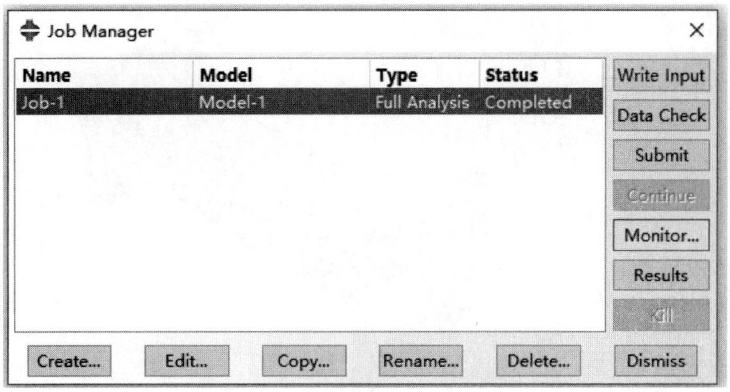

图 5-105　Job Manager 对话框

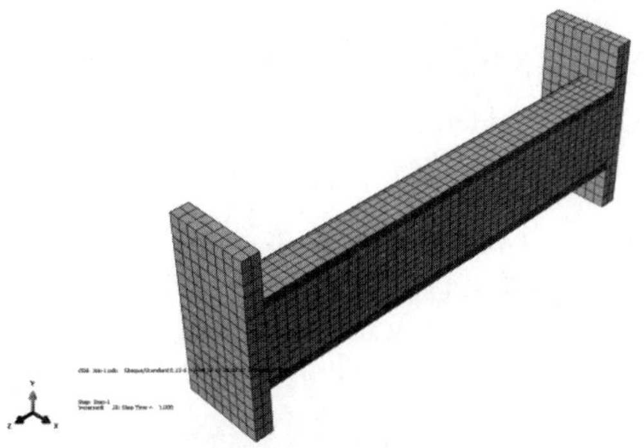

图 5-106　未变形图

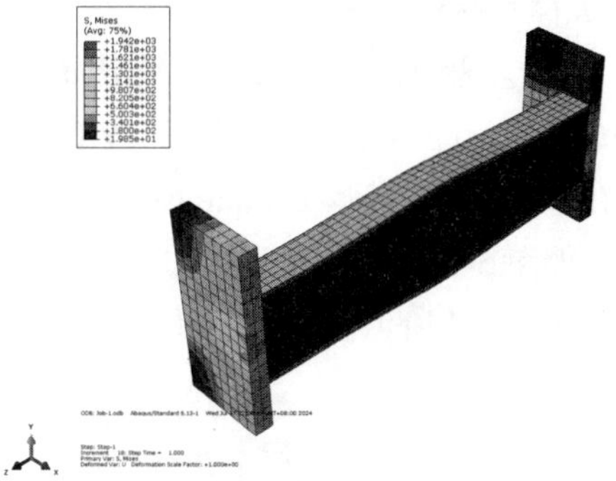

图 5-107　变形云图

点击上方菜单栏中的 View，打开 ODB Display Options 对话框，点击 Mirror/Pattern，在 Mirror planes 处勾选 YZ 平面，按图 5-108 所示进行设置，点击 OK，关闭对话框。绘图区显示完整变形云图，如图 5-109 所示。

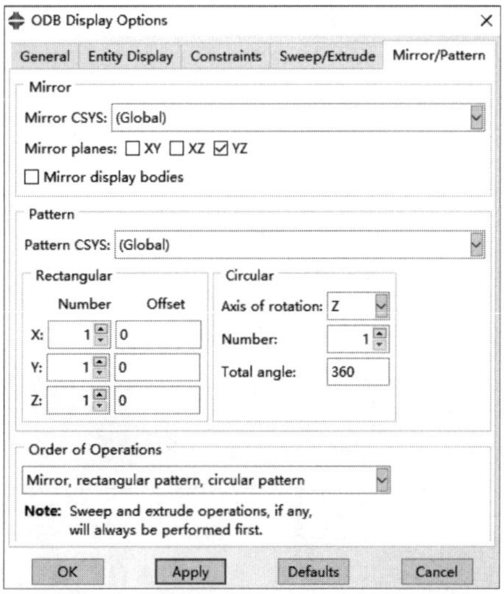

图 5-108　ODB Display Options 对话框

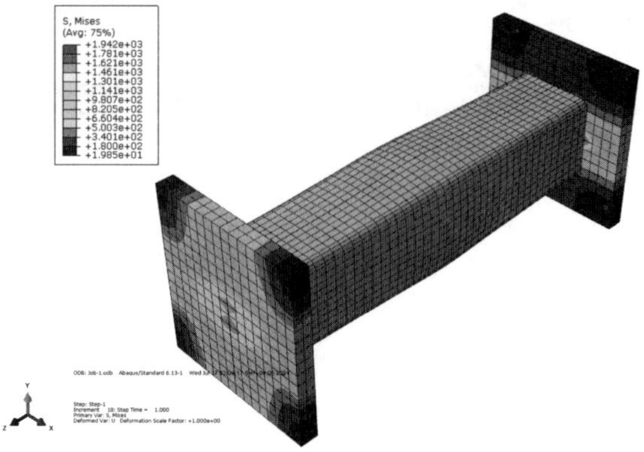

图 5-109　钢管混凝土组合柱变形云图

2. 输出荷载-位移曲线

点击左侧工具区中的▤，弹出 Create XY Data 对话框，选择 ODB field output，如图 5-110 所示，点击 Continue，进入 XY Data from ODB Field Output 对话框，进入 Variables 标签页，在 Position 处选择 Unique Nodal，选择 RF3、U3 作为输出变量，即输出 Z 方向的荷载与位移，如图 5-111 所示。进入 Elements/Nodes 标签页，点击 Node sets，选择 RP-1 作为输出位置，如图 5-112 所示。点击 Plot 绘制曲线，所得曲线如图 5-113 所示。

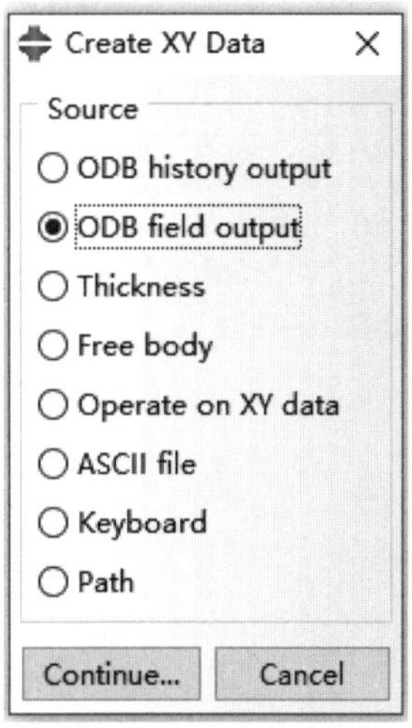

图 5-110　定义场输出

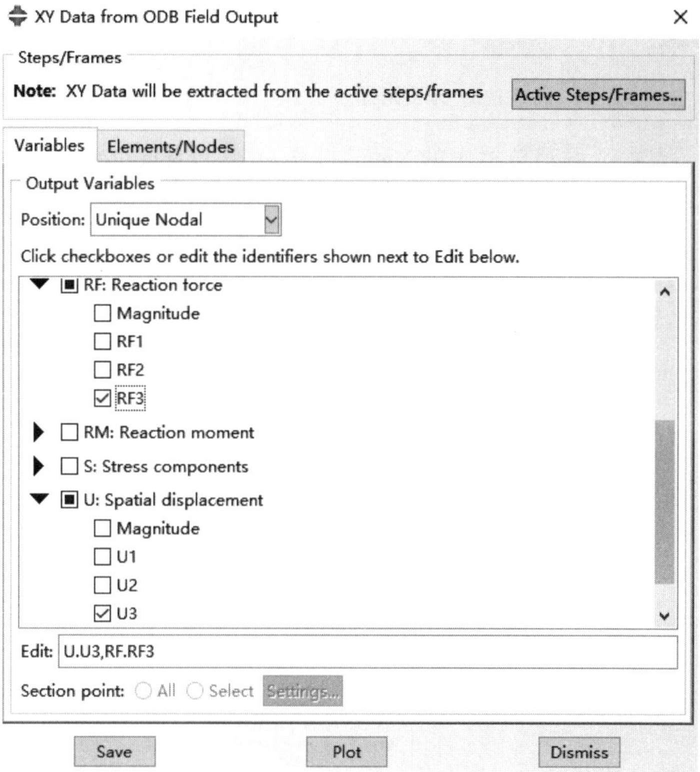

图 5-111　定义输出变量

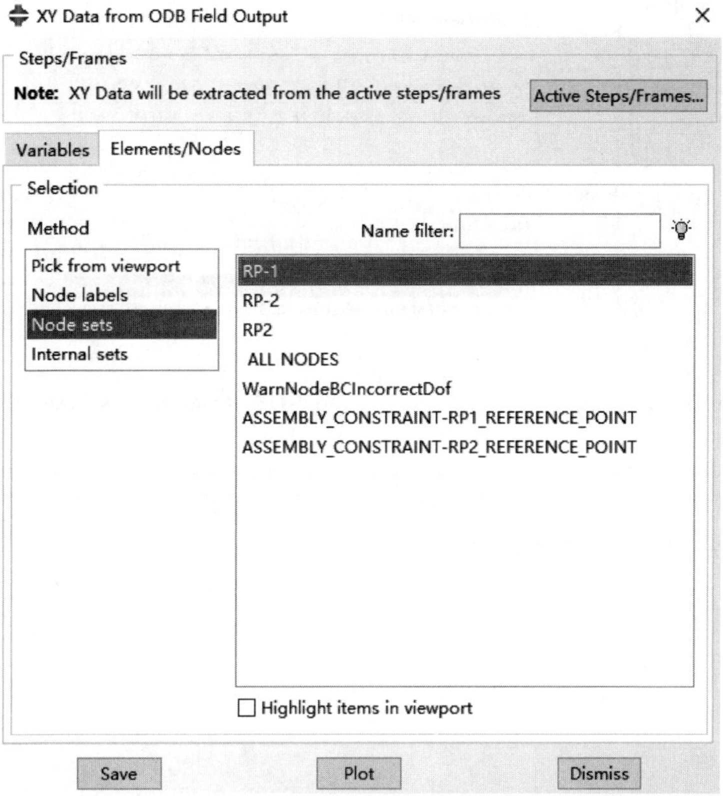

图 5-112　在 XY Data from ODB Field Output 对话框中定义 RP-1 作为输出位置

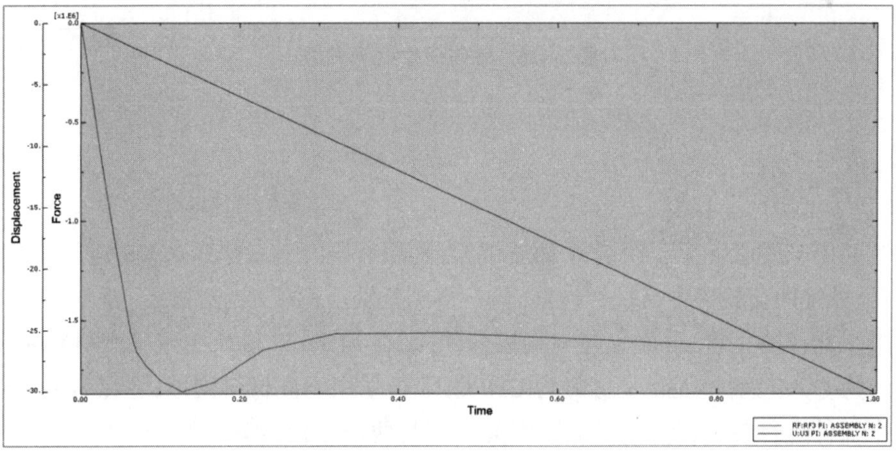

图 5-113　输出曲线

3. 整理数据

点击左侧工具区中的，弹出 Create XY Data 对话框，选择 Operate on XY data，如图 5-114 所示，点击 Continue，进入 Operate on XY Data 对话框，在操作框内输入表达式并选择数据，如图 5-115 所示。点击 Create XY Data，绘制整理后的数据曲线，如图 5-116 所示。

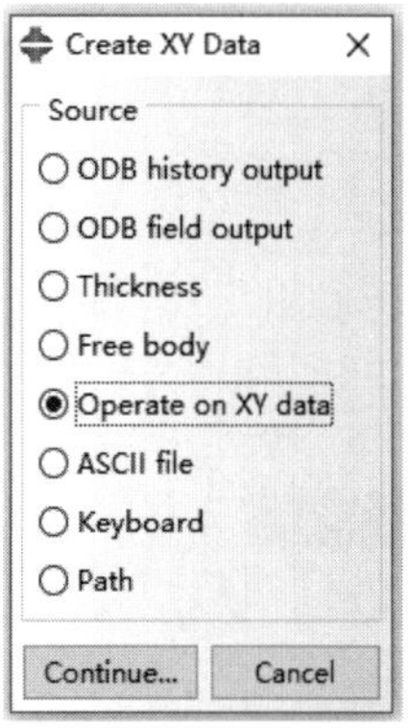

图 5-114 Create XY Data 对话框

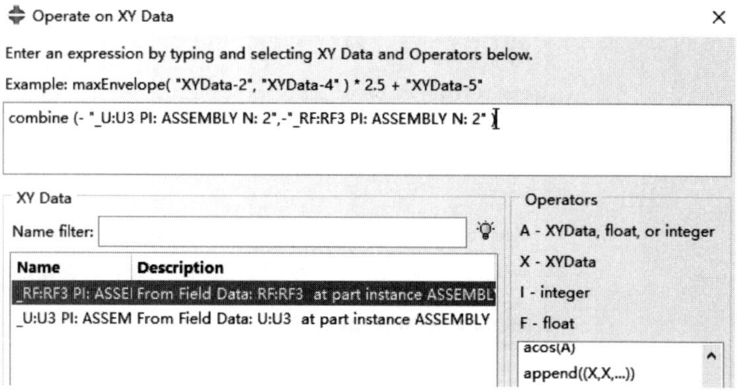

图 5-115 Operate on XY Data 对话框

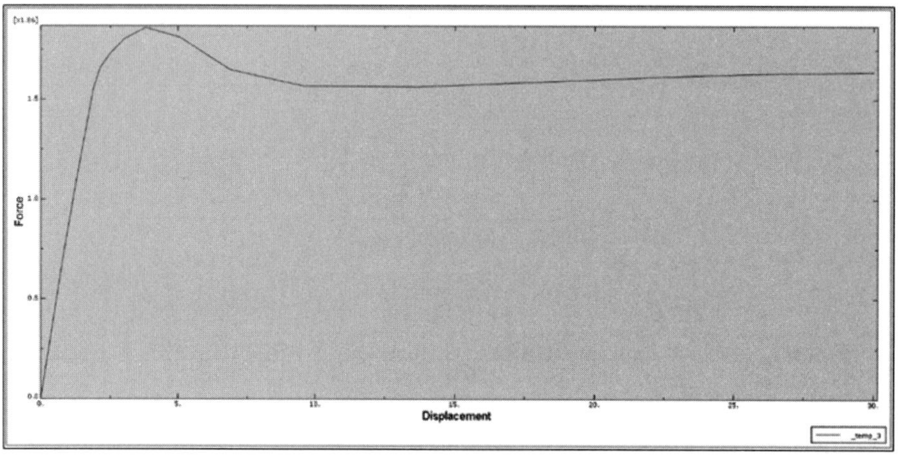

图 5-116 轴向荷载-位移曲线

5.6 小结

本章基于某钢管混凝土组合柱轴压试验，采用有限元软件 ABAQUS 建立了组合柱模型，通过施加轴向荷载探究其抗压性能，最终得到其轴向荷载-位移曲线。基本流程为：①利用 Part 模块建立方钢管、混凝土芯与端板部件；②在 Material 模块中定义其材料属性，其中钢管材料为 Q690 钢材，混凝土材料为 UHPC，端板采用刚性材料模拟；③在 Assembly 模块中对各个部件进行装配，包括方钢管、混凝土芯与两块端板；④在 Step 模块中定义分析步，约束与边界条件属于 Initial 分析步，加载属于 Step-1 分析步；⑤在 Interaction 模块定义钢管与端板或混凝土芯与钢管、端板间的相互作用，钢管与端板之间可直接设置绑定，混凝土芯与钢管、端板之间通过设置接触行为定义相互作用；⑥在 Load 模块中定义荷载与边界条件，轴向荷载采用位移加载，对称截面采用对称约束；⑦在 Mesh 模块中划分网格，对复杂的角部区域进行网格加密设置；⑧在 Job 模块中提交分析作业，并于分析完成后在 Visualization 模块中查看处理结果。

第 6 章　钢管混凝土受弯性能分析

为探究钢管混凝土梁的受弯性能,本章以钢管混凝土梁四点弯曲试验为例,采用有限元软件 ABAQUS 对钢管混凝土梁受弯性能进行模拟。为提高计算效率和节约计算资源,本章对钢管混凝土梁进行对称建模。

6.1　钢管混凝土算例基本信息

钢管混凝土梁为矩形截面,尺寸为 120 mm × 120 mm,外钢管壁厚 3 mm,长 2 200 mm。钢管采用 Q690 钢材,内部混凝土为 UHPC,两端设有端板,尺寸为 240 mm × 240 mm × 25 mm。构件尺寸如图 6-1 所示,受荷载 P 作用。

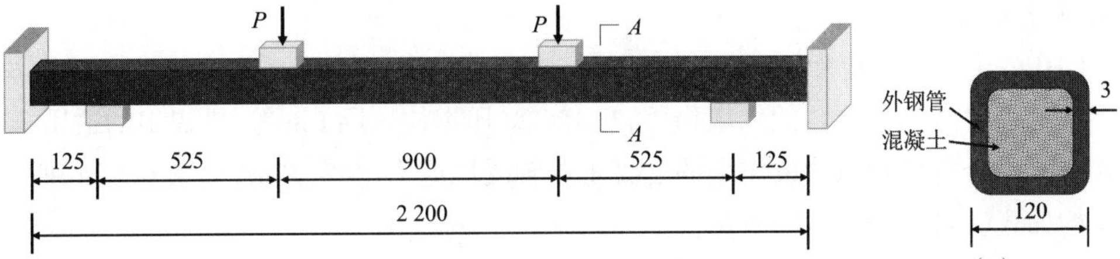

(a)　(b)

图 6-1　钢管混凝土梁尺寸详图(单位:mm)

(a)三维示意图　(b)A—A 截面

6.2　钢管及混凝土材料本构

6.2.1　钢材本构

钢材本构采用第 2 章中的三段式理想弹塑性模型,采用 Mises 屈服强度准则,并将钢材应力-应变关系近似简化为三折线模型,如图 6-2 所示。钢材本构模型如式(6-1)所示。

$$\sigma_{\mathrm{sT}}=\begin{cases}E_{\mathrm{sT}}\varepsilon, & 0<\varepsilon\leqslant\varepsilon_{\mathrm{yT}}\\ f_{\mathrm{yT}}+\dfrac{\varepsilon-\varepsilon_{\mathrm{yT}}}{\varepsilon_{\mathrm{uT}}-\varepsilon_{\mathrm{yT}}}(f_{\mathrm{uT}}-f_{\mathrm{yT}}), & \varepsilon_{\mathrm{yT}}<\varepsilon\leqslant\varepsilon_{\mathrm{uT}}\\ f_{\mathrm{uT}}, & \varepsilon>\varepsilon_{\mathrm{uT}}\end{cases} \tag{6-1}$$

式中:ε 为钢材应变;E_{sT}、f_{yT} 和 f_{uT} 分别为温度 T 时高强钢的弹性模量、屈服强度和极限强度;$\varepsilon_{\mathrm{yT}}$ 和 $\varepsilon_{\mathrm{uT}}$ 分别为与 f_{yT} 和 f_{uT} 对应的应变。

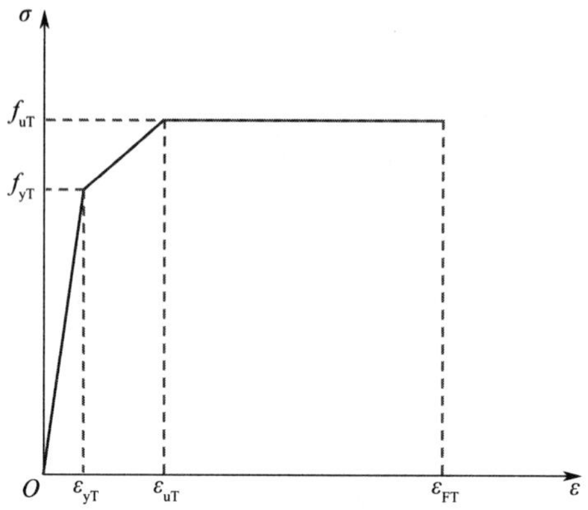

图 6-2 钢材本构模型

6.2.2 混凝土本构

为模拟 UHPC 的行为，选用 ABAQUS 材料库中的 CDP 模型。UHPC 的相关参数：膨胀角为 40°，偏心率为 0.1，f_{b0}/f_{c0} 为 1.1，K 为 0.666 7，黏性参数为 0.000 1，弹性模量 E_c 为 45 GPa，泊松比 μ 为 0.2。

1. UHPC 受压力学行为

考虑钢管对内填 UHPC 的约束作用，UHPC 受压本构采用 Liu 等[48]提出的适用于 ABAQUS 有限元分析且考虑约束作用的混凝土单轴受压应力-应变关系，如图 6-3（a）所示，其受压本构如式（6-2）至式（6-7）所示。

$$\sigma = \frac{xr}{r-1+x^r} f_{ccT} \tag{6-2}$$

$$x = \varepsilon / \varepsilon_{ccT} \tag{6-3}$$

$$\varepsilon_{ccT} = \varepsilon_{cT}\left[1+5\left(f_{ccT}/f_{cT}-1\right)\right] \tag{6-4}$$

$$\varepsilon_{cT} = 0.001\,5 + f_{cT}/70\,000 \tag{6-5}$$

$$f_{ccT} = f_{cT}\left(-0.413+1.413\sqrt{1+11.4\frac{f_{rT,s}}{f_{cT}}}-2\frac{f_{rT,s}}{f_{cT}}\right) \tag{6-6}$$

$$r = \frac{E_{cT}}{E_{cT}-f_{ccT}/\varepsilon_{ccT}} \tag{6-7}$$

式中：f_{cT} 和 f_{ccT} 分别为温度 T 时无约束和约束下 UHPC 的峰值压应力；ε_{cT} 和 ε_{ccT} 分别为温度 T 时无约束和约束下 UHPC 的峰值压应变；$f_{rT,s}$ 为温度 T 时方形钢管对核心 UHPC 的有效约束应力，$f_{rT,s} = 2\sigma_{hT,s} t_s / \left[3\left(B-2t_s\right)\right]$[49]；$\sigma_{hT,s}$ 为温度 T 时方形钢管的横向应力，$\sigma_{hT,s} = 0.21 f_{yT}$[50]。

2. UHPC 受拉力学行为

UHPC 受拉本构模型采用张哲[51]提出的 UHPC 受拉本构模型，其受拉本构关系分为两个阶段，包括应变硬化应力-应变关系阶段和应力软化应力-裂缝宽度关系阶段，分别如图 6-3（b）中的 *OAB* 段和 *BC* 段曲线所示。UHPC 受拉本构关系如式（6-8）和式（6-9）所示。

$$\sigma=\begin{cases}\dfrac{f_{ct}}{\varepsilon_{t0}}\varepsilon, & 0<\varepsilon\leqslant\varepsilon_{t0}\\ f_{ct}, & \varepsilon_{t0}<\varepsilon\leqslant\varepsilon_{tp}\\ f_{ct}\dfrac{1}{(1+w/w_p)^p}, & 0<w\end{cases} \tag{6-8}$$

$$w=\Delta l-\Delta l_0-l_m\cdot\frac{\Delta\sigma}{E^*} \tag{6-9}$$

式中：f_{ct} 为 UHPC 低应变硬化阶段的平均应力，取 7.75 MPa；ε_{t0} 和 ε_{tp} 分别为 UHPC 线性偏移初裂应变和裂后极限应变，分别取 1.95×10^{-4} 和 0.001 53；w 和 w_p 分别为裂缝宽度和受拉本构曲线 $2^{-p}f_{ct}$ 对应的裂缝宽度，w_p 取 0.70 mm；p 为拟合参数，取 1.00；l_m 为试件变形测量段的标距，为 200 mm；Δl 为伸长长度变化值；Δl_0 为拉伸至极限应变 ε_{tp} 的伸长量；$\Delta\sigma$ 为应力变化值；E^* 为未开裂部分 UHPC 的线性卸载斜率，取 15.2 GPa。

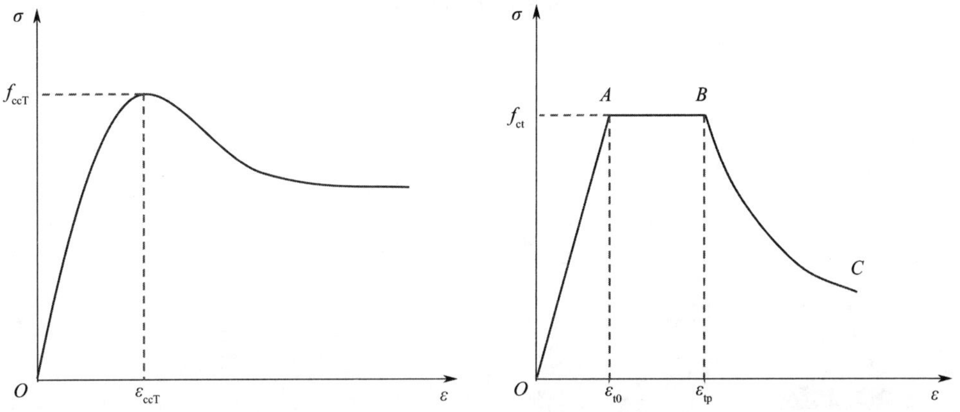

（a） （b）

图 6-3 UHPC 有限元本构模型

（a）UHPC 受压本构模型 （b）UHPC 受拉本构模型

6.3 钢管混凝土 ABAQUS 建模

6.3.1 创建部件(Part)

启动 ABAQUS/CAE 后，在环境栏的 Module 列表中选择 Part，如图 6-4 所示，表示当前激活 Part 模块。Part 模块可用于创建分析模型的所有部件。

1. 钢管

点击左侧工具区中的 ，弹出 Create Part 对话框。在 Name 处输入 Steel-Tube，钢管的尺寸为 120 mm × 120 mm，在 Approximate size 处输入 400，如图 6-5 所示，点击 Continue，进入草图绘制界面，如图 6-6 所示。

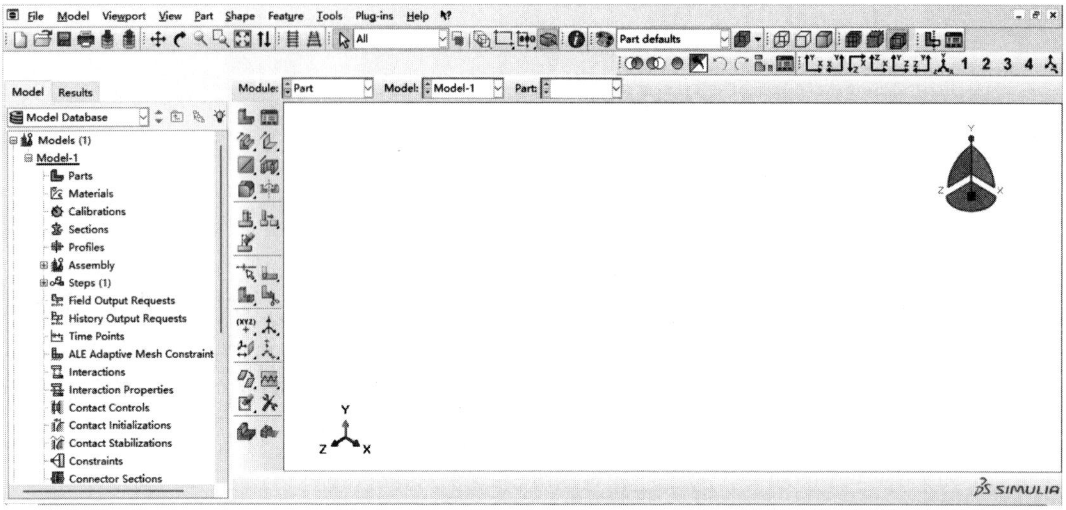

图 6-4 Part 模块

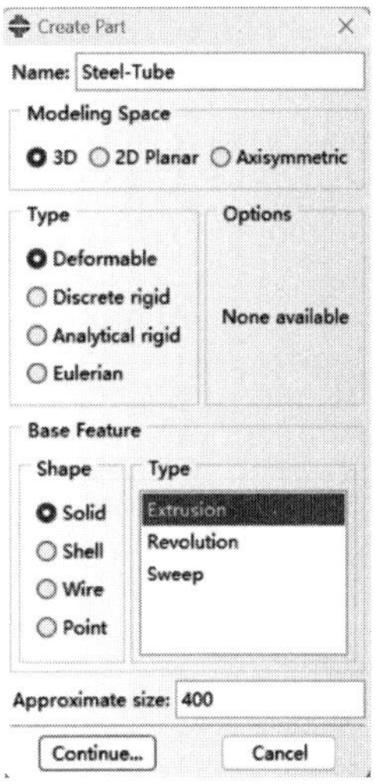

图 6-5 创建钢管部件

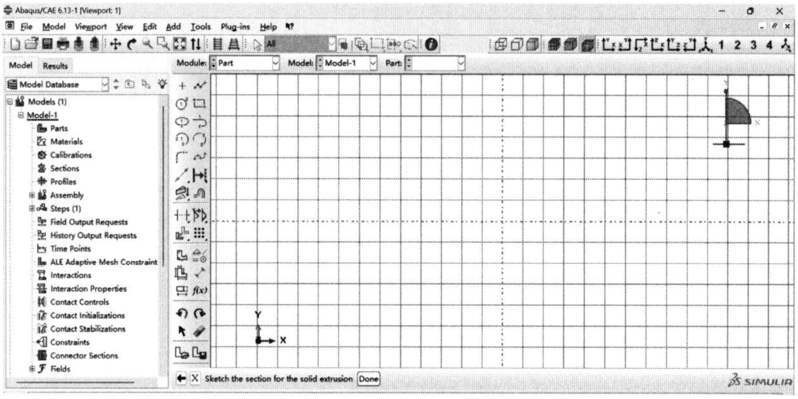

图 6-6 草图绘制界面

点击左侧工具区中的，此时界面左下角出现Pick a starting point for the line--or enter X,Y:，依次在其后的方框内输入坐标(0,0)、(60,0)、(60,3)、(3,3)、(3,117)、(60,117)、(60,120)、(0,120)、(0,0)，每输入一个坐标后按回车键确认，完成钢管截面的初步绘制，如图 6-7(a)所示。

点击左侧工具区中的，此时界面左下角出现Fillet radius: 6.0。钢管的内角半径为 4 mm，在方框中输入 4.0，按回车键确认，然后用鼠标选中内角的两条边，完成一个钢管内部圆弧角的绘制，如图 6-7(b)所示，重复操作完成另一个内部圆弧角的绘制。钢管外角半径为 7 mm，将Fillet radius: 6.0方框中的圆弧角半径改为 7.0，重复内部圆弧角的绘制操作，完成钢管外部圆弧角的绘制，如图 6-7(c)所示。

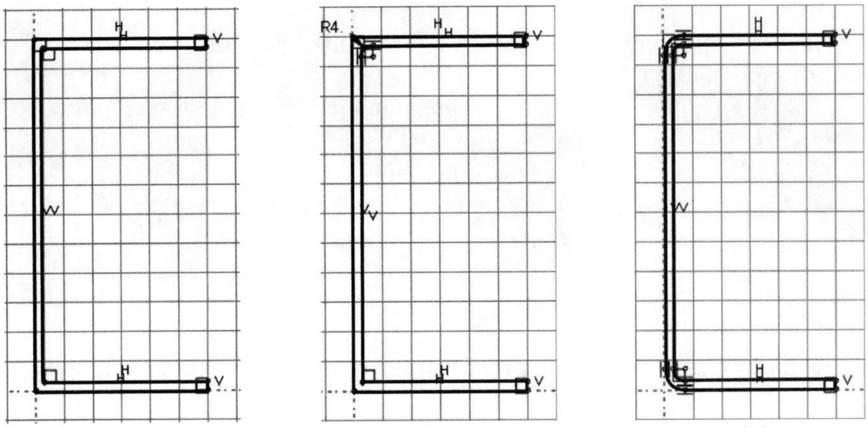

（a）　（b）　（c）

图 6-7　钢管截面绘制

（a）初步绘制　（b）内部圆角绘制　（c）绘制完成

点击图 6-6 下方的 Done，出现如图 6-8 所示的对话框，在 Depth 处输入 2 200，表示钢管高度为 2 200 mm。点击 OK，完成钢管部件的创建，如图 6-9 所示。

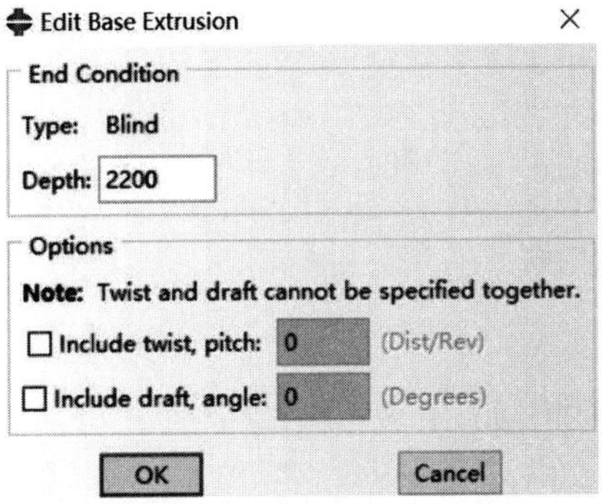

图 6-8　Edit Base Extrusion 对话框

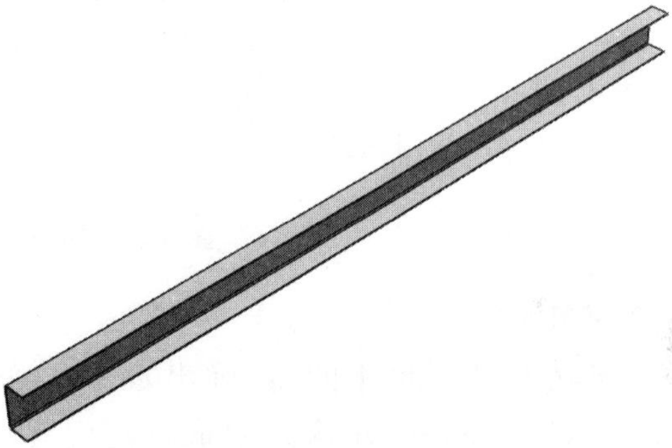

图 6-9　钢管三维模型

为方便后续对钢管部件进行结构化网格划分，需要对部件进行拆分。首先创建基准点。长按工具区的（创建基准点），点击（从一点偏移），选择钢管角部一点，如图 6-10 所示，此时界面左下角出现 Offset (X, Y, Z): 0.0,0.0,0.0，在方框内输入坐标（0，0，−125）后按回车键确认。按同样的方式，将坐标依次改为（0，0，−85）、（0，0，−165）、（0，0，−610）、（0，0，−650）、（0，0，−690）、（0，0，−1 100）、（0，0，−1 510）、（0，0，−1 550）、（0，0，−1 590）、（0，0，−2 035）、（0，0，−2 075）、（0，0，−2 115），完成基准点的创建。接下来进行部件拆分。点击左侧工具区中的（部件拆分），在界面左下角选择 Point & Normal（一点与法线），开始拆分部件。选择如图 6-11 所示的钢管一垂直边的中点，该点在拆分平面上，再选择一垂直边，如图 6-12 所示，该边垂直于拆分平面。点和法线选择完后，点击界面左下角的 Create Partition，完成部件的中部拆分。重复上述步骤，完成对钢管部件的角部拆分，最终钢管部件的拆分效果如图 6-13 所示。

图 6-10　偏移设置基准点

图 6-11　拆分时选择中点

图 6-12　拆分时选择法线

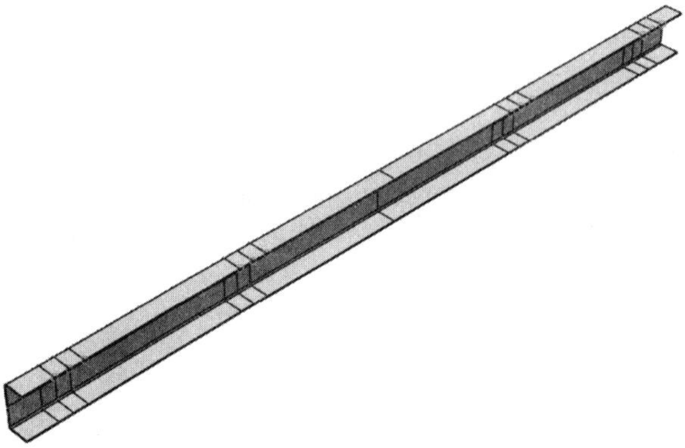

图 6-13　钢管部件拆分完成

2. 混凝土芯

点击左侧工具区中的，弹出 Create Part 对话框，如图 6-14 所示。在 Name 处输入 Concrete，混凝土芯的尺寸为 114 mm × 57 mm，在 Approximate size 处输入 400，点击 Continue，进入草图绘制界面。

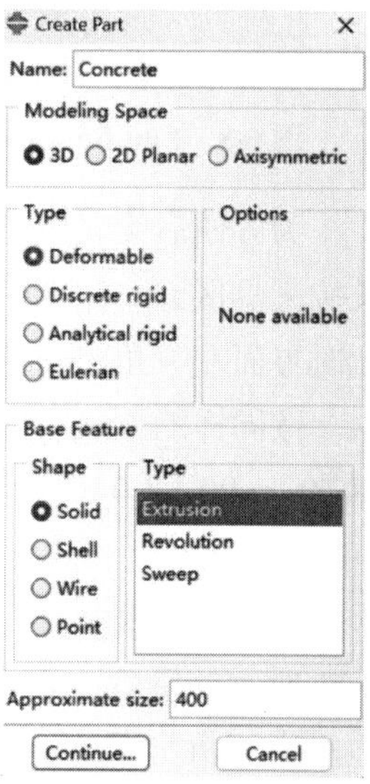

图 6-14　创建混凝土芯部件

点击左侧工具区中的，此时界面左下角出现 Pick a starting corner for the rectangle--or enter X,Y:，依次在其后的方框内输入坐标 (0, 0)、(57, 114)，每输入一个坐标后按回车键确认，完成混凝土芯截面的初步绘制，如图 6-15(a)所示。

点击左侧工具区中的（创建圆角），此时界面左下角出现 Fillet radius: 4.0。混凝土芯的圆弧角半径为 4 mm，在方框中输入 4.0，按回车键确认，然后用鼠标选中圆弧角的两条边完成一个混凝土芯圆弧角的绘制，重复上述操作，完成另一个内部圆弧角的绘制，混凝土芯截面草图如图 6-15(b)所示。

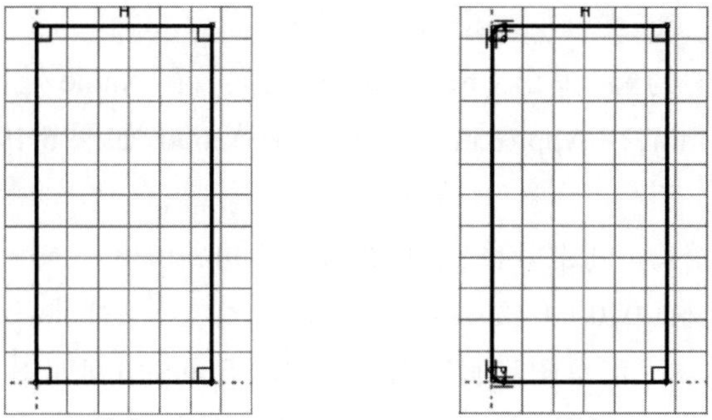

（a）　（b）

图 6-15　混凝土芯截面草图绘制

（a）截面初步绘制　（b）截面草图绘制完成

点击草图页面左下角的 Done，出现如图 6-16 所示的对话框，在 Depth 处输入 2 200，表示混凝土芯的高度为 2 200 mm，点击 OK，完成混凝土芯部件的创建，如图 6-17 所示。

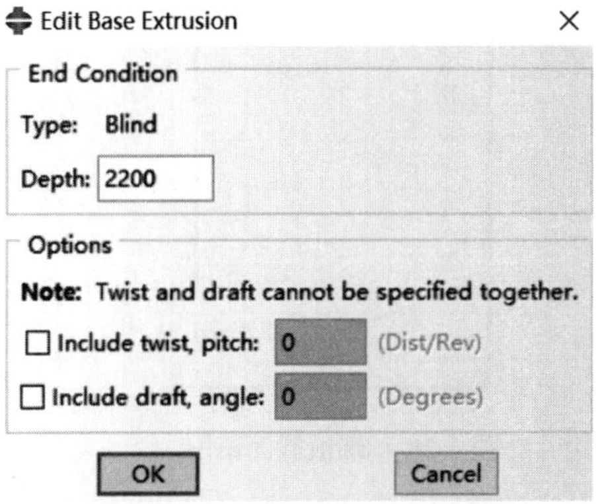

图 6-16　Edit Base Extrusion 对话框

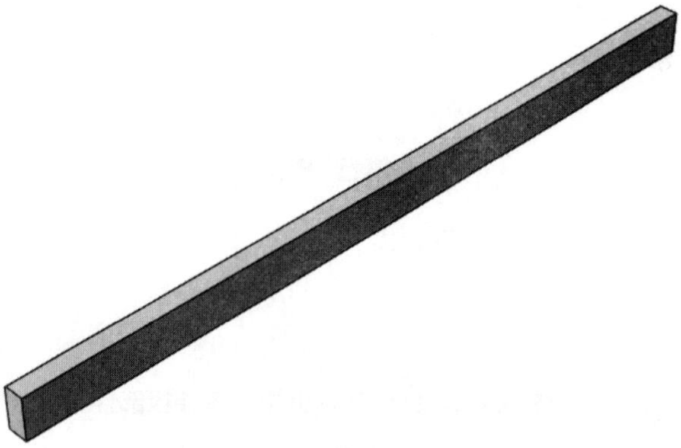

图 6-17　混凝土芯三维模型

与钢管部件相同，为方便后续对混凝土芯部件进行结构化网格划分，需要对部件进行拆分，拆分步骤与钢管部件的拆分步骤相同，混凝土芯部件的拆分效果如图 6-18 所示。

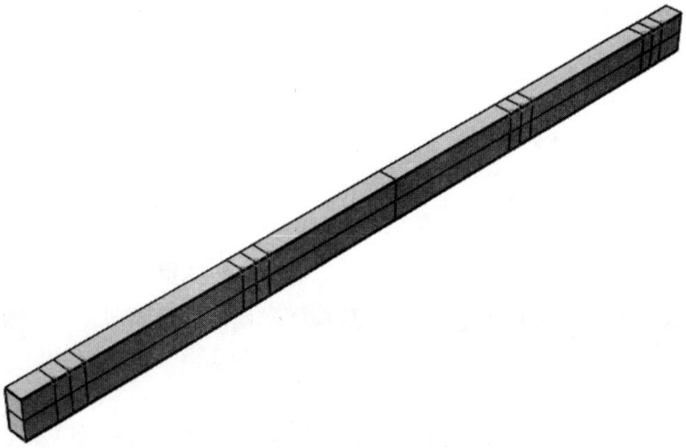

图 6-18　混凝土芯拆分完成

3. 端板

点击左侧工具区中的，弹出 Create Part 对话框。在 Name 处输入 End-Plate，端板的尺寸为 240 mm × 120 mm，在 Approximate size 处输入 600，如图 6-19 所示，点击 Continue，进入草图绘制界面。

点击左侧工具区中的（创建矩形），此时界面左下角出现Pick a starting corner for the rectangle--or enter X,Y:，依次在其后的方框内输入坐标（0，0）、（120，240），每输入一个坐标后按回车键确认，完成端板截面的绘制，如图 6-20 所示。点击草图绘制界面左下角的 Done，出现如图 6-21 所示的对话框，在 Depth 处输入 25，表示端板厚度为 25 mm。点击 OK，完成端板部件的创建，如图 6-22 所示。

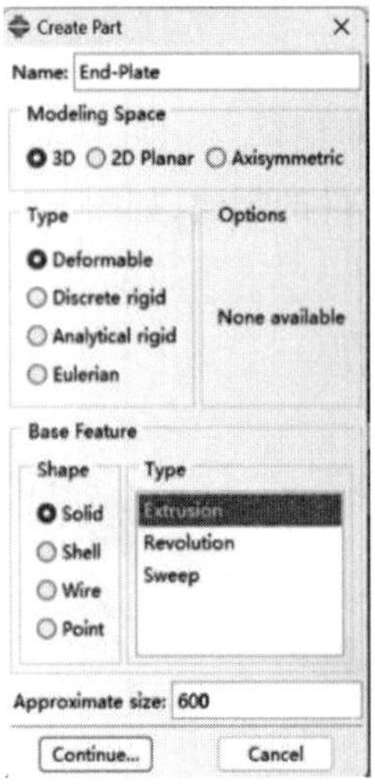

图 6-19　在 Create Part 对话框中创建端板部件

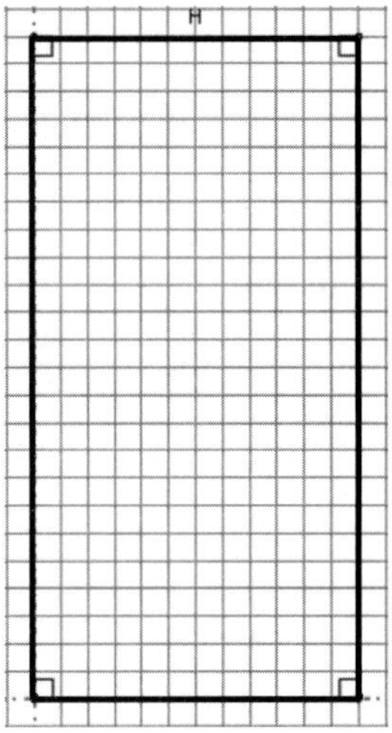

图 6-20　端板截面草图

将端板沿着两个对称面进行拆分，拆分步骤与前述钢管部件的拆分步骤相同，端板部件的拆分效果如图 6-23 所示。

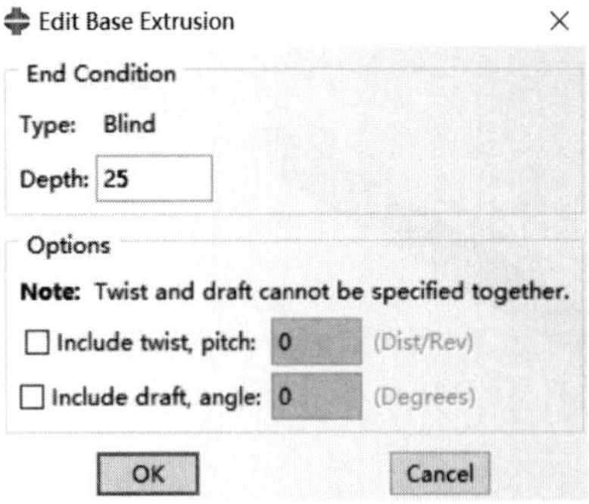

图 6-21　Edit Base Extrusion 对话框

图 6-22　端板三维模型

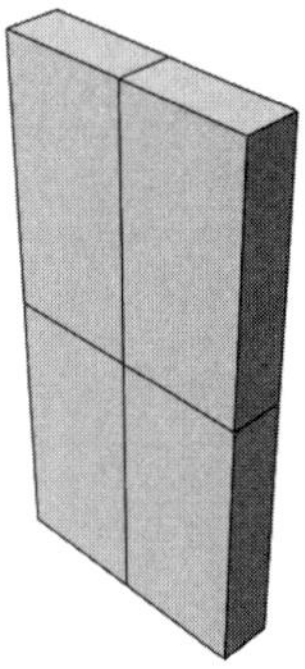

图 6-23　端板拆分完成

4. 加载块

点击左侧工具区中的，弹出 Create Part 对话框。在 Name 处输入 Load-Plate，加载块的尺寸为 80 mm × 60 mm，在 Approximate size 处输入 600，如图 6-24 所示，点击 Continue，进入草图绘制界面。

点击左侧工具区中的(创建矩形),此时界面左下角出现Pick a starting corner for the rectangle--or enter X,Y:,依次在其后的方框内输入坐标(0,0)、(60,80),每输入一个坐标后按回车键确认,完成加载块截面的绘制,如图 6-25 所示。点击草图绘制界面左下角的 Done,出现如图 6-26 所示的对话框,在 Depth 处输入 25,表示加载块的厚度为 25 mm。点击 OK,完成加载块部件的创建,如图 6-27 所示。

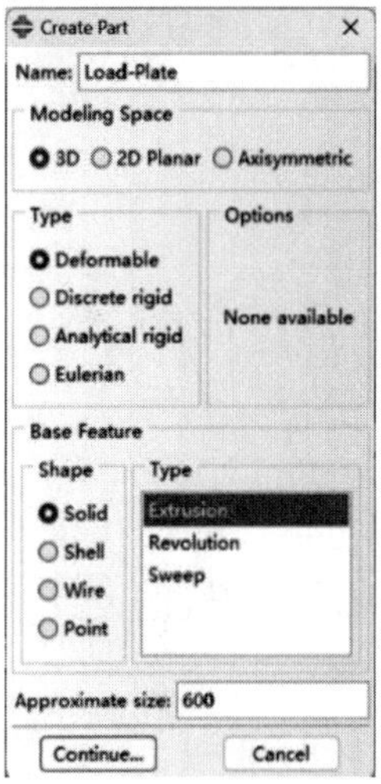

图 6-24　在 Create Part 对话框中创建加载块部件

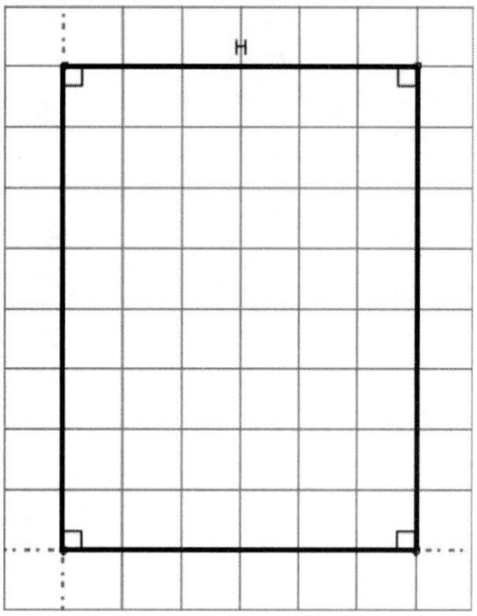

图 6-25　加载块截面草图

将加载块沿着两个对称面进行拆分,拆分步骤与前述钢管部件的拆分步骤相同,加载块部件的拆分效果如图 6-28 所示。

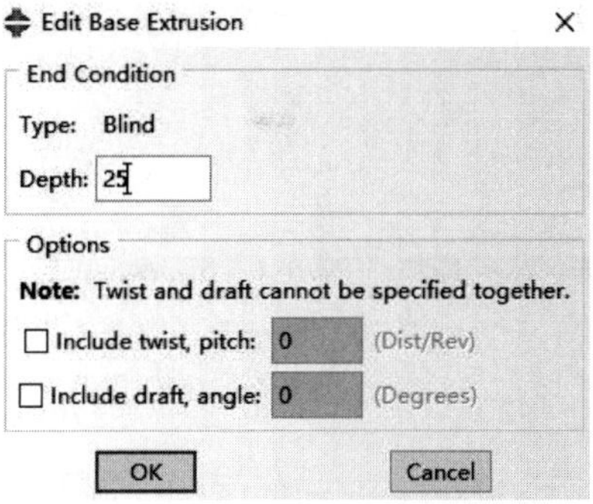

图 6-26　Edit Base Extrusion 对话框

图 6-27　加载块三维模型

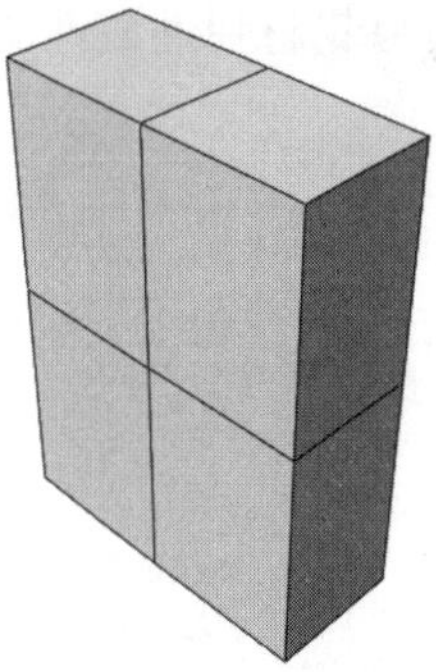

图 6-28　加载块拆分完成

6.3.2　创建材料和截面属性(Property)

在环境栏的 Module 列表中选择 Property,进入 Property 模块,如图 6-29 所示。在 Property 模块中可以设置材料和截面属性。

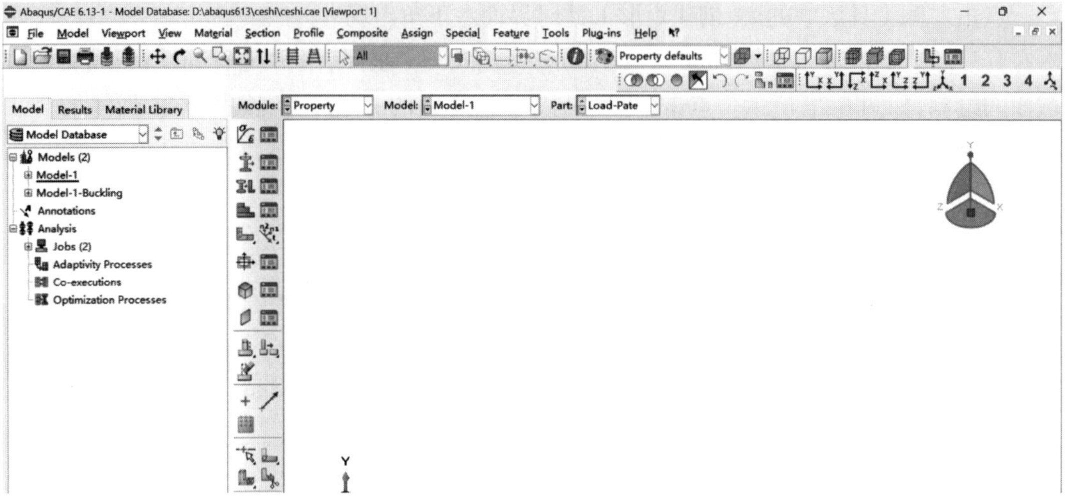

图 6-29 Property 模块

1. 设置材料属性

6.2 节中给出了材料的本构关系，本小节仅介绍材料和截面属性的设置，不再解释具体数据。

1）Q690 钢材

点击左侧工具区中的，弹出 Edit Material 对话框。在 Name 处输入 Material-Q690。

（1）定义弹性属性。在 Edit Material 对话框中的 Mechanical 的下拉列表中依次选择 Elasticity → Elastic，此时对话框如图 6-30 所示。在此对话框中有两项力学指标需要填写，分别为 Young's Modulus 及 Poisson's Ratio，分别填入 206 000 和 0.3，如图 6-31 所示，完成 Q690 钢材弹性属性的设置。

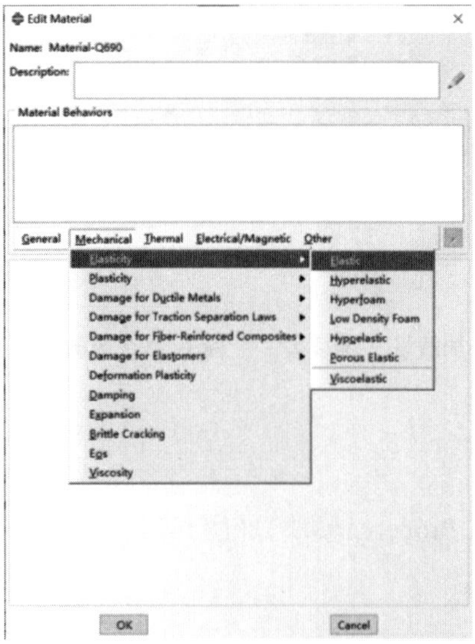

图 6-30 定义 Q690 钢材弹性

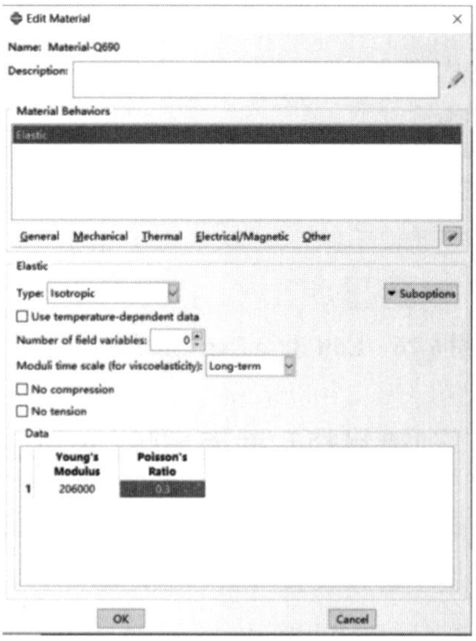

图 6-31 定义弹性数值

（2）定义塑性属性。在 Edit Material 对话框中的 Mechanical 的下拉列表中依次选择

Plasticity → Plastic，如图 6-32 所示。在此对话框中有两项力学指标需要填写，分别为 Yield Stress 及 Plastic Strain，Q690 钢材塑性应力-应变数据如表 6-1 所示。如图 6-33 所示，所有数据输入完成后，点击 OK，完成 Q690 钢材材料属性的设置。

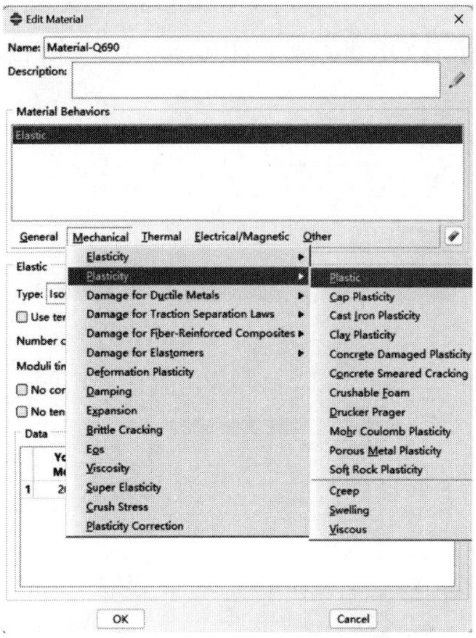

图 6-32　定义 Q690 钢材塑性

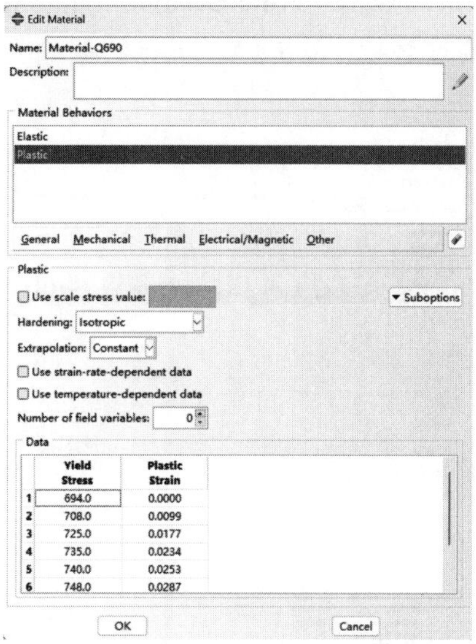

图 6-33　定义塑性数值

表 6-1　Q690 钢材塑性应力-应变数据

应力/MPa	应变/με	应力/MPa	应变/με	应力/MPa	应变/με
694.0	0.000 0	799.0	0.054 1	1 068.0	0.394 7
708.0	0.009 9	813.0	0.064 6	1 141.0	0.494 4
725.0	0.017 7	827.0	0.077 6	1 213.0	0.594 0
735.0	0.023 4	859.0	0.114 7	1 285.0	0.693 7
740.0	0.025 3	874.0	0.135 7	1 357.0	0.793 3
748.0	0.028 7	897.0	0.165 6	1 429.0	0.892 9
761.0	0.033 0	920.0	0.195 5	1 486.0	0.972 7
772.0	0.038 7	957.0	0.245 3	1 501.0	0.992 6
786.0	0.045 9	994.0	0.295 1		

2）UHPC 混凝土

点击左侧工具区中的，弹出 Edit Material 对话框，在 Name 处输入 Material-UHPC。

（1）定义弹性属性。在 Edit Material 对话框中的 Mechanical 的下拉列表中依次选择 Elasticity → Elastic。在此对话框中有两项力学指标需要填写，分别为 Young's Modulus 及 Poisson's Ratio，分别填入 45 000 和 0.2 如图 6-34 所示，完成 UHPC 混凝土弹性属性的设置。

（2）定义混凝土损伤塑性属性。在 Edit Material 对话框中的 Mechanical 的下拉列表中依次选择 Plasticity → Concrete Damaged Plasticity，如图 6-35 所示。在此对话框中有三项力学性能需要填写，分别为 Plasticity、Compressive Behavior 及 Tensile Behavior。点击 Plasticity，此时对话框如图 6-36 所示，按图示依次填入对应的力学性能数值。之后点击 Compressive Behavior，此时对话框如图 6-37 所示，输入 UHPC 混凝土受压时的应力-应变数据（表 6-2）。最后点击 Tensile Behavior，此时对话框如图 6-38 所示，输入 UHPC 混凝土受拉时的应力-应变数据（表 6-3）。所有数据输入完成后，点击 OK，完成 UHPC 混凝土材料属性的设置。

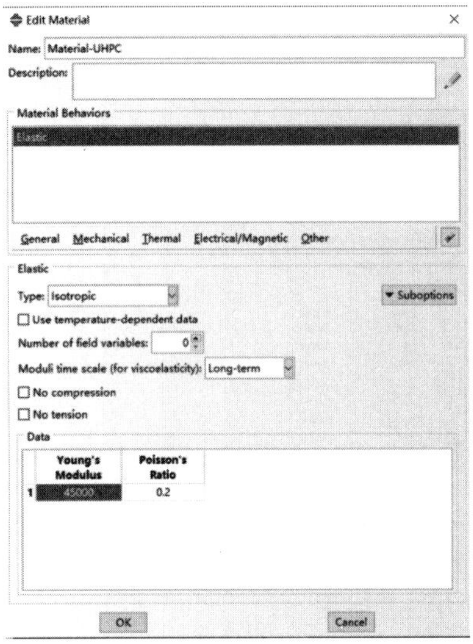

图 6-34 定义 UHPC 混凝土弹性

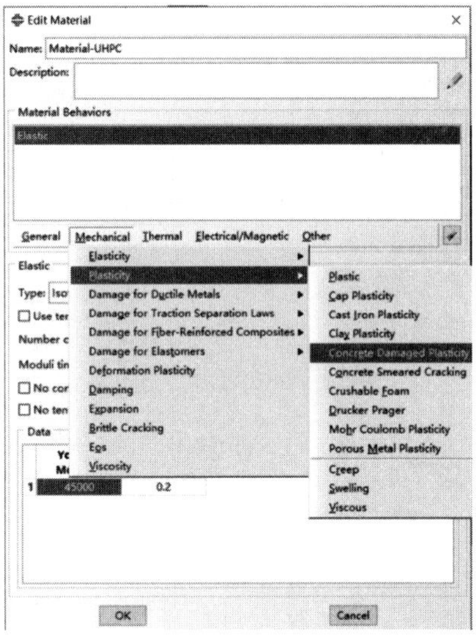

图 6-35 定义 UHPC 混凝土损伤塑性

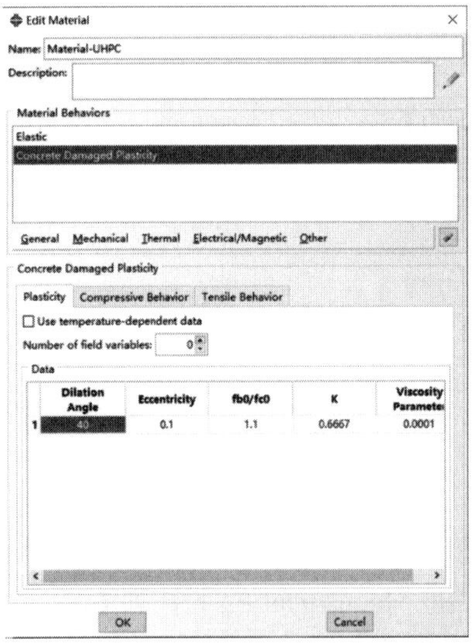

图 6-36 定义 UHPC 混凝土损伤塑性数值

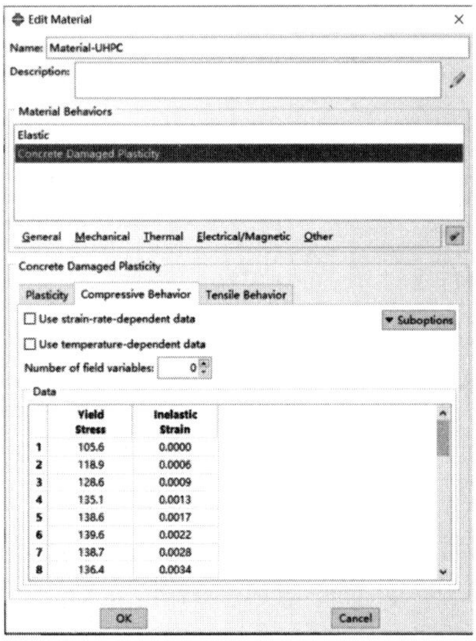

图 6-37 定义 UHPC 混凝土抗压性能数值

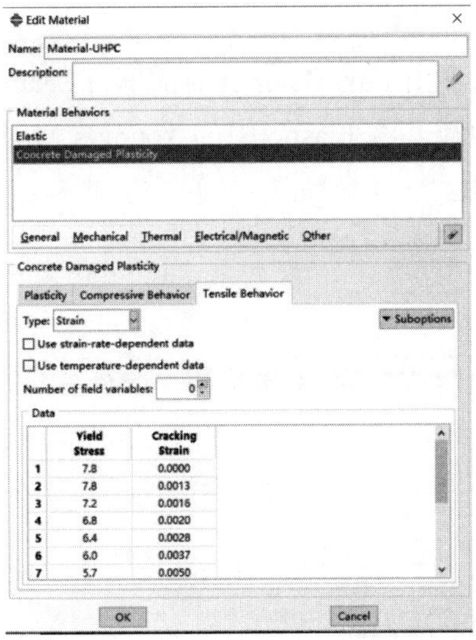

图 6-38　定义 UHPC 混凝土抗拉性能数值

表 6-2　UHPC 混凝土受压时的应力-应变数据

应力/MPa	应变/με	应力/MPa	应变/με	应力/MPa	应变/με
105.6	0.000 0	110.1	0.007 2	63.6	0.015 2
118.9	0.000 6	105.4	0.007 8	61.3	0.015 7
128.6	0.000 9	100.8	0.008 5	59.1	0.016 3
135.1	0.001 3	96.5	0.009 1	57.0	0.016 9
138.6	0.001 7	92.3	0.009 7	55.0	0.017 5
139.6	0.002 2	88.4	0.010 3	53.1	0.018 1
138.7	0.002 8	84.6	0.010 9	51.3	0.018 6
136.4	0.003 4	81.1	0.011 6	49.7	0.019 2
133.0	0.004 0	77.7	0.012 2	48.1	0.019 8
128.9	0.004 6	74.6	0.012 8	46.5	0.020 3
124.4	0.005 3	71.6	0.013 4	34.9	0.026 0
119.7	0.005 9	68.8	0.014 0	27.4	0.031 5
114.9	0.006 5	66.1	0.014 6		

表 6-3　UHPC 混凝土受拉时的应力-应变数据

应力/MPa	应变/με	应力/MPa	应变/με	应力/MPa	应变/με
7.8	0.000 0	6.0	0.003 7	4.7	0.012 4
7.8	0.001 3	5.7	0.005 0	4.5	0.014 9
7.2	0.001 6	5.4	0.006 4	4.3	0.017 6
6.8	0.002 0	5.2	0.008 2	4.2	0.020 6
6.4	0.002 8	4.9	0.010 2	4.0	0.023 8

3)端板和加载块

点击左侧工具区中的，弹出 Edit Material 对话框，在 Name 处输入 Material-Plate。

本例中端板被视作刚性板。将 Elastic 中的 Young's Modulus 设为 210 000，Poisson's Ratio 设为 0.3，如图 6-39 所示。

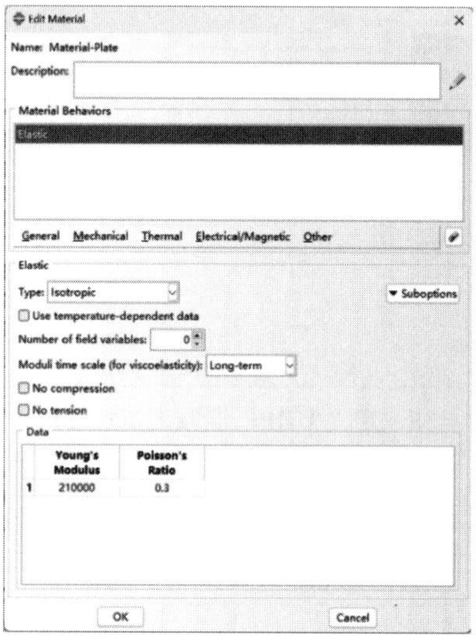

图 6-39　定义端板和加载块弹性

2. 创建截面特性

材料属性设置完成后，需要创建截面，并赋予截面相应的材料属性。

点击左侧工具区中的，弹出 Create Section 对话框。在对话框中的 Name 处输入 Section-Q690，Category 处选择 Solid，Type 处选择 Homogeneous，如图 6-40 所示。点击 Continue，弹出如图 6-41 所示的对话框。Material 处选择 Material-Q690，点击 OK，完成钢管截面的创建。仿照上述操作，可完成混凝土芯、端板和加载块截面的创建，如图 6-42 至图 6-45 所示。

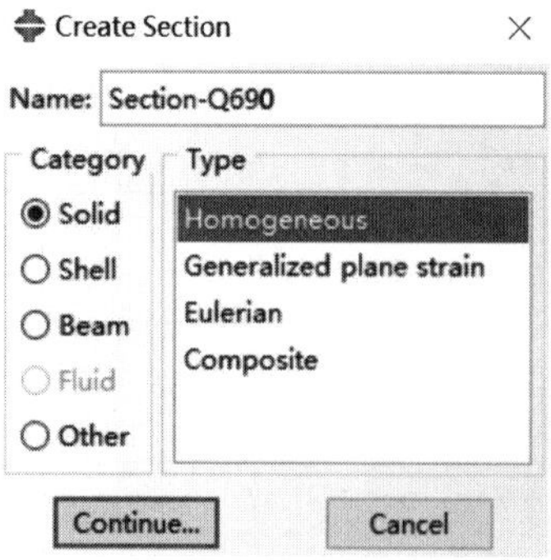

图 6-40　在 Create Section 对话框中定义 Q690

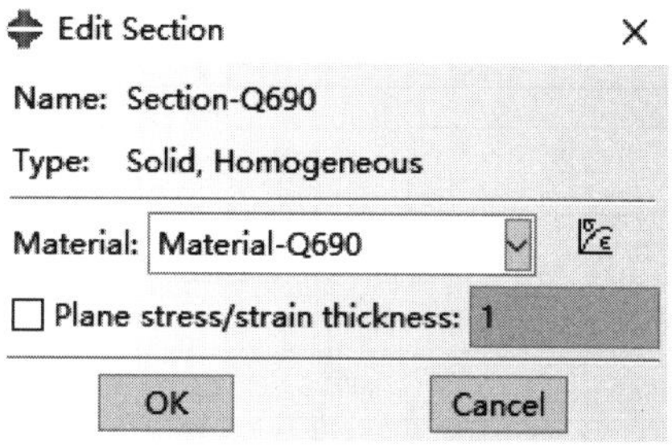

图 6-41　选择材料 Q690

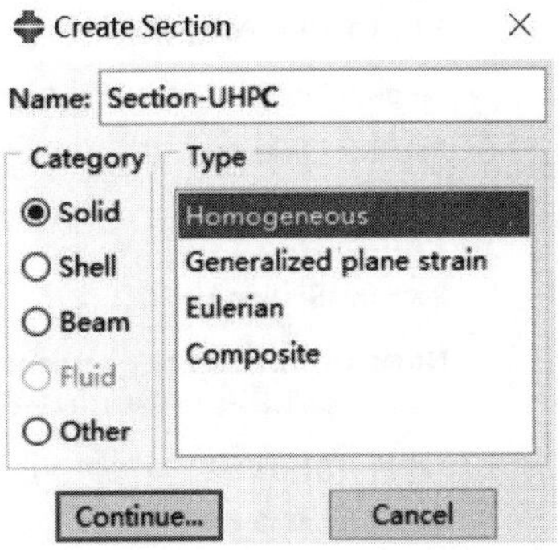

图 6-42　在 Create Section 对话框中定义 UHPC

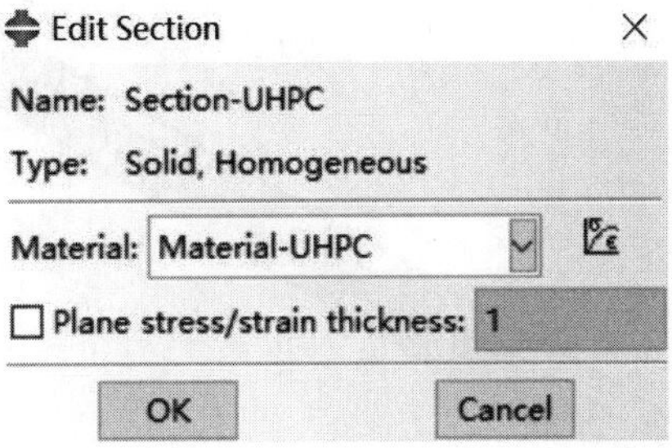

图 6-43　选择材料 UHPC

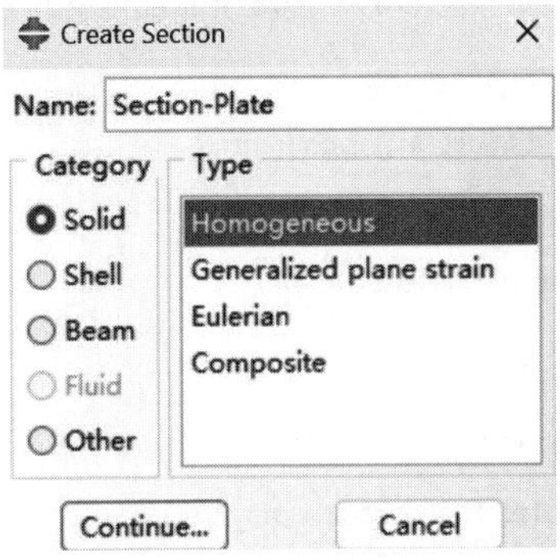

图 6-44　在 Create Section 对话框中定义 Plate

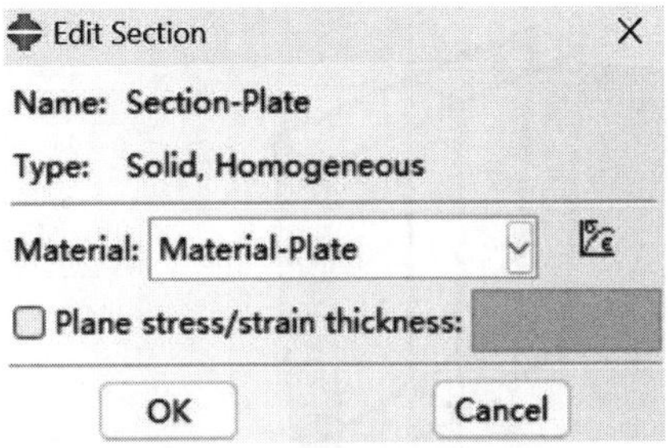

图 6-45　选择材料 Plate

3. 赋予截面特性

截面创建完成后，需要将截面赋予对应的部件。

点击左侧工具区中的，在视图区用鼠标拖曳选择整个钢管的模型，如图 6-46 所示，点击下方的 Done，弹出如图 6-47 所示的对话框。Section 处选择 Section-Q690，点击 OK，完成钢管截面特性的分配。混凝土芯、端板和加载块的材料属性赋予步骤与钢管相同，重复上述操作即可，如图 6-48 至图 6-53 所示。

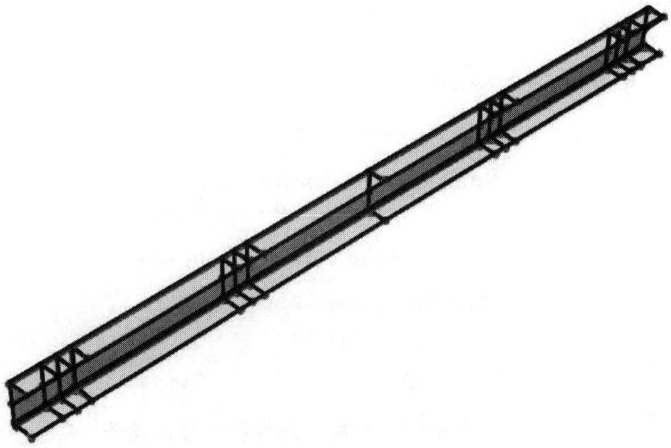

图 6-46　选择钢管部件

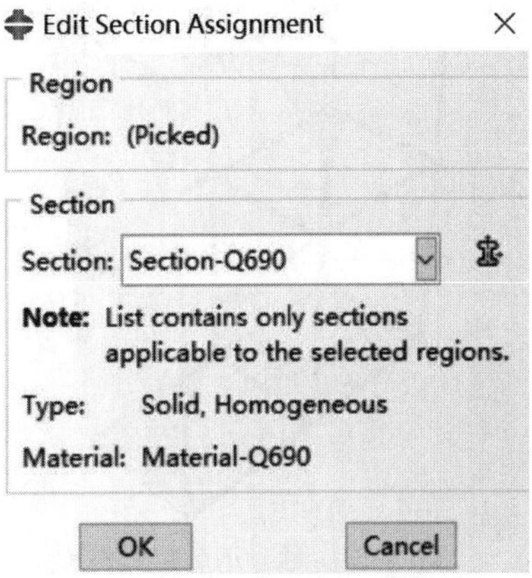

图 6-47　钢管部件材料属性赋予

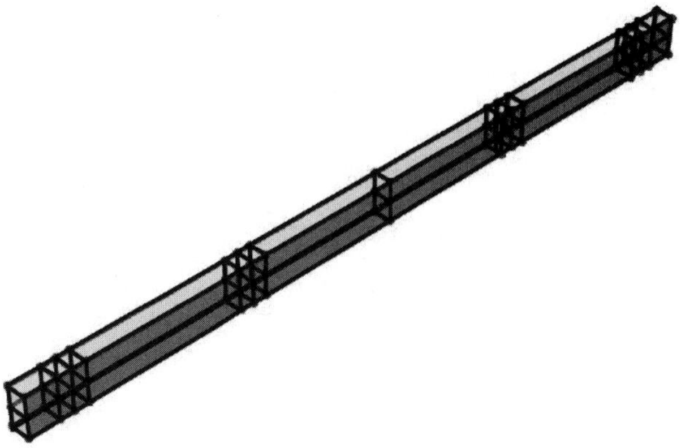

图 6-48 选择混凝土芯部件

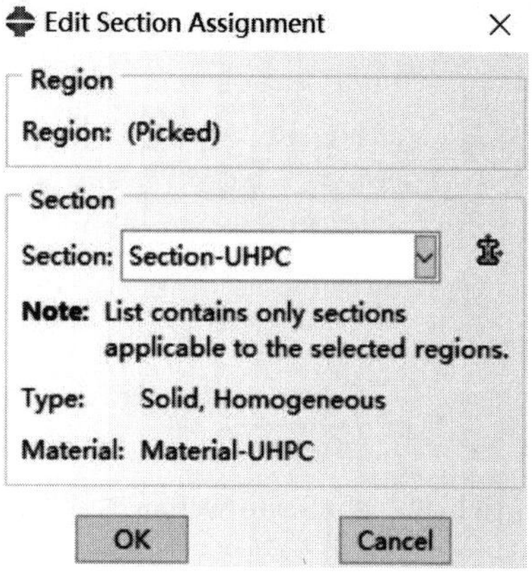

图 6-49 混凝土芯部件材料属性赋予

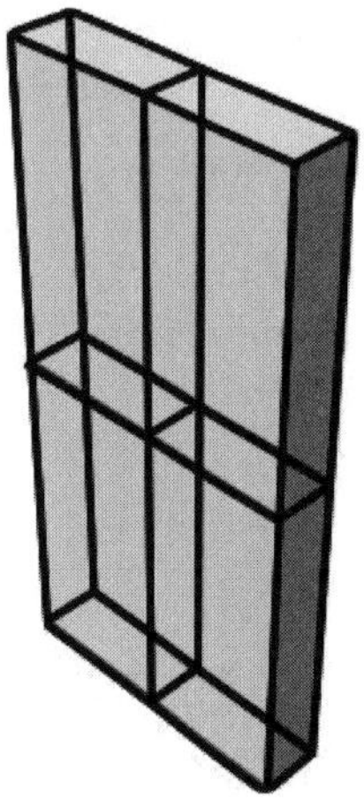

图 6-50 选择端板部件

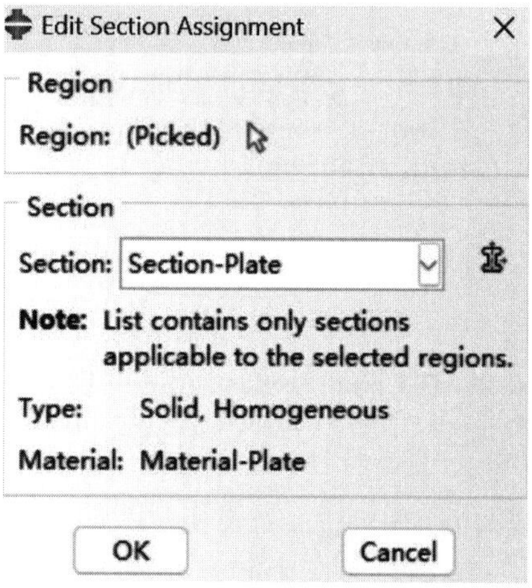

图 6-51 端板部件材料属性赋予

图 6-52 选择加载块部件

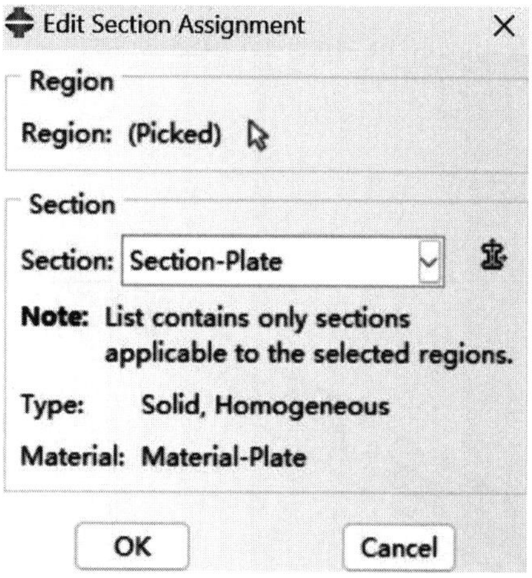

图 6-53 加载块部件材料属性赋予

6.3.3　定义装配件(Assembly)

在环境栏的 Module 列表中选择 Assembly，进入 Assembly 模块，如图 6-54 所示。在 Assembly 模块中可以组装各个部件，形成整体模型。

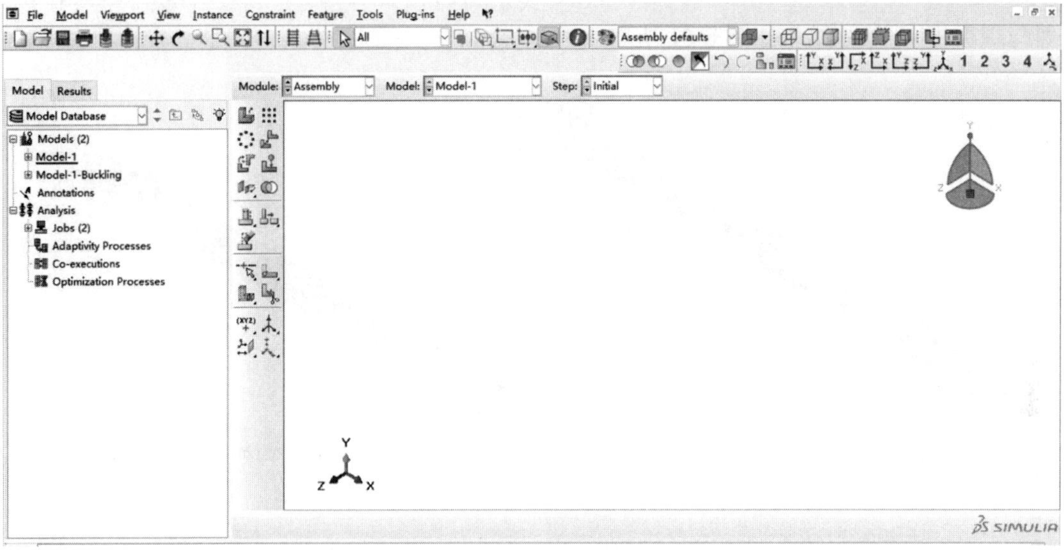

图 6-54　Assembly 模块

点击左侧工具区中的，弹出 Create Instance 对话框。选择 Concrete、End-Plate、Load-Plate、Steel-Tube(按住 Ctrl 键即可进行多选)，Instance Type 选择 Dependent(mesh on part)，如图 6-55 所示，点击 OK，视图区显示零部件，如图 6-56 所示。

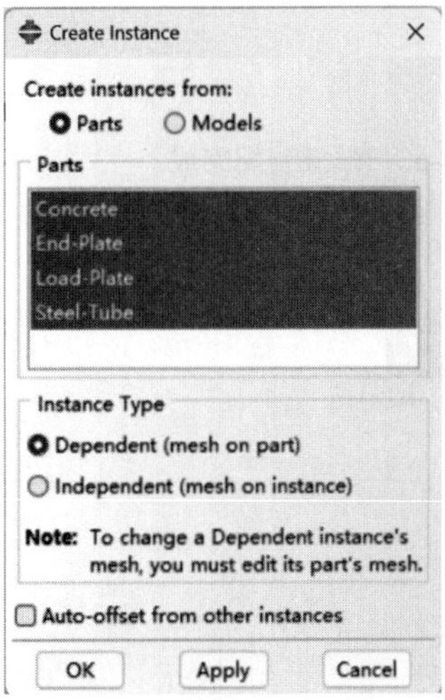

图 6-55　Create Instance 对话框

图 6-56　显示零部件

若导入的零部件有重合或错位的情况，可点击左侧工具区中的(移动工具)和(旋转工具)，将零部件移动至正确位置，完成模型的初步组装，如图 6-57 所示。

本例中,两块端板和四个加载块可以使用 Linear Pattern 命令快速组装。以端板为例,点击左侧工具区中的,然后在视图区选中端板,如图 6-58 所示,点击鼠标中键或 Done 确认,弹出 Linear Pattern 对话框,如图 6-59 所示。按图 6-59 所示,将 Direction 1 下的 Number 和 Offset 改为 2 及 2 225, Direction 2 下的 Number 改为 1,点击 Direction 1 下的箭头图标并在视图区选择阵列方向,点击 OK 进行确认,完成端板的阵列,如图 6-60 所示。加载块的阵列与端板相同,最终结果如图 6-61 所示。

图 6-57　调整零部件位置

图 6-58　阵列端板

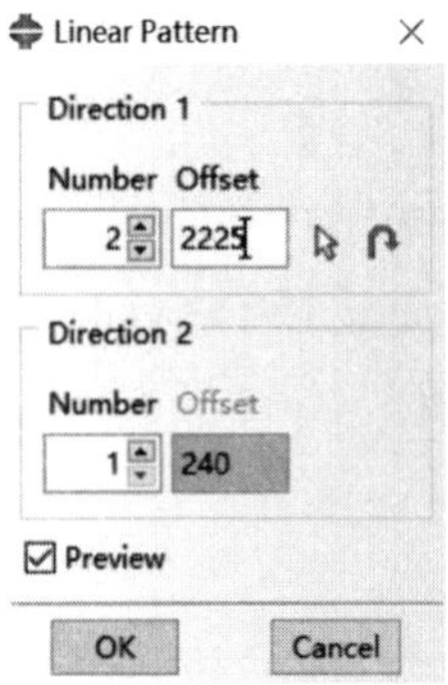

图 6-59　Linear Pattern 对话框

图 6-60　端板装配完成

图 6-61　钢管混凝土梁装配完成

6.3.4　设置分析步(Step)

在环境栏的 Module 列表中选择 Step,进入 Step 模块,如图 6-62 所示。在 Step 模块中可以设置分析步和变量输出要求。

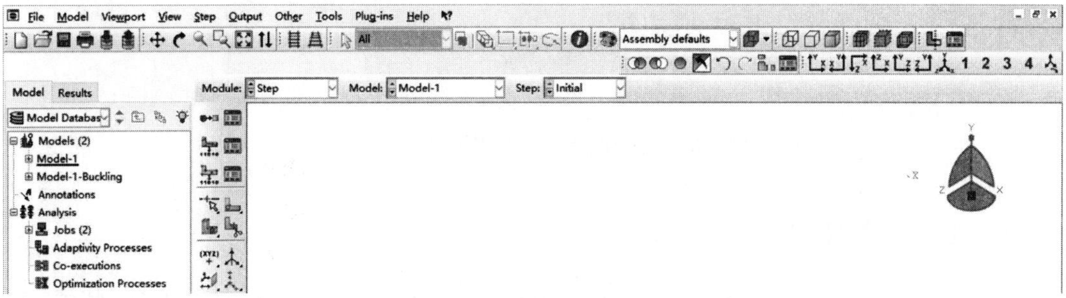

图 6-62　Step 模块

点击左侧工具区中的 ,弹出 Create Step 对话框。Procedure type 处选择 General,细分项中选择 Static, General,如图 6-63 所示,点击 Continue,进入 Edit Step 对话框。在 Edit Step 对话框中的 Basic 标签页下将 Nlgeom 设为 On,其余保持默认设置,如图 6-64 所示,在 Incrementation 标签页下按图 6-65 所示设置 Maximum number of increments 和 Increment size,完成后点击 OK 确认。

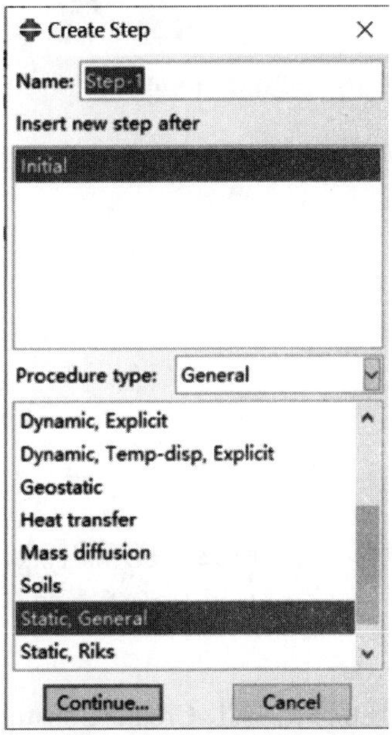

图 6-63　Create Step 对话框

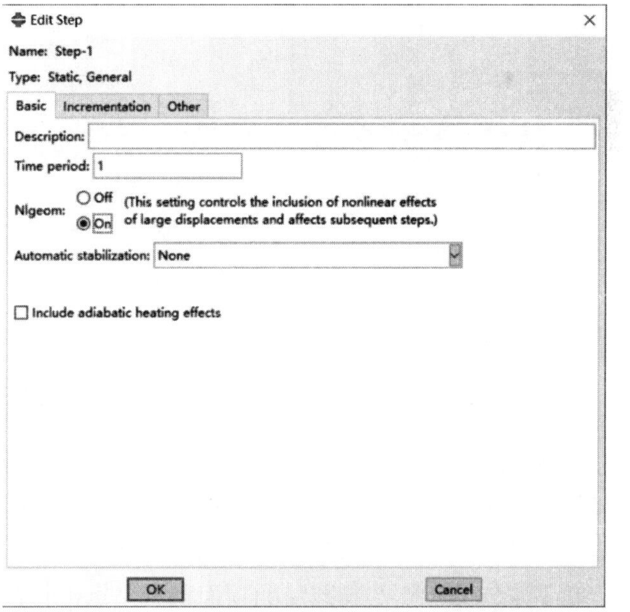

图 6-64　在 Edit Step 对话框中打开几何非线性

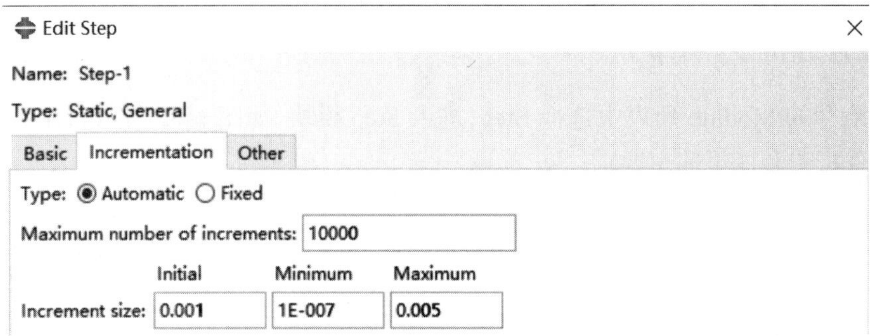

图 6-65 在 Edit Step 对话框中定义增量步

6.3.5 定义相互作用(Interaction)

在环境栏的 Module 列表中选择 Interaction,进入 Interaction 模块,如图 6-66 所示。在 Interaction 模块中可以设置模型中各个部分的相互作用和约束。为方便设置约束,首先设置四个参考点(RP-1、RP-2、RP-3、RP-4),并使参考点与加载块表面耦合。

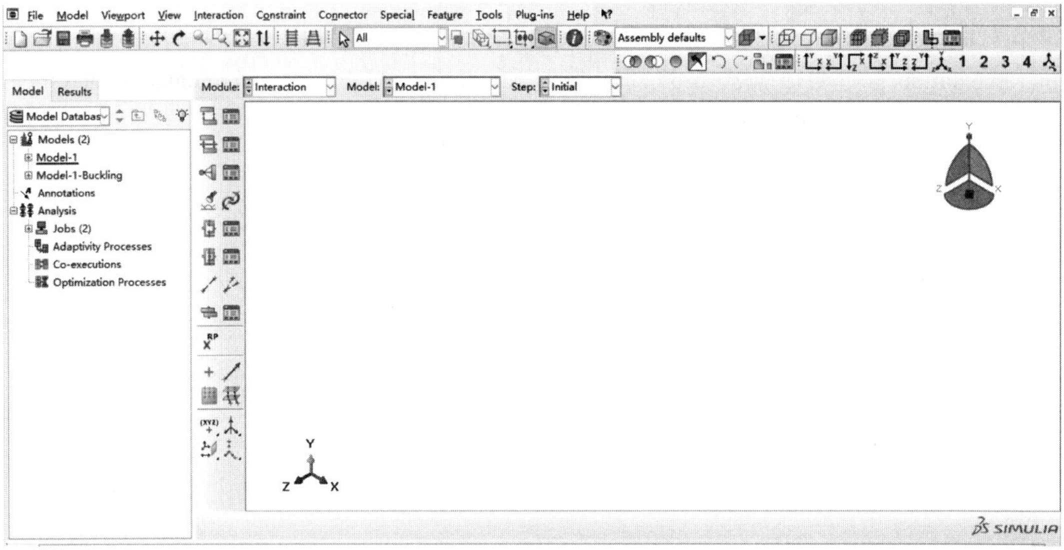

图 6-66 Interaction 模块

长按左侧工具区中的 (创建基准点),点击 (从一点偏移),选择加载块顶部中点,输入坐标(0,40,0)或(0,-40,0),创建四个基准点。点击左侧工具区中的 ,依次点击四个基准点,完成参考点设置,如图 6-67 所示。

接下来使参考点与加载块的顶面耦合。点击左侧工具区的 ,弹出 Create Constraint 对话框。在对话框中的 Name 处输入 Constraint-RP1, Type 处选择 Coupling,如图 6-68 所示,单击 Continue。在视图区首先用鼠标选中控制点 RP-1,按回车键确认,如图 6-69 所示。点击界面左下角的 Surface ,之后在视图区选中加载块顶面,如图 6-70 所示,按回车键确认,弹出 Edit Constraint 对话框。在 Edit Constraint 对话框中将 Coupling type 设置为 Kinematic,其余保持默认设置,如图 6-71 所示,点击 OK 确认,完成参考点 1(RP-1)与加载块顶面的耦合，如图 6-72 所示。重复上述操作完成参考点 2（RP-2）、参考点 3（RP-3）、参考点 4（RP-4）与加载块顶面的耦合。

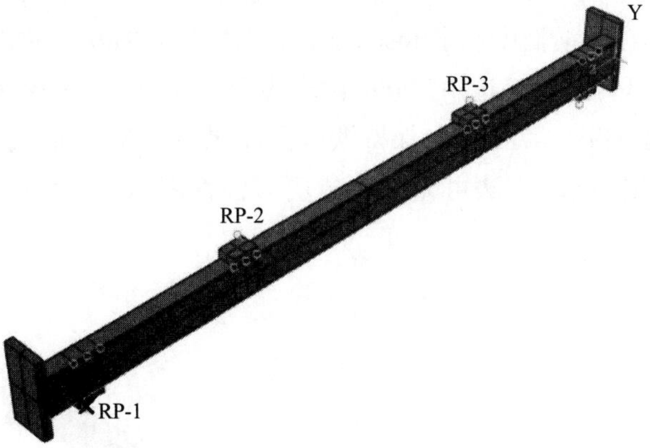

图 6-67　创建参考点

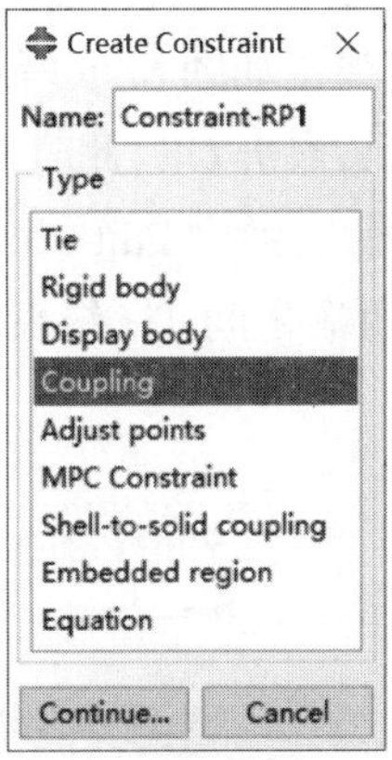

图 6-68　Create Constraint 对话框

图 6-69　选择 RP-1

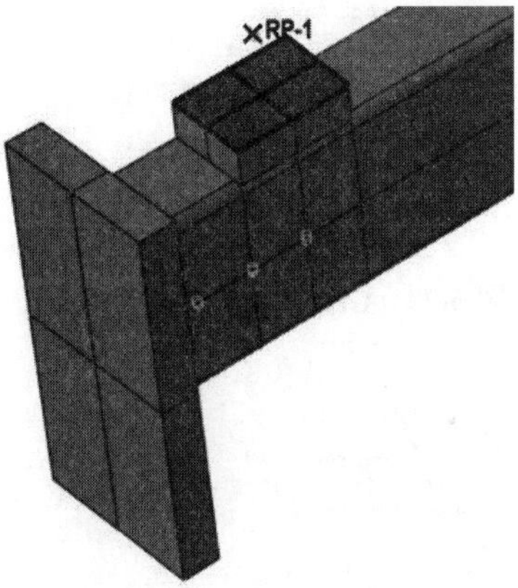

图 6-70　选择加载块顶面

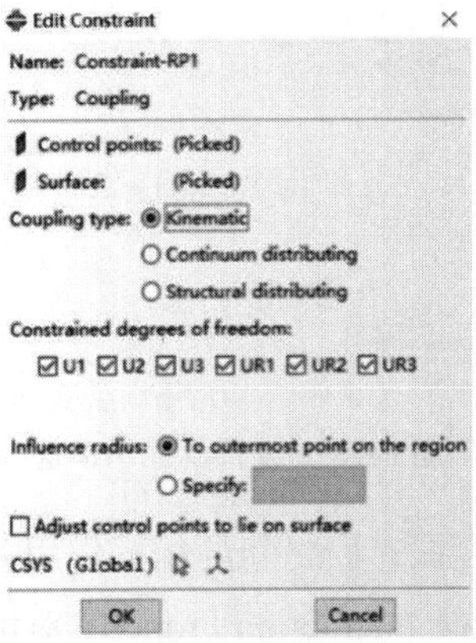

图 6-71　Edit Constraint 对话框

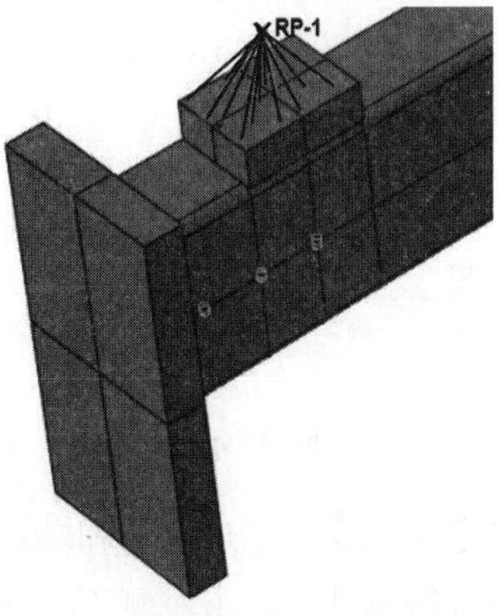

图 6-72　RP-1 与加载块耦合完成

在钢管部件与端板、加载块部件之间设置 Tie 约束，以模拟钢管与端板、加载块间的相互作用。点击左侧工具区中的 ，弹出 Create Constraint 对话框。在对话框中的 Name 处输入 Constraint-End-Plate，Type 处选择 Tie，如图 6-73 所示，点击 Continue 继续。点击界面左下角的 Surface ，之后在视图区用鼠标点击端板内表面，按回车键确认，如图 6-74 所示。再次点击界面左下角的 Surface ，点击菜单栏中的 View 并在下拉列表中选择 Assembly Display Options，弹出如图 6-75 所示的对话框。在对话框中点击 Instance，仅勾选 Steel-Tube-1，如图 6-76 所示，点击 OK，此时视图区仅钢管部件可见。选中钢管的两端表面，如图 6-77 所示，按回车键确认，弹出 Edit Constraint 对话框，如图 6-78 所示，保持默认设置，点击 OK，完成端板与钢管两端之间 Tie 约束的设置。按照同样的方法可完成加载块与钢管之间 Tie 约束的设置。

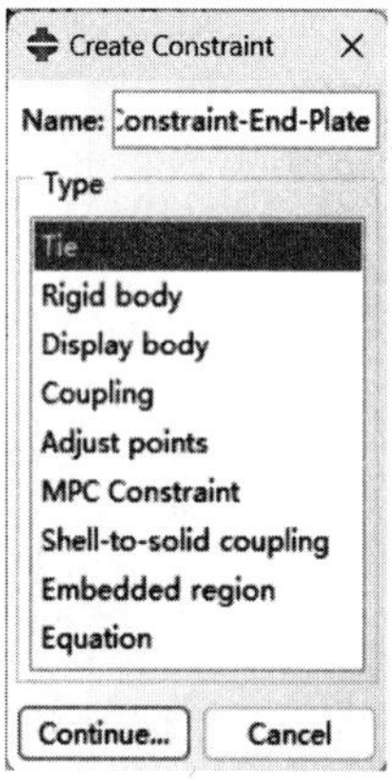

图 6-73 Create Constraint 对话框

图 6-74 选择端板内表面

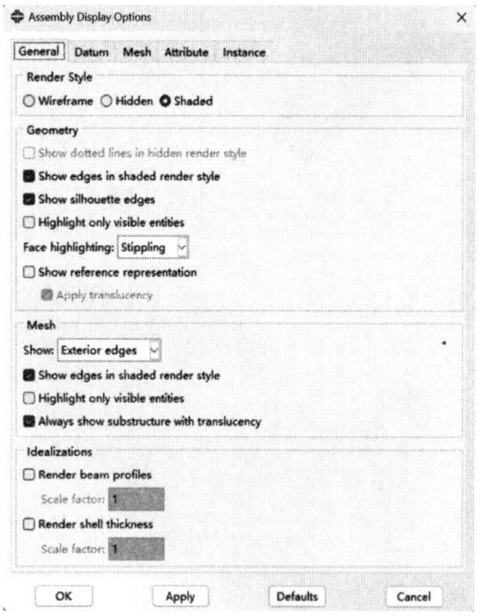

图 6-75 Assembly Display Options 对话框

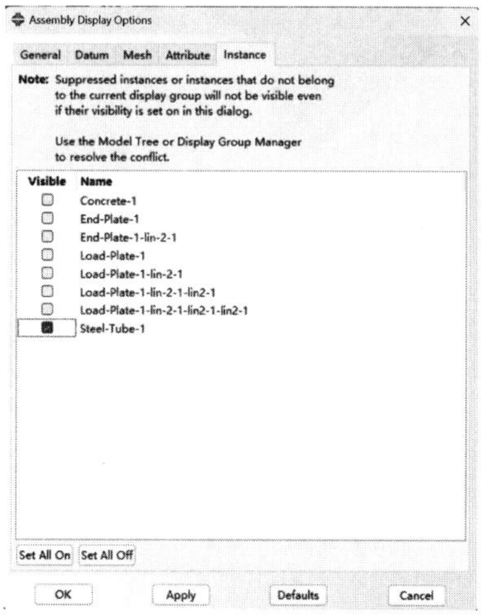

图 6-76 设置仅显示钢管

通过定义混凝土芯与钢管和端板间的接触行为来模拟它们之间的相互作用关系。首先需要设置接触属性。点击左侧工具区中的 ，弹出 Create Interaction Property 对话框。在对话框中的 Name 处输入 IntProp-Steel-Concrete，Type 处选择 Contact，如图 6-79 所示，点击 Continue，弹出 Edit Contact Property 对话框，如图 6-80 所示。在对话框中点击 Mechanical，在下拉列表中选择 Tangential Behavior，Friction formulation 处改选为 Penalty，在下方的 Friction Coeff 处输入摩擦系数 0.6，如图 6-81 所示。再次在对话框中点击 Mechanical，在下拉列表中选择 Normal Behavior 并保持默认设置，如图 6-82 所示。点击 OK 确认，完成接触属性的设置。

图 6-77　选择钢管两端截面

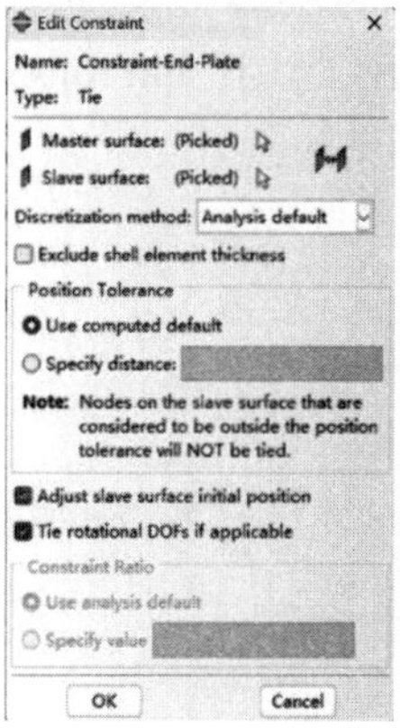

图 6-78　Edit Constraint 对话框

图 6-79　Create Interaction Property 对话框

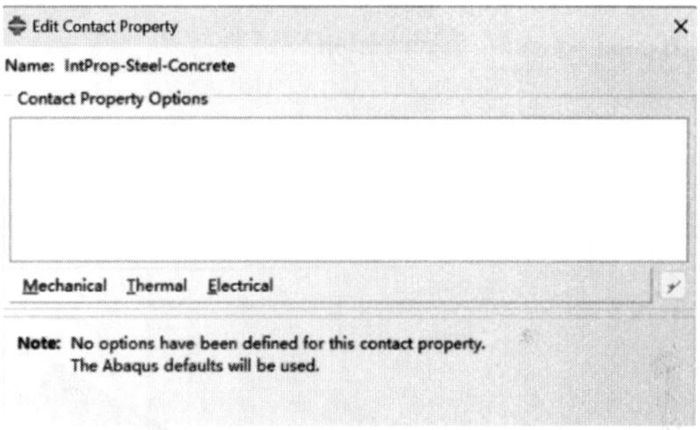

图 6-80　Edit Interaction Property 对话框

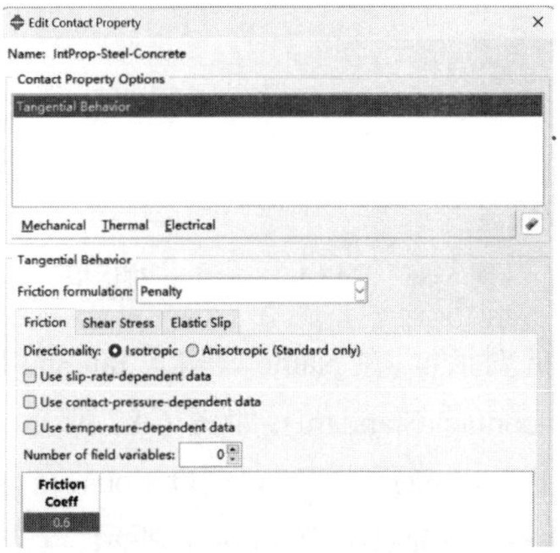

图 6-81　定义切向行为

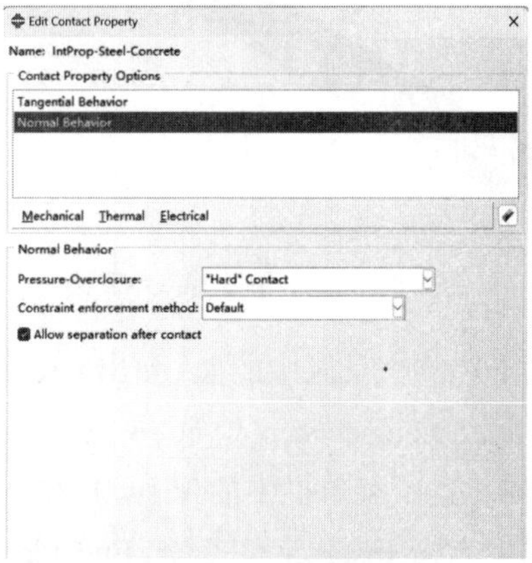

图 6-82　定义法向行为

点击左侧工具区中的 ，弹出 Create Interaction 对话框。在对话框中的 Name 处输入 Int-Steel-Tube-Concrete，Types for Selected Step 处选择 Surface-to-surface-contact(Standard)，如图 6-83 所示，点击 Continue。点击菜单栏中的 View 并在下拉列表中选择 Assembly

Display Options。在弹出的对话框中点击 Instance，并仅勾选 Steel-Tube-1，点击 OK，此时视图区仅钢管部件可见，选中钢管的内表面，如图 6-84 所示，并按回车键确认。点击界面左下角的 Surface，按照同样的方法使视图区仅混凝土芯可见，选中混凝土芯的外表面（与钢管接触的面），如图 6-85 所示，按回车键确认，弹出 Edit Interaction 对话框，Contact Interaction Property 处选择 IntProp-Steel-Concrete，如图 6-86 所示，点击 OK，完成钢管与混凝土芯之间接触关系的设置。

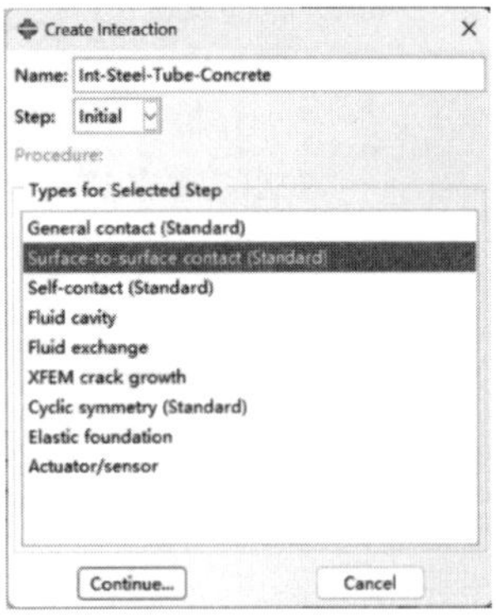

图 6-83　Create Interaction 对话框

图 6-84　选择钢管内表面

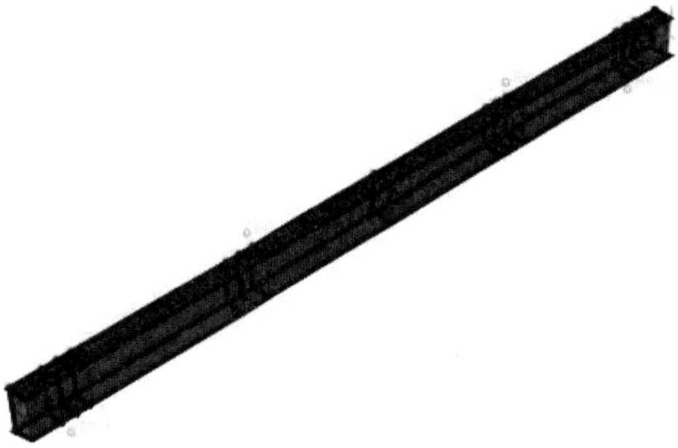

图 6-85　选择混凝土芯外表面

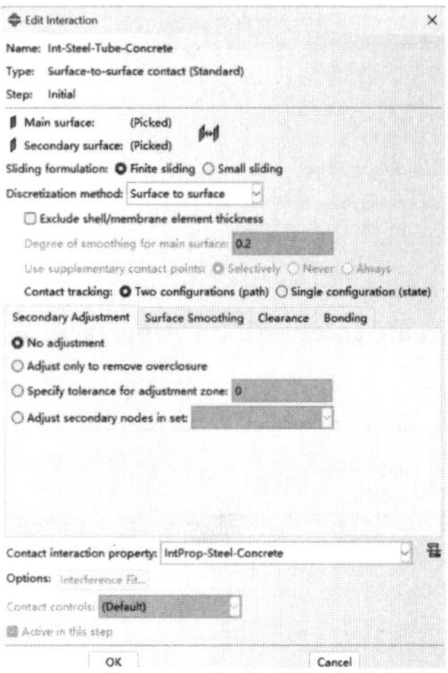

图 6-86　Edit Interaction 对话框

点击左侧工具区中的，弹出 Create Interaction 对话框，在 Name 处输入 Int-End-Plate，Types for Selected Step 处选择 Surface-to-surface-contact(Standard)，如图 6-87 所示，点击 Continue。点击菜单栏中的 View 并在下拉列表中选择 Assembly Display Options，在弹出的对话框中点击 Instance，并勾选 End-Plate-1 和 End-Plate-Lin-2-1，如图 6-88 所示，点击 OK，此时视图区仅端板可见，选中其内表面，如图 6-89 所示，按回车键确认。点击界面左下角的 Surface，按照同样的方法使视图区仅混凝土芯可见，选中混凝土芯两端截面，如图 6-90 所示，按回车键确认，弹出 Edit Interaction 对话框，Contact Interaction Property 处选择 IntProp-Steel-Concrete，如图 6-91 所示，点击 OK，完成端板与混凝土芯之间接触关系的设置。

依次点击菜单栏中的 Tools → Set → Create，在 Name 处输入 RP-2，点击点 RP-2。重复该操作，在 Name 处输入 RP-m，点击钢梁跨中边缘点，如图 6-92 所示。

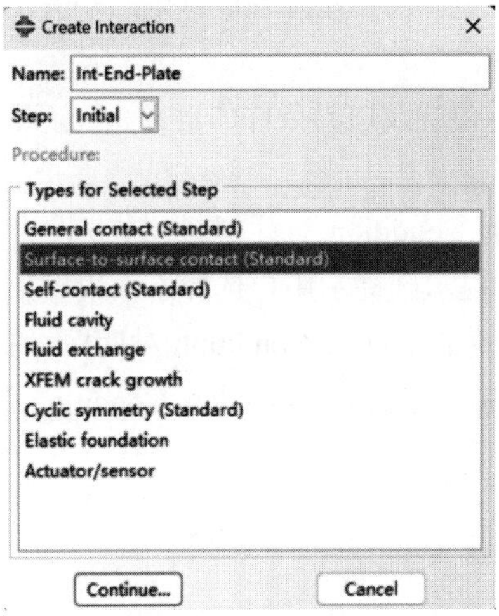

图 6-87　Create Interaction 对话框

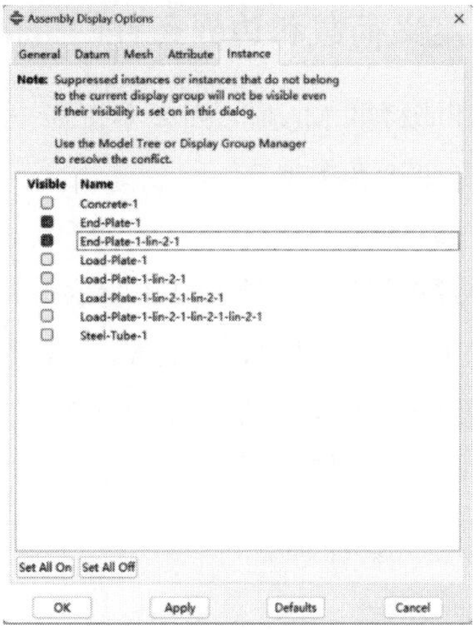

图 6-88　设置仅显示端板

图 6-89　选择端板内表面

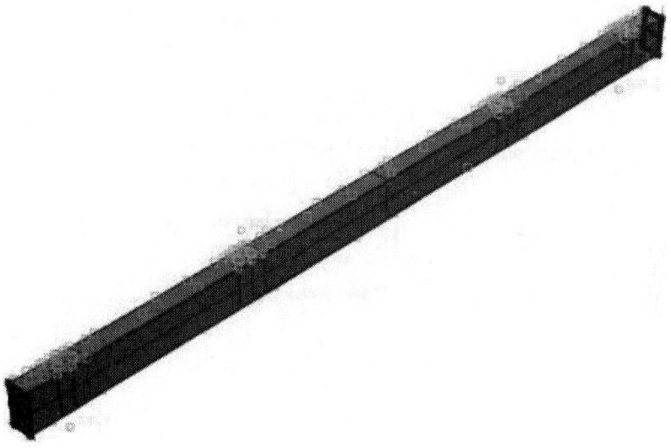

图 6-90　选择混凝土芯两端截面

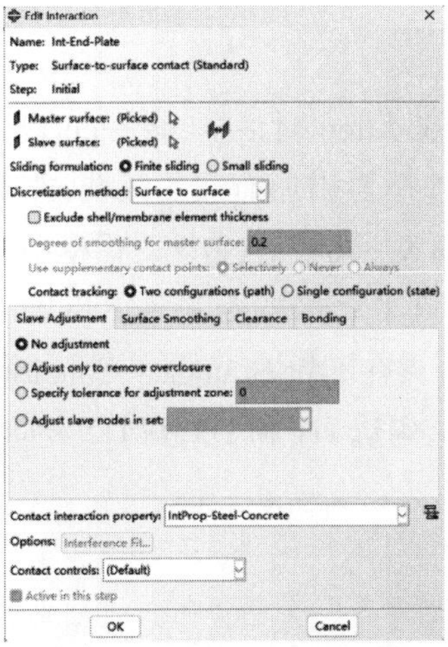

图 6-91　Edit Interaction 对话框

图 6-92　创建集合

6.4 荷载、边界条件、网格及初始缺陷

6.4.1 定义荷载和边界条件(Load)

在环境栏的 Module 列表中选择 Load 模块进行荷载及边界条件的定义。

1. 定义边界条件

点击左侧工具区中的 ，弹出 Create Boundary Condition 对话框，将 Step 设为 Initial，其余参数默认不变，如图 6-93 所示，点击 Continue，提示区提示用户选择添加边界条件的区域，选中 RP-1 和 RP-4，点击鼠标中键确认，弹出 Edit Boundary Condition 对话框，如图 6-94 所示，勾选 U1 和 U2，即添加简支边界条件，点击 OK，退出 Edit Boundary Condition 对话框，完成模型边界条件的定义。

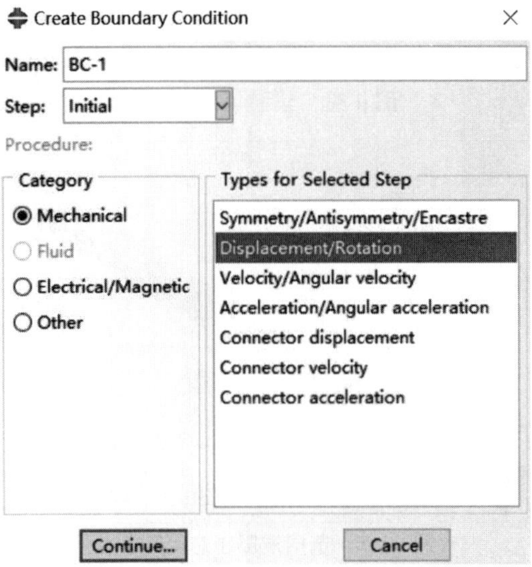

图 6-93 Create Boundary Condition 对话框

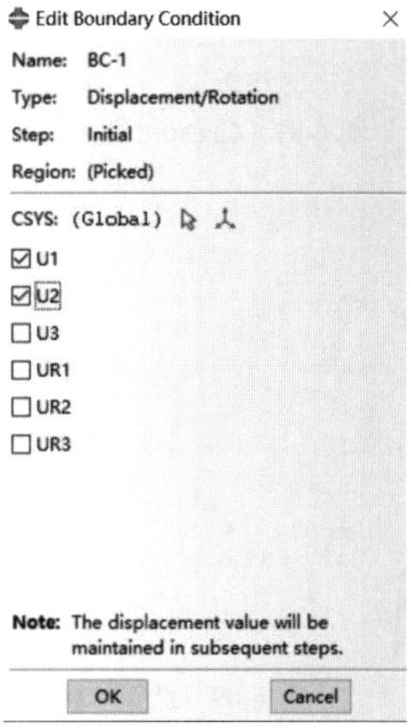

图 6-94 Edit Boundary Condition 对话框

2. 施加荷载

点击左侧工具区中的 ，弹出 Create Boundary Condition 对话框，将 Step 设为 Step-1，剩余参数默认不变，点击 Continue，提示区提示用户选择要添加荷载的区域，选中 RP-2 和 RP-3，点击鼠标中键确定，弹出 Edit Boundary Condition 对话框。点击该对话框中的 ，弹出 Create Amplitude 对话框，按图 6-95 所示创建 Amp-1，点击 Continue，进入 Edit Amplitude 对话框，如图 6-96 所示，进行 Amp-1 的设置，点击 OK。再在 Edit Boundary Condition 对话框中的 Amplitude 的下拉选项中将加载制度选为 Amp-1，勾选 U1 和 U3，在 U2 方向施加位移荷载(-150)，如图 6-97 所示。

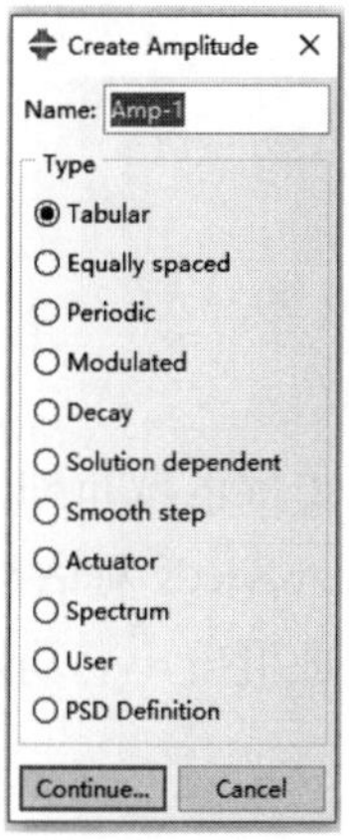

图 6-95　Create Amplitude 对话框

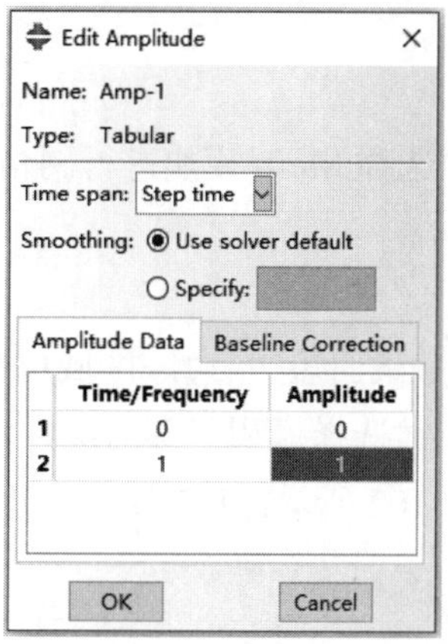

图 6-96　Edit Amplitude 对话框

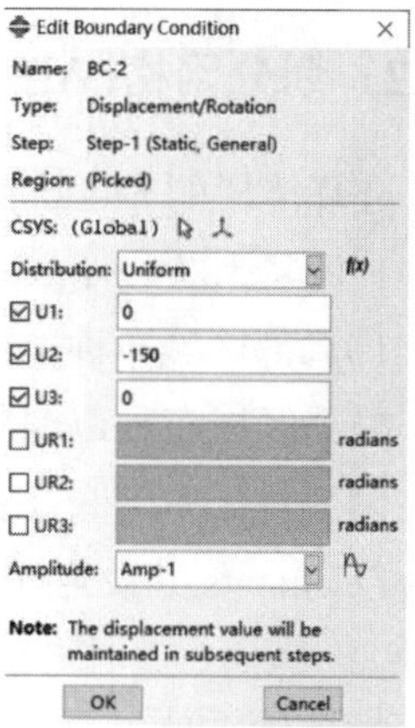

图 6-97　定义位移加载大小与方向

3. 设置对称面约束

点击左侧工具区中的 ，弹出 Create Boundary Condition 对话框，将 Step 设为 Initial，选择 Symmetry/Antisymmetry/Encastre，如图 6-98 所示，点击 Continue，提示区提示用户选择添加边界条件的区域，选中如图 6-99 所示的区域，点击鼠标中键确认，弹出 Edit Boundary Condition 对话框，如图 6-100 所示，选中 XSYMM（U1=UR2=UR3=0），点击 OK，退出 Edit Boundary Condition 对话框，完成对称面约束的设置，如图 6-101 所示。

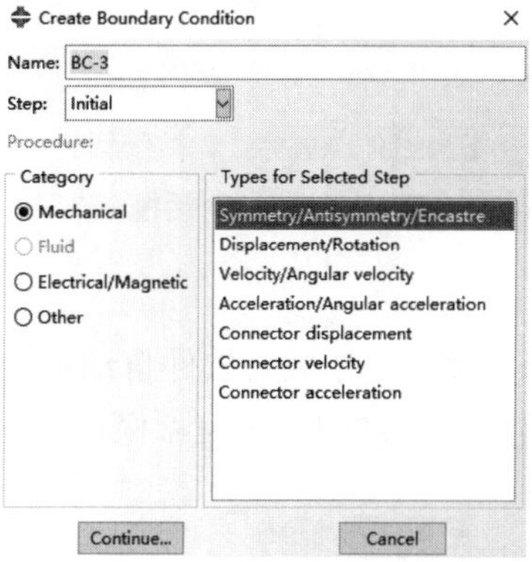

图 6-98　Create Boundary Condition 对话框

图 6-99　选择对称面

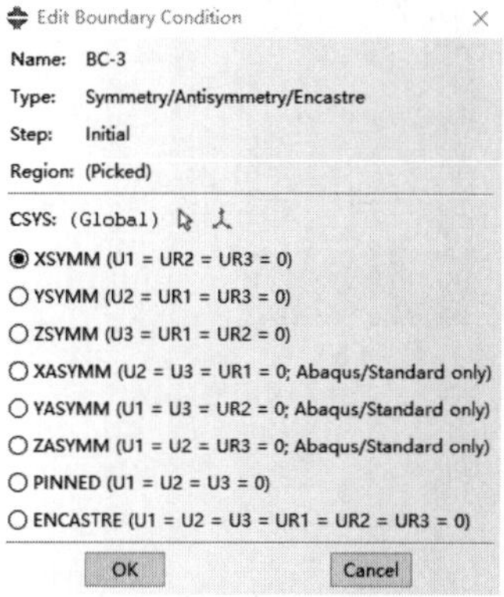

图 6-100　选择 XSYMM

图 6-101　完成对称面边界定义

6.4.2 划分网格(Mesh)

在环境栏的 Module 列表中选择 Mesh 模块进行网格的定义。

1. 混凝土芯构件(Concrete)

1)局部区域布种

局部区域布种以混凝土芯横截面短边、边缘区域层数和横截面角部区域布种为例。点击左侧工具区中的，用鼠标左键选择模型局部对应区域，弹出 Local Seeds 对话框。Number of elements 处设为 4，如图 6-102 所示，点击 OK 关闭对话框。完成混凝土芯局部区域的布种。

2)整体布种

点击左侧工具区中的，用鼠标左键框选模型，弹出 Global Seeds 对话框，将 Approximate global size 设为 20，其余参数默认不变，如图 6-103 所示，点击 OK，退出 Global Seeds 对话框。

图 6-102　Load Seeds 对话框

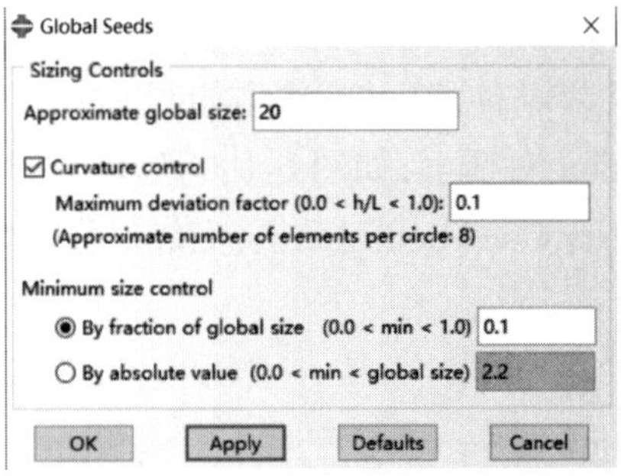

图 6-103　Global Seeds 对话框

3)划分网格

点击左侧工具区中的，提示区提示是否为部件划分网格，点击 Yes，软件自动划分网格。此时绘图区的模型会变为绿色，并且所划分的网格会显示在模型上，如图 6-104 所示。

(a)　(b)

图 6-104　混凝土芯部件网格划分

(a)混凝土芯部件网格　(b)端部网格划分详图

2. 钢管构件(Steel-Tube)

钢管部分的网格划分与混凝土芯部分相同，将 Approximate global size 设为 20，网格划分结果如图 6-105 所示。

（a）　（b）

图 6-105　钢管部件网格划分

（a）钢管部件网格　（b）端部网格划分详图

3. 加载块（Load-Plate）

加载块部分采用整体划分，点击左侧工具区中的，用鼠标左键框选模型，弹出 Global Seeds 对话框，将 Approximate global size 设为 15，其余参数默认不变，如图 6-106 所示，点击 OK，退出 Global Seeds 对话框。

点击左侧工具区中的，提示区提示是否为部件划分网格，点击 Yes，软件自动划分网格。此时绘图区的模型会变为绿色，并且所划分的网格会显示在模型上，如图 6-107 所示。

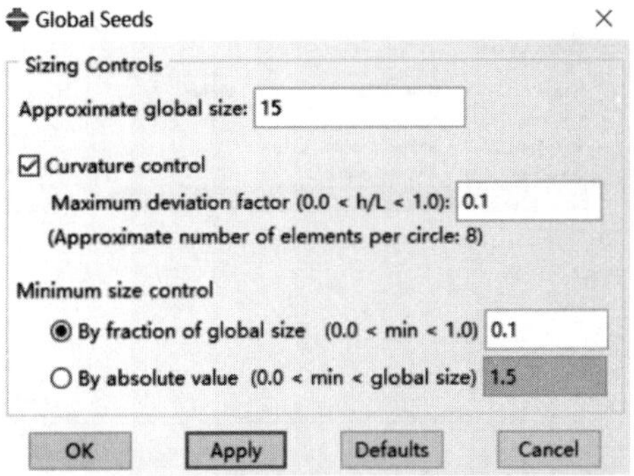

图 6-106　Global Seeds 对话框

图 6-107　加载块部件网格划分

4. 端板（End-Plate）

端板短边部分需进行区域布种。点击左侧工具区中的，用鼠标左键选择模型局部对应区域，弹出 Local Seeds 对话框，将 Number of elements 设为 2，点击 OK，关闭对话框，完成端板局部区域的布种。然后进行整体划分。点击左侧工具区中的，用鼠标左键框选模型，弹出 Global Seeds 对话框，在 Approximate global size 处输入 20，其余参数默认不变，点击 OK，退出 Global Seeds 对话框。

点击左侧工具区中的，提示区提示是否为部件划分网格，点击 Yes，软件自动划分网格。此时绘图区的模型会变为绿色，并且所划分的网格会显示在模型上，如图 6-108 所示。

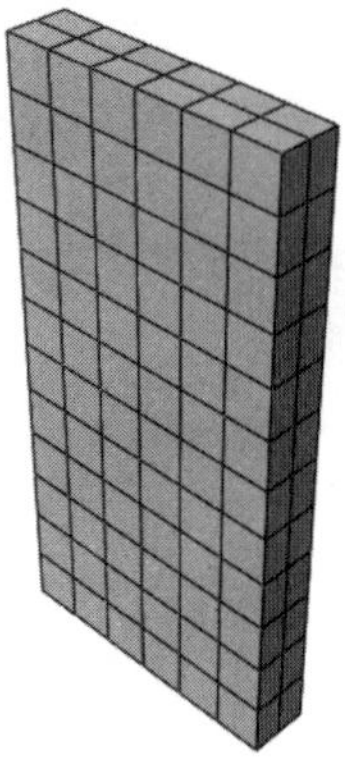

图 6-108 端板部件网格划分

6.4.3 初始缺陷（Imperfection）

用鼠标右键点击模型树中的 Model-1，选择 Copy Model，如图 6-109 所示。在弹出 Copy Model 对话框中，输入 Model-1-Buckling，如图 6-110 所示，点击 OK，关闭对话框。在环境栏的 Module 列表中选择 Part，点击左侧工具区中的，弹出 Part Manager 对话框，如图 6-111 所示。选择 Concrete、End-Plate 和 Load-Plate（按住 Ctrl 键进行多选），点击 Delete，弹出 Abaqus/CAE 对话框后单击 Yes，删除 Concrete、End-Plate 和 Load-Plate 部件，只保留 Steel-Tube 部件。

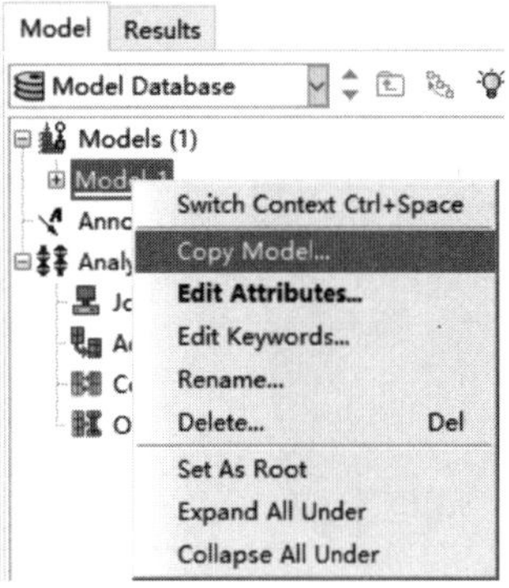

图 6-109 复制模型

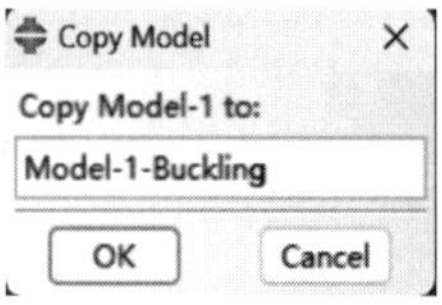

图 6-110 为模型命名

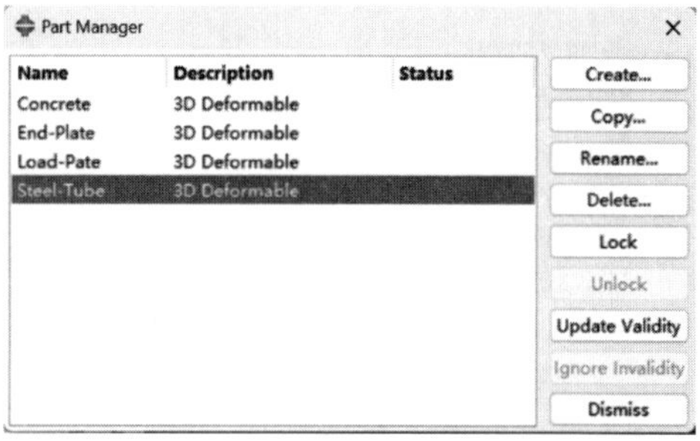

图 6-111 Part Manager 对话框

在环境栏的 Module 列表中选择 Step，点击左侧工具区右侧的，弹出 Step Manager 对话框，如图 6-112 所示。点击 Replace，弹出 Replace Step 对话框，如图 6-113 所示。点击 New procedure type: General 右侧的下拉箭头，选择 Linear perturbation，选择 Buckle，如图 6-114 所示，点击 Continue，进入 Edit Step 对话框，如图 6-115 所示，在 Number of eigenvalues requested 处输入 1，在 Vectors used per iteration 处输入 2，在 Max number of iterations 处输入 300，如图 6-116 所示，点击 OK。

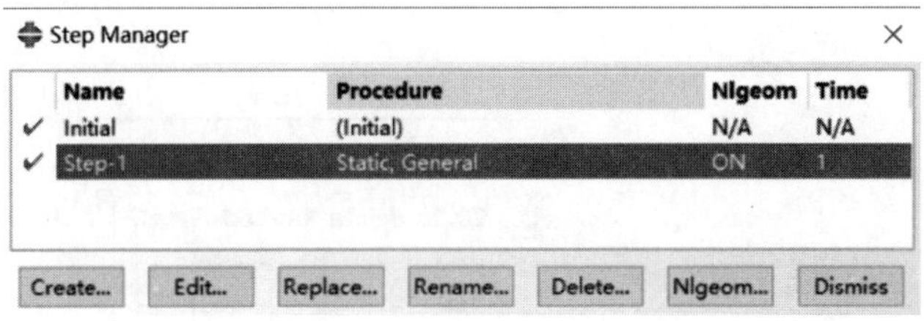

图 6-112　Step Manager 对话框

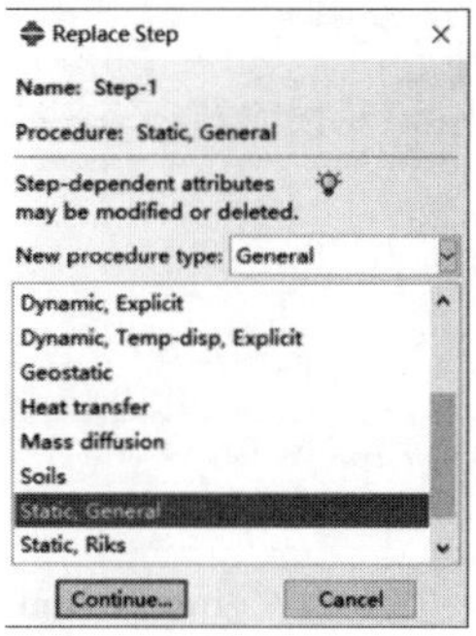

图 6-113　Replace Step 对话框

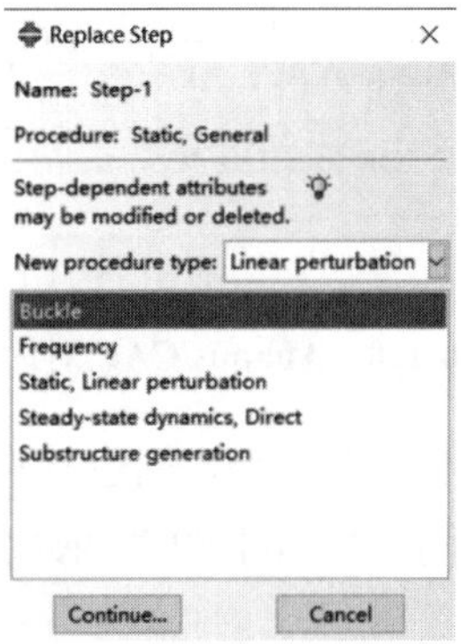

图 6-114　选择 Buckle

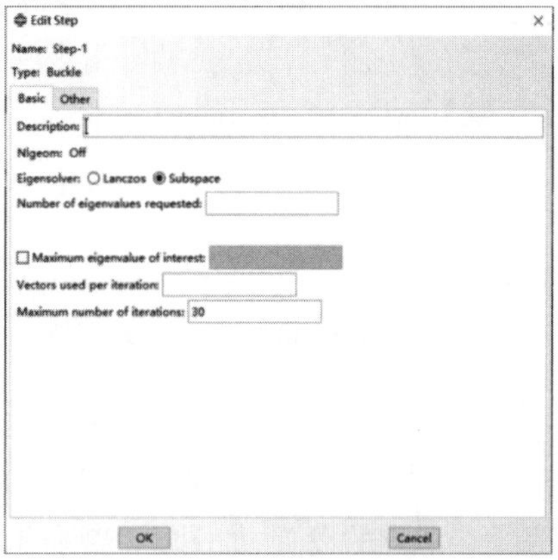

图 6-115　Edit Step 对话框

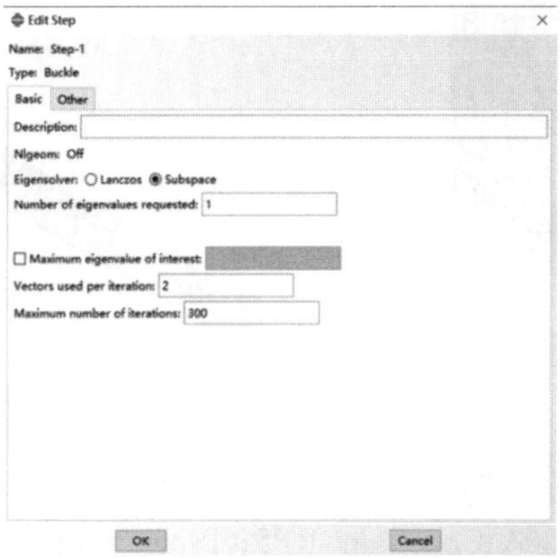

图 6-116　在 Edit Step 对话框中进行相关设置

在环境栏的 Module 列表中选择 Interaction，点击左侧工具区右侧的，弹出 Interaction Manager 对话框，如图 6-117 所示。点击 Delete，弹出 Abaqus/CAE 对话框，如图 6-118 所示，点击 Yes。重复该操作，删除所有相互作用。

点击左侧工具区右侧的，弹出 Constraint Manager 对话框，如图 6-119 所示。点击 Delete，弹出 Abaqus/CAE 对话框，如图 6-120 所示，点击 Yes。重复该操作，删除所有约束。

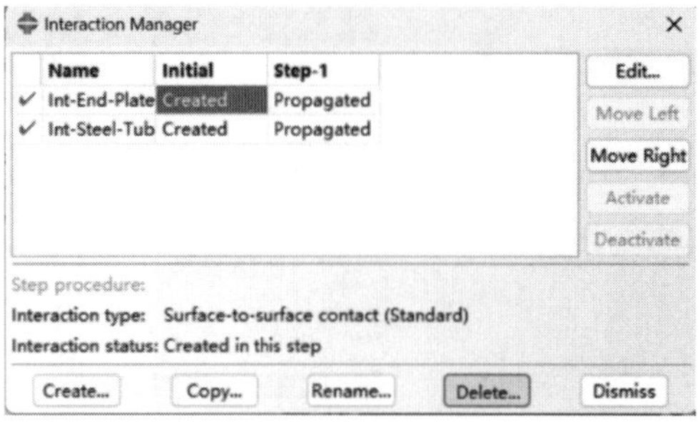

图 6-117 Interaction Manager 对话框

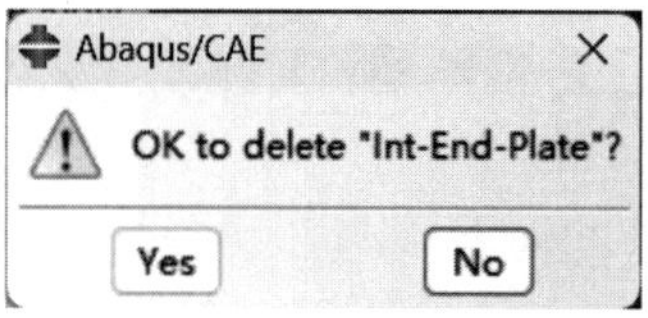

图 6-118 Abaqus/CAE 对话框

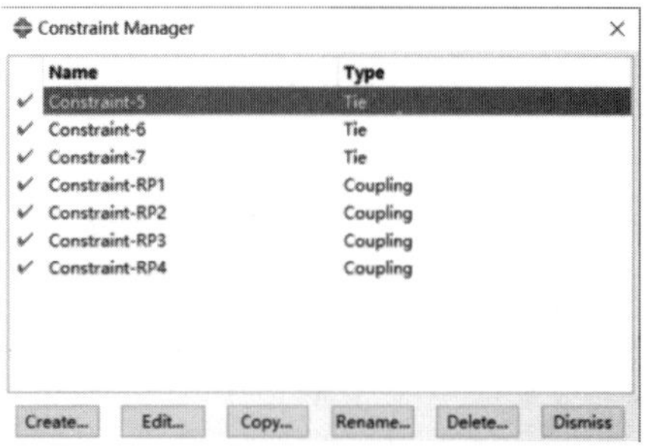

图 6-119 Constraint Manager 对话框

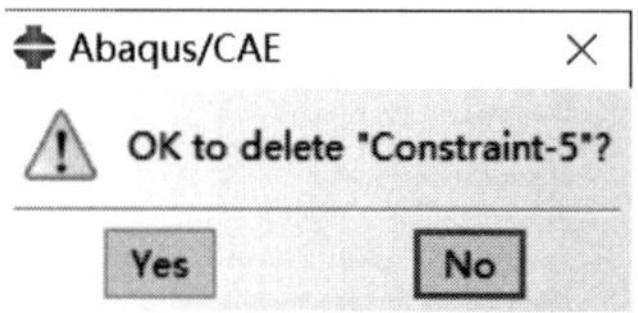

图 6-120 Abaqus/CAE 对话框

长按工具区中的 ，点击 ，选择钢管角部两点，如图 6-121 所示，创建基准点（RP-5）。重复该操作，在钢管另一端创建基准点（RP-6）。点击左侧工具区中的 ，依次点击两个基准点，完成参考点的设置，如图 6-122 所示。

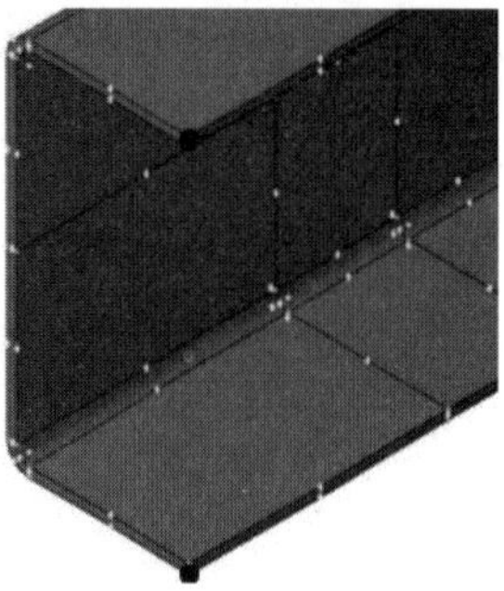

图 6-121 在两点间中点设置基准点

图 6-122 创建参考点

接下来使参考点与梁表面耦合。点击左侧工具区中的 ，弹出 Create Constraint 对话框。在对话框中的 Name 处输入 Constraint-RP5，Type 处选择 Coupling，如图 6-123 所示，点击 Continue。在视图区用鼠标选中控制点 RP-5，并按回车键确认，如图 6-124 所示。点击界面左下角的 Surface ，之后在视图区选中梁顶面，如图 6-125 所示，按回车键确认，弹出 Edit Constraint 对话框。在 Edit Constraint 对话框中的 Coupling type 处选择 Kinematic，其余保持默认设置，如图 6-126 所示，点击 OK，完成参考点 5（RP-5）与梁顶面的耦合，如图 6-127 所示。重复上述操作，完成参考点 6（RP-6）与梁底面的耦合。

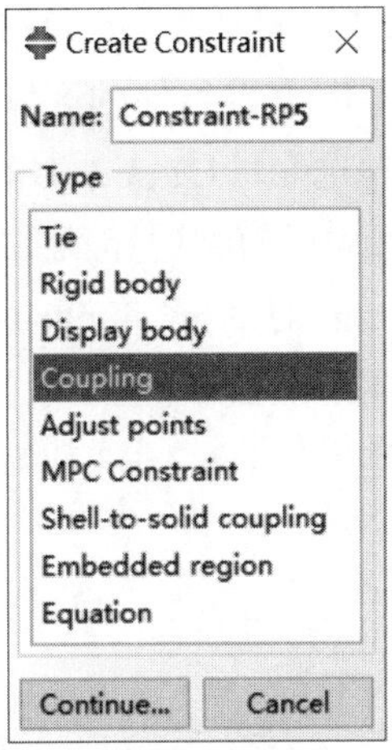

图 6-123　Create Constraint 对话框

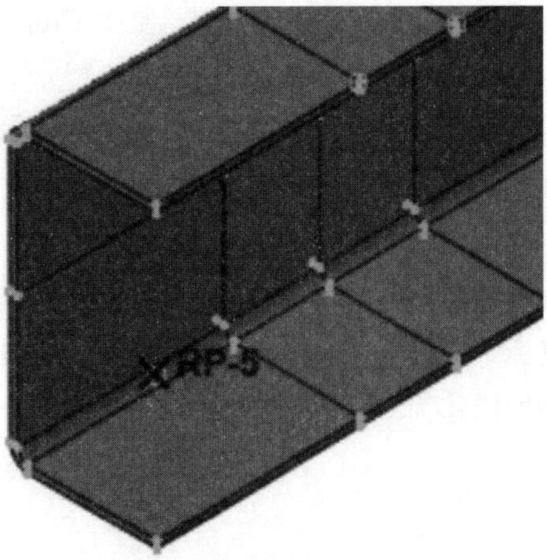

图 6-124　选择 RP-5

图 6-125　选择梁顶面

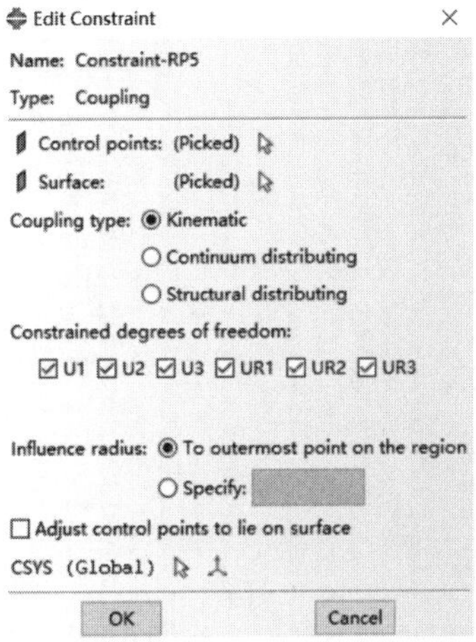

图 6-126　Edit Constraint 对话框

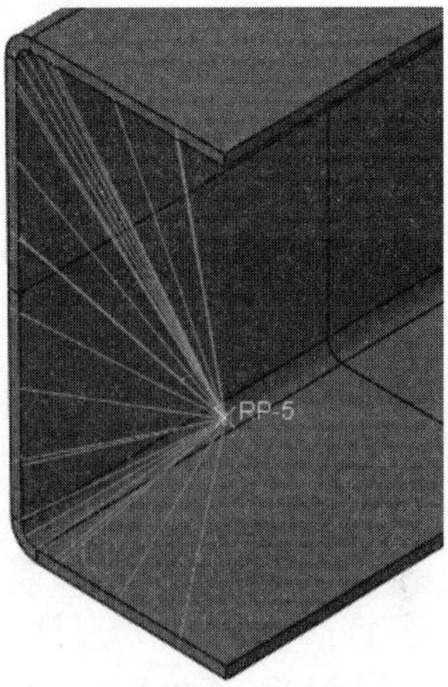

图 6-127　RP-5 耦合完成

在环境栏的 Module 列表中选择 Load 模块进行荷载及边界条件的定义。

点击工具区右侧的，弹出 Boundary Condition Manager 对话框，如图 6-128 所示。点击 Delete，弹出 Abaqus/CAE 对话框，如图 6-129 所示，点击 Yes。重复该操作，删除所有边界条件。

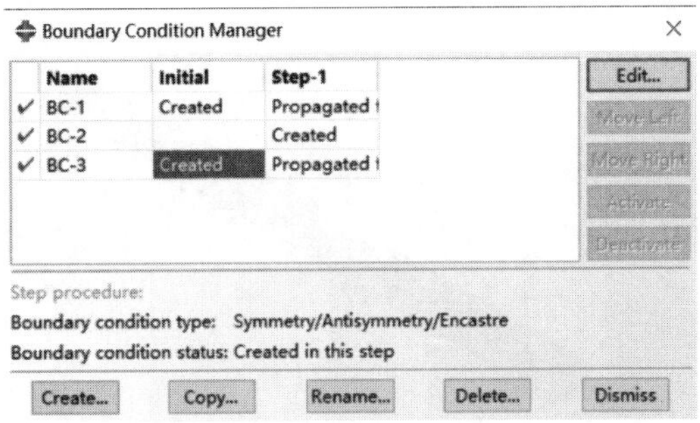

图 6-128　Boundary Condition Manager 对话框

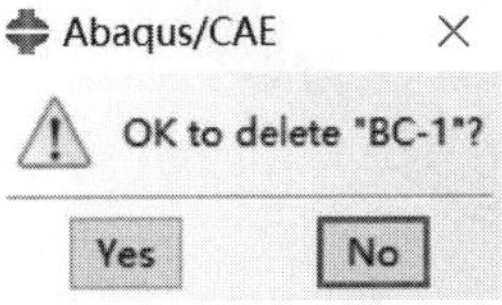

图 6-129　Abaqus/CAE 对话框

点击左侧工具区中的 ，弹出 Create Boundary Condition 对话框，将 Step 设为 Initial，其余参数默认不变，点击 Continue，提示区提示用户选择添加边界条件的区域，选中 RP-6，点击鼠标中键确认，弹出 Edit Boundary Condition 对话框，勾选 U1、U2、U3、UR2、UR3，如图 6-130 所示，点击 OK，退出 Edit Boundary Condition 对话框，完成模型边界条件的定义。

点击左侧工具区中的 ，弹出 Create Boundary Condition 对话框，将 Step 设为 Step-1，剩余参数默认不变，点击 Continue，提示区提示用户选择要添加荷载的区域，选中 RP-5，点击鼠标中键确定，弹出 Edit Boundary Condition 对话框，勾选 U1、U2、UR2 和 UR3，在 U3 方向施加位移荷载（-1），如图 6-131 所示。

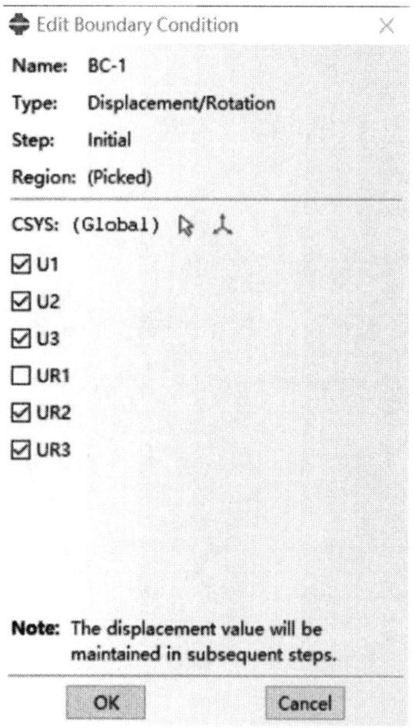

图 6-130 Edit Boundary Condition 对话框

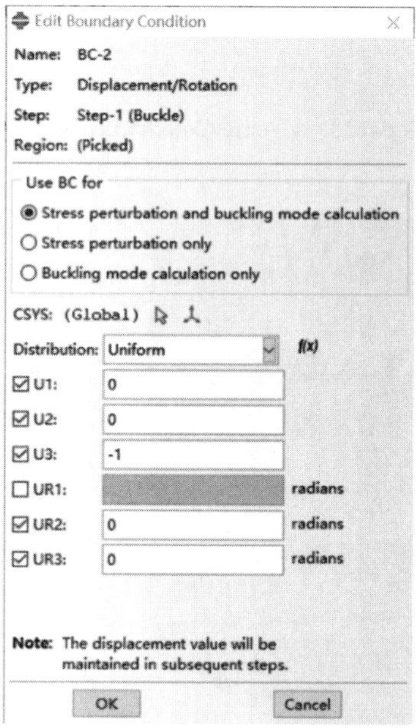

图 6-131 定义位移加载大小与方向

点击左侧工具区中的 ，弹出 Create Boundary Condition 对话框，将 Step 设为 Initial，选择 Symmetry/Antisymmetry/Encastre，点击 Continue，提示区提示用户选择添加边界条件的区域，选中如图 6-132 所示的区域，点击鼠标中键确认，弹出 Edit Boundary Condition 对话框，选中 XSYMM(U1=UR2=UR3=0)，点击 OK，退出 Edit Boundary Condition 对话框，完成对称面约束的设置，如图 6-133 所示。

图 6-132 选择对称面

图 6-133 完成对称面边界定义

依次点击菜单栏中的 Model → Edit Keywords → Model-1，弹出 Edit keywords, Model: Model-1 对话框，如图 6-134 所示。在对话框里找到 STEP: Step-1，敲击 Enter 键，如图 6-135 所示，输入以下内容：

*Imperfection, file=Job-1-Buckling, step=1

1,1.1

点击 OK 确认。

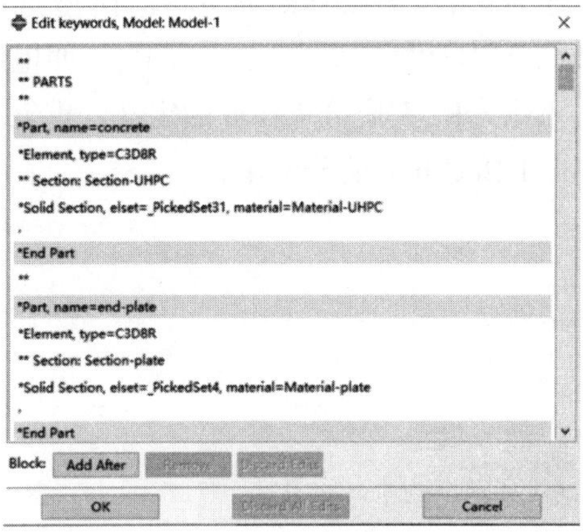

图 6-134　Edit keywords, Model: Model-1 对话框

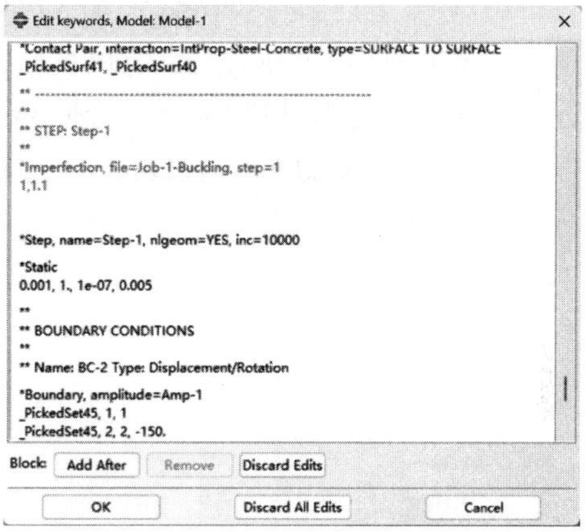

图 6-135　插入命令 1

依次点击菜单栏中的 Model → Edit Keywords → Model-1-Buckling，弹出 Edit keywords, Model: Model-1-Buckling 对话框，如图 6-136 所示。在对话框最后一行敲击 Enter 键，如图 6-137 所示，输入以下内容：

*Node file, global=yes

U,

点击 OK 确认。

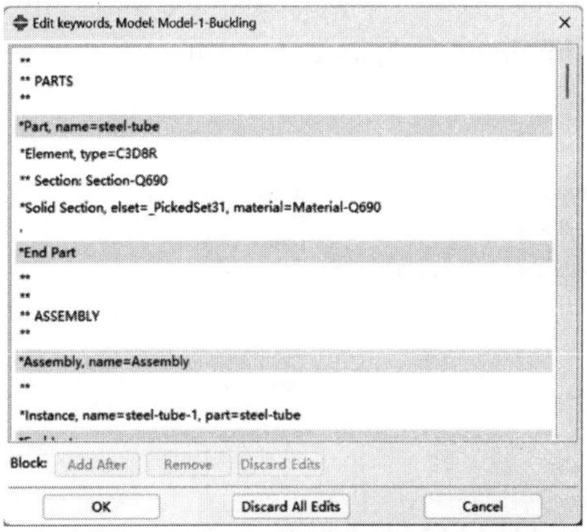

图 6-136　Edit keywords, Model: Model-1-Bucking 对话框

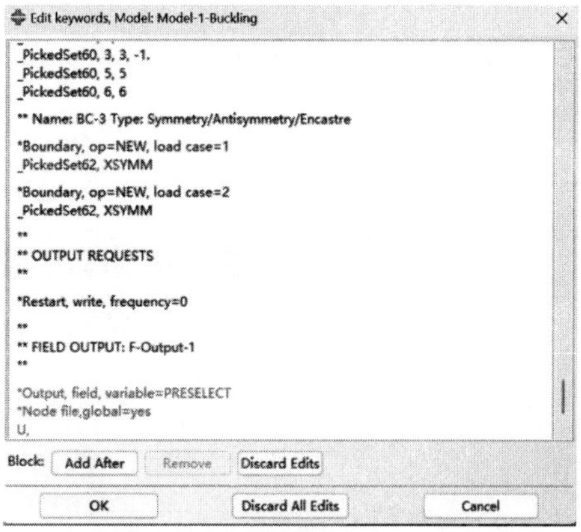

图 6-137　插入命令 2

6.5 ABAQUS 求解及后处理

6.5.1 提交分析作业(Job)

在环境栏的 Module 列表中选择 Job 模块进行作业提交。

点击左侧工具区中的 ，弹出 Create Job 对话框，设置 Name 为 Job-1，模型选择 Model-1，如图 6-138 所示，点击 Continue，弹出 Edit Job 对话框，如图 6-139 所示，依照电脑核数及相应计算能力设置 Use multiple processors，点击 OK，完成分析作业的定义。重复上述步骤，选择模型 Model-1-Buckling，创建名称为 Job-1-Buckling 的分析作业。

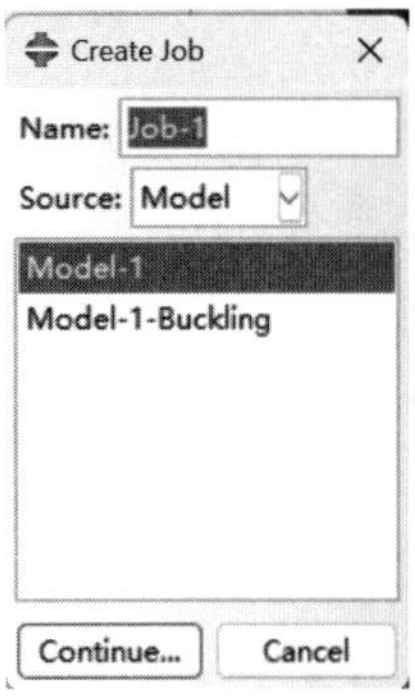

图 6-138　Create Job 对话框

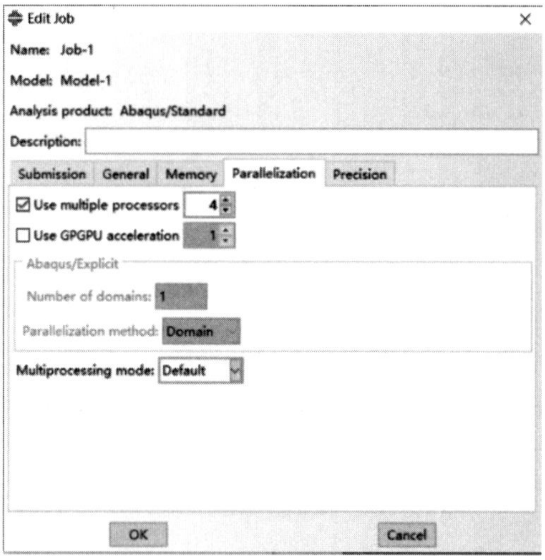

图 6-139　Edit Job 对话框

点击左侧工具区中的 ，弹出 Job Manager 对话框，选择 Job-1-Buckling，点击 Submit 提交任务，如图 6-140 所示。待 Status 栏显示为 Completed 后再提交 Job-1 的任务。

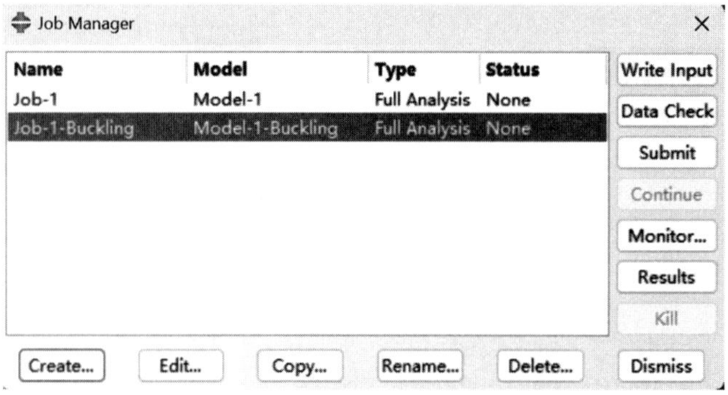

图 6-140　Job Manager 对话框

6.5.2　后处理(Visualization)

1. 显示变形图

在 Job manager 对话框中，选择 Job-1-Buckling，点击 Results，进入分析结果模块，绘图区如图 6-141 所示。点击左侧工具区中的 ，绘图区会显示变形云图，如图 6-142 所示。

图 6-141　Job-1-Buckling 未变形图

图 6-142　Job-1-Buckling 变形云图

选择 Job-1，点击 Results，进入分析结果模块，绘图区如图 6-143 所示。点击左侧工具区中的 ，绘图区会显示变形云图，如图 6-144 所示。

图 6-143　Job-1 未变形图

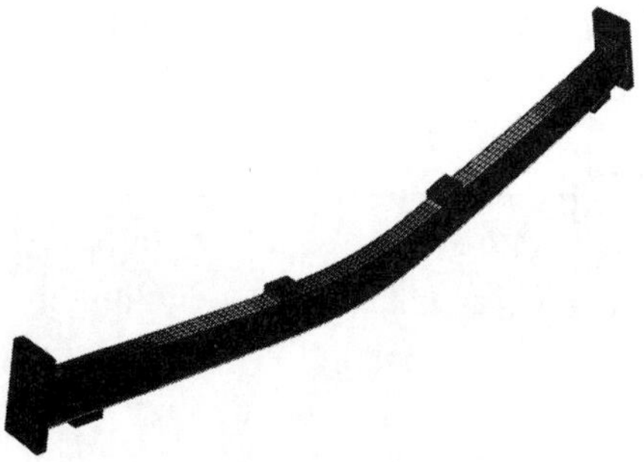

图 6-144　Job-1 变形云图

点击上方菜单栏中的 View，打开 ODB Display Options 对话框，点击 Mirror/Pattern，Mirror Planes 处勾选 YZ 平面，按图 6-145 所示进行设置，点击 OK，关闭对话框。绘图区显示完整变形云图，如图 6-146 所示。

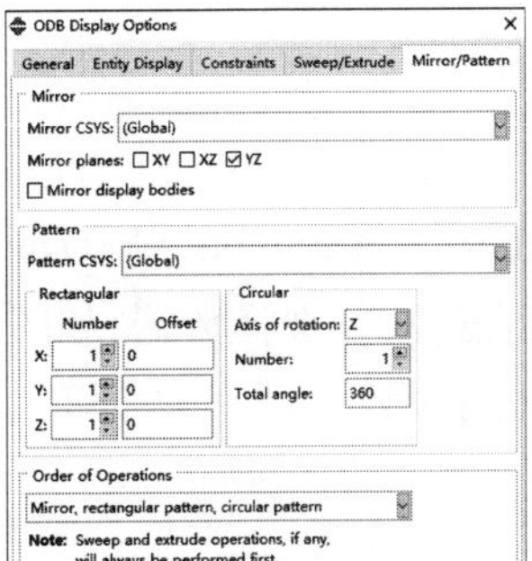

图 6-145　ODB Display Options 对话框

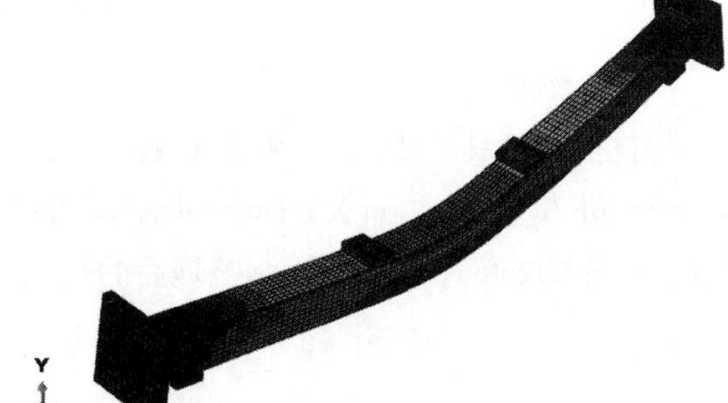

图 6-146　钢管混凝土梁变形云图

2. 输出荷载-挠度曲线

点击左侧工具区中的▦，弹出 Create XY Data 对话框，选择 ODB field output，如图 6-147 所示，点击 Continue，进入 XY Data from ODB Field Output 对话框，在 Variables 标签页中的 Position 处选择 Unique Nodal，选择 RF2 作为输出变量，即输出 Z 方向的荷载与位移，如图 6-148 所示。在 Elements/Nodes 界面中点击 Node sets，选择 RP-2 为输出位置，如图 6-149 所示。点击 Plot 绘制曲线，所得曲线如图 6-150 所示，点击 Save 保存数据。重复上述操作，输出 RP-m 的 U2 变量并保存。

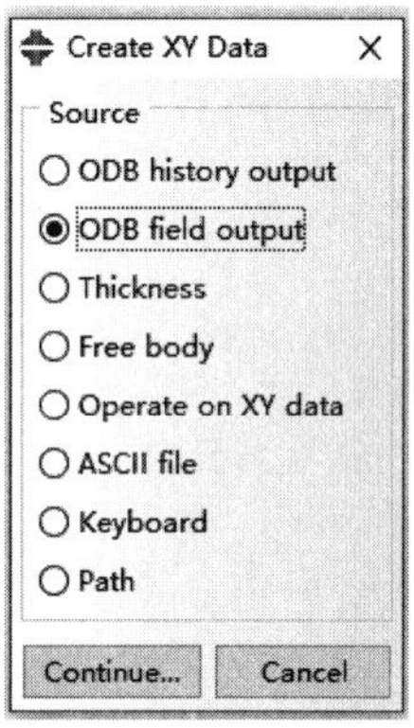

图 6-147 定义场输出

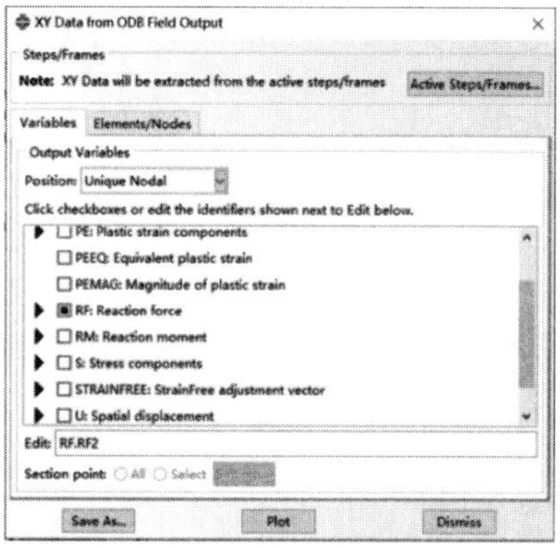

图 6-148 定义输出变量

图 6-149 定义 RP-2 为输出位置

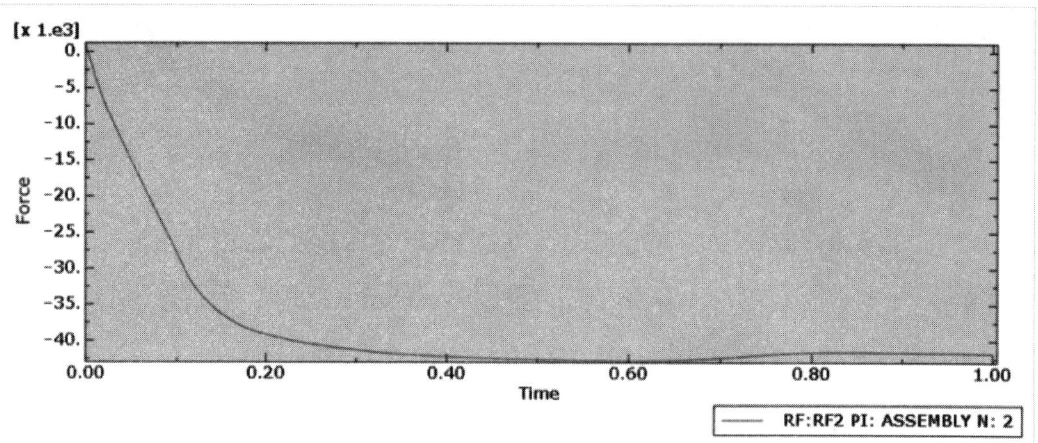

图 6-150 输出曲线

3. 整理数据

点击左侧工具区中的▦，弹出 Create XY Data 对话框，选择 Operate on XY Data，点击 Continue，进入 Operate on XY Data 对话框，在操作框内输入表达式并选择数据，如图 6-151 所示。点击 Create XY Data，绘制整理后的数据曲线，如图 6-152 所示。

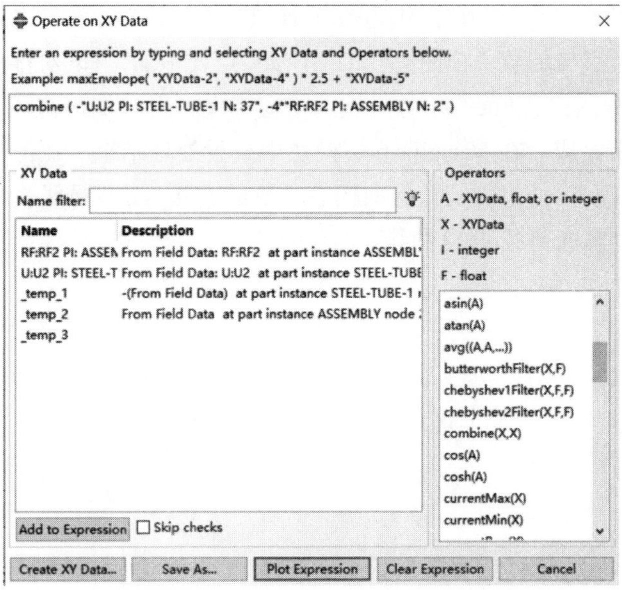

图 6-151　Operate on XY Data 对话框

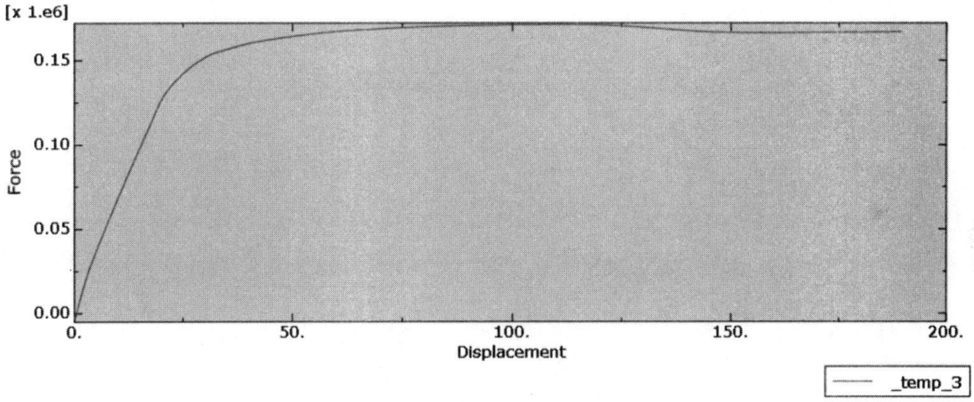

图 6-152　轴向荷载-挠度曲线

6.6　小结

本章采用 ABAQUS 建立了钢管混凝土梁模型，通过施加荷载探究其抗弯性能。为提高计算效率和节省计算资源，采用 1/2 模型进行建模。基本流程为：①利用 Part 模块创建方钢管、混凝土芯、端板和加载块部件；②在 Material 模块中定义其材料属性，其中钢管材料采用 Q690 高强钢，内部混凝土材料采用 UHPC，并利用已有本构计算其应力-应变关系。端板和加载块采用刚性材料模拟；③在 Assembly 模块中对各个部件进行装配，包括方钢管、混凝土芯、两块端板和四个加载块；④在 Step 模块中定义分析步，约束与边界条件属于 Initial 分析步，加载属于 Step-1 分析步；⑤在 Interaction 模块中定义钢管与端板、加载块或混凝土芯与钢管、端板间的相互作用，钢管与端板、加载块之间可直接设置绑定，混凝土芯与钢管、端板间通过设置接触行为定义相互作用；⑥在 Load 模块中定义荷载与边界条件，对于轴向荷载的定义，采用参考点与加载块顶面耦合，并在参考点处施加位移，对称面采用对称约束；⑦在 Mesh 模块中划分网格，复杂的角部区域网格应当设置得更加细密；⑧在 Job 模块中提交分析作业，并于分析完成后在 Visualization 模块中查看处理结果。在进行数值分析时，模型中引入钢管的一阶模态，通过特征值屈曲模态分析的方法考虑“局部缺陷”对试件受压性能的影响，最终得到其轴向荷载-挠度曲线。

第 7 章　钢-混凝土组合结构抗剪连接件受剪性能分析

抗剪连接件是钢-混凝土组合结构中常用的柔性连接件，是保证型钢和混凝土协同工作的关键组件。为探究钢-混凝土组合结构抗剪连接件的受剪性能，本章以抗剪连接件低温受剪试验为例，采用有限元软件 ABAQUS 建立普通混凝土栓钉推出试件有限元模型，模型由栓钉、混凝土板、型钢、钢筋和底部钢板组成。为了提高计算效率，考虑到推出试件的对称性，建立了 1/4 模型，获得单调受剪作用下单钉的破坏模式、荷载-滑移曲线、抗剪刚度和滑移特性等。

7.1　抗剪连接件推出试验简介

7.1.1　试件参数

普通混凝土中抗剪连接件推出试验具体试件参数如下。

考虑混凝土强度等级为 C40，栓钉直径为 13 mm（ $\phi 13$ ），栓钉长径比 $l/d = 4.0$，栓钉布置形式为单钉，加载方式为单调受剪，具体参数如图 7-1 和图 7-2 所示。所有试件均采用 HW 200 mm × 100 mm × 9 mm × 10 mm 型钢，其中，单侧混凝土板尺寸为 80 mm × 300 mm × 460 mm（厚 × 宽 × 高），型钢高度为 560 mm。栓钉实测直径为 12.7 mm。推出试件和组合梁试件中，栓钉与型钢均通过电弧螺柱焊方法连接为整体。设置双层钢筋网，横向及纵向钢筋均为直径为 10 mm 的 HRB400 钢筋，并根据栓钉位置适当调整钢筋间距。

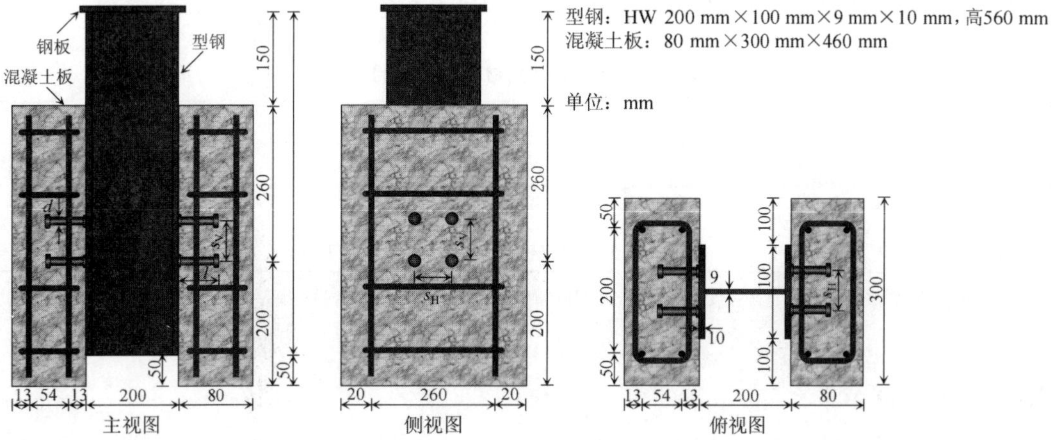

（a）

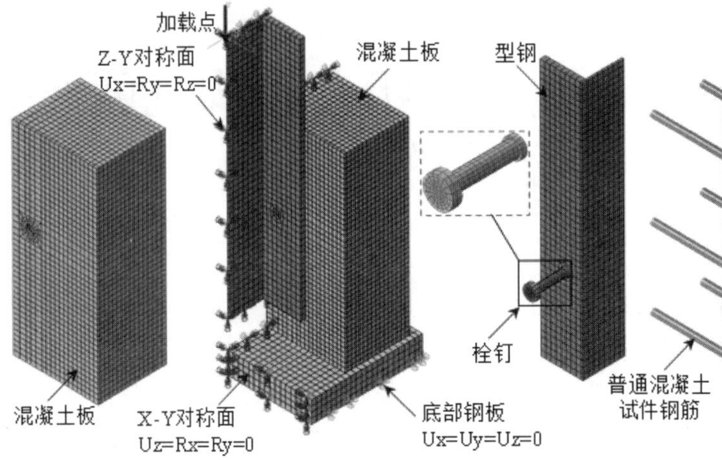

(b)

图 7-1 典型普通混凝土栓钉推出试件尺寸示意

(a)试验示意 (b)有限元模型

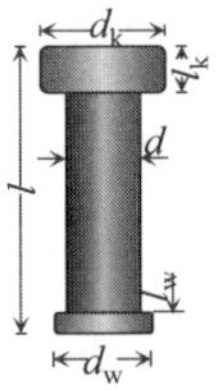

图 7-2 栓钉相关物理量说明

7.1.2 材料性能

C40 普通混凝土在 20 ℃时的立方体抗压强度为 77.9 MPa,轴心抗压强度为 30.3 MPa,含水率为 3.72%[52]。推出试验中栓钉实测直径为 12.7 mm。横向及纵向钢筋均采用直径为 8 mm 的 HRB400 钢筋。根据栓钉拉伸试验,得到 20 ℃对栓钉的屈服强度、极限强度、屈服应变、极限应变和弹性模量等力学性能指标[53],如表 7-1 所示。

表 7-1 推出试件钢材低温力学性能

材料	直径/mm	T/℃	f_{yT}/MPa	f_{uT}/MPa	ε_{yT}/%	ε_{uT}/%	E_{sT}/GPa
栓钉	13	20	396.8	711.9	0.387 3	4.96	188.6
型钢	—	20	336.1	470.7	0.179 3	14.33	217.4
底板	—	20	336.1	470.7	0.179 3	14.33	217.4

注:f_{yT} 和 f_{uT} 分别为屈服强度和极限强度;ε_{yT} 和 ε_{uT} 分别为屈服应变和极限应变;E_{sT} 为弹性模量。

7.1.3 试验简介

栓钉推出试验装置如图 7-3 所示。试件在超低温复叠式冷库中降温并在目标温度下持温 24 h,之后转移至安装在 300 t 电液伺服压力试验机上的保温箱中,安装位移计以测量型钢与混凝土板之间的相对滑移，通过电液伺服压力试验机采集系统自动采集记录加载过程中试件荷载的变化，通过栓钉上、下表面沿长度方向粘贴的应变片获得受力过程中栓钉应变的变化。安装结束后，向保温箱内部通入液氮，使试件保持在目标温度后开始加载，加载速率为 0.7 mm/min。荷载控制阶段，以 20 kN 为级差进行力控制加载，同时检测试件刚度变化；当试件刚度明显减小时，改为位移控制加载，位移增量 Δ 为 8 mm，之后继续加载至试件破坏。

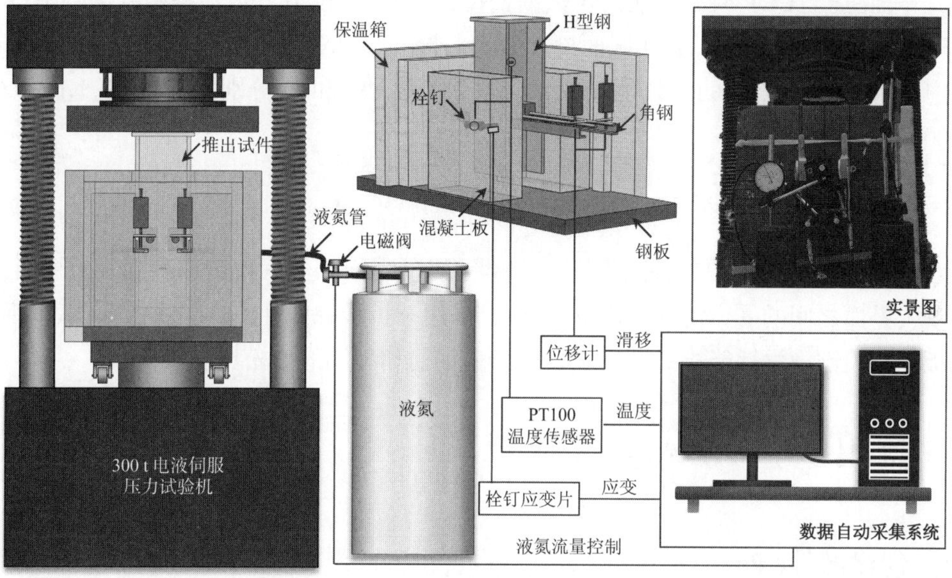

图 7-3　栓钉推出试验装置

7.2　栓钉及混凝土材料本构

7.2.1　混凝土单调受压本构

C40 混凝土采用第 2 章中介绍的 CDP 模型，本模型中混凝土立方体抗压强度取 77.9 MPa，轴心抗压强度取 30.3 MPa。

参考 Carreira 和 Chu[54] 提出的常温本构关系模型，建立修正的普通混凝土本构关系计算公式，如式(7-1)所示。

$$\frac{\sigma}{f_{cT}}=\frac{\beta_{cT}\dfrac{\varepsilon}{\varepsilon_{0T}}}{\beta_{cT}-1+\left(\dfrac{\varepsilon}{\varepsilon_{0T}}\right)^{\beta_{cT}}} \tag{7-1}$$

式中：f_{cT} 和 ε_{0T} 分别为峰值应力和峰值应变；β_{cT} 为计算系数。

β_{cT} 的计算公式如下：

$$\beta_{cT}=\left(\frac{f_{cT}}{50.2}\right)^{3}+2.3 \tag{7-2}$$

式中：f_{cT} 为温度 T 下普通混凝土的棱柱体抗压强度，MPa。

基于上述回归公式，可确定不同温度下 C40 普通混凝土的单轴受压应力-应变曲线，普通混凝土的受拉力学性能通过应力-断裂能方法定义。参考已有研究[55]，通过立方体抗压强度，确定 20 ℃时 C40 普通混凝土的断裂能，具体计算公式如下：

$$G_{FT} = 13 f_{cuT}^{0.73} \tag{7-3}$$

式中：f_{cuT} 为温度 T 下混凝土的立方体抗压强度，MPa。

此外，混凝土 CDP 模型中还需定义泊松比（v）、膨胀角（ψ）、塑性势函数偏心率（λ）、双轴与单轴抗压强度比（f_{b0}/f_{c0}）、屈服面投影形状参数（K_c）和黏性系数（V_c）等参数。栓钉推出模型中，C40 普通混凝土的膨胀角 ψ 取 37°，v、λ、f_{b0}/f_{c0}、K_c 和 V_c 分别为 0.2、0.1、1.16、0.666 7 和 0.000 7。

7.2.2 钢材材料属性

对于抗剪连接件，在加载时，荷载通过钢板传递到栓钉，然后再传递到混凝土板上，栓钉与混凝土界面之间的受力情况非常复杂，栓钉采用三折线弹塑性本构关系。栓钉、型钢和底部钢板实测关键力学性能指标见表 7-1。栓钉、钢筋和型钢的泊松比均取 0.3。

7.3 推出试验 ABAQUS 建模

7.3.1 创建部件（Part）

启动 ABAQUS/CAE 后，在环境栏的 Module 列表中选择 Part 模块，如图 7-4 所示，表示当前激活 Part 模块。Part 模块可用于创建分析模型的所有部件。

图 7-4 Part 模块

1. 底部钢板

点击左侧工具区中的，弹出 Create Part 对话框。在 Name 处输入 Base Block，底部钢板的尺寸为 80 mm×250 mm，在 Approximate size 处输入 400，如图 7-5 所示，点击

Continue，进入草图绘制界面，如图 7-6 所示。

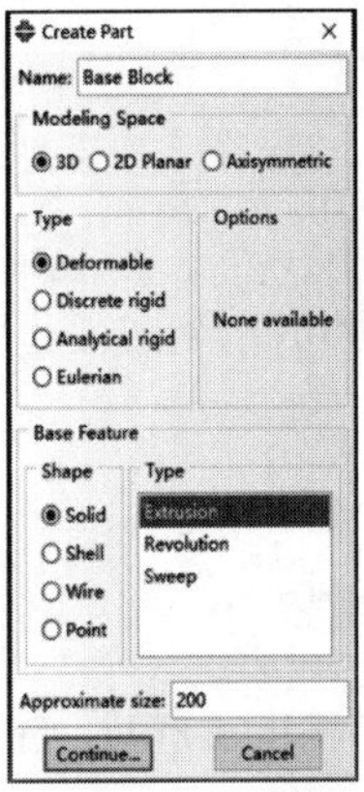

图 7-5　创建底部钢板部件

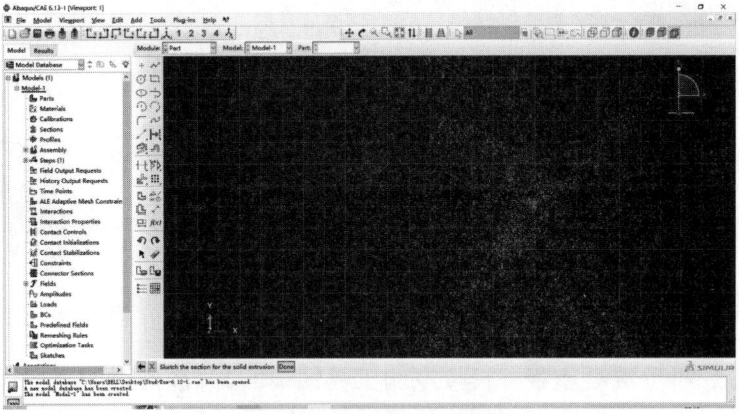

图 7-6　草图绘制界面

点击左侧工具区中的▭，此时界面左下角出现 Pick a starting corner for the rectangle--or enter X,Y: ，依次在其后的方框内输入坐标（0, 0）、（250, 80），每输入一个坐标后按回车键确认，完成底部钢板截面的初步绘制。

点击图 7-6 中的 Done，出现如图 7-7 所示的对话框，在 Depth 处输入 250，表示底部钢板的高度为 250 mm。点击 OK，完成底部钢板部件的创建，如图 7-8 所示。

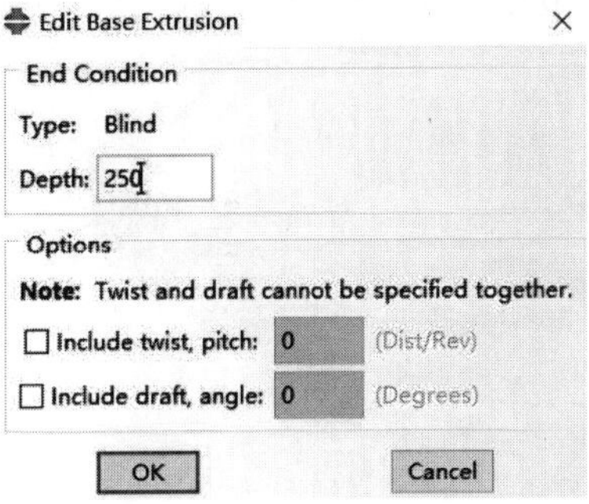

图 7-7　**Edit Base Extrusion 对话框**

图 7-8　底部钢板三维模型

2. 混凝土板

点击左侧工具区中的▙，弹出 Create Part 对话框，在 Name 处输入 Concrete，混凝土板的尺寸为 80 mm × 150 mm，Approximate size 处输入 400，点击 Continue，进入草图绘制界面。

点击左侧工具区中的▭，此时界面左下角出现 Pick a starting corner for the rectangle--or enter X,Y: ，依次在其后的方框内输入坐标（0, 0）、（80, 150），每输入一个坐标后按回车键确认，完成混凝土板截面的初步绘制。

点击草图页面左下角的 Done，出现如图 7-9 所示的对话框，在 Depth 处输入 460，表示混凝土板的高度为 460 mm。点击 OK，完成混凝土板部件的创建，如图 7-10 所示。

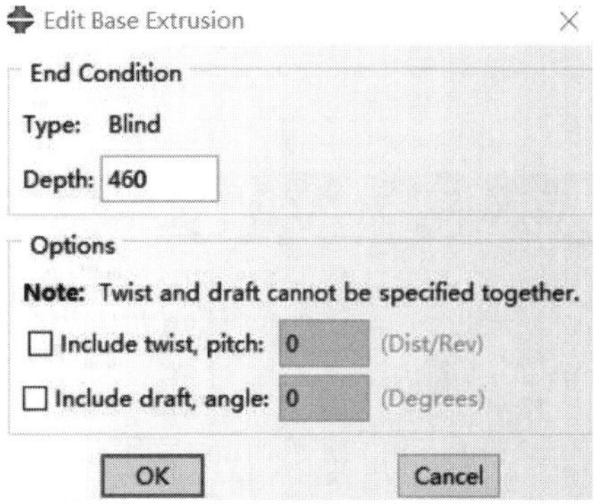

图 7-9 Edit Base Extrusion 对话框

图 7-10 混凝土板三维模型

拆分混凝土板。长按左侧工具区中的，选择第四个按钮，点击 Blind 选项，选择 80 mm × 150 mm 矩形面进行贯穿，如图 7-11 所示，默认向里为所需贯穿方向，如图 7-12 所示。而后确定圆心位置，选择顶边，距离输入 0，表示圆心与顶边间的距离为 0 mm；接着选择右边为第二条参考边，距离输入 223.5，如图 7-13 所示，表示圆心与右边间的距离为 223.5 mm；出现对话框 Diameter: 13，在 Diameter 处输入 13，表示贯穿圆直径为 13 mm，在对话框 Hole depth: 55 中输入 55，表示贯穿深度为 55 mm。接着贯穿螺母部分，选择左侧工具区中的，通过 Point & Normal 选项切割混凝土板，如图 7-14 所示。而后选择螺杆底面为贯穿面，底面顶边为第一条参考边，距离为 0，右侧切割线为第二条参考边，距离为 223.5 mm，如图 7-15 所示，贯穿圆直径为 22 mm，贯穿深度为 10 mm。最终混凝土板拆分效果如图 7-16 所示。

图 7-11 贯穿面

图 7-12 贯穿方向选择

图 7-13 参考边选择

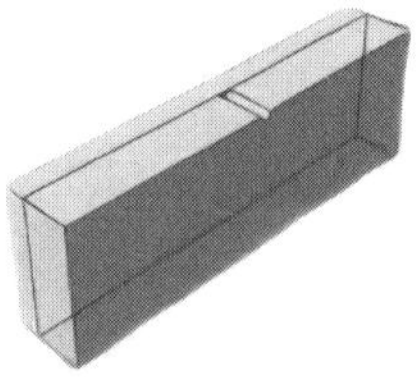

图 7-14 切割混凝土板

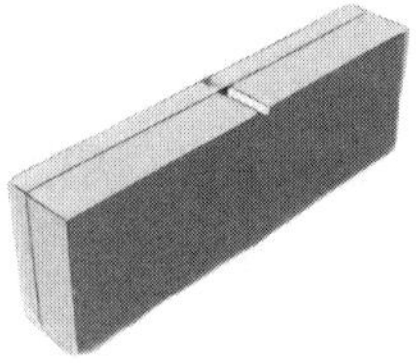

图 7-15 贯穿面选择

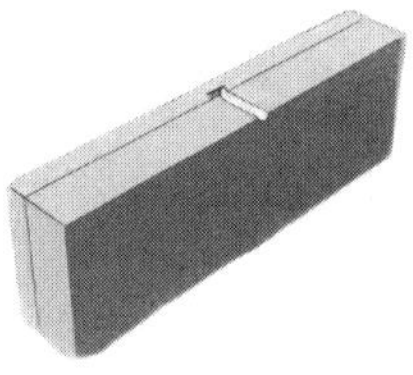

图 7-16 切割效果

3. 栓钉

点击左侧工具区中的，弹出 Create Part 对话框。在 Name 处输入 D13 Stud，栓钉螺杆直径为 13 mm，长度为 55 mm，螺母直径为 22 mm，长度为 10 mm，在 Approximate size 处输入 50，Type 处选择 Revolution，如图 7-17 所示，点击 Continue，进入草图绘制界面。

点击左侧工具区中的，此时界面左下角出现 Pick a starting point for the line--or enter X,Y:，依次在其后的方框内输入坐标(0,0)、(6.5,0)、(6.5,55)、(11,55)、(11,65)、(0,65)、(0,0),每输入一个坐标后按回车键确认,完成栓钉截面的初步绘制,如图 7-18 所示。

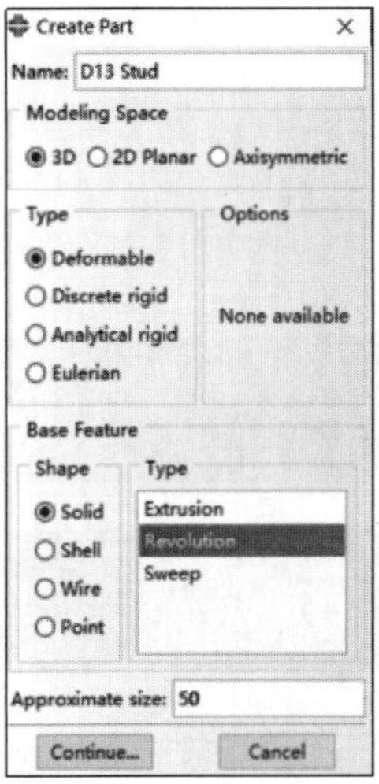

图 7-17　在 Create Part 对话框中创建栓钉部件

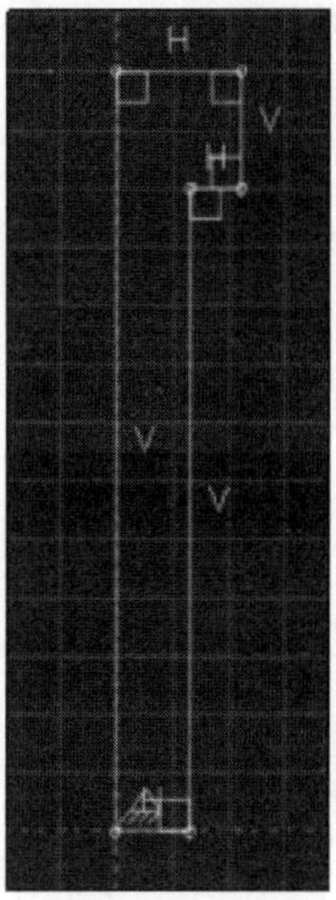

图 7-18　栓钉截面草图

点击左下角的 Done,出现如图 7-19 所示的对话框,在 Angle 处输入 180,表示栓钉截面旋转 180°,点击 OK,完成栓钉部件的创建,如图 7-20 所示。

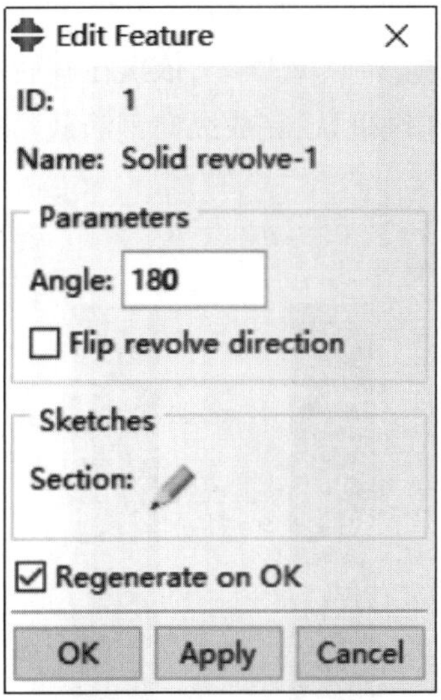

图 7-19　Edit Feature 对话框

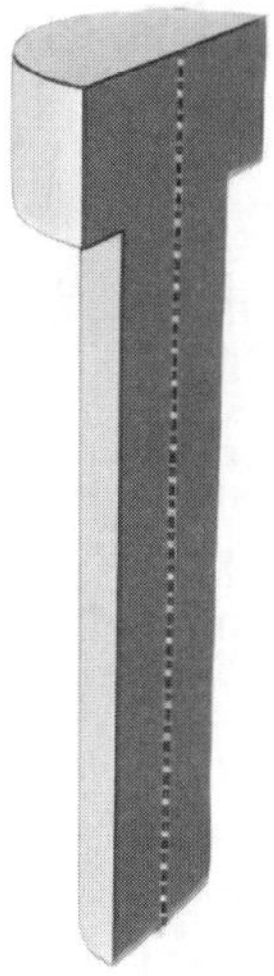

图 7-20　栓钉部件

4. 钢筋

点击左侧工具区中的 ,弹出 Create Part 对话框。在 Name 处输入 Horizontal Reinforce,水平钢筋长度为 130 mm,在 Approximate size 处输入 200, Shape 处选择 Wire,如图 7-21 所示,点击 Continue 进入草图绘制界面。

点击左侧工具区中的 ,此时界面左下角出现 Pick a starting point for the line--or enter X,Y: ,依次在其后的方框内输入坐标(0, 0)、(130, 0),每输入一个坐标后按回车键确认,完成横向钢筋截面的初步绘制,如图 7-22 所示。

点击 Done，点击 OK，完成横向钢筋部件的创建。

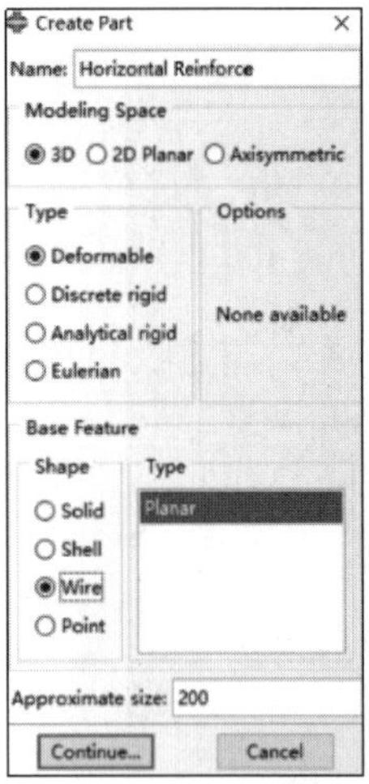

图 7-21 在 Create Part 对话框中创建钢筋部件

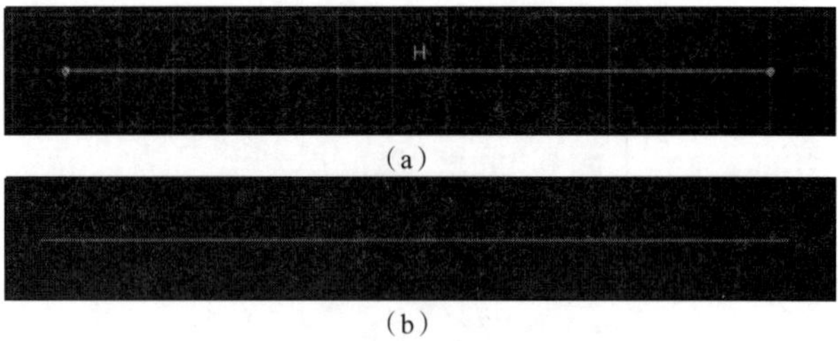

图 7-22 横向钢筋部件的绘制

(a)横向钢筋草图 (b)横向钢筋部件

重复上述操作，完成纵向钢筋部件的创建。点击左侧工具区中的，弹出 Create Part 对话框。在 Name 处输入 Vertical Reinforce，纵向钢筋高度为 420 mm，在 Approximate size 处输入 400，Shape 处选择 Wire，如图 7-23 所示，点击 Continue，进入草图绘制界面。

点击左侧工具区中的，此时界面左下角出现 Pick a starting point for the line--or enter X,Y:，依次在其后的方框内输入坐标（0，0）、（0，420），每输入一个坐标后按回车键确认，完成纵向钢筋截面的初步绘制，如图 7-24 所示。

点击 Done，点击 OK，完成纵向钢筋部件的创建。

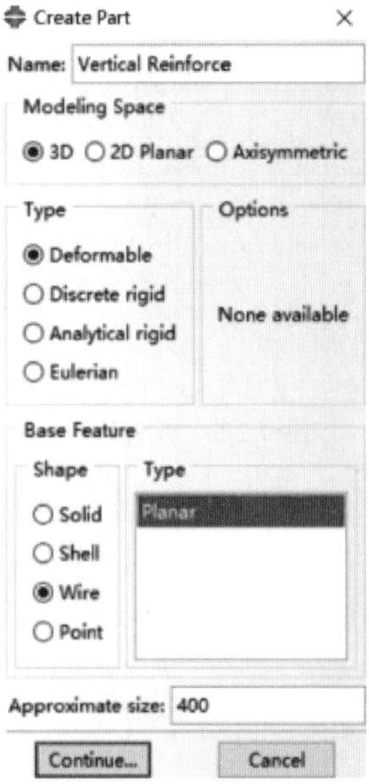

图 7-23 Create Part 对话框

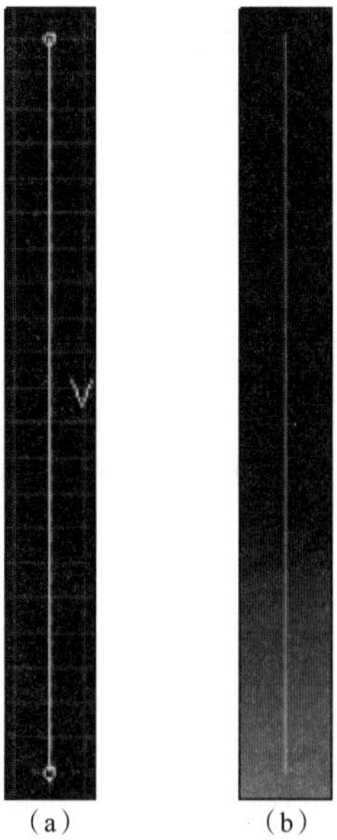

图 7-24 纵向钢筋部件的绘制

(a)纵向钢筋草图 (b)纵向钢筋部件

5. 型钢

点击左侧工具区中的，弹出 Create Part 对话框。在 Name 处输入 I-Beam，在 Approximate size 处输入 500，Type 处选择 Extrusion，如图 7-25 所示，点击 Continue，进入草图绘制界面。

点击左侧工具区中的，此时界面左下角出现 Pick a starting point for the line--or enter X,Y: ，依次在其后的方框内输入坐标(0,0)、(51,0)、(51,7.8)、(4.5,15)、(4.5,100)、(0,100)、(0,0)，每输入一个坐标后按回车键确认，完成型钢截面的初步绘制，如图 7-26 所示。

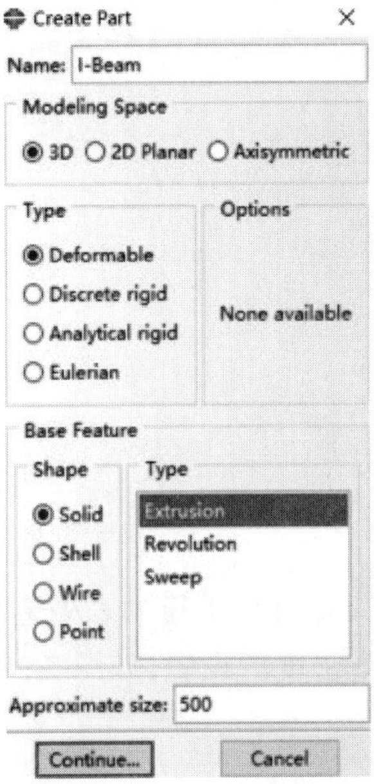

图 7-25　在 Create Part 对话框中创建型钢部件

图 7-26　型钢截面草图

点击 Done，在 Depth 处输入 560，表示型钢高度为 560 mm。点击 OK，完成型钢部件的创建，如图 7-27 所示。

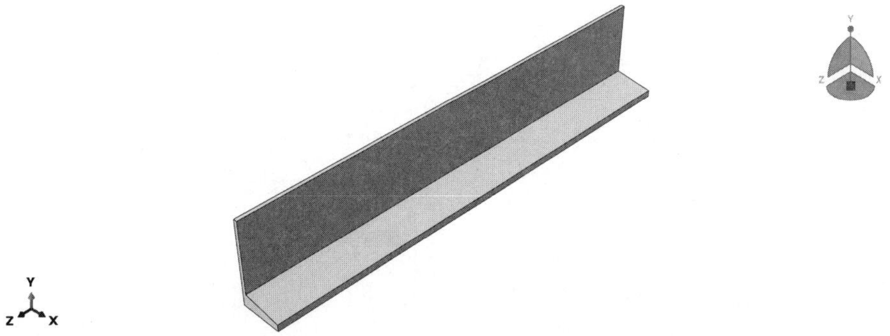

图 7-27　型钢部件

7.3.2　创建材料和截面属性(Property)

在环境栏的 Module 列表中选择 Property，进入 Property 模块，如图 7-28 所示。在 Property 模块中可以设置材料和截面属性。

1. 设置材料属性

7.2 节中说明了材料的本构关系，本小节仅介绍材料和截面属性的设置，不再解释具体数据。

1)C40 混凝土

点击左侧工具区中的 ，弹出 Edit Material 对话框。在 Name 处输入 Concrete C40。

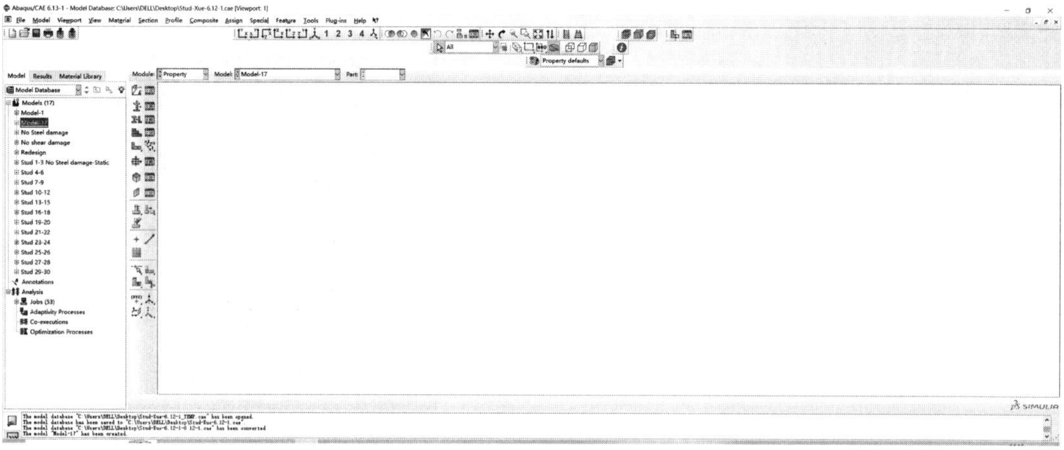

图 7-28 Property 模块

(1)定义质量密度。在 Edit Material 对话框中的 General 的下拉列表中选择 Density，Mass Density 处填入 2.5E-9(表示 2.5×10^{-9})，完成质量密度的设置，如图 7-29 和图 7-30 所示。

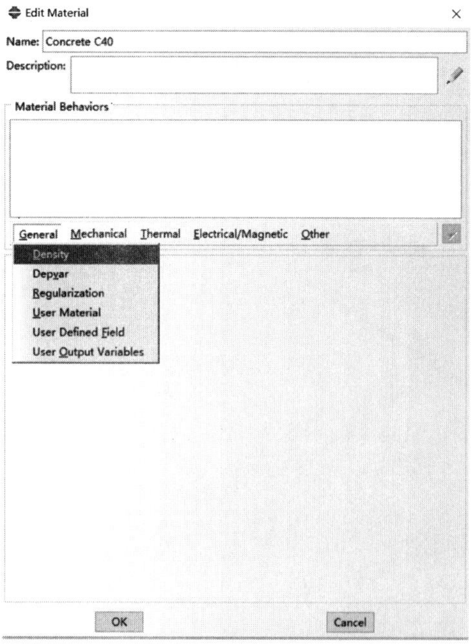

图 7-29 定义 C40 混凝土质量密度

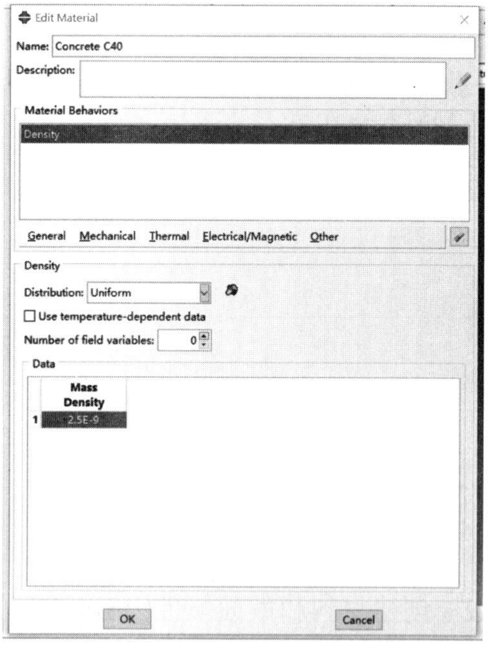

图 7-30 定义质量密度数值

（2）定义弹性属性。在 Edit Material 对话框中的 Mechanical 的下拉列表中依次选择 Elasticity → Elastic，如图 7-31 所示。此时有两项力学指标需要填写，分别为 Young's Modulus 及 Poisson's Ratio，分别填入 25 818 和 0.25，如图 7-32 所示，完成 C40 混凝土弹性属性的设置。

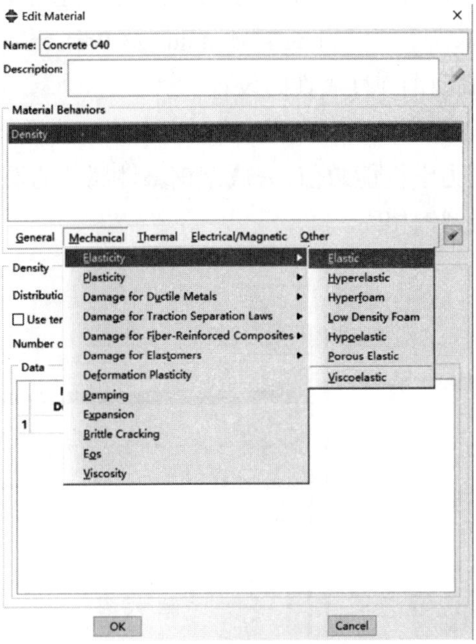

图 7-31　定义 C40 混凝土弹性

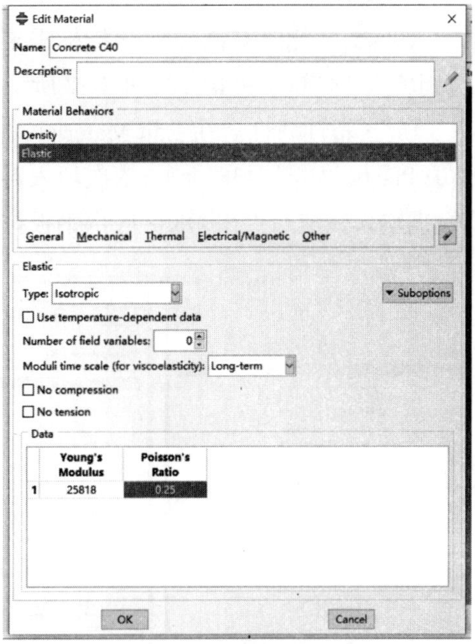

图 7-32　定义弹性数值

（3）定义损伤塑性属性。在 Edit Material 对话框中的 Mechanical 的下拉列表中依次选择 Plasticity → Concrete Damaged Plasticity。此时有三项力学性能需要填写，分别为 Plasticity、Compressive Behavior 及 Tensile Behavior。点击 Plasticity，如图 7-33 所示，依次填入对应的力学性能数值。之后点击 Compressive Behavior，输入相应数据，而后点击 Suboptions 选项，添加损伤因子，如图 7-34 所示。最后点击 Tensile Behavior，输入相应数据，并添加损伤因子，如图 7-35 所示。所有数据输入完成后点击 OK，完成 C40 混凝土材料属性的设置。

图 7-33　定义 C40 混凝土塑性

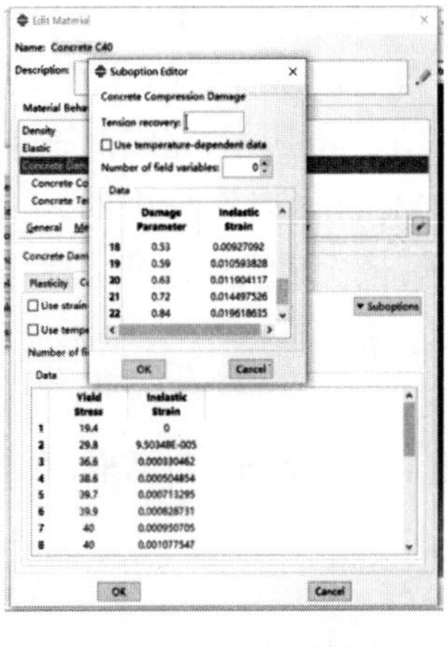

图 7-34　定义压缩塑性数值

图 7-35　定义拉伸塑性数值

2)型钢

点击左侧工具区中的，弹出 Edit Material 对话框，在 Name 处输入 I-Beam。

(1)定义质量密度。在 Edit Material 对话框的 General 的下拉列表中选择 Density，如图 7-36 所示，Mass Density 处填入 7.8E-09(表示 7.8×10^{-9})，完成质量密度的设置。

(2)定义弹性属性。在 Edit Material 对话框的 Mechanical 的下拉列表中依次选择 Elasticity → Elastic。此时有两项力学指标需要填写，分别为 Young's Modulus 及 Poisson's Ratio，分别填入 185 000 和 0.3，如图 7-37 所示，完成型钢弹性属性的设置。

(3)定义塑性属性。在 Edit Material 对话框的 Mechanical 的下拉列表中依次选择 Plasticity → Plastic，如图 7-38 所示，依次填入对应的力学性能数值，完成型钢塑性属性的设置，所有数据输入完成后点击 OK。底部钢板材性与型钢相同。

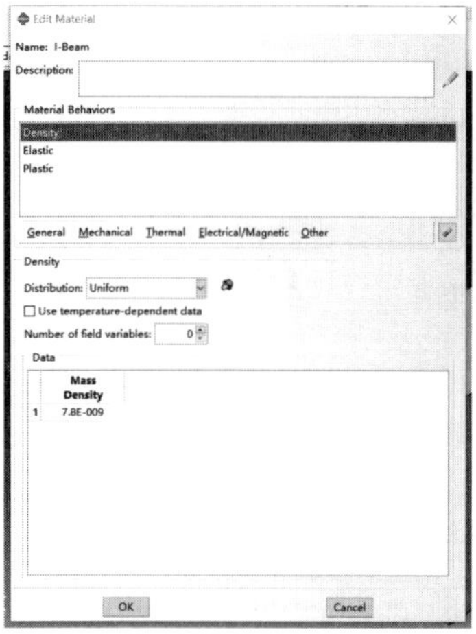

图 7-36 定义型钢质量密度

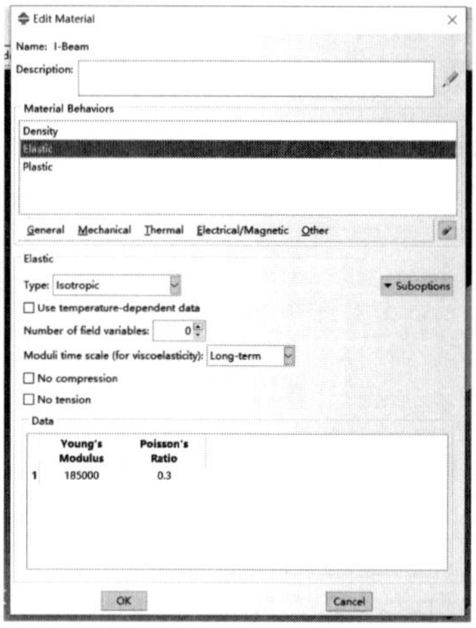

图 7-37 定义型钢弹性

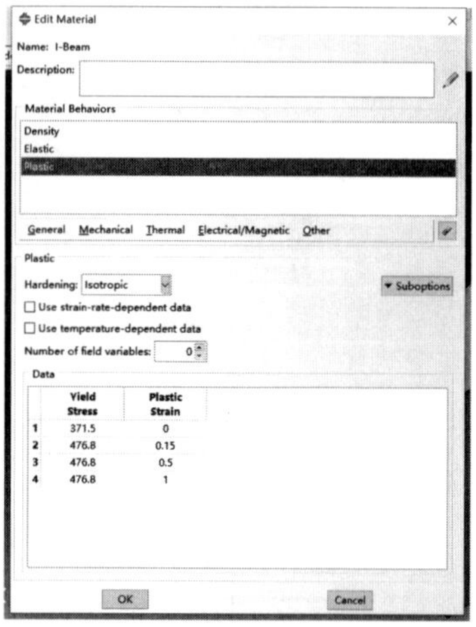

图 7-38 定义型钢塑性

3)钢筋

点击左侧工具区中的，弹出 Edit Material 对话框，在 Name 处输入 Rebar。

(1)定义质量密度。在 Edit Material 对话框中的 General 的下拉列表中选择 Density，如图 7-39 所示，Mass Density 处填入 7.8E-09(表示 7.8×10^{-9})，完成钢筋质量密度的设置。

(2)定义弹性属性。在 Edit Material 对话框中的 Mechanical 的下拉列表中依次选择 Elasticity → Elastic。此时有两项力学指标需要填写，分别为 Young's Modulus 及 Poisson's Ratio，分别填入 183 000 和 0.3，如图 7-40 所示，完成钢筋弹性属性的设置。

(3)定义塑性属性。在 Edit Material 对话框中的 Mechanical 的下拉列表中依次选择 Plasticity → Plastic，如图 7-41 所示，依次填入对应的力学性能数值，完成钢筋塑性属性的设置，所有数据输入完成后点击 OK。

4)栓钉

点击左侧工具区中的，弹出 Edit Material 对话框，在 Name 处输入 Stud-D13。

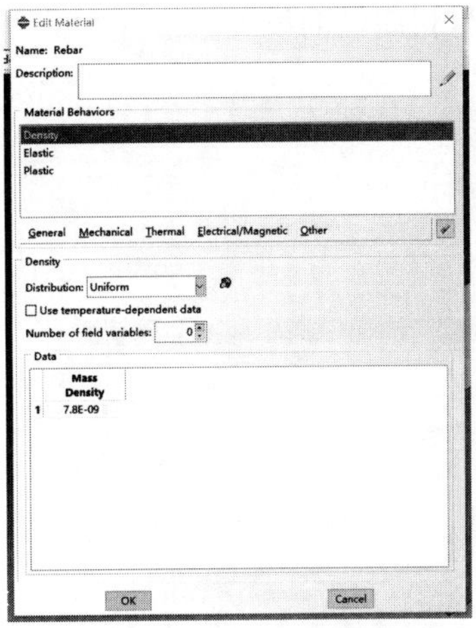

图 7-39　定义钢筋质量密度

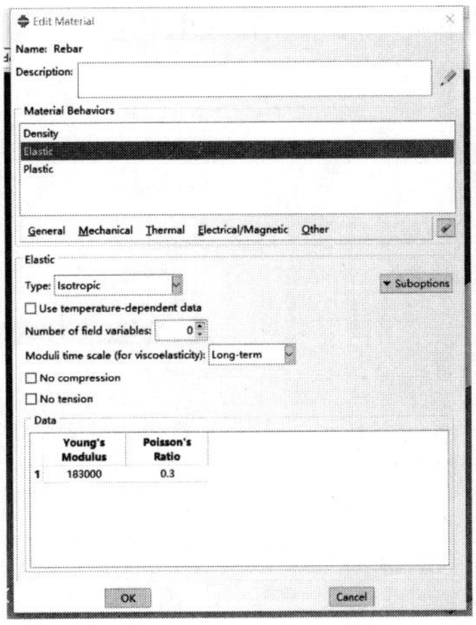

图 7-40　定义钢筋弹性

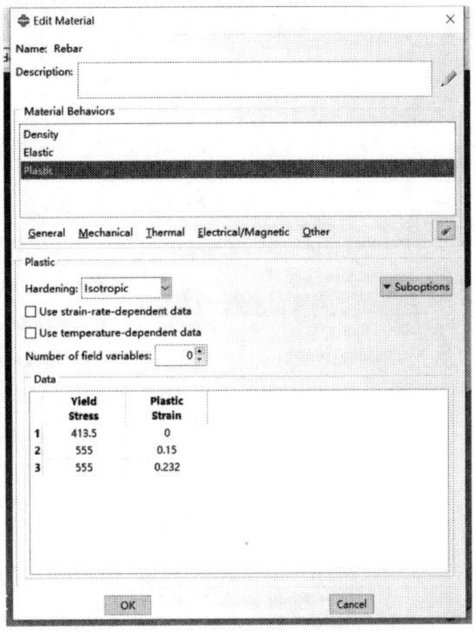

图 7-41　定义钢筋塑性

（1）定义质量密度。在 Edit Material 对话框中的 General 的下拉列表中选择 Density，如图 7-42 所示，Mass Density 处填入 7.8E−09，完成栓钉质量密度的设置。

（2）定义弹性属性。在 Edit Material 对话框中的 Mechanical 的下拉列表中依次选择 Elasticity → Elastic。此时有两项力学指标需要填写，分别为 Young's Modulus 及 Poisson's Ratio，分别填入 200 000 和 0.3，如图 7-43 所示，完成栓钉弹性属性的设置。

（3）定义塑性属性。在 Edit Material 对话框中的 Mechanical 的下拉列表中依次选择 Plasticity → Plastic，如图 7-44 所示，依次填入对应的力学性能数值，完成栓钉塑性属性的设置。

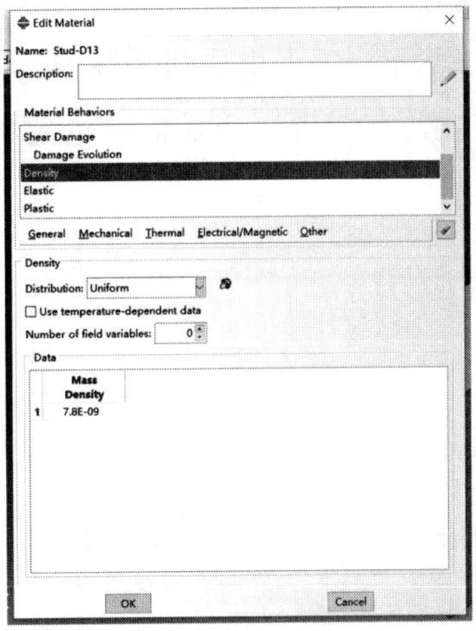

图 7-42　定义栓钉质量密度

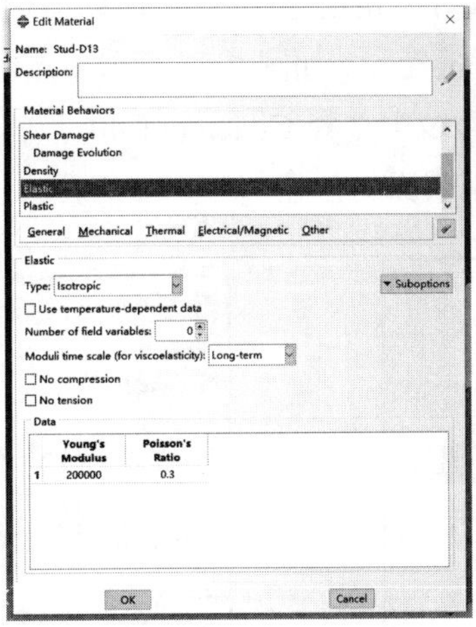

图 7-43　定义栓钉弹性

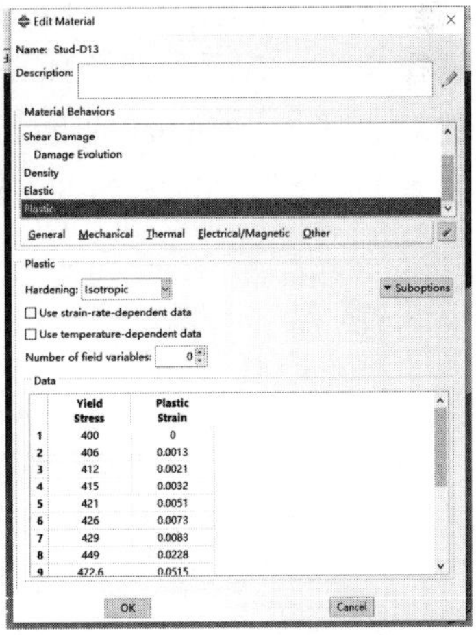

图 7-44　定义栓钉塑性

（4）定义延性损伤。在 Edit Material 对话框中的 Mechanical 的下拉列表中依次选择 Damage for Ductile Metals → Ductile Damage，输入相应数据，而后点击 Suboptions，添加损伤因子，如图 7-45 所示。

（5）定义拉伸损伤。在 Edit Material 对话框中的 Mechanical 的下拉列表中依次选择 Damage for Ductile Metals → Shear Damage，输入相应数据，而后点击 Suboptions，添加损伤因

子，如图 7-46 所示。所有数据输入完成后点击 OK，完成栓钉材料属性的设置。

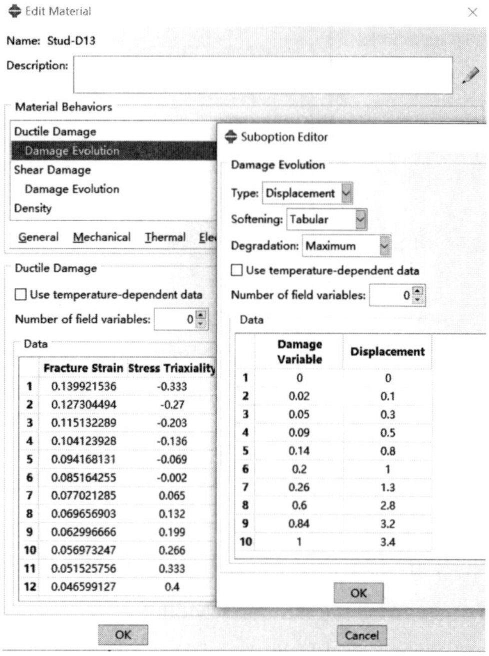

图 7-45　定义延性损伤

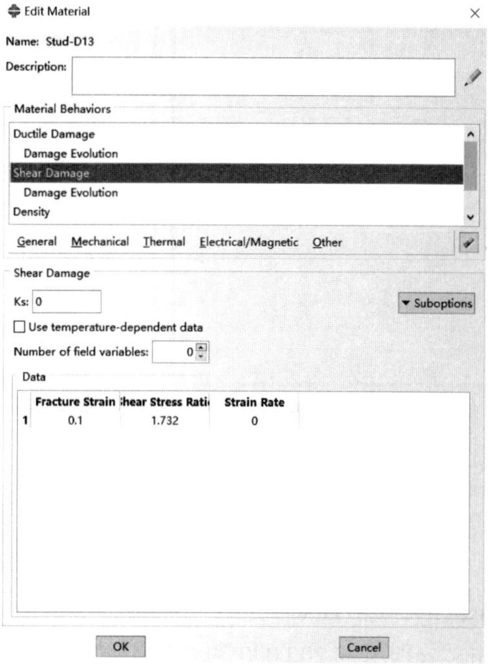

图 7-46　定义拉伸损伤

2. 创建截面特性

材料属性设置完成后，需要创建截面，并赋予截面相应的材料属性。

点击左侧工具区中的 ，弹出 Create Section 对话框，在 Name 处输入 C40，Category 处选择 Solid，Type 处选择 Homogeneous，如图 7-47 所示。点击 Continue，弹出如图 7-48 所示的对话框，在 Material 的下拉列表中选择 Concrete C40，点击 OK，完成混凝土截面的创建。重复上述操作，完成栓钉和型钢截面的创建。

图 7-47　在 Create Section 对话框中定义 C40

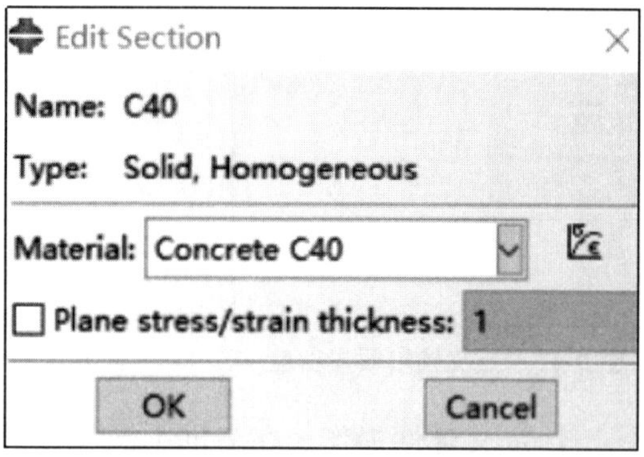

图 7-48　选择材料 Concrete C40

点击左侧工具区中的 （Create Profile），弹出 Create Profile 对话框，在 Name 处输入 D10，Shape 处选择 Circular，点击 Continue，弹出如图 7-49 所示的 Edit Profile 对话框，将钢

筋半径设为 5 mm。点击左侧工具区中的，弹出 Create Section 对话框，在 Name 处输入 Rebar，Category 处选择 Beam，Type 处选择 Beam，如图 7-50 所示。点击 Continue，在弹出的 Edit Section 对话框中的 Material 的下拉列表中选择 Rebar，点击 OK，完成钢筋截面的创建。

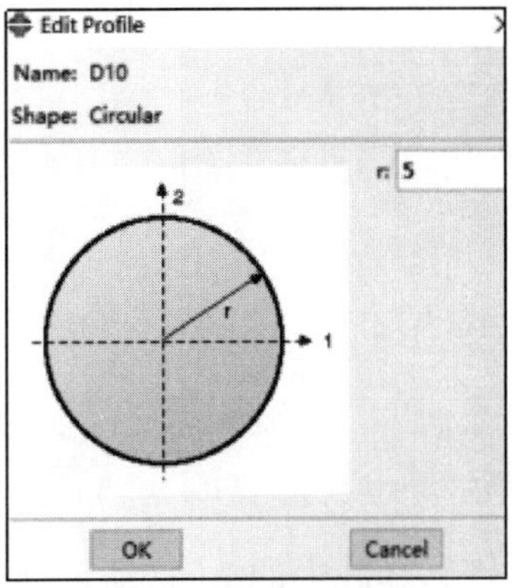

图 7-49 创建钢筋截面

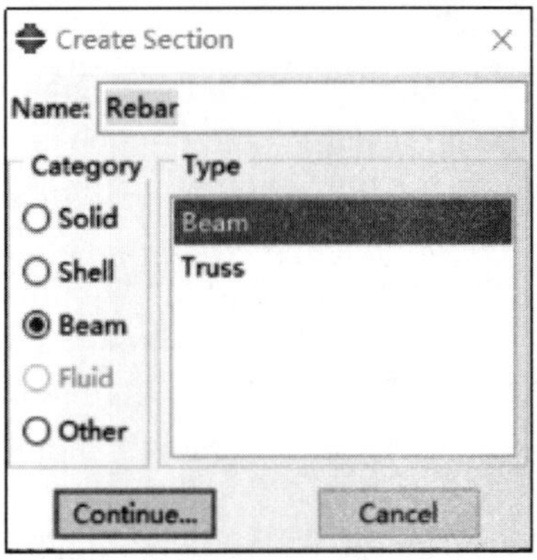

图 7-50 在 Create Section 对话框中定义钢筋

3. 赋予截面特性

截面创建完成后，需要将截面赋予对应的部件。

点击左侧工具区中的，在视图区用鼠标拖曳选择整个型钢模型，如图 7-51 所示，点击 Done，弹出如图 7-52 所示的对话框。在 Section 的下拉列表中选择 I-Beam，点击 OK，完成型钢截面特性的分配操作。混凝土、栓钉和钢筋材料属性赋予的步骤与型钢相同，重复上述操作即可完成。

图 7-51 选择型钢部件

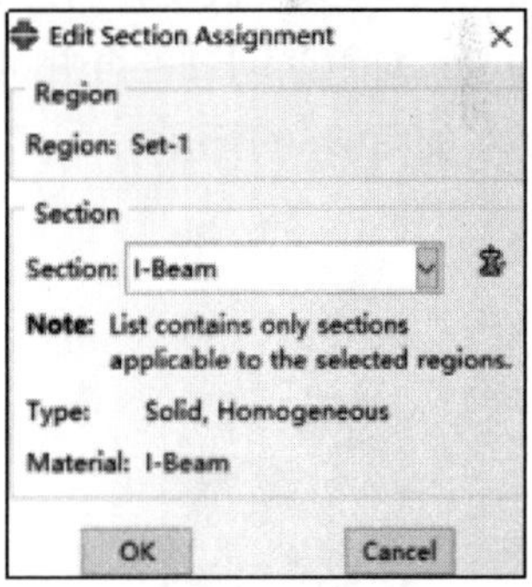

图 7-52 赋予型钢材料属性

7.3.3 定义装配件(Assembly)

在环境栏的 Module 列表中选择 Assembly，进入 Assembly 模块，如图 7-53 所示。在 Assembly 模块中可以组装各个部件，形成整体模型。

点击左侧工具区中的，弹出 Create Instance 对话框，选择 Concrete、Horizontal Reinforce、Vertical Reinforce、I-Beam、Base Block(按住 Ctrl 键进行多选)，Instance Type 选择 Independent(mesh on instance)，点击 OK。

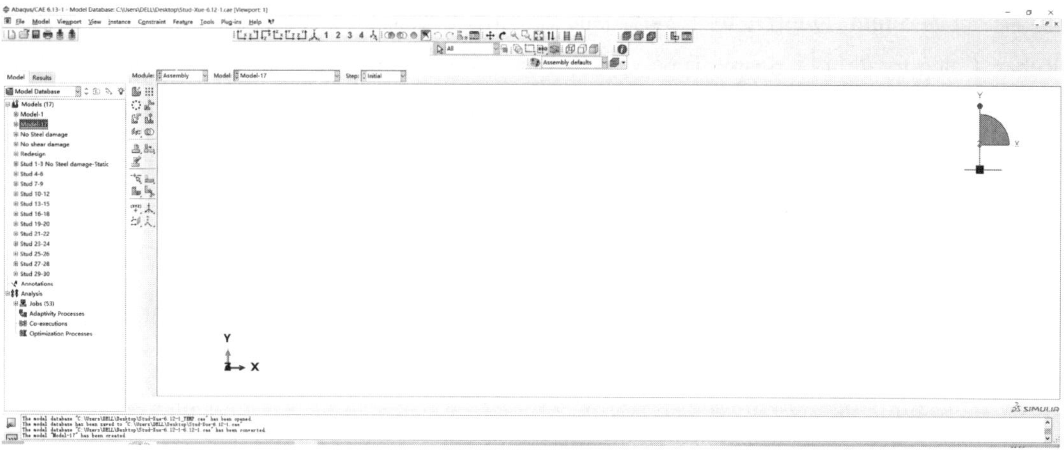

图 7-53 Assembly 模块

若导入的零部件有重合或错位的情况，可点击左侧工具区中的（移动工具），将零部件移动至正确位置，完成模型的初步组装，如图 7-54 所示。

本例中，钢筋网阵列可以使用 Linear Pattern 命令。水平钢筋横向距离为 55 mm，竖向距离为 230 mm，点击左侧工具区中的，然后在视图区选中水平钢筋，点击鼠标中键或左下角的 Done 确认，弹出 Linear Pattern 对话框，如图 7-55 所示。按照图 7-55 所示，将 Direction 1 下的 Number 和 Offset 改为 2 及 55，将 Direction 2 下的 Number 和 Offset 改为 2 及 230，点击 Direction 1 下的箭头图标并在视图区选择阵列方向，点击 OK 进行确认，完成横向钢筋网的组装，如图 7-56 所示。同理完成纵向钢筋的阵列，如图 7-57 所示，横向距离为 55 mm，端部交叉长度分别为 30 mm、70 mm，通过移动工具装配钢筋网。点击左侧工具区中的，对钢筋网进行合并，如图 7-58 和图 7-59 所示。在装配完成后需对栓钉和型钢进行合并，如图 7-60 所示。

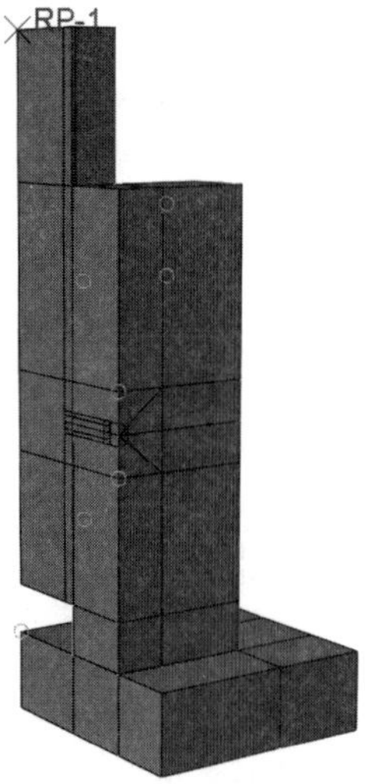

图 7-54 调整零部件位置

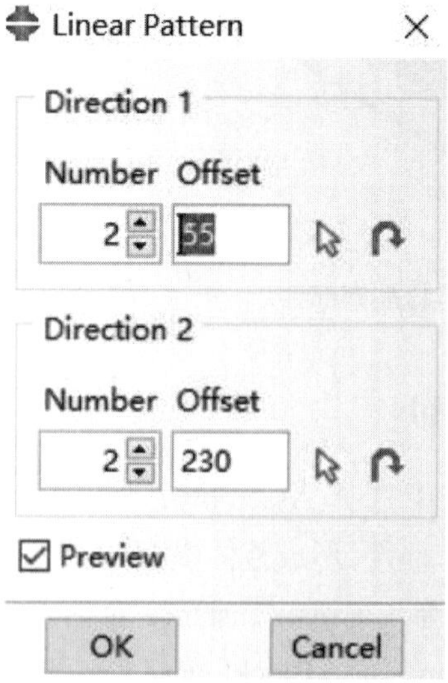

图 7-55 Linear Pattern 对话框

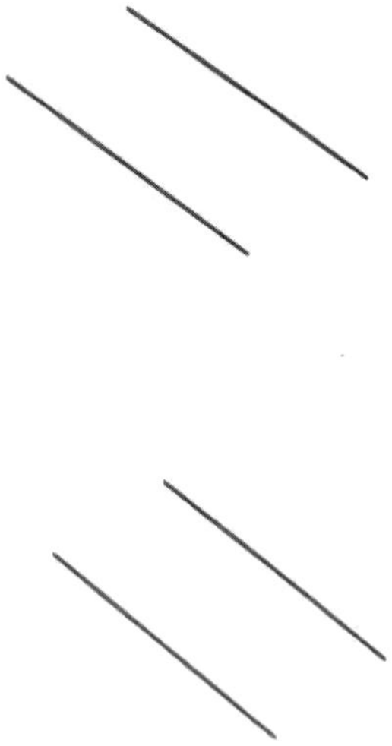

图 7-56 横向钢筋网阵列

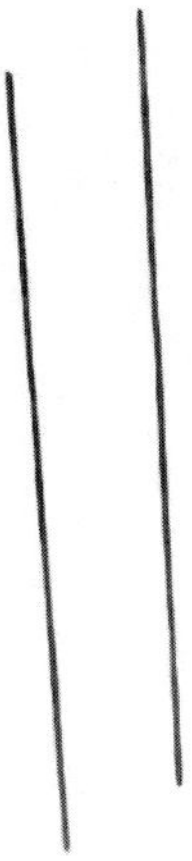

图 7-57　钢筋阵列

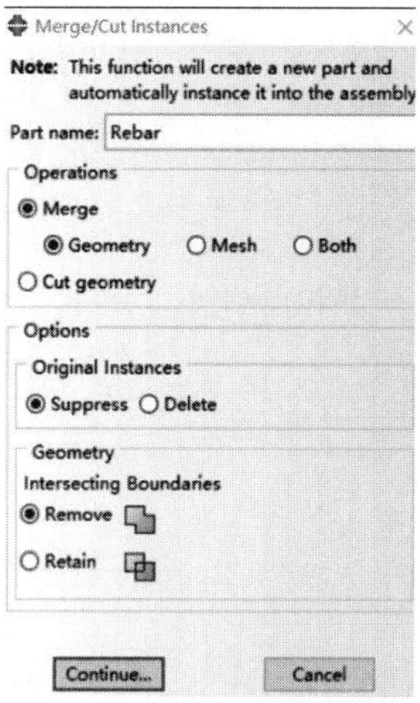

图 7-58　钢筋网合并设置

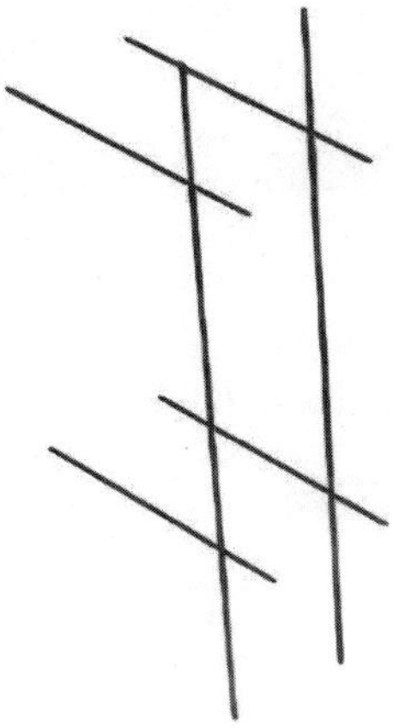

图 7-59　钢筋网合并示意

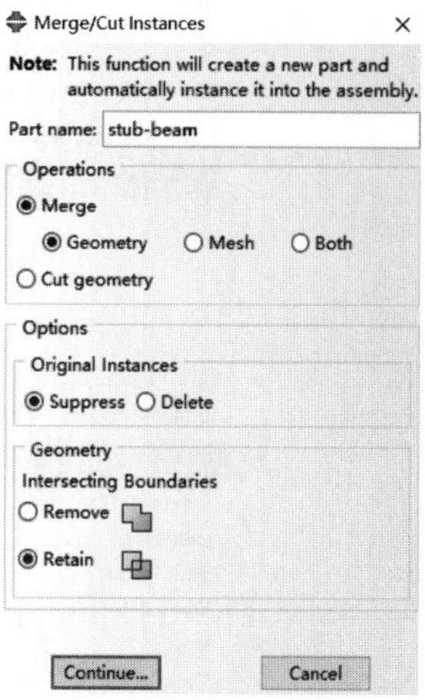

图 7-60　栓钉与型钢合并设置

7.3.4　设置分析步(Step)

在环境栏的 Module 列表中选择 Step，进入 Step 模块，如图 7-61 所示。在 Step 模块中可以设置分析步和变量输出要求。

图 7-61　Step 模块

点击左侧工具区中的 ，弹出 Create Step 对话框。Procedure type 处选择 General，细分项选择 Dynamic, Explicit，如图 7-62 所示，点击 Continue，进入 Edit Step 对话框。在 Edit Step 对话框中的 Basic 标签页下将 Nlgeom 设为 On，其余保持默认设置，如图 7-63 所示，完成后点击 OK。在创建场变量输出 中打开 Failure/Fracture，完成后点击 OK。

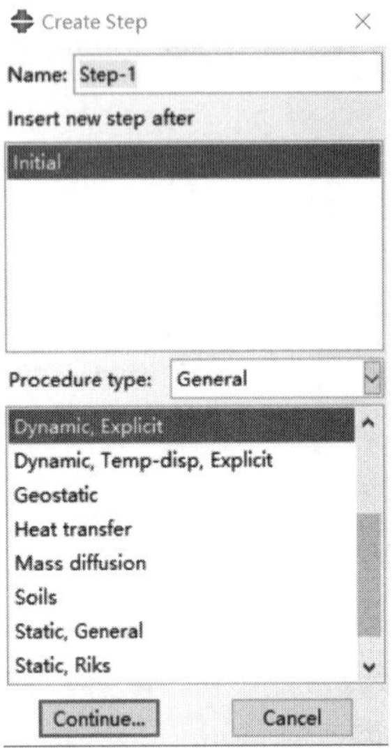

图 7-62 Create Step 对话框

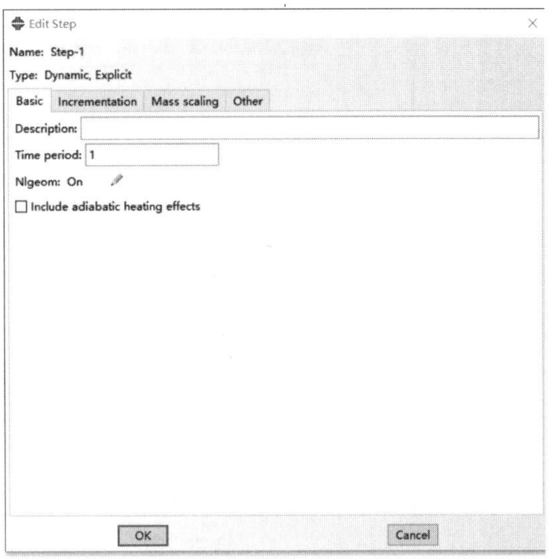

图 7-63 在 Edit Step 对话框中打开几何非线性

7.3.5 定义相互作用(Interaction)

在环境栏的 Module 列表中选择 Interaction，进入 Interaction 模块，如图 7-64 所示。在 Interaction 模块中可以设置模型中各个部分的相互作用和约束。

首先设置参考点 RP-1。点击左侧工具区中的 ，在图 7-65 所示的位置设置参考点 1(RP-1)，具体步骤可参考其他章节相关内容。

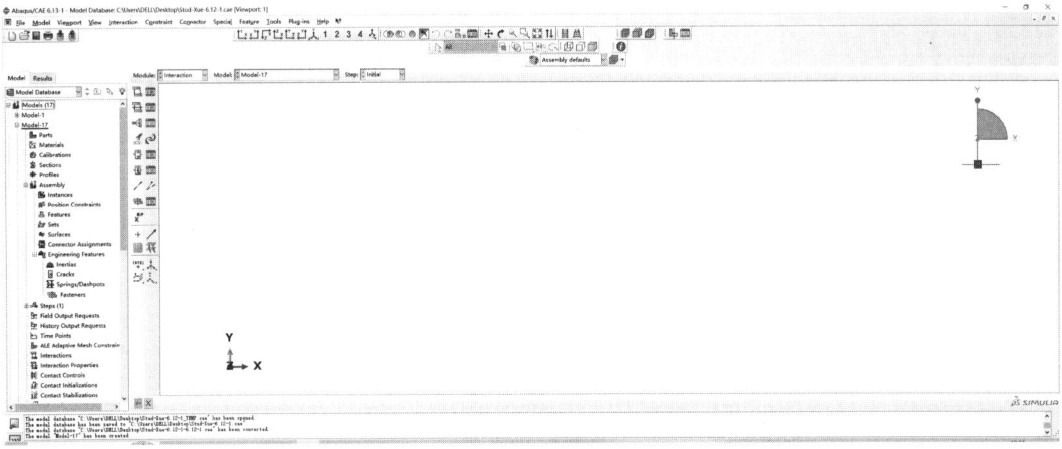

图 7-64 Interaction 模块

接下来对参考点 RP-1 与型钢顶面进行绑定约束。点击左侧工具区中的 ，弹出 Create Constraint 对话框。在 Name 处输入 Constraint-RP1，Type 处选择 Rigid body，如图 7-66 所示，点击 Continue。在弹出的 Edit Constraint 对话框中选择 Tie(nodes)，如图 7-67 所示，选择参考点 RP-1，完成其与型钢顶面的约束设置，如图 7-68 所示。

图 7-65　创建参考点 1

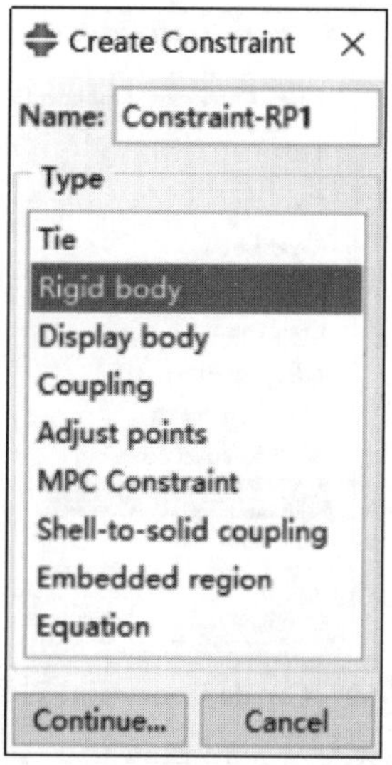

图 7-66　Create Constraint 对话框 1

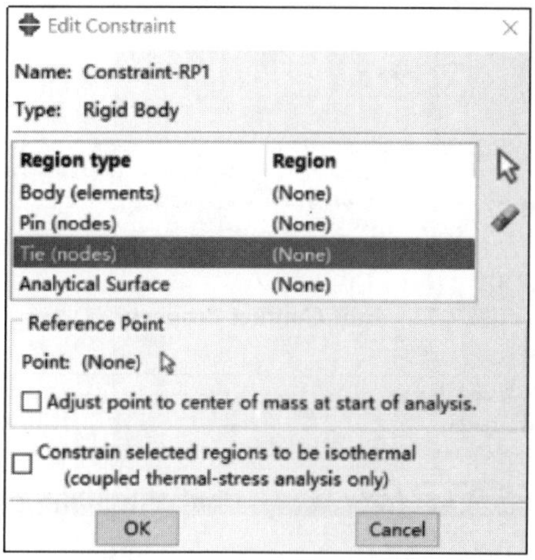

图 7-67　Edit Constraint 对话框

图 7-68　约束示意

随后通过 Embedded 将钢筋嵌入混凝土板中，点击左侧工具区中的 ，弹出 Create Constraint 对话框，在 Name 处输入 Constraint-Embedded，Type 处选择 Embedded region，如图 7-69 所示，点击 Continue，选择钢筋网作为 Embedded region，选择混凝土板作为 Host region，点击 Done，完成钢筋网内置，如图 7-70 所示。

通过通用接触设置模型接触关系，首先定义接触行为，模拟部件之间的相互作用关系。第一步设置接触的属性。点击左侧工具区中的 ，弹出 Create Interaction Property 对话框。在 Name 处输入 Contact，Type 处选择 Contact，如图 7-71 所示，点击 Continue，弹出 Edit Contact Property 对话框，如图 7-72 所示。在对话框中点击 Mechanical，在下拉列表中选择 Tangential Behavior，Friction formulation 处选择 Penalty，并在下方的 Friction Coeff 处输入 0.2，如图 7-73 所示。再次在该对话框中点击 Mechanical，在下拉列表中选择 Normal Behavior 并保持默认设置，如图 7-74 所示。点击 OK，完成接触属性的设置。

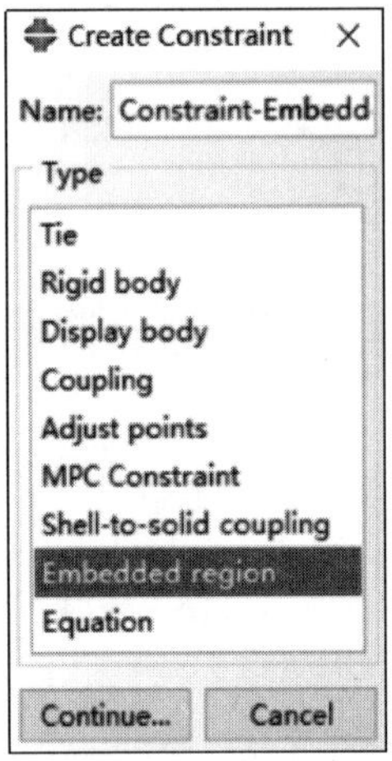

图 7-69　Create Constraint 对话框 2

图 7-70　钢筋网内置完成

图 7-71　Create Interaction Property 对话框

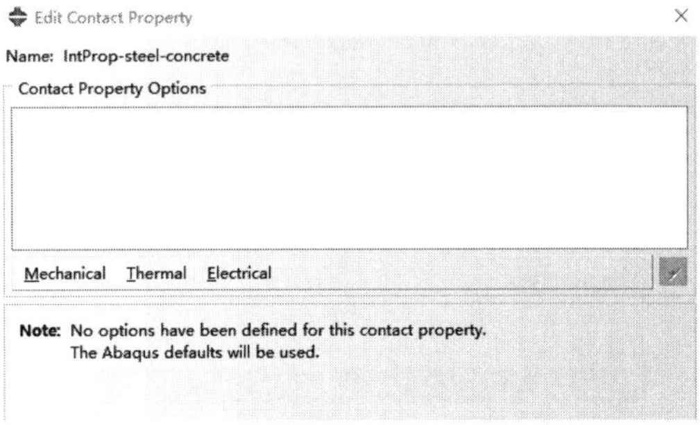

图 7-72　Edit Contact Property 对话框

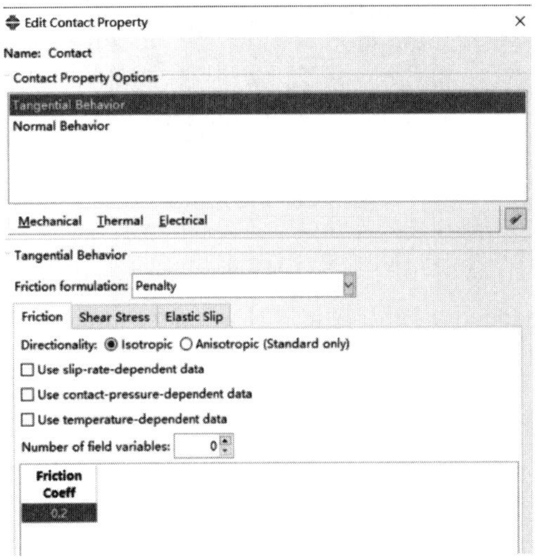

图 7-73　定义切向行为

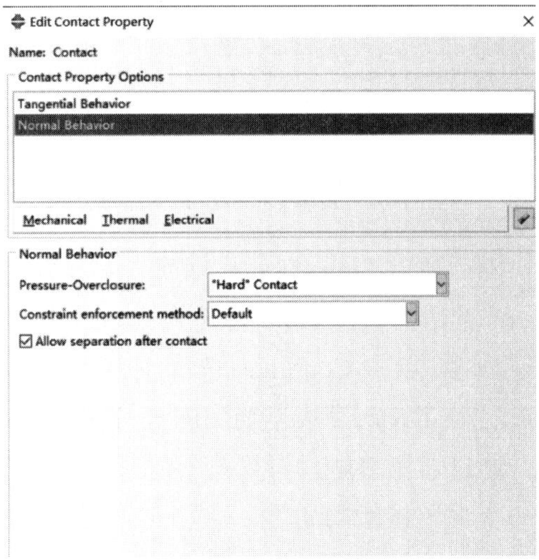

图 7-74　定义法向行为

点击左侧工具区中的 ，弹出 Create Interaction 对话框。在 Name 处输入 Int-General，Types for Selected Step 处选择 General contact(Explicit)，如图 7-75 所示，点击 Continue。在弹出的 Edit Interaction 对话框的 Global property assignment 处选择 Contact，如图 7-76 所示，最后点击 OK，完成模型之间接触关系的设置。

图 7-75　Create Interaction 对话框

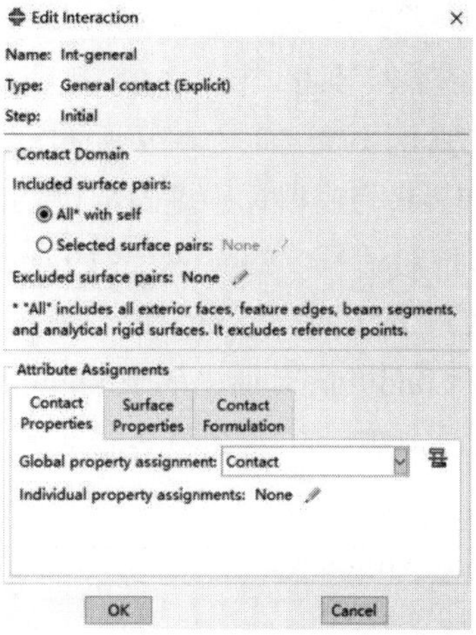

图 7-76　Edit Interaction 对话框

7.4　荷载、边界条件及网格

7.4.1　定义荷载和边界条件(Load)

在环境栏的 Module 列表中选择 Load 模块进行荷载及边界条件的定义。

1. 定义边界条件

点击左侧工具区中的 ，弹出 Create Boundary Condition 对话框，将 Step 设为 Initial，其余参数默认不变，如图 7-77 所示，点击 Continue，提示区提示用户选择添加边界条件的区域，选中模型底部钢板底面，点击鼠标中键确认，弹出 Edit Boundary Condition 对话框，选中 U1、U2、U3，如图 7-78 所示，即添加简支约束作为边界条件，点击 OK，退出 Edit Boundary Condition 对话框，完成模型边界条件的定义。

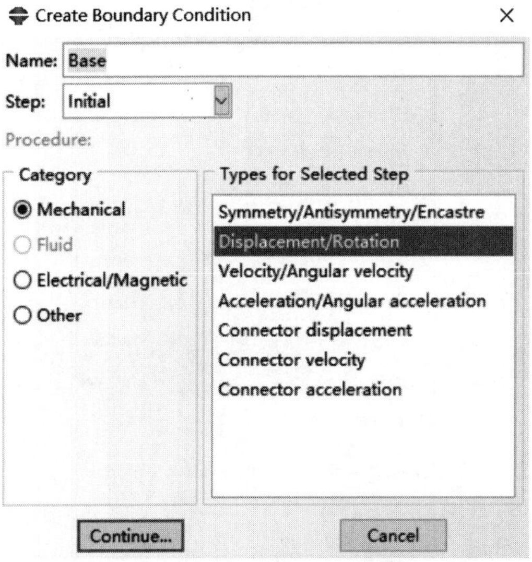

图 7-77　Create Boundary Condition 对话框

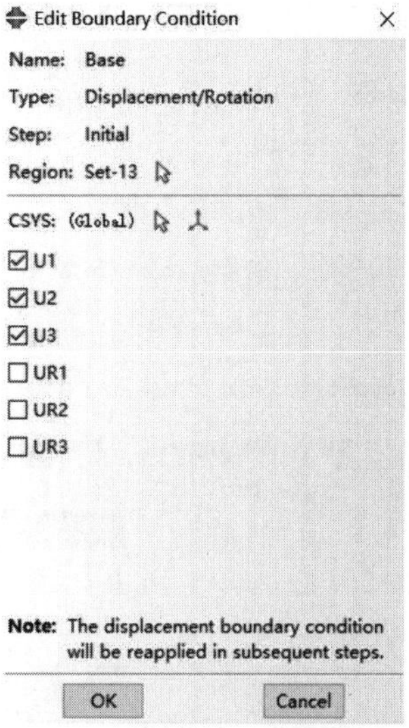

图 7-78　Edit Boundary Condition 对话框

2. 施加荷载

点击左侧工具区中的 ，弹出 Create Boundary Condition 对话框，将 Step 设为 Step-1，剩余参数默认不变，如图 7-79 所示，点击 Continue，提示区提示用户选择要添加荷载的区域，选中 RP-1，点击鼠标中键确定，弹出 Edit Boundary Condition 对话框。

点击该对话框中的 ，弹出 Create Amplitude 对话框，按图 7-80 所示创建 Amp-1，点击 Continue，进入 Edit Amplitude 对话框，按图 7-81 所示定义 Amp-1。点击 OK，再在 Edit Boundary Condition 对话框的 Amplitude 的下拉选项中将加载制度选择为 Amp-1，在 U3 方向施加位移荷载(-50)，如图 7-82 所示。

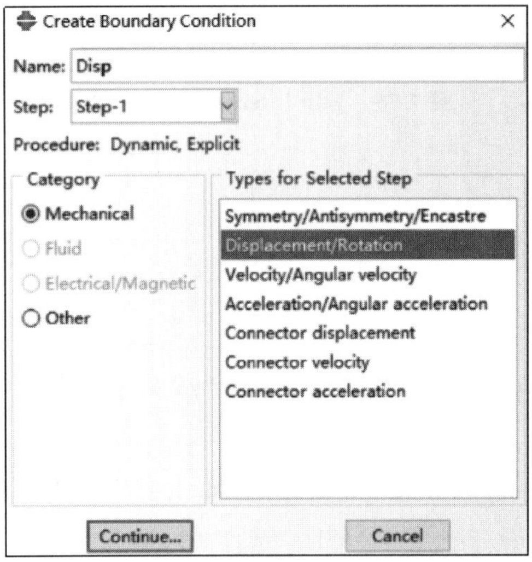

图 7-79 Create Boundary Condition 对话框

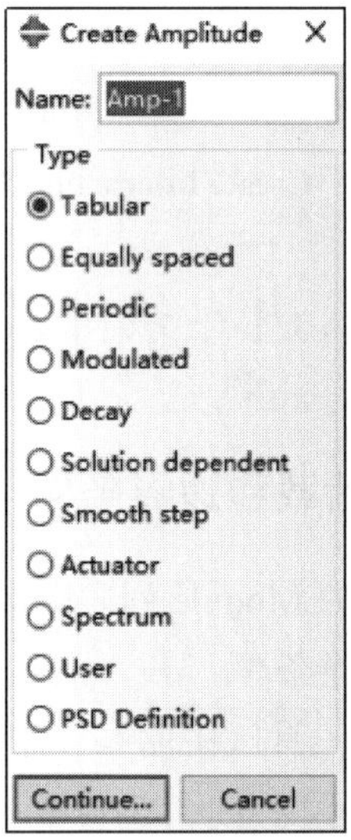

图 7-80 Create Amplitude 对话框

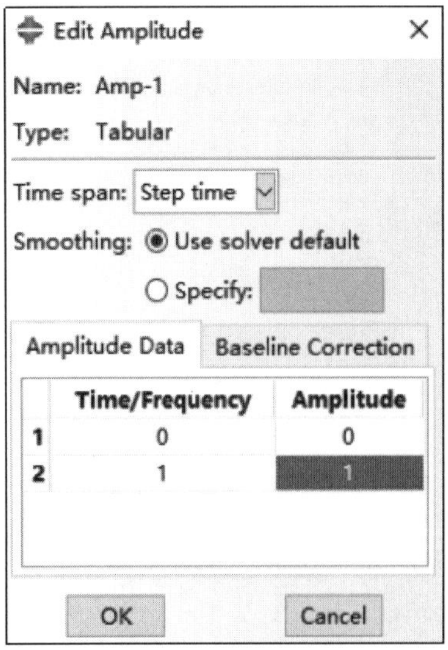

图 7-81 Edit Amplitude 对话框

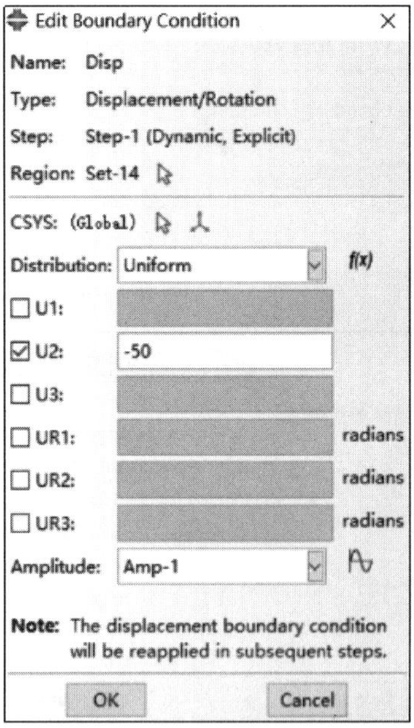

图 7-82 定义位移加载大小与方向

3. 设置对称面约束

点击左侧工具区中的 ，弹出 Create Boundary Condition 对话框，将 Step 设为 Initial，Types for Selected Step 处选择 Symmetry/Antisymmetry/Encastre，如图 7-83 所示，点击 Continue。

选中如图 7-84 所示的区域，点击鼠标中键确认，弹出 Edit Boundary Condition 对话框，选中 XSYMM(U1=UR2=UR3=0)，如图 7-85 所示，点击 OK，退出 Edit Boundary Condition 对话框，完成对称面约束的设置，如图 7-86 所示。

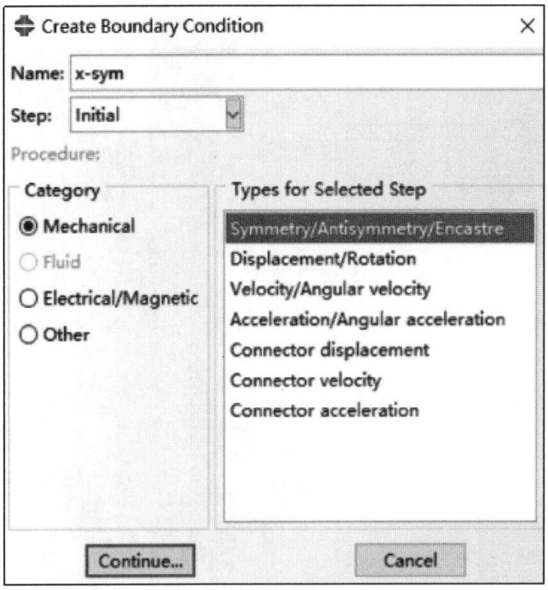

图 7-83　Create Boundary Condition 对话框 2

图 7-84　选择对称面 1

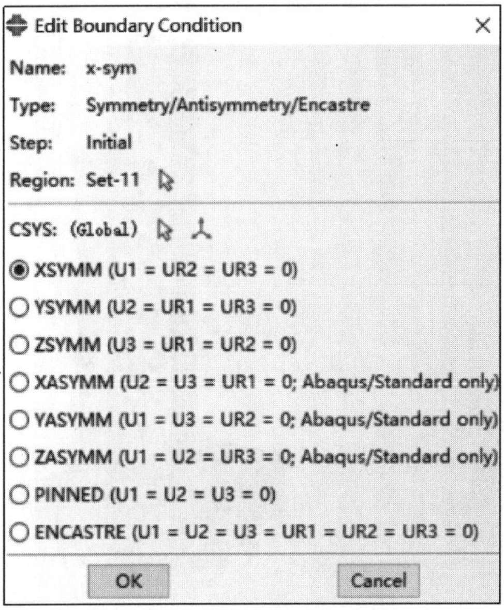

图 7-85　选择 XSYMM

图 7-86　完成对称面边界定义 1

接着对模型进行 XY 面对称的设置，点击左侧工具区中的，弹出 Create Boundary Condition 对话框，将 Step 设为 Initial，Types for Selected Step 处选择 Symmetry/Antisymmetry/Encastre，如图 7-87 所示，点击 Continue。

提示区提示用户选择添加边界条件的区域，选中如图 7-88 所示的区域，点击鼠标中键确认，弹出 Edit Boundary Condition 对话框，选中 ZSYMM(U3=UR1=UR2=0)，如图 7-89 所示，点击 OK，退出 Edit Boundary Condition 对话框，完成对称面约束的设置，如图 7-90 所示。

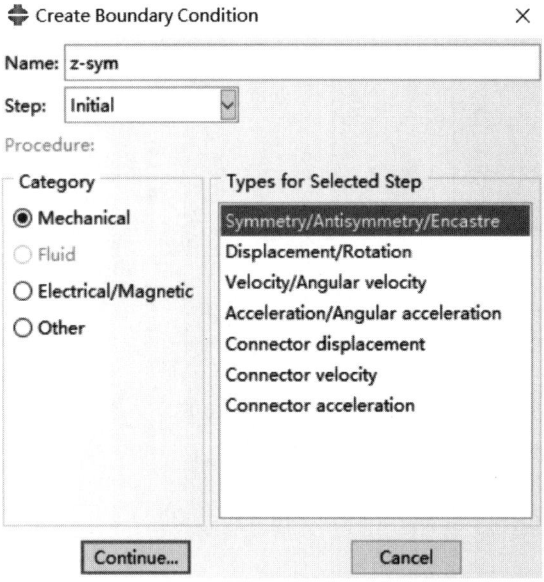

图 7-87 Create Boundary Condition 对话框 3

图 7-88 选择对称面 2

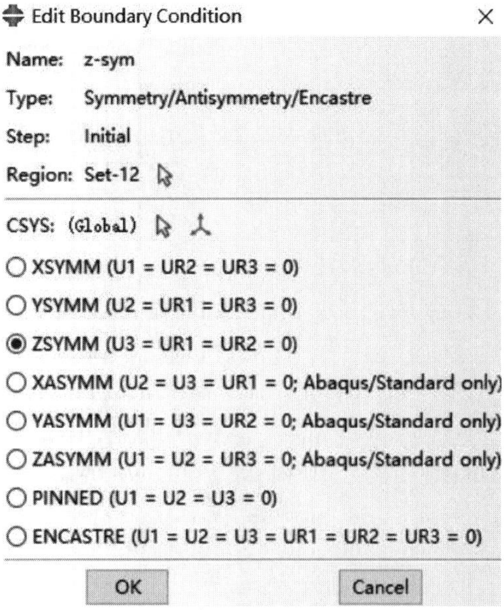

图 7-89 选择 ZSYMM

图 7-90 完成对称面边界定义 2

7.4.2　划分网格(Mesh)

在环境栏的 Module 列表中选择 Mesh 模块进行网格的定义。模型中栓钉、型钢、混凝土板和底部钢板均采用 C3D8R 实体单元,钢筋采用 T3D2 桁架单元。兼顾模型的收敛性和精确性,栓钉、混凝土板、型钢、钢筋和底部钢板的网格尺寸分别为 4 mm、8 mm、10 mm、10 mm 和 20 mm,并对栓钉和混凝土板进行局部加密。

1. 局部布种

以底部钢板短边布种为例,点击左侧工具区中的,用鼠标左键选择模型局部对应区域,弹出 Local Seeds 对话框。将 Approximate element size 设为 15 mm,如图 7-91 所示,点击 OK,关闭对话框。重复上述操作,型钢与混凝土板、栓钉区域分别设置 Approximate element size 为 15 mm 和 7.5 mm,完成局部区域布种。

2. 整体布种

以底部钢板为例,点击左侧工具区中的,按住鼠标左键框选模型,弹出 Global Seeds 对话框,在 Approximate global size 处输入 15,其余参数默认不变,如图 7-92 所示,点击 OK,退出 Global Seeds 对话框。重复上述操作,型钢、栓钉与混凝土板区域 Approximate global size 均设为 10 mm,完成整体区域布种。

3. 划分网格

点击左侧工具区中的,提示区提示是否为部件划分网格,点击 Yes,软件自动划分网格。此时绘图区的模型会变为绿色,并且所划分的网格会显示在模型上,如图 7-93 所示。

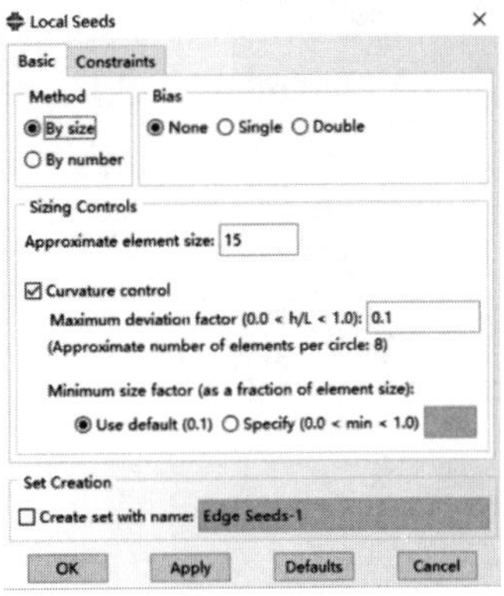

图 7-91　Load Seeds 对话框

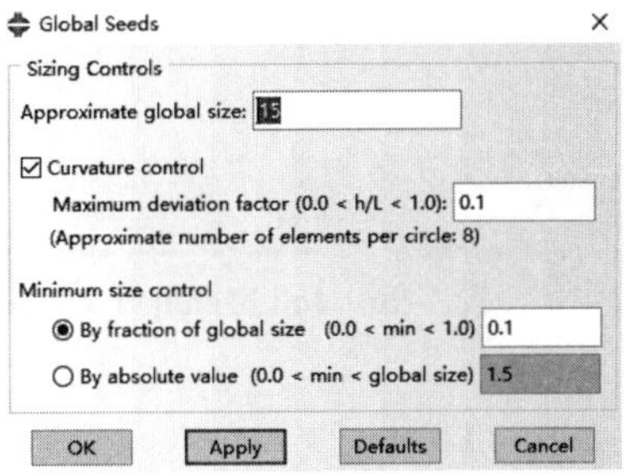

图 7-92　Global Seeds 对话框

图 7-93　模型网格划分

7.5　ABAQUS 求解及后处理

7.5.1　提交分析作业(Job)

在环境栏的 Module 列表中选择 Job 模块进行作业提交。

点击左侧工具区中的,弹出 Create Job 对话框,设置 Name 为 Job-1,选择模型 Model-1，如图 7-94 所示，点击 Continue，弹出 Edit Job 对话框，依照电脑核数及相应计算能力设置 Use multiple processors，点击 OK，完成分析作业的定义，如图 7-95 所示。

点击左侧工具区中的▤，弹出 Job Manager 对话框，选择所需任务，点击 Submit 提交任务，任务完成后，Job-1 的状态将显示为 Completed，如图 7-96 所示。

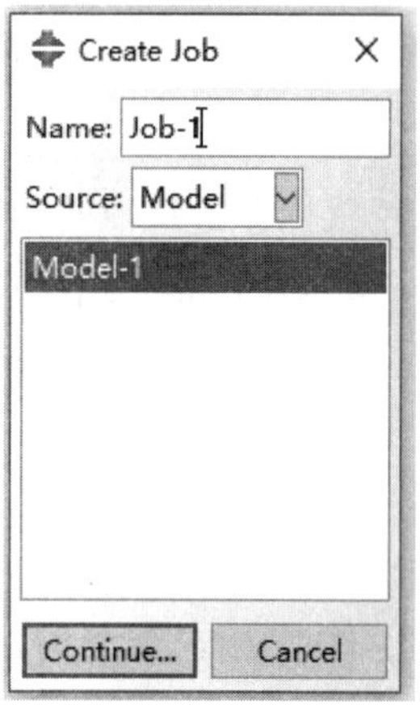

图 7-94　Create Job 对话框

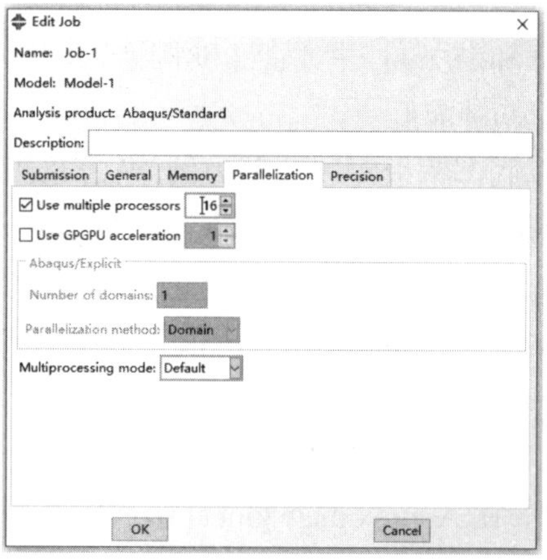

图 7-95　Edit Job 对话框

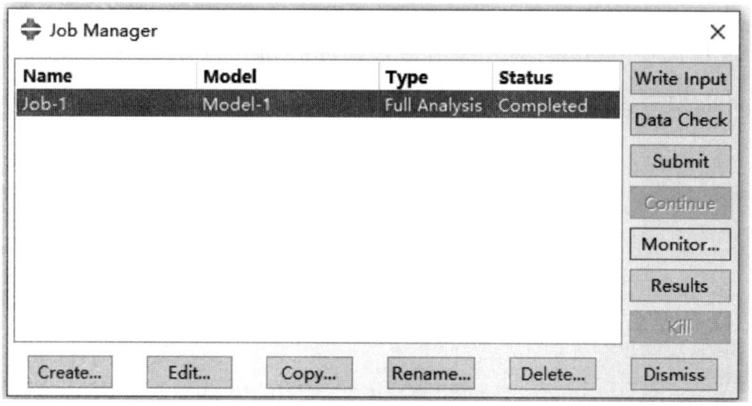

图 7-96　Job Manager 对话框

7.5.2　后处理（Visualization）

1. 显示变形图

在 Job Manager 对话框中，点击 Results，进入分析结果模块，绘图区如图 7-97 所示。点击左侧工具区中的◣，绘图区会显示变形云图，如图 7-98 所示。

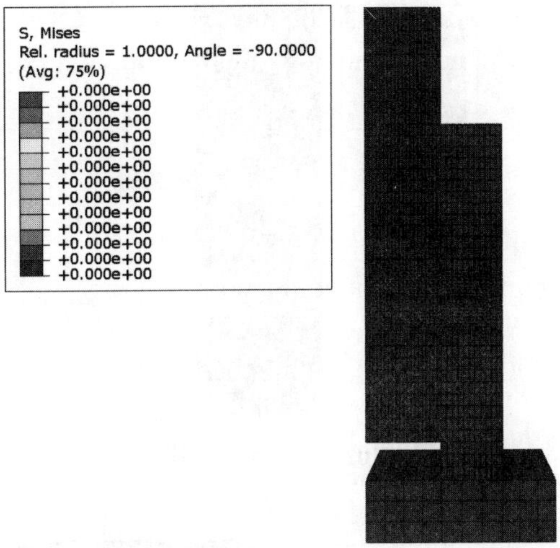

图 7-97　结构未变形图

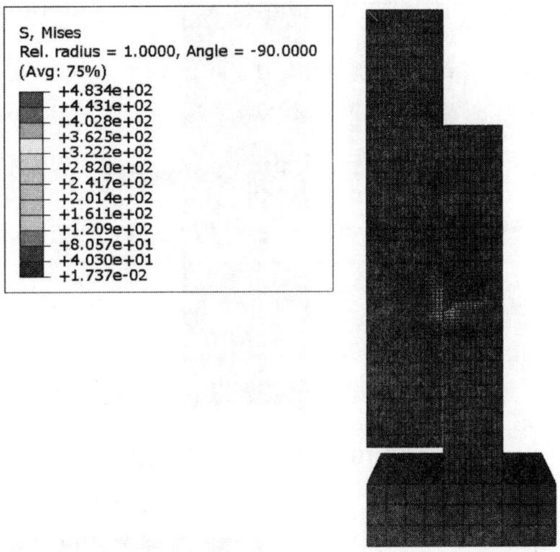

图 7-98　结构变形云图

点击上方菜单栏中的 View，打开 ODB Display Options 对话框，点击 Mirror/Pattern，Mirror planes 后勾选 XZ、YZ 平面，按图 7-99 所示进行设置，点击 OK，关闭对话框。绘图区显示完整变形云图，如图 7-100 所示。栓钉、混凝土板未变形与变形图如图 7-101 至图 7-104 所示。

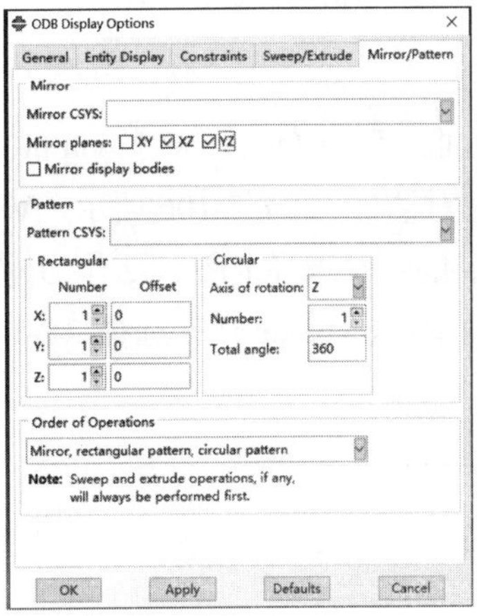

图 7-99　ODB Display Option 对话框

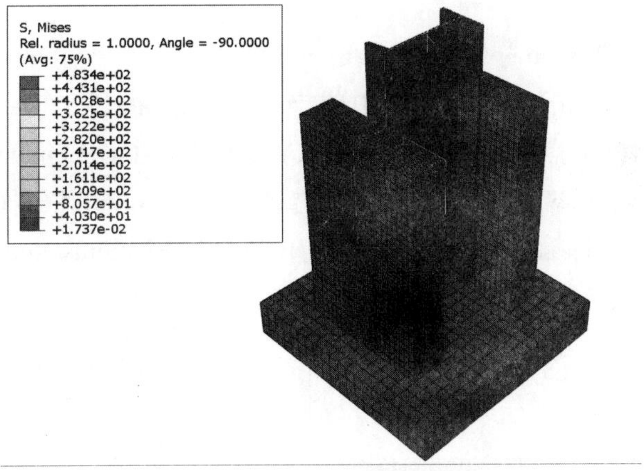

图 7-100　钢-混凝土组合结构变形云图

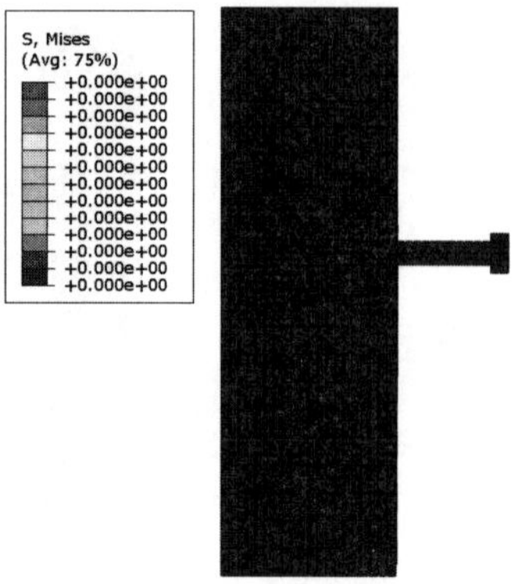

图 7-101　栓钉未变形云图

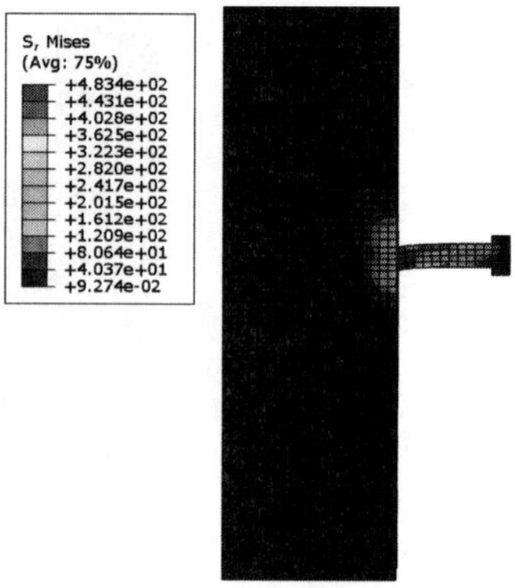

图 7-102　栓钉变形云图

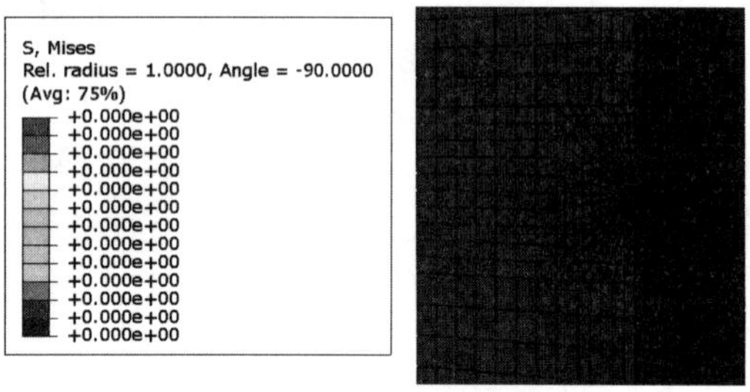

图 7-103　混凝土板未变形云图

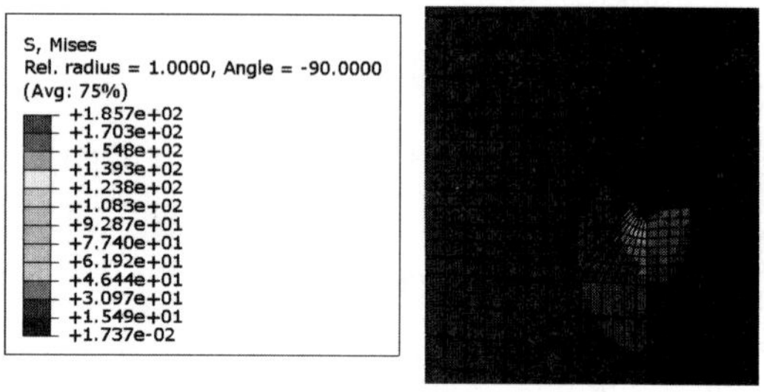

图 7-104　混凝土板变形云图

2. 输出荷载-位移曲线

点击左侧工具区中的▦，弹出 Create XY Data 对话框，选择 ODB field output（图 7-105），点击 Continue，进入 XY Data from ODB Field Output 对话框，如图 7-106 所示，Variables 标签页中的 Position 处选择 Unique Nodal，根据荷载加载方向，选择 RF2、U2 作为输出变量，即输出 Z 方向的荷载与位移。在 Elements/Nodes 界面中点击 Node sets，选择 RP-1 为输出位置，如图 7-107 所示。点击 Plot，绘制曲线。

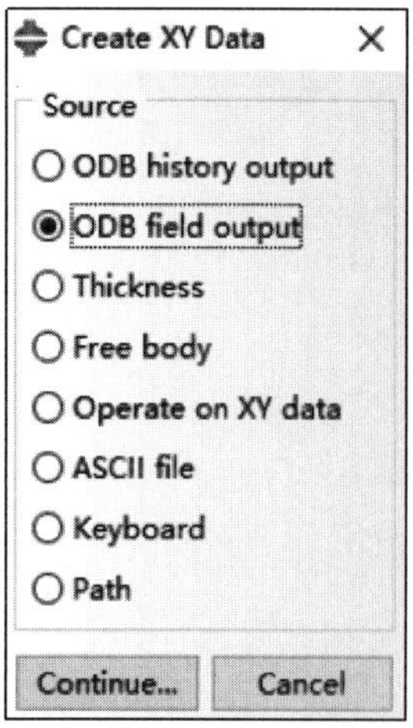

图 7-105　定义场输出

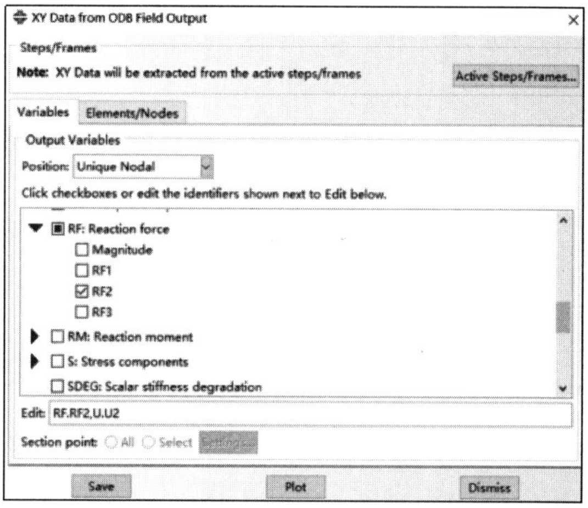

图 7-106　定义输出变量

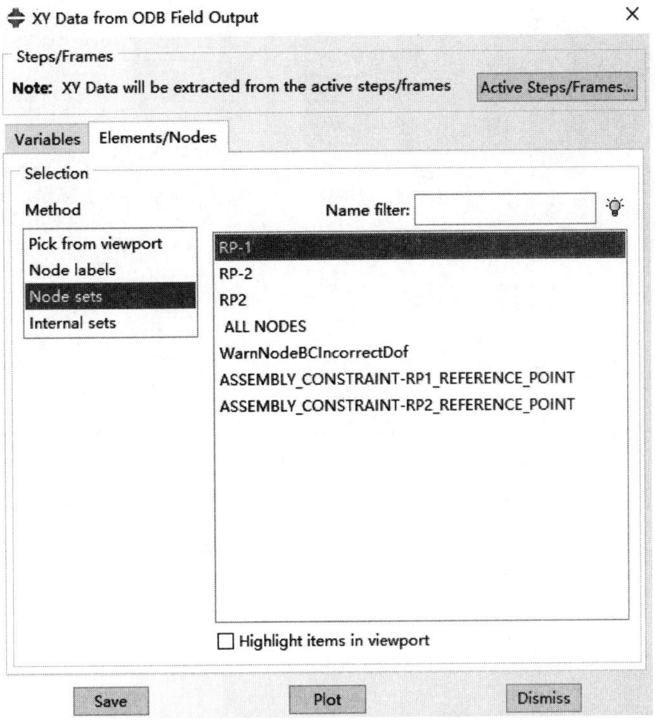

图 7-107　在 XY Data from ODB Field Output 对话框中定义输出位置为 RP-1

3. 整理数据

点击左侧工具区中的,弹出 Create XY Data 对话框,选择 Operate on XY Data(图 7-108),点击 Continue,进入 Operate on XY Data 对话框,在操作框内输入表达式并选择数据,如图 7-109 所示,由于采用 1/4 模型进行分析,所以显示曲线时对应加载点的力应为 4 倍。点击 Create XY Data,绘制整理后的数据曲线,如图 7-110 所示。

图 7-108　Create XY Data 对话框

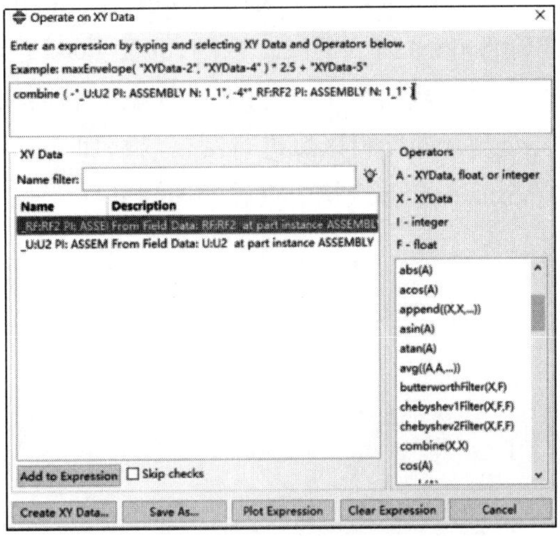

图 7-109　Operate on XY Data 对话框

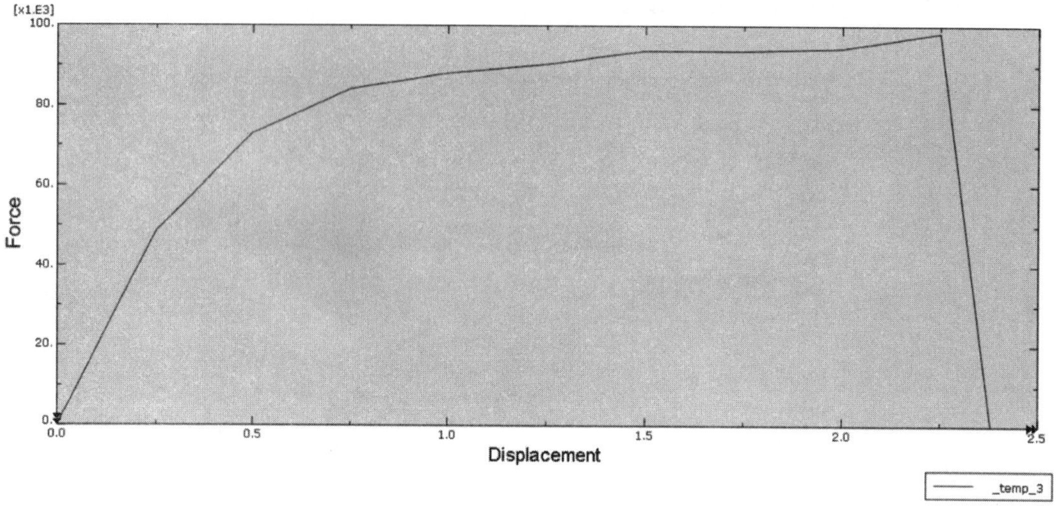

图 7-110 荷载-滑移曲线

7.6 小结

本章采用有限元软件 ABAQUS 创建普通混凝土中抗剪连接件受剪有限元模型,通过施加轴向荷载探究栓钉抗剪能力。为提高计算效率,节省计算资源,采用 1/4 模型进行建模。基本流程为:①首先利用 Part 模块建立栓钉、混凝土板、型钢、钢筋和底部钢板部件;②在 Material 模块中定义各部件材料属性,其中混凝土板材料为 C40 普通混凝土;③在 Assembly 模块中对各个部件进行装配,包括栓钉、混凝土板、型钢、钢筋网和底部钢板部件;④在 Step 模块中定义分析步,约束与边界条件属于 Initial 分析步,加载属于 Step-1 分析步;⑤在 Interaction 模块中定义模型间的相互作用,加载处型钢顶面可直接设置为刚体,钢筋网通过 Embedded 嵌入混凝土板中;⑥在 Load 模块中定义荷载与边界条件,轴向荷载采用位移加载,对称截面采用对称约束,模型底部钢板底面采用简支约束;⑦在 Mesh 模块中划分网格,对复杂的栓钉区域进行网格局部加密;⑧在 Job 模块中提交分析作业,并于分析完成后在 Visualization 模块中查看处理结果。

第 8 章 钢结构构件稳定性能分析

钢结构构件的稳定性是钢结构工程中的重要问题，它直接影响结构的安全性。本章以方钢管轴向受压构件为例，采用有限元软件 ABAQUS 开展稳定性能分析。

稳定分析主要用于研究结构在特定荷载下的稳定性以及确定结构失稳的临界荷载，根据分析对象及需求的不同，主要包括线性屈曲分析和非线性屈曲分析两部分。线性屈曲分析又称特征值屈曲分析，主要用于预估临界失稳荷载和失稳模态，可以考虑固定的预荷载；非线性屈曲分析包含初始缺陷、几何非线性、材料非线性、后屈曲(Snap-through)分析。

本章将从稳定分析前处理、稳定分析求解及后处理、钢构件稳定性能的参数化分析、非线性屈曲分析、局部屈曲分析五部分展开介绍。

8.1 问题描述

本章采用 ABAQUS 通用有限元软件开展方钢管轴向受压构件稳定性能分析，以四种典型尺寸构件为例开展分析工作，方钢管轴向受压构件尺寸如表 8-1 所示。

表 8-1 方钢管轴向受压构件尺寸

试件编号	截面尺寸/(mm × mm)	截面壁厚/mm	试件长度/mm	边界条件
RHS-1	50 × 50	5	2 000	两端固接
RHS-2	50 × 50	5	1 000	两端固接
RHS-3	50 × 50	5	4 000	两端固接
RHS-4	100 × 100	1	500	两端固接

8.2 稳定分析前处理

稳定分析前处理主要包括创建部件、划分网格、设置材料和截面属性、定义装配件、设置分析步及定义相互作用和边界条件等步骤。

8.2.1 创建部件(Part)

启动 ABAQUS/CAE，在环境栏的 Module 列表中选择 Part，即表示当前激活 Part 模块。Part 模块用于创建分析模型的部件。

建立三维实体单元模型用于整体稳定分析，点击左侧工具区中的，弹出 Create Part 对话框，Modeling Space 选择 3D，Type 选择 Deformable，Shape 选择 Solid，Type 选择 Extrusion，如图 8-1 所示。在 Name 处输入 RHS-1，方钢管的截面尺寸为 50 mm × 50 mm，在 Approximate size 处输入 200，点击 Continue，进入草图绘制界面（Sketch），根据方钢管的几何尺寸（50 mm × 50 mm × 5 mm）完成截面绘制，如图 8-2 所示。

图 8-1　建立 Part

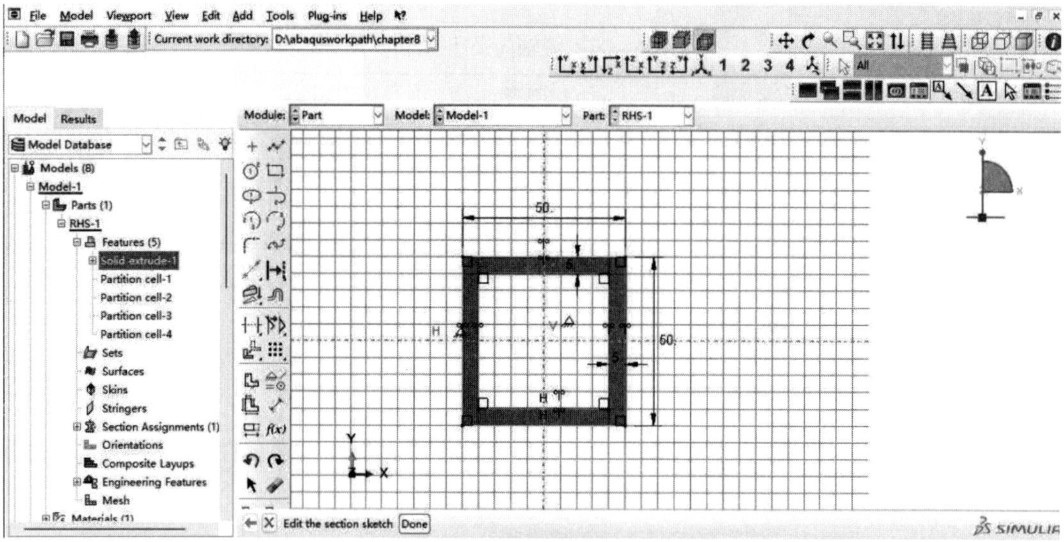

图 8-2　草图绘制

点击鼠标中键或图 8-2 中草图下方的 Done 完成草图绘制，弹出拉伸信息对话框，如图 8-3 所示，在 Depth 处输入 2 000，表示方钢管的高度为 2 000 mm，点击 OK，完成方钢管部件的创建，如图 8-4 所示。

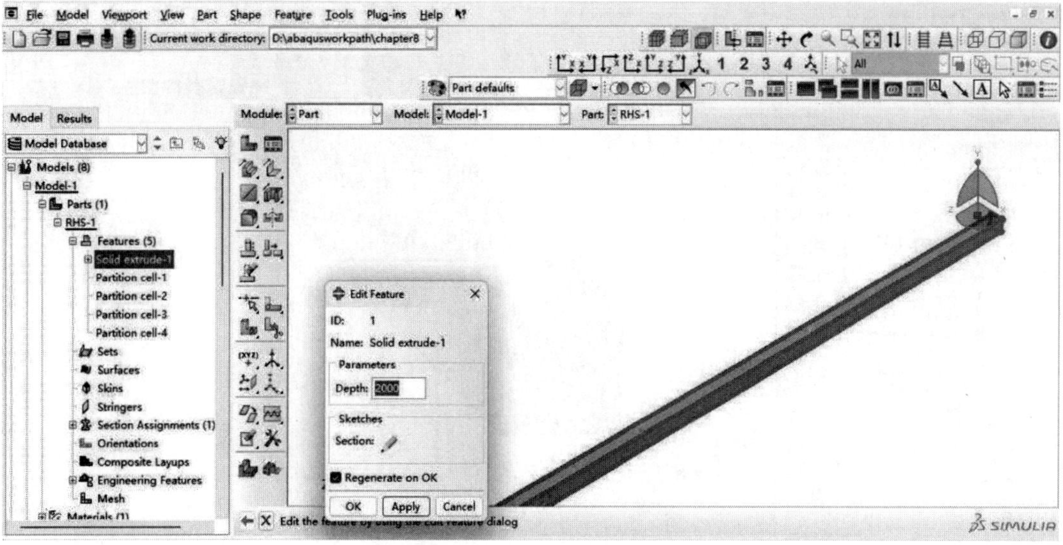

图 8-3　Edit Feature 对话框

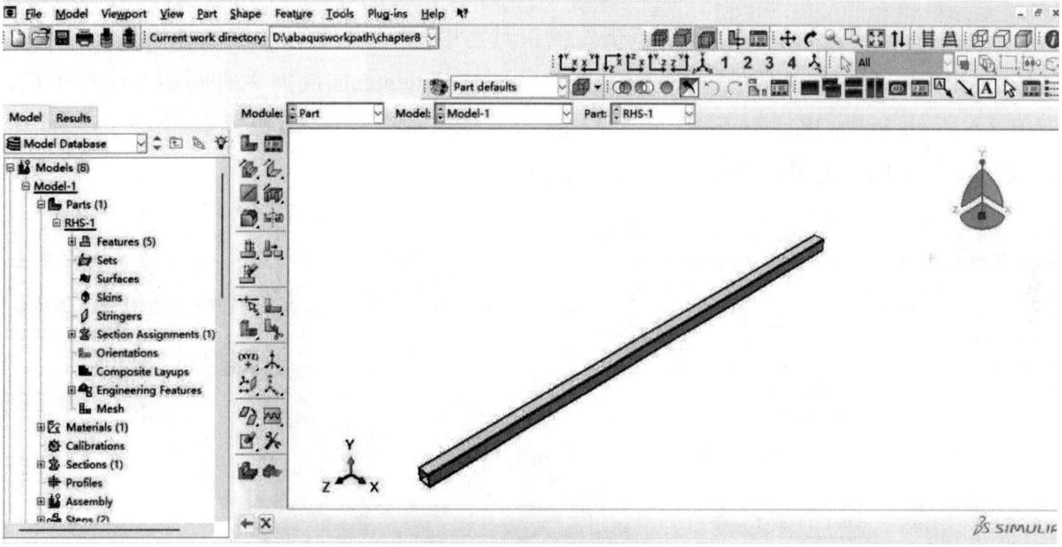

图 8-4　方钢管三维模型

8.2.2　划分网格（Mesh）

在环境栏的 Module 列表中选择 Mesh 模块进行网格划分。

（注：由于在通常情况下划分网格的过程涉及对 Part 进行切分，进而可能影响截面指派的结果，因此建议先进行网格划分再指派截面。）

1. 部件切分

将 Object 选择为 Part，对其进行切分直至 Part 变为绿色，表面可以划分结构化网格，如图 8-5 所示。

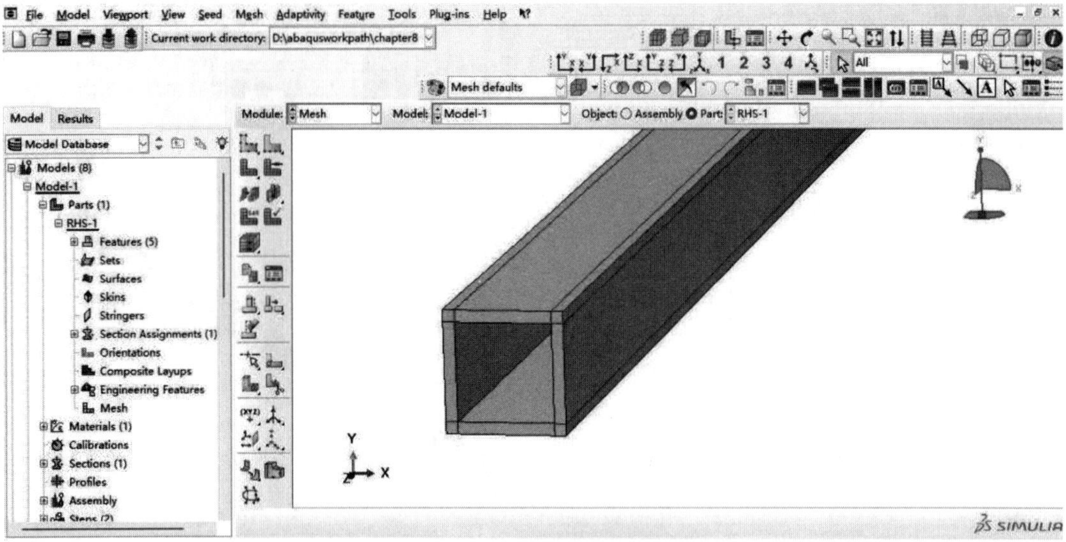

图 8-5 方钢管部件切分

2. 局部布种

对方钢管截面进行局部布种。点击左侧工具区中的，用鼠标左键选择模型局部对应区域，弹出 Local Seeds 对话框。对于角部，Number of elements 设为 2，即每边 2 个种子点，如图 8-6 所示，点击 OK。对于四边，Number of elements 设为 10，即每边 10 个种子点，如图 8-7 所示，点击 OK，关闭对话框，完成局部布种。

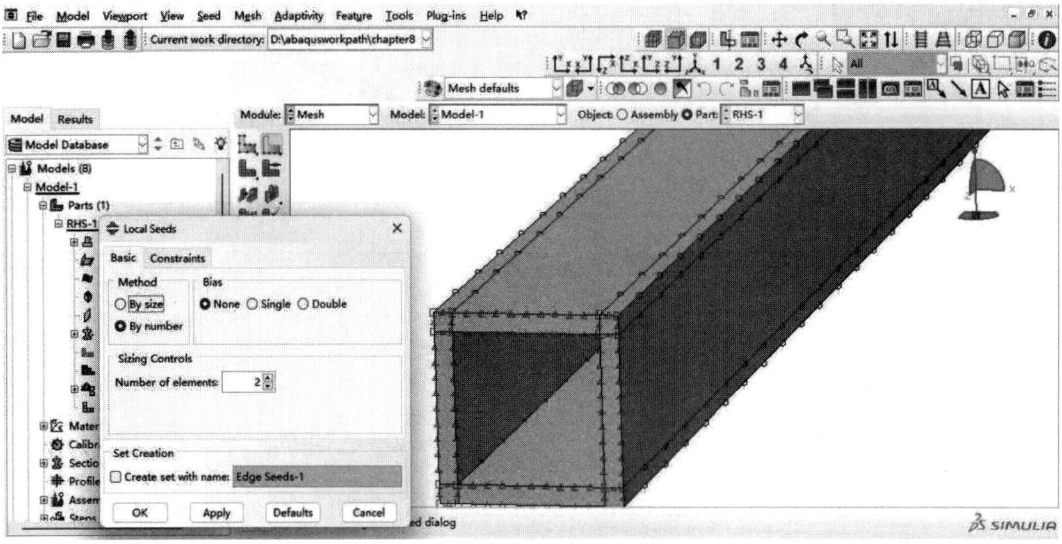

图 8-6 局部布种(角部)

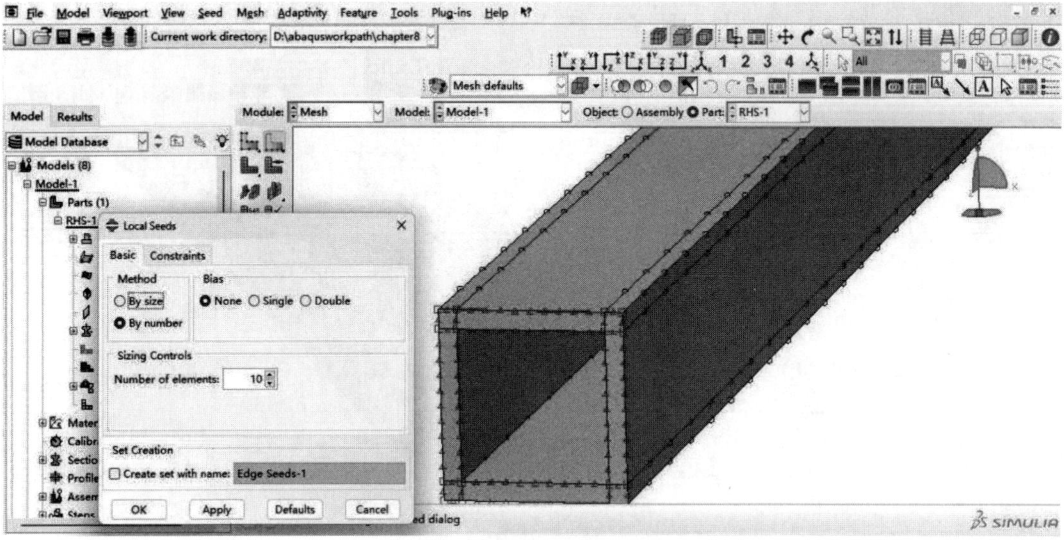

图 8-7　局部布种（四边）

3. 整体布种

点击左侧工具区中的，用鼠标左键框选模型，弹出 Global Seeds 对话框，在 Approximate global size 处输入 25，其余参数保持默认值不变，点击 OK，关闭 Global Seeds 对话框，如图 8-8 所示。

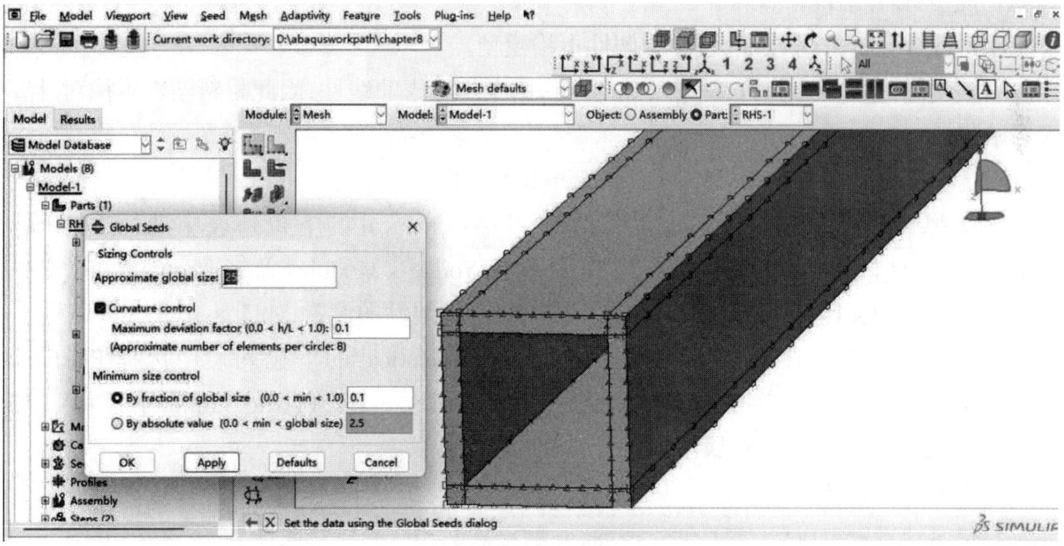

图 8-8　整体布种

4. 划分网格

点击左侧工具区中的，提示区提示是否为部件划分网格，点击 Yes，自动划分网格。此时绘图区中的模型变为青色，并且所划分的网格显示在模型上，如图 8-9 所示。

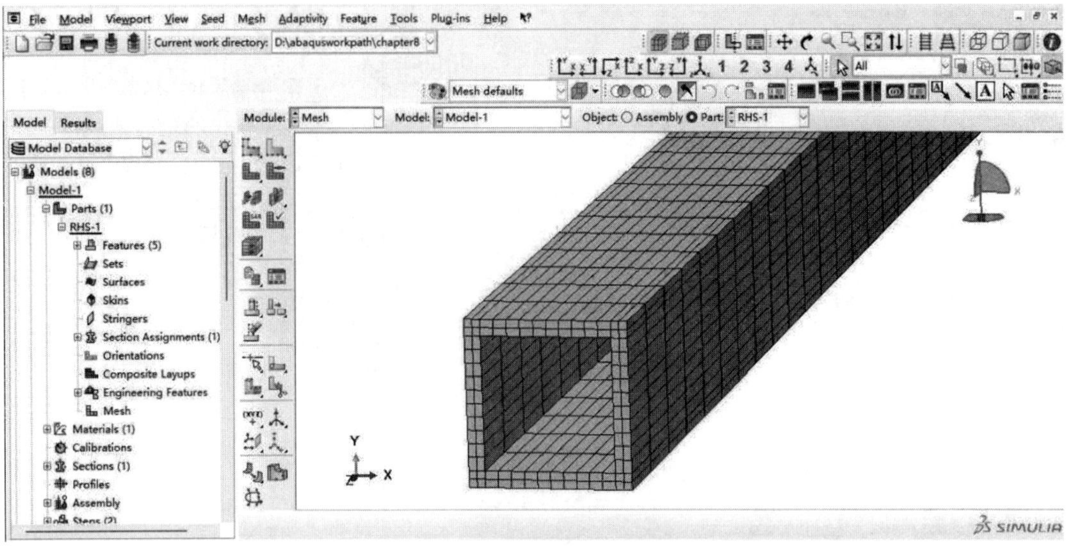

图 8-9 方钢管网格划分

8.2.3 设置材料和截面属性(Property)

在环境栏的 Module 列表中选择 Property,进入 Property 模块。在 Property 模块中可以设置材料和截面属性。

1. 设置材料属性

本章计算分析采用 Q355 理想弹塑性本构模型。

(注:对于线性屈曲分析,即 Buckle 分析,由于不考虑非线性,因此材料塑性本构对计算无影响。)

点击左侧工具区中的,弹出 Edit Material 对话框。

定义弹性属性。在 Edit Material 对话框中 Mechanical 的下拉列表中选择 Elasticity → Elastic,此时有两项力学指标需要填写,分别为 Young's Modulus 及 Poisson's Ratio,分别输入 2e5(表示 2×10^5)和 0.3,点击 OK,完成钢材弹性属性的设置,如图 8-10 所示。

定义塑性属性。在 Edit Material 对话框中 Mechanical 的下拉列表中选择 Plasticity → Plastic,此时有两项力学指标需要填写,分别为 Yield Stress 及 Plastic Strain,分别输入 355 和 0,点击 OK,完成钢材塑性属性的设置,如图 8-11 所示。

2. 设置截面特性

材料属性设置完成后,需要创建截面,并赋予截面相应的材料属性。

点击左侧工具区中的,弹出 Create Section 对话框,在 Name 处输入 RHS-1 作为截面名称, Category 处选择 Solid, Type 处选择 Homogeneous,点击 Continue。在 Material 的下拉列表中选择 Q355,点击 OK,完成钢管截面的创建,如图 8-12 所示。

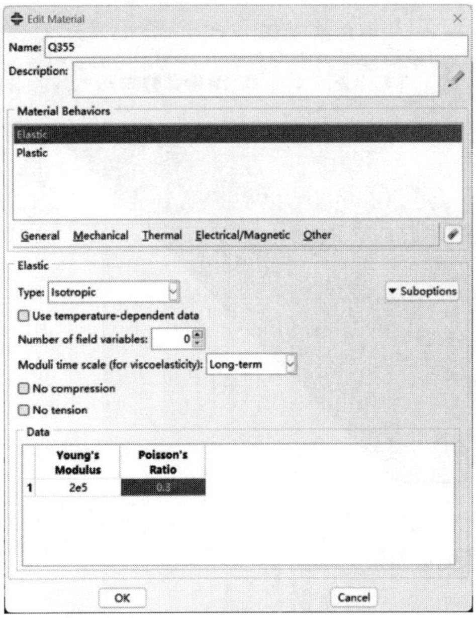

图 8-10　定义 Q355 钢材的弹性属性

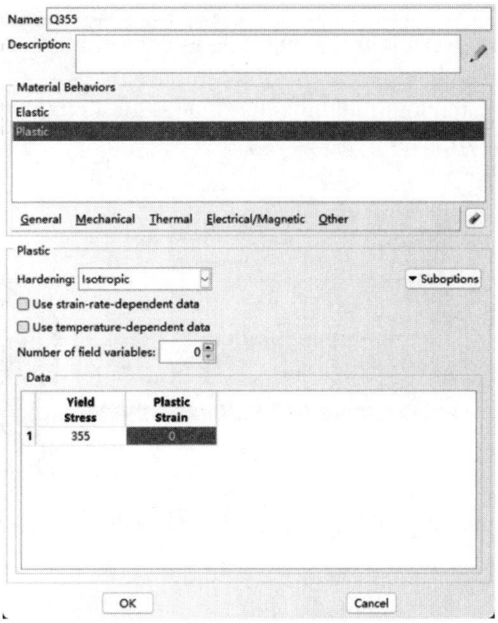

图 8-11　定义 Q355 钢材的塑性属性

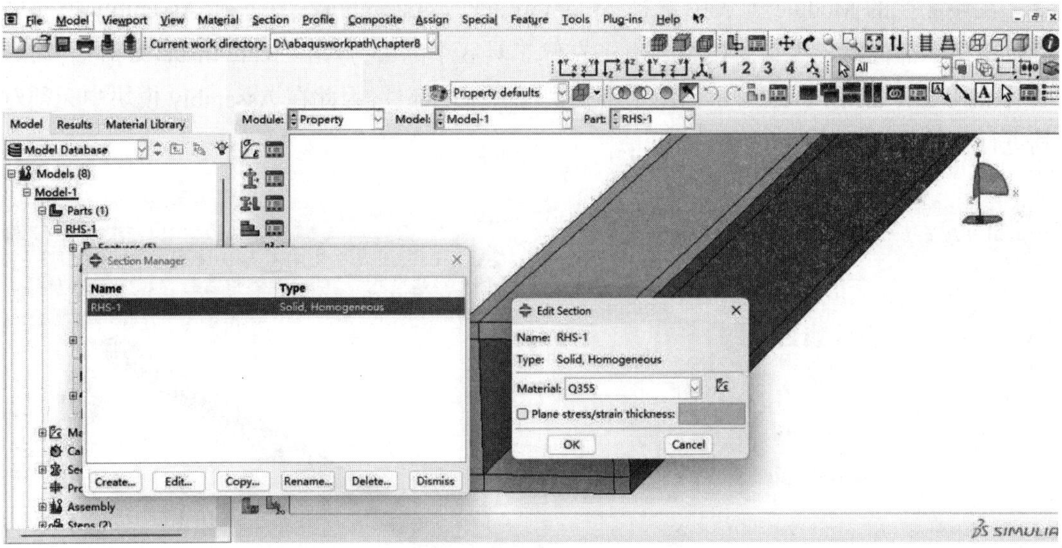

图 8-12　创建 Q355 钢管截面

3. 赋予截面特性

截面创建完成后，需要将截面赋予对应的部件。

点击左侧工具区中的，在视图区用鼠标左键拖曳选择整个钢管模型，如图 8-13 所示，点击 Done，弹出对话框，在 Section 的下拉列表中选择 RHS-1，点击 OK，完成钢管截面特性的分配，如图 8-13 所示。截面分配完成后，模型会变为绿色。

（注：在 ABAQUS 中，若截面呈现其他颜色则为重复指派了截面，可能会导致模型报错。）

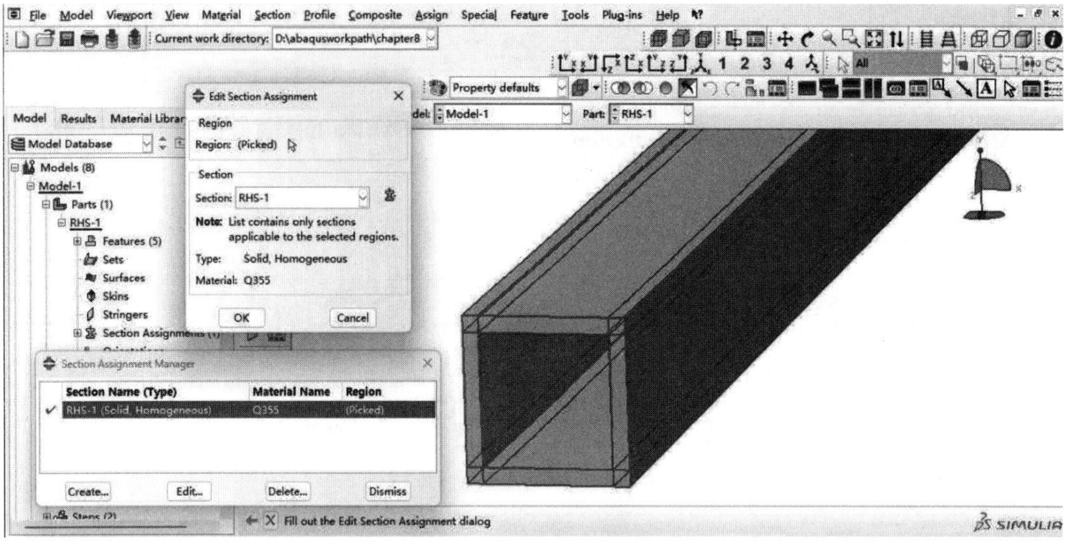

图 8-13 方钢管截面指派

8.2.4 定义装配件(Assembly)

在环境栏的 Module 列表中选择 Assembly,进入 Assembly 模块。在 Assembly 模块中可以将各个部件组装为整体模型。点击左侧工具区中的,弹出 Create Instance 对话框,导入 RHS-1 部件,如图 8-14 所示。由于本模型仅有一个部件,因此在 Assembly 模块中无须对其进行移动。

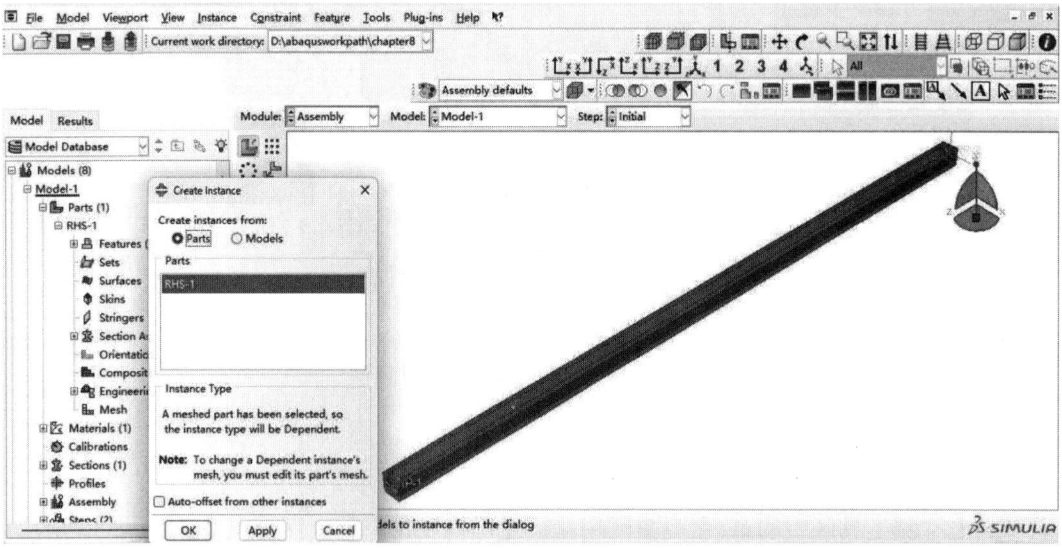

图 8-14 定义装配件

8.2.5 设置分析步(Step)

在环境栏的 Module 列表中选择 Step,进入 Step 模块。在 Step 模块中可以设置分析步和变量输出要求。

点击左侧工具区中的 ，弹出 Create Step 对话框，Procedure type 选择 Static, Linear perturbation，细分项选择 Buckle，如图 8-15 所示。点击 Continue，进入 Edit Step 对话框，在 Basic 标签页下将特征值提取数量 Number of eigenvalues requested 设为 6，即考虑模型的前 6 阶模态，将最大迭代次数 Maximum number of iterations 设为 300，其余项保持默认设置，如图 8-16 所示，完成后点击 OK。

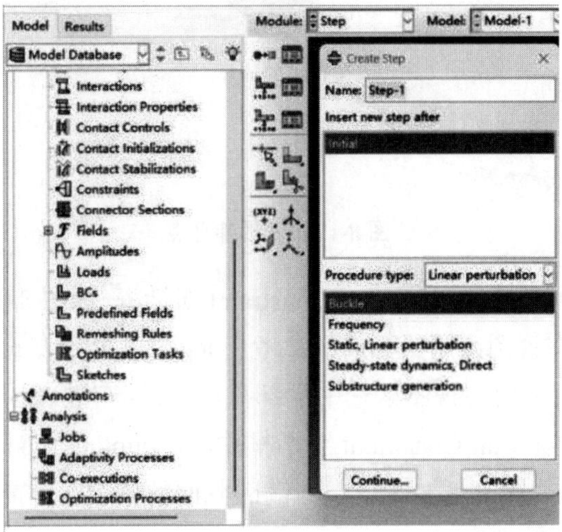

图 8-15　新建分析步

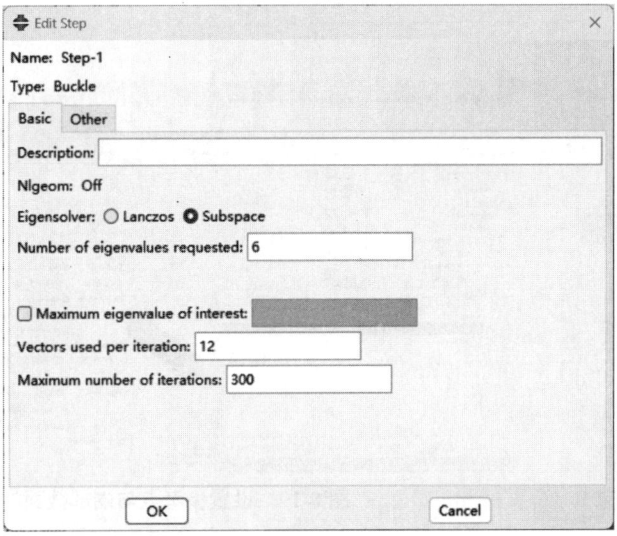

图 8-16　Edit Step 对话框

8.2.6　设置相互作用和边界条件(Interaction 与 Load)

1. 设置相互作用

在环境栏的 Module 列表中选择 Interaction，进入 Interaction 模块。在 Interaction 模块中可以设置模型中各个部件的相互作用和约束。为方便设置约束及后续施加荷载，首先在两端截面中心处设置两个参考点(RP-1 与 RP-2)，如图 8-17 所示。

图 8-17　设置参考点

点击左侧工具区中的，弹出 Create Constraint 对话框，如图 8-18 所示，Type 选择 Coupling，点击 Continue。在视图区用鼠标选中参考点 RP-1，并建立集合 fix，按回车键确认。点击截面左下角的 Node Region，之后在视图区选中端部截面，按回车键确认，弹出 Edit Constraint 对话框。如图 8-19 所示，在 Edit Constraint 对话框中将 Coupling type 设为 Kinematic，勾选全部自由度，点击 OK，完成参考点 1（RP-1）与端部截面的耦合。重复上述操作完成参考点 2（RP-2）与另一端部截面的耦合。

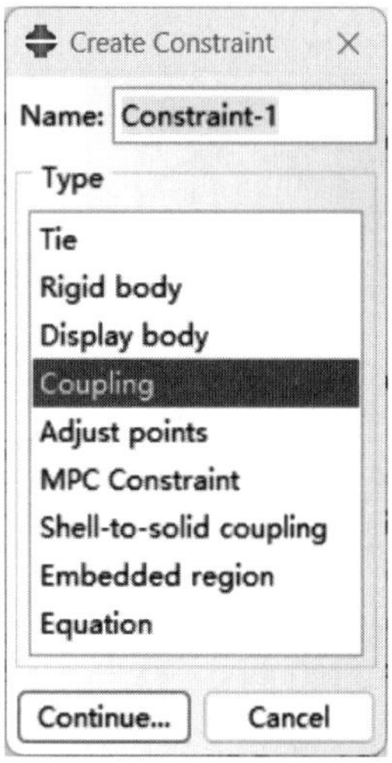

图 8-18　建立约束

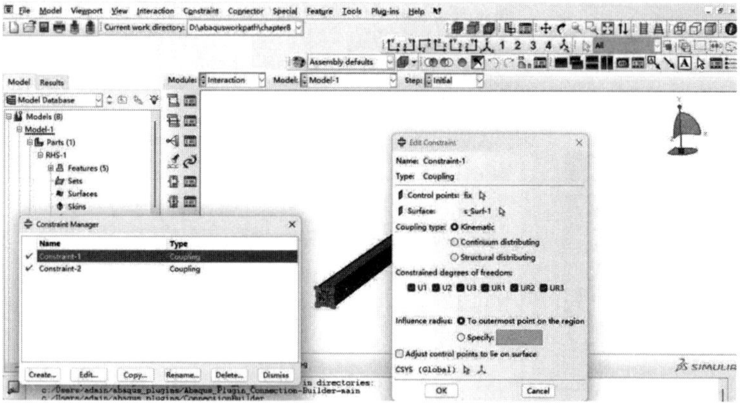

图 8-19　设置参考点与端部截面的耦合

2. 设置边界条件

点击左侧工具区中的，弹出 Create Boundary Condition 对话框，Step 选择 Initial，Type 选择 Symmetry/Antisymmetry/Encastre，点击 Continue，选中集合 fix，点击鼠标中键确认，弹出 Edit Boundary Condition 对话框，如图 8-20 所示，选择 ENCASTRE 约束全部自由度，点击 OK。按同样的步骤设置集合 load 的边界条件，Type 选择 Displacement/Rotation，如图 8-21 所示，选中除 U3（竖向加载方向）外的全部自由度。边界条件的设置与试验边界条件保持一致。

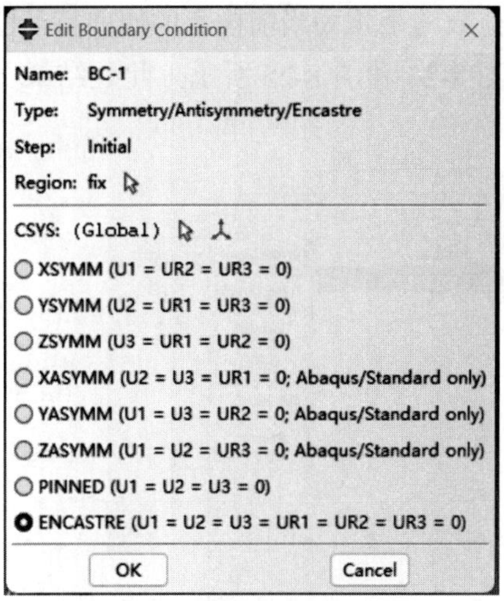

图 8-20　设置固定端边界条件

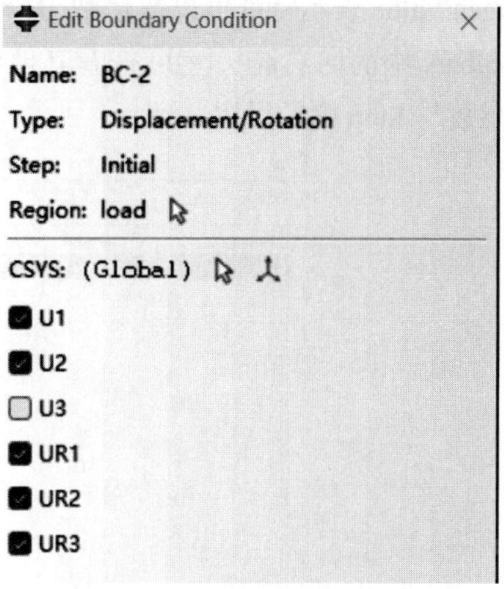

图 8-21　设置加载端边界条件

点击左侧工具区中的，选择加载点集合，沿 CF3 方向设置集中力（Concentrated force），设置为 1，即在加载点处沿方钢管轴向施加 1 N 的荷载，如图 8-22 所示。

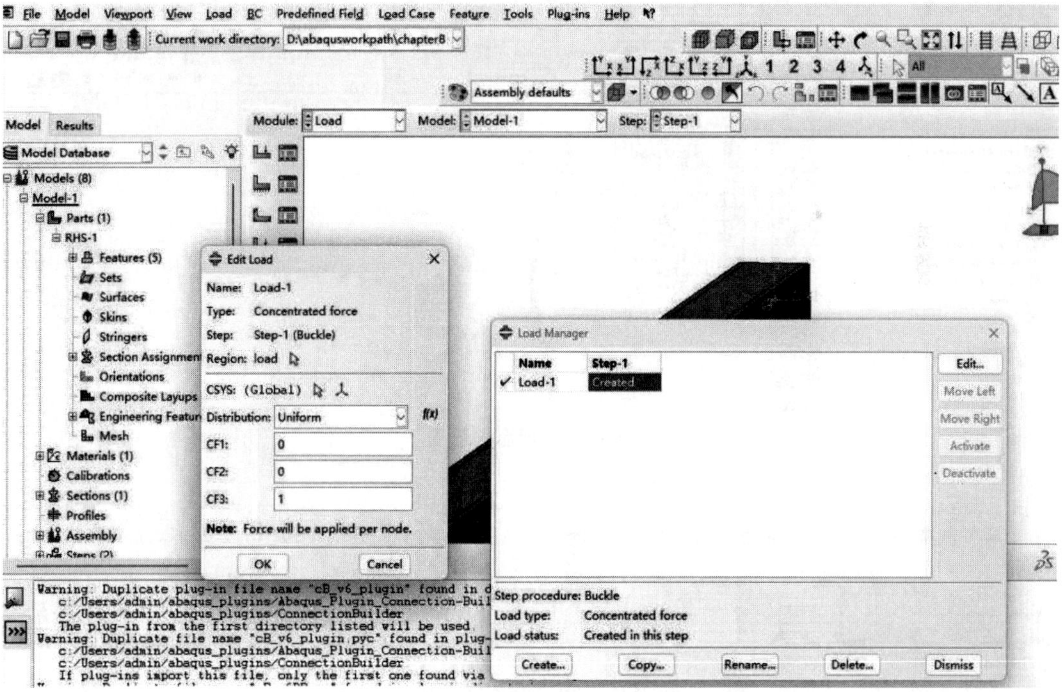

图 8-22　施加轴向荷载

8.3　稳定分析求解及后处理

前处理工作完成后，对模型进行求解并进行后处理。在 Job 中创建新作业并提交，如图 8-23 所示，计算完成后点击 Results 查看结果。模型下方的信息中 Mode 表示所查看的模态数，Eigen Value 表示特征值发放倍数，其与所施加荷载的乘积为当前模态的屈曲特征值。点击 Toolbars 中的向右箭头▶可查看其他模态，如图 8-24 和图 8-25 所示。此处结果文件中的模态数与 Step 中的设置一致。

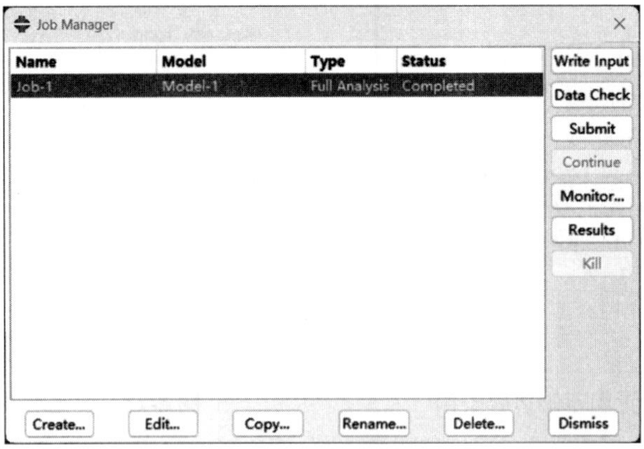

图 8-23　建立作业并提交

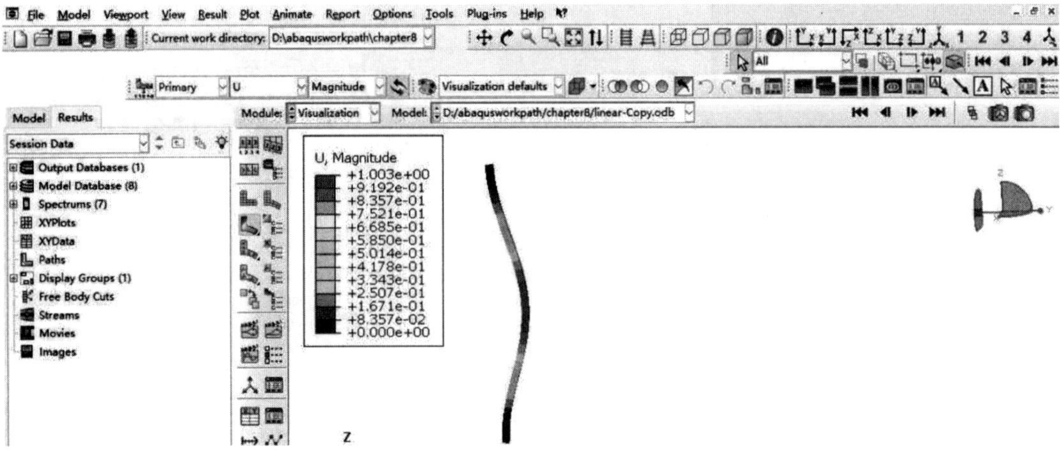

图 8-24　模态一查看

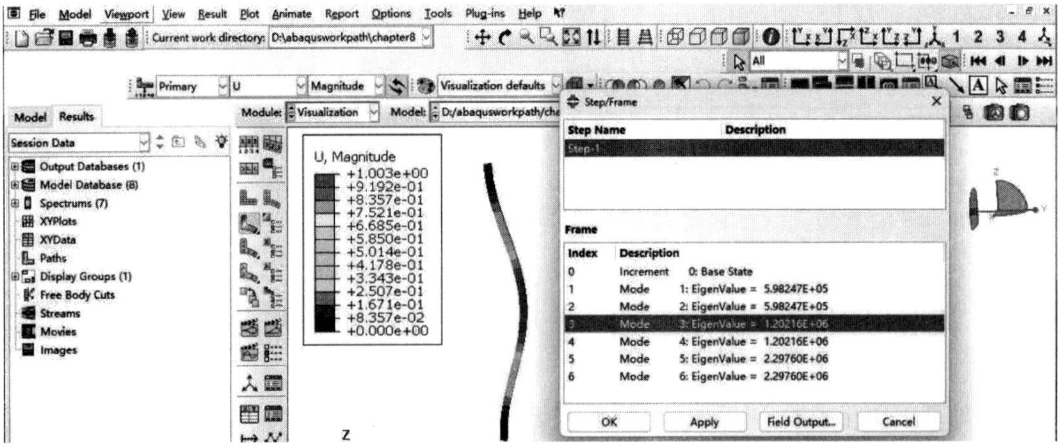

图 8-25　模态三查看

至此,完成了钢构件的线性屈曲分析。需要注意的是,在线性屈曲分析过程中,没有考虑钢构件的初始几何缺陷、残余应力、材料非线性等的影响。

8.4　钢构件稳定性能的参数化分析

开展模型参数化分析是建立物理规律的基础,也是开展有限元模拟的重要意义。本节针对方钢管轴向受压构件的稳定性能开展参数化分析。

对于线性屈曲问题,欧拉(Euler)于 1757 年研究了柱的行为理论,推导出了欧拉公式(式(8-1)),该式给出了细长的理想柱的屈曲临界荷载 F。

$$F = \frac{\pi^2 EI}{(KL)^2} \tag{8-1}$$

本节结合 8.2、8.3 节中所述的方法开展有限元线性屈曲分析,以两端固接实体单元方钢管细长柱为例,计算屈曲临界特征值。开展参数分析,计算构件长度 L 为 1 000 mm、2 000 mm、4 000 mm 时的屈曲临界特征值,并与通过式(8-1)计算得到的理论值进行对比。对于两端固接情况,杆件的有效长度系数 K 取 0.5。计算结果汇总于表 8-2 中。从表 8-2 中可以看出,有限元计算结果与用欧拉公式计算的理论值基本一致,屈曲临界特征值随杆件长度增大而减小。

表 8-2　方钢管轴向受压构件屈曲特征值

试件编号	截面尺寸/(mm × mm)	截面壁厚/mm	试件长度/mm	边界条件	特征值/N	理论值/N
RHS-1	50 × 50	5	2 000	两端固接	598 247	607 000
RHS-2	50 × 50	5	1 000	两端固接	2 293 710	2 430 000
RHS-3	50 × 50	5	4 000	两端固接	150 970	152 000

8.5　非线性屈曲分析

8.1 节至 8.3 节中介绍了线性屈曲分析的基本步骤,为进一步在计算中考虑初始缺陷、几何非线性、材料非线性等的影响,需开展后屈曲分析,本节将在 8.1 节至 8.3 节所介绍的线性屈曲分析的基础上进一步介绍非线性屈曲分析的基本步骤。

对于初始几何缺陷的考虑,既可根据构件实际试验量测数据导入初始几何信息,也可以在无试验量测数据的情况下,根据线性屈曲分析结果在非线性屈曲分析中引入初始缺陷。本节将对第二种情况展开详细介绍。

8.5.1　屈曲模态位移结果保存

首先通过线性屈曲分析计算得到各屈曲模态位移结果,在提交计算前修改模型关键词,点击 Model → Edit keywords →模型名称,弹出模型关键词编辑窗口,在“*Step”中的

"**OUTPUT REQUESTS"后添加关键词:

*Restart, write, frequency=0

*node file

U

令其保存节点位移至 fil 文件中,如图 8-26 所示。点击 OK 完成关键词修改。其余设置与 8.2 节中的线性屈曲分析保持一致,提交计算。

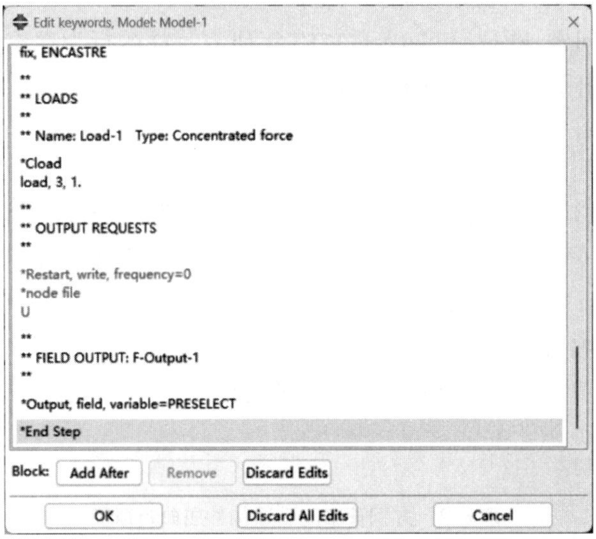
Edit keywords, Model: Model-1
fix, ENCASTRE
**
** LOADS
**
** Name: Load-1 Type: Concentrated force
*Cload
load, 3, 1.
**
** OUTPUT REQUESTS
**
*Restart, write, frequency=0
*node file
U
**
** FIELD OUTPUT: F-Output-1
**
*Output, field, variable=PRESELECT
*End Step
Block:
Add After
Remove
Discard Edits
OK
Discard All Edits
Cancel

图 8-26 修改关键词

8.5.2 非线性屈曲分析引入初始缺陷

在左侧模型树中选中线性屈曲模型并用鼠标右键点击 Copy Model 创建模型副本,修改名称为 Nonlinear,在该模型中进行下述操作。

修改关键词,将线性屈曲模态位移结果作为初始缺陷引入,初始缺陷按杆长 L 的 1/1 000 考虑。在本算例中,杆长 L=2 000 mm,则初始缺陷为 2 mm。在线性屈曲分析中,屈曲模态的最大位移为 1 mm,因此需将线性屈曲分析的位移结果放大 2 倍作为初始缺陷引入。在关键词"*Boundary"后添加初始缺陷关键词:

*imperfection, file=linear, Step=1

1, 2

其中,"linear"对应 8.5.1 节中线性分析计算所保存的位移结果的作业名称;"Step=1"表示第一个分析步结束时的位移结果;"1"和"2"分别表示第一阶屈曲模态和将位移结果放大 2 倍。点击 OK,完成初始缺陷关键词的修改,如图 8-27 所示。

(注:此处若需引入其他屈曲模态位移结果作为初始缺陷,可在"1, 2"下方按相同格式追加书写。)

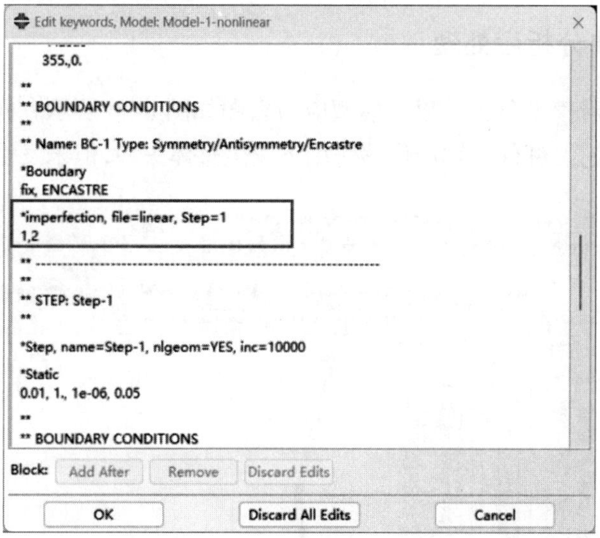

图 8-27　修改初始缺陷关键词

8.5.3　非线性屈曲分析模型设置

在 Step 模块中点击 Step Manager，选中 Step-1，点击 Replace，将其修改为 Static, General，如图 8-28 所示。修改模型边界条件，为方便模型计算收敛，将荷载删除，改为位移加载，对模型施加轴向受压方向上的位移。其余设置保持不变，提交作业，如图 8-29 所示。

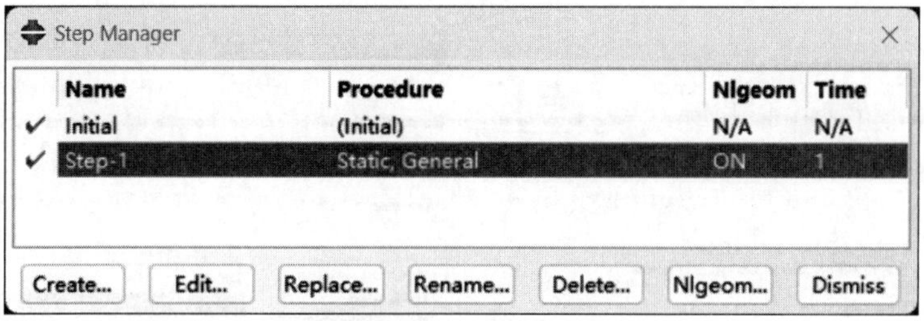

图 8-28　修改分析步

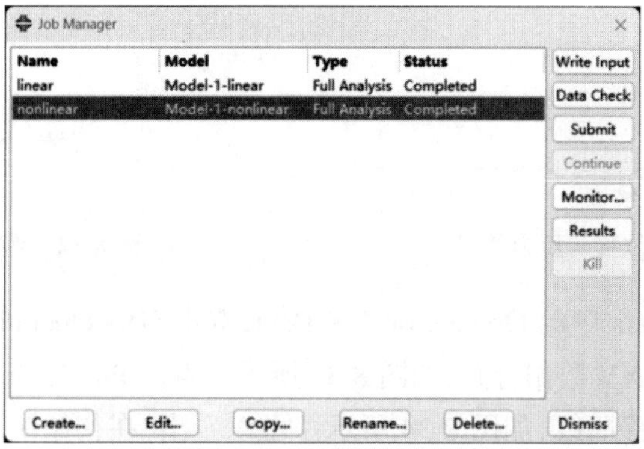

图 8-29　提交作业

8.5.4 非线性屈曲分析后处理

点击 Results 查看模型分析结果。模型应力云图如图 8-30 所示。杆件在轴向受压条件下中部与两端应力最大,杆件在轴向位移作用下发生整体失稳,但未发生局部屈曲。

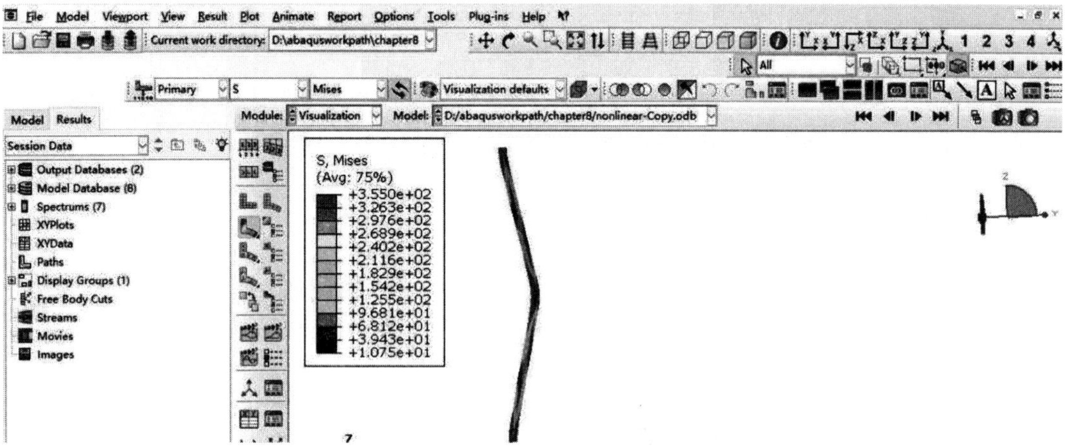

图 8-30 模型应力云图

点击 Create XY Data,选择 ODB Field Output。如图 8-31 所示,从 Position 的下拉项中选择 Unique Nodal,选择轴向位移 U3 和反力 RF3。点击 Elements/Nodes,如图 8-32 所示,选择加载点,点击 Save 保存提取结果。

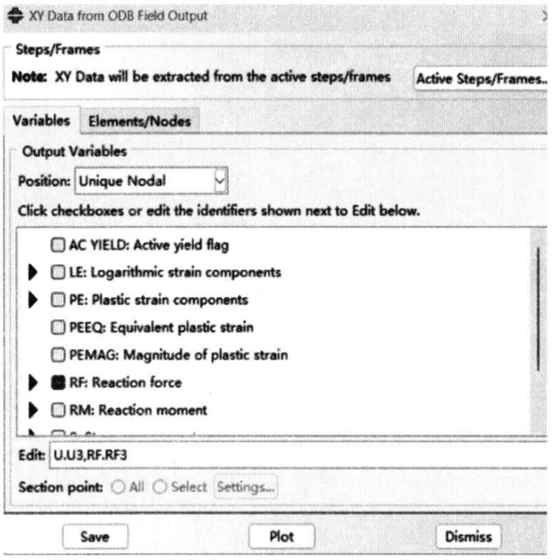

图 8-31 提取位移与反力结果

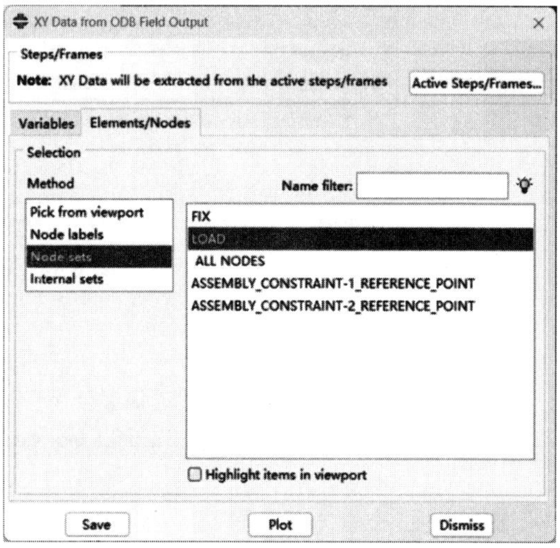

图 8-32 选择加载点

点击 Create XY Data 中的 Operate on XY Data,双击右侧 Operators 中的 combine,依次双击 U3、RF3 结果,将 XY 数据合并,如图 8-33 所示。点击 Plot Expression 绘制方钢管细长构件轴向受压荷载-位移曲线,如图 8-34 所示。可以看出,在初始阶段,荷载随位移施加线性增大,随后杆件发生整体失稳,荷载减小。考虑初始几何缺陷的非线性屈曲计算结果显著小于线性屈曲计算结果。

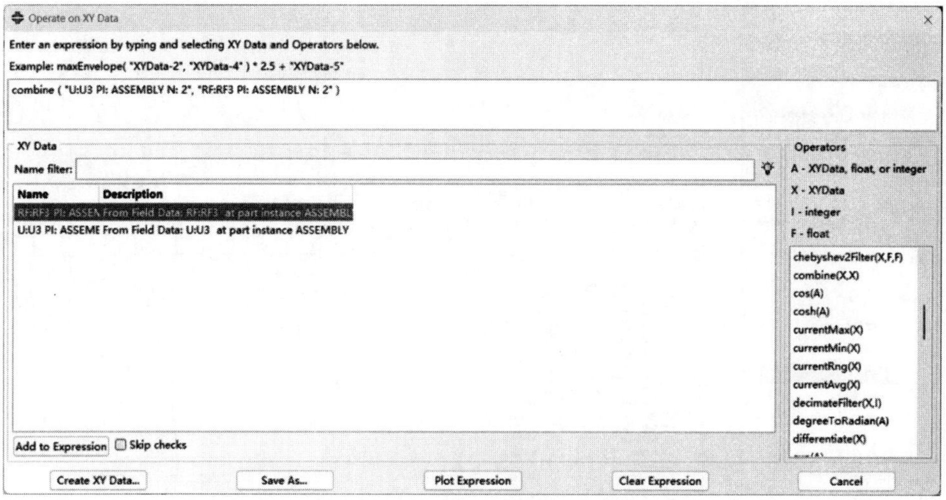

图 8-33　建立荷载-位移曲线

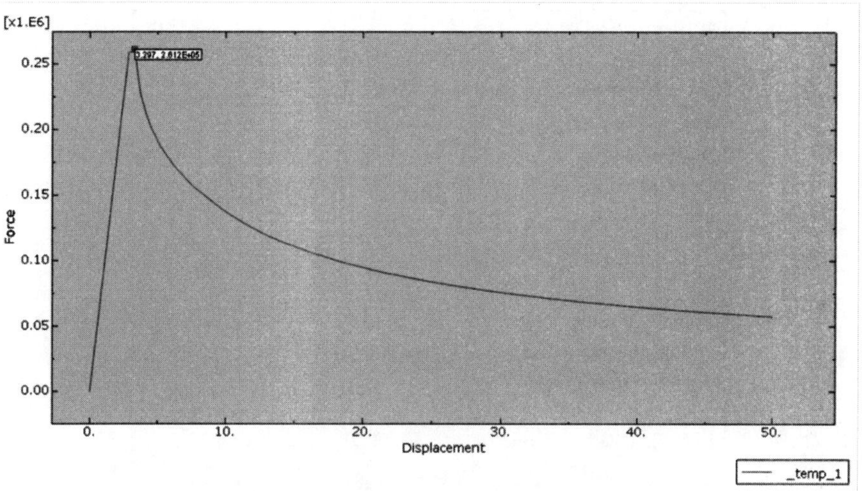

图 8-34　方钢管轴向受压荷载-位移曲线

8.6　局部屈曲分析

对于板件局部屈曲分析，在有限元模拟中通常采用壳单元进行模拟。本节将以方钢管构件在轴压荷载作用下的板件局部屈曲分析为例，采用壳单元（Shell）建模开展非线性屈曲分析。具体步骤如下。

在 Part 中建立壳单元模型，如图 8-35 和图 8-36 所示。截面尺寸为 100 mm × 100 mm，截面壁厚为 1 mm。在 Property 中设置模型材料，采用理想弹塑性本构，屈服强度取 355 MPa。完成截面建立与指派，如图 8-37 和图 8-38 所示。在 Mesh 中完成网格划分，全局网格尺寸设置为 10 mm，如图 8-39 所示。

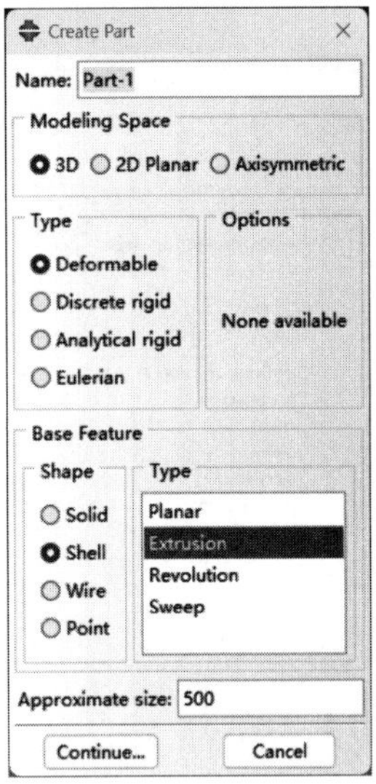

图 8-35　壳单元模型

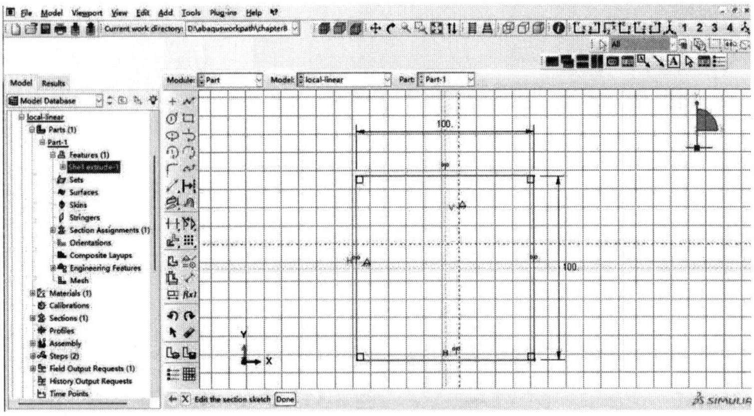

图 8-36　截面草图绘制

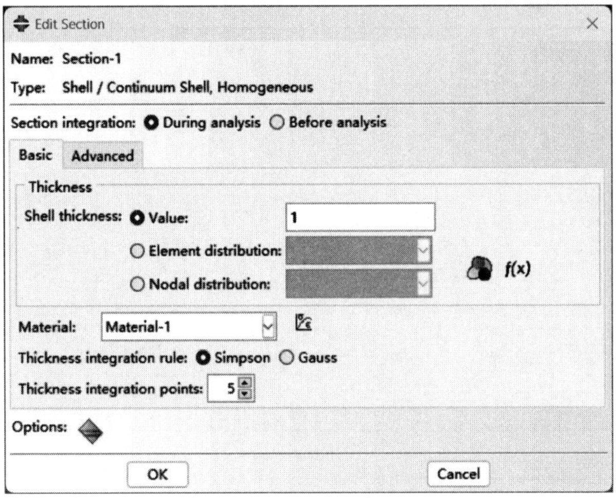

图 8-37　截面属性设置

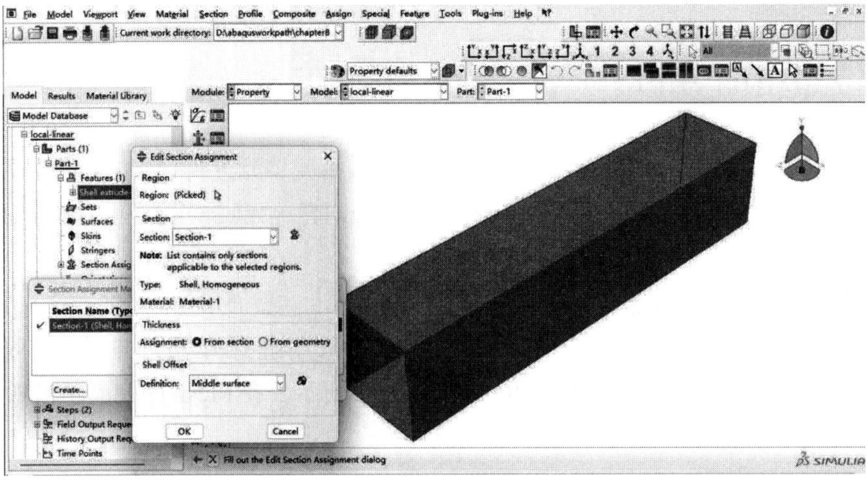

图 8-38　截面指派

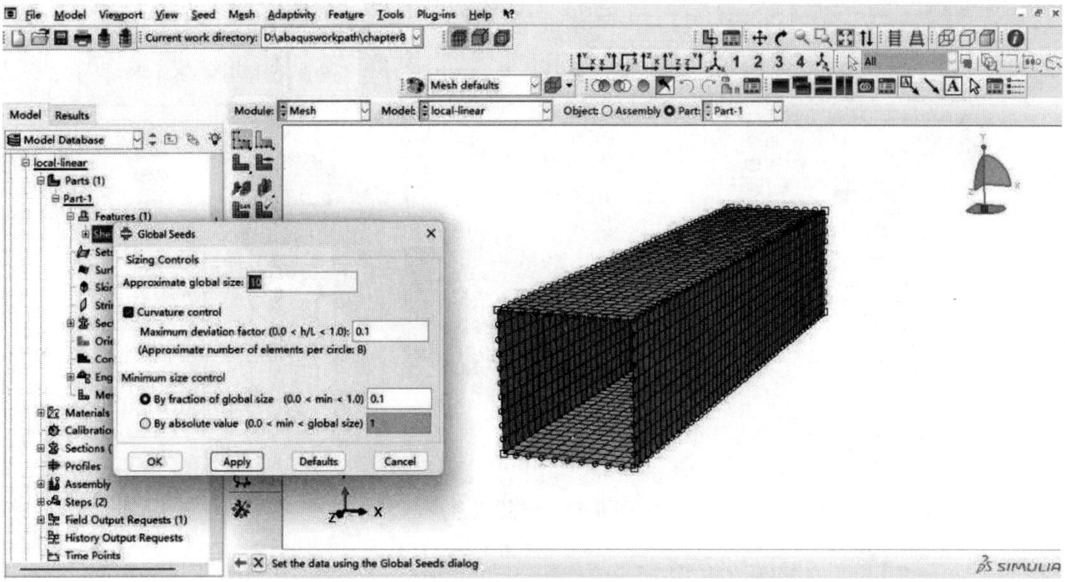

图 8-39　网格划分

完成分析步设置、耦合点及边界条件设置、关键词修改，开展线性屈曲分析，如图 8-40 至图 8-44 所示，具体步骤与 8.1 节至 8.4 节中所述的方法一致。

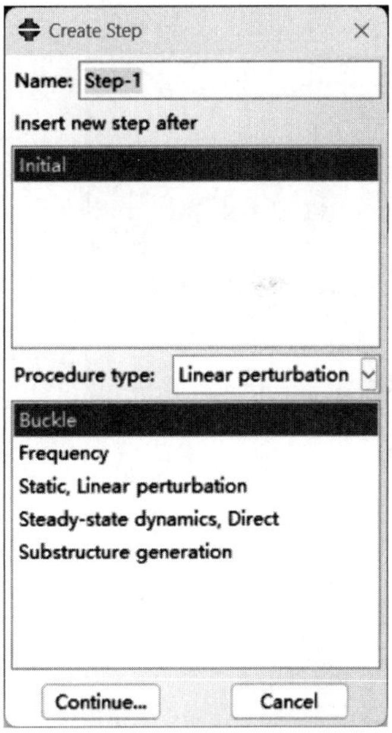

图 8-40　建立 Buckle 分析步

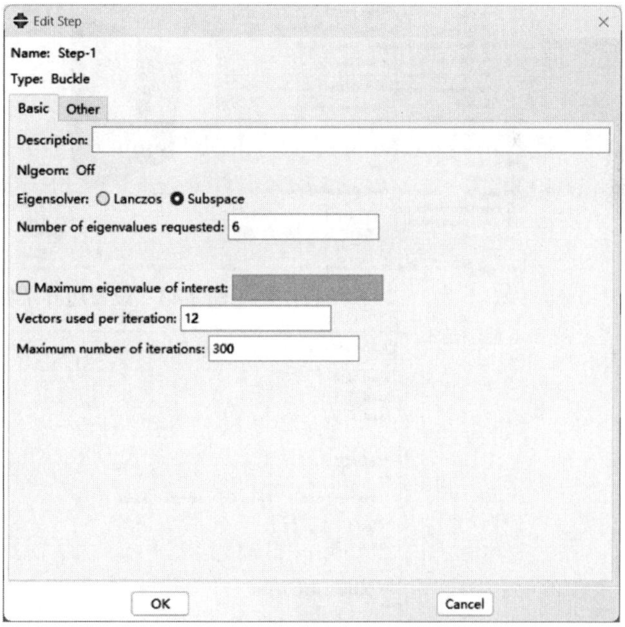

图 8-41　设置 Buckle 分析步

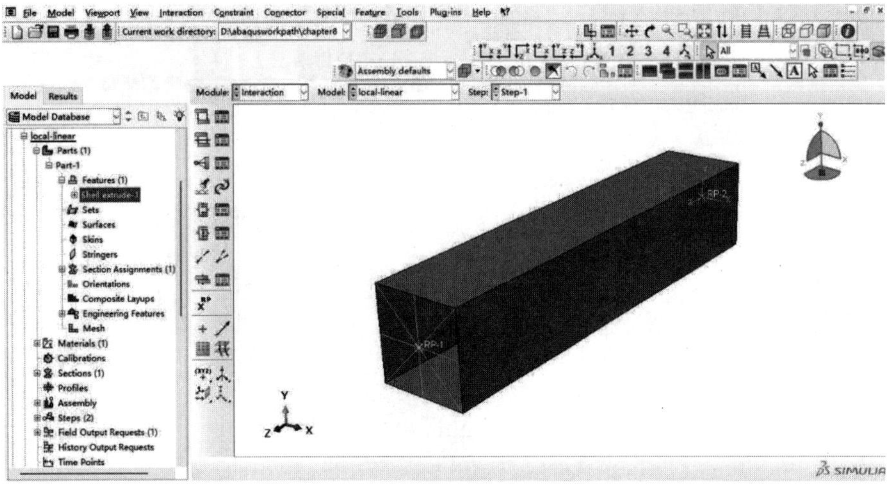

图 8-42　设置耦合点

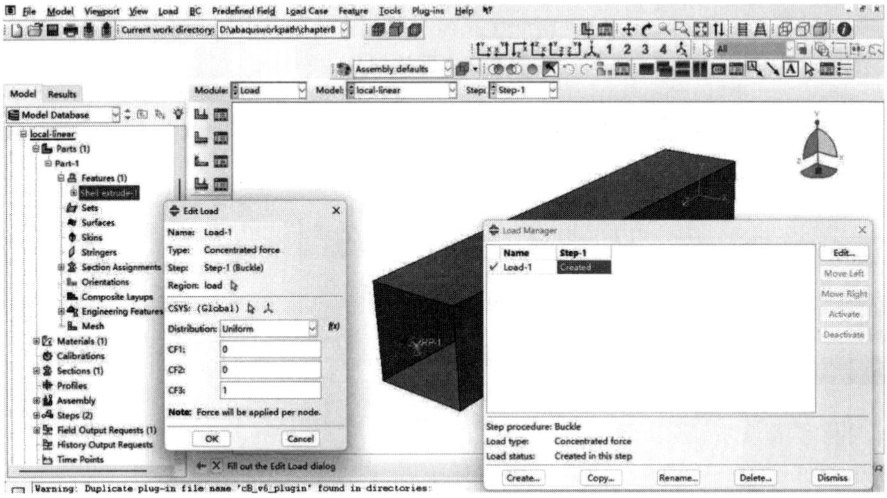

图 8-43　设置边界条件

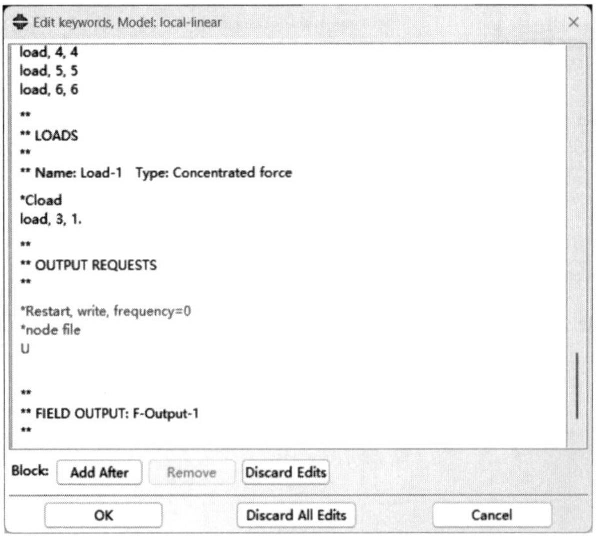

图 8-44　修改线性屈曲分析关键词

线性屈曲分析结果如图 8-45 所示。可以看出,方钢管构件发生局部屈曲。

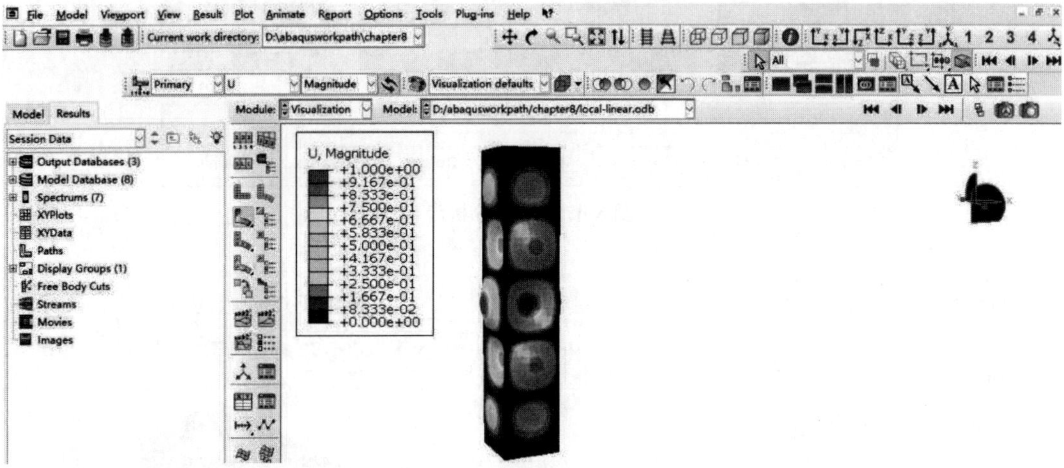

图 8-45　线性屈曲分析结果

开展非线性屈曲分析,修改关键词引入初始缺陷,修改分析步及边界条件,如图 8-46 至图 8-48 所示,具体步骤与 8.5 节中所述的方法一致。

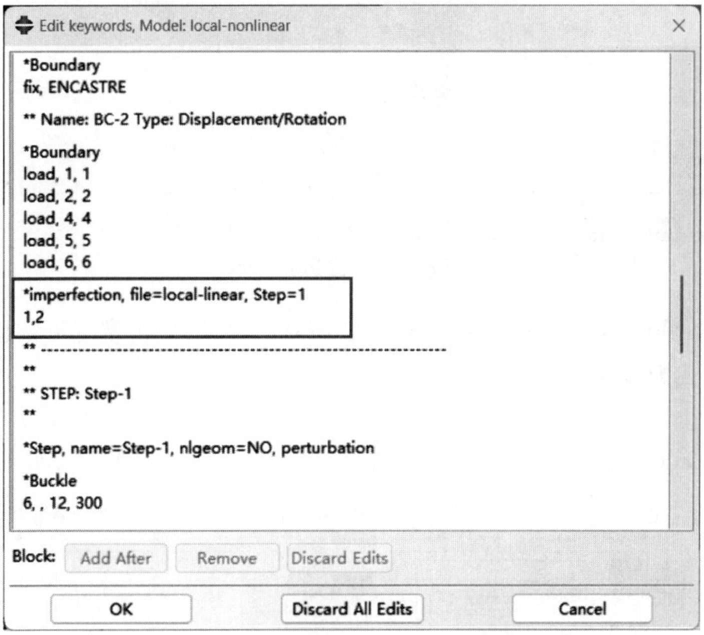

图 8-46　修改非线性屈曲分析关键词

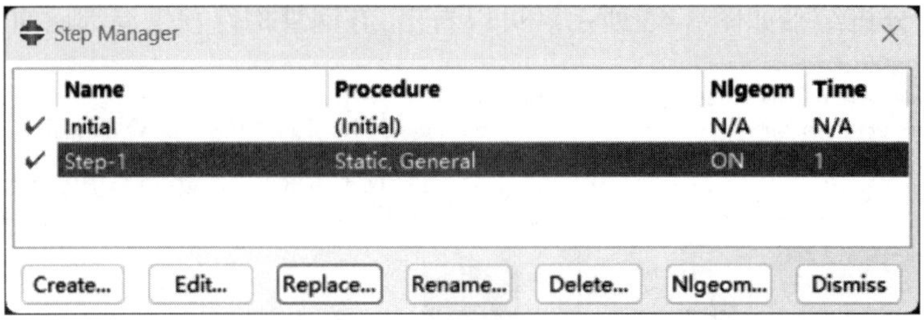

图 8-47 修改分析步

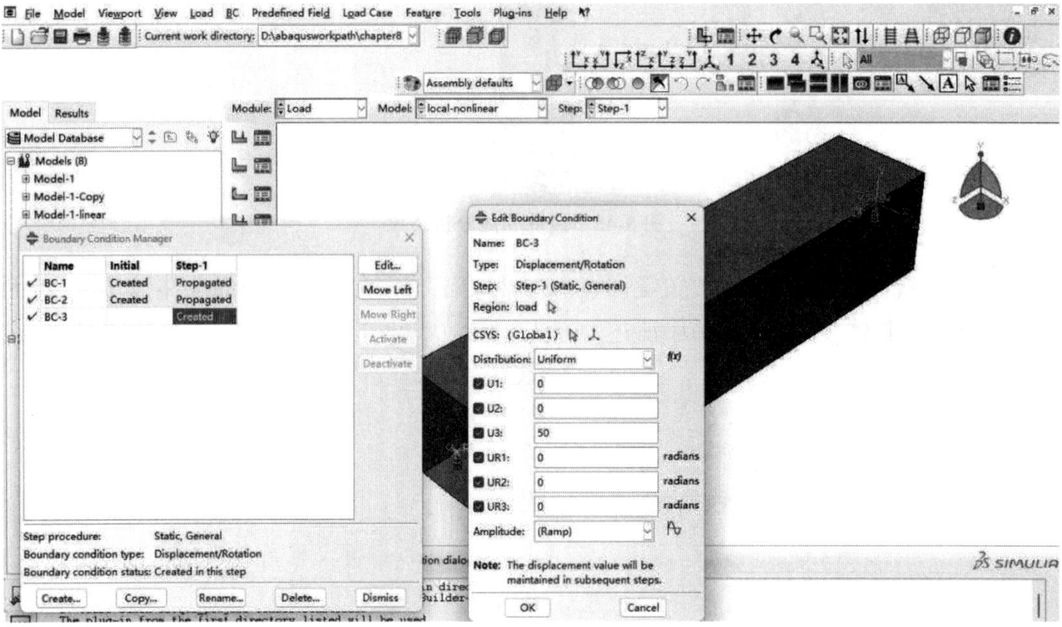

图 8-48 修改边界条件

非线性屈曲分析结果如图 8-49 和图 8-50 所示。可见,应力及变形结果与试验现象吻合良好,破坏形式为板件局部屈曲。

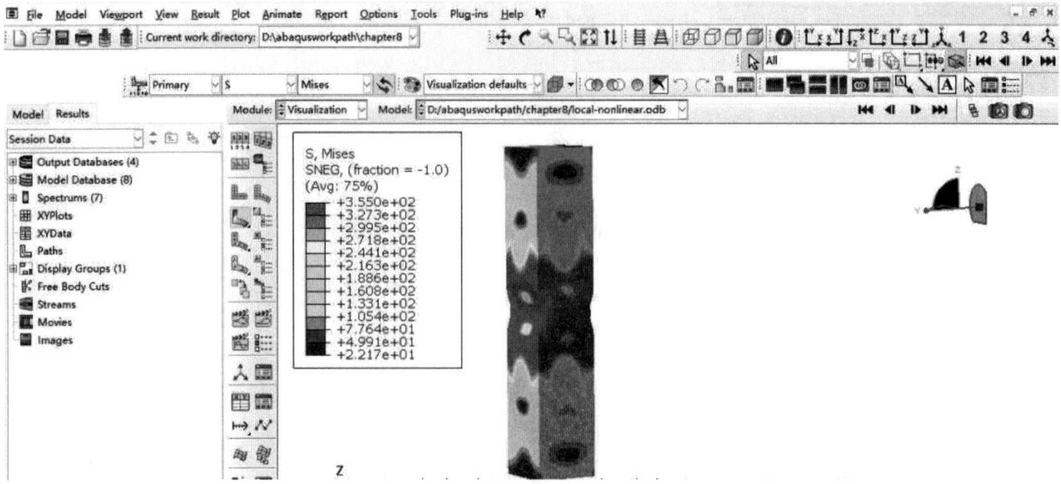

图 8-49 非线性屈曲分析应力云图

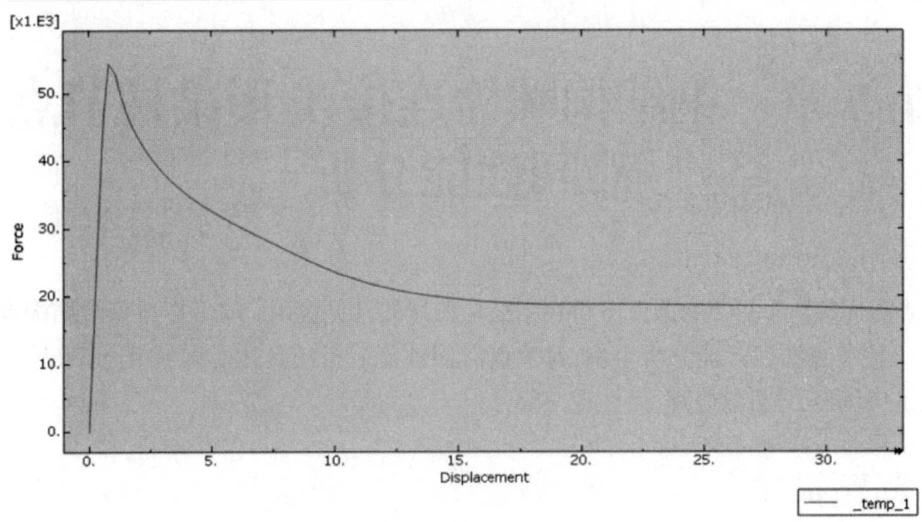

图 8-50　非线性屈曲分析荷载-位移曲线

8.7　小结

针对钢结构构件稳定性能分析问题，本章以方钢管轴向受压构件为例，采用 ABAQUS 开展稳定性能分析。本章从稳定分析前处理、稳定分析求解及后处理、钢构件稳定性能的参数化分析、非线性屈曲分析、局部屈曲分析五部分系统介绍了基于 ABAQUS 有限元软件的钢结构构件稳定性能分析方法，实现了对屈曲模态、屈曲特征值，以及考虑初始缺陷与非线性的钢结构构件稳定性能的有效模拟。

第 9 章　钢结构螺栓连接 T 形梁柱节点滞回性能分析

节点滞回性能分析是有限元分析在钢结构领域的常见应用。本章以典型钢结构螺栓连接 T 形梁柱节点滞回性能分析为例，对节点滞回性能分析的具体步骤展开介绍，具体分为问题描述、有限元分析前处理、后处理三部分。

9.1　问题描述

9.1.1　模型基本几何信息

在本章的算例中，分析对象选取典型钢结构螺栓连接 T 形梁柱节点，模型由钢梁、钢柱、端板及 9.8 级高强螺栓四部分组成，模型几何尺寸如图 9-1 所示。

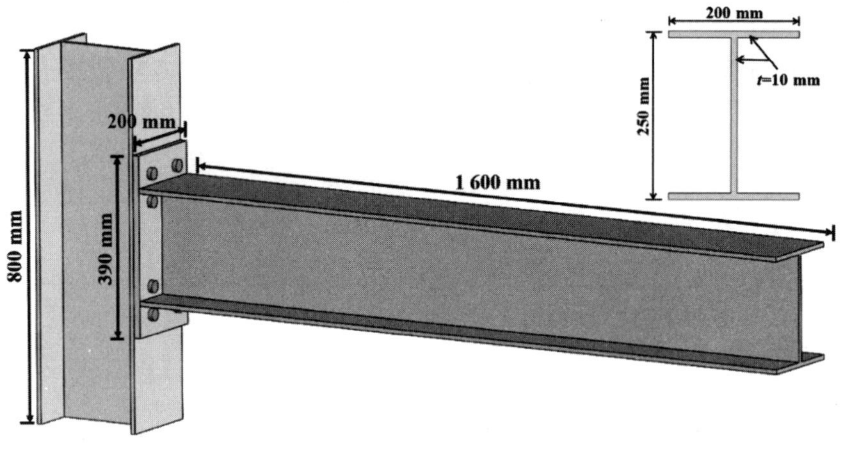

图 9-1　模型几何尺寸示意

1. 工字钢梁

钢梁长度为 1.6 m，翼缘厚 10 mm，腹板宽 10 mm，翼缘宽 200 mm，截面高度为 250 mm。

2. 工字钢柱

钢柱长度为 0.8 m，翼缘厚 10 mm，腹板宽 10 mm，翼缘宽 200 mm，截面高度为 250 mm。

3. 高强螺栓

采用 9.8 级 M16 高强螺栓，预紧力为 100 kN。

4. 端板

端板长 390 mm，宽 200 mm，厚 15 mm，开孔直径为 16 mm。

9.1.2 工况信息

本章对上述钢结构螺栓连接 T 形梁柱节点进行有限元分析，在梁端通过位移控制进行滞回往复加载，如图 9-2（a）所示，同时在柱顶施加 450 kN 轴向压力，加载工况如图 9-2（b）所示。

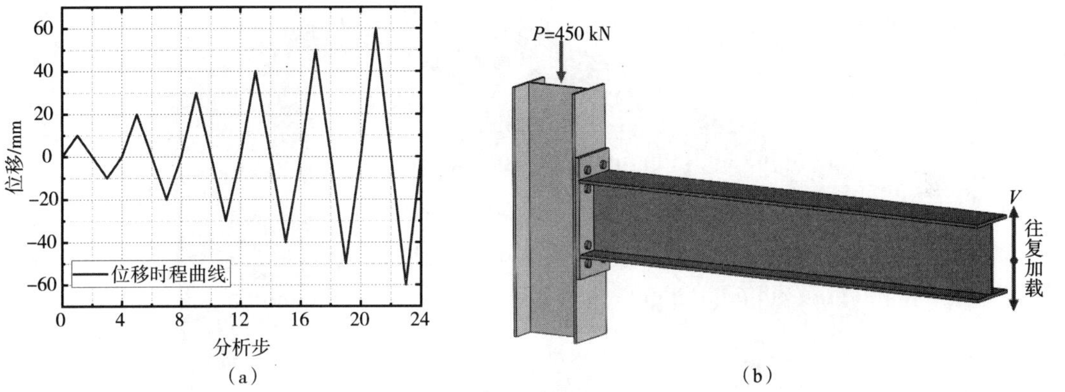

图 9-2　加载示意

（a）梁端位移滞回加载制度　（b）加载工况

9.2 分析前处理

前处理的主要步骤包括创建部件建立、设置材料和截面属性、部件组装、设置分析步、定义接触、设置边界及荷载条件、划分网格及创建作业等。

9.2.1 创建部件(Part)

在 Part 模块中，按 9.1.1 节中所述的模型几何尺寸建立各部件（图 9-3）并进行几何组装。

9.2.2 设置材料和截面属性(Property)

在 Property 模块中完成模型各部件的材料设置及截面指派。

1. 材料设置

定义两种材料本构，即材料 Bolt 和材料 Q335B。其中，材料 Bolt 用于 9.8 级高强螺栓属性设置，材料 Q335B 用于除螺栓外的材料属性设置，两种材料的弹性和塑性参数设置如图 9-4 所示。

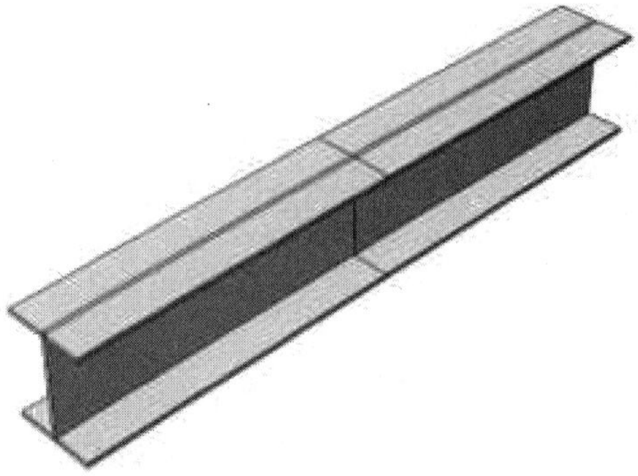
(a)

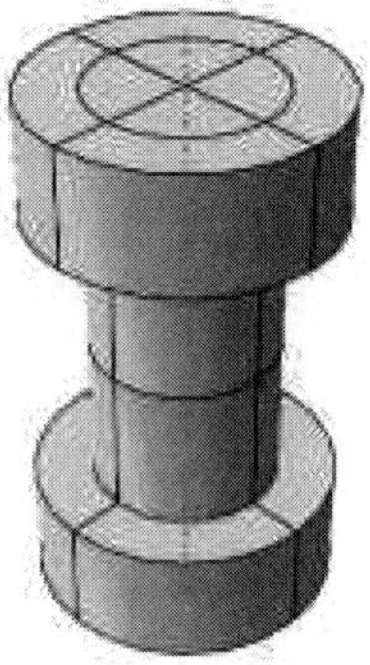
(b)

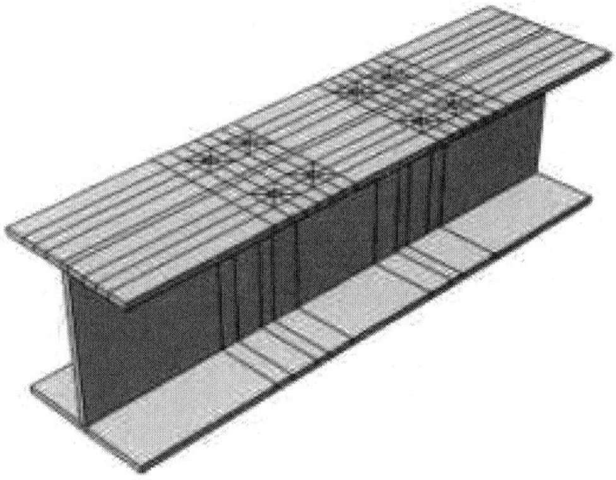
(c)

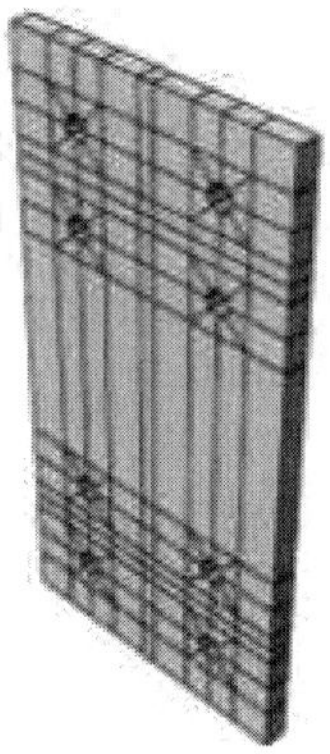
(d)

图 9-3　创建部件

(a)工字钢梁(Beam)　(b)高强螺栓(Bolt)　(c)工字钢柱(Column-cutted)　(d)端板(Endplate)

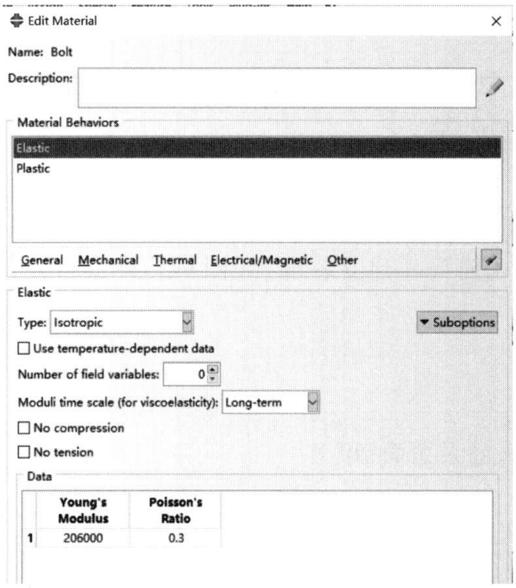

(a)

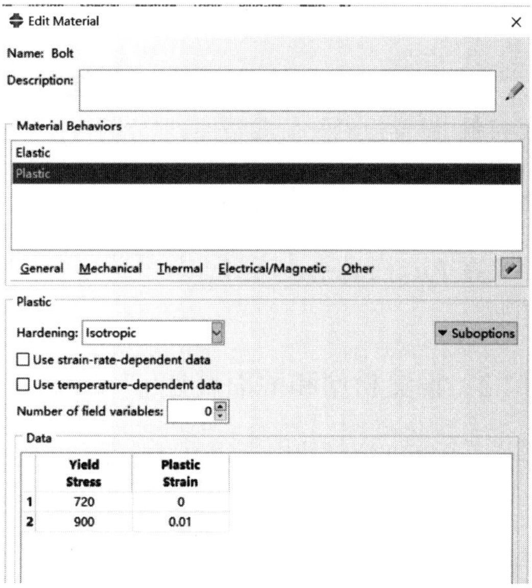

(b)

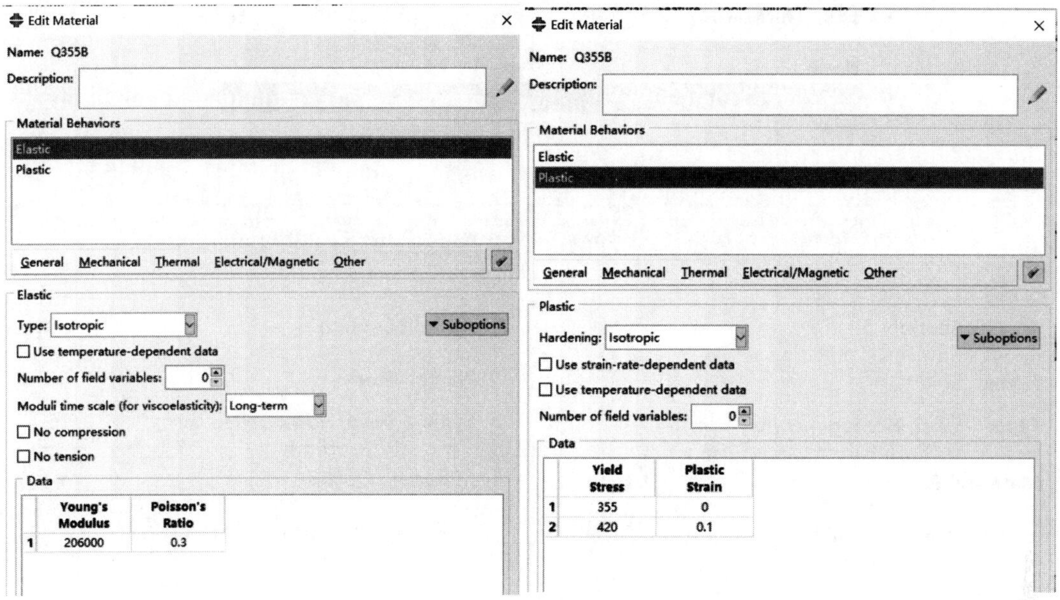

（c）　（d）

图 9-4　材料参数设置

（a）材料 Bolt 弹性参数设置　（b）材料 Bolt 塑性参数设置　（c）材料 Q355B 弹性参数设置　（d）材料 Q355B 塑性参数设置

两种材料均采用线性强化弹塑性模型，其材料本构如图 9-5 所示。

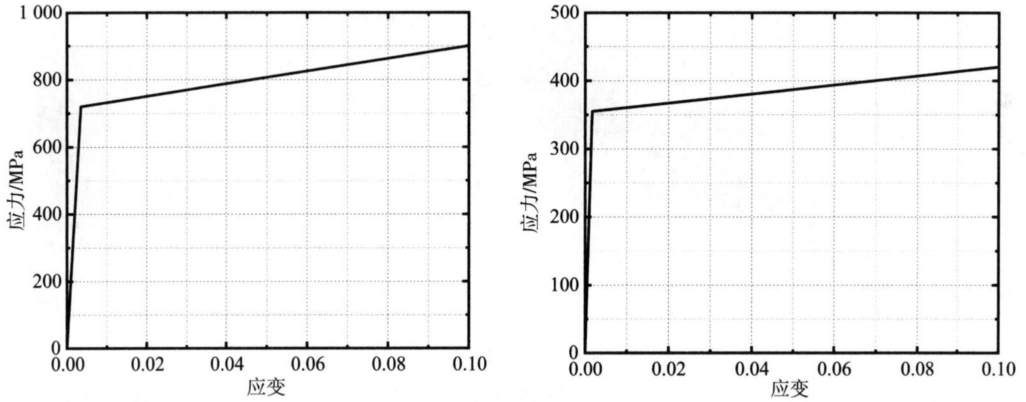

（a）　（b）

图 9-5　螺栓及钢材材料本构

（a）材料 Bolt　（b）材料 Q355B

2. 截面指派

分别定义以 Bolt 及 Q355B 为材料的截面，如图 9-6 所示，并对不同构件进行相应截面的指定，如图 9-7 所示。

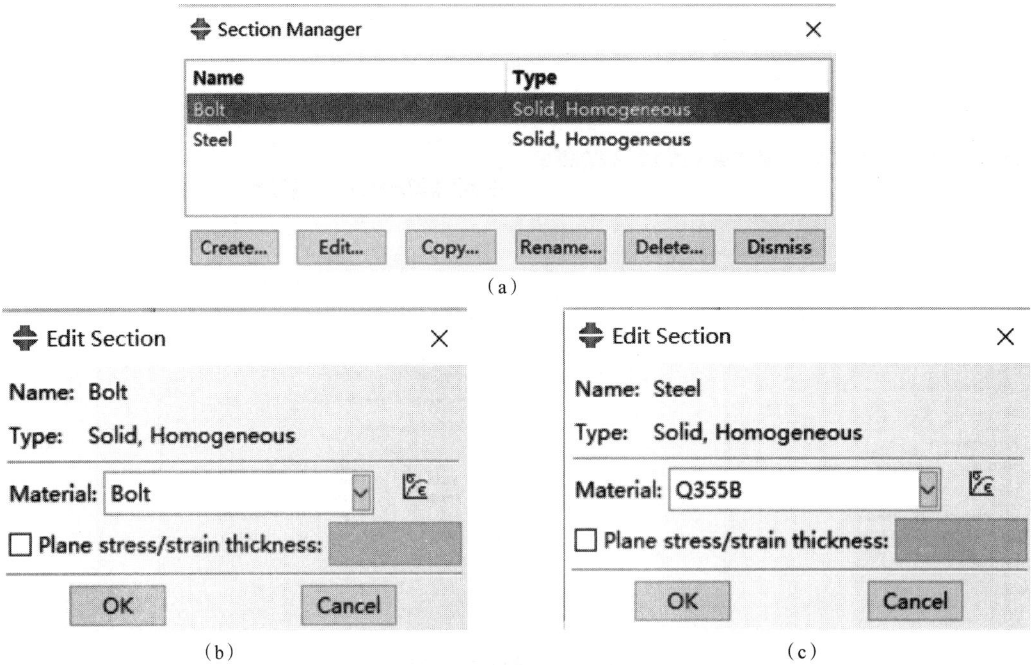

(a)

(b) (c)

图 9-6 截面定义

(a)定义截面 (b)指定螺栓截面材料 (c)指定钢材截面材料

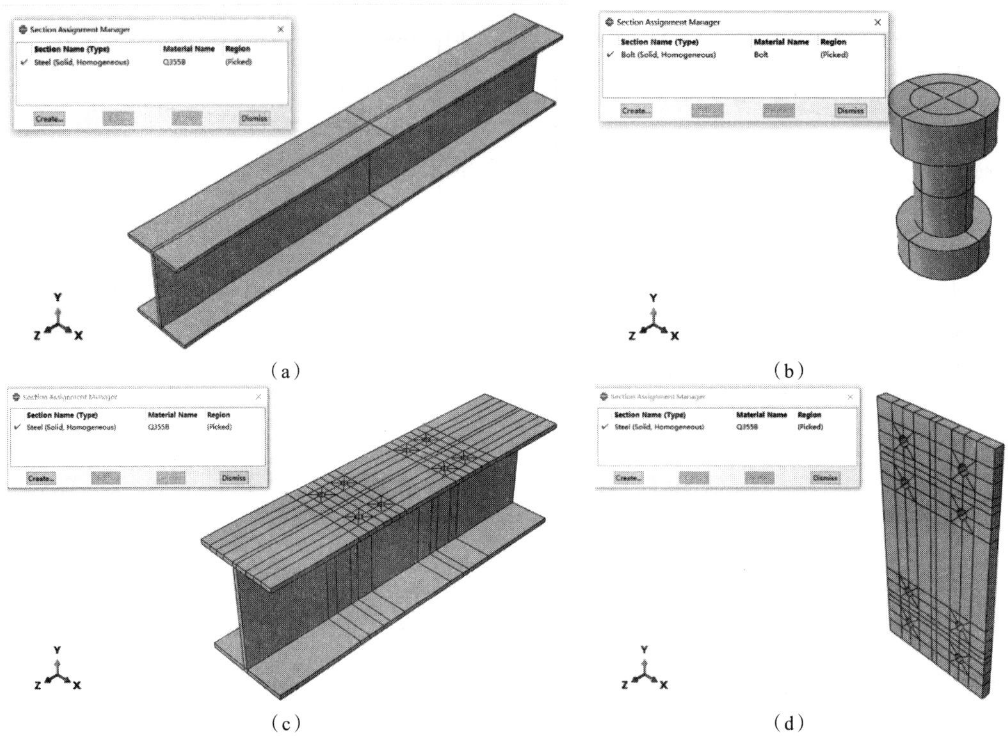

(a) (b)

(c) (d)

图 9-7 截面指定

(a)指定工字钢梁截面 (b)指定高强螺栓截面 (c)指定工字钢柱截面 (d)指定端板截面

9.2.3　部件组装(Assembly)

将工字钢梁和工字钢柱通过 8 个高强螺栓和端板组装起来。将部件 Bolt 复制 8 个，再将 8 个 Bolt 与其他 3 个部件通过平移、旋转进行组装，最终组装为一个整体，并定义 3 个参考点(参考点 1、2、3，定义在工字钢梁形心处)，模型组装如图 9-8 所示。

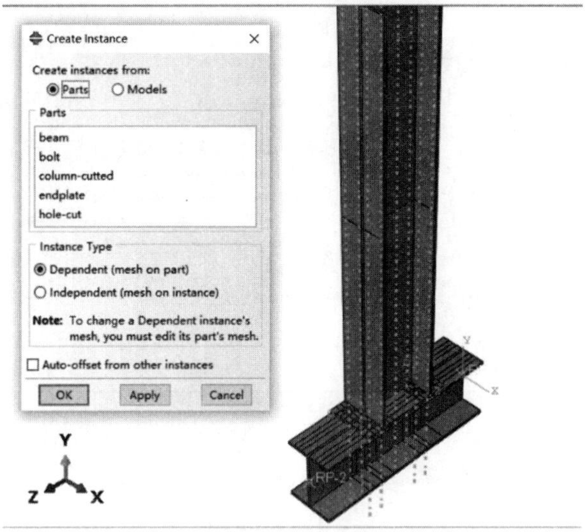

图 9-8　模型组装

9.2.4　设置分析步(Step)

根据模型加载工况，建立 Initial、preload、Axial-load、Hysteretic 四个分析步，如图 9-9(a) 所示。其中 Hysteretic 分析步按加载制度将时间设置为 24。各分析步均开启几何非线性。具体设置如图 9-9(b)~(g)所示。

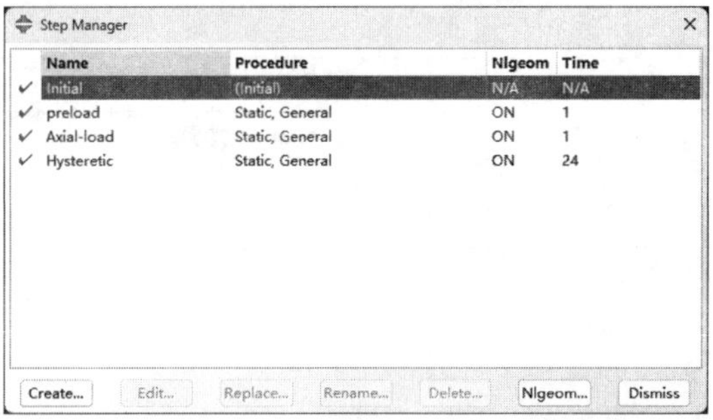

(a)

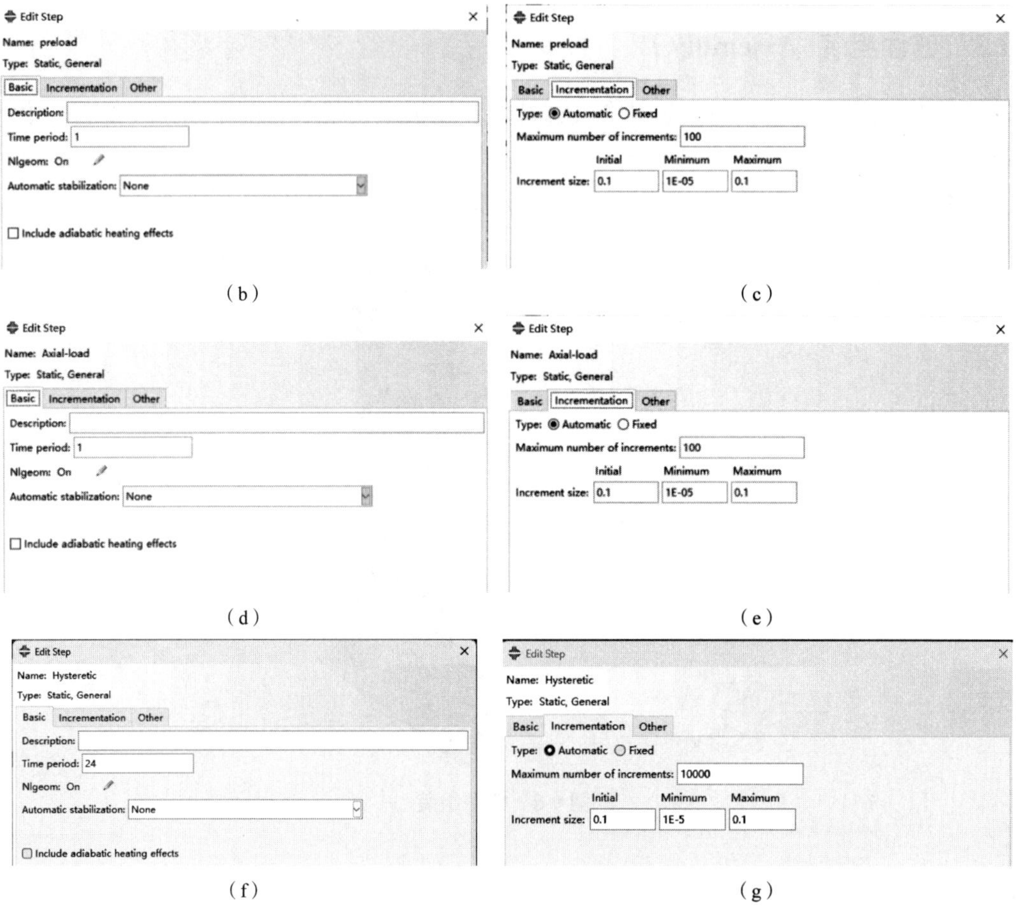

图 9-9　分析步设置

（a）分析步类型　（b）分析步 preload 的基础参数设置　（c）分析步 preload 的增量参数设置
（d）分析步 Axial-load 的基础参数设置　（e）分析步 Axial-load 的增量参数设置　（f）分析步 Hysteretic 的基础参数设置
（g）分析步 Hysteretic 的增量参数设置

设置各分析步的场输出及历史输出，如图 9-10 所示。

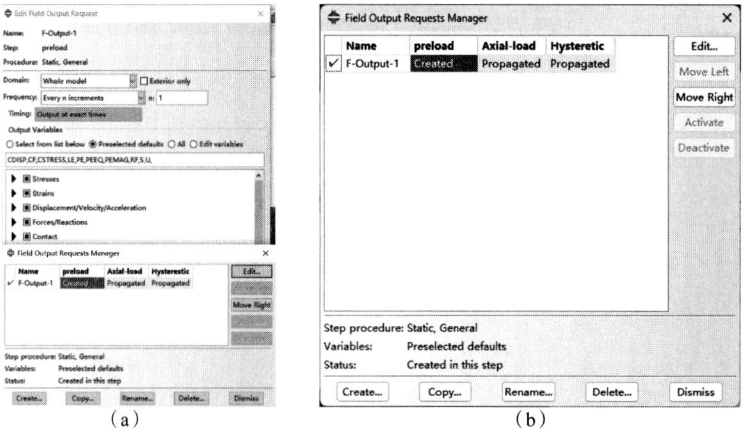

图 9-10　场输出和历史输出设置

（a）场输出　（b）历史输出

9.2.5　定义接触(Interaction)

在 Interaction 模块中完成模型接触的定义。

1. 相互作用的定义

在各螺栓与端板和钢柱翼缘接触处,以及端板与钢柱翼缘接触处分别定义接触,如图 9-11 所示。一共定义 9 个相互作用,分别代表 8 个螺栓和 1 个平面的作用。

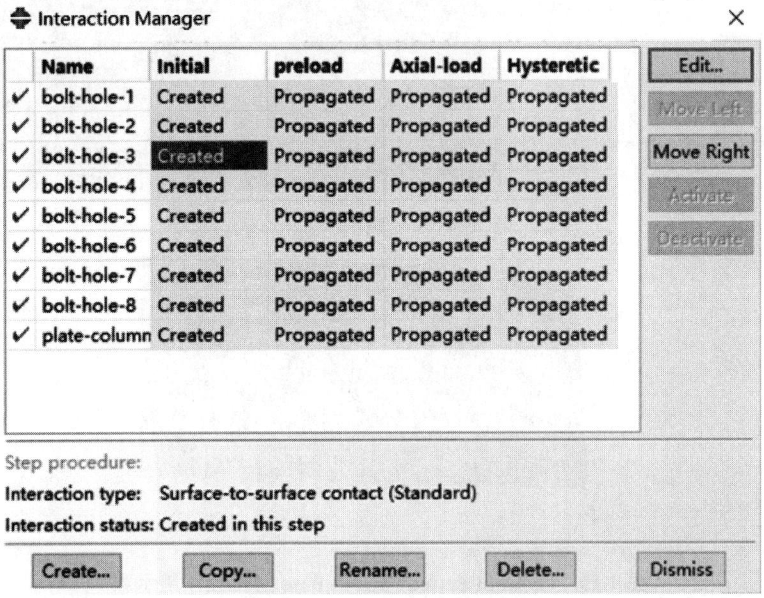

图 9-11　定义相互作用

其中 8 个螺栓的相互作用如图 9-12 所示,工字钢柱(Column-cutted)与端板(Endplate)的相互作用的整体与局部示意分别如图 9-13(a)和(b)所示。

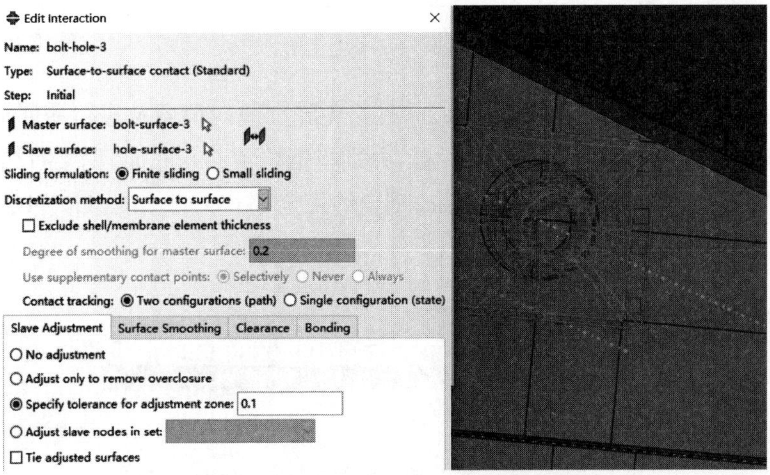

图 9-12　螺栓的相互作用示意(8 个相同)

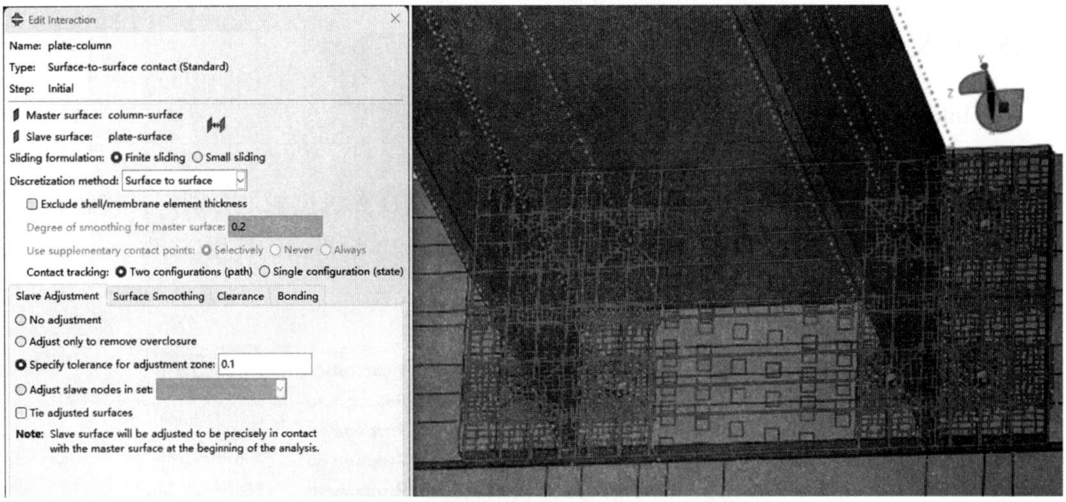

（a）

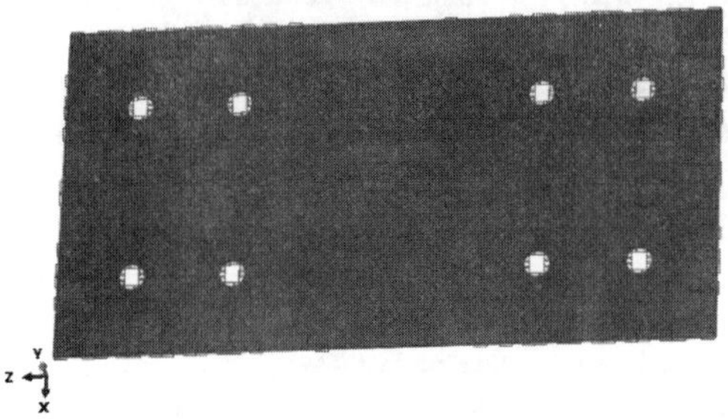

（b）

图 9-13 Column-cutted 与 Endplate 的相互作用示意

（a）整体 （b）局部

2. 相互作用属性的设置

定义相互作用的属性，包括切向性质（Tangential Behavior）和法向性质（Normal Behavior）。对于切向，摩擦系数（Friction Coeff）取 0.4，对于法向，选择“硬”接触（“Hard” Contact），相关设置如图 9-14 所示。

3. 接触相互作用的设置

为便于后处理提取加载点反力结果，并且避免施加竖向荷载及进行滞回加载时加载点应力集中难以收敛，对加载面进行耦合设置，分别将钢柱顶面与底面、钢梁右端面、各截面中心的参考点耦合，耦合类型选择 Kinematic，耦合约束全部 6 个自由度（U1、U2、U3、UR1、UR2、UR3），如图 9-15 所示。

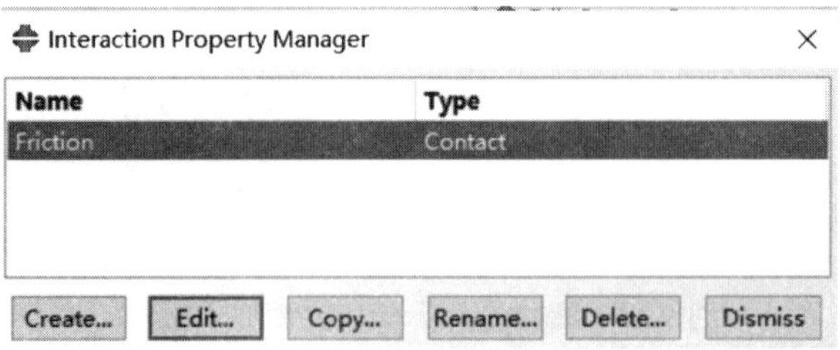

（a）

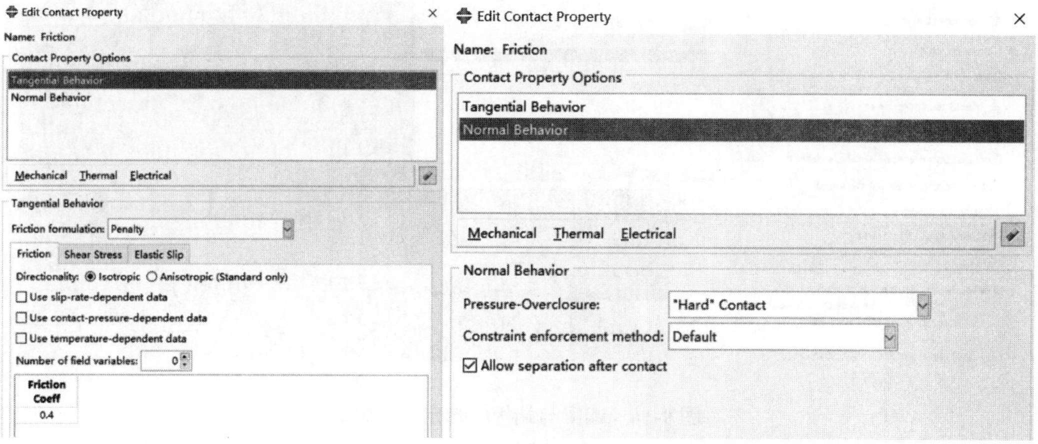

（b）　　（c）

图 9-14　相互作用的属性相关设置

（a）定义相互作用　（b）定义摩擦系数　（c）定义硬接触

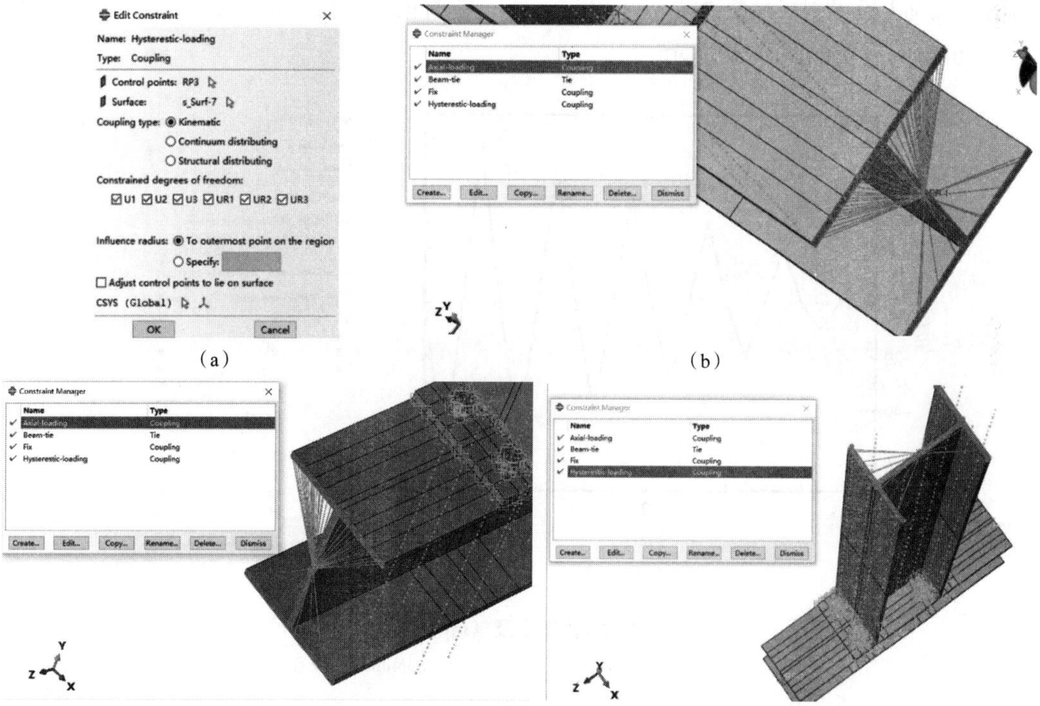

（a）　　（b）

（c）　　（d）

图 9-15　加载面耦合设置

（a）定义耦合参数　（b）指定边界条件　（c）指定边界条件　（d）指定边界条件

在钢梁与端板的接触位置设置绑定（Tie）约束，如图 9-16 所示。

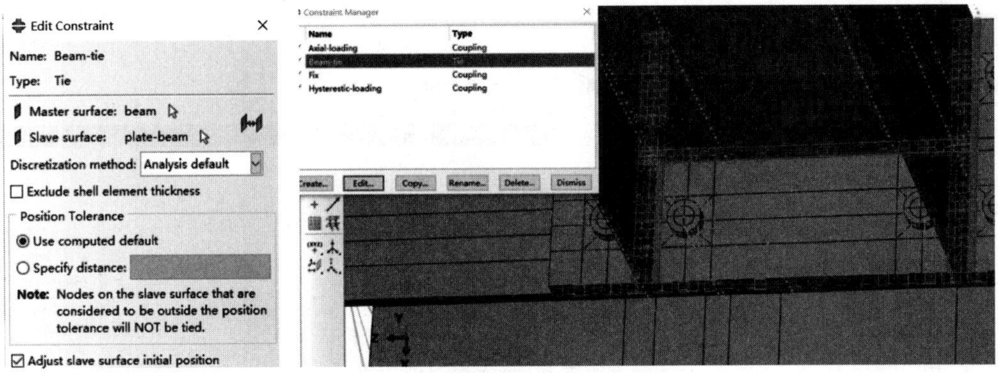

(a) (b)

图 9-16 钢梁与端板的绑定约束设置

(a)定义约束参数 (b)指定截面

9.2.6 设置边界及荷载条件(Load)

在 Load 模块中设置边界及荷载条件。在钢梁右端施加往复位移，加载制度及 Amplitude 的设置如图 9-17 所示。

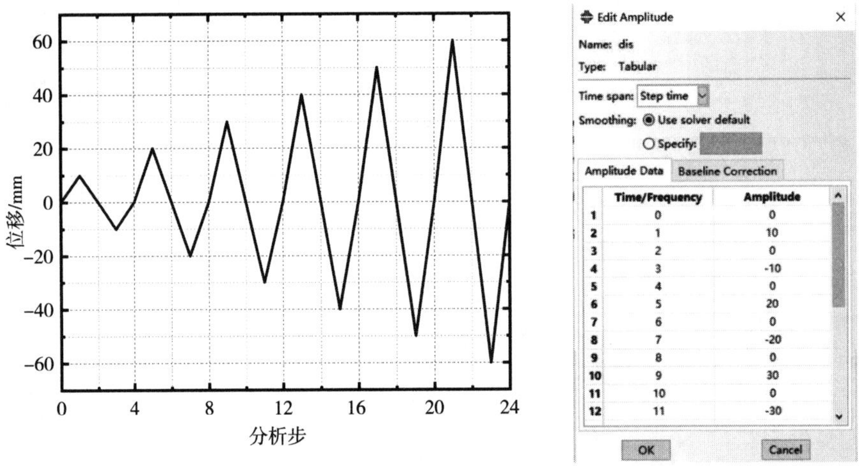

(a) (b)

图 9-17 加载制度及 Amplitude 的设置

(a)梁端位移滞回加载制度 (b)Amplitude 的设置

1. 设置边界条件

在 Initial 分析步中约束柱底、柱顶及梁右端面 U1、U2、U3 的位移，在 Axial-load 分析步中释放对柱顶竖向位移的约束，在 Hysteretic 分析步中释放对梁右端面的约束并施加位移荷载，相关设置如图 9-18 所示。

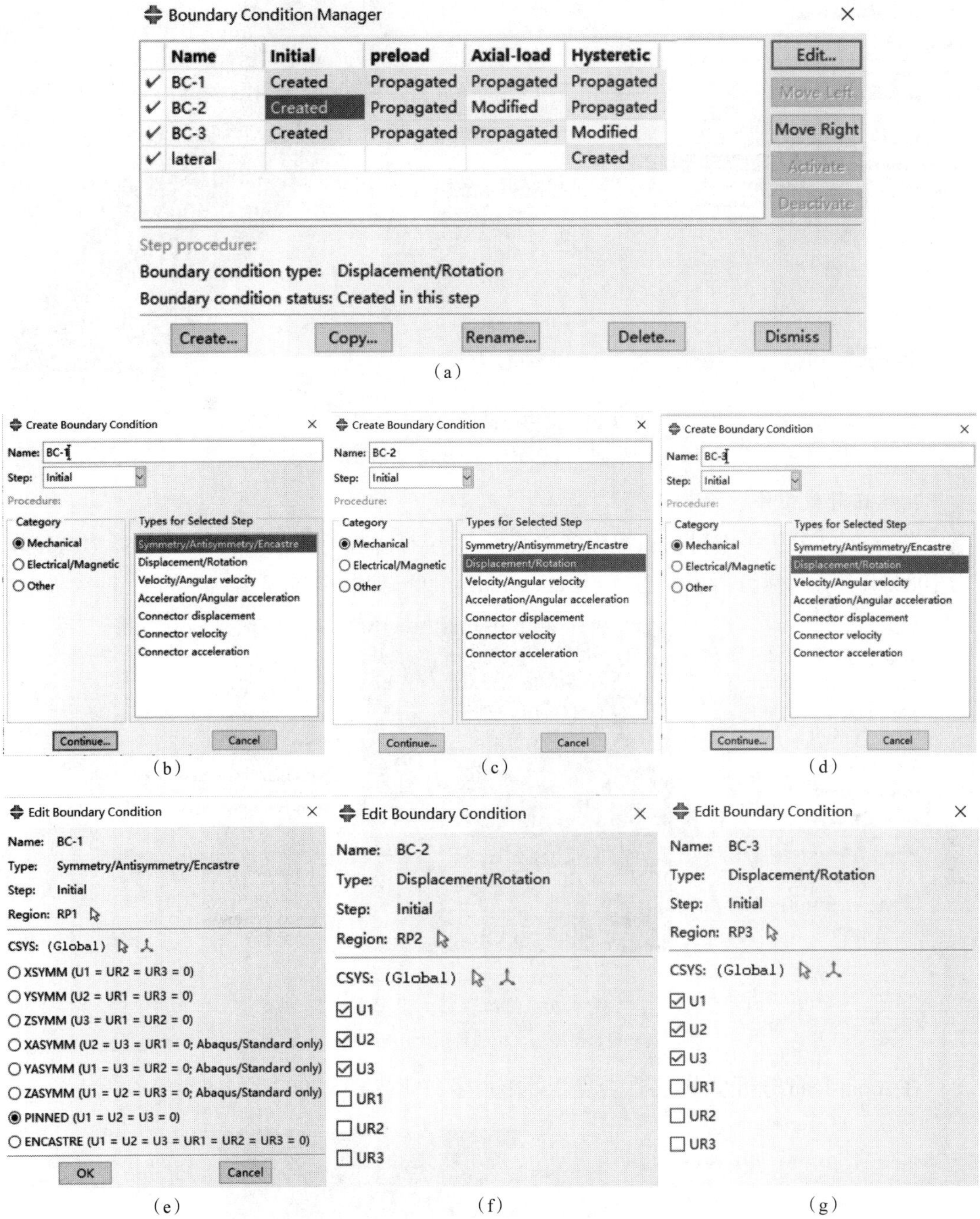

图 9-18 边界约束设置

(a)四种边界条件命名 (b)Initial 分析步耦合点 1 边界类型 (c)耦合点 2 边界类型 (d)耦合点 3 边界类型
(e)Initial 分析步集中点 1 边界设置 (f)集中点 2 边界设置 (g)集中点 3 边界设置

为避免钢梁在分析过程中出现与实际不符的出平面位移，在 Hysteretic 分析步中对钢梁跨中截面腹板部分施加位移约束，约束其水平方向的运动，如图 9-19 所示。

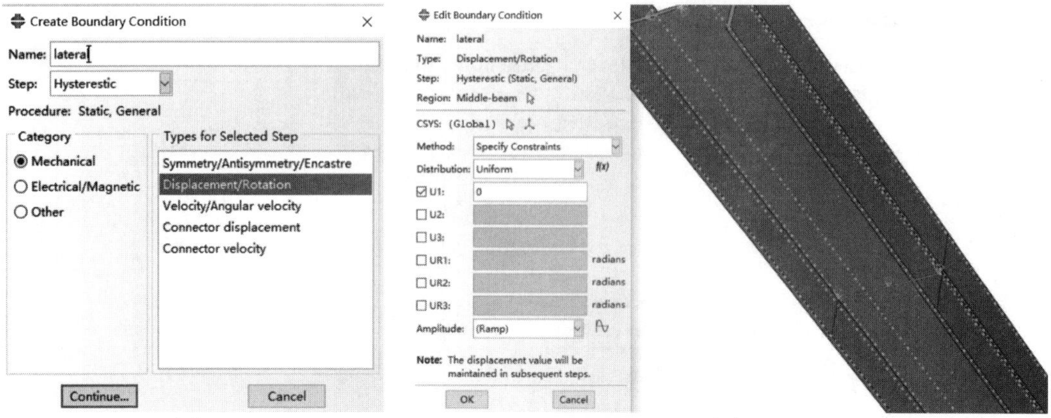

（a） （b）

图 9-19 梁中心截面边界条件设置

（a）定义边界条件 （b）指定边界条件

2. 设置荷载条件

在 preload 分析步中对高强螺栓施加预紧力，选择螺栓荷载（Bolt load），预紧力大小设为 100 kN，并在后续分析步中选择 Fix at current length，如图 9-20 所示。

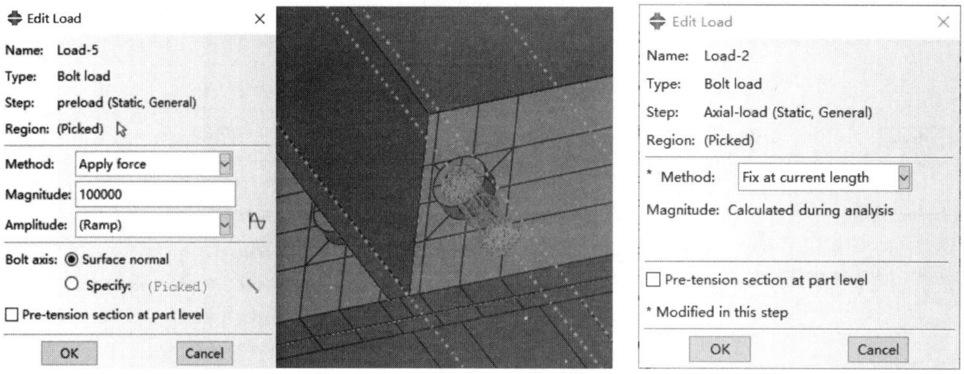

（a） （b）

图 9-20 螺栓预紧力设置

（a）设置预紧力 （b）设置预紧力施加方式

在 Axial-load 分析步中，在耦合点 2 处施加竖向荷载 −45 000 N，如图 9-21 所示。

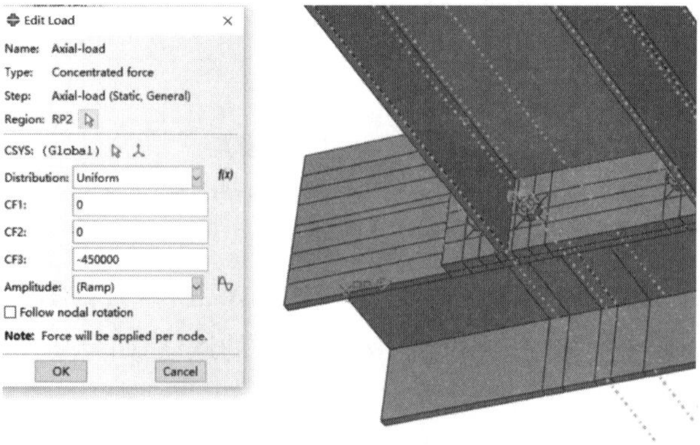

图 9-21 在耦合点 2 处施加竖向荷载

9.2.7　划分网格(Mesh)

在 Mesh 模块中对各部件进行网格划分。设置单元类型为 C3D8R,对各部件进行切分,将其切为规则的形状以进行结构化网格划分。

1. 工字钢梁

对钢梁进行网格划分时,全局种子尺寸设为 40,对腹板及翼缘厚度方向的网格尺寸进行控制,按数量进行局部种子的布置,如图 9-22 所示。

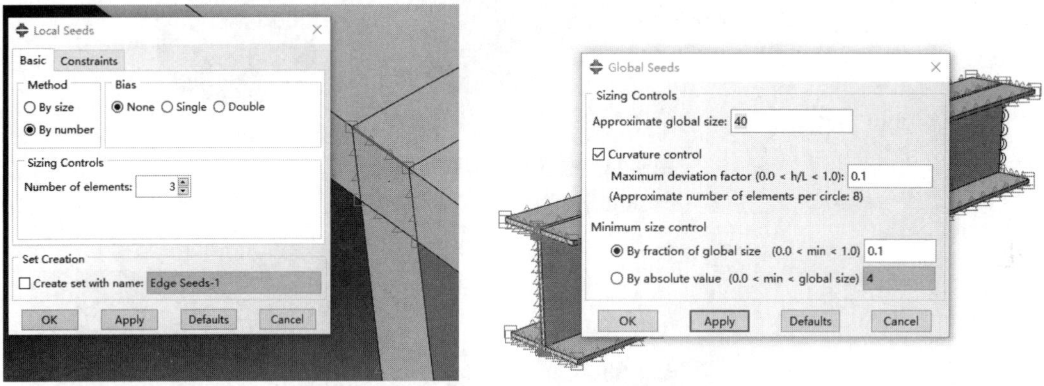

(a)　(b)

图 9-22　钢梁布种

(a)局部种子布置　(b)全局种子布置

钢梁布种完成后对其进行网格划分,如图 9-23 所示。

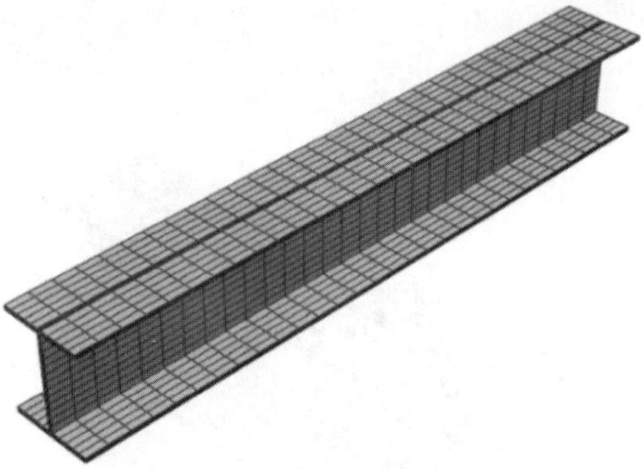

图 9-23　钢梁网格划分

2. 高强螺栓

对螺栓进行切分,并进行全局布种,全局种子尺寸设为 5,螺栓布种和网格划分如图 9-24 所示。

3. 工字钢柱

对钢柱进行切分及全局布种,全局种子尺寸设为 20。对翼缘、腹板厚度方向进行局部布种,按数量进行局部种子的布置,使得沿板件厚度方向划分三层网格。对螺栓孔附近进行网格控制,布置局部种子,具体情况如图 9-25 所示。

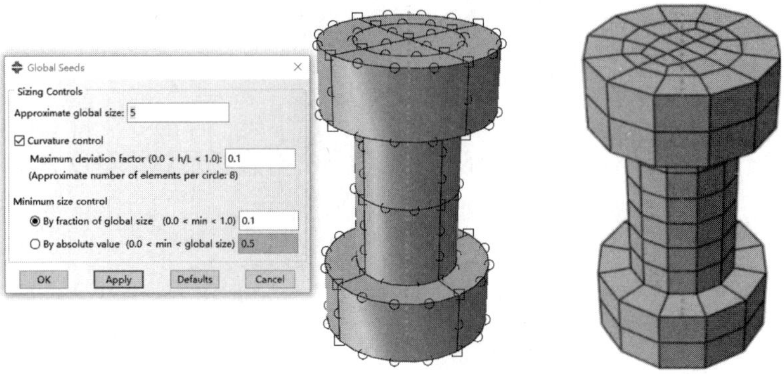

(a) (b)

图 9-24 螺栓布种和网格划分

(a)螺栓切分及布种 (b)螺栓网格划分

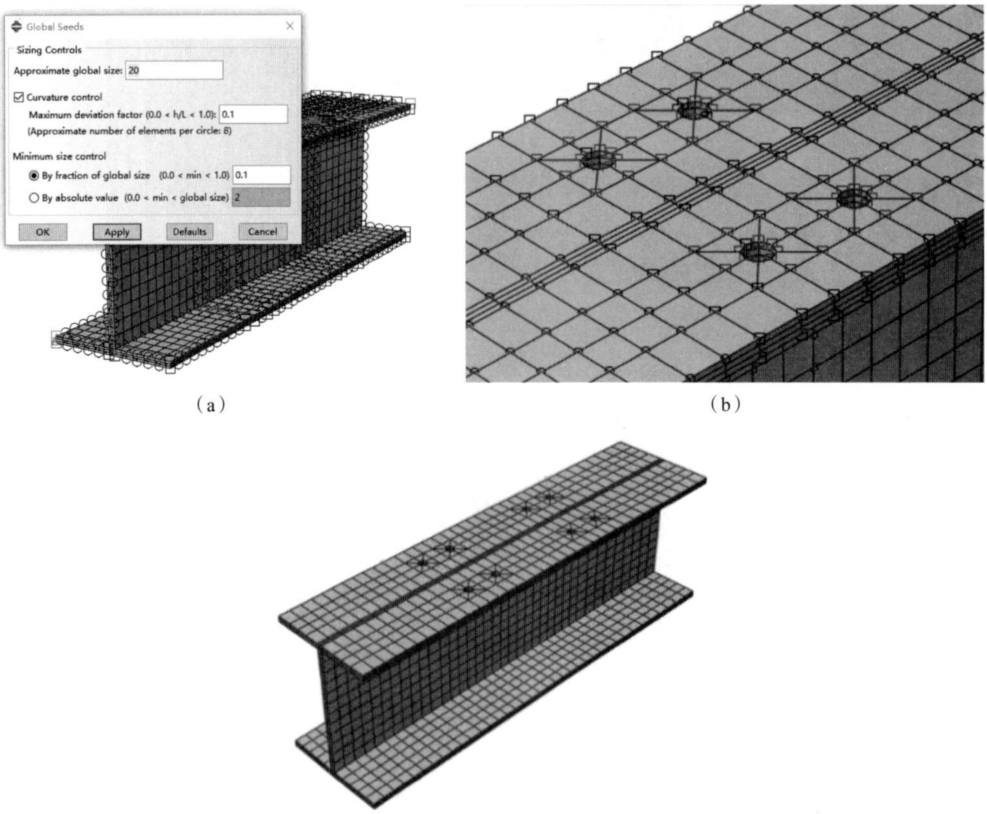

(a) (b)

(c)

图 9-25 钢柱布种和网格划分

(a)全局种子布置 (b)螺栓孔处局部网格控制 (c)钢柱网格划分

4. 端板

端板与上述部件一样存在孔和厚度方向,需要在这两处进行网格加密,网格全局尺寸设为 15，板件厚度方向的网格数量设为 3。端板网格划分如图 9-26 所示。

模型整体的网格划分结果如图 9-27 所示。

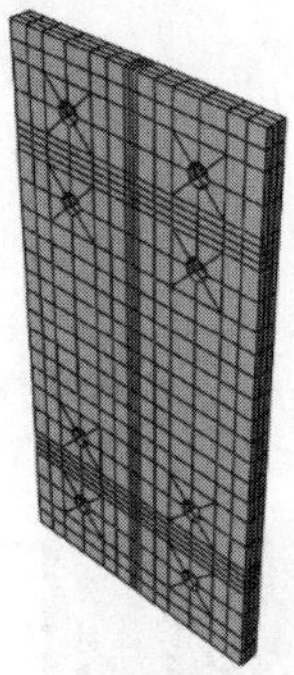

图 9-26　端板网格划分

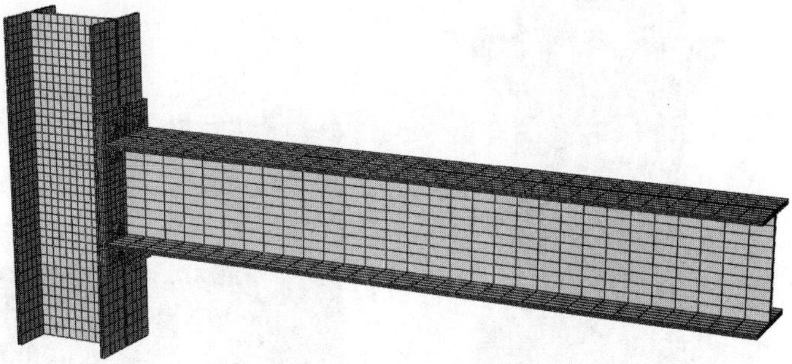

图 9-27　整体网格划分示意

9.2.8　提交分析作业（Job）

在 Job 模块中创建作业并提交计算，如图 9-28 所示。

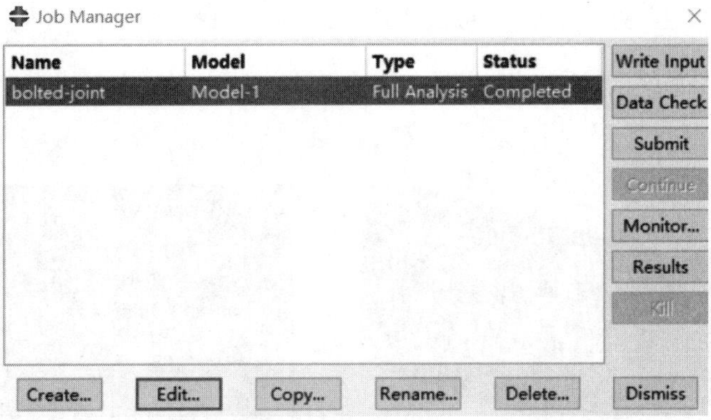

图 9-28　创建作业并提交计算

9.3　分析后处理

模型前处理与分析求解完成后，对计算结果进行后处理，主要包括应力云图查看及滞回曲线提取两部分。

9.3.1　典型云图

1. 结构整体应力云图

点击 Results 跳转至 Visualization 模块，点击查看应力云图结果。结构整体应力云图如图 9-29 所示。

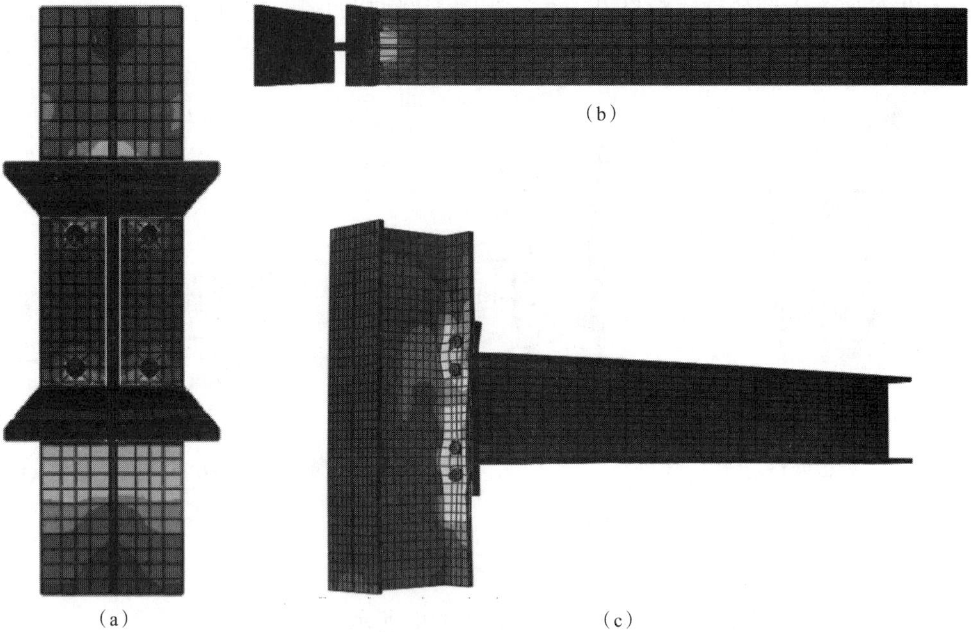

图 9-29 结构整体应力云图

(a)俯视图 (b)侧视图 (c)正视图

使用鼠标调整视角,查看模型局部应力分布情况。结构局部放大应力云图如图 9-30 所示。

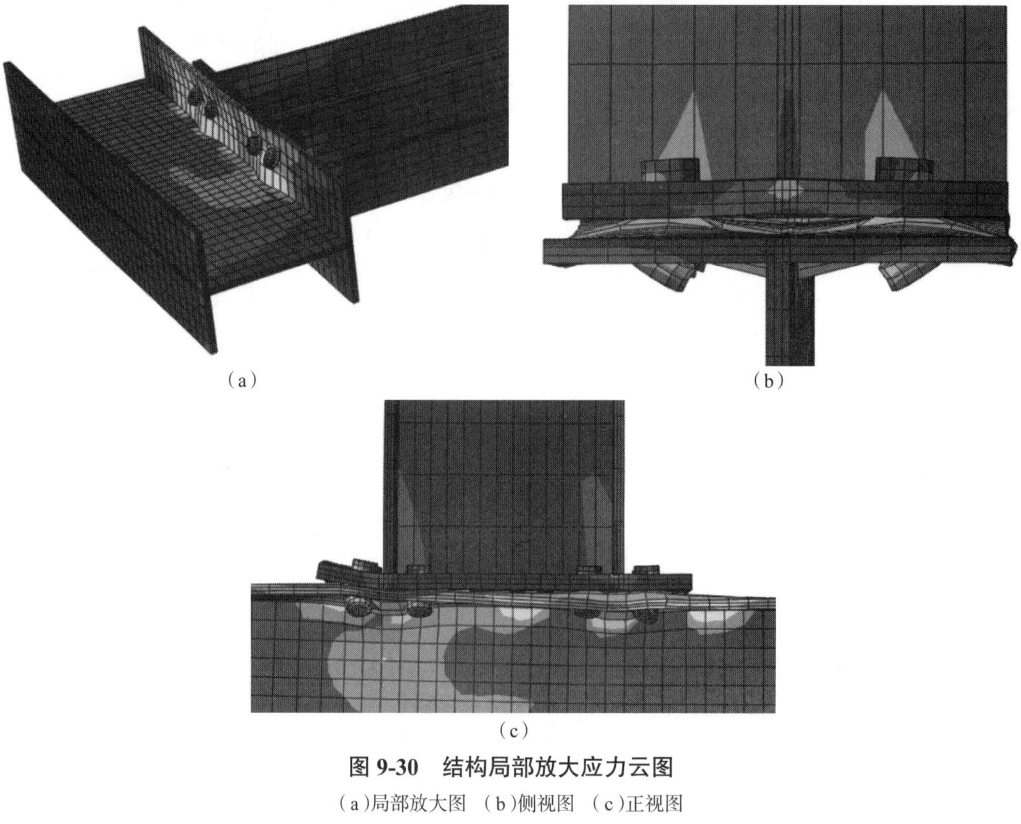

图 9-30 结构局部放大应力云图

(a)局部放大图 (b)侧视图 (c)正视图

2. 螺栓应力云图

隐藏除螺栓外的其他部件，仅显示螺栓部件，螺栓应力云图如图 9-31 所示。

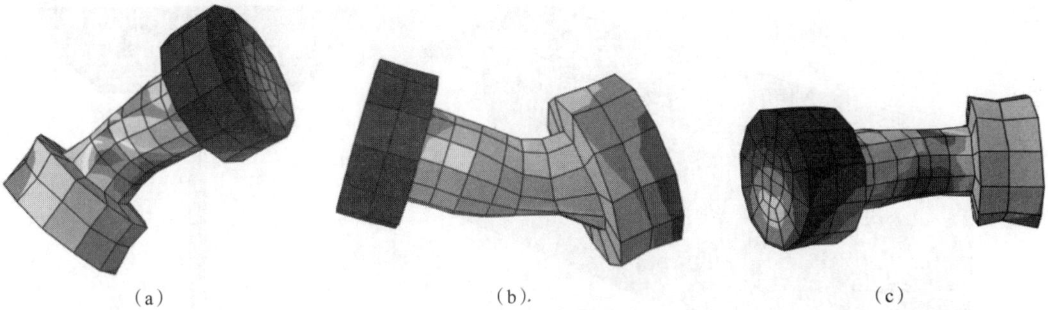

图 9-31　螺栓应力云图

(a)螺栓 bolt-1　(b)螺栓 bolt-2　(c)螺栓 bolt-3

3. 钢梁应力云图

隐藏除钢梁外的其他部件，仅显示钢梁部件，钢梁应力云图如图 9-32 所示。

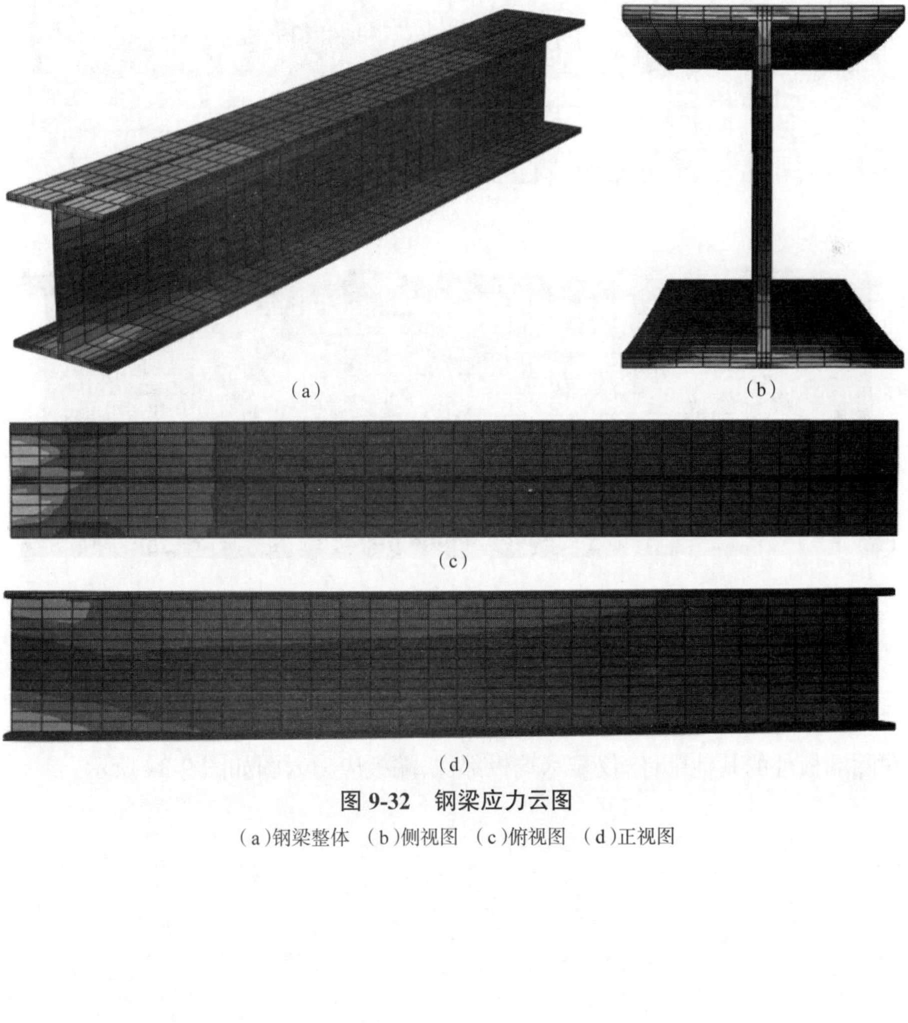

图 9-32　钢梁应力云图

(a)钢梁整体　(b)侧视图　(c)俯视图　(d)正视图

4. 钢柱应力云图

隐藏除钢柱外的其他部件，仅显示钢柱部件，钢柱应力云图如图 9-33 所示。

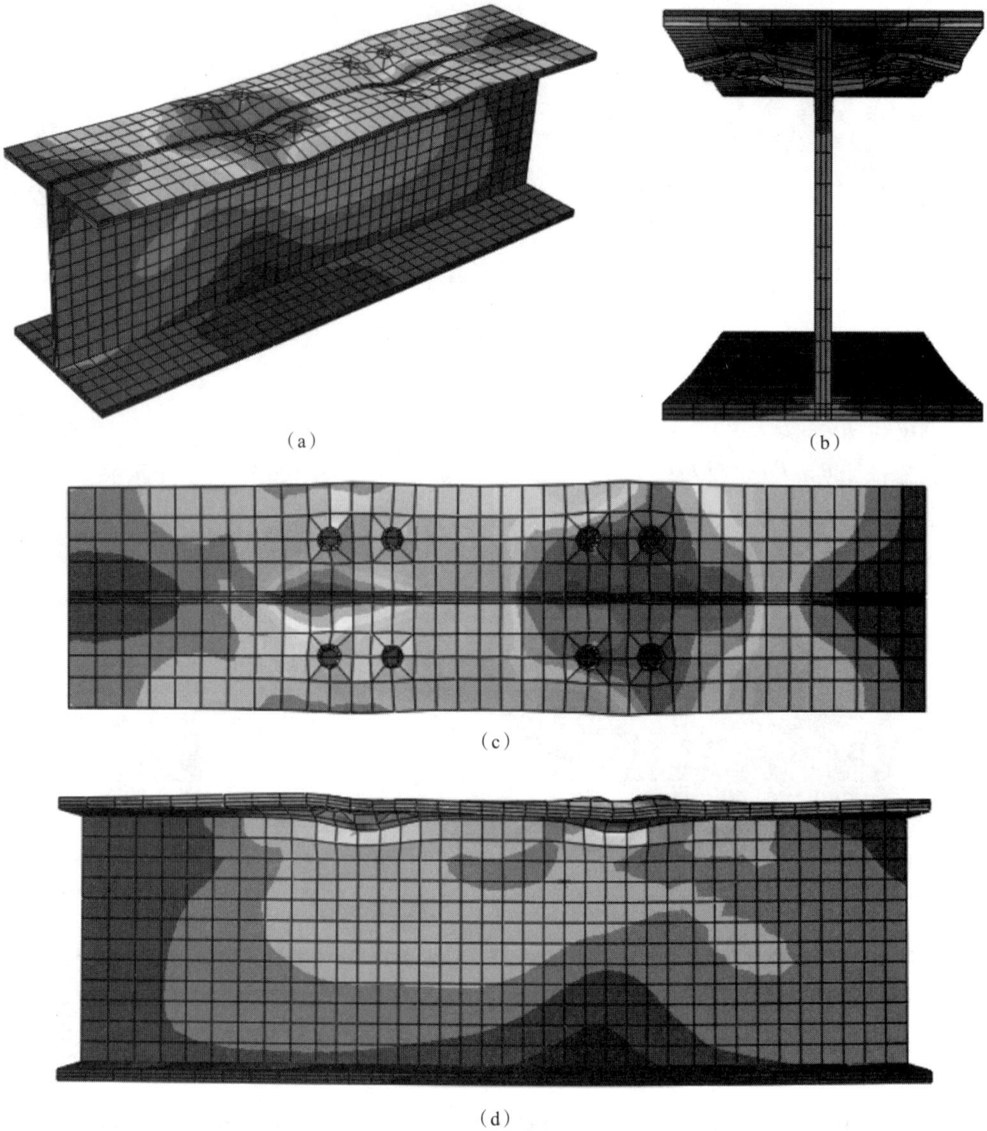

图 9-33 钢柱应力云图

(a)钢柱整体 (b)侧视图 (c)俯视图 (d)正视图

5. 端板应力云图

隐藏除端板外的其他部件，仅显示端板部件，端板应力云图如图 9-34 所示。

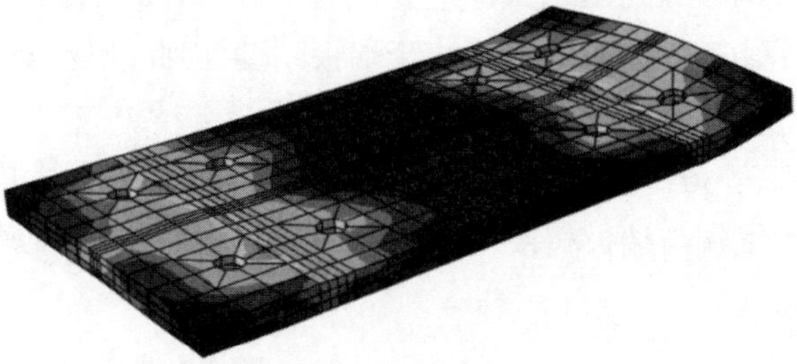

（a）

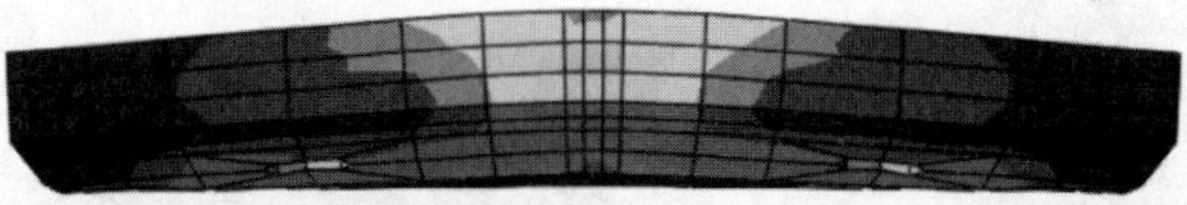

（b）

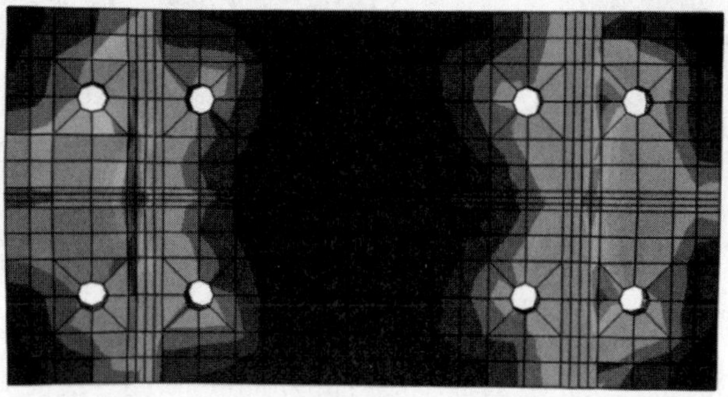

（c）

（d）

图 9-34　端板应力云图

（a）端板整体　（b）侧视图　（c）俯视图　（d）正视图

6. 受力状态分析

螺栓、钢梁、钢柱、端板应力最大值的位置分别如图 9-35 至图 9-38 所示。通过对节点施加循环荷载，观察应力云图可以得出以下结论。

图 9-35　螺栓应力最大值的位置

螺栓的最大应力值为 834.2 MPa，最小应力值为 11.91 MPa。最大应力值出现在螺栓与钢柱相连的部位。这是由于钢柱翼缘刚度小于端板刚度，因此螺栓与钢柱相连的部位受力更大。

钢梁的最大应力值为 364.9 MPa，最小应力值为 12.14 MPa。最大应力值出现在钢梁与钢柱相连的部位。因为梁端与端板相接，增大了翼缘刚度，因此在距梁端的微小距离处应力达到最大值。

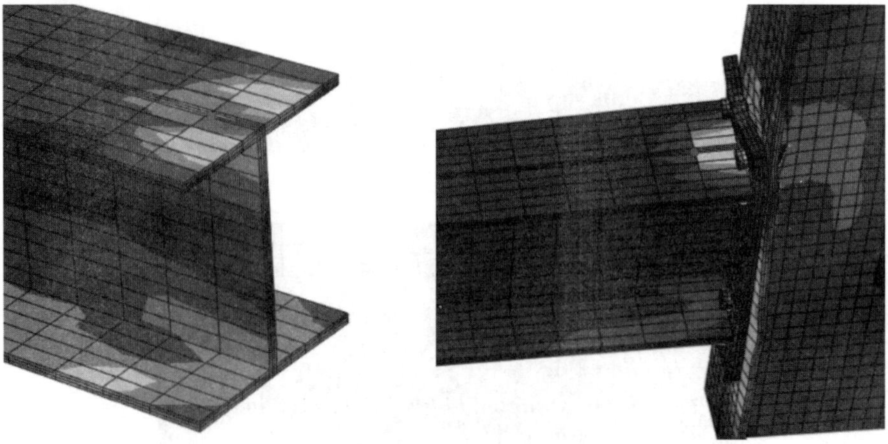

图 9-36　钢梁应力最大值的位置

钢柱的最大应力值为 420.0 MPa，最小应力值为 8.067 MPa。最大应力值出现在钢柱与端板相连的部位，且螺栓孔附近表现出明显的应力集中现象。

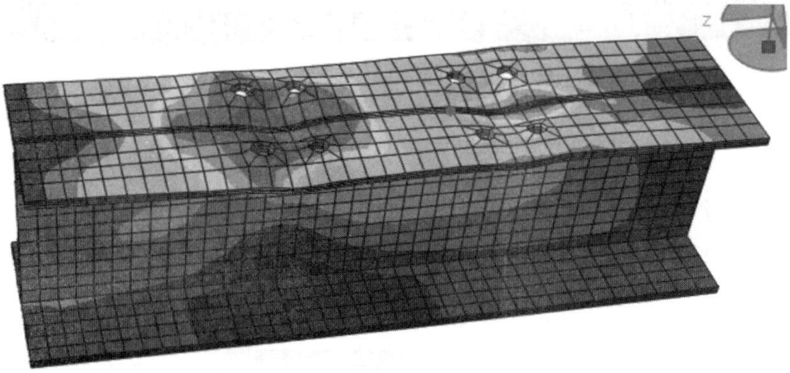

图 9-37　钢柱应力最大值的位置

端板的最大应力值为 420.0 MPa，最小应力值为 4.427 MPa。最大应力值出现在两列螺栓的中间部位，即钢梁翼缘作用处。

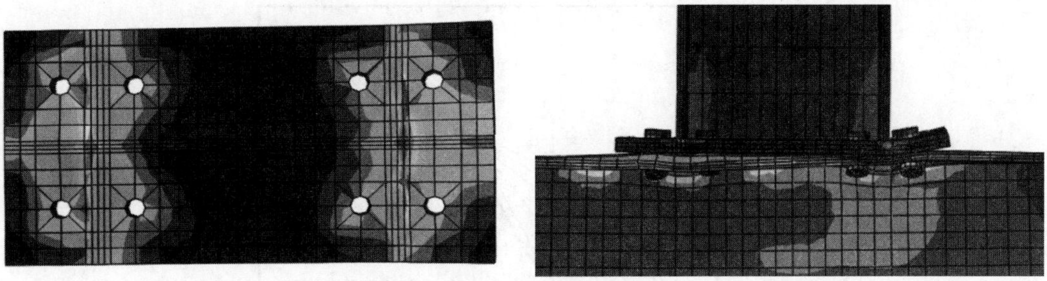

图 9-38　端板应力最大值的位置

将以上各部件的最大应力值与设计强度值进行对比，结果如表 9-1 所示。可以看出，螺栓、钢梁、钢柱、端板的最大应力值均超过屈服强度，进入塑性阶段，且钢柱和端板的最大应力值已达到极限强度，此处可能会率先发生破坏。

表 9-1　最大应力值与设计强度值对比

部件	最大应力值/MPa	屈服强度/MPa	极限强度/MPa
螺栓	834.2	720	900
钢梁	364.9	355	420
钢柱	420.0	355	420
端板	420.0	355	420

9.3.2　滞回曲线

对结构施加的往复荷载以梁端位移的方式施加，结构一次往复的受力状态如图 9-39 所示。

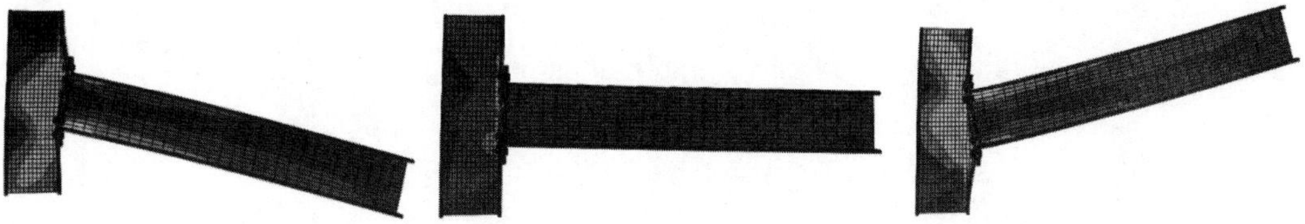

(a)　(b)　(c)

图 9-39　结构一次往复的受力状态

(a)状态 1　(b)状态 2　(c)状态 3

提取梁端加载点的反力 RF 及位移 U，绘制梁端处的滞回曲线，如图 9-40 所示。至此完成钢结构螺栓连接 T 形梁柱节点滞回性能有限元分析的全部工作。

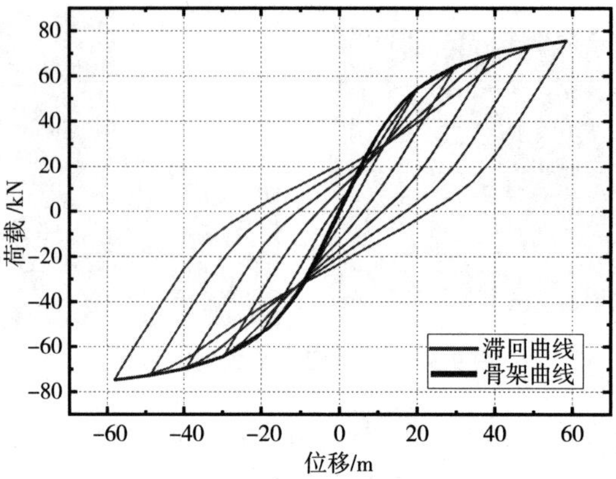

图 9-40　节点滞回及骨架曲线

9.4　小结

针对钢结构构件滞回性能分析问题，本章以典型钢结构螺栓连接 T 形梁柱节点滞回性能分析为例，对节点滞回性能分析的具体步骤展开介绍。本章从问题描述、有限元分析前处理、后处理三部分展开具体介绍，实现了对钢结构螺栓连接 T 形梁柱节点在循环荷载作用下的应力分布情况及滞回曲线的有效模拟。

第 10 章　金属结构构件高温稳定性能分析

本章采用有限元软件 ABAQUS 建立了高温条件下的高强铝合金短柱模型，通过在固定端约束条件下施加轴向荷载探究其在高温下的局部稳定性能。

10.1　金属结构构件算例基本信息

该金属结构构件为工字形截面短柱，材料为 7A04-T6 高强铝合金，采用挤压工艺制成。短柱长 360 mm，截面尺寸如图 10-1 所示，在 200 ℃的高温环境中受轴向荷载作用。

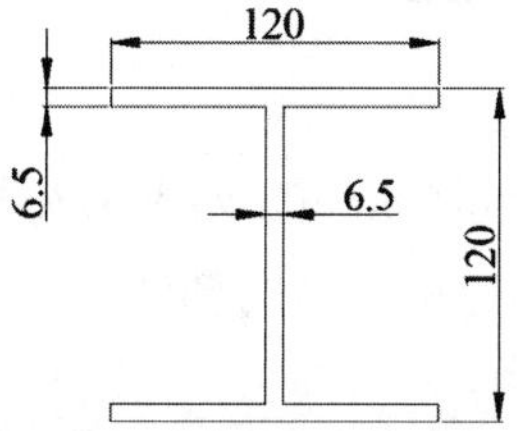

图 10-1　铝合金短柱截面尺寸(单位:mm)

10.2　铝合金材料高温本构

采用高温下两阶段 Ramberg-Osgood 应力应变曲线模型[56]来描述 7A04-T6 高强铝合金材料的应力-应变关系，如图 10-2 所示。

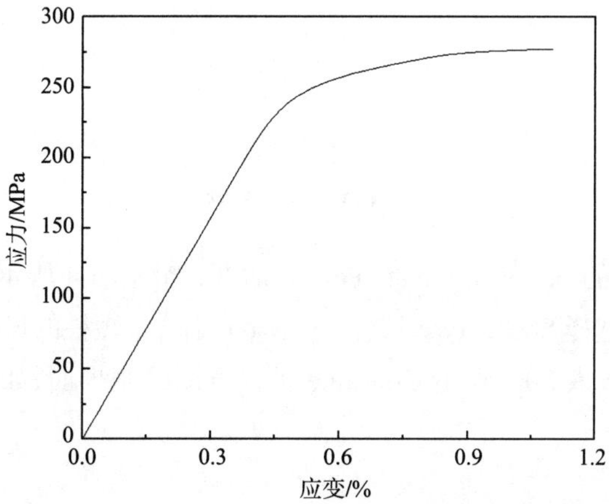

图 10-2　200 ℃下 7A04-T6 高强铝合金应力-应变曲线

7A04-T6 高强铝合金在高温下的应力-应变关系为

$$\varepsilon_\theta=\begin{cases}\dfrac{f_\theta}{E_\theta}+0.002\left(\dfrac{f_\theta}{f_{0.2,\theta}}\right)^{n_\theta}, & 0<f_\theta\leqslant f_{0.2,\theta}\\ \dfrac{f_\theta-f_{0.2,\theta}}{E_{0.2,\theta}}+\left(\varepsilon_{u,\theta}-\varepsilon_{0.2,\theta}-\dfrac{f_{u,\theta}-f_{0.2,\theta}}{E_{0.2,\theta}}\right)\left(\dfrac{f_\theta-f_{0.2,\theta}}{f_{u,\theta}-f_{0.2,\theta}}\right)^{m_\theta}+\varepsilon_{0.2,\theta}, & f_{0.2,\theta}<f_\theta\leqslant f_{u,\theta}\end{cases}\tag{10-1}$$

对于本模型采用的 7A04-T6 高强铝合金，在 200 ℃下其主要材性参数为：屈服强度 f_y=265 MPa，杨氏模量 E=52.6 GPa，材料硬化指数 n_θ=19.52，极限强度 f_u=278 MPa，极限应变 ε_u=0.011[57]。

10.3 特征值屈曲分析

10.3.1 铝合金短柱 ABAQUS 建模

1. 创建部件（Part）

启动 ABAQUS/CAE，在环境栏的 Module 列表中选择 Part，如图 10-3 所示，即表示当前激活 Part 模块。Part 模块用于创建分析模型的部件。

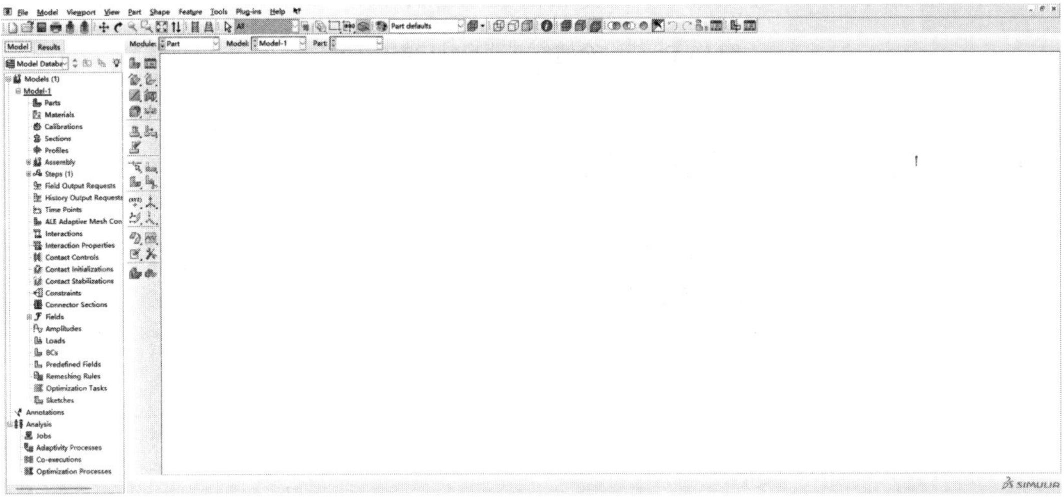

图 10-3　Part 模块

点击左侧工具区中的 ，弹出 Create Part 对话框，如图 10-4 所示。在 Name 处输入 Aluminium-column，Shape 选择 Shell，Type 选择 Extrusion，铝合金短柱的尺寸为 120 mm × 120 mm，在 Approximate size 处输入 200，点击 Continue 进入草图绘制界面，如图 10-5 所示。

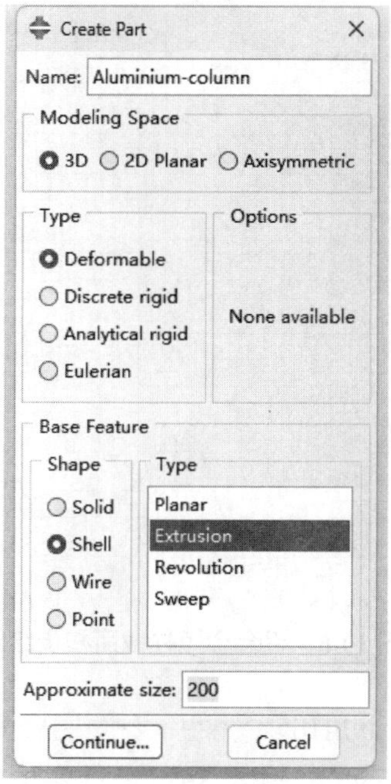

图 10-4　**Create Part 对话框**

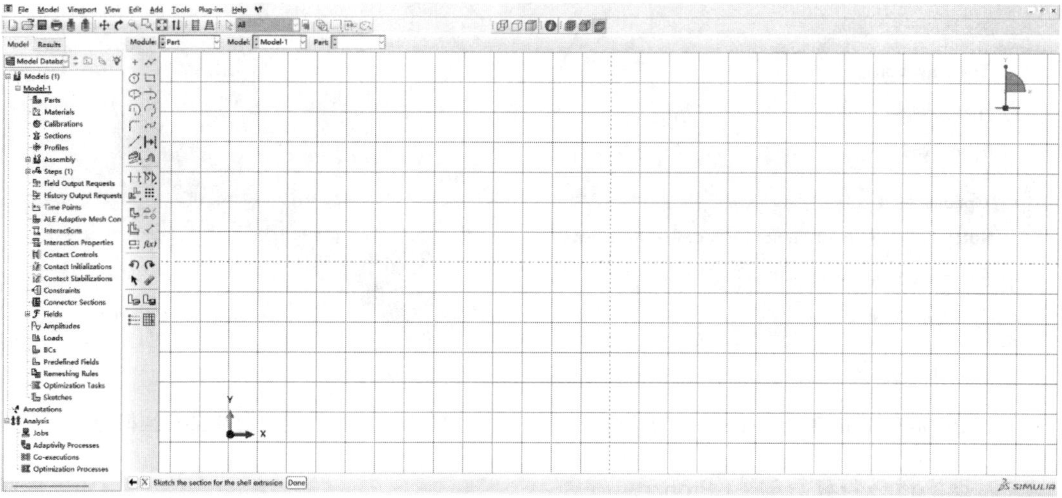

图 10-5　**草图绘制界面**

点击左侧工具区中的 +（创建点），此时界面左下角出现 Pick a point--or enter X,Y:，依次在其后的方框内输入坐标（−60，56.75）、（60，56.75）、（−60，−56.75）、（60，−56.75）、（0，56.75）、（0，−56.75），每输入一个坐标后按回车键确认，再点击左侧工具区中的（创建多段线），将这些点连起来，完成铝合金短柱截面的绘制，如图 10-6 所示。

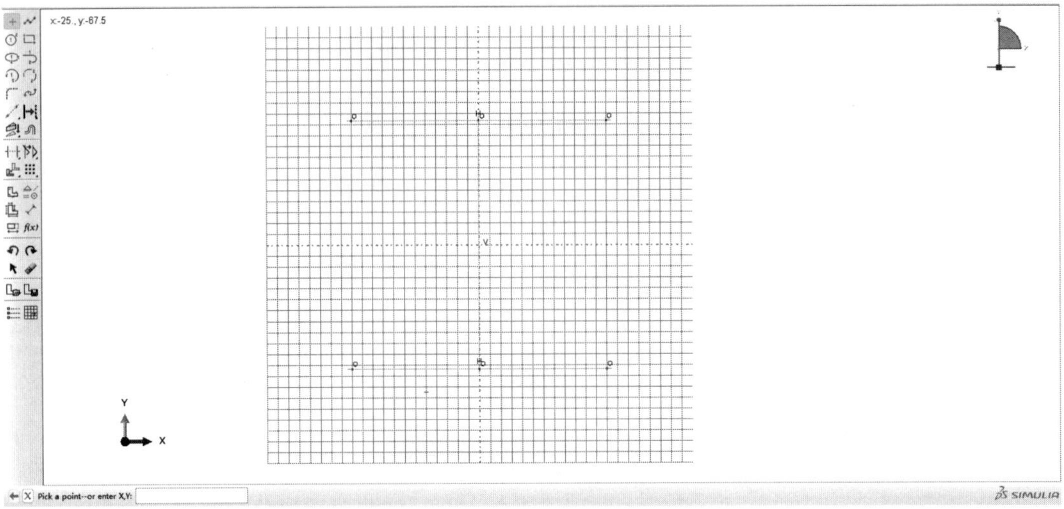

图 10-6　铝合金短柱截面初步绘制

点击鼠标中键，此时界面左下角出现 Sketch the section for the shell extrusion Done ，点击 Done，弹出如图 10-7 所示的对话框，在 Depth 处输入 360，表示铝合金短柱的长度为 360 mm，点击 OK，即可完成铝合金短柱构件的创建。得到的铝合金短柱构件三维模型如图 10-8 所示。

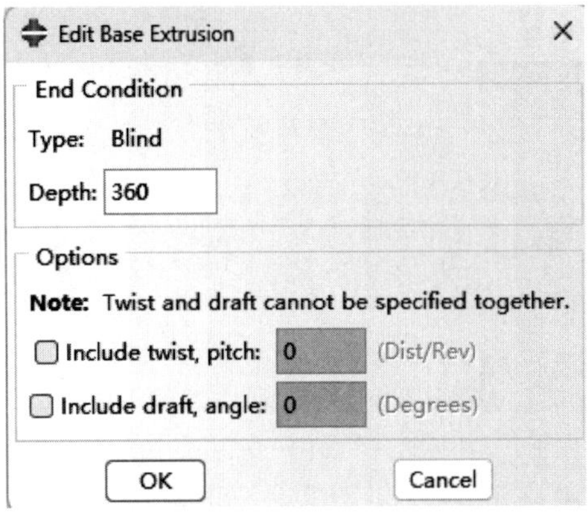

图 10-7　Edit Base Extrusion 对话框

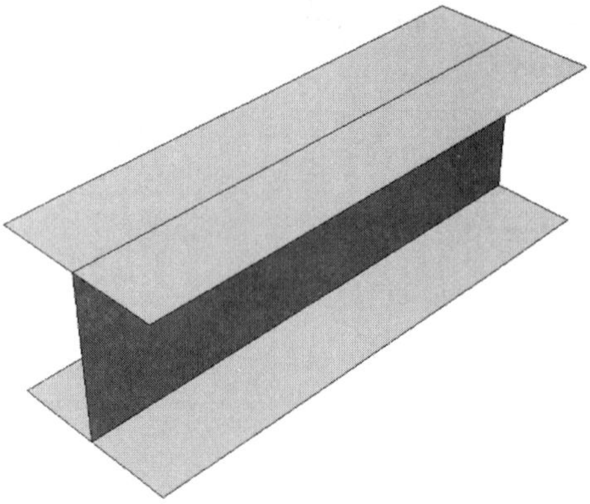

图 10-8　铝合金短柱构件三维模型

2. 设置材料和截面属性(Property)

在环境栏的 Module 列表中选择 Property，进入 Property 模块，如图 10-9 所示。在 Property 模块中可以设置材料和截面属性。

1)设置材料属性

10.2 节中说明了铝合金材料在高温下的本构关系，本节仅介绍材料和截面属性的设置，不再解释具体数据。

点击左侧工具区中的图标，弹出 Edit Material 对话框。在 Name 处输入 Aluminium 作为材料名称，如图 10-10 所示。

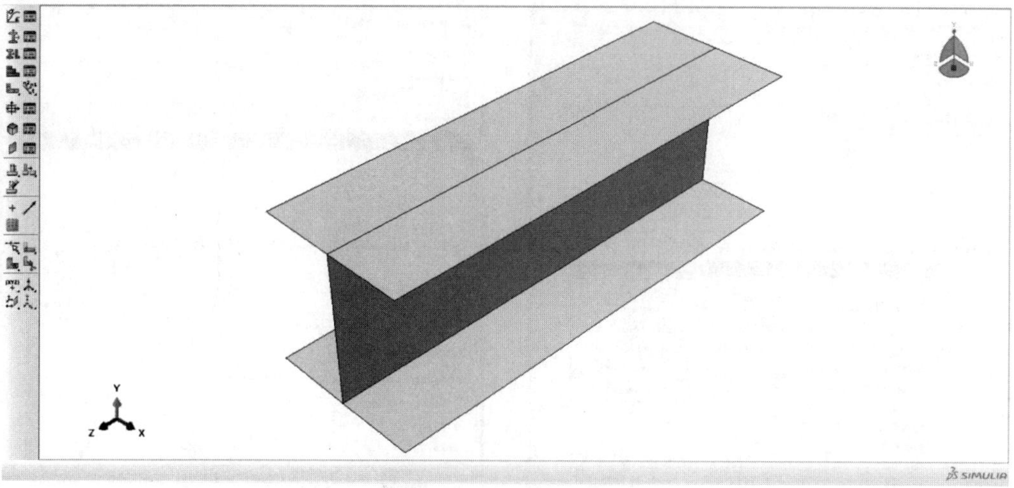

图 10-9　Property 模块

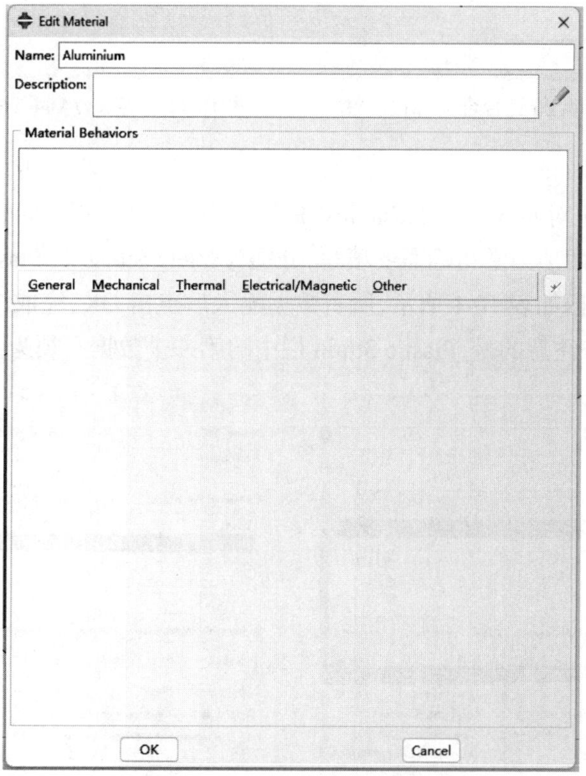

图 10-10　Edit Material 对话框

2)定义弹性属性

在 Edit Material 对话框中 Mechanical 的下拉列表中选择 Elasticity → Elastic，如图 10-11 所示。此时有两项力学指标需要填写，分别为 Young's Modulus 及 Poisson's Ratio，分别输入 52 600 和 0.3，完成 7A04-T6 材料在 200 ℃下的弹性属性设置，如图 10-12 所示。

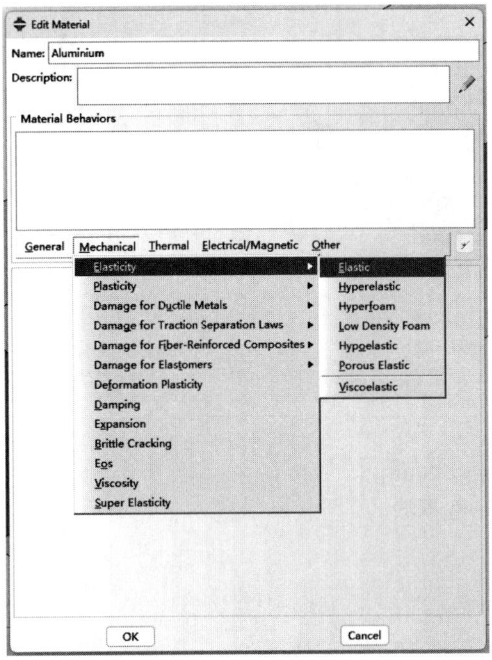

图 10-11 定义 7A04-T6 铝合金的弹性属性

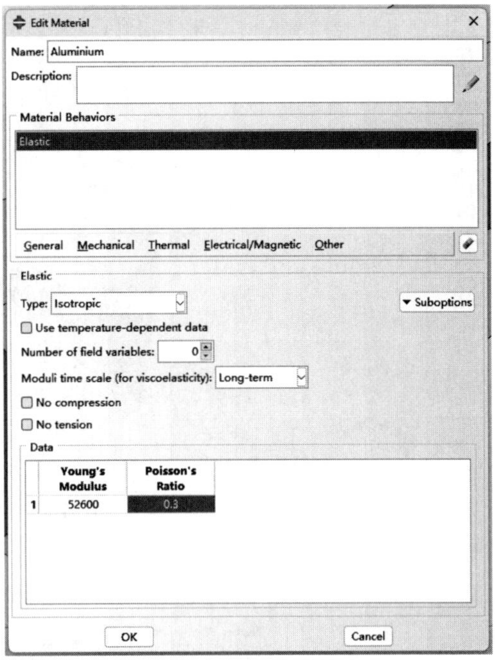

图 10-12 定义 7A04-T6 铝合金的弹性数值

3)定义塑性属性

在 Edit Material 对话框中 Mechanical 的下拉列表中选择 Plasticity → Plastic，如图 10-13 所示。此时有两项力学指标需要填写，分别为 Yield Stress 及 Plastic Strain，如图 10-14 所示，需要输入的数据如表 10-1 所示，所有数据输入后点击 OK，完成 7A04-T6 材料塑性属性的设置。需要格外注意的是，Plastic Strain 栏中的第一个数据必须为 0。

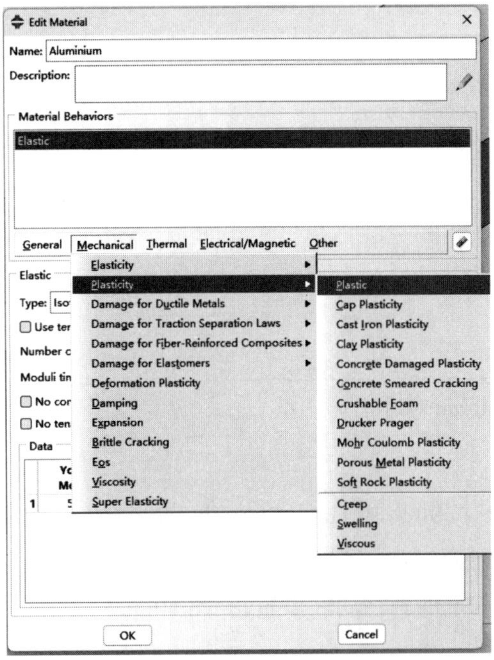

图 10-13 定义 7A04-T6 铝合金的塑性属性

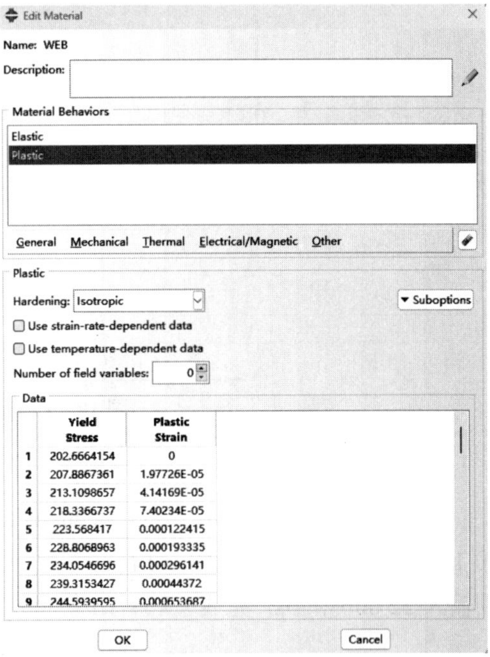

图 10-14 定义 7A04-T6 铝合金的塑性数值

表 10-1　应力-应变数据

Yield Stress	Plastic Strain	Yield Stress	Plastic Strain	Yield Stress	Plastic Strain
202.666 415 4	0	263.170 647 5	0.002 258 868	268.529 369 1	0.002 925 586
207.886 736 1	1.977 26E−05	263.425 640 4	0.002 290 617	268.784 806 9	0.002 957 548
213.109 865 7	4.141 69E−05	263.680 651 4	0.002 322 364	269.040 306 3	0.002 989 669
218.336 673 7	7.402 34E−05	263.935 680 3	0.002 354 109	269.295 893 0	0.003 022 044
223.568 417 0	0.000 122 415	264.190 727 2	0.002 385 853	269.551 606 1	0.003 054 816
228.806 896 3	0.000 193 335	264.445 792 1	0.002 417 595	269.807 504 6	0.003 088 201
234.054 669 6	0.000 296 141	264.700 875 0	0.002 449 335	270.063 676 7	0.003 122 524
239.315 342 7	0.000 443 720	264.955 975 8	0.002 481 074	270.320 252 4	0.003 158 259
244.593 959 5	0.000 653 687	265.211 094 6	0.002 512 811	270.577 421 5	0.003 196 100
249.897 524 2	0.000 949 955	265.466 231 4	0.002 544 546	270.835 458 5	0.003 237 049
255.235 696 0	0.001 364 763	265.721 386 2	0.002 576 280	271.094 756 5	0.003 282 541
260.621 706 7	0.001 941 288	265.976 559 1	0.002 608 012	271.355 873 5	0.003 334 607
260.876 519 8	0.001 973 053	266.231 749 9	0.002 639 743	271.619 595 0	0.003 396 105
261.131 351 0	0.002 004 817	266.486 959 0	0.002 671 473	271.887 017 5	0.003 471 021
261.386 200 1	0.002 036 579	266.742 186 3	0.002 703 202	272.159 660 4	0.003 564 866
261.641 067 3	0.002 068 340	266.997 432 1	0.002 734 932	272.439 613 3	0.003 685 216
261.895 952 3	0.002 100 099	267.252 697 1	0.002 766 664	272.729 729 9	0.003 842 395
262.150 855 4	0.002 131 856	267.507 981 9	0.002 798 401	273.033 881 3	0.004 050 390
262.405 776 5	0.002 163 612	267.763 288 2	0.002 830 150	273.357 285 0	0.004 328 016
262.660 715 5	0.002 195 365	268.018 618 3	0.002 861 918	273.706 929 6	0.004 700 426
262.915 672 5	0.002 227 118	268.273 976 4	0.002 893 722		

4）定义膨胀属性

在 Edit Material 对话框中 Mechanical 的下拉列表中选择 Expansion，如图 10-15 所示。在弹出的对话框中输入 2.56e−5（表示 2.56×10^{-5}），如图 10-16 所示。至此，铝合金的全部材料属性设置完成。

5）创建截面

材料属性设置完成后，需要创建截面，并赋予截面相应的材料属性。

点击左侧工具区中的，弹出 Create Section 对话框，如图 10-17 所示。在 Name 处输入 Section-Aluminium，Category 选择 Shell，Type 选择 Homogeneous。点击 Continue，弹出如图 10-18 所示的对话框。Shell thickness 选择 Value，输入 6.5，在 Material 的下拉列表中选择 Aluminium，点击 OK，完成铝合金截面的创建。

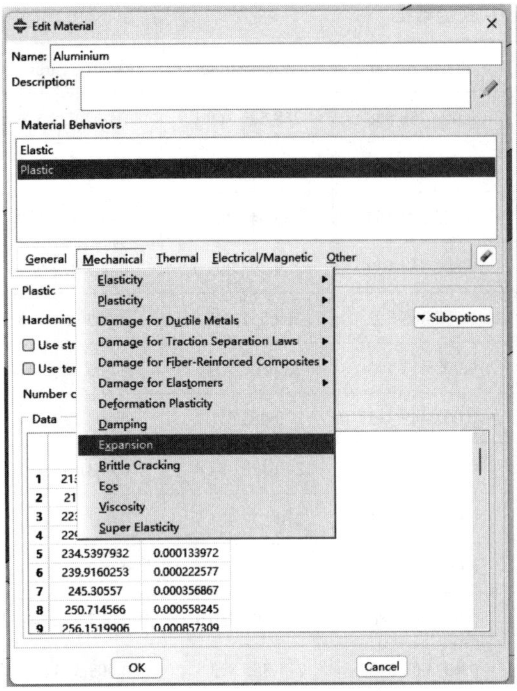

图 10-15　定义 7A04-T6 铝合金的膨胀属性

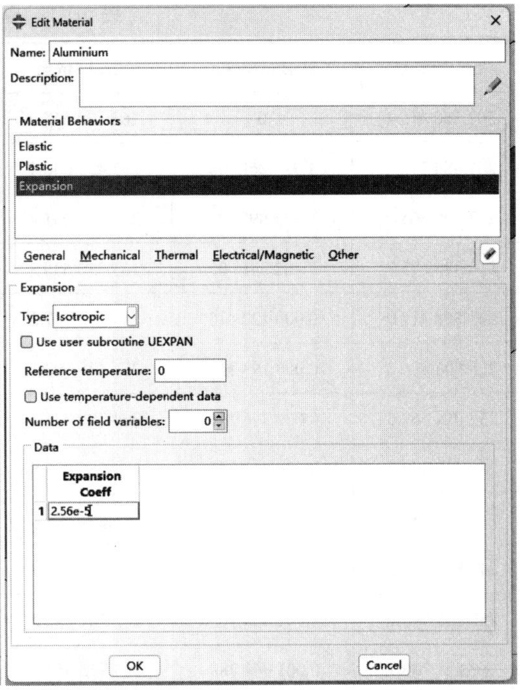

图 10-16　定义 7A04-T6 铝合金的膨胀数值

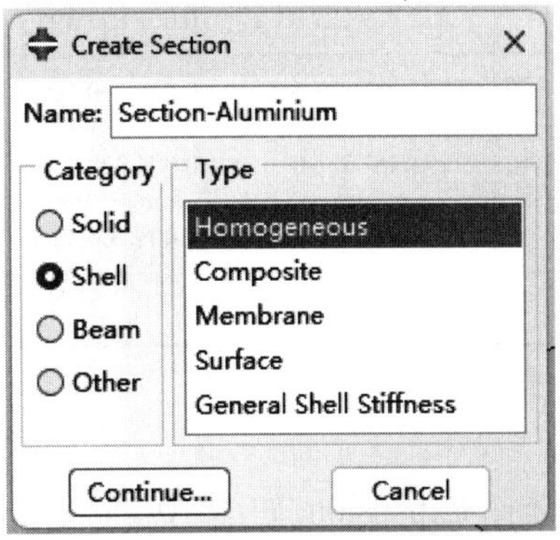

图 10-17　在 Create Section 对话框中定义铝合金

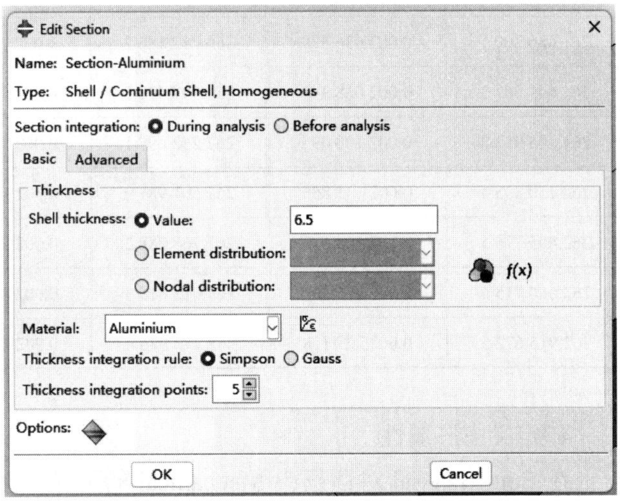

图 10-18　在 Edit Section 对话框中选择材料

6)截面指派

截面创建完成后,需要将截面赋予对应的部件。

点击左侧工具区中的,在视图区用鼠标左键拖曳选择整个铝合金短柱模型,如图 10-19 所示,点击 Done,弹出如图 10-20 所示的对话框。在 Section 的下拉列表中选择 Section-Aluminium,点击 OK,完成铝合金短柱截面特性的分配,此时整个铝合金短柱模型变为绿色,截面指派完成。

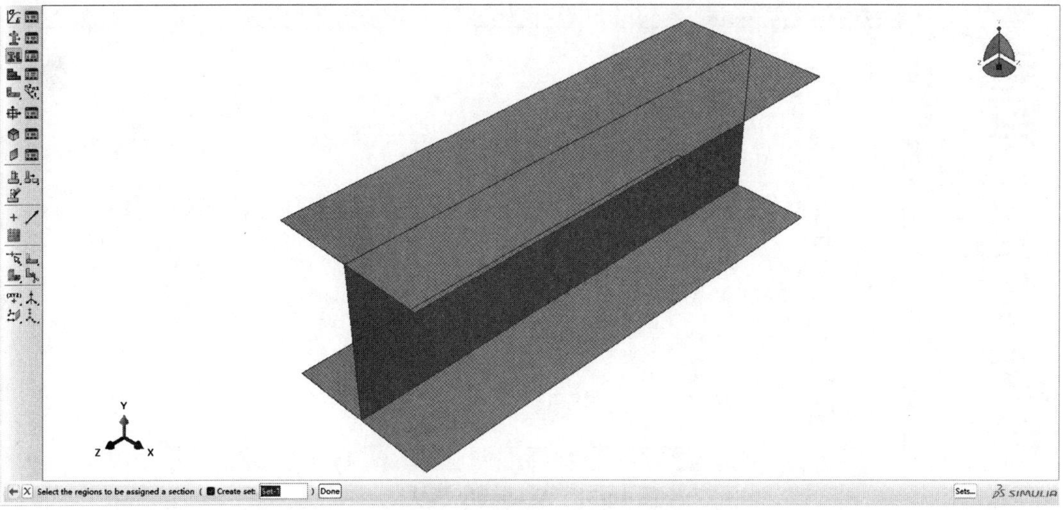

图 10-19　选择铝合金短柱模型

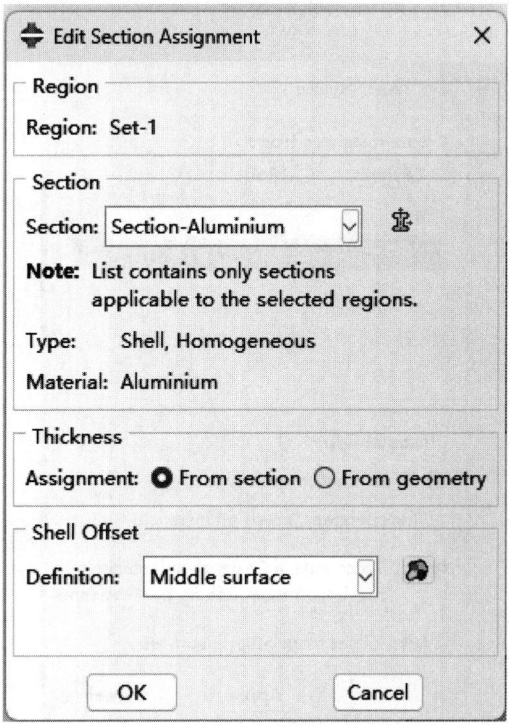

图 10-20　铝合金短柱截面指派

3. 定义装配件(Assembly)

在环境栏的 Module 列表中选择 Assembly，进入 Assembly 模块，如图 10-21 所示。在 Assembly 模块中可以将各个部件组装为整体模型。

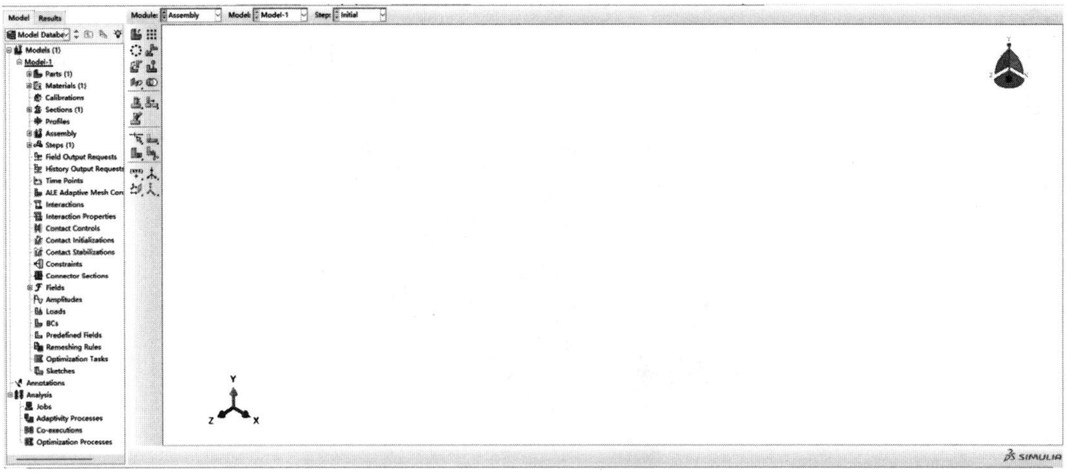

图 10-21　Assembly 模块

因为本模型只有一个部件,因此只需要点击左侧工具区中的 ,弹出 Create Instance 对话框,如图 10-22 所示,点击 OK,即可完成装配。

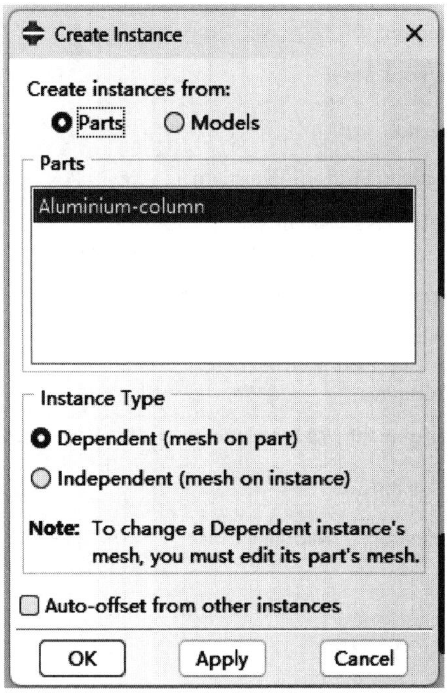

图 10-22　Create Instance 对话框

4. 设置分析步(Step)

在环境栏的 Module 列表中选择 Step,进入 Step 模块,如图 10-23 所示。在 Step 模块中可以设置分析步和变量输出要求。

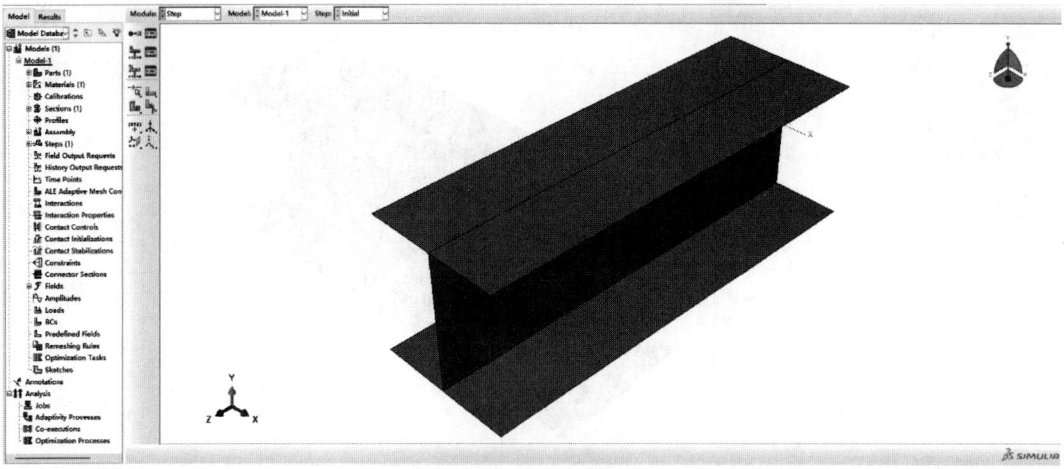

图 10-23　Step 模块

点击左侧工具区中的 ，弹出 Create Step 对话框，如图 10-24 所示。Procedure type 选择 Linear perturbation，细分项选择 Buckle，点击 Continue，进入 Edit Step 对话框，如图 10-25 所示。在 Number of eigenvalues requested 处输入 5，在 Vectors used per iteration 处输入 10，在 Maximum number of iterations 处输入 300，完成后点击 OK。

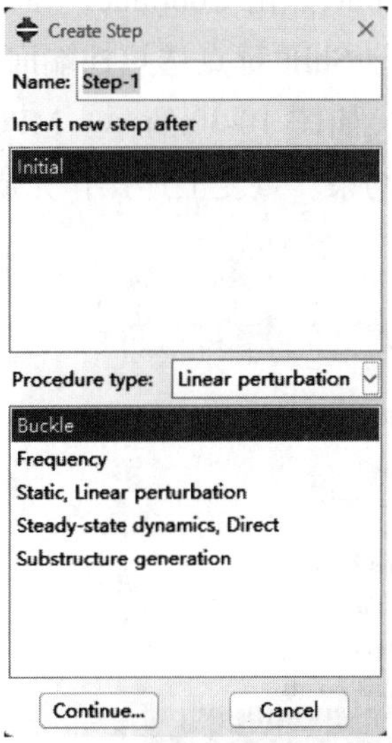

图 10-24　Create Step 对话框

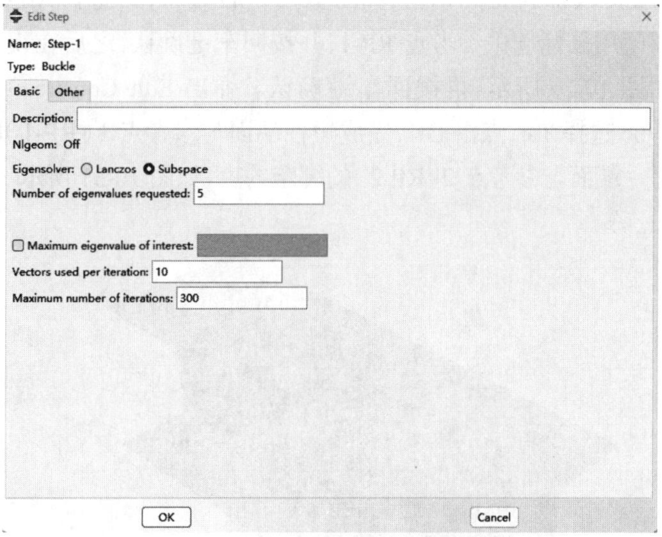

图 10-25　Edit Step 对话框

5. 定义相互作用（Interaction）

在环境栏的 Module 列表中选择 Interaction，进入 Interaction 模块，如图 10-26 所示。在 Interaction 模块中可以设置模型中各个部件的相互作用和约束。

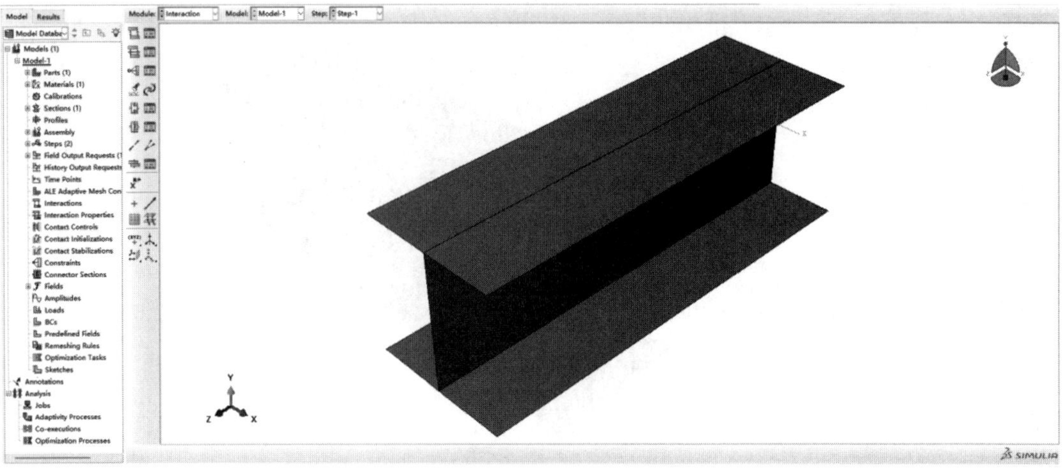

图 10-26　Interaction 模块

为方便设置约束，首先设置两个参考点。点击菜单栏中的 Tools → Reference Point，弹出对话框 Select point to act as reference point -- or enter X,Y,Z: ，依次输入坐标(0，0，0)和(0，0，360)并按回车键确认，完成参考点的设置，如图 10-27 所示。

接下来将短柱的上下端面分别与这两个参考点绑定。点击左侧工具区中的 ，弹出 Create Constraint 对话框，如图 10-28 所示，Type 选择 MPC Constraint，点击 Continue。在视图区用鼠标选中参考点 RP-1，并按回车键确认，之后在视图区按住 Shift 键点选短柱端面，如图 10-29 所示，再按回车键确认。弹出 Edit Constraint 对话框，如图 10-30 所示。MPC Type 选择 Tie，点击 OK，完成短柱端面与参考点 1(RP-1)的绑定约束。重复上述操作完成另一端面与参考点 2(RP-2)的绑定约束，如图 10-31 所示。

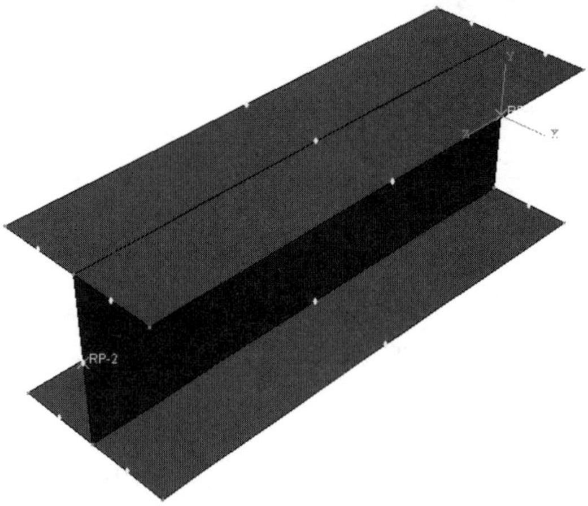

图 10-27　设置参考点

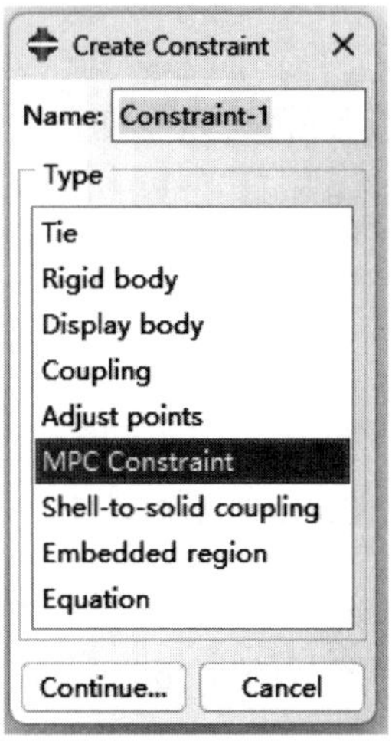

图 10-28　Create Constraint 对话框

图 10-29　选择短柱端面

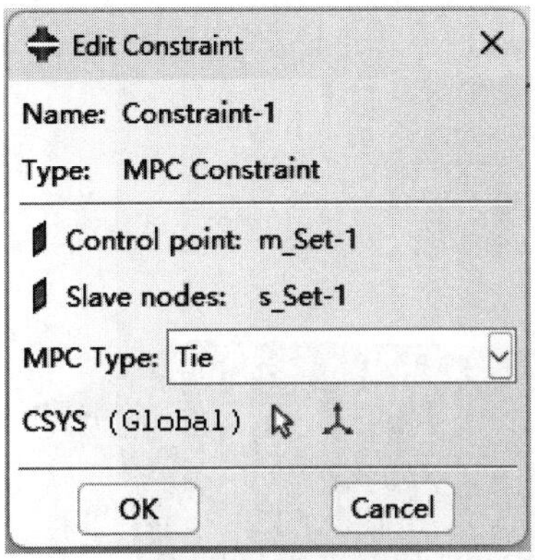

图 10-30　编辑约束

图 10-31　约束完成

10.3.2　荷载、边界条件及网格

1. 定义荷载和边界条件(Load)

在环境栏的 Module 列表中选择 Load 模块进行荷载和边界条件的定义。

1)施加荷载

点击左侧工具区中的 ,弹出 Create Load 对话框,如图 10-32 所示。所有参数默认不变,点击 Continue,提示区提示用户选择添加荷载的区域,选中 RP-1,点击鼠标中键确认,弹出 Edit Load 对话框,在 CF1、CF2、CF3 处分别输入 0、0、1,如图 10-33 所示。点击 OK,荷载即施加完成,如图 10-34 所示。

2)定义边界条件

点击左侧工具区中的 ,弹出 Create Boundary Condition 对话框,Step 选择 Initial,Types for Selected Step 选择 Displacement/Rotation,如图 10-35 所示。点击 Continue,提示区提示用户选择添加边界条件的区域,选中 RP-1,点击鼠标中键确认,弹出 Edit Boundary Condition 对话框,如图 10-36 所示,选中 U1、U2、UR1、UR2、UR3,即除 Z 向的位移外全部约束,点击 OK。重复上述操作约束 RP-2,且在 Edit Boundary Condition 对话框中选中所有选项,即添加固定约束作为边界条件,点击 OK,退出 Edit Boundary Condition 对话框,完成模型边界条件的定义,如图 10-37 所示。

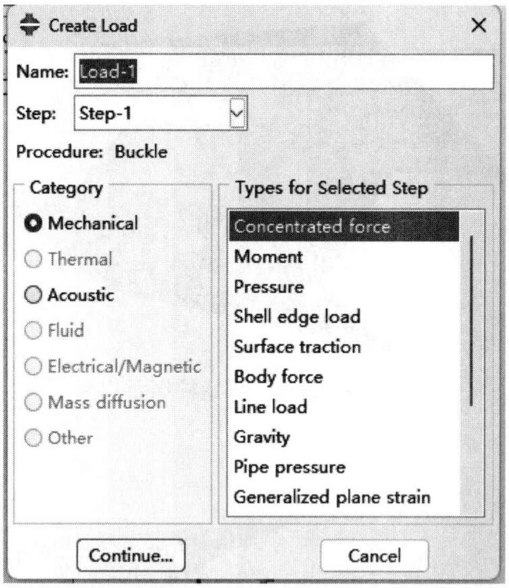

图 10-32　Create Load 对话框

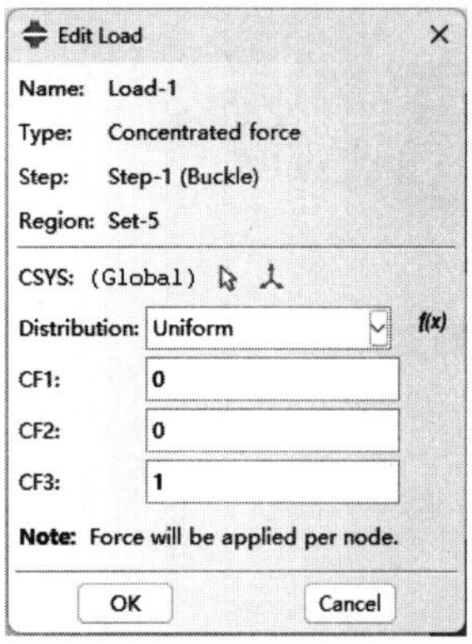

图 10-33　Edit Load 对话框

图 10-34　施加荷载后的模型

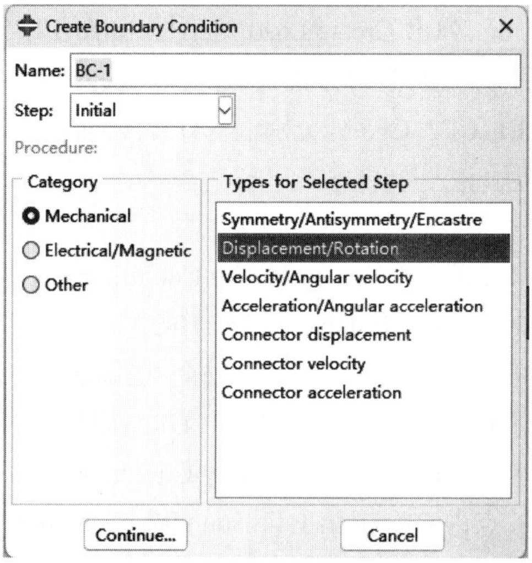

图 10-35　Create Boundary Condition 对话框

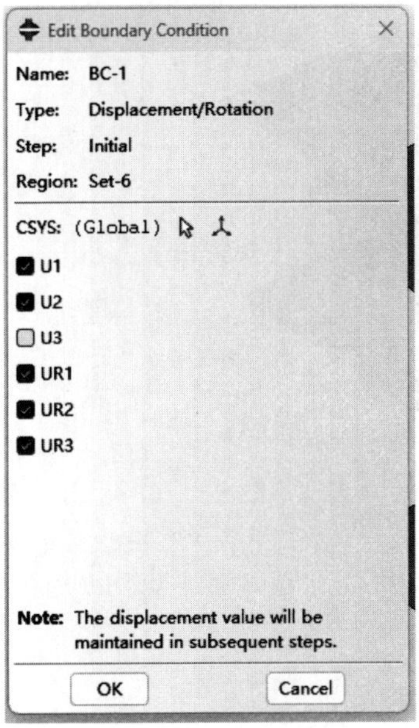

图 10-36　Edit Boundary Condition 对话框

图 10-37　定义边界条件后的模型

2. 划分网格(Mesh)

在环境栏的 Module 列表中选择 Mesh 模块进行网格的划分。

由于本模型较为规则,只需要点击左侧工具区中的,弹出对话框后在 Approximate global size 处输入 6,点击 OK,即可完成全局布种,如图 10-38 所示。

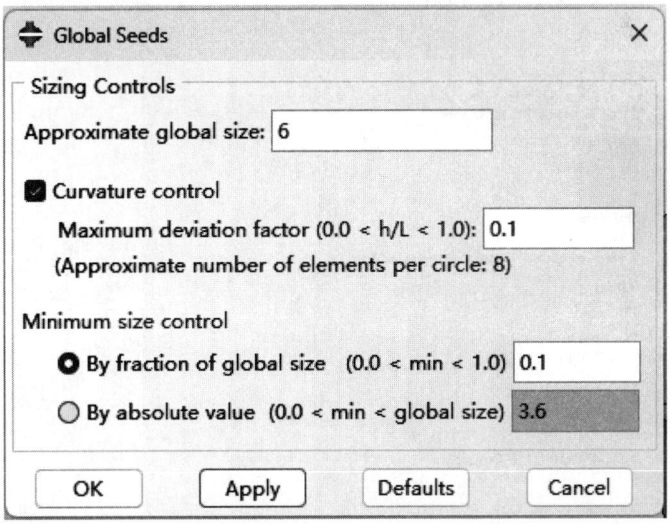

图 10-38　Global Seeds 对话框

全局布种完成后点击左侧工具区中的,弹出 OK to mesh the part? Yes No 提示,点击 Yes,即可完成网格划分,如图 10-39 所示。

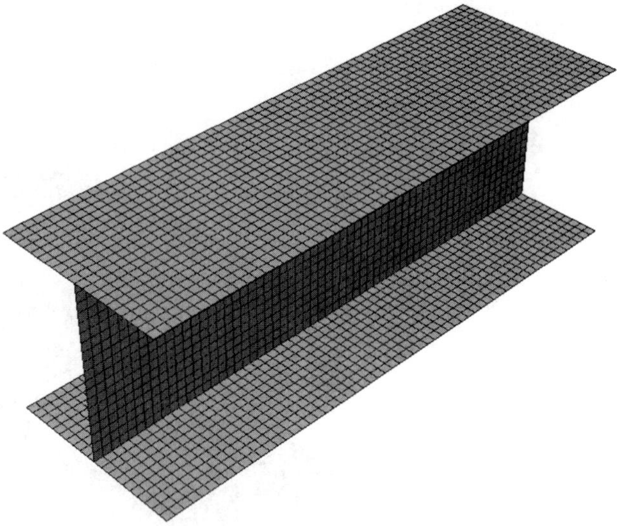

图 10-39 划分网格后的模型

3. 编辑关键词输出屈曲形状

进行非线性屈曲分析时，需要用特征值屈曲分析求解的屈曲形状作为初始缺陷参考，所以需要在此分析步定义输出屈曲变形位移输出，需要通过编辑关键词的形式进行定义。

在菜单栏中点击 Model → Edit Keywords → Model-1，弹出对话框，在对话框的最下方找到"*Output, field, variable=PRESELECT"，如图 10-40 所示，在其下方另起一行输入

*NODEFILE, GLOBAL=YES

为初始缺陷的引入做准备。

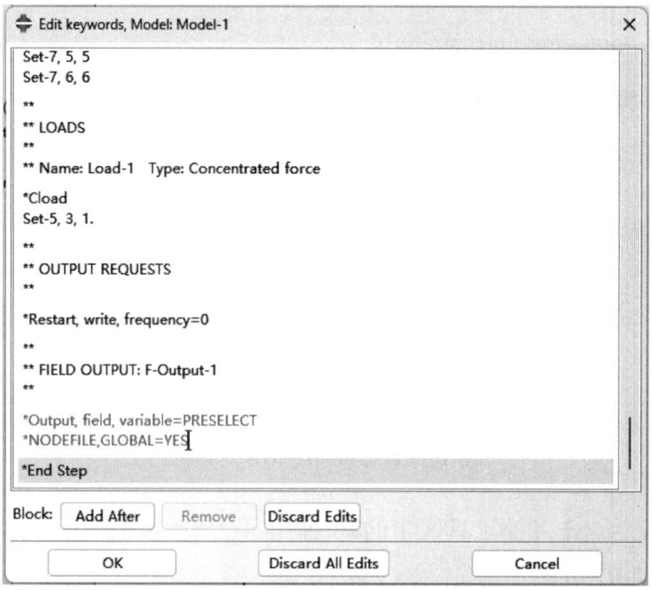

图 10-40 Edit keywords 对话框

10.3.3　ABAQUS 求解及后处理

1. 提交分析作业（Job）

在环境栏的 Module 列表中选择 Job 模块进行作业的提交。

点击左侧工具区中的 ，弹出 Create Job 对话框，如图 10-41 所示。所有参数默认不变，点击 Continue，弹出 Edit Job 对话框，点击 OK，完成分析作业的定义。

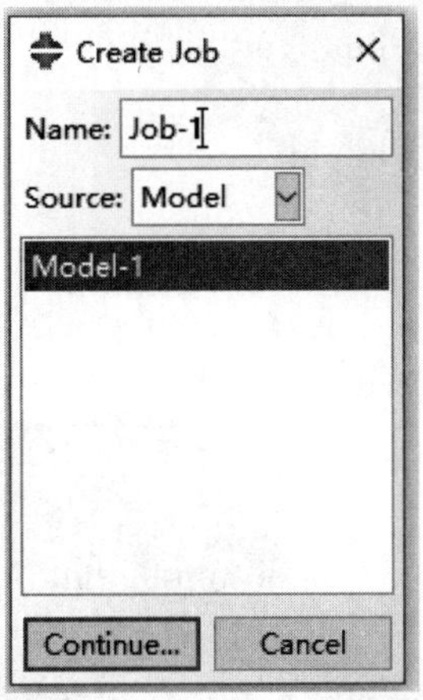

图 10-41　Create Job 对话框

点击左侧工具区中的 ，弹出 Job Manager 对话框，选择所需作业，点击 Submit 提交作业，如图 10-42 所示。

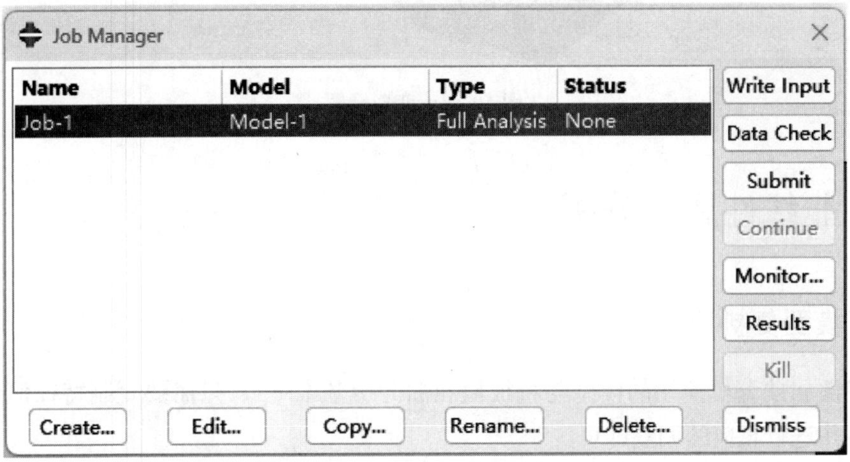

图 10-42　Job Manager 对话框

2. 后处理（Visualization）

点击 Results，进入分析结果模块，绘图区如图 10-43 所示。点击左侧工具区中的 ，绘图区会显示变形云图，如图 10-44 所示。

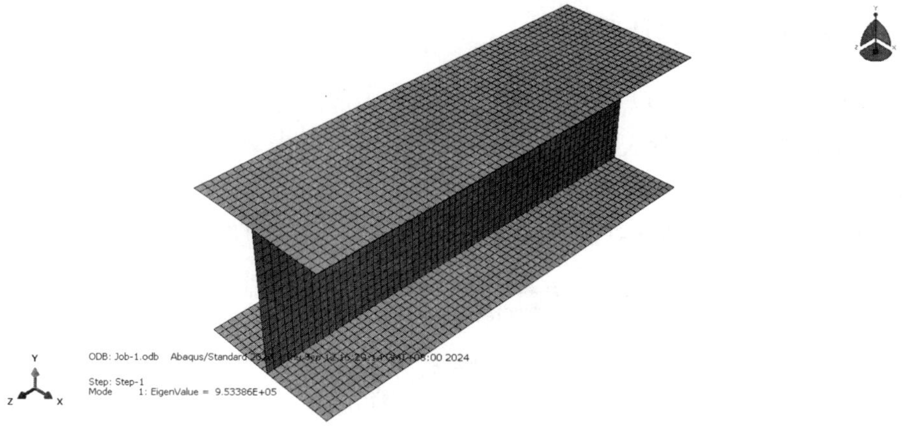

图 10-43 未变形图

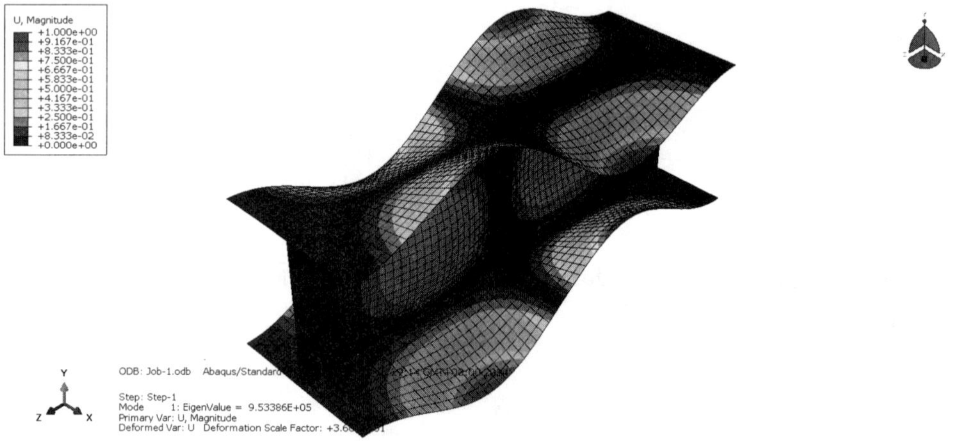

图 10-44 变形云图

10.4 非线性屈曲分析

10.4.1 模型复制

非线性屈曲分析使用的模型与特征值屈曲分析基本一致，只需要复制特征值屈曲分析中的模型并进行相应的调整即可。

在模型树中用鼠标右键点击 Model-1，选择 Copy Model-1，得到一个新的模型 Model-1-Copy，如图 10-45 所示。在菜单栏中点击 Model → Edit Keywords → Model-1-Copy，弹出 Edit keywords 对话框，将 10.3.2 节中增添的关键词“*NODEFILE, GLOBAL=YES”删除，如图 10-46 所示。

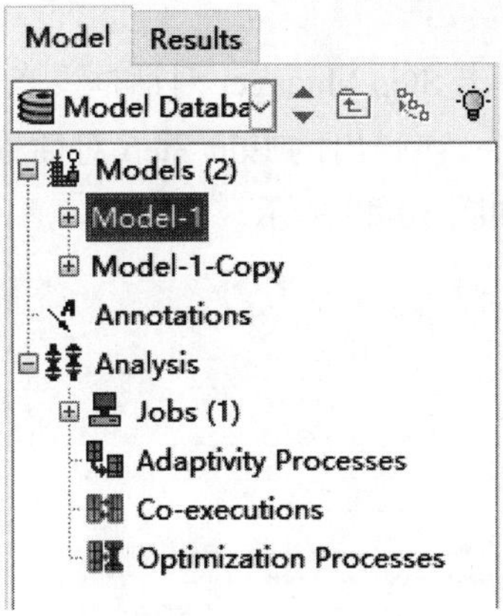

图 10-45　复制模型

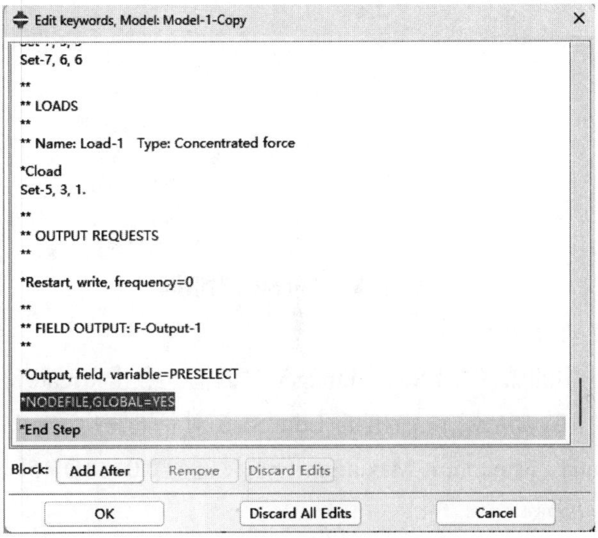

图 10-46　删除关键词

10.4.2　分析步调整

在环境栏的 Module 列表中选择 Step 模块进行分析步的调整。

1. 删除屈曲分析步

点击左侧工具区中的，弹出 Step Manager 对话框，选中名为 Step-1 的分析步，点击 Delete，删除该分析步，如图 10-47 所示。

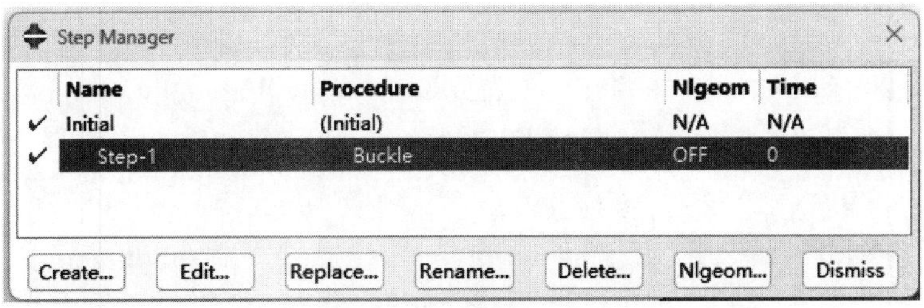

图 10-47　删除 Step-1

2. 创建静力通用分析步

点击左侧工具区中的,弹出 Step Manager 对话框。点击 Create,在弹出的对话框中选择 Static General。点击 Continue,在弹出的 Edit Step 对话框中将 Nlgeom 选项设置为 On,即打开几何非线性,点击 OK,如图 10-48 所示。

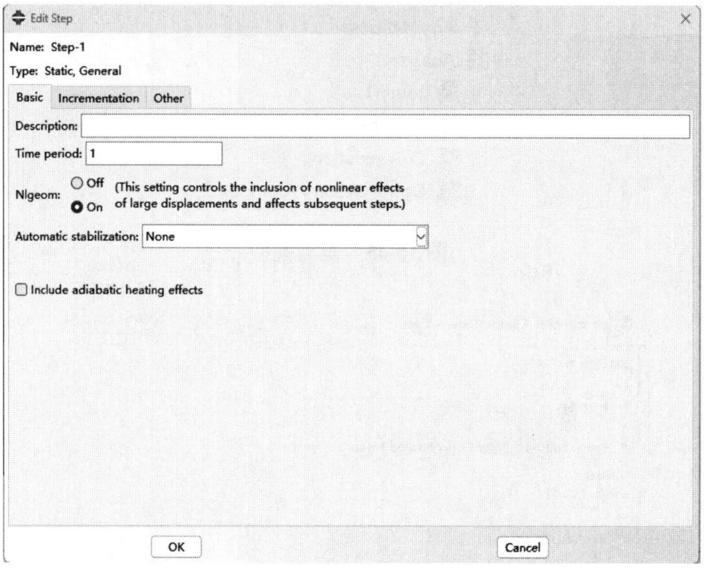

图 10-48 Edit Step 对话框

3. 创建非线性屈曲分析步

点击左侧工具区中的,弹出 Step Manager 对话框。点击 Create,在弹出的对话框中选择 Static, Riks。点击 Continue,在弹出的 Edit Step 对话框中点击 Incrementation,将 Arc length increment 的 Initial、Minimum、Maximum 分别设置为 0.01、1E−15(表示 1×10^{-15})、0.05,点击 OK,如图 10-49 所示。

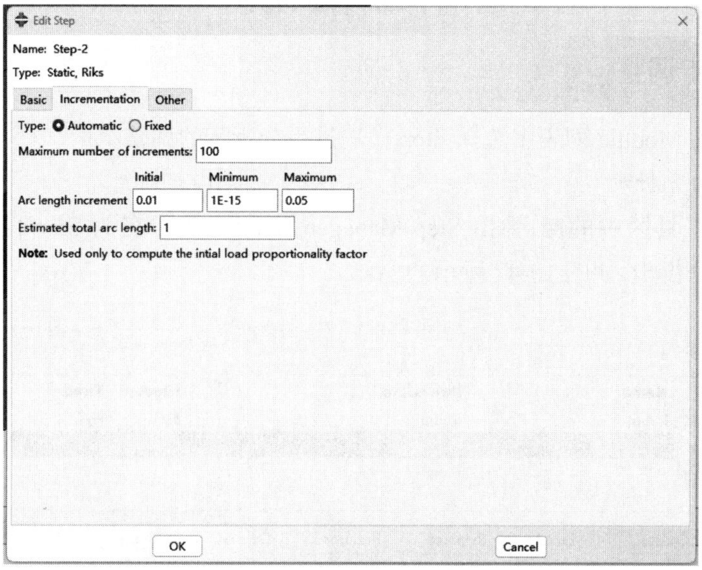

图 10-49 Edit Step 对话框

10.4.3　边界条件设置及温度场施加

在环境栏的 Module 列表中选择 Load 模块进行边界条件的设置及温度场的施加。

1. 边界条件设置

点击左侧工具区中的▦，在弹出的 Boundary Condition Manager 对话框中双击 Step-2 中 BC-1 后的 Propagated，如图 10-50 所示。弹出如图 10-51 所示的对话框，在 U3 处输入 1，点击 OK，完成边界条件的设置。

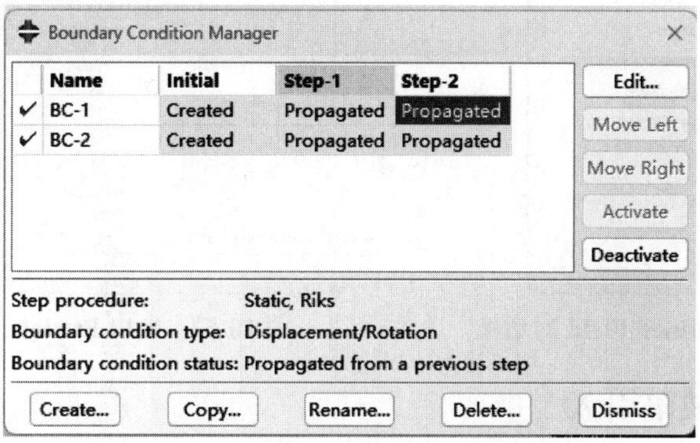

图 10-50　**Boundary Condition Manager 对话框**

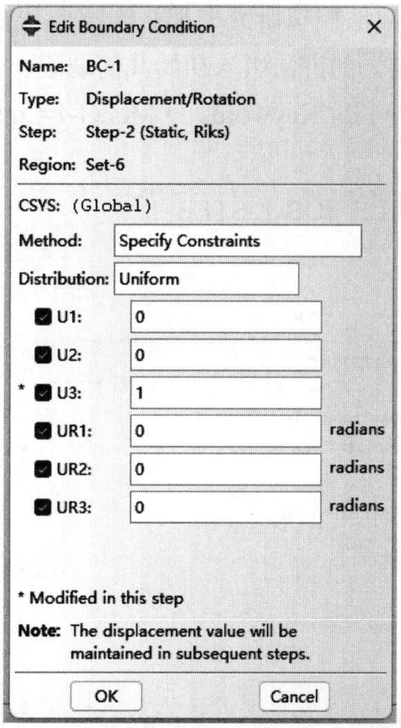

图 10-51　**Edit Boundary Condition 对话框**

2. 温度场施加

点击左侧工具区中的▙，在弹出的 Create Predefined Field 对话框中，Step 处选择 Initial，Types for Selected Step 处选择 Temperature，如图 10-52 所示，点击 Continue。在弹出的 Edit Predefined Field 对话框中，在 Magnitude 处输入 200，点击 OK，如图 10-53 所示。点击左侧

工具区中的,在弹出的对话框中双击 Step-1 中的 Propagated,弹出 Edit Predefined Field 对话框,将 Status 设置为 Modified,Magnitude 调整为 200,点击 OK,完成温度场的施加。

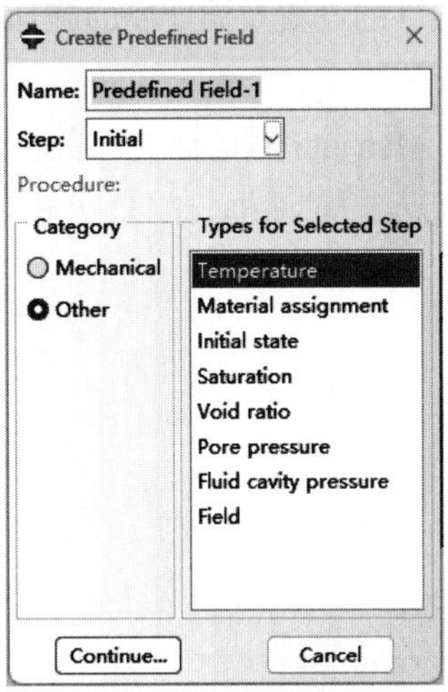

图 10-52 Create Predefined Field 对话框

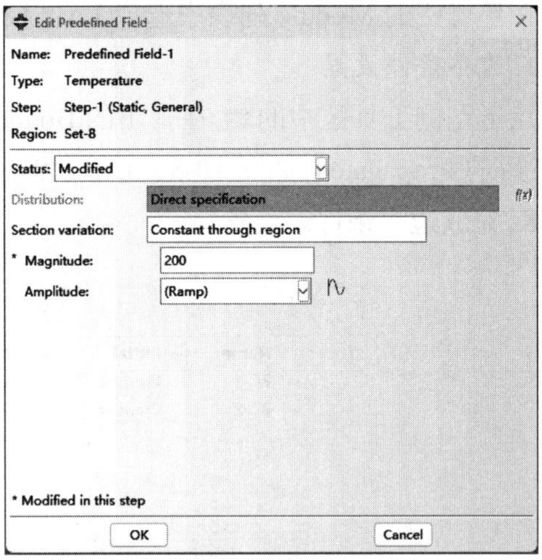

图 10-53 Edit Predefined Field 对话框

10.4.4 初始几何缺陷引入

所有结构构件在生产制造的过程中都不可避免地存在初始缺陷,这些初始缺陷会显著影响结构构件的性能,在任何数值模拟研究中都必须考虑初始缺陷对结构构件受力性能的影响[58]。本模型采用编辑关键词的方法引入初始几何缺陷。

点击菜单栏中的 Model → Edit Keywords → Model-1-Copy,如图 10-54 所示,在相应位置添加:

*IMPERFECTION, FILE=JOB-1, STEP=1

1,0.600

点击 OK。

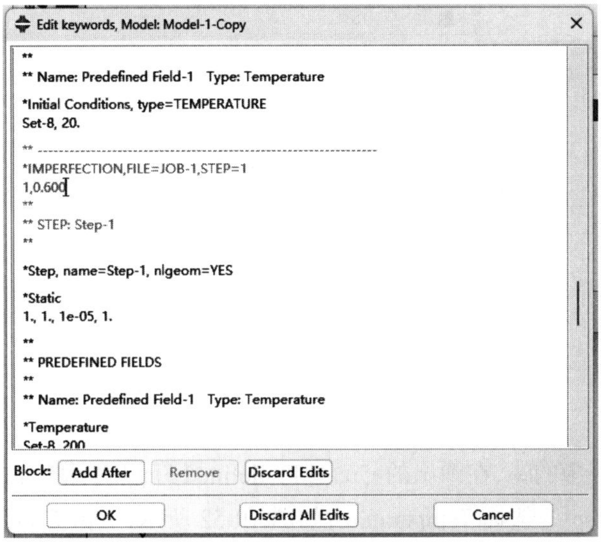

图 10-54 引入初始几何缺陷

10.4.5　提交分析作业(Job)

在环境栏的 Module 列表中选择 Job 模块进行作业的提交。

点击 → Continue,在弹出的 Edit Job 对话框中的 Parallelization 标签页下根据电脑硬件条件进行设置,如图 10-55 所示,点击 OK,再点击 Submit,即可完成该作业的提交。

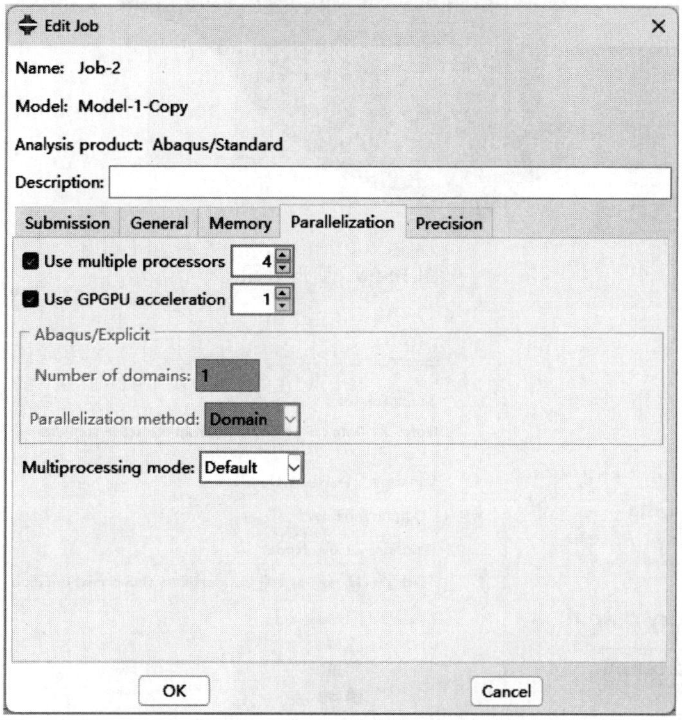

图 10-55　Edit Job 对话框

10.4.6　后处理

1. 显示变形图

点击 Results,进入分析结果模块。点击左侧工具区中的,绘图区显示变形云图,如图 10-56 所示。

2. 输出荷载-位移曲线

点击左侧工具区中的,弹出 Create XY Data 对话框,选择 ODB field output,如图 10-57 所示。点击 Continue,进入 XY Data from ODB Field Output 对话框,在 Variables 中的 Position 处选择 Unique Nodal,选择 RF3、U3 作为输出变量,即输出 Z 方向上的荷载与位移,如图 10-58 所示。在 Elements/Nodes 中点击 Node sets,选择 M_SET-1 作为输出位置,如图 10-59 所示。点击 Active Steps/Frames,弹出 Active Steps/Frames 对话框,取消勾选 Step-1,点击 OK,如图 10-60 所示。点击 Plot 绘制曲线,输出曲线如图 10-61 所示。

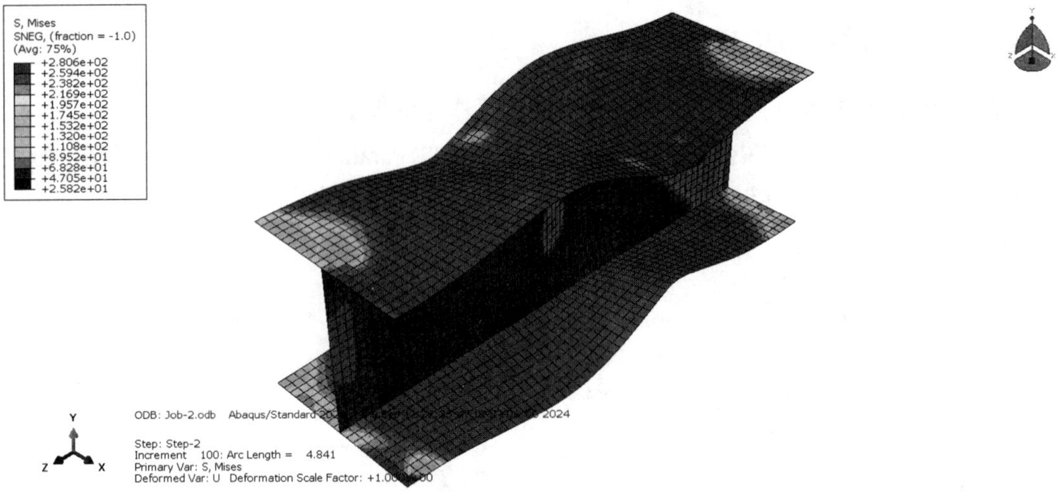

图 10-56 变形云图

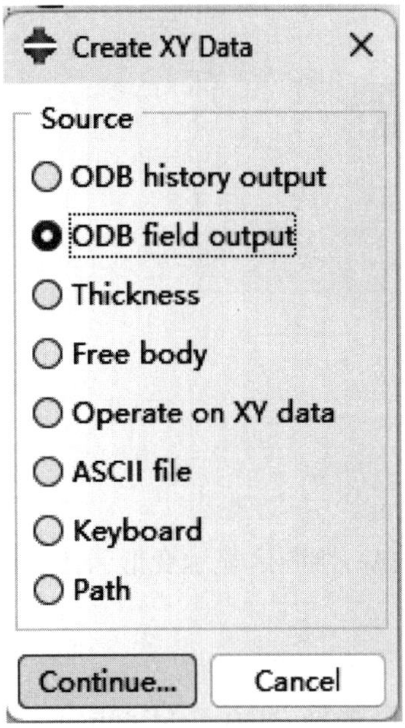

图 10-57 Create XY Data 对话框

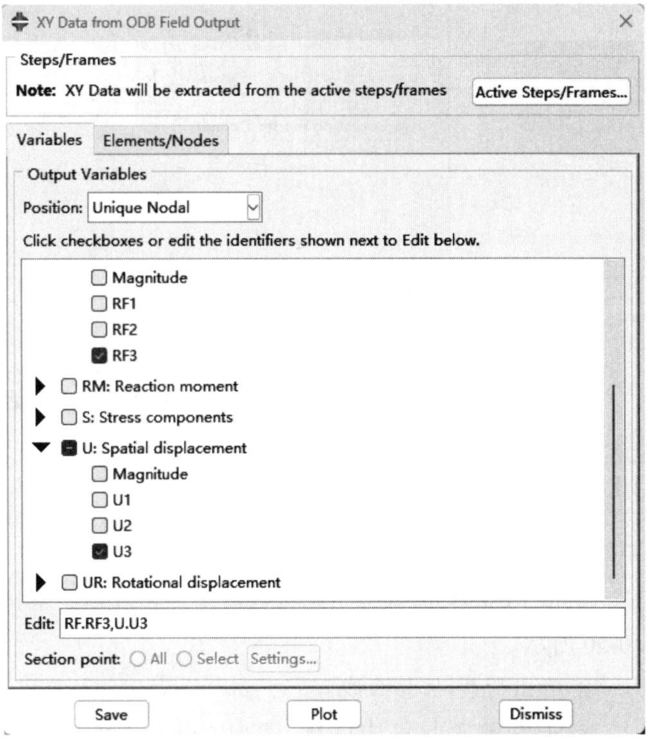

图 10-58 XY Data from ODB Field Output 对话框

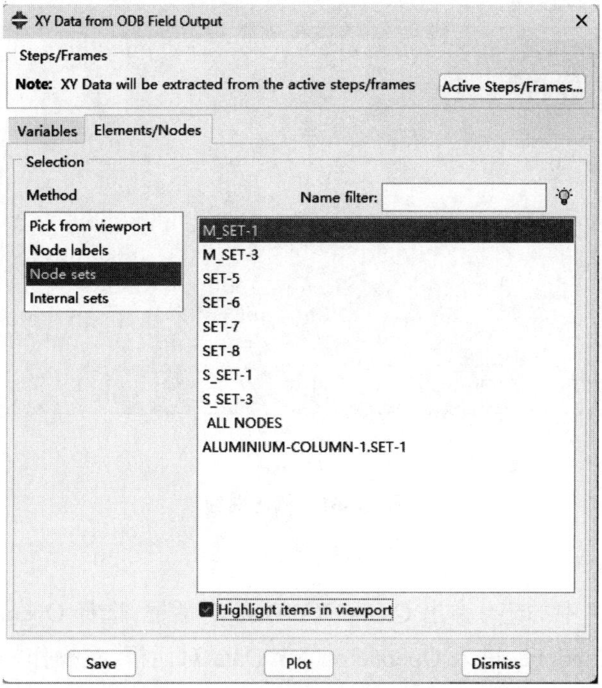

图 10-59　在 XY Data from ODB Field Output 对话框中定义输出位置

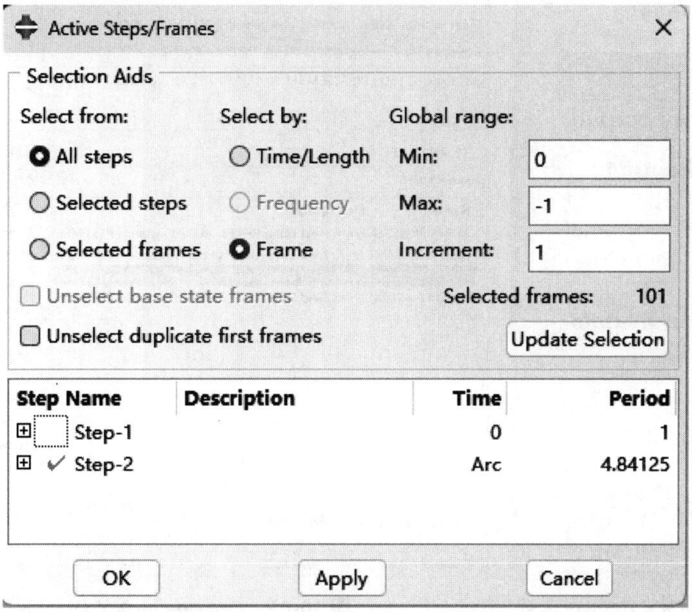

图 10-60　Active Steps/Frames 对话框

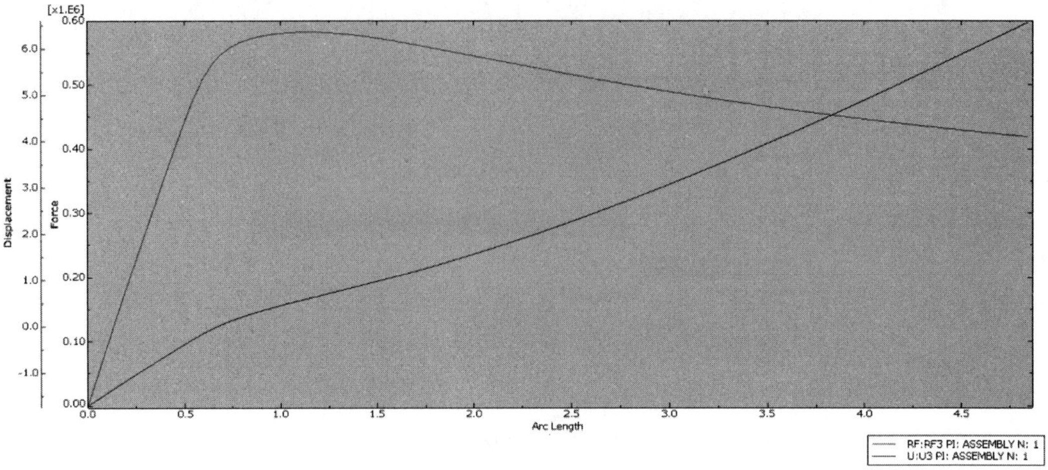

图 10-61 输出曲线

3. 整理数据

点击左侧工具区中的 ，弹出 Create XY Data 对话框，选择 Operate on XY data，如图 10-62 所示。点击 Continue，进入 Operate on XY Data 对话框，在操作框内输入表达式并选择数据，如图 10-63 所示。点击 Create XY Data，绘制整理数据后的曲线，如图 10-64 所示。

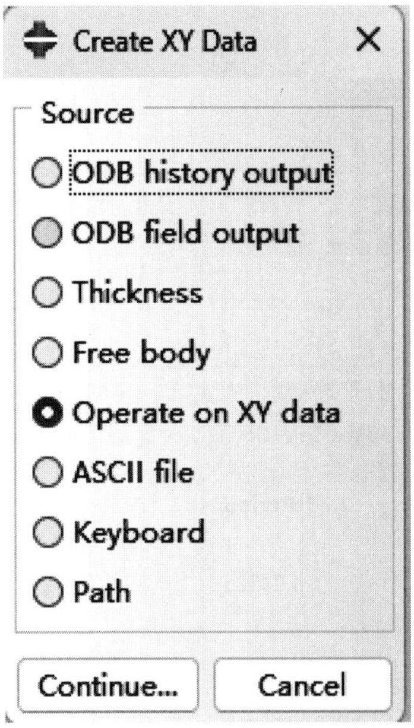

图 10-62 Create XY Data 对话框

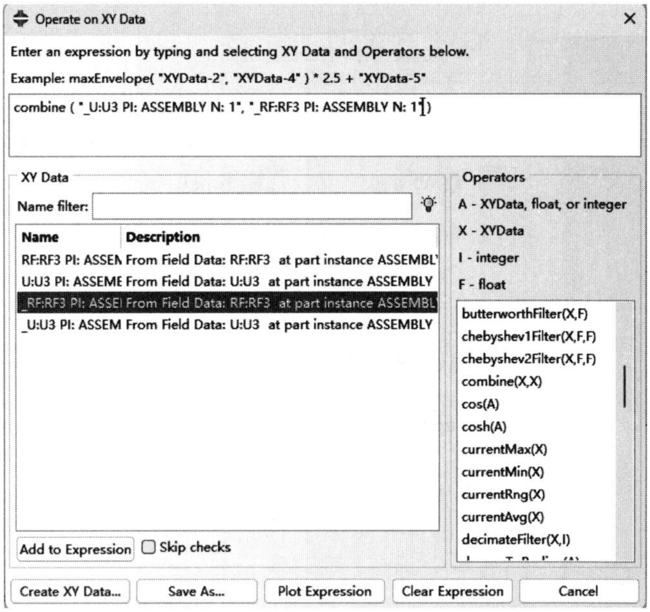

图 10-63 Operate on XY Data 对话框

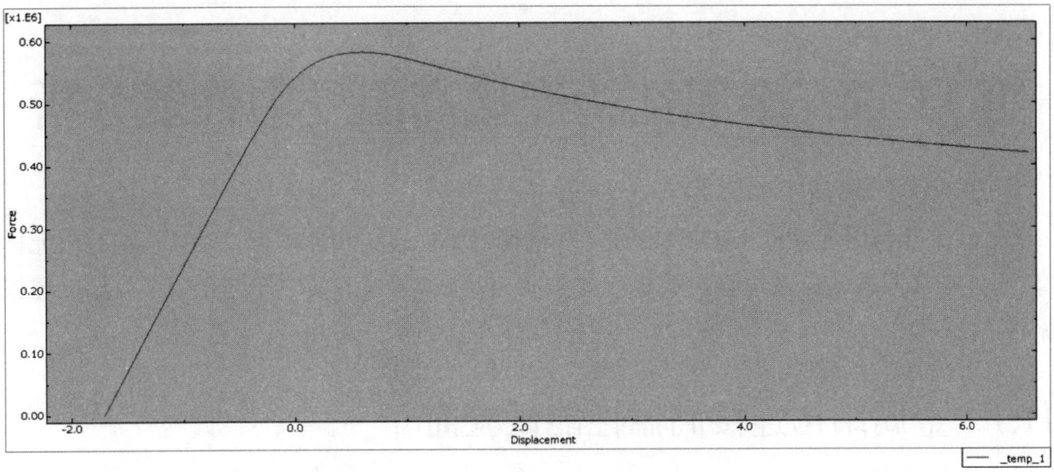

图 10-64　轴向荷载-位移曲线

10.5　小结

本章采用 ABAQUS 建立了高强铝合金短柱模型，通过在固定端约束条件下施加轴向荷载探究其局部稳定性能。铝合金短柱采用 7A04-T6 高强铝合金材料，利用高温下的两阶段 Ramberg-Osgood 方程得到高温下铝合金的应力-应变关系。通过特征值屈曲分析（Buckle）生成缺陷形状，得到一阶屈曲模态；再创建静力通用分析步（Static General）以考虑高温环境，并允许试件自由膨胀；最后创建非线性屈曲分析步（Static Riks）施加竖向荷载并引入初始缺陷，得到试件的荷载-变形响应。

第 11 章　金属结构连接高温受力性能分析

本章采用有限元软件 ABAQUS 建立环槽铆钉受剪连接和环槽铆钉受拉连接有限元模型,通过施加温度场以及位移荷载探究其承载力及破坏形态,其中详细介绍了具体的建模流程。

11.1　金属结构连接高温性能试验简介

金属结构在高温条件下的力学性能研究是工程领域中的一个重要课题,尤其是在航空航天、核能、石化、建筑等领域,这些结构在服役过程中经常暴露于高温环境中。为了保证结构的安全性和耐久性,必须了解其在高温下的连接性能及失效行为。环槽铆钉作为一种常见的紧固件,在结构件的连接中应用广泛,其在高温条件下的受力性能直接影响整个结构的承载能力和稳定性。因此,针对环槽铆钉的高温受剪和受拉性能进行试验就显得尤为必要。

受剪连接和受拉连接是金属连接中最普遍的形式。在高温环境下,材料的物理和力学性能会发生变化,如强度下降、延展性增强等,导致连接的承载能力和可靠性受到严重影响。因此,有必要在高温条件下进行环槽铆钉的受剪和受拉连接试验,研究其在不同温度下的承载力和失效模式,为结构设计提供数据支持和理论依据。

进行这两种连接方式的高温力学性能试验的目的是系统研究环槽铆钉连接在高温下的受力特性。这些研究结果不仅能够帮助工程师更好地理解和预测结构在高温下的行为,还能为制定更合理的设计规范和标准提供科学依据。特别是对于在高温环境下对结构安全性要求更高的应用场景,了解环槽铆钉受剪和受拉连接的性能至关重要。通过进行金属结构连接高温性能试验,揭示连接失效的关键因素和机制,从而提高结构的安全性和耐久性。

11.2　金属结构环槽铆钉受剪连接高温性能分析

11.2.1　金属结构环槽铆钉受剪连接详情

金属结构环槽铆钉受剪连接为双剪形式,包括两个铝合金芯板、两个铝合金盖板和两个用于连接板件的环槽铆钉,受剪连接试件组成如图 11-1 所示。试件芯板厚度为 4 mm,盖板厚度为 12 mm,芯板和盖板的铆钉孔直径为 10.5 mm。受剪连接试件的详细尺寸如图 11-2 所示。

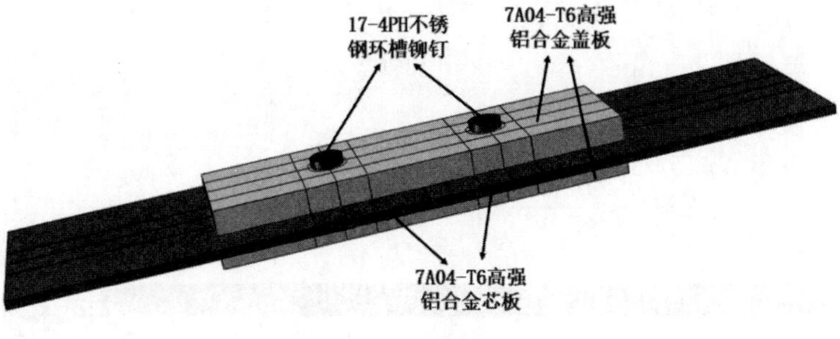

图 11-1　受剪连接试件组成

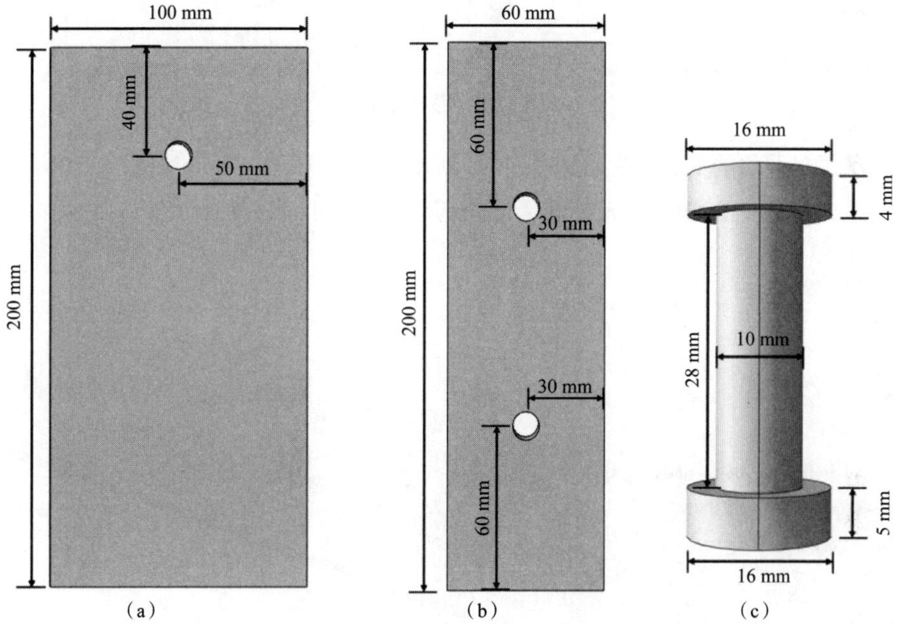

图 11-2　受剪连接试件的详细尺寸

(a)芯板　(b)盖板　(c)环槽铆钉

11.2.2　创建部件(Part)

启动 ABAQUS/CAE,在环境栏的 Module 列表中选择 Part。Part 模块用于创建分析模型的部件。

1. 芯板

点击左侧工具区中的 ,弹出 Create Part 对话框。在 Name 处输入 Inner-plate,在 Approximate size 处输入 800,点击 Continue 进入草图绘制界面,在草图界面中绘制一个长 100 mm、宽 4 mm 的矩形,然后点击鼠标中键确定,完成芯板截面的初步绘制,如图 11-3 所示。

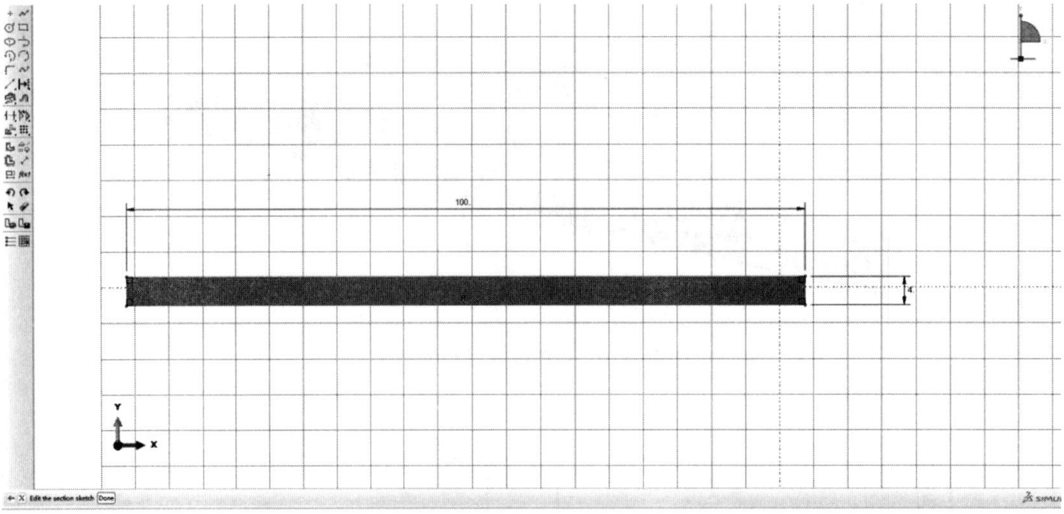

图 11-3 芯板截面

点击界面左下角的 Done，出现如图 11-4 所示的对话框，在 Depth 处输入 200，表示芯板的长度为 200 mm，点击 OK，完成芯板部件的初步创建，如图 11-5 所示。

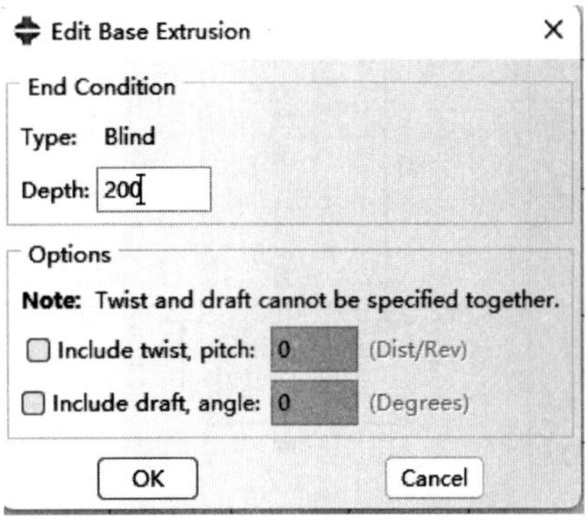

图 11-4 Edit Base Extrusion 对话框

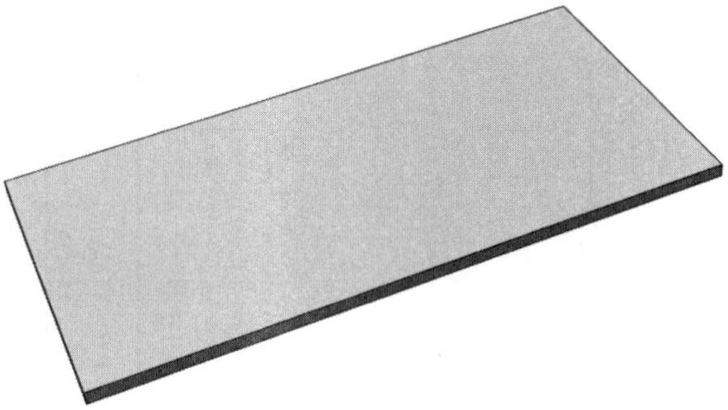

图 11-5 芯板初步建模

接着在芯板模型上创建铆钉孔。用鼠标左键长按左侧工具区中的（切除），点击展开的（打孔），随后点击左下角的 Through All，选择芯板的顶面，如图 11-6 所示，点击 OK。根据提示 Select the first edge from which to locate the hole 和图 11-2 中铆钉孔的位置，先选中图 11-6 中的边 1，输入 40，点击鼠标中键确定；根据提示 Select the second edge from which to locate the hole 选中图 11-6 中的边 2，输入 50，点击鼠标中键确定。在出现的对话框 Diameter: 10.5 中输入 10.5，点击鼠标中键确定，完成芯板模型的建立，如图 11-7 所示。

为方便后续对芯板部件进行结构化网格划分，需要对部件进行拆分。长按左侧工具区中的（部件拆分），使用其中的拆分工具对部件进行拆分，拆分后的芯板如图 11-8 所示，黑线为拆分线。

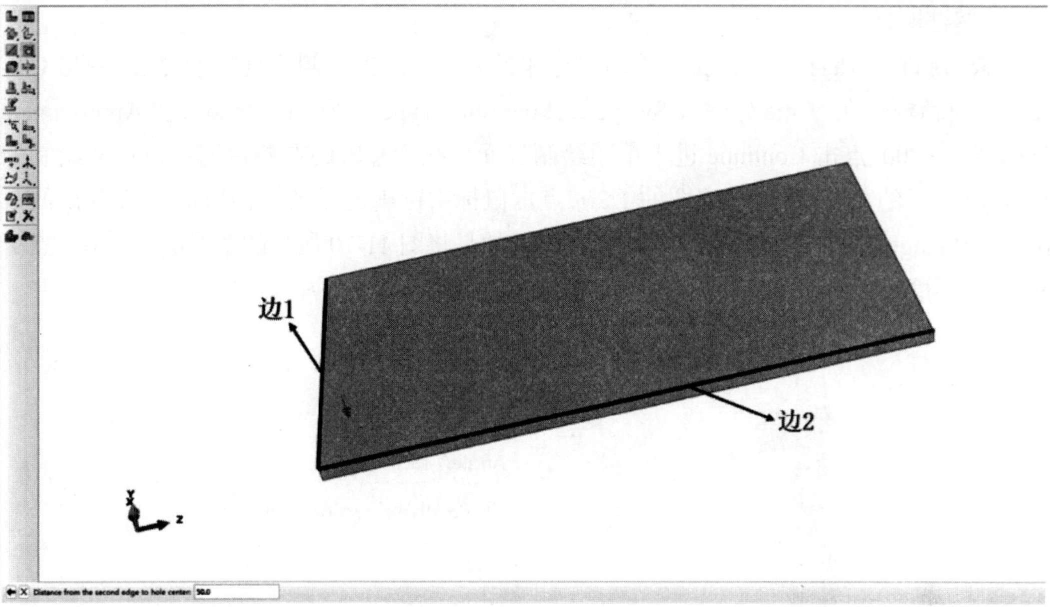

图 11-6　铆钉孔位置确定

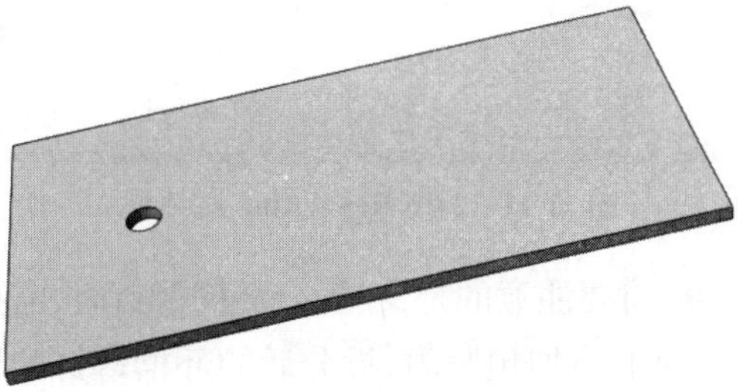

图 11-7　芯板三维模型

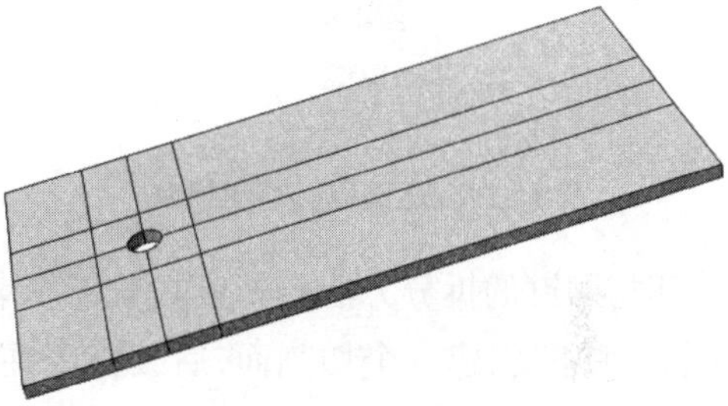

图 11-8　拆分后的芯板

2. 盖板

盖板(Outer-plate)的建模方法和拆分方法与芯板基本一致,此处不再赘述。拆分后的盖板如图 11-9 所示。

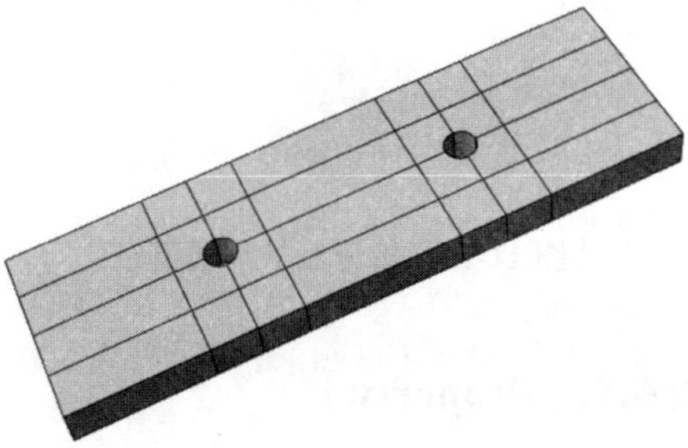

图 11-9　拆分后的盖板

3. 环槽铆钉

环槽铆钉(Swage-locking pin)采用简化建模方法。点击左侧工具区中的,弹出 Create Part 对话框。在 Name 处输入 Swage-locking pin, Type 选择 Revolution,在 Approximate size 处输入 100,点击 Continue 进入草图绘制界面。在旋转轴的右侧根据铆钉尺寸绘制如图 11-10 所示的草图(铆钉正视图的 1/2),点击鼠标中键确定,随后点击 Done,在弹出的对话框中的 Angle 处输入 360,如图 11-11 所示,目的是将图 11-10 所示的草图旋转 360°,点击 OK 完成环槽铆钉的建模。

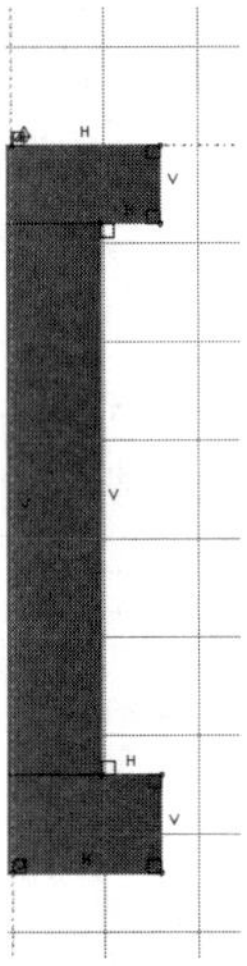

图 11-10 环槽铆钉草图绘制

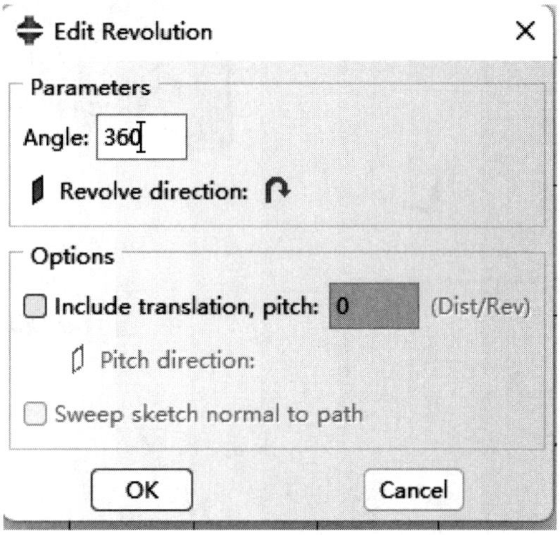

图 11-11 Edit Revolution 对话框

环槽铆钉的拆分方法与芯板和盖板基本一致,需要注意的是,在拆分环槽铆钉时,需要在铆钉杆中间创建一个切割面,后续需要在此截面上施加预紧力,拆分后的环槽铆钉如图 11-12 所示。

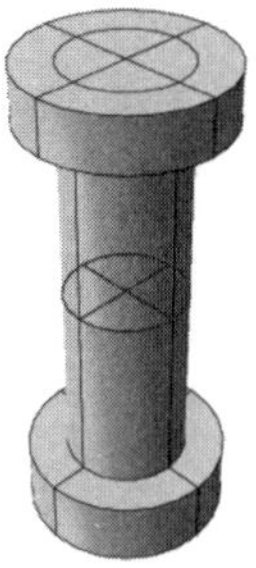

图 11-12 拆分后的环槽铆钉

11.2.3 设置材料和截面属性(Property)

在环境栏的 Module 列表中选择 Property,进入 Property 模块。在 Property 模块中可以设置材料和截面属性。材料属性的设置方法与 5.3.2 节基本一致。对于高温力学性能试验,输入的材料参数需要与温度相关,即选中 ☑ Use temperature-dependent data 。 本模型需要为材料输入弹性、塑性以及热膨胀系数相关参数。本模型输入的铝合金和不锈钢材料参数如图 11-13 和图 11-14 及表 11-1 至表 11-3 所示。其中，对芯板和盖板赋予铝合金材料属性，对环槽铆钉赋予不锈钢材料属性。

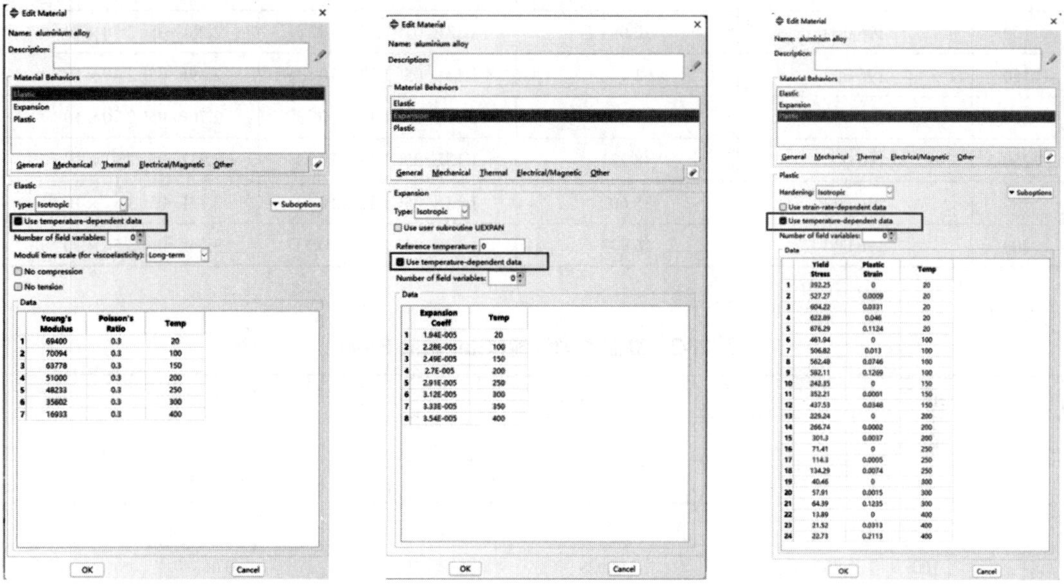

（a）　（b）　（c）

图 11-13　铝合金材料属性

（a）弹性属性　（b）膨胀属性　（c）塑性属性

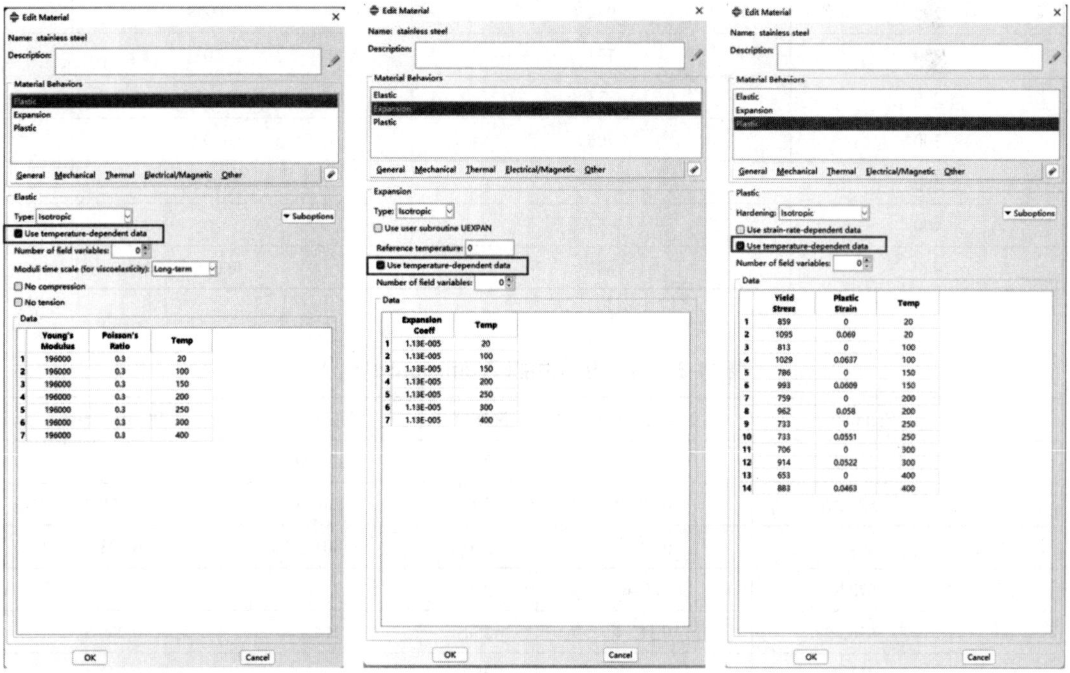

（a）　（b）　（c）

图 11-14　不锈钢材料属性

（a）弹性属性　（b）膨胀属性　（c）塑性属性

表 11-1 高温力学性能(Young's Modulus 和 Expansion Coeff)

温度/℃	Young's Modulus/MPa		Expansion Coeff	
	Stainless Steel	Aluminium alloy	Stainless Steel	Aluminium alloy
20	196 000	69 400	1.13E-05(1.13×10^{-5})	1.94E-05(1.94×10^{-5})
100	196 000	70 094	1.13E-05(1.13×10^{-5})	2.28E-05(2.28×10^{-5})
150	196 000	63 778	1.13E-05(1.13×10^{-5})	2.49E-05(2.49×10^{-5})
200	196 000	51 000	1.13E-05(1.13×10^{-5})	2.70E-05(2.70×10^{-5})
250	196 000	48 233	1.13E-05(1.13×10^{-5})	2.91E-05(2.91×10^{-5})
300	196 000	35 602	1.13E-05(1.13×10^{-5})	3.12E-05(3.12×10^{-5})
400	196 000	16 933	1.13E-05(1.13×10^{-5})	3.54E-05(3.54×10^{-5})

表 11-2 高温力学性能(Stainless Steel)

温度/℃	Yield Stress	Plastic Strain
20	859	0
20	1 095	0.069
100	813	0
100	1 029	0.063 7
150	786	0
150	993	0.060 9
200	759	0
200	962	0.058
250	733	0
250	733	0.055 1
300	706	0
300	914	0.052 2
400	653	0
400	883	0.046 3

表 11-3 高温力学性能(Aluminium alloy)

温度/℃	Yield Stress	Plastic Strain	温度/℃	Yield Stress	Plastic Strain
20	392.25	0	200	229.24	0
20	527.27	0.000 9	200	266.74	0.000 2
20	604.22	0.033 1	200	301.3	0.003 7
20	622.89	0.046	250	71.41	0
20	676.29	0.112 4	250	114.3	0.000 5
100	461.94	0	250	134.29	0.007 4
100	506.82	0.013	300	40.46	0

续表

温度/℃	Yield Stress	Plastic Strain	温度/℃	Yield Stress	Plastic Strain
100	562.48	0.074 6	300	57.91	0.001 5
100	582.11	0.126 9	300	64.39	0.123 5
150	242.35	0	400	13.89	0
150	352.21	0.000 1	400	21.52	0.031 3
150	437.53	0.034 8	400	22.73	0.211 3

11.2.4　定义装配件(Assembly)

在环境栏的 Module 列表中选择 Assembly，进入 Assembly 模块。在 Assembly 模块中可以将各个部件组装为整体模型。

点击左侧工具区中的，弹出 Create Instance 对话框。选择 Inner-plate、Outer-plate、Swage-locking pin，然后点击 OK。以上部件各需要两个，重复上述步骤即可。随后参照图 11-1 所示的部件位置，用左侧工具区中的装配工具(图 11-15)移动各个部件，最终完成装配。装配完成的模型如图 11-1 所示。

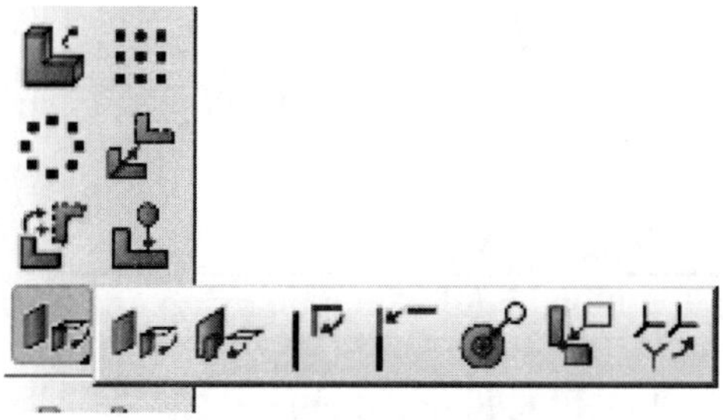

图 11-15　装配工具

11.2.5　设置分析步(Step)

在环境栏的 Module 列表中选择 Step，进入 Step 模块。在 Step 模块中可以设置分析步和变量输出要求。

分析步的详细设置步骤参见 5.3.4 节。对于金属结构环槽铆钉受剪连接高温性能试验，共需设置 3 个分析步，第 1 步对环槽铆钉施加预紧力，第 2 步对受剪连接施加温度场，第 3 步对受剪连接施加位移荷载。3 个分析步的 Basic 和 Incrementation 标签页按图 11-16 进行设置。

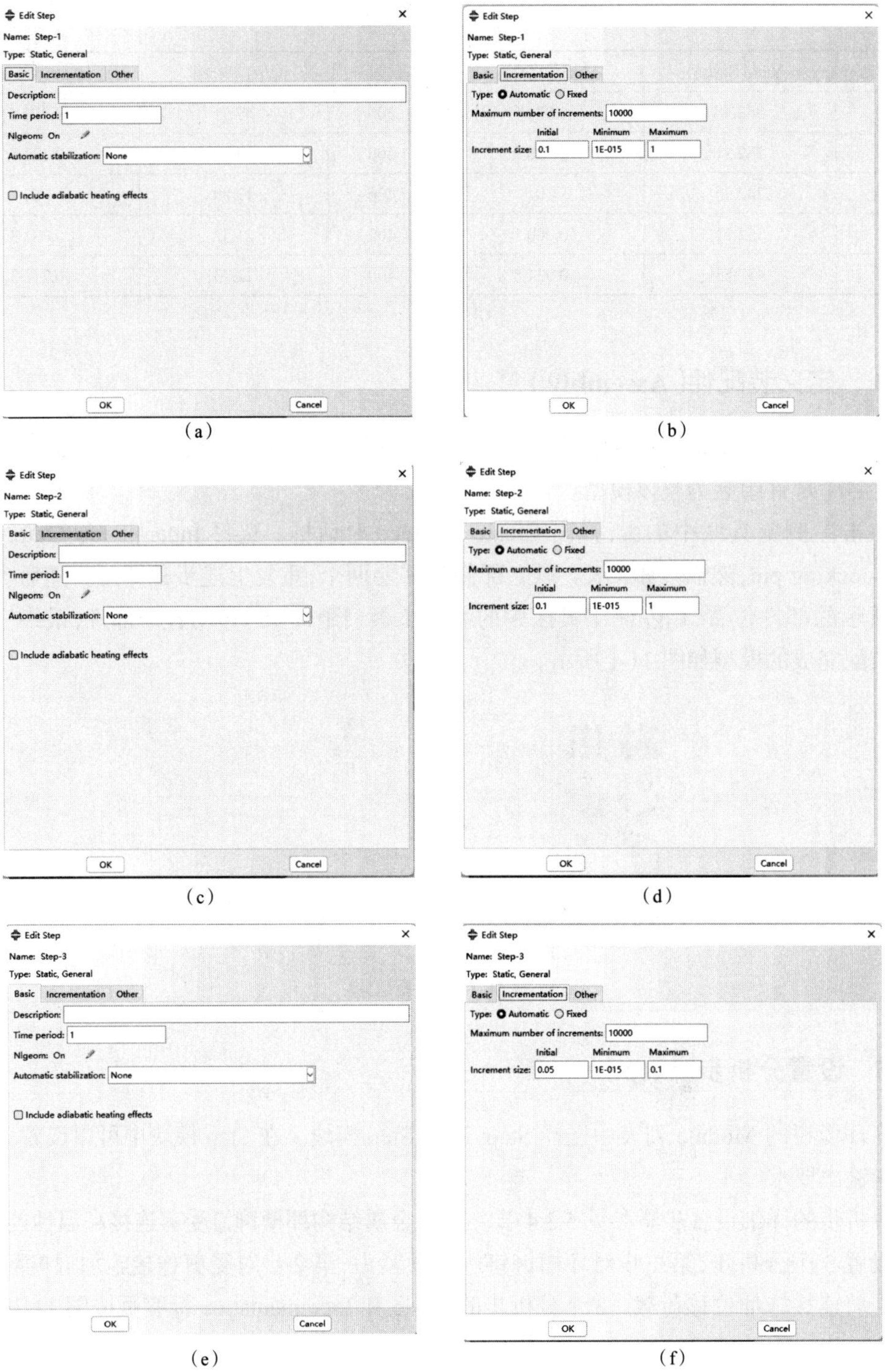

图 11-16 分析步设置情况

(a)分析步 1 设置情况 -Basic (b)分析步 1 设置情况 -Incrementation (c)分析步 2 设置情况 -Basic (d)分析步 2 设置情况 -Incrementation (e)分析步 3 设置情况 -Basic (f)分析步 3 设置情况 -Incrementation

11.2.6 定义相互作用(Interaction)

在环境栏的 Module 列表中选择 Interaction，进入 Interaction 模块。在 Interaction 模块中可以设置模型中各部件的相互作用和约束。

首先设置参考点与耦合约束。参考点的创建以及耦合约束的施加方法详见 5.3.5 节。与之不同的是，本模型创建参考点时不输入参考点坐标，而是直接在视图中选取，然后点击鼠标中键确认。参考点设置在芯板端部截面的中心位置，耦合面为芯板端部截面。耦合约束设置情况如图 11-17 所示。最后点击界面最上方的 Tools → Set → Create，将参考点 RP-1 设置为集。

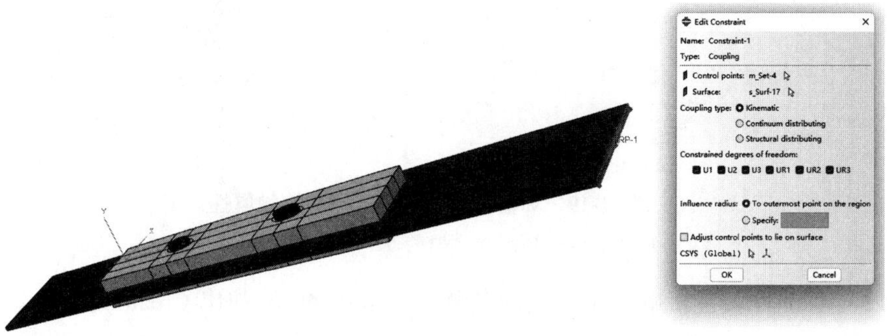

图 11-17 耦合约束设置情况

通过定义接触行为模拟受剪连接芯板和盖板以及环槽铆钉和板件之间的相互作用。接触属性的设置方法与 5.3.5 节一致，具体参数如图 11-18 和图 11-19 所示。需要注意的是，对于此受剪连接，芯板与盖板之间的摩擦系数设置为 0.133，环槽铆钉与板件之间的摩擦系数设置为 0.3。

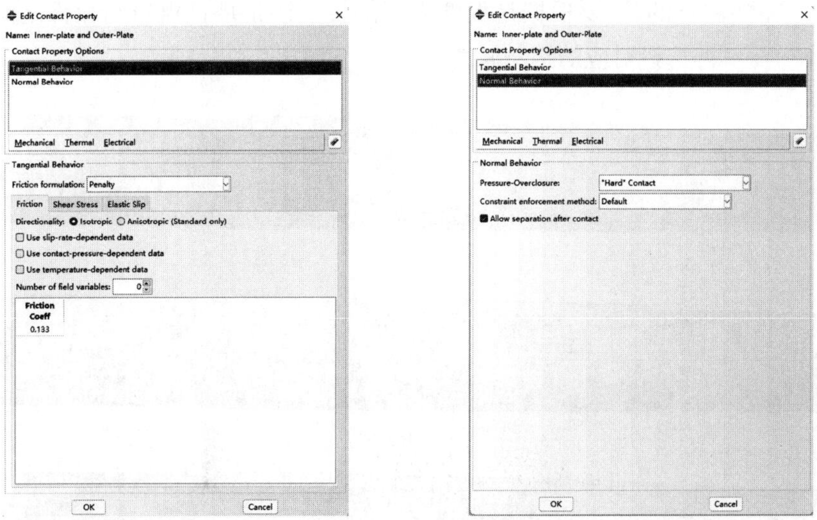

(a) (b)

图 11-18 芯板和盖板之间的接触属性

(a)Tangential Behavior 选项 (b)Normal Behavior 选项

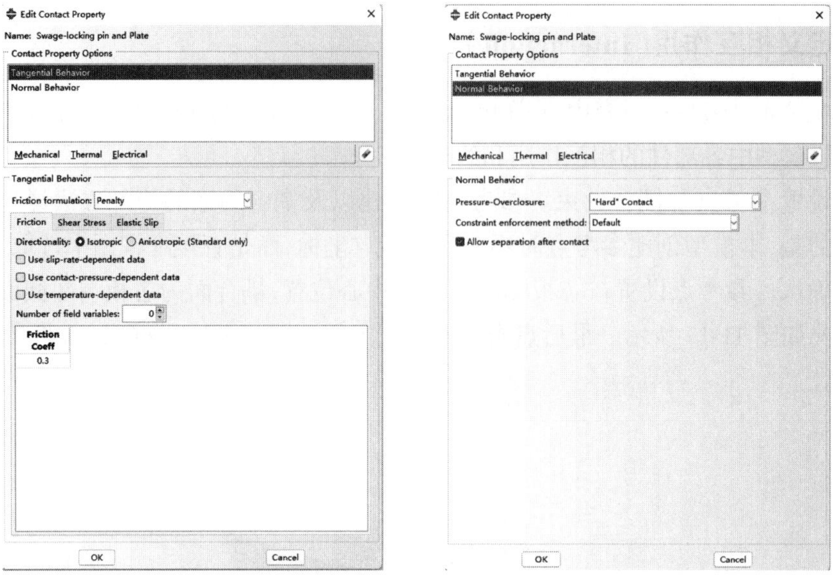

（a） （b）

图 11-19 环槽铆钉和板件之间的接触属性

（a）Tangential Behavior 选项 （b）Normal Behavior 选项

然后对各部件设置接触关系。点击左侧工具区中的 ，弹出 Create Interaction 对话框。在 Name 处输入接触名称，Types for Selected Step 选择 Surface-to-surface contact(Standard)，点击 Continue，依次选择 Master surface:和 Slave surface:。在本模型中，共需设置 8 个接触关系，如图 11-20 所示。其中包括顶部盖板上部与环槽铆钉钉帽下部之间的接触，右侧芯板上部与顶部盖板下部之间的接触，左侧芯板上部与顶部盖板下部之间的接触，右侧芯板下部与底部盖板上部之间的接触，左侧芯板下部与底部盖板上部之间的接触，底部盖板下部与环槽铆钉钉尾上部之间的接触，以及环槽铆钉钉杆与板孔之间的接触，接触关系的具体设置如图 11-21 所示。需要注意的是，要根据是板件之间的接触还是环槽铆钉与板件之间的接触在 Contact interaction property: 处选择对应的接触属性。

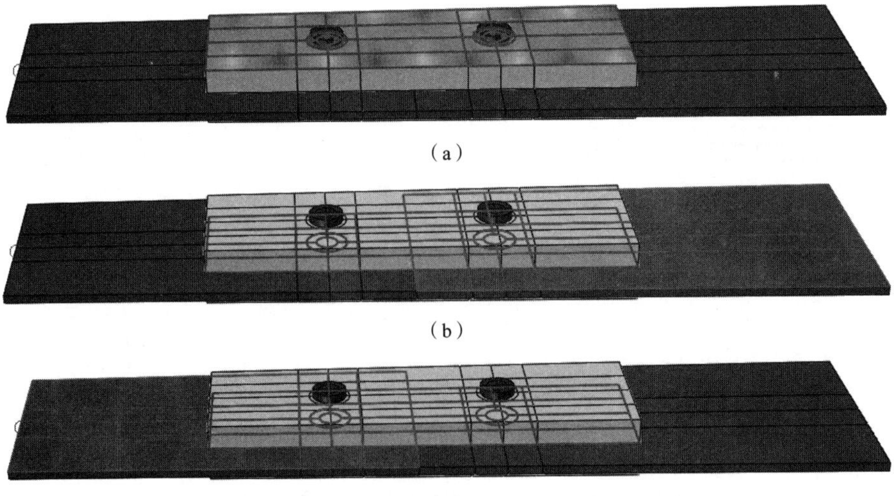

（a）

（b）

（c）

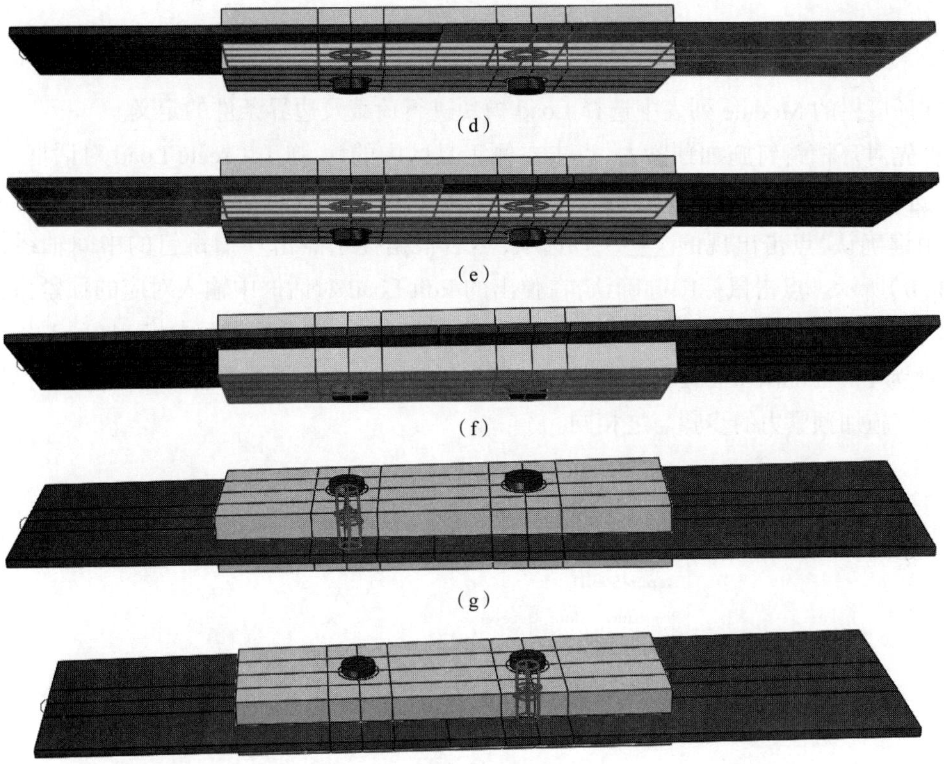

（d）

（e）

（f）

（g）

（h）

图 11-20　受剪连接各面接触关系

（a）顶部盖板上部与环槽铆钉钉帽下部之间的接触　（b）右侧芯板上部与顶部盖板下部之间的接触
（c）左侧芯板上部与顶部盖板下部之间的接触　（d）右侧芯板下部与底部盖板上部之间的接触
（e）左侧芯板下部与底部盖板上部之间的接触　（f）底部盖板下部与环槽铆钉钉尾上部之间的接触
（g）左侧环槽铆钉钉杆与板孔之间的接触　（h）右侧环槽铆钉钉杆与板孔之间的接触

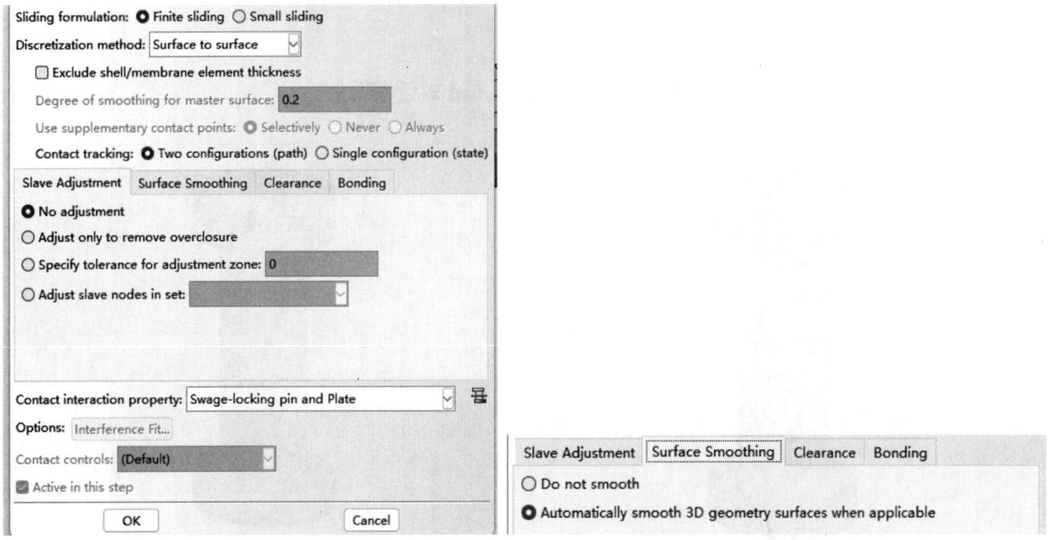

（a）　（b）

图 11-21　受剪连接接触关系设置情况

（a）Slave Adjustment 标签页　（b）Surface Smoothing 标签页

11.2.7 定义荷载和边界条件(Load)

在环境栏的 Module 列表中选择 Load 模块进行荷载及边界条件的定义。

首先对环槽铆钉施加预紧力，点击左侧工具区中的⊔，弹出 Create Load 对话框。按图 11-22 进行设置，点击 Continue。然后选择环槽铆钉的中间截面，如图 11-23(a)所示。点击鼠标中键确认，点击出现的 Brown 选项，然后根据提示点击环槽铆钉的中间轴线，如图 11-23(b)所示。点击鼠标中键确认，在弹出的 Edit Load 对话框中输入对应的预紧力，如图 11-24 所示。然后点击 Step-2 下方的 Propagated，在 Edit Load 对话框中将 Method 由 Apply force 改为 Fix at current length，如图 11-25 所示。Step-3 的预紧力类型无须更改。对另一个环槽铆钉施加预紧力的步骤与之相同。

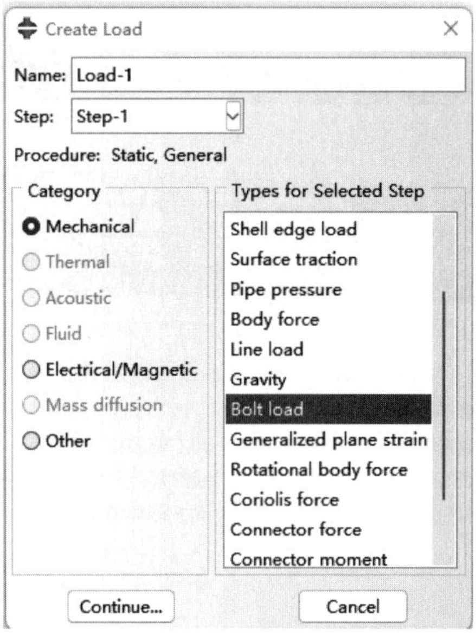

图 11-22 Create Load 对话框

(a) (b)

图 11-23 环槽铆钉预紧力施加示意

(a)施加截面 (b)施加轴线

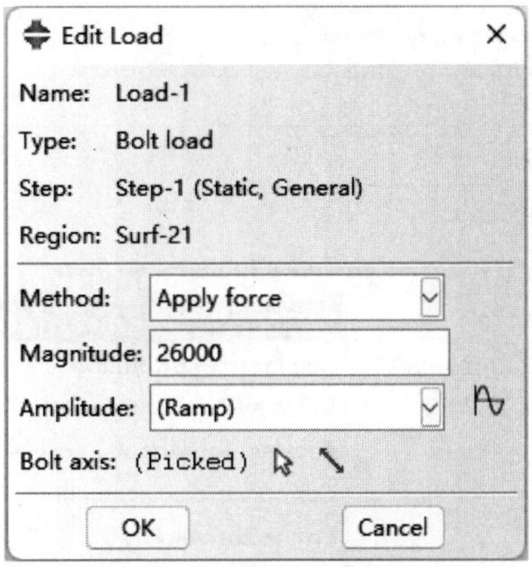

图 11-24 环槽铆钉预紧力数值

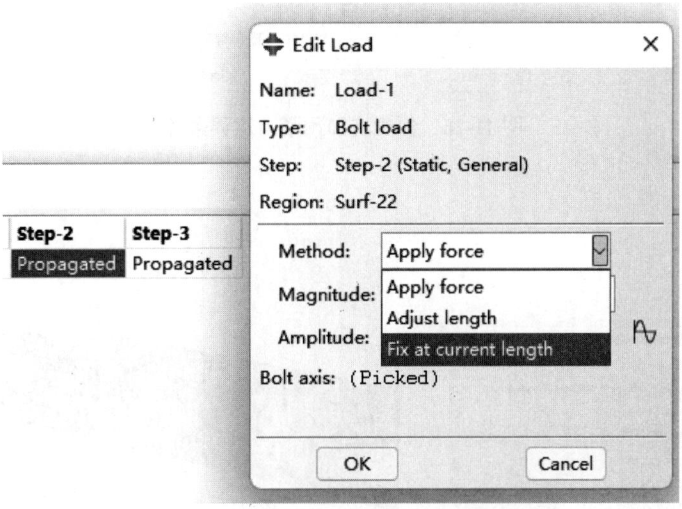

图 11-25 环槽铆钉预紧力类型更改

点击左侧工具区中的 ，弹出 Create Boundary Condition 对话框，按图 11-26 进行设置，点击 Continue，选择受剪连接芯板左侧端部，施加固定约束，如图 11-27 所示，点击鼠标中键确定。需要注意的是，Step-2 下方需选中此约束，然后点击 Create Boundary Condition 对话框右边缘的 Deactivate，目的是在第 2 个分析步取消此边界条件，因为第 2 个分析步是对受剪连接试件施加温度场，需要允许试件自由膨胀。在试验时，采用试验机的上夹头夹紧试件，下夹头松开的方式允许试件自由膨胀。建模时，在第 2 个分析步创建模拟试验工况的边界条件，对 11.2.6 节中的 RP-1 施加固定约束，施加方式同上，如图 11-28 所示。此外，Step-3 下方需选中此约束，然后点击 Create Boundary Condition 对话框右边缘的 Deactivate，目的是在第 3 个分析步取消此边界条件，因为第 3 个分析步是对受剪连接试件施加位移荷载，此边界条件在第 3 个分析步不再需要。

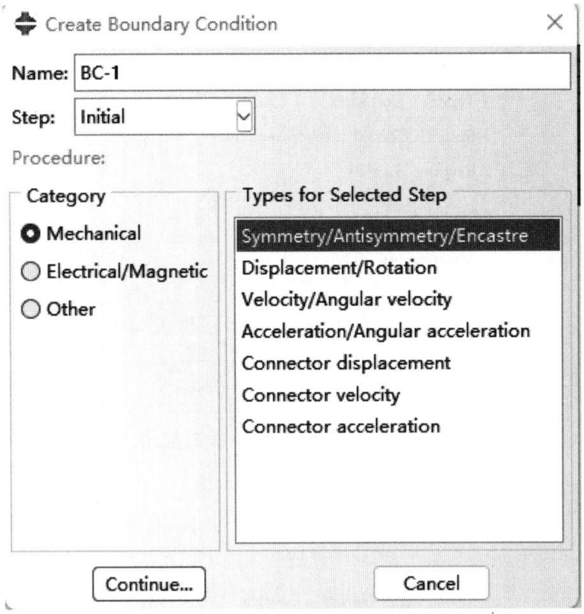

图 11-26　创建施加预紧力边界条件

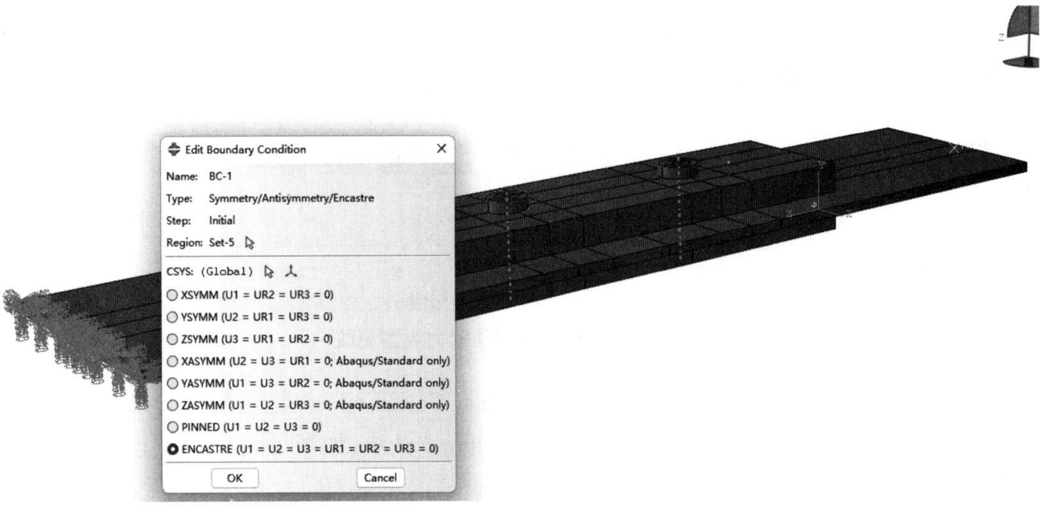

图 11-27　预紧力边界条件

随后对第 3 个分析步定义边界条件，首先定义与第 1 个分析步相同的边界条件，定义步骤相同，只需将图 11-26 中的 Step 处设为 Step-3，其余参数保持默认设置，如图 11-29 所示。然后施加位移荷载，按图 11-30 进行设置，随后对 RP-1 施加 −15 mm 的位移边界条件，如图 11-31 所示。3 个分析步边界条件的整体情况如图 11-32 所示。

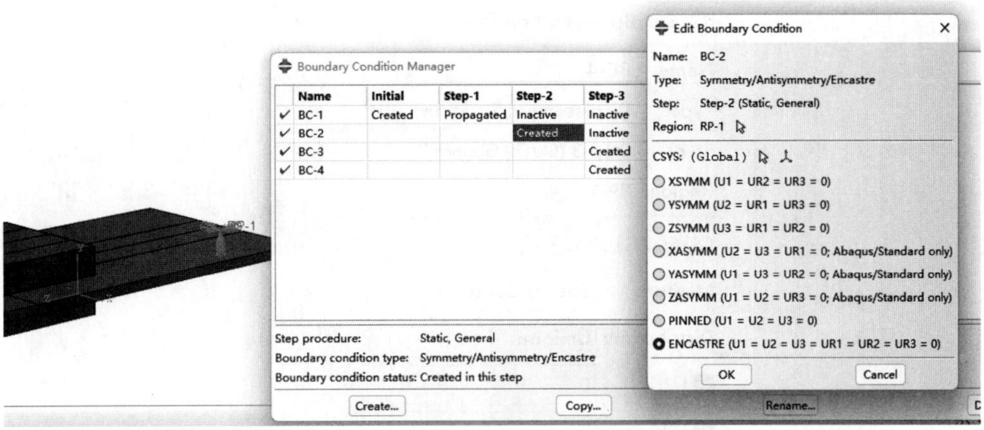

图 11-28　创建施加温度场边界条件

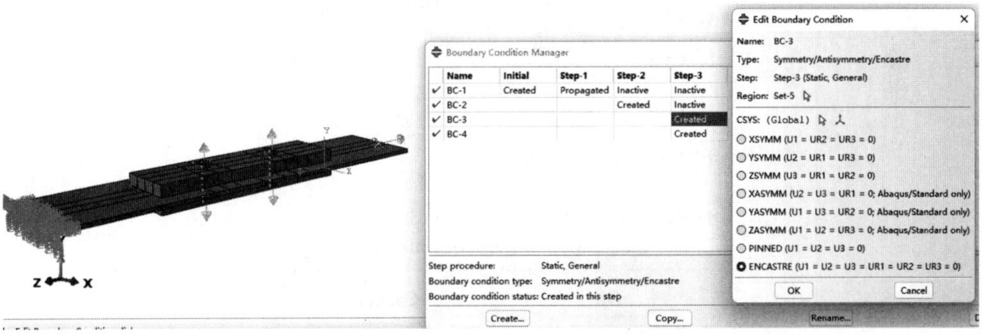

图 11-29　位移荷载固定约束边界条件

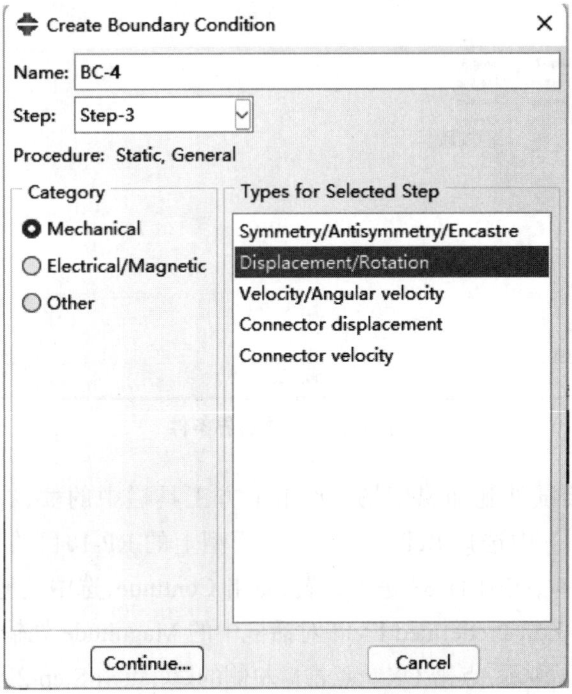

图 11-30　创建位移荷载边界条件

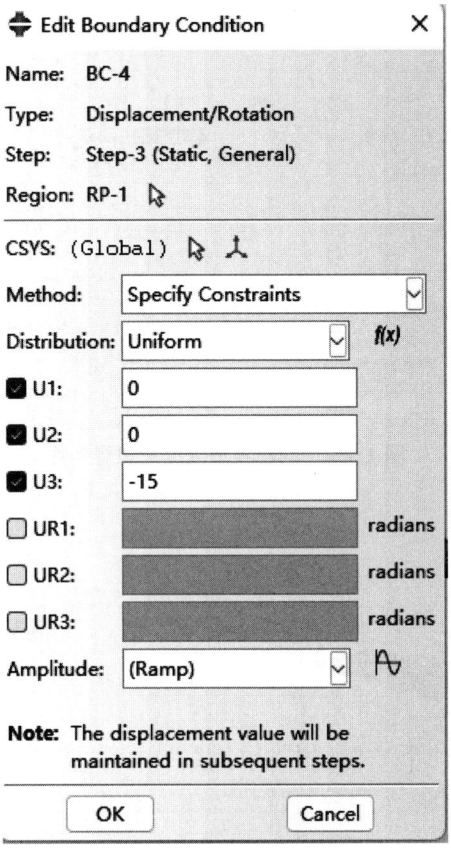

图 11-31　位移荷载数值

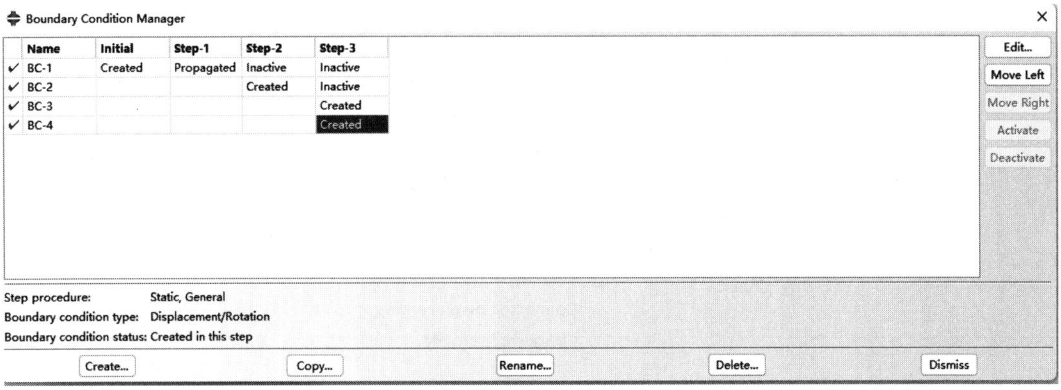

图 11-32　整体边界条件

最后对受剪连接试件施加温度场。点击上方工具栏中的 ，在下方弹出的对话框 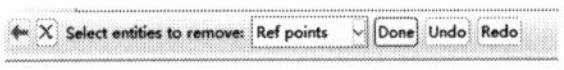 中选择 Ref points，点击模型上的 RP-1，目的是隐藏参考点 RP-1。点击左侧工具区中的 ，按图 11-33 进行设置，点击 Continue，选中受剪连接模型，点击鼠标中键确定。在弹出的 Edit Predefined Field 对话框中的 Magnitude 处输入 20，表示初始温度场是 20 ℃，如图 11-34 所示，点击 OK。点击 左侧的 ，点击 Step-2 下方的 Propagated，在

弹出的 Edit Predefined Field 对话框中将 Status 设为 Modified，在 Magnitude 处输入 200，表明此受剪连接的热处理温度以及第 3 步的拉伸温度是 200 ℃，如图 11-35 所示，点击 OK。

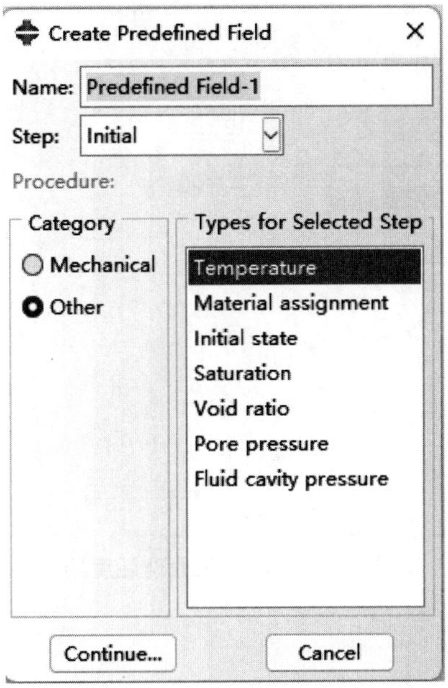

图 11-33　Create Predefined Field 对话框

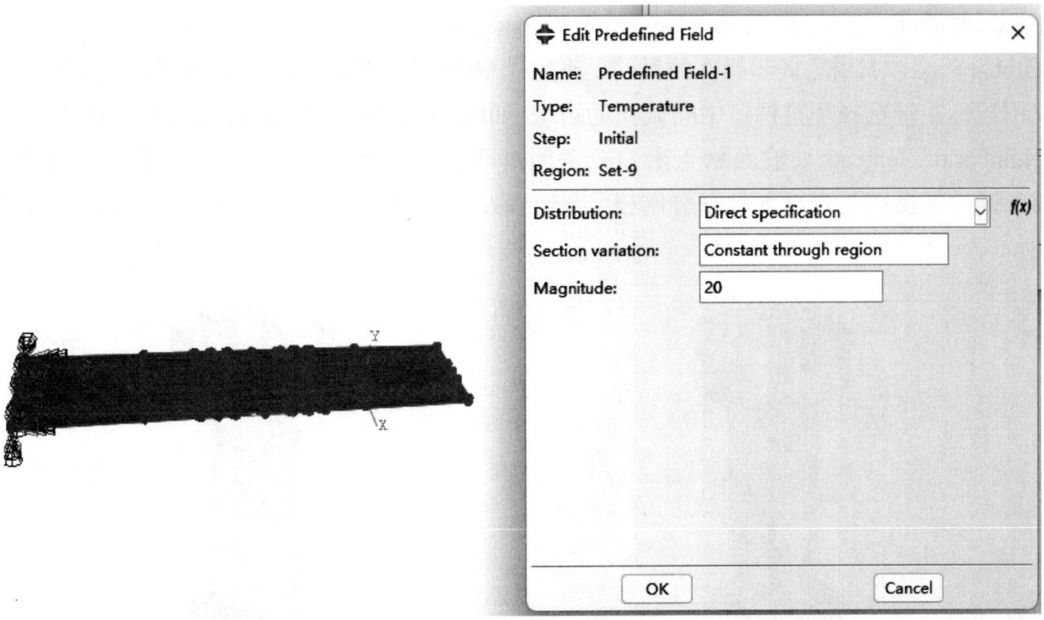

图 11-34　施加初始温度场

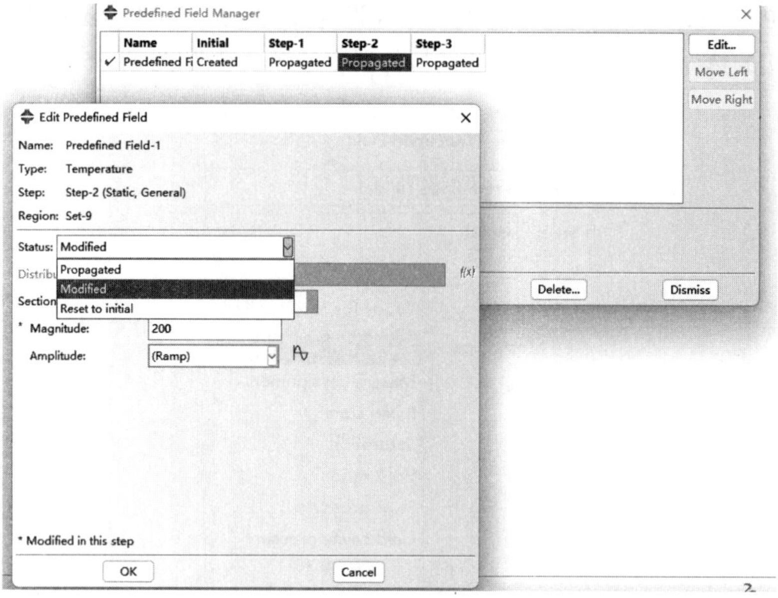

图 11-35 施加热处理温度场

11.2.8 划分网格(Mesh)

在环境栏的 Module 列表中选择 Mesh 模块进行网格的划分。

首先对环槽铆钉划分网格。点击左侧工具区中的，用鼠标左键框选模型，弹出 Global Seeds 对话框，在 Approximate global size 处输入 1.4，其余参数保持默认设置，点击 OK，关闭 Global Seeds 对话框，此步操作的目的是确定模型的整体网格尺寸。点击左侧工具区中的，用鼠标左键选择环槽铆钉中间截面的边缘，如图 11-36 所示，弹出 Local Seeds 对话框，在 Number of elements 处输入 8，点击 OK，关闭对话框，完成局部布种。点击左侧工具区中的，提示区提示是否给部件划分网格，点击 Yes，自动划分网格。环槽铆钉网格如图 11-37 所示。

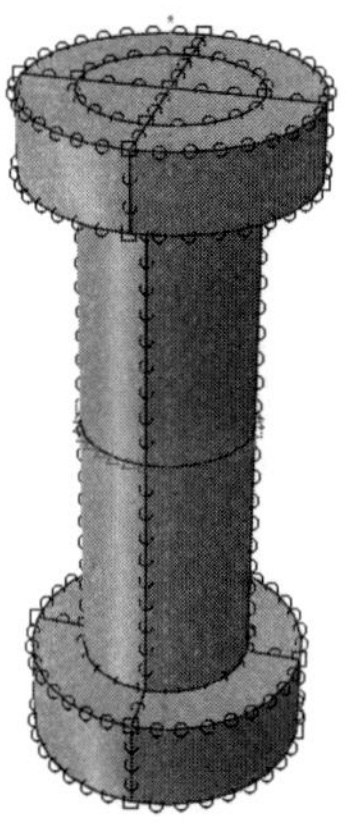

图 11-36 环槽铆钉布种

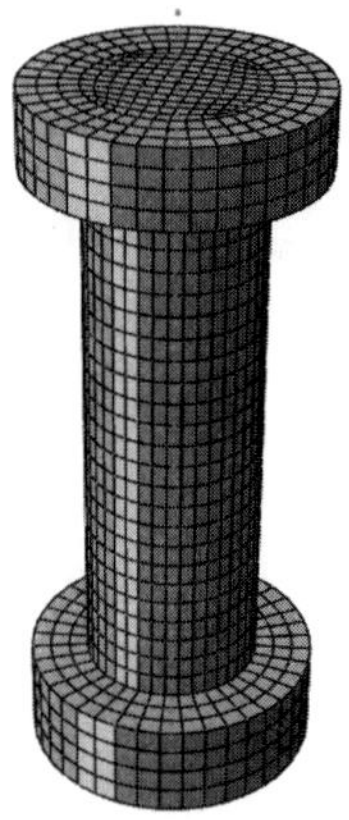

图 11-37 环槽铆钉网格

然后对芯板和盖板划分网格。划分方法与环槽铆钉基本一致，整体网格尺寸为 20。局部布种时，铆钉孔四周的 4 条边各布置 16 个种，铆钉孔的 4 个圆弧边各布置 8 个种，芯板厚度方向布置 2 个种，盖板厚度方向布置 4 个种，如图 11-38 所示。芯板和盖板网格如图 11-39 所示。

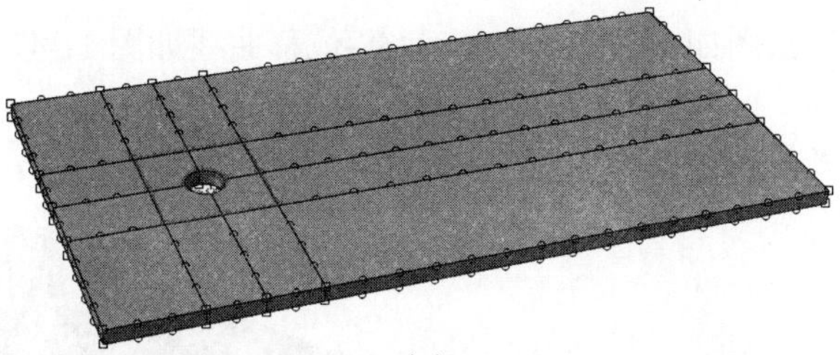

（a）

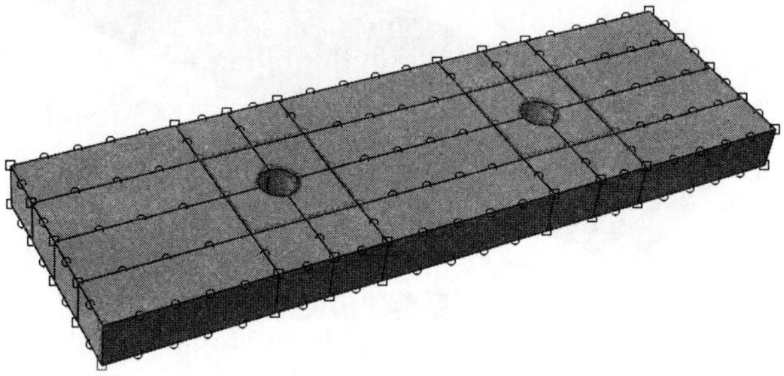

（b）

图 11-38　芯板和盖板布种

（a）芯板　（b）盖板

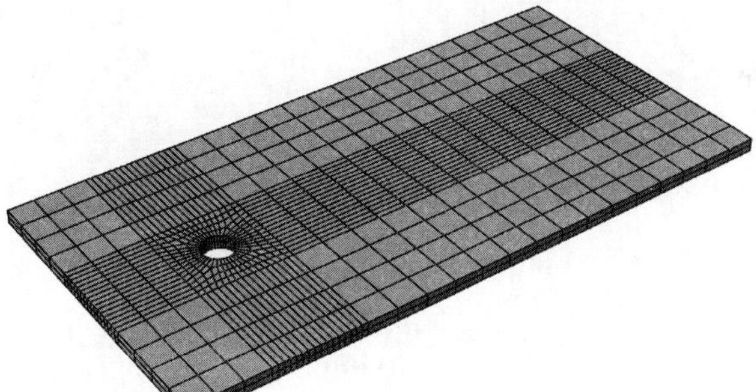

（a）

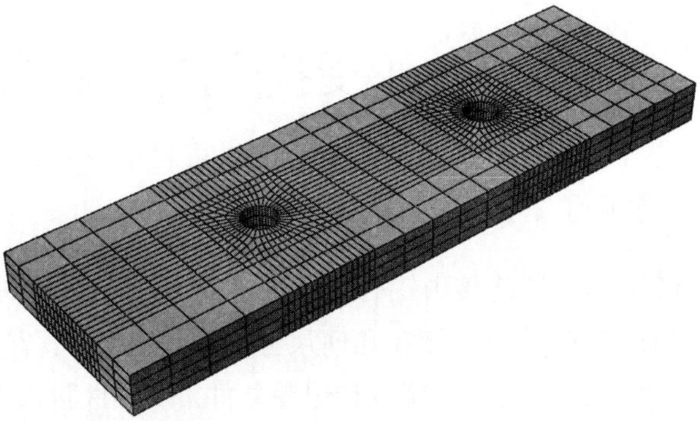

（b）

图 11-39　芯板和盖板网格

（a）芯板　（b）盖板

11.2.9 提交作业与后处理(Job 与 Visualization)

提交作业与后处理的步骤与 5.5 节相同。

后处理得到的变形云图如图 11-40 所示,荷载-位移曲线如图 11-41 所示。

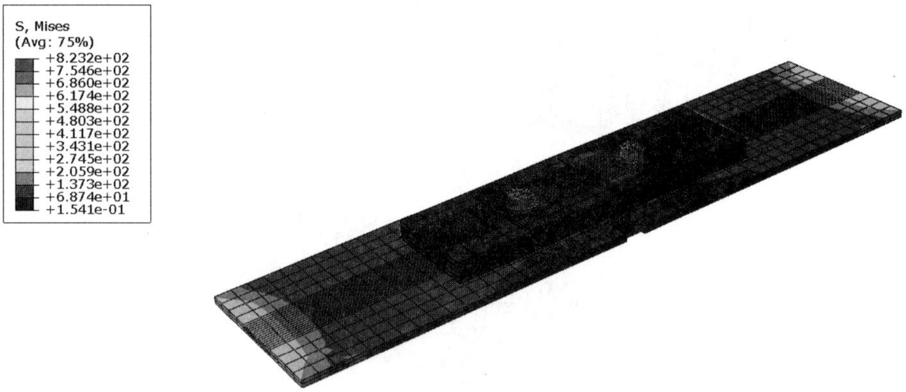

图 11-40 受剪连接变形云图

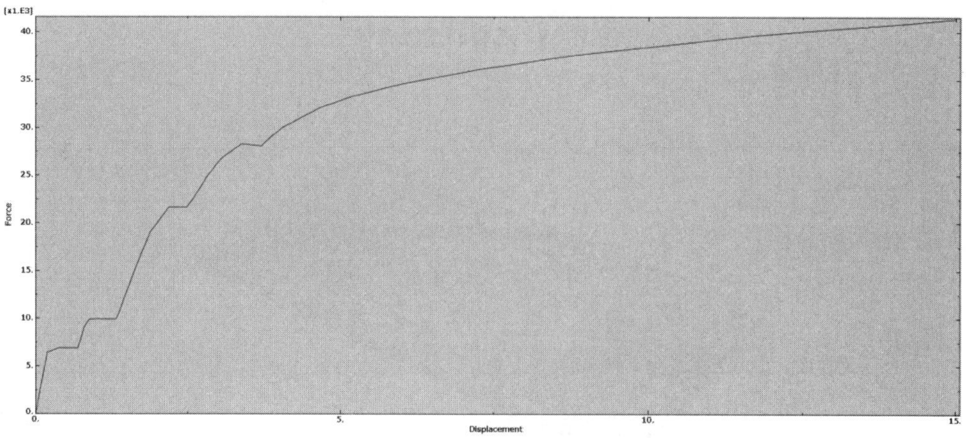

图 11-41 受剪连接荷载-位移曲线

11.3 金属结构环槽铆钉 T 形受拉连接高温性能分析

11.3.1 金属结构环槽铆钉 T 形受拉连接详情

金属结构环槽铆钉 T 形受拉连接由铝合金 T 形件和不锈钢环槽铆钉组成,如图 11-42 所示。金属结构环槽铆钉 T 形受拉连接在几何尺寸上对称,为了节省求解时间,建立实际模型的一半进行求解。为了模拟真实的荷载和边界条件, T 形件腹板端部建立全模型。其中, T 形件材料为 6061-T6 铝合金,环槽铆钉材料为 304 不锈钢, T 形件和环槽铆钉的详细尺寸如图 11-43 所示。

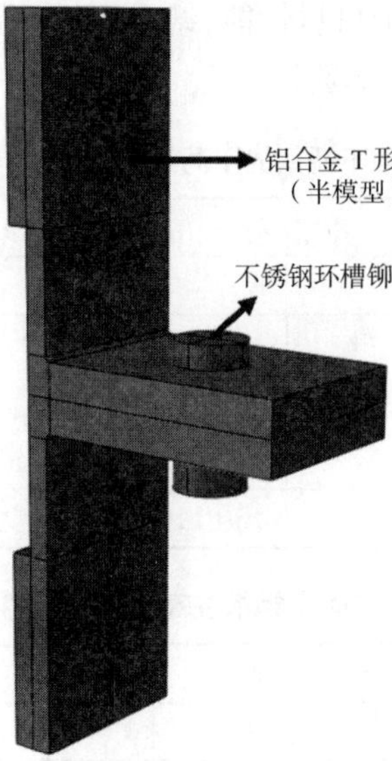

图 11-42　金属结构环槽铆钉 T 形受拉连接

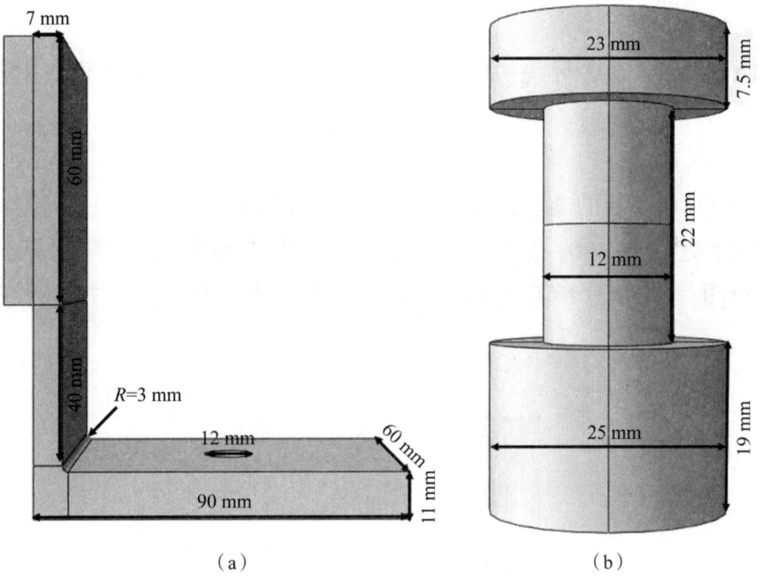

图 11-43　部件详细尺寸

（a）T 形件　（b）环槽铆钉

11.3.2　环槽铆钉材料高温本构

铝合金本构模型在 2.2 节中已详细介绍，本节重点介绍环槽铆钉材料高温本构。对于普通螺栓，在有限元分析中可以将螺栓材料的力学性能直接输入 ABAQUS 中进行模拟。但是环槽铆钉复杂的环槽结构使得铆钉受拉的形变不仅来自顶杆在外力作用下的伸长，还有一部分来自环槽处铆钉套环的滑出。Wang 等[59] 通过理论和试验的方式推导出适用于环槽铆钉有限元模拟的简化模型应力-应变关系式。简化模型应力-应变关系式较多，本节不进行深入介绍，感兴趣的读者可自行学习。表 11-4 和表 11-5 分别是 304 不锈钢在高温下的材料力学性能和热膨胀系数。基于材料性能,结合环槽铆钉的简化模型应力-应变关系式,可得到环槽铆钉在高温下的材料本构数据。

表 11-4 304 不锈钢的不同温度下的材料力学性能

温度/℃	弹性模量/MPa	屈服强度/MPa	极限强度/MPa
20	195 000	641.0	870.0
100	187 200	525.6	756.9
200	179 400	435.9	669.9
300	171 600	410.2	635.1
400	163 800	384.6	626.4

表 11-5 304 不锈钢在高温下的热膨胀系数

温度/℃	100	200	300	400
热膨胀系数/(10^{-6}/℃)	14.9	17.1	18.0	18.8

11.3.3 铝合金结构环槽铆钉 T 形连接建模

1. 创建部件(Part)

启动 ABAQUS/CAE,在环境栏的 Module 列表中选择 Part。Part 模块用于创建分析模型的部件。

1)铝合金 T 形件

点击左侧工具区中的 ,弹出 Create Part 对话框。在 Name 处输入 T-STUB,在 Approximate size 处输入 400,点击 Continue 进入草图绘制界面,在草图界面中绘制如图 11-44 所示的草图,详细尺寸参考图 11-43(a)。绘制完成后点击鼠标中键确定,完成 T 形件截面的绘制。

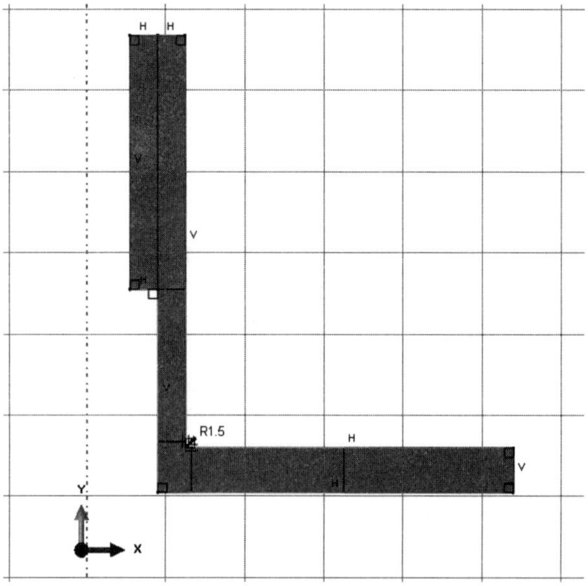

图 11-44 T 形件草图绘制

点击界面左下角的 Done，在 Depth 处输入 200，表示 T 形件的宽度为 60 mm，点击 OK，完成 T 形件的初步创建，如图 11-45 所示。

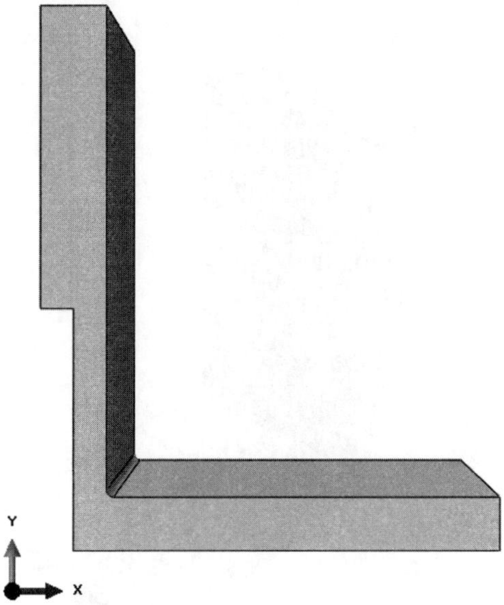

图 11-45　T 形件初步建模

接着在 T 形件翼缘上创建铆钉孔。用鼠标左键长按左侧工具区中的（切除），点击展开的（打孔），随后点击左下角的 Through All，选择翼缘表面，点击 OK。根据提示“Select the first edge from which to locate the hole”选中翼缘长边，输入 43，点击鼠标中键确定；根据提示“Select the second edge from which to locate the hole”选中翼缘短边，输入 30，点击鼠标中键确定。在弹出的 Diameter 对话框中输入 12，点击鼠标中键确定，完成 T 形件的建模，如图 11-46 所示。

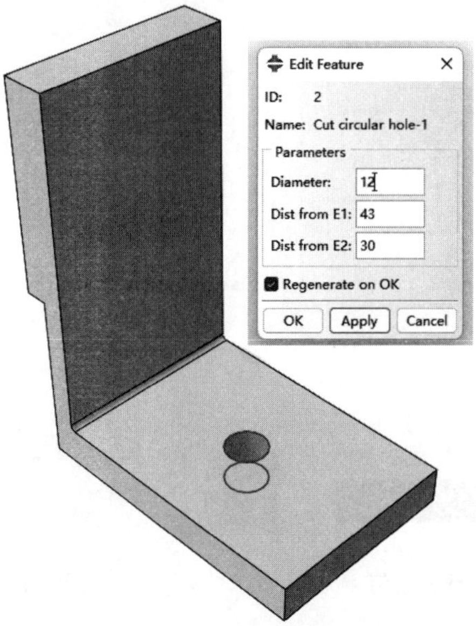

图 11-46　T 形件建模

接着对 T 形件进行拆分,以便后续对部件进行结构化网格划分。长按左侧工具区中的部件拆分图标,使用其中的拆分工具对部件进行拆分,如图 11-47 所示,黑线为拆分线。

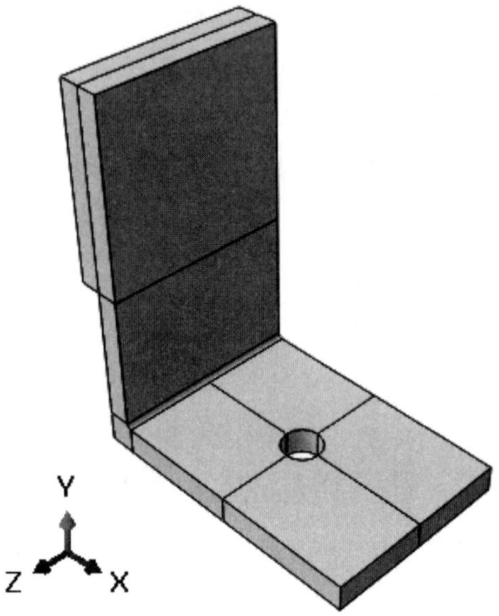

图 11-47 T 形件拆分

2)不锈钢环槽铆钉

有限元软件 ABAQUS 在建模过程中可以忽略对结果影响不大的细小特征,在真实模型的基础上进行一定的合理简化。环槽铆钉(图 11-48)具有复杂的环槽结构,在分析过程中会花费大量的时间,因此对环槽铆钉的环槽处、钉头处、钉帽处进行一定的简化,结果表明简化后模型的力学响应与真实模型相差无几。简化后的环槽铆钉模型如图 11-49 所示,建模及拆分步骤详见 11.2.2 节。

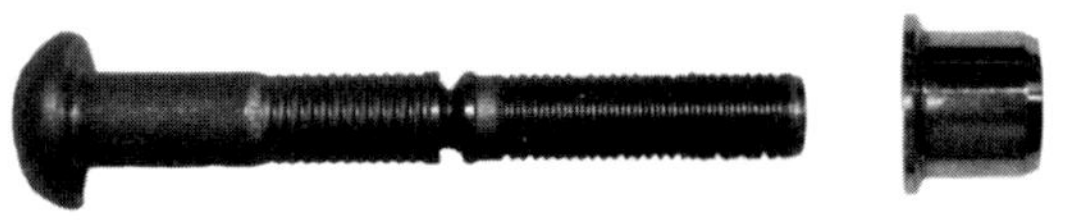

图 11-48 环槽铆钉

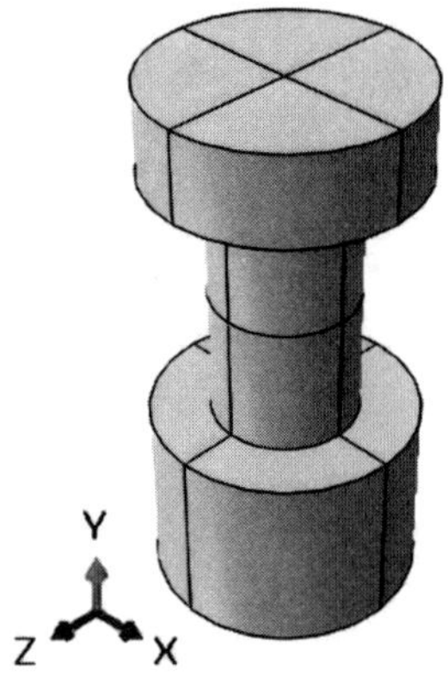

图 11-49 简化后的环槽铆钉模型

2. 设置材料和截面属性（Property）

在环境栏的 Module 列表中选择 Property，进入 Property 模块。在 Property 模块中可以设置材料和截面属性。材料属性的设置方法与 5.3.2 节基本一致。对于高温力学性能试验，输入的材料参数需要与温度相关，即选中 Use temperature-dependent data 。本模型需要为材料输入弹性、塑性以及热膨胀系数相关参数。本模型输入的铝合金和不锈钢材料参数如表 11-6 和表 11-7 所示。

表 11-6 不同温度下铝合金和不锈钢的弹性模量

温度/℃	6061-T6 铝合金的弹性模量/MPa	304 不锈钢的弹性模量/MPa
20	71 200	195 000
100	65 504	187 200
200	64 792	179 400
300	59 808	171 600
400	55 180	163 800

表 11-7 不同温度下铝合金和不锈钢的塑性性能

温度/℃	6061-T6 铝合金		304 不锈钢	
	真实应力/MPa	真实应变/%	真实应力/MPa	真实应变/%
20	200.6	0.000 000	250.0	0.000 000
	225.8	0.000 407	450.9	0.033 113
	241.3	0.001 968	556.2	0.035 325
	271.7	0.021 162	728.6	0.056 855
100	175.5	0.000 000	250.0	0.000 000
	200.7	0.000 363	287.0	0.007 720
	221.4	0.002 932	499.0	0.010 213
	229.8	0.006 128	688.3	0.026 017
200	130.3	0.000 000	250.0	0.000 000
	150.4	0.000 208	323.9	0.013 170
	165.6	0.001 061	485.6	0.013 576
	172.0	0.001 977	595.8	0.023 326
300	20.0	0.000 000	230.0	0.000 000
	30.0	0.000 046	319.8	0.000 088
	53.1	0.001 234	453.2	0.001 974
	64.7	0.003 786	637.4	0.017 227
400	1.0	0.000 000	150.0	0.000 000
	3.0	0.000 208	189.5	0.002 781
	14.4	0.001 992	428.7	0.004 742
	15.9	0.002 297	591.9	0.017 709

3. 定义装配件(Assembly)

在环境栏的 Module 列表中选择 Assembly,进入 Assembly 模块。在 Assembly 模块中可以将各个部件组装为整体模型。

点击左侧工具区中的▣,弹出 Create Instance 对话框,如图 11-50 所示。选择 T-STUB、bolt,点击 OK。因为需要两个 T 形件,所以需要按照上一步骤再创建一个 T-STUB。通过平移、旋转等步骤移动各部件完成装配,如图 11-51 所示。

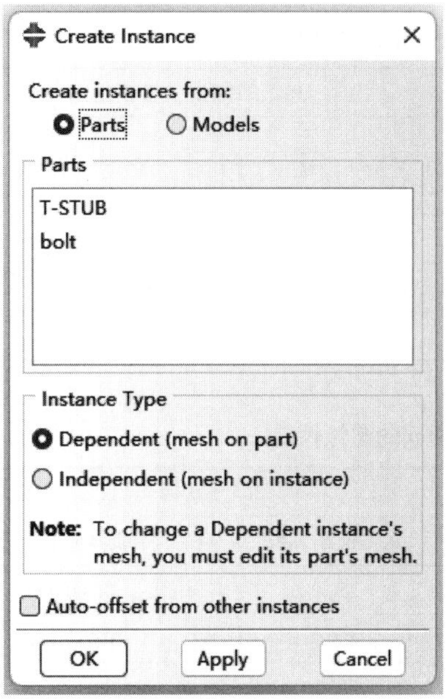

图 11-50 创建实例

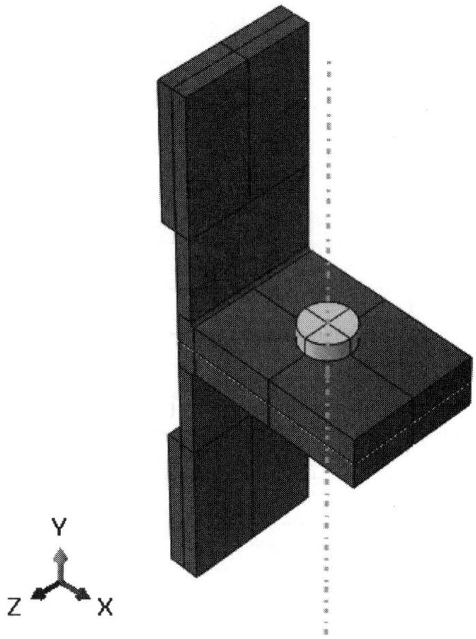

图 11-51 模型装配

4. 设置分析步(Step)

在环境栏的 Module 列表中选择 Step,进入 Step 模块。在 Step 模块中可以设置分析步和变量输出要求。分析步的详细设置步骤参见 5.3.4 节。

高温下铝合金结构环槽铆钉 T 形连接的分析步分为如下 4 个步骤。

步骤 1:对模型整体进行升温,使其温度达到设定温度;

步骤 2:给环槽铆钉施加指定预紧力;

步骤 3:给铝合金 T 形件腹板端部施加小位移;

步骤 4:给铝合金 T 形件腹板端部施加较大位移。

需要注意的是,步骤 1 和步骤 2 顺序不同,达到的效果也不同。若先升温再施加预紧力,需要在后续施加荷载的步骤中输入环槽铆钉在高温下的预紧力。若先施加预紧力再升温,则需在软件中输入环槽铆钉在常温下的预紧力,升温后环槽铆钉的预紧力会因材料的力学性能退化而减小。因为有准确的环槽铆钉在高温下的预紧力数据,所以采用先升温后施加预紧力的步骤。此外,先施加小位移有利于结果收敛。4 个步骤的基本信息和增量设置相同,具体如图 11-52 和图 11-53 所示。

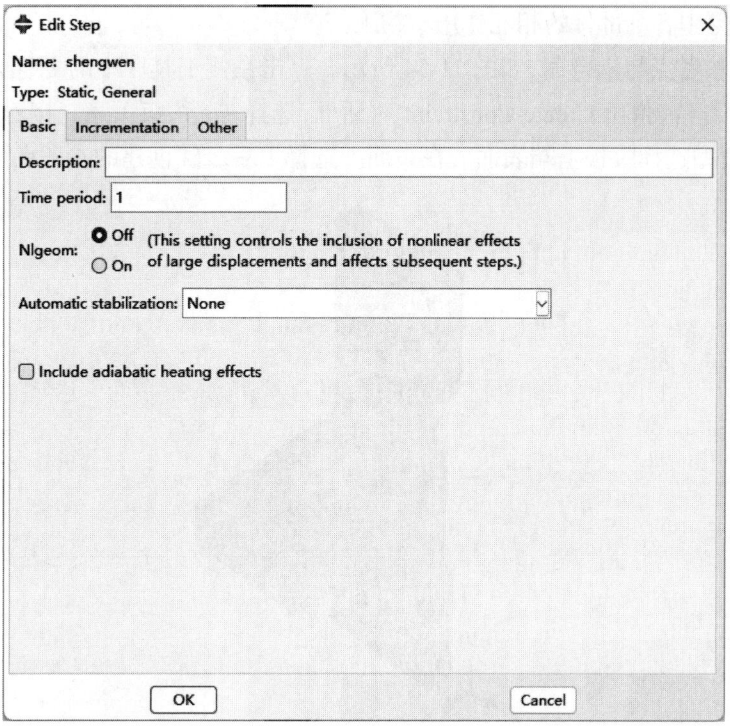

图 11-52　基本信息设置

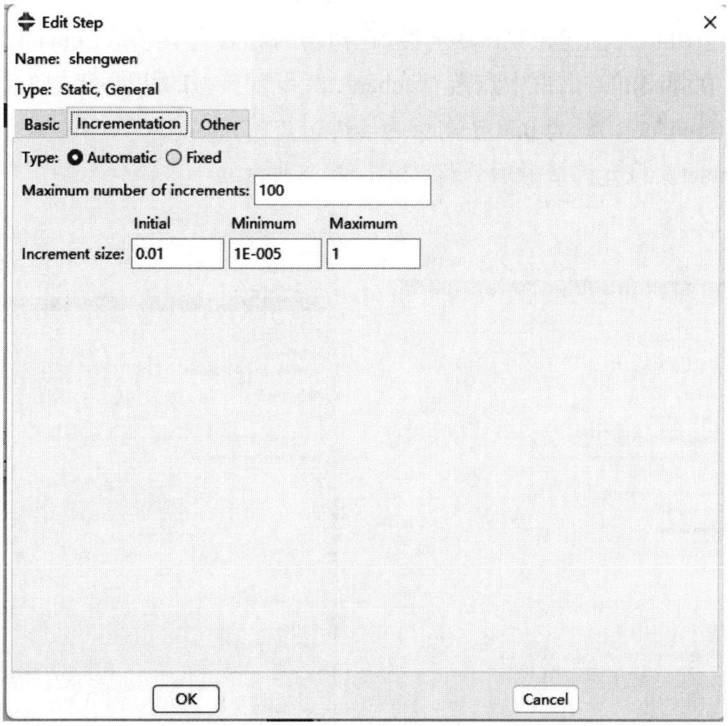

图 11-53　增量设置

5. 定义相互作用(Interaction)

在环境栏的 Module 列表中选择 Interaction，进入 Interaction 模块。在 Interaction 模块

中可以设置模型中各个部件的相互作用和约束。

首先设置参考点与耦合面，如图 11-54 所示。点击左侧工具区中的 ，选择腹板上端界面中心点。点击 ，弹出 Create Constraint 对话框，选择 Tie 约束关系。接着选择需要绑定的约束面，本模型选择腹板上端表面。在表面上选择上一步骤创建的参考点。

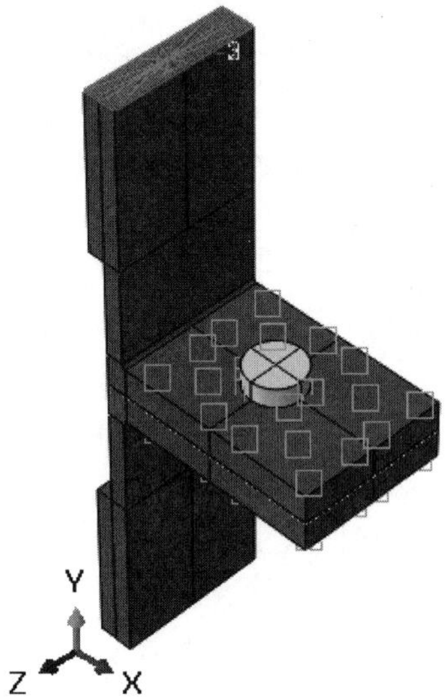

图 11-54　参考点与耦合面

点击工具栏中的 ，创建相互作用属性，在弹出的对话框中选择 Contact 相互作用类型。点击 Continue，在弹出的对话框中点击 Mechanical，设置接触的切向和法向行为。切向行为摩擦系数（Friction Coeff）设为 0.3，法向行为压力过盈（Pressure-Overclosure）项设为“硬”接触（“Hard” Contact），且允许接触后分离，如图 11-55 所示。

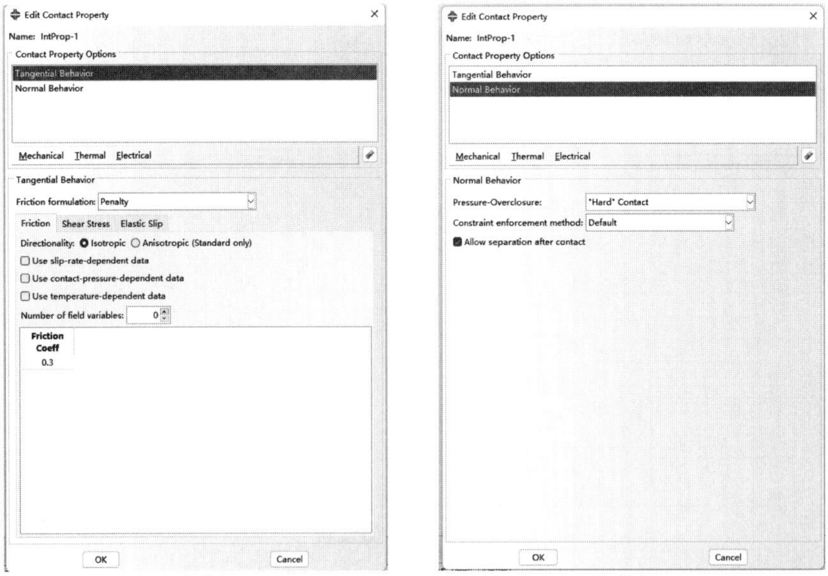

（a）　　　　　　　　（b）

图 11-55　接触属性设置

（a）切向行为　（b）法向行为

点击工具栏中的 ，创建相互作用，在弹出的对话框中选择 Surface-to-surface contact (Standard)，分别设置钉头-翼缘表面接触、钉帽-翼缘表面接触、翼缘-翼缘表面接触、钉杆-钉孔表面接触，如图 11-56 所示。相互作用设置如图 11-57 所示。

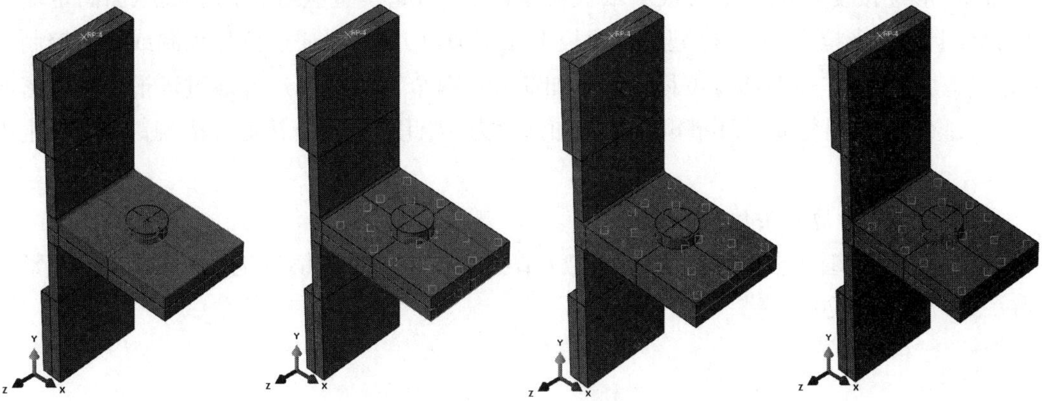

（a）　（b）　（c）　（d）

图 11-56　表面与表面接触

（a）钉头-翼缘表面接触　（b）钉帽-翼缘表面接触　（c）翼缘-翼缘表面接触　（d）钉杆-钉孔表面接触

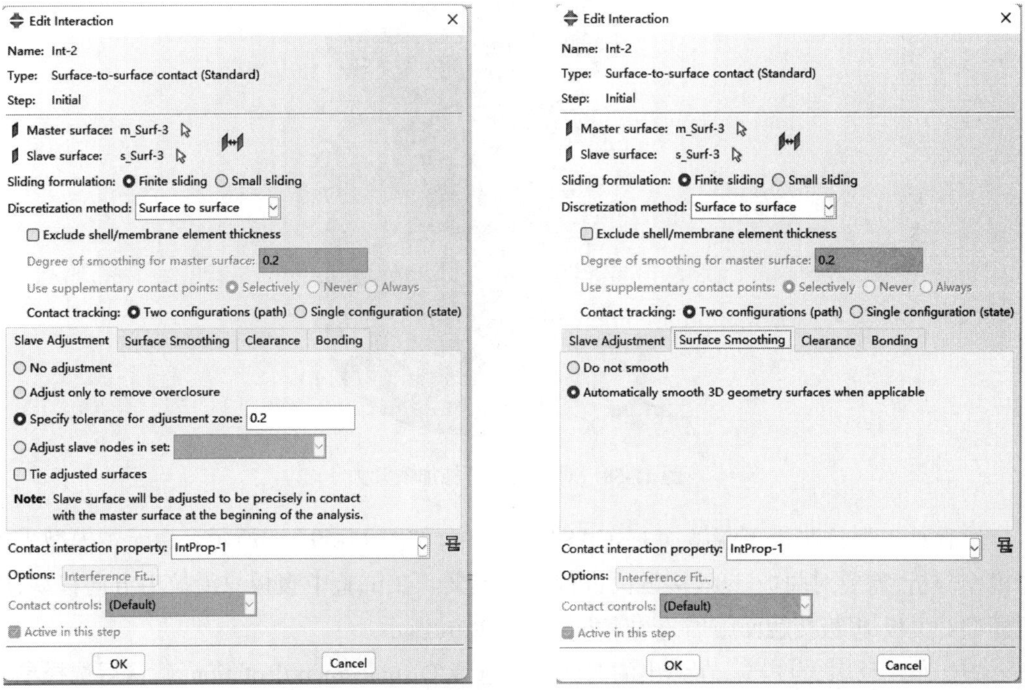

（a）　（b）

图 11-57　相互作用设置

（a）Slave Adjustment 标签页　（b）Surface Smoothing 标签页

11.3.4 荷载、单元及边界条件

在环境栏的 Module 列表中选择 Load 模块进行荷载及边界条件的定义。

在 T 形连接受拉试验中腹板下端被夹紧固定，因此模型应对腹板下端施加固定端约束；腹板上端承受拉力，因此模型应对腹板上端施加拉力，可以通过位移控制或者力控制两种方式施加荷载，本模型通过位移控制施加荷载。两个铝合金 T 形件通过环槽铆钉紧密连接，在试验中用铆钉枪安装环槽铆钉并施加预紧力，因此模型可直接对环槽铆钉施加指定预紧力。

1. 定义荷载和边界条件（Load）

首先对环槽铆钉施加预紧力，按 11.2.7 节中的步骤对环槽铆钉施加 5 000 N 的预紧力（400 ℃），如图 11-58 所示。

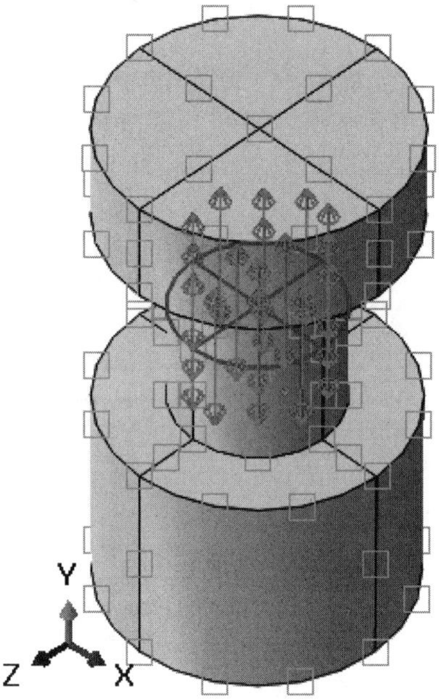

图 11-58 对环槽铆钉施加预紧力

然后对 T 形件腹板下端施加 ENCASTRE 约束，如图 11-59（a）所示。由于本模型采用半模型分析，需要对腹板-腹板接触面进行约束定义。在试验中腹板只沿拉力方向移动，因此模型对腹板-腹板接触面施加的约束如图 11-59（b）所示。

施加小位移时，点击 ，在弹出的对话框中选择 Displacement/Rotation，确认后选择参考点 RP-4 对其施加荷载（通过位移控制施加），Y 方向位移为 10，如图 11-60 所示。施加较大位移时，将 Y 方向位移更改为 40。

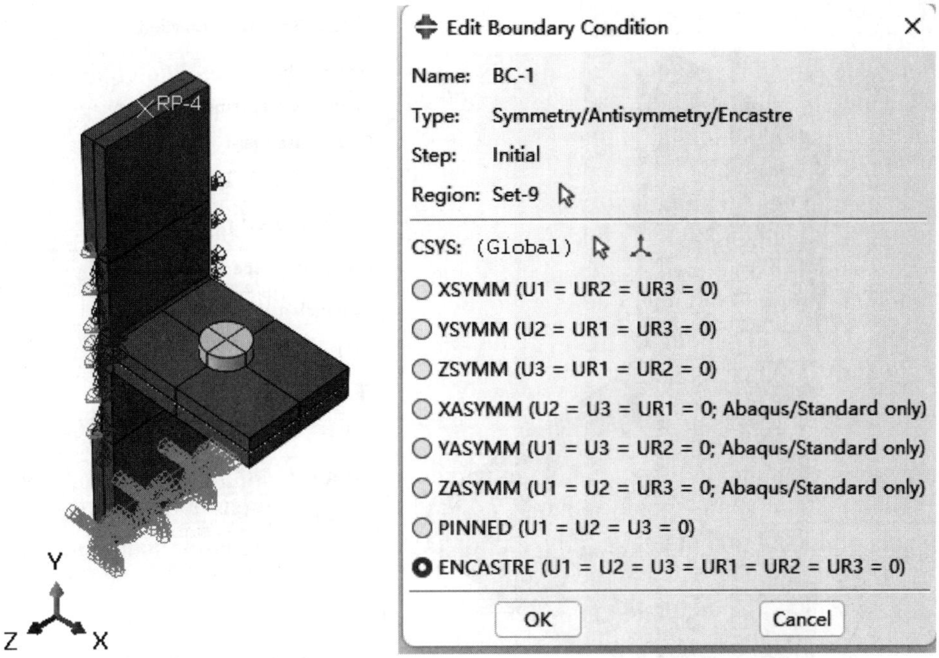

(a)

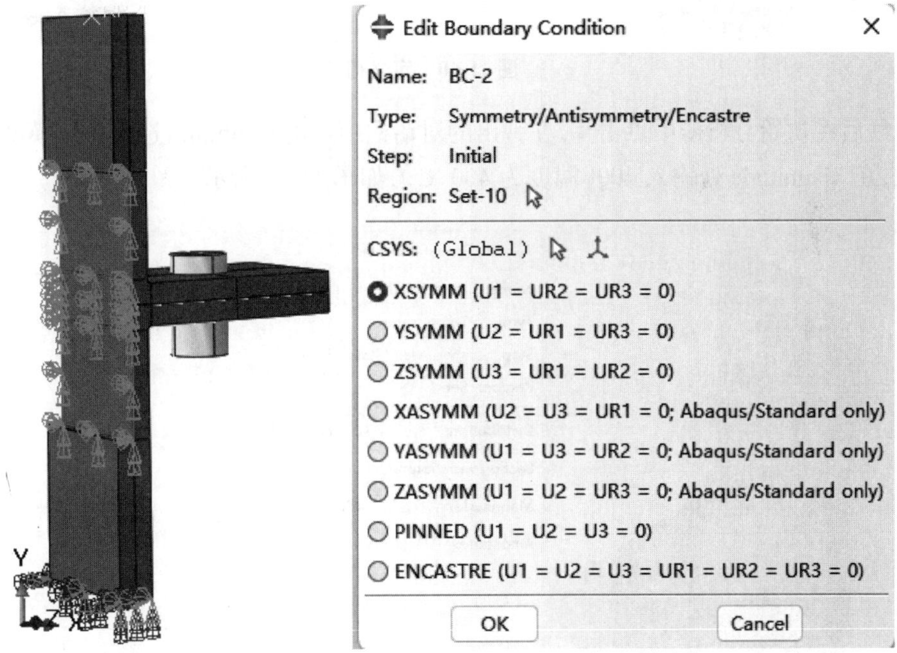

(b)

图 11-59　施加约束

(a)腹板下端　(b)腹板-腹板接触面

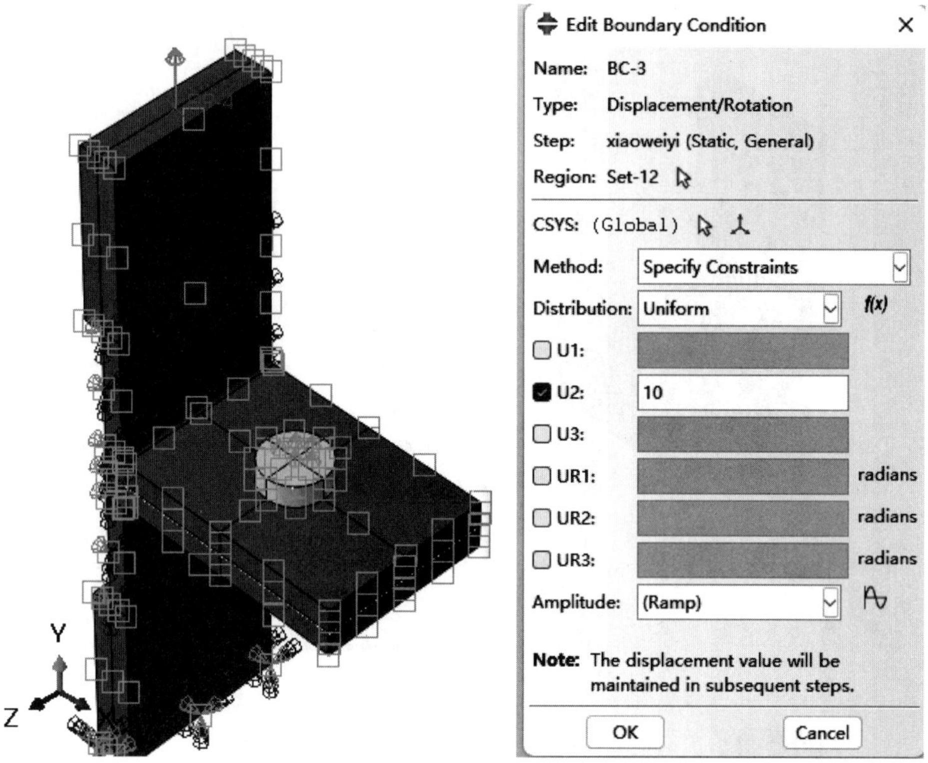

图 11-60 定义荷载

最后在初始分析步中点击 ,在弹出的对话框中点击 Continue,选择整个模型施加温度荷载,在 Magnitude 处输入 400(温度为 400 ℃),如图 11-61 所示。

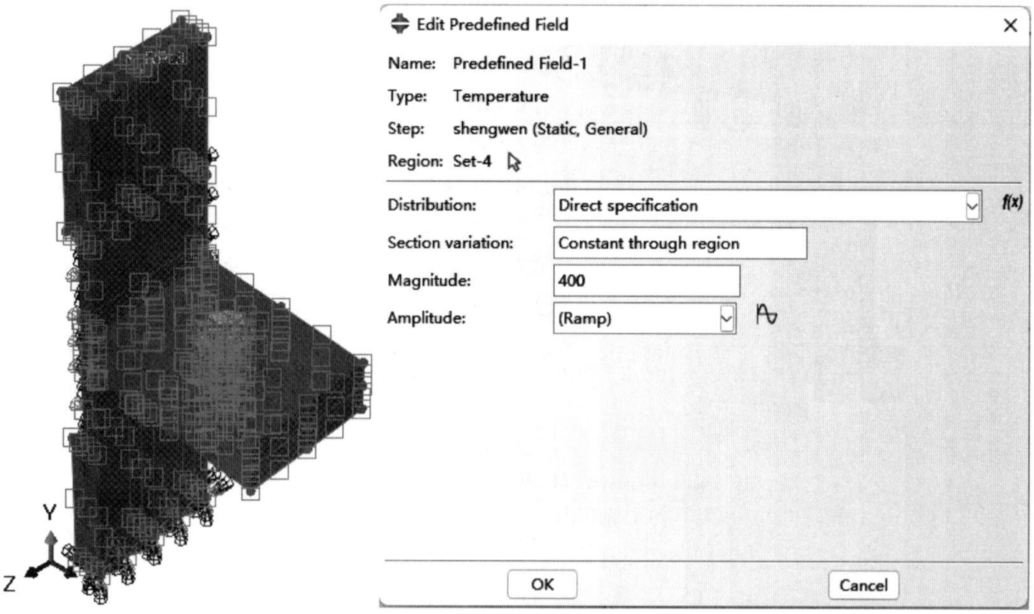

图 11-61 定义温度场

2. 划分网格(Mesh)

在环境栏的 Module 列表中选择 Mesh 模块进行网格的划分。环槽铆钉网格划分步骤详见 11.2.8 节,此处不再赘述。环槽铆钉网格划分结果如图 11-62 所示。

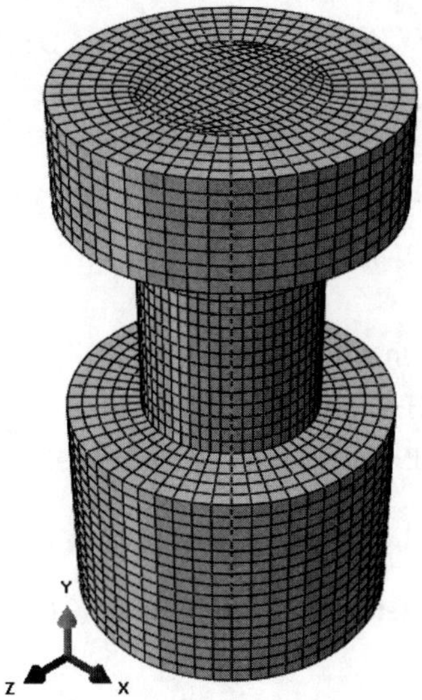

图 11-62　环槽铆钉网格划分结果

本节重点介绍对铝合金 T 形件的网格划分操作。点击对 T 形件进行全局布种,全局种子参数设置如图 11-63 所示。接着对模拟过程中重点关注的部件区域进行加密布种,即对特定边(翼缘)加密布种。加密布种参数设置如图 11-64 所示,加密布种边如图 11-65 所示,网格划分结果如图 11-66 所示。

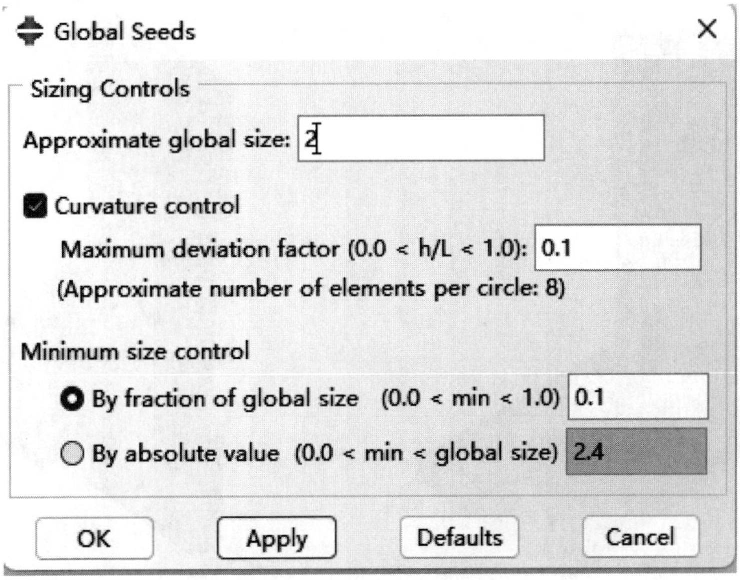

图 11-63　全局种子参数设置

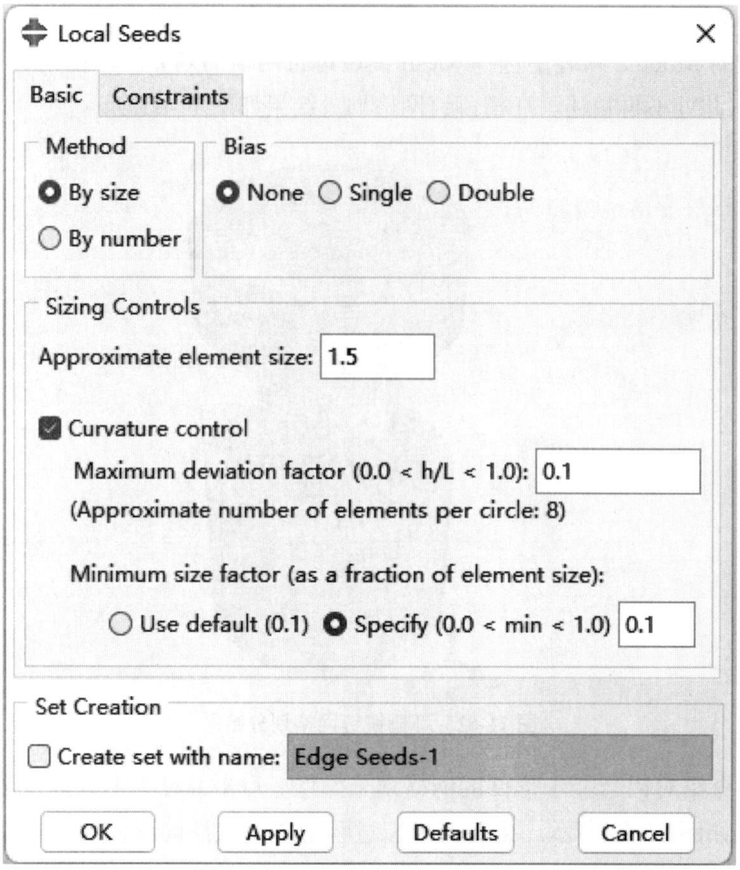

图 11-64 加密布种参数设置

图 11-65 加密布种边

图 11-66 网格划分结果

11.3.5　提交作业与后处理(Job 与 Visualization)

提交作业与后处理步骤详见 5.5 节。本节展示 400 ℃条件下模型的后处理结果。模型整体应力云图如图 11-67(a)所示，可见应力集中在翼缘与腹板交接的倒角处和环槽铆钉处。为了进一步获取有用信息，点击工具栏中的 ，在下方的信息栏中选择 Instances (Select entities to replace: Instances Done Undo Redo)，然后单击环槽铆钉，即可单独分析环槽铆钉的应力云图(图 11-67(b))。用同样的方法可查看 T 形件的应力云图(图 11-67(c))。由图 11-67(b)可知，环槽铆钉承受拉弯组合荷载；由图 11-67(c)可知，翼缘在倒角处、与钉帽接触处应力集中，此处的材料优先进入塑性阶段。荷载-位移曲线如图 11-68 所示。

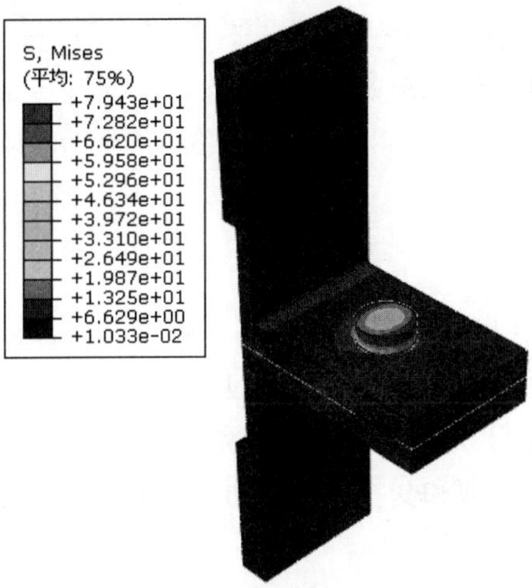

(a)

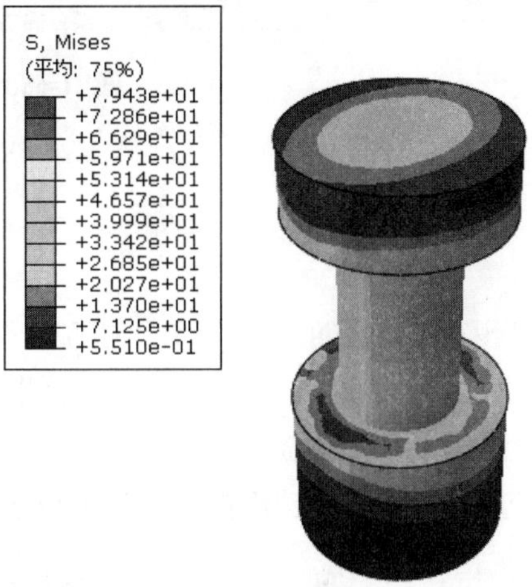

(b)

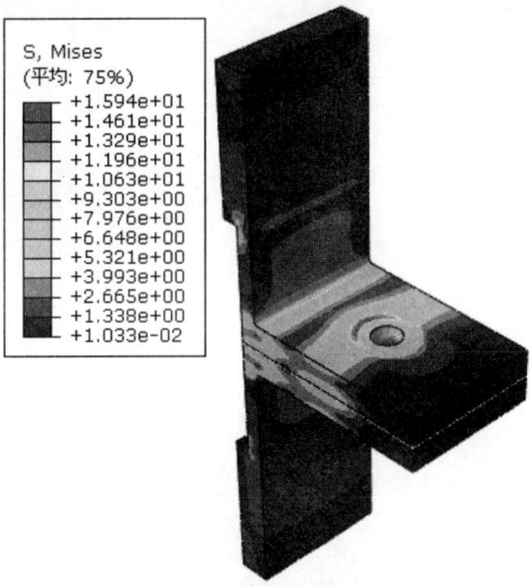

(c)

图 11-67　分析结果

(a)整体应力云图　(b)环槽铆钉应力云图　(c)T 形件应力云图

图 11-68　荷载-位移曲线

11.4　小结

本章采用 ABAQUS 建立了环槽铆钉受剪连接和受拉连接有限元模型，通过施加温度场以及位移荷载探究其承载力。详细介绍了具体的建模流程，主要包括建立几何模型、设置材料属性、定义装配件、设置分析步、定义相互作用、定义荷载和边界条件以及划分网格等步骤。通过这些流程，成功模拟了高温下环槽铆钉受剪和受拉连接的力学性能，为高温连接的建模提供了参考依据。

参考文献

[1] 皮梦如,史贝贝. 有限元软件 ABAQUS 的研究现状及发展综述 [C/OL]//北京力学会. 北京力学会第 30 届学术年会论文集.(2024-03-24)[2024-08-16]. https://link.cnki.net/doi/10.26914/c.cnkihy.2024.012775.

[2] 高绍武. Abaqus 软件在土木行业的应用 [C/OL]//中国土木工程学会计算机应用分会,中国建筑学会建筑结构分会计算机应用专业委员会,上海市建设和交通委员会科技委信息技术专委会. 首届工程设计高性能计算(HPC)技术应用论坛报告集.(2007-12-01)[2024-08-16]. https://kns.cnki.net/kcms2/article/abstract? v=CdHX_LbaUYzMolccDiL-FzUDn22YBul4VAHwBzKs1rLtrOfYc4fIH4HGVwg-X3KQbj5wXECwb6zpo2_s-vxvMP-VamJBjpc1XmXbENkzSv31U72-xxhq89xufle2dtVggqgU1joiVxGYOhiFWgdRJePc1uu8h-PVhNGoXRzH7OT3Gnnrg4wbPIXAfFMsn3hVe4SJGSkweUHLF0=&uniplatform=NZKPT&language=CHS.

[3] 马涛,廖公云,黄晓明. ABAQUS 有限元软件在道路工程中的应用 [M]. 南京:东南大学出版社, 2021.

[4] 费康,彭劼. ABAQUS 岩土工程实例详解 [M]. 北京:人民邮电出版社,2017.

[5] 陈海燕. ABAQUS 有限元分析从入门到精通 [M]. 北京:电子工业出版社,2015.

[6] 王鹰宇. Abaqus 分析用户手册 [M]. 北京:机械工业出版社,2017.

[7] TRESCA H. On the flow of solid bodies subjected to high pressures [J]. Comptes Rendus de l'Académie des Sciences,1864,59:754.

[8] MISES R V. Mechanik der festen Körper implastisch-deformablen Zustand [J]. Goellinger nachrichten der mathematik und physik, 1913:582-592.

[9] HILL R, SCIENCES P. A theory of the yielding and plastic flow of anisotropic metals[J]. Proceedings of the Royal Society of London A: Mathematical and physical sciences, 1948, 193:281-297.

[10] HILL R. Theoretical plasticity of textured aggregates[J]. Mathematical Proceedings of The Cambridge Philosophical Society-MATH PROC CAMBRIDGE PHIL SOC,1979:85.

[11] HILL R. Constitutive modelling of orthotropic plasticity in sheet metals[J]. Journal of the mechanics and physics of solids,1990,38:405-417.

[12] HILL R. A user-friendly theory of orthotropic plasticity in sheet metals[J]. International journal of mechanical sciences,1993,35(1):19-25.

[13] SUO Z, DRUCKER D C. A more fundamental approach to plastic stress-strain relations [J]. International journal of solids and structures,1995,32(10):1433-1457.

[14] DRUCKER D C. A definition of stable inelastic material[J]. Journal of applied mechanics,

1959:26.

[15] DRUCKER D C. On the postulate of stability of material in the mechanics of continua [J]. Journal de mecanique, 1963:1-30.

[16] DRUCKER D C. Conventional and unconventional plastic response and representation[J]. Applied mechanics reviews, 1988, 41(4):151-167.

[17] DRUCKER D C. Plasticity theory strength-differential(SD)phenomenon, and volume expansion in metals and plastics[J]. Metallurgical transcations, 1973, 4:667-673.

[18] STOUGHTON T B, ZHU X. Review of theoretical models of the strain-based FLD and their relevance to the stress-based FLD[J]. International journal of plasticity, 2004, 20(8): 1463-1486.

[19] HOOPUTRA H, GESE H, DELL H, et al. A comprehensive failure model for crashworthiness simulation of aluminum extrusions[J]. International journal of crashworthiness, 2004, 9:449-464.

[20] HILLERBORG A, MODÉER M, PETERSSON P E. Analysis of crack formation and crack growth in concrete by means of fracture mechanics and finite elements[J]. Cement and concrete research, 1976, 6(6):773-781.

[21] 钟善桐. 钢管混凝土结构 [M]. 3 版. 北京:清华大学出版社,2003.

[22] 丁发兴,余志武. 钢管混凝土短柱力学性能研究-理论分析 [J]. 工程力学, 2005(1): 175-181.

[23] 李固华,叶跃忠. 钢管混凝土的复合弹性模量及承载力试验研究 [J]. 混凝土与水泥制品,1998(5):37-40.

[24] ESMAEILY A. Behavior of reinforced concrete columns under variable axial loads: analysis [J]. ACI structural journal, 2005, 102:736-744.

[25] 石永久,王萌,王元清. 结构钢材循环荷载下的本构模型研究 [J]. 工程力学, 2012, 29(9):92-98,105.

[26] 王秋维,王福星,梁林. 方钢管 UHPC 短柱轴压力学性能及承载力计算研究 [J]. 西安建筑科技大学学报(自然科学版),2022,54(2):298-305.

[27] RAMBERG W, OSGOOD W R. Description of stress-strain curves by three parameters [EB/OL]. (1943-07-01)[2024-08-16]. https://ntrs.nasa.gov/citations/19930081614.

[28] HILL H N. Determination of stress-strain relations from the "offset" yield strength values [EB/OL]. (1944-02-01)[2024-08-16]. https://ntrs.nasa.gov/citations/19930081673.

[29] OLSSON A. Stainless steel plasticity: material modelling and structural applications[J]. Materials science, engineering, 2001.

[30] MIRAMBELL E, REAL E. On the calculation of deflections in structural stainless steel beams: an experimental and numerical investigation[J]. Journal of constructional steel research, 2000, 54(1):109-133.

[31] RASMUSSEN K J R. Full-range stress-strain curves for stainless steel alloys[J]. Journal of

constructional steel research,2003,59(1):47-61.

[32] GARDNER L, NETHERCOT D A. Structural stainless steel design: a new approach [J]. Structural engineer,2004,82:21-28.

[33] QUACH W M, TENG J G, CHUNG K F. Residual stresses in press-braked stainless steel sections, Ⅱ: press-braking operations[J]. Journal of constructional steel research,2009,65(8):1816-1826.

[34] BAEHRE R. Caparison between structural behaviors of elastoplastic materials[R]. 1966.

[35] MAZZOLANI F M. Aluminum structural design[M]. New York:Springer,2003:131-139.

[36] 聂建国,王宇航. ABAQUS 中混凝土本构模型用于模拟结构静力行为的比较研究 [J]. 工程力学,2013,30(4):59-67,82.

[37] MAZINDRANI Z H, GANJALI M H. Lateral earth pressure problem of cohesive backfill with inclined surface[J]. Journal of geotechnical and geoenvironmental engineering, 1997, 123(2):110-112.

[38] 田连波,侯建国. ABAQUS 中混凝土塑性损伤因子的合理取值研究 [J]. 湖北大学学报(自然科学版),2015,37(4):340-345,358.

[39] 中国建筑科学研究院. 混凝土结构设计标准(2024 年版): GB/T 50010—2010 [S]. 北京:中国建筑工业出版社,2024.

[40] 霍琳颖. 基于弥散开裂模型的钢纤维混凝土本构模型及数值分析 [D]. 天津:天津大学,2021.

[41] 毕继红,霍琳颖,乔浩玥,等. 单向受拉状态下的钢纤维混凝土本构模型 [J]. 工程力学,2020,37(6):155-164.

[42] JOHNSON G R, HOLMQUIST T J. An improved computational constitutive model for brittle materials[J]. AIP conference proceedings,2008,309:981-984.

[43] 全国钢标准化技术委员会. 金属材料拉伸试验 第 3 部分:低温试验方法: GB/T 228.3—2019[S]. 北京:中国标准出版社,2019.

[44] YAN J B, LIEW J Y R, ZHANG M H, et al. Mechanical properties of normal strength mild steel and high strength steel S690 in low temperature relevant to Arctic environment[J]. Materials and design,2014,61:150-159.

[45] 王淑楠. 超高性能混凝土弹塑性损伤本构关系研究 [D]. 武汉:武汉大学,2024.

[46] 杨剑,方志. 超高性能混凝土单轴受压应力-应变关系研究 [J]. 混凝土,2008(7):11-15.

[47] 张哲,邵旭东,李文光,等. 超高性能混凝土轴拉性能试验 [J]. 中国公路学报, 2015, 28(8):50-58.

[48] LIU J, WANG X, ZHANG S. Behavior of square tubed reinforced-concrete short columns subjected to eccentric compression[J]. Thin-walled structures,2015,91:108-115.

[49] YAN Y, XU L, LI B, et al. Axial behavior of ultra-high performance concrete(UHPC) filled stocky steel tubes with square sections[J]. Journal of constructional steel research, 2019,158:417-428.

[50] AIJ. 钢管混凝土结构设计与施工导则 [S]. 东京：日本建筑学会，2008.

[51] 张哲. 钢-配筋 UHPC 组合桥面结构弯曲受拉性能研究 [D]. 长沙：湖南大学，2016.

[52] XIE J, KANG E C, QIAN X D, et al. Static compressive stress-strain behaviours of normal weight concrete at Arctic low temperatures[J]. Construction and building materials, 2023, 384: 131474.

[53] 谢剑，亢二聪，严加宝，等. 低温环境下抗剪连接件抗拉拔性能研究 [J]. 建筑结构学报，2021，42(S1)：386-394.

[54] CARREIRA D J, CHU K H. Stress-strain relationship for plain concrete in compression[J]. Journal proceedings, 1985, 82(6): 797-804.

[55] 刘洋. 低温环境下 FRP 筋混凝土/UHPC 材料力学性能及梁受弯性能研究 [D]. 天津：天津大学，2023.

[56] WANG Z X, MA C Y, LI M Y, et al. Mechanical properties of 7A04-T6 high strength structural aluminium alloy at elevated temperatures and after cooling down[J]. Thin-walled structures, 2022, 180: 109930.

[57] HAN Q H, LI M Y, WANG Z X. Testing of high strength aluminium alloy SHS and RHS stub columns in fire[J]. Engineering structures, 2023, 284: 115971.

[58] SALIBA N, GARDNER L. Cross-section stability of lean duplex stainless steel welded I-sections[J]. Journal of constructional steel research, 2013, 80: 1-14.

[59] WANG Z X, WANG Y Q, YUN X, et al. Numerical modelling of extruded aluminium alloy T-stubs connected by swage-locking pins: FE validation and parametric study[J]. Thin-walled structures, 2020, 155: 106926.